新 编

五金手册

XINBIAN
WUJIN SHOUCE

《新编五金手册》编委会　　组织编写

化学工业出版社

·北京·

图书在版编目（CIP）数据

新编五金手册/《新编五金手册》编委会组织编写.
北京：化学工业出版社，2018.6（2023.4重印）
ISBN 978-7-122-32080-3

Ⅰ.①新… Ⅱ.①新… Ⅲ.①五金制品-技术手册
Ⅳ.①TS914-62

中国版本图书馆 CIP 数据核字（2018）第 086744 号

责任编辑：贾　娜　　　　　　　　　文字编辑：谢蓉蓉
责任校对：宋　夏　　　　　　　　　装帧设计：王晓宇

出版发行：化学工业出版社（北京市东城区青年湖南街13号　邮政编码100011）
印　　装：北京盛通数码印刷有限公司
850mm×1168mm　1/32　印张28　字数780千字
2023 年 4 月北京第 1 版第 7 次印刷

购书咨询：010-64518888　　　　　　售后服务：010-64518899
网　　址：http://www.cip.com.cn
凡购买本书，如有缺损质量问题，本社销售中心负责调换。

定　　价：98.00元　　　　　　　　　版权所有　违者必究

《新编五金手册》编委会

主　任　徐　峰　潘旺林

副主任　陈忠民　杨小波

委　员（按姓氏笔画排序）

五金产品种类丰富，应用广泛，与工农业生产和人们日常生活关系密切。由于新的五金类产品的国家标准及行业标准的颁布，五金类产品的型号、规格和技术要求随之不断更新，《新编五金手册》结合当前社会的实际需要，以面广、实用、精练、便查为原则，力求反映当代五金产品领域最新科学技术成果。

本手册共分4篇。第1篇金属材料，主要介绍常用金属材料；第2篇通用配件，主要介绍各类机械五金配件；第3篇五金工具，主要介绍近年发展及引进的电动、气动工具等最新的工具产品及规格；第4篇建筑五金，主要介绍常用的建筑五金配件。本手册全面、系统介绍了各类五金产品的品种、规格、性能、用途、并归纳了最新的技术资料和相关标准，可供从事五金生产、设计、采购、销售、使用等方面工作的读者使用，也可供大中专院校相关专业师生参考，还可供普通家庭用户选用。

本手册具有以下特点。

1. 在内容的选取上，注意传统产品和高质量的新产品并重，除重点介绍通用产品外，适量介绍了一些专门产品，以满足不同层次读者的需求。

2. 尽量搜集、归纳最新技术标准及生产企业的最新产品样本，保证技术上的先进性。

3. 以最新发布并正式出版的现行五金产品的国家标准和行业标准为主要编写依据，以保证内容上的科学性。

4. 全书除保留少量非国标或行标的五金工具产品外，其余均为国标或行标的五金产品。

由于编者学识所限，书中不足之处在所难免，敬请专家与读者批评指正。

《新编五金手册》编委会

CONTENTS 篇章目录

第1篇　金属材料

第1章　金属材料基本知识 …………………………………………… 1
第2章　常用钢材 ……………………………………………………… 37
第3章　常用有色金属材料 ………………………………………… 163

第2篇　通用配件

第4章　连接件 ……………………………………………………… 276
第5章　弹簧 ………………………………………………………… 353
第6章　传动件 ……………………………………………………… 375
第7章　支承件 ……………………………………………………… 393
第8章　密封件 ……………………………………………………… 463
第9章　机床附件及密封器 ………………………………………… 492

第3篇　五金工具

第10章　手工工具 ………………………………………………… 515
第11章　钳工工具 ………………………………………………… 550
第12章　管工工具 ………………………………………………… 567
第13章　电工工具 ………………………………………………… 574
第14章　电动工具 ………………………………………………… 581
第15章　气动工具 ………………………………………………… 591
第16章　木工工具 ………………………………………………… 607
第17章　测量工具 ………………………………………………… 623
第18章　切削工具 ………………………………………………… 664
第19章　起重及液压工具 ………………………………………… 736
第20章　焊接器材 ………………………………………………… 753
第21章　其他类工具 ……………………………………………… 766

第4篇 建 筑 五 金

第 22 章　门窗五金 …………………………………………………… 776

第 23 章　网、钉及玻璃 ……………………………………………… 809

第 24 章　厨卫设备五金 ……………………………………………… 840

参考文献 ……………………………………………………………… 868

CONTENTS 目录

第1篇 金属材料

第1章 金属材料基本知识 ……………………………………… 1

1.1 金属材料的分类 …………………………………………… 1

  1.1.1 生铁 ……………………………………………………… 2

  1.1.2 铁合金 …………………………………………………… 2

  1.1.3 铸铁 ……………………………………………………… 2

  1.1.4 钢 ………………………………………………………… 2

  1.1.5 有色金属及其合金 ……………………………………… 6

1.2 金属材料牌号表示方法 …………………………………… 9

  1.2.1 总则 ……………………………………………………… 9

  1.2.2 钢铁产品牌号表示方法 ………………………………… 9

  1.2.3 有色金属及合金产品牌号表示方法（GB/T 340—1976）… 13

  1.2.4 钢产品新的标记代号（GB/T 15575—2008）………… 15

  1.2.5 国内外常用钢号对照 …………………………………… 17

  1.2.6 国内外常用有色金属材料牌号对照 …………………… 25

1.3 钢铁的涂色标记 …………………………………………… 29

1.4 钢材断面积和理论重量计算公式 ………………………… 30

1.5 钢材的火花鉴别 …………………………………………… 32

第2章 常用钢材 …………………………………………… 37

2.1 型钢 ………………………………………………………… 37

  2.1.1 热轧钢棒（GB/T 702—2008）………………………… 37

  2.1.2 热轧型钢（GB/T 706—2016）………………………… 43

  2.1.3 热轧 H 型钢和剖分 T 型钢（GB/T 11263—2005）…… 52

  2.1.4 冷拉圆钢、方钢、六角钢（GB/T 905—1994）……… 52

  2.1.5 冷弯型钢（GB/T 6725—2008）……………………… 58

  2.1.6 通用冷弯开口型钢（GB/T 6723—2008）…………… 58

2.2 钢板和钢带 ………………………………………………… 67

2.2.1　钢板（钢带）理论重量 …………………………………… 67

2.2.2　冷轧钢板和钢带的尺寸及允许偏差（GB/T 708—2006）…… 68

2.2.3　冷轧低碳钢板及钢带（GB/T 5213—2008）…………… 70

2.2.4　碳素结构钢冷轧薄钢板及钢带（GB/T 11253—2007）… 71

2.2.5　合金结构钢薄钢板（YB/T 5132—2007）…………… 71

2.2.6　不锈钢冷轧钢板和钢带（GB/T 3280—2015）……… 72

2.2.7　冷轧电镀锡钢板及钢带（GB/T 2520—2008）……… 80

2.2.8　搪瓷用冷轧低碳钢板及钢带（GB/T 13790—2008）… 81

2.2.9　热轧钢板和钢带的尺寸及允许偏差（GB/T 709—2006）… 82

2.2.10　耐热钢板和钢带（GB/T 4238—2015）…………… 86

2.2.11　连续热镀锌薄钢板和钢带（GB/T 2518—2008）…… 90

2.2.12　连续电镀锌、锌镍合金镀层钢板及钢带

　　　　（GB/T 15675—2008）…………………………… 90

2.2.13　彩色涂层钢板及钢带（GB/T 12754—2006）……… 92

2.2.14　冷弯波形钢板（YB/T 5327—2006）……………… 95

2.3　钢管 …………………………………………………………… 99

2.3.1　无缝钢管的尺寸、外形、重量及允许偏差

　　　　（GB/T 17395—2008）…………………………… 99

2.3.2　结构用无缝钢管（GB/T 8162—2008）……………… 105

2.3.3　输送流体用无缝钢管（GB/T 8163—2008）………… 109

2.3.4　焊接钢管尺寸及单位长度重量（GB/T 21835—2008）… 110

2.3.5　流体输送用不锈钢焊接钢管（GB/T 12771—2008）… 116

2.3.6　低压流体输送用焊接钢管（GB/T 3091—2015）…… 119

2.3.7　双焊缝冷弯方形及矩形钢管（YB/T 4181—2008）… 122

2.3.8　直缝电焊钢管（GB/T 13793—2016）……………… 130

2.4　钢丝、钢筋 …………………………………………………… 131

2.4.1　冷拉圆钢丝、方钢丝、六角钢丝（GB/T 342—1997）… 131

2.4.2　一般用途低碳钢丝（YB/T 5294—2009）…………… 134

2.4.3　预应力混凝土用钢丝（GB/T 5223—2014）………… 134

2.4.4　热轧盘条的尺寸、外形、重量及允许偏差

　　　　（GB/T 14981—2009）…………………………… 137

2.4.5　低碳钢热轧圆盘条（GB/T 701—2008）…………… 139

2.5　钢丝绳（GB/T 20118—2006）……………………………… 139

第3章　常用有色金属材料 ……………………………………… 163

3.1 型材 …………………………………………………… 163

  3.1.1 一般工业用铝及铝合金挤压型材（GB/T 6892—2015）……… 163

  3.1.2 铝合金建筑型材（GB 5237.1～5—2008、

    GB 5237.6—2004）…………………………………… 169

3.2 板材和带材 ……………………………………………… 170

  3.2.1 一般用途加工铜及铜合金板带材（GB/T 17793—2010）…… 170

  3.2.2 铜及铜合金板材（GB/T 2040—2008）…………………… 171

  3.2.3 铜及铜合金带材（GB/T 2059—2008）…………………… 177

  3.2.4 一般工业用铝及铝合金板、带材（GB/T 3880—2012）……… 182

  3.2.5 铝及铝合金波纹板（GB/T 4438—2006）………………… 240

  3.2.6 铝及铝合金压型板（GB/T 6891—2006）………………… 241

  3.2.7 镁及镁合金板、带（GB/T 5154—2010）………………… 241

  3.2.8 镍及镍合金板（GB/T 2054—2013）……………………… 244

  3.2.9 钛及钛合金板材（GB/T 3621—2007）…………………… 246

3.3 管材 …………………………………………………… 248

  3.3.1 铝及铝合金拉（轧）制无缝管（GB/T 6893—2010）……… 248

  3.3.2 铝及铝合金热挤压无缝圆管（GB/T 4437.1—2015）……… 251

  3.3.3 铜及铜合金无缝管材（GB/T 16866—2006） …………… 258

  3.3.4 铜及铜合金拉制管（GB/T 1527—2006）………………… 260

  3.3.5 铜及铜合金挤制管（YS/T 662—2007）………………… 260

  3.3.6 热交换器用铜合金无缝管（GB/T 8890—2015）………… 260

  3.3.7 铜及铜合金毛细管（GB/T 1531—2009）………………… 262

  3.3.8 铜及铜合金散热扁管（GB/T 8891—2013）……………… 262

  3.3.9 铜及铜合金波导管（GB/T 8894—2014）………………… 263

3.4 棒材 …………………………………………………… 268

  3.4.1 铜及铜合金拉制棒（GB/T 4423—2007）………………… 268

  3.4.2 铜及铜合金挤制棒（YS/T 649—2007）………………… 269

  3.4.3 铝及铝合金挤压棒（GB/T 3191—2010）………………… 270

3.5 线材 …………………………………………………… 271

  3.5.1 铝及铝合金拉制圆线材（GB/T 3195—2016）…………… 271

  3.5.2 电工圆铝线（GB/T 3955—2009）………………………… 272

  3.5.3 电工圆铜线（GB/T 3953—2009）………………………… 273

  3.5.4 铜及铜合金线材（GB/T 21652—2008）………………… 273

第2篇 通用配件

第4章 连接件 ……………………………………………………………… 276

4.1 螺栓和螺柱 ……………………………………………………………… 276

4.1.1 螺栓、螺柱的类型、规格、特点和用途 …………………… 276

4.1.2 六角头螺栓 ……………………………………………………… 278

4.1.3 方头螺栓 ………………………………………………………… 287

4.1.4 圆头螺栓 ………………………………………………………… 290

4.1.5 沉头螺栓 ………………………………………………………… 294

4.1.6 T形槽用螺栓 …………………………………………………… 296

4.1.7 活节螺栓 ………………………………………………………… 297

4.1.8 U形螺栓 ………………………………………………………… 297

4.1.9 地脚螺栓 ………………………………………………………… 298

4.2 螺钉 …………………………………………………………………… 298

4.2.1 螺钉的类型、特点和用途 ……………………………………… 298

4.2.2 开槽螺钉 ………………………………………………………… 301

4.2.3 内六角圆柱头螺钉 ……………………………………………… 303

4.2.4 紧定螺钉 ………………………………………………………… 304

4.2.5 大圆柱头螺钉 …………………………………………………… 306

4.2.6 滚花螺钉 ………………………………………………………… 307

4.2.7 吊环螺钉 ………………………………………………………… 307

4.2.8 自攻螺钉 ………………………………………………………… 308

4.2.9 自钻自攻螺钉 …………………………………………………… 309

4.3 螺母 …………………………………………………………………… 310

4.3.1 螺母的类型、特点和用途 ……………………………………… 310

4.3.2 六角螺母和六角开槽螺母 ……………………………………… 311

4.3.3 小六角特扁细牙螺母 …………………………………………… 313

4.3.4 圆螺母和小圆螺母 ……………………………………………… 314

4.3.5 方螺母 …………………………………………………………… 315

4.3.6 蝶形螺母 ………………………………………………………… 315

4.3.7 盖形螺母 ………………………………………………………… 316

4.3.8 滚花螺母 ………………………………………………………… 317

4.4 垫圈与挡圈 …………………………………………………………… 318

4.4.1 垫圈与挡圈的类型、特点和用途 ……………………………… 318

4.4.2　垫圈 ·· 319

4.4.3　开口垫圈 ·· 320

4.4.4　弹簧垫圈 ·· 321

4.4.5　弹性垫圈 ·· 321

4.4.6　圆螺母用止动垫圈 ·· 322

4.4.7　止动垫圈 ·· 324

4.4.8　弹性挡圈 ·· 325

4.4.9　紧固轴端挡圈 ··· 328

4.4.10　轴肩挡圈 ·· 329

4.4.11　开口挡圈 ·· 330

4.4.12　锁紧挡圈 ·· 330

4.5　铆钉 ·· 331

4.5.1　常用铆钉的型式和用途 ··· 331

4.5.2　沉头铆钉 ·· 333

4.5.3　圆头铆钉 ·· 334

4.5.4　平头铆钉 ·· 336

4.5.5　空心铆钉 ·· 337

4.5.6　锥头铆钉 ·· 337

4.5.7　无头铆钉 ·· 338

4.5.8　抽芯铆钉 ·· 338

4.5.9　标牌铆钉 ·· 340

4.6　销 ·· 341

4.6.1　常用销的类型、特点和用途 ·································· 341

4.6.2　圆柱销 ·· 343

4.6.3　弹性圆柱销 ·· 344

4.6.4　圆锥销 ·· 345

4.6.5　螺尾锥销 ·· 346

4.6.6　开口销 ·· 347

4.6.7　销轴 ··· 347

4.7　键 ·· 348

4.7.1　普通平键 ·· 348

4.7.2　导向平键 ·· 350

4.7.3　半圆键 ·· 350

4.7.4　楔键 ··· 351

第5章　弹簧 ·· 353

5.1　圆柱螺旋弹簧 ··· 353

5.1.1　圆柱螺旋弹簧尺寸系列（GB/T 1358—2009）····· 353

5.1.2　圆柱螺旋压缩弹簧（GB/T 2089—2009）········· 353

5.1.3　普通圆柱螺旋拉伸弹簧（GB/T 2088—2009）····· 361

5.1.4　普通圆柱螺旋拉伸弹簧（圆钩环型）（GB/T 4142—2001）··· 363

5.1.5　圆柱螺旋拉伸弹簧（半圆钩环型）（GB/T 2087—2001）··· 366

5.1.6　圆柱螺旋扭转弹簧（GB/T 1239.3—2009）········· 369

5.2　扁型弹簧 ··· 369

5.2.1　碟形弹簧（GB/T 1972—2005）···················· 369

5.2.2　电机用钢质波形弹簧（JB/T 7590—2005）········· 372

5.2.3　片弹簧 ·· 373

第6章　传动件 ··· 375

6.1　传动带 ·· 375

6.1.1　传动带的类型、特点和用途 ························· 375

6.1.2　平型传动带（GB/T 524—2007）··················· 378

6.1.3　普通V带和窄V带（GB/T 11544—2012）········· 379

6.1.4　联组V带（GB/T 13575.2—2008）··············· 380

6.1.5　工业用多楔带（GB/T 16588—2009）·············· 381

6.1.6　梯形齿同步带（GB/T 11361—2008）·············· 381

6.1.7　双面V带（GB/T 10821—2008）················· 382

6.1.8　机用皮带扣（QB/T 2291—1997）················· 382

6.2　链传动 ·· 383

6.2.1　传动用短节距精密滚子链（GB/T 1243—2006）··· 383

6.2.2　S型和C型钢制滚子链（GB/T 10857—2005）····· 384

6.2.3　齿形链（GB/T 10855—2016）····················· 386

6.2.4　输送链（GB/T 8350—2008）······················ 386

6.2.5　重载传动用弯板滚子链（GB/T 5858—1997）····· 388

6.2.6　输送用模锻易拆链（GB/T 17482—1998）········· 389

6.2.7　输送用平顶链（GB/T 4140—2003）·············· 389

6.2.8　滑片式无级变速链（JB/T 9152—2011）········· 391

第7章　支承件 ··· 393

7.1　滚动轴承 ··· 393

7.1.1　常用滚动轴承的类型、主要性能和特点 ··········· 393

7.1.2　深沟球轴承 ……………………………………………………… 395

7.1.3　调心球轴承 ……………………………………………………… 404

7.1.4　圆柱滚子轴承 …………………………………………………… 408

7.1.5　双列圆柱滚子轴承 ……………………………………………… 409

7.1.6　调心滚子轴承 …………………………………………………… 414

7.1.7　角接触球轴承 …………………………………………………… 424

7.1.8　圆锥滚子轴承 …………………………………………………… 428

7.1.9　推力球轴承 ……………………………………………………… 436

7.1.10　钢球 ……………………………………………………………… 442

7.1.11　滚动轴承座 ……………………………………………………… 443

7.2　滑动轴承 ……………………………………………………………… 451

7.2.1　轴套 ……………………………………………………………… 451

7.2.2　滑动轴承座 ……………………………………………………… 455

7.3　关节轴承 ……………………………………………………………… 457

7.3.1　向心关节轴承（GB/T 9163—2001） …………………………… 457

7.3.2　推力关节轴承（GB/T 9162—2001） …………………………… 460

7.3.3　角接触关节轴承（GB/T 9164—2001） ………………………… 461

第8章　密封件 ……………………………………………………………… 463

8.1　常用机械密封 ………………………………………………………… 463

8.1.1　泵用机械密封（JB/T 1472—2011） …………………………… 463

8.1.2　潜水电泵用机械密封（JB/T 5966—2012） …………………… 473

8.2　橡胶密封 ……………………………………………………………… 477

8.2.1　O形橡胶密封圈（GB/T 3452.1—2005） ……………………… 477

8.2.2　旋转轴唇形密封圈（GB/T 13871.1—2007） ………………… 479

8.2.3　V_D型橡胶密封圈（JB/T 6994—2007） ……………………… 480

8.3　软填料密封 …………………………………………………………… 482

8.3.1　常用密封填料 …………………………………………………… 482

8.3.2　编织填料 ………………………………………………………… 484

8.3.3　垫密封 …………………………………………………………… 486

8.4　胶密封 ………………………………………………………………… 488

8.4.1　常用液态密封胶 ………………………………………………… 488

8.4.2　建筑工程用胶密封 ……………………………………………… 490

第9章　机床附件及密封器 ……………………………………………… 492

9.1　机床附件 ……………………………………………………………… 492

9.1.1　自定心卡盘（GB/T 4346—2008）··············· 492

9.1.2　自定心卡盘用过渡盘（JB/T 10126—1999）········ 496

9.1.3　单动卡盘（JB/T 6566—2005）················· 497

9.1.4　单动卡盘用过渡盘（JB/T 10126.2—1999）········ 499

9.1.5　扳手三爪钻夹头（GB/T 6087—2003）··········· 501

9.1.6　回转顶尖（JB/T 3580—2011）················· 503

9.1.7　车刀排·································· 504

9.1.8　锥柄工具过渡套（JB/T 3411.67—1999）·········· 504

9.1.9　机床用钳································ 504

9.1.10　中心架及跟刀架·························· 506

9.1.11　机床垫铁······························ 507

9.2　润滑器····································· 507

9.2.1　高速轴用甩油环·························· 507

9.2.2　低速轴用甩油环·························· 508

9.2.3　压配式圆形油标·························· 508

9.2.4　旋入式圆形油标·························· 508

9.2.5　长型油标······························ 510

9.2.6　管状油标······························ 510

9.2.7　直通式压注油杯·························· 510

9.2.8　接头式压注油杯·························· 510

9.2.9　旋盖式油杯····························· 512

9.2.10　压配式压注油杯························· 512

9.2.11　油枪································· 513

第3篇　五　金　工　具

第10章　手工工具································ 515

10.1　钳类····································· 515

10.1.1　钢丝钳······························ 515

10.1.2　鲤鱼钳······························ 515

10.1.3　尖嘴钳······························ 515

10.1.4　弯嘴钳（弯头钳）························ 516

10.1.5　扁嘴钳······························ 516

10.1.6　圆嘴钳······························ 516

10.1.7　鸭嘴钳······························ 516

10.1.8　斜嘴钳 ……………………………………………… 517

10.1.9　挡圈钳 ……………………………………………… 517

10.1.10　大力钳 …………………………………………… 518

10.1.11　胡桃钳 …………………………………………… 518

10.1.12　断线钳 …………………………………………… 518

10.1.13　鹰嘴断线钳 ……………………………………… 519

10.1.14　铅印钳 …………………………………………… 519

10.1.15　羊角启钉钳 ……………………………………… 519

10.1.16　开箱钳 …………………………………………… 519

10.1.17　多用钳 …………………………………………… 520

10.1.18　钟表钳 …………………………………………… 520

10.1.19　扎线钳 …………………………………………… 520

10.1.20　自行车钳 ………………………………………… 521

10.1.21　鞋工钳 …………………………………………… 521

10.1.22　铆钉钳 …………………………………………… 521

10.1.23　旋转式打孔钳 …………………………………… 522

10.2　扳手类 ………………………………………………… 522

10.2.1　双头扳手 …………………………………………… 522

10.2.2　单头扳手 …………………………………………… 522

10.2.3　双头梅花扳手 ……………………………………… 523

10.2.4　单头梅花扳手 ……………………………………… 524

10.2.5　敲击扳手 …………………………………………… 524

10.2.6　敲击梅花扳手 ……………………………………… 525

10.2.7　两用扳手 …………………………………………… 526

10.2.8　套筒扳手 …………………………………………… 526

10.2.9　手动套筒扳手套筒 ………………………………… 529

10.2.10　手动套筒扳手附件 ……………………………… 532

10.2.11　十字柄套筒扳手 ………………………………… 532

10.2.12　活扳手 …………………………………………… 537

10.2.13　调节扳手 ………………………………………… 537

10.2.14　自行车扳手 ……………………………………… 538

10.2.15　内六角扳手 ……………………………………… 538

10.2.16　内六角花形扳手 ………………………………… 538

10.2.17　钩形扳手 ………………………………………… 538

10.2.18　双向棘轮扭力扳手 ·· 539

10.2.19　增力扳手 ·· 540

10.2.20　管活两用扳手 ·· 540

10.2.21　多用扳手（或快速管钳）·· 541

10.2.22　六角套筒扳手 ·· 541

10.2.23　内四方扳手（JB/T 3411.35—1999）······································ 542

10.2.24　扭力扳手（GB/T 15729—2008）·· 542

10.2.25　指针式扭力扳手（GB/T 15729—2008）·································· 542

10.2.26　预置式扭力扳手（GB/T 15729—2008）·································· 543

10.3　旋具类 ·· 543

10.3.1　一字槽螺钉旋具 ·· 543

10.3.2　十字槽螺钉旋具 ·· 544

10.3.3　螺旋棘轮螺钉旋具 ·· 544

10.3.4　夹柄螺钉旋具 ·· 545

10.3.5　多用螺钉旋具 ·· 545

10.3.6　快速多用途螺钉旋具 ·· 545

10.3.7　钟表螺钉旋具 ·· 546

10.4　斧子、冲子类 ·· 547

10.4.1　斧子类 ·· 547

10.4.2　冲子类 ·· 547

第 11 章　钳工工具 ·· 550

11.1　虎钳类 ·· 550

11.1.1　普通台虎钳 ·· 550

11.1.2　多用台虎钳 ·· 550

11.1.3　桌虎钳 ·· 550

11.1.4　手虎钳 ·· 551

11.2　锉刀类 ·· 552

11.2.1　钳工锉 ·· 552

11.2.2　锯锉 ·· 552

11.2.3　整型锉 ·· 553

11.2.4　异型锉 ·· 554

11.2.5　钟表锉 ·· 555

11.2.6　刀锉 ·· 555

11.2.7　锡锉 ·· 556

11.2.8　铝锉 ·· 556

11.3　锯条类 ··· 556

11.3.1　钢锯架 ·· 556

11.3.2　手用钢锯条 ·· 557

11.3.3　机用钢锯条 ·· 557

11.4　手钻类 ··· 558

11.4.1　手扳钻 ·· 558

11.4.2　手摇钻 ·· 558

11.5　划线工具 ·· 560

11.5.1　划线规 ·· 560

11.5.2　划规 ··· 560

11.5.3　长划规 ·· 560

11.5.4　划线盘 ·· 561

11.5.5　划针盘 ·· 562

11.6　其他类 ··· 562

11.6.1　丝锥扳手 ·· 562

11.6.2　圆牙扳手 ·· 562

11.6.3　钢号码 ·· 563

11.6.4　钢字码 ·· 563

11.6.5　螺栓取出器 ··· 564

11.6.6　手动拉铆枪 ··· 564

11.6.7　刮刀 ··· 565

11.6.8　弓形夹 ·· 565

11.6.9　拉马 ··· 566

第12章　管工工具 ·· 567

12.1　管子台虎钳 ··· 567

12.2　C形管子台虎钳 ·· 567

12.3　水泵钳 ··· 568

12.4　管子钳 ··· 568

12.5　自紧式管子钳 ·· 569

12.6　快速管子扳手 ·· 569

12.7　链条管子扳手 ·· 569

12.8　管子割刀 ·· 569

12.9　胀管器 ··· 570

12.10　弯管机 …………………………………………………………… 571

12.11　管螺纹铰板 ………………………………………………………… 572

12.12　轻、小型管螺纹铰板 ……………………………………………… 572

12.13　电线管螺纹铰板及板牙 …………………………………………… 572

第 13 章　电工工具 …………………………………………………… 574

13.1　钳类工具 …………………………………………………………… 574

13.1.1　紧线钳 ……………………………………………………… 574

13.1.2　剥线钳 ……………………………………………………… 574

13.1.3　冷轧线钳 …………………………………………………… 575

13.1.4　手动机械压线钳 …………………………………………… 575

13.1.5　顶切钳 ……………………………………………………… 575

13.1.6　电信夹扭钳 ………………………………………………… 576

13.1.7　电信剪切钳 ………………………………………………… 577

13.1.8　电缆剪 ……………………………………………………… 578

13.2　其他电工工具 ……………………………………………………… 579

13.2.1　电工刀 ……………………………………………………… 579

13.2.2　电烙铁 ……………………………………………………… 579

第 14 章　电动工具 …………………………………………………… 581

14.1　电钻 ………………………………………………………………… 581

14.2　冲击电钻 …………………………………………………………… 582

14.3　电锤 ………………………………………………………………… 582

14.4　电动螺丝刀 ………………………………………………………… 582

14.5　电圆锯 ……………………………………………………………… 583

14.6　曲线锯 ……………………………………………………………… 583

14.7　电动刀锯 …………………………………………………………… 584

14.8　电动冲击扳手 ……………………………………………………… 584

14.9　电剪刀 ……………………………………………………………… 585

14.10　落地砂轮机 ………………………………………………………… 586

14.11　台式砂轮机 ………………………………………………………… 586

14.12　轻型台式砂轮机 …………………………………………………… 587

14.13　角向磨光机 ………………………………………………………… 588

14.14　直向砂轮机 ………………………………………………………… 588

14.15　平板砂光机 ………………………………………………………… 589

第 15 章　气动工具 …………………………………………………… 591

15.1 金属切削类 ·· 591

15.1.1 气钻 ·· 591

15.1.2 中型气钻 ·· 591

15.1.3 弯角气钻 ·· 592

15.1.4 气剪刀 ·· 592

15.1.5 气冲剪 ·· 593

15.1.6 气动锯 ·· 593

15.1.7 气动截断机 ······································ 593

15.1.8 气动手持式切割机 ································ 594

15.2 砂磨类 ·· 594

15.2.1 砂轮机 ·· 594

15.2.2 直柄式气动砂轮机 ································ 595

15.2.3 角式气动砂轮机 ·································· 595

15.2.4 气动模具磨 ······································ 595

15.2.5 掌上型砂磨机 ···································· 596

15.2.6 气动抛光机 ······································ 596

15.3 装配作业类 ·· 597

15.3.1 冲击式气扳机 ···································· 597

15.3.2 气扳机 ·· 597

15.3.3 中型气扳机 ······································ 598

15.3.4 定扭矩气扳机 ···································· 599

15.3.5 高转速气扳机 ···································· 599

15.3.6 气动棘轮扳手 ···································· 600

15.3.7 气动扳手 ·· 600

15.3.8 纯扭式气动螺丝刀 ································ 601

15.3.9 气动拉铆枪 ······································ 601

15.3.10 气动转盘射钉枪 ·································· 602

15.3.11 码钉射钉枪 ······································ 602

15.3.12 圆头钉射钉枪 ···································· 603

15.3.13 T形射钉枪 ······································ 603

15.3.14 气动打钉机 ······································ 603

第16章 木工工具 ·· 607

16.1 木工锯条 ·· 607

16.2 木工绕锯 ·· 607

16.3　木工带锯 ··· 608

16.4　木工圆锯片 ··· 608

16.5　木工硬质合金圆锯片 ·· 609

16.6　伐木锯条 ··· 612

16.7　手板锯 ··· 613

16.8　鸡尾锯 ··· 614

16.9　夹背锯 ··· 615

16.10　正锯器 ··· 615

16.11　刨台及刨刀 ··· 616

16.12　盖铁 ··· 616

16.13　绕刨和绕刨刃 ··· 617

16.14　木工凿 ··· 617

16.15　木工锉 ··· 617

16.16　木工钻 ··· 618

16.17　弓摇钻 ··· 619

16.18　木工台虎钳 ··· 619

16.19　木工夹 ··· 620

16.20　木工机用直刃刨刀 ··· 620

16.21　木工方凿钻 ··· 621

第 17 章　测量工具 ··· 623

17.1　尺类 ··· 623

　　17.1.1　金属直尺 ··· 623

　　17.1.2　钢卷尺 ··· 623

　　17.1.3　纤维卷尺 ··· 624

17.2　卡钳类 ··· 624

　　17.2.1　内卡钳和外卡钳 ··· 624

　　17.2.2　弹簧卡钳 ··· 625

17.3　卡尺类 ··· 625

　　17.3.1　游标、带表和数显卡尺 ··· 625

　　17.3.2　游标、带表和数显深度卡尺及游标、带表和数显高度

　　　　　　卡尺 ··· 627

　　17.3.3　游标、带表和数显齿厚卡尺 ··································· 628

　　17.3.4　万能角度尺 ··· 628

17.4　千分尺类 ··· 630

    17.4.1　外径千分尺 ··· 630

    17.4.2　电子数显外径千分尺 ··· 630

    17.4.3　两点内径千分尺 ·· 631

    17.4.4　三爪内径千分尺 ·· 632

    17.4.5　深度千分尺 ·· 632

    17.4.6　壁厚千分尺 ·· 632

    17.4.7　螺纹千分尺 ·· 632

    17.4.8　尖头千分尺 ·· 634

    17.4.9　公法线千分尺 ·· 634

    17.4.10　杠杆千分尺 ·· 634

    17.4.11　带计数器千分尺 ·· 635

    17.4.12　内测千分尺 ·· 636

    17.4.13　板厚百分尺 ·· 636

  17.5　仪表类 ··· 636

    17.5.1　指示表 ·· 636

    17.5.2　杠杆指示表 ·· 638

    17.5.3　内径指示表 ·· 640

    17.5.4　涨簧式内径指示表 ·· 641

    17.5.5　电子数显指示表 ·· 641

    17.5.6　万能表座 ··· 642

    17.5.7　磁性表座 ··· 642

  17.6　量规 ··· 644

    17.6.1　量块 ··· 644

    17.6.2　塞尺 ··· 646

    17.6.3　螺纹规 ··· 646

    17.6.4　半径样板 ··· 649

    17.6.5　硬质合金塞规 ·· 649

    17.6.6　螺纹塞规 ··· 650

    17.6.7　螺纹环规 ··· 651

    17.6.8　莫氏和公制圆锥量规 ··· 651

    17.6.9　表面粗糙度比较样块 ··· 652

    17.6.10　方规 ·· 653

    17.6.11　带表卡规 ·· 653

    17.6.12　扭簧比较仪 ·· 655

17.6.13　齿轮测量中心 ·· 656

17.7　角尺、平板、角铁 ·· 656

　　17.7.1　刀口形直尺 ·· 656

　　17.7.2　直角尺 ·· 657

　　17.7.3　铸铁角尺 ·· 657

　　17.7.4　三角铁 ·· 659

　　17.7.5　铸铁平板、岩石平板 ·· 660

17.8　水平仪、水平尺 ·· 660

　　17.8.1　光学平直仪 ·· 660

　　17.8.2　合像水平仪 ·· 661

　　17.8.3　框式水平仪和条式水平仪 ································ 661

　　17.8.4　电子水平仪 ·· 662

　　17.8.5　水平尺 ·· 662

　　17.8.6　建筑用电子水平尺 ·· 663

第18章　切削工具 ·· 664

18.1　车刀类 ·· 664

　　18.1.1　高速钢车刀条 ·· 664

　　18.1.2　硬质合金焊接车刀片 ·· 665

　　18.1.3　硬质合金焊接刀片 ·· 665

　　18.1.4　硬质合金焊接车刀 ·· 667

　　18.1.5　机夹车刀 ·· 667

　　18.1.6　可转位车刀 ·· 667

18.2　钻头类 ·· 682

　　18.2.1　直柄麻花钻 ·· 682

　　18.2.2　锥柄麻花钻 ·· 682

　　18.2.3　硬质合金直柄麻花钻 ·· 683

　　18.2.4　硬质合金锥柄钻头 ·· 684

　　18.2.5　中心钻 ·· 685

　　18.2.6　扩孔钻 ·· 686

　　18.2.7　锥面锪钻 ·· 687

　　18.2.8　开孔钻 ·· 687

　　18.2.9　冲击钻头 ·· 688

　　18.2.10　电锤钻头 ·· 689

18.3　铰削工具 ·· 689

18.3.1　直柄手用铰刀 ································· 689

18.3.2　可调节手用铰刀 ······························ 690

18.3.3　机用铰刀 ···································· 690

18.3.4　莫氏圆锥和米制圆锥铰刀 ··················· 691

18.3.5　1：50 锥度销子铰刀 ························· 692

18.3.6　锥柄 1：16 圆锥管螺纹锥孔铰刀 ············· 693

18.4　铣刀类 ··· 694

18.4.1　直柄立铣刀 ·································· 694

18.4.2　莫氏锥柄立铣刀 ····························· 695

18.4.3　7：24 锥柄立铣刀 ···························· 696

18.4.4　套式立铣刀 ·································· 697

18.4.5　圆柱形铣刀 ·································· 697

18.4.6　三面刃铣刀 ·································· 698

18.4.7　锯片铣刀 ···································· 701

18.4.8　键槽铣刀 ···································· 702

18.4.9　切口铣刀 ···································· 705

18.4.10　半圆铣刀 ·································· 705

18.5　齿轮刀具 ······································· 706

18.5.1　齿轮滚刀 ···································· 706

18.5.2　直齿插齿刀、小模数直齿插齿刀 ············· 708

18.5.3　盘形剃齿刀 ·································· 710

18.6　螺纹加工工具 ··································· 710

18.6.1　机用和手用丝锥 ····························· 710

18.6.2　细长柄机用丝锥 ····························· 712

18.6.3　螺旋槽丝锥 ·································· 712

18.6.4　螺母丝锥 ···································· 714

18.6.5　圆板牙 ······································ 716

18.6.6　滚丝轮 ······································ 717

18.6.7　搓丝板 ······································ 719

18.6.8　滚花刀 ······································ 720

18.7　磨具类 ··· 720

18.7.1　磨具特征和标记 ····························· 720

18.7.2　砂轮 ·· 724

18.7.3　磨头 ·· 728

18.7.4　磨石 ……………………………………………………… 730

18.7.5　砂瓦 ……………………………………………………… 731

18.7.6　砂布、砂纸 ……………………………………………… 732

18.7.7　米机砂 …………………………………………………… 733

18.7.8　磨光砂 …………………………………………………… 733

18.7.9　砂轮整形刀 ……………………………………………… 733

18.7.10　金刚石砂轮整形刀 …………………………………… 734

18.7.11　金刚石片状砂轮修整器 ……………………………… 734

第 19 章　起重及液压工具 ………………………………………… 736

19.1　千斤顶 ………………………………………………………… 736

19.1.1　千斤顶 …………………………………………………… 736

19.1.2　活头千斤顶 ……………………………………………… 736

19.1.3　螺旋千斤顶 ……………………………………………… 736

19.1.4　车库用油压千斤顶 ……………………………………… 738

19.1.5　齿条千斤顶 ……………………………………………… 739

19.1.6　分离式液压起顶机 ……………………………………… 740

19.1.7　滚轮卧式千斤顶 ………………………………………… 741

19.2　葫芦 …………………………………………………………… 742

19.2.1　手拉葫芦 ………………………………………………… 742

19.2.2　环链手扳葫芦 …………………………………………… 742

19.3　滑车 …………………………………………………………… 744

19.3.1　吊滑车 …………………………………………………… 744

19.3.2　起重滑车 ………………………………………………… 744

19.4　液压工具 ……………………………………………………… 746

19.4.1　分离式液压拉模器（三爪液压拉模器） ……………… 746

19.4.2　液压弯管机 ……………………………………………… 747

19.4.3　液压钢丝切断器 ………………………………………… 748

19.4.4　液压扭矩扳手 …………………………………………… 748

19.4.5　液压钳 …………………………………………………… 752

第 20 章　焊接器材 ………………………………………………… 753

20.1　焊割工具 ……………………………………………………… 753

20.1.1　射吸式焊炬 ……………………………………………… 753

20.1.2　射吸式割炬 ……………………………………………… 753

20.1.3　射吸式焊割两用炬 ……………………………………… 754

20.1.4　等压式焊炬·· 754

20.1.5　等压式割炬·· 755

20.1.6　等压式焊割两用炬·· 755

20.1.7　火焰割嘴·· 757

20.1.8　金属粉末喷焊炬·· 760

20.1.9　金属粉末喷焊喷涂两用炬······································ 761

20.2　焊、割器具及用具··· 762

20.2.1　氧气瓶··· 762

20.2.2　溶解乙炔气瓶·· 762

20.2.3　氧、乙炔减压器··· 762

20.2.4　气焊眼镜·· 763

20.2.5　焊接面罩·· 763

20.2.6　焊接滤光片··· 764

20.2.7　电焊钳··· 764

20.2.8　电焊手套及脚套··· 764

第21章　其他类工具·· 766

21.1　喷灯··· 766

21.2　喷漆枪··· 767

21.3　喷笔··· 767

21.4　衡器··· 768

21.4.1　弹簧度盘秤··· 768

21.4.2　非自行指示秤·· 769

21.4.3　非自行指示轨道衡（轻轨衡）··································· 769

21.4.4　固定式电子衡器··· 770

21.4.5　电子吊秤·· 770

21.4.6　电子台案秤··· 771

21.5　切割工具··· 772

21.5.1　石材切割机··· 772

21.5.2　电火花线切割机（往复走丝型）································ 772

21.5.3　汽油焊割设备·· 772

21.5.4　超高压水切割机··· 772

21.5.5　等离子弧切割机··· 772

21.5.6　型材切割机··· 772

第4篇 建筑五金

第22章 门窗五金 ……………………………………………………… 776

22.1 建筑门窗五金件通用要求 ……………………………………… 776

22.2 执手 ……………………………………………………………… 779

  22.2.1 传动机构用执手的技术指标 ……………………………… 779

  22.2.2 旋压执手的技术指标 ……………………………………… 779

  22.2.3 铝合金门窗执手 …………………………………………… 780

  22.2.4 铝合金门窗拉手 …………………………………………… 781

22.3 合页（铰链） ………………………………………………… 782

  22.3.1 合页（铰链）的技术指标 ………………………………… 782

  22.3.2 普通型合页 ………………………………………………… 785

  22.3.3 轻型合页 …………………………………………………… 786

  22.3.4 抽芯型合页 ………………………………………………… 787

  22.3.5 H型合页 …………………………………………………… 787

  22.3.6 T型合页 …………………………………………………… 788

  22.3.7 双袖型合页 ………………………………………………… 788

  22.3.8 弹簧合页 …………………………………………………… 788

22.4 锁闭器 …………………………………………………………… 790

  22.4.1 传动锁闭器的技术指标 …………………………………… 790

  22.4.2 单点锁闭器的技术指标 …………………………………… 791

  22.4.3 多点锁闭器的技术指标 …………………………………… 791

  22.4.4 闭门器 ……………………………………………………… 792

  22.4.5 地弹簧 ……………………………………………………… 793

22.5 滑撑 ……………………………………………………………… 795

  22.5.1 滑撑的技术指标 …………………………………………… 795

  22.5.2 铝合金窗不锈钢滑撑 ……………………………………… 796

22.6 撑挡 ……………………………………………………………… 796

  22.6.1 撑挡的技术指标 …………………………………………… 796

  22.6.2 铝合金窗撑挡规格 ………………………………………… 797

22.7 滑轮 ……………………………………………………………… 799

  22.7.1 滑轮的技术指标 …………………………………………… 799

  22.7.2 推拉铝合金门窗用滑轮规格 ……………………………… 800

22.8 插销 ……………………………………………………………… 800

22.8.1　插销的技术指标 ……………………………………… 800

22.8.2　铝合金门插销规格 ………………………………… 801

22.9　门锁 ……………………………………………………… 802

22.9.1　外装门锁 …………………………………………… 802

22.9.2　弹子插芯门锁 ……………………………………… 803

22.9.3　球形门锁 …………………………………………… 803

22.9.4　叶片插芯门锁 ……………………………………… 803

22.9.5　铝合金门锁 ………………………………………… 805

22.9.6　铝合金窗锁 ………………………………………… 805

22.10　建筑门窗用通风器 ……………………………………… 806

第 23 章　网、钉及玻璃 ……………………………………… 809

23.1　网 ………………………………………………………… 809

23.1.1　窗纱 …………………………………………………… 809

23.1.2　钢丝方孔网 …………………………………………… 810

23.1.3　钢丝六角网 …………………………………………… 811

23.1.4　钢丝波纹方孔网 ……………………………………… 812

23.1.5　铜丝编织方孔网 ……………………………………… 813

23.1.6　钢板网 ………………………………………………… 819

23.1.7　镀锌电焊网 …………………………………………… 822

23.2　钉 ………………………………………………………… 823

23.2.1　一般用途圆钢钉 ……………………………………… 823

23.2.2　射钉（GB/T 18981—2008） ………………………… 824

23.2.3　射钉弹（GB/T 19914—2005） ……………………… 830

23.3　玻璃 ……………………………………………………… 831

23.3.1　普通平板玻璃（GB/T 11614—2009） ……………… 831

23.3.2　夹层玻璃（GB/T 15763.3—2009） ………………… 833

23.3.3　夹丝玻璃（JC 433—1996） ………………………… 835

23.3.4　中空玻璃（GB/T 11944—2012） …………………… 836

23.3.5　钢化玻璃（GB/T 15763.2—2005） ………………… 837

第 24 章　厨卫设备五金 ……………………………………… 840

24.1　厨房设备 ………………………………………………… 840

24.1.1　洗涤槽水嘴 …………………………………………… 840

24.1.2　厨房用净水器 ………………………………………… 841

24.1.3　厨房台、柜 …………………………………………… 842

24.1.4 消毒柜（GB/T 4706.1—2005、GB/T 17988—2008）········ 843

24.1.5 家用燃气灶（GB/T 16410—2007）···················· 843

24.1.6 吸油烟机（GB/T 4706.28—2008、Q/SMC 003—2001）····· 845

24.2 水嘴··· 845

24.2.1 陶瓷片密封水嘴（GB/T 18145—2014）·············· 845

24.2.2 面盆水嘴（JC/T 758—2008）····························· 855

24.2.3 浴盆及淋浴水嘴（JC/T 760—2008）·················· 857

24.3 温控水嘴（QB/T 2806—2006）·· 859

24.4 卫生洁具排水配件（JC/T 932—2003）······························· 865

24.5 便器水箱配件（JC 987—2005）··· 867

参考文献 ·· 868

第1篇

金属材料

第1章 金属材料基本知识

1.1 金属材料的分类

金属材料种类繁多，通常可按组分复杂程度和组成成分两个角度进行分类。

① 金属材料按组分复杂程度可分为纯金属和合金两大类。

纯金属（简单金属）是指由一种金属元素组成的物质。目前已知的纯金属有 80 多种，但由于纯金属力学性能特别是强度较低，除了要求导电性高的电器材料外，用于工程目的的则为数不多。

合金（复杂金属）是指两种或两种以上金属元素或金属元素与非金属元素，经熔炼、烧结或其他方法组合而成并具有金属特性的物质。它的种类很多，例如：钢是由铁、碳组成的合金，即铁碳合金；黄铜是由铜、锌组成的合金，即铜锌合金；青铜是由铜、锡组成的合金，即铜锡合金。由于合金的使用性能优于纯金属，并且通过改变成分可使其性能在很大的范围内变化，在工程上，其应用范围要比纯金属广泛得多。

② 金属材料按组成成分可分为钢铁材料和非铁金属及其合金两大类。

钢铁材料是指铁及铁基合金材料，又称黑色金属，占金属材料总量的 95% 以上，又可分为生铁、铁合金、铸铁和钢等。

非铁金属（习惯上称为有色金属）及其合金是指除铁及铁基合金之外的所有金属及其合金材料。它又可分为轻金属（如铝、镁、钛）、重金属（如铅、锑）、贵金属（如金、银、镍、铂）和稀有金属（包括放射性的铀、镭）等。其中作为工业用金属以铝及铝合金、铜及铜合金用途最广。此外工业上还采用镍、锰、钼、钴、钒、钨、钛等作合金附加物，以改善金属的性能，制造某些有特殊性能要求的零件。

1.1.1 生铁

生铁是质量分数 $w_C > 2\%$ 的一种铁碳合金，此外还含有硅、锰、磷、硫等元素。把铁矿石放在高炉中冶炼而得到的产品即为生铁（液态）。把液态生铁浇铸于砂模或钢模中，即成块状生铁（生铁块）。生铁分为炼钢用生铁和铸造用生铁两种。

1.1.2 铁合金

铁合金是指铁与硅、锰、铬、钛等元素组成的合金总称。铁与硅组成的合金称为硅铁；铁与锰组成的合金称为锰铁。主要供铸造或炼钢作还原剂或作合金元素添加剂用。

1.1.3 铸铁

把铸造生铁放入熔铁炉中熔炼而得到的产品即为铸铁（液态）。再把液态铸铁浇铸成铸件，这种铸件称为铸铁件。工业上常用的有灰铸铁、可锻铸铁（马铁、玛钢）、球墨铸铁、蠕墨铸铁和合金铸铁等。

1.1.4 钢

钢是指以铁为主要元素、碳质量分数一般在 2% 以下并含有其他元素的材料。钢中含有的其他元素包括硅、锰、磷、硫等杂质元素（其质量分数要比生铁中少得多）和为提高钢的性能而特意加入的合金元素。将炼钢用生铁放入炼钢炉内熔炼，即得到钢。钢的产品有钢锭、连铸坯（供轧制成各种钢材）和直接铸成的各种钢铸件等。通常所讲的钢，一般是指轧制成各种钢材的钢。

（1）钢的分类 中国国家标准 GB/T 13304—2008《钢分类》，参照采用国际标准，对钢的分类作了具体的规定。标准第一部分规定了按照化学成分对钢进行分类的基本原则，将钢分为非合金钢、低合金钢和合金钢三大类，并且规定了这三大类钢中合金元素质量分数的基本界限值；标准第二部分规定了非合金钢、低合金钢和合金钢按主要质量等级、主要性能及使用特性分类的基本原则和要求。钢按国标进行分类的关系见图 1-1。

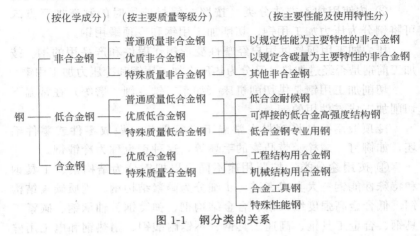

图 1-1　钢分类的关系

除上述标准分类法外，根据分类目的的不同，习惯上还常按照以下几种不同的方法对钢进行分类。

① 按冶金方法分类　根据冶炼方法和冶炼设备的不同，钢可分为电炉钢和转炉钢两大类。

按脱氧程度和浇注制度的不同可分为沸腾钢、半镇静钢、镇静钢和特殊镇静钢。

沸腾钢为脱氧不完全的钢，在冶炼后期，钢中不加脱氧剂（如硅、铝等），浇注时钢液在钢锭模内产生沸腾现象（气体逸出）。这类钢的成分特点是钢中硅质量分数（$w_{Si} \leqslant 0.07\%$）很低；优点是钢的收率高，生产成本低，表面质量和深冲性能好；缺点是钢的杂质多，成分偏析较大，因而性能不均匀。

镇静钢是完全脱氧的钢，浇注时钢液镇静不沸腾。钢的组织致密，偏析小，质量均匀。合金钢一般都是镇静钢。

半镇静钢是脱氧较完全的钢。脱氧程度介于沸腾钢和镇静钢之间，浇注时有沸腾现象，但与沸腾钢相比较，沸腾现象较弱。这类钢具有沸腾钢和镇静钢的某些优点。

② 按金相组织分类　按钢的金相组织分类可分为铁素体型、奥氏体型、珠光体型、马氏体型、贝氏体型、双相（如马氏体/铁

素体）类型等。

③ 按使用加工方法分类　按照在钢材使用时的制造加工方式可将钢分为压力加工用钢、切削加工用钢和冷顶锻用钢。

压力加工用钢是供用户经塑性变形制作锻件和产品用的钢。按加工前钢是否经过加热，又分为热压力加工用钢和冷压力加工用钢。

切削加工用钢是供切削机床（如车、铣、刨、磨等）在常温下切削加工成零件用的钢。

冷顶锻用钢是将钢材在常温下进行锻粗，做成零件或零件毛坯，如铆钉、螺栓及带凸缘的毛坯等，这种钢也称为冷锻钢。

④ 按用途分类　按照用途不同可以把钢分为结构钢、工具钢和特殊性能钢三大类或者进一步细分为碳素结构钢、优质碳素结构钢、低合金高强度结构钢、合金结构钢、弹簧钢、轴承钢、碳素工具钢、合金工具钢、高速工具钢、不锈耐酸钢、耐热钢和电工用硅钢十二大类。

为了满足专门用途的需要，由上述钢类又派生出一些为专门用途的钢，简称为专门钢。它们包括：焊接用钢、钢轨钢、铆螺钢、锚链钢、地质钻探管用钢、船用钢、汽车大梁用钢、矿用钢、压力容器用钢、桥梁用钢、锅炉用钢、焊接气瓶用钢、车辆车轴用钢、机车车轴用钢、耐候钢和管线钢等。

（2）钢材的品种规格　钢经压力加工制成的各种形状的材料称为钢材。按大类分可分为型钢、钢板（包括带钢）、钢管、钢丝四类。

① 型钢　是指断面具有一定几何形状的条状钢材。依据材质、形状、工艺不同，又可分为以下几种。

a. 型材　由碳素结构钢、优质碳素结构钢和低合金高强度结构钢轧制而成。按钢材的横截面形状分为工字形、槽形、H形、等边角形、不等边角形、方形、圆形、扁形、六角形、八角形、螺纹钢筋等品种。习惯上把上述品种分别简称为工字钢、槽钢、H型钢、等边角钢、不等边角钢、方钢、圆钢、扁钢、六角钢、八角钢和螺纹钢。主要用于建筑工程结构（如厂房、楼房、桥梁等）、电力工程结构（如电力输送用铁塔和微波输送塔等）、车辆结构（如拖拉机、集装箱等）、矿井巷道支护等方面。

型材规格一般根据以下特征参数确定：工字钢、槽钢、H 型钢的高度；等边角钢、不等边角钢、方钢的边长；圆钢和螺纹钢的横截面直径；扁钢的宽度；六角钢和八角钢的横截面对边距离。

b. 优质钢型材　俗称优质型材或优型材，是指用优质钢（优质碳素结构钢和合金结构钢、轴承钢、合金工具钢、高速工具钢、不锈钢等）生产（热轧、锻制或冷拔）的圆形钢材。主要用于制造紧固件（螺母、螺栓等）、船用锚链、预应力混凝土构件、工业链条、轴承滚动体、内燃机气阀等。

c. 冷弯型钢材　指用可冷加工变形的冷轧或热轧带钢在连续辊式冷弯机组上生产的型材。

通常使用的是冷弯开口型钢，按形状冷弯开口型钢可分为冷弯等边角钢、冷弯不等边角钢、冷弯等边槽钢、冷弯不等边槽钢、冷弯内卷边槽钢、冷弯外卷边槽钢、冷弯 Z 型钢和冷弯卷边 Z 型钢八个品种。

结构用冷弯空心型钢是在连续辊式冷弯机组上冷弯成形、焊接而成。结构用冷弯空心型钢又分为方形空心型钢和矩形空心型钢。

根据冷弯型钢的使用要求，其原料——冷轧或热轧带钢的钢类一般为碳素结构钢、低合金高强度结构钢和其他钢类。带钢的宽度范围为 20～2000mm，厚度范围为 0.1～25.4mm。

冷弯型钢广泛应用于轻型钢结构厂房、高速公路护栏板以及汽车、客车和农业机械制造与铁路车辆制造、船舶制造、家具制造等行业。

d. 线材　指横截面为圆形、直径为 5～9mm 的热轧型材。通常采用卷线机将线材卷成盘卷投放市场，因此也称为盘条或盘圆。

② 钢板　指厚度远小于长度和宽度的板状钢材。依据板厚不同，又分为以下几种。

a. 薄钢板　指厚度小于 4mm、宽度不小于 600mm 的钢板。薄钢板按加工方法分为热轧薄板和冷轧薄板两类。冷轧薄板是由热轧薄板经冷压力加工而得到的产品。在表面上镀有金属镀层或涂有无机或有机涂料的薄钢板称为涂镀薄板。涂镀薄板是由冷轧薄板经表面处理而得到的，如镀锌薄板、镀锡薄板、镀铬薄板、镀铝薄板和彩涂薄板等。

b. 中厚板 指厚度不小于 4mm、宽度不小于 600mm 的钢板。主要用于机械、造船、容器、锅炉、石油化工和建筑结构等制造行业。

③ 钢管 按生产工艺不同分为无缝钢管和焊接钢管两类。

无缝钢管是由钢锭、管坯或钢棒穿孔制成的无缝的钢管；焊管是用热轧或冷轧钢板及钢带卷焊制成的，可以纵向直缝焊接，也可以螺旋焊接。

④ 钢丝 是以线材为原料，经拔制加工而成的断面细小的条状钢材。

1.1.5 有色金属及其合金

(1) 按照密度、价格、储量及性能分类

① 重金属 指密度 $\geqslant 3.5g/cm^3$ 的有色金属。包括铜、镍、钴、铅、锌、锡、锑、汞、镉、铋等纯金属及其合金。

② 轻金属 指密度 $< 3.5g/cm^3$ 的有色金属。包括铝、镁、钠、钾、钙等纯金属及其合金。这类金属的共同特点是密度小（$0.53 \sim 3.5g/cm^3$），化学活性大，与氧、硫、碳和卤素的化合物都相当稳定。

③ 贵金属 指贵重或可制造货币的金属。包括金、银、铂、钯、铑等纯金属及其合金。它们的特点是密度大（$10.4 \sim 22.4g/cm^3$），熔点高（$916 \sim 3000℃$），化学性质稳定，能抵抗酸、碱，难于腐蚀（除银和钯外）。

④ 半金属 指物理性能介于金属与非金属之间的有色金属。包括硅、硒、碲、砷、硼等。其中硅是半导体主要材料之一；高纯碲、硒、砷是制造化合物半导体的原料；硼是合金的添加元素。

⑤ 稀有金属 指相对较为稀缺或目前产量相对较少的有色金属。稀有轻金属包括钛、铍、锂、铷、铯等。其共同特点是密度小，化学活性很强。稀有高熔点金属包括钨、钽、铌、锆、铪、钒、铼等。其共同特点是熔点高（均高于 1700℃，钨高达 3400℃），硬度大，耐腐蚀性强，可与一些非金属生成非常硬和非常难熔的稳定化合物。稀有分散金属包括镓、铟、铊、锗等，除铊

外都是半导体材料。稀土金属包括镧系和与镧系性质非常相近的钪、钇元素。其特性是化学性质活泼，故在冶金工业和球墨铸铁的生产中获得广泛的应用。

稀土金属其实并不稀少。它的储量是较丰富的，也不像泥土，只是由于过去提纯和分离技术低，只能获得外观似碱土的稀土氧化物而得名。

⑥ 放射性金属　包括天然放射性元素如钋、镭、锕、钍、镤和铀等元素以及人造超铀元素如镎、锫、锔、镅等。这类金属是原子能工业的主要原料。

（2）按生产方法及用途分类

① 有色冶炼产品　指以冶炼方法得到的各种纯金属或合金产品。纯金属产品一般分为工业纯度及高纯度两类，按照金属的不同，可分为纯铜、纯铝、纯镍、纯锡等。合金冶炼产品是按铸造有色合金的成分配比而生产的一种原始铸锭，如铸造黄铜锭、铸造青铜锭、铸造铝合金锭等。

② 有色加工产品　指以压力加工方法生产出来的各种管、棒、线、型、板、箔、条、带等有色半成品材料。它包括纯金属加工产品和合金加工产品两部分。按照有色金属和合金系统，可分为纯铜加工产品、黄铜加工产品、青铜加工产品、白铜加工产品、铝及铝合金加工产品、锌及锌合金加工产品、钛及钛合金加工产品等。

③ 铸造有色合金　指以铸造方法，用有色金属材料直接浇铸各种形状的机械零件，其中最常用的有铸造铜合金（包括铸造黄铜和铸造青铜）、铸造铝合金、铸造镁合金、铸造锌合金等。

④ 轴承合金　指制作滑动轴承轴瓦的有色金属材料，按其基体材料的不同，可分为锡基、铅基、铜基、铝基、锌基、镉基和银基等轴承合金。实质上，它也是一种铸造有色合金，但因其属于专用合金，故通常都把它划分出来，单独列为一类。

⑤ 硬质合金　指以难熔硬质金属化合物（如碳化钨、碳化钛）作基体，以钴、铁或镍作黏结剂，采用粉末冶金法（也有铸造的）制作而成的一种硬质工具材料。其特点是具有比高速工具钢更好的红硬性和耐磨性。常用的硬质合金有钨钴合金、钨钴钛合金和通用

硬质合金三类。

⑥ 焊料   指焊接金属制件时所用的有色合金。焊料应具有的基本特性是熔点较低、黏合力较强、焊接处有足够的强度和韧性等。按照化学成分和用途的不同，焊料通常分为以下三类。

a. 软焊料   即铅基和锡基焊料，熔点在 220～280℃ 之间。

b. 硬焊料   即铜基和锌基焊料，熔点在 825～880℃ 之间。

c. 银焊料   熔点在 720～850℃ 之间，也属硬焊料，但这类焊料比较贵，主要用于电子仪器和仪表中，因为它除了具有上述一般特性外，还具有在熔融状态下不氧化（或微弱氧化）和高的电化学稳定性。

⑦ 金属粉末   指粉状的有色金属材料，如镁粉、铝粉、铜粉等。

⑧ 特殊合金   指高温合金、精密合金、复合材料等。

（3）按合金系统分类   有铝及铝合金、铜及铜合金、钛及钛合金等。

（4）工业上常用的有色金属（见表1-1）

表 1-1   工业上常用的有色金属

纯金属			铜（紫铜）、镍、铝、镁、锌、铅、锡、铬等
合金	铜合金	黄铜	压力加工用、铸造用	普通黄铜（铜锌合金）
				特殊黄铜（含有其他合金元素的黄铜）：铝黄铜、硅黄铜、锰黄铜、铅黄铜等

合金	铜合金	黄铜	压力加工用、铸造用	普通黄铜（铜锌合金） 特殊黄铜（含有其他合金元素的黄铜）：铝黄铜、硅黄铜、锰黄铜、铅黄铜等
		青铜	压力加工用、铸造用	锡青铜（铜锡合金，一般还含有磷或锌、铅等合金元素） 特殊青铜（无锡青铜）：铝青铜（铜铝合金）、铍青铜（铜铍合金）、硅青铜（铜硅合金）等
		白铜	压力加工用	普通白铜（铜镍合金） 特殊白铜（含有其他合金元素的白铜）：锰白铜、铁白铜、锌白铜等
合金	铝合金	压力加工用	不经热处理：防锈铝
			经热处理：硬铝、锻铝、超硬铝、特殊铝等
		铸造用	铝硅合金、铝铜合金、铝镁合金、铝锌合金
	镍合金	压力加工用	镍硅合金、镍锰合金、镍铬合金、镍铜合金等
	锌合金	压力加工用	锌铜合金、锌铝合金
		铸造用	锌铝合金

续表

纯金属	铜（紫铜）、镍、铝、镁、锌、铅、锡、铬等		
合金	铅合金	压力加工用	铅锌合金、铅锑合金
	镁合金	压力加工用、铸造用	镁铝合金、镁锰合金、镁锌合金、镁稀土合金
	轴承合金	铅基轴承合金、铅锡轴承合金、铅锑轴承合金	
		锡基轴承合金、锡锑轴承合金	
	印刷合金	铅基印刷合金、铅锑印刷合金	
	硬质合金	钨钴硬质合金、钨钴钛硬质合金等	
		铸造碳化钨	
	钛合金	压力加工用、铸造用	钛与铝、钼等合金元素的合金

1.2　金属材料牌号表示方法

1.2.1　总则

　　根据国家有关标准规定，我国金属材料牌号的表示方法必须遵循以下原则：用汉字或国际化学元素符号表示所含的元素；用汉字或汉语拼音字母表示产品名称、用途或冶炼、浇铸方法和加工状态；用阿拉伯数字表示产品的顺序号、产品中各主要元素的含量，或其主要力学性能等。按照上述原则，我国的金属材料牌号表示方法有两种：一种是汉字牌号，它是采用汉字和阿拉伯数字相结合的方法来表示金属材料的牌号，如 40 铬钢、滚铬 15 钢、62 黄铜、92 铝青铜等；另一种是字母牌号（或称代号），它是采用汉语拼音字母、国际化学元素符号和阿拉伯数字相结合的方法来表示金属材料的牌号，如 40Cr、GCr15、H62、QAl9-2 等。

1.2.2　钢铁产品牌号表示方法

　　我国现行有两个钢铁产品牌号表示方法标准，GB/T 221—2008《钢铁产品牌号表示法》和 GB/T 17616—2013《钢铁及合金牌号统一数字代号体系》，这两种表示方法在现行国家标准和行业标准中并列使用，两者均有效。

　　依据国家标准（GB/T 221—2008）规定，编号原则如下。

　　① 产品牌号的表示一般采用汉语拼音字母、化学元素符号（见表 1-2）和阿拉伯数字相结合的形式。

　　② 采用汉语拼音字母表示产品名称、用途、特性和工艺方法

时，一般情况下从代表产品名称的汉字的汉语拼音中选取第一个字母。当这样选取的字母与另一个产品所取的字母重复时，改取第二个字母或第三个字母，或同时选取两个汉字的第一个拼音字母。采用汉语拼音字母表示，原则上字母数只取一个，不超过两个。暂时没有可采用的汉字及汉语拼音的，采用符号为英文字母。

钢铁产品名称、用途、特性、工艺方法和冶金质量等级的表示符号见表1-3和表1-4。

③ 按钢的冶金质量等级分类的优质钢不另加表示符号；高级优质钢分为 A、B、C、D 四个质量等级；E 表示特级优质钢。等级间的区别为：碳质量分数范围；硫、磷及残余元素的质量分数；钢的纯净度和钢的力学性能及工艺性能的保证程度。

表 1-2 常用化学元素符号

元素名称	化学元素符号	元素名称	化学元素符号	元素名称	化学元素符号	元素名称	化学元素符号	元素名称	化学元素符号	元素名称	化学元素符号
铁	Fe	铝	Al	铋	Bi	硒	Se	钼	Mo	碳	C
锰	Mn	铌	Nb	铯	Cs	碲	Te	钒	V	硅	Si
铬	Cr	钽	Ta	钡	Ba	砷	As	钛	Ti	氢	H
镍	Ni	锂	Li	镧	La	硫	S	锆	Zr		
钴	Co	铍	Be	铈	Ce	磷	P	锡	Sn	稀土金属	RE（不是元素符号）
铜	Cu	镁	Mg	钐	Sm	氮	N	铅	Pb		
钨	W	钙	Ca	锕	Ac	氧	O	硼	B		

表 1-3 钢产品名称、用途、特性和工艺方法表示符号

名 称	采用的汉字及其汉语拼音		采用符号	位置
	汉 字	汉 语 拼 音		
炼钢用生铁	炼	LIAN	L	牌号头
铸造用生铁	铸	ZHU	Z	牌号头
球墨铸铁用生铁	球	QIU	Q	牌号头
脱碳低磷粒铁	脱炼	TUO LIAN	TL	牌号头
含钒生铁	钒	FAN	F	牌号头
耐磨生铁	耐磨	NAI MO	NM	牌号头
碳素结构钢	屈	Qu	Q	牌号头
低合金高强度结构钢	屈	Qu	Q	牌号头
耐候钢	耐候	NAI HOU	NH	牌号尾
保证淬透性钢	（可淬透的）	（英文 Hardenability）	H	牌号尾
保证淬透性结构钢（旧标准）	淬	ZHAN	Z	牌号尾

名　称	采用的汉字及其汉语拼音		采用符号	位置
	汉　字	汉语拼音		
易切削钢	易	YI	Y	牌号头
易切削非调质钢	易非	YI FEI	YF	牌号头
热锻用非调质钢	非	FEI	F	牌号头
电工用热轧硅钢	电热	DIAN RE	DR	牌号头
电工用冷轧无取向硅钢	电无	DIAN WU	DW	牌号头
电工用冷轧取向硅钢	电取	DIAN Qu	DQ	牌号头
电工用冷轧取向高磁感硅钢	取高	Qu GAO	QG	牌号头
(电信用)取向高磁感硅钢	电高	DIAN GAO	DG	牌号头
家用电器用热轧硅钢	家电热	JIA DIAN RE	JDR	牌号头
原料纯铁	原铁	YUAN TIE	YT	牌号头
电磁纯铁	电铁	DIAN TIE	DT	牌号头
碳素工具钢	碳	TAN	T	牌号头
塑料模具用钢	塑模	SU MO	SM	牌号头
(滚珠)轴承钢	滚	GUN	G	牌号头
焊接用钢	焊	HAN	H	牌号头
钢轨钢	轨	GUI	U	牌号头
铆螺(冷镦)钢	铆螺	MAO LUO	ML	牌号头
锚链钢	锚	MAO	M	牌号头
地质钻探钢管用钢	地质	DI ZHI	DZ	牌号头
船用钢	船	CHUAN	C	牌号尾
汽车大梁用钢	梁	LIANG	L	牌号尾
矿用钢	矿	KUANG	K	牌号尾
压力容器用钢	容	RONG	R	牌号尾
桥梁用钢	桥	QIAO	q	牌号尾
锅炉用钢	锅	GUO	g(或 G)	牌号尾
焊接气瓶用钢	焊瓶	HAN PING	HP	牌号尾
车辆车轴用钢	辆轴	LIANG ZHOU	LZ	牌号头
机车车轴用钢	机轴	JI ZHOU	JZ	牌号头
管线用钢			S	牌号头
沸腾钢	沸	FEI	F	牌号尾
半镇静钢	半	BAN	b	牌号尾
镇静钢	镇	ZHEN	Z	可省略
特殊镇静钢	特镇	TE ZHEN	TZ	可省略
质量等级			A、B、C、D、E	牌号尾

表 1-4　GB 221—2008 未规定但钢铁产品牌号中经常采用的命名符号

名　称	采用的汉字及其汉语拼音		采用符号	位置
	汉　字	汉语拼音		
铸钢	铸钢	ZHU GANG	ZG	牌号头
粉末及粉末材料	粉	FEN	F	牌号头
轻轨用钢	轻	QING	Q	牌号尾
铁路粗制轮箍用钢	轮箍	LUN GU	LG	牌号头

续表

名　　称	采用的汉字及其汉语拼音		采用符号	位置
	汉　字	汉　语　拼　音		
铁路车轮用钢	车轮	CHE LUN	CL	牌号头
自行车用钢	自	ZI	Z	牌号头
标准件用碳素钢	标螺	BIAO LUO	BL	牌号头
中空钢	中空	ZHONG KONG	ZK	牌号头
日用搪瓷钢板用钢	日搪	RI TANG	RT	牌号头
冷轧油桶钢板用钢	冷桶	LENG TONG	LT	牌号头
冷轧镀锌油桶钢板用钢	锌桶	XIN TONG	XT	牌号头
火炮炮身用钢	炮	PAO	P	牌号头
炮弹用钢	弹	DAN	D	牌号头
防弹板用钢	防弹	FANG DAN	FD	牌号头
深冲用优质碳素钢	深	SHEN	S	牌号头
覆铜用热轧扁钢	覆	FU	F	牌号头
预应力混凝土低合金钢丝用钢	预低	YU DI	YD	牌号头
抗震钢筋钢	抗震	KANG ZHEN	KZ	牌号尾
高级电工纯铁或高级优质钢	高	GAO	A	牌号尾
特级电工纯铁或特级优质钢	特	TE	E	牌号尾
超级电工纯铁	超	CHAO	C	牌号尾
不锈钢单面涂层钢板	涂	TU	T	牌号头
不锈钢双面涂层钢板	涂双	TU SHUANG	TS	牌号头
石油天然气输送管用热轧宽钢带	石	SHI	S	牌号头
一般结构用热连轧钢板和钢带	热卷	RE JUAN	RJ	牌号头
汽车车轮轮辋用钢	轮辋	LUN WANG	LW	牌号尾
汽车传动轴电焊钢管用钢	轴	ZHOU	Z	牌号尾
煤矿用钢	煤	MEI	M	牌号尾
多层压力容器用钢	容层	RONG CENG	RC	牌号尾
低温压力容器用钢	低容	DI RONG	DR	牌号尾
氧化钼块	氧	YANG	Y	牌号头
氧气转炉(普通碳素钢用)	氧	YANG	Y	牌号头
碱性空气转炉(普通碳素钢用)	碱	JIAN	J	牌号头
耐蚀合金	耐蚀	NAI SHI	NS	牌号头
精密合金	精	JING	J	牌号中
变形高温合金	高合	GAO HE	GH	牌号头
铸造高温合金	铸高	ZHU GAO	ZG	牌号头
钕铁硼永磁合金	钕铁硼	NU TIE PENG	NTP	牌号头
D(钕铁硼永磁合金)	低	DI	D	牌号尾
Z(钕铁硼永磁合金)	中	ZHONG	Z	牌号尾
G(钕铁硼永磁合金)	高	GAO	G	牌号尾
C(钕铁硼永磁合金)	超	CHAO	C	牌号尾
灰铸铁	灰铁	HUI TIE	HT	牌号头
球墨铸铁	球铁	QIU TIE	QT	牌号头
可锻铸铁	可铁	KE TIE	KT	牌号头
耐热铸铁	热铁	RE TIE	RT	牌号头

1.2.3 有色金属及合金产品牌号表示方法 (GB/T 340—1976)

GB/T 340—1976 部分被 GB/T 16474—1996 代替，部分被 GB/T 16475—1996 代替，部分被 GB/T 17803—1999 代替，部分被 GB/T 18035—2000 代替。

① 有色金属及合金产品牌号的命名，以代号字头或元素符号后的成分数字或顺序号结合产品类别或组别名称表示。有色金属及合金产品的分类与编组见表 1-5。

② 产品代号 采用标准规定的汉语拼音字母、化学元素符号及阿拉伯数字相结合的方法表示。常用有色金属与合金名称及其汉语拼音字母的代号、专用有色金属与合金名称及其汉语拼音字母的代号见表 1-6。

③ 有色金属及合金产品的统称（如铝材、铜材等）、类别（如黄铜、青铜等）以及产品标记中的品种（如板、管、棒、线、带、箔等）均用汉字表示。

④ 有色金属及合金产品的状态、加工方法、特性的代号，采用标准规定的汉语拼音字母表示，见表 1-7。

表 1-5 有色金属及合金产品的分类与编组

项目	内　　容
分类	①有色金属产品分为冶炼产品、加工产品和铸造产品三大部分 ②纯有色金属冶炼产品分为工业纯度、高纯度两类 ③有色金属及合金加工产品按系统类别分为铝及铝合金、镁及镁合金、铜及铜合金（包括纯铜、黄铜、青铜、白铜）、镍及镍合金、钛及钛合金 ④有色铸造产品分为铸件、铸锭。按不同系统又可分为铸造铝合金、铸造镁合金、铸造黄铜、铸造青铜等 ⑤部分产品按专门用途分类，如焊料、轴承合金、印刷合金、中间合金、金属粉末
编组	①按金属及合金性能、使用要求编组。如铝及铝合金分为纯铝组、防锈铝组、硬铝组、锻铝组 ②按金属及合金中的主要组成元素（或按特殊加工方法）分组。如铜及铜合金分为纯铜组、无氧铜组、铝黄铜组、铅黄铜组、铝青铜组等 ③按金属及合金的组织类型分组。如钛及钛合金分为 α 型钛合金组、β 型钛合金组、α＋β 型钛合金组等 ④专用产品按具体情况分组。如焊料按合金中主元素分组有银焊料组、铜焊料组等；金属粉末按元素名称分组有镁粉组、镍粉组等，铝粉因品种较多，按生产方法、用途分为喷铝粉组、涂料铝粉组、细铝粉组等

表 1-6   有色金属与合金名称及其汉语拼音字母的代号

序号	名称	代号	序号	名称	代号
1	铜	T1,T2	21	炼钢化工用铝粉	FLG
2	铝	L	22	镁粉	FM
3	镁	M	23	铝镁粉	FLM
4	镍	N	24	镁合金(变形加工用)	MB
5	黄铜	H	25	焊料合金	Hl
6	青铜	Q	26	阳极镍	NY
7	白铜	B	27	电池锌板	XD
8	无氧铜	TU	28	印刷合金	I
9	钛及钛合金	TA1,TA5,TC4	29	印刷锌板	XI
10	防锈铝	LF	30	稀土	RE
11	锻铝	LD	31	钨钴硬质合金	YG
12	硬铝	LY	32	钨钴钛硬质合金	YT
13	超硬铝	LC	33	铸造碳化钨	YZ
14	特殊铝	LT	34	碳化钛-(铁)镍钼	YN
15	硬纤焊铝	LQ	35	多用途(万能)硬质合金	YW
16	金属粉末	F	36	钢结硬质合金	YE
17	喷铝粉	FLP	37	轴承合金	Ch
18	涂料铝粉	FLU	38	铸造合金	Z
19	细铝粉	FLX	39	钛及钛合金	T
20	特细铝粉	FLT			

表 1-7   有色金属及合金产品的状态名称、特性及其汉语拼音字母代号

名称	采用代号	名称		采用代号
产品状态代号		产品特性代号		
热加工(如热轧、热挤)	R	优质表面		O
退火(焖火)	M	涂漆蒙皮板		Q
淬火	C	加厚包铝		J
淬火后冷轧	CY	不包铝		B
淬火(自然时效)	CZ		表面涂层	U
淬火(人工时效)	CS		添加碳化钽	A
硬	Y	硬质合金	添加碳化铌	N
3/4 硬	Y1		细颗粒	X
1/2 硬	Y2		粗颗粒	C
1/3 硬	Y3		超细颗粒	H
1/4 硬	Y4			
特硬	T			

续表

产品状态、特性代号组合举例	
名　　称	采用代号
不包铝(热轧)	BR
不包铝(退火)	BM
不包铝(淬火、冷作硬化)	BCY
不包铝(淬火、优质表面)	BCO
不包铝(淬火、冷作硬化、优质表面)	BCYO
优质表面(退火)	MO
优质表面淬火、自然时效	CZO
优质表面淬火、人工时效	CSO
淬火后冷轧、人工时效	CYS
热加工、人工时效	RS
淬火、自然时效、冷作硬化、优质表面	CZYO

注：铝及铝合金加工产品的状态符号表示方法，已被新标准 GB/T 16475—2008《变形铝及铝合金状态代号》中规定的代号表示方法代替，见表 1-8。

表 1-8　变形铝合金的产品状态代号

状 态 名 称	旧代号	新代号	状 态 名 称	旧代号	新代号
退火	M	O	冷作硬化	Y	HX8
淬火	C	T	3/4 冷作硬化	Y1	HX9
加工硬化状态		H	1/2 冷作硬化	Y2	H112 或 F
自然时效	Z	W	1/3 冷作硬化	Y3	HX6
人工时效	S		1/4 冷作硬化	Y4	HX4
淬火加自然时效	CZ	T4	强力冷作硬化	T	HX3
淬火加人工时效	CS	T6	热轧、热挤	R	HX2

1.2.4　钢产品新的标记代号 （GB/T 15575—2008）

标准适用于钢丝、钢板、钢带、型钢、钢管等产品的标记代号。钢铁产品代号中英文名称对照见表 1-9。

表 1-9　钢铁产品代号中英文名称对照

代　号	中 文 名 称	英 文 名 称
W	加工状态(方法)	Working condition
WH	热轧(含热挤、热扩、热锻)	Hot working
WC	冷轧(含冷挤压)	Cold working
WCD	冷拉(拔)	Cold draw
P	尺寸精度	Precision of dimensions
PA	普通精度	A class
PB	较高精度	B class

续表

代　号	中 文 名 称	英 文 名 称
PC	高级精度	C class
PT	厚度较高精度	B class of thickness
PW	宽度较高精度	B class of width
PTW	厚度和宽度较高精度	B class of thickness and width
E	边缘状态	Edge condition
EC	切边	Cut edge
EM	不切边	Mill edge
ER	磨边	Rub edge
F	表面质量	Warkmanship finish and appearance
FA	普通级	A class
FB	较高级	B class
FC	高级	C class
S	表面种类	Surface kind
SA	酸洗(喷丸)	Acid
SF	剥皮	Flake
SL	光亮	Light
SP	磨光	Polish
SB	抛光	Buff
SC	麻面	Grinding
SBL	发蓝	Blue
SZH	热镀锌	Hot-dip coating zinc(Zn)
SZE	电镀锌	Electroplated plating zinc(Zn)
SSH	热镀锡	Hot-dip coating tin(Sn)
SSE	电镀锡	Electroplated plating tin(Sn)
ST	表面化学处理	Treatment of surface pickled
STC	钝化(铬酸)	Passivation
STP	磷化	Phosphatization
STZ	锌合金化	Zinc alloying
S	软化程度	Soft grade
S1/2	半软	Soft half
S	软	Soft
S2	特软	Soft special
H	硬化程度	Hard grade
H1/4	低冷硬	Hard low
H1/2	半冷硬	Hard half
H	冷硬	Hard
H2	特硬	Hard special
T	热处理	Hard treatment
TA	退火	Annealing

续表

代　　号	中 文 名 称	英 文 名 称
TG	球化退火	Globurizing
TL	光亮退火	Light annealing
TN	正火	Normalizing
TT	回火	Tempering
TQT	淬火＋回火	Quenching and tempering
TNT	正火＋回火	Normalizing and tempering
TS	固溶	Solution treatment
M	力学性能	Mechanicl properties
MA	低强度	Strength A class
MB	普通强度	Strength B class
MC	较高强度	Strength C class
MD	高强度	Strength D class
ME	超高强度	Strength E class
Q	冲压性能	Drawability property
CQ	普通冲压	Drawability property A class
DQ	深冲压	Drawability property B class
DDQ	超深冲压	Drawability property C class
U	用途	Use
UG	一般用途	Use kind of general
UM	重要用途	Use kind of major
US	特殊用途	Use kind of special
UO	其他用途	Use kind of other
UP	压力加工用	Use for pressure process
UC	切削加工用	Use for cutting process
UF	顶锻用	Use for forge process
UH	热加工用	Use for hot process
UC	冷加工用	Use for cold process

1.2.5　国内外常用钢号对照

（1）碳素结构钢（见表 1-10）

表 1-10　国内外碳素结构钢牌号对照

中 国 GB	国 际 ISO	德 国 DIN	美 国 ASTM	日 本 JIS	英 国 BS	法 国 NF	俄罗斯 ГОСТР
Q195	HR2		A283grA		040A10	A33	Cr/cп
Q215A	HR1	RSt34-2	A283grB	SS34	040A12	A34-2	Cr2cп
Q215A・F		USt34-2					Cr2кп
Q215B		RSt34-2	A283grB	SS34	040A12	A34-2	BCr2cп

中 国 GB	国 际 ISO	德 国 DIN	美 国 ASTM	日 本 JIS	英 国 BS	法 国 NF	俄罗斯 ГOCTP
Q215B·F		USt34-2					BCr2кп
Q235A	Fe360A	RSt37-2	A283grC	SS41	050A17	A37-2	Cr3cп
Q235A·F		USt37-2					Cr3кп
Q235B	Fe360D	RSt37-2	A36	SS41	050A17	A37-2	BCr3cп
Q235B·b							BCr3пc
Q235B·F		USt37-2					BCr3кп
Q255A		RSt42-2	A238grD		060A22	A42-2	Cr4cп
Q255B		RSt42-2			060A22	A42-2	BCr4cп
Q275	Fe430A	St50-2		SS50	060A32	A50-2	BCr5cп

（2）碳素结构钢（见表 1-11）

表 1-11　国内外优质碳素结构钢牌号对照

中 国 GB/T 699	国际标准 ISO	俄罗斯 ГOCTP	美 国 ASTM	美 国 UNS	日 本 JIS	德 国 DIN	英 国 BS	法 国 NF
08F		08KⅡ	1008	G10080	S09CK SHPD SHPE S9CK	St22 C10(1.0301) CK10(1.1121)	040A10	—
10F	—	10KⅡ	1010	G10100	SPHD SPHE	USt13	040A12	FM10 XC10
15F	—	15KⅡ	1015	G10150	S15CK	Fe360B	Fe360B	Fe360B FM15
08	—	08	1008	G10080	S10C S09CK SPHE	CK10	040A10 2S511	FM8
10	—	10	1010	G10100	S10C S12C S09CK	CK10 C10	040A12 040A10 045A10 060A10	XC10 CC10
15	—	15	1015	G10150	S15C S17C S15CK	Fe360B CK15 C15 Cm15	Fe360B 090M15 040A15 050A15 060A15	Fe360B XC12 XC15
20	—	20	1020	G10200	S20C S22C S20CK	1C22 CK22 Cm22	1C22 050A20 040A20 060A20	1C22 XC18 CC20

续表

中国 GB/T 699	国际标准 ISO	俄罗斯 ГОСТР	美　国		日本 JIS	德国 DIN	英国 BS	法国 NF
			ASTM	UNS				
25	C25E4	25	1025	G10250	S25C S28C	1C25 CK25 Cm25	1C25 060A25 070M26	1C25 XC25
30	C30E4	30	1030	G10300	S30C S33C	1C30 CK30	1C30 060A30	1C30 XC32 CC30
35	C35E4	35	1035	G10350	S35C S38C	1C35 CK35 Cf35 Cm35	1C35 060A35	1C35 XC38TS XC35 CC35
40	C40E4	40	1040	G10400	S40C S43C	1C40 CK40	1C40 060A40 080A40 2S93 2S113	1C40 XC38 XC42 XC38H1
45	C45E4	45	1045	G10450	S45C S48C	1C45 CK45 CC45 XF45 CM45	1C45 060A42 060A47 080M46	1C45 XC42 XC45 CC45 XC42TS
50	G50E4	50	1050 1049	G10500 G10490	S50C S53C	1C50 CK53 CK50 CM50	1C50 060A52	1C50 XC48TS CC50 XC50
55	C55E4 Type SC Type DC	55	1055	G10550	S55C S58C	1C55 CK55 CM55	1C55 070M55 070M57	1C55 XC55 XC48TS CC55
60	C60E4 Type SC Type DC	60	1060	G10600	S58C	1C60 CK60 CM60	1C60 060A62 080A62	1C60 XC60 XC68 CC55
65	SL SM Type SC Type DC	65	1065 1064	G10650 G10640	SWRH67A SWRH67B	A C67 CK65 CK67	080A67 060A67	FM66 C65 XC65
70	SL SM Type SC Type DC	70	1070 1069	G10700 G10690	SWRH72A SWRH72B	A CK70	070A72 060A72	FM70 C70 XC70

续表

中国 GB/T 699	国际标准 ISO	俄罗斯 ГОСТР	美国 ASTM	UNS	日本 JIS	德国 DIN	英国 BS	法国 NF
75	SL SM	75	1075 1074	G10750 G10740	SWRH77A SWRH77B	C C75 CK75	070A78 060A78	FM76 XC75
80	SL SM Type SC Type DC	80	1080	G10800	SWRH82A SWRH82B	D CK80	060A83 080A83	FM80 XC80
85	DM DH	85	1085 1084	G10850 G10840	SWRH82A SWRH82B SUP3	C D CK85	060A86 080A86 050A86	FM86 XC85
15Mn	—	15Г	1016	G10160	SB46	14Mn4 15Mn3	080A15 080A17 4S14 220M07	XC12 12M5
20Mn	—	20Г	1019 1022	G10190 G10220		19Mn5 20Mn5 21Mn4	070M20 080A20 080A22 080M20	XC18 20M5
25Mn	—	25Г	1026 1525	G10260 G15250	S28C	—	080A25 080A27 070M26	
30Mn	—	30Г	1033	G10330	S30C	30Mn4 30Mn5 31Mn4	080A30 080A32 080M30	XC32 32M5
35Mn	—	35Г	1037	G10370	S35C	35Mn4 36Mn4 36Mn5	080A35 080M36	35M5
40Mn	SL SM	40Г	1039	G10390 G15410	SWRH42B S540C	2C40 40Mn4	2C40 080A40 080M40	2C40 40M5
45Mn	SL SM	45Г	1043 1046	G10430 G10460	SWRH47B S45C	2C45 46Mn5	2C45 080A47 080M46	2C45 45M5
50Mn	SL SM Type SC Type DC	50Г	1053 1551	G10530 G15510	SWRH52B S53C	2C50	2C50 080A52 080M50	2C50 XC48
60Mn	—	60Г	1561	G15610	SWRH62B S58C	2C60 CK60	2C60 080A57 080A62	2C60 XC60
65Mn	—	65Г	1566	G15660	S58C	65Mn4	080A67	—
70Mn	DH	70Г	1572	G15720	—	B	080A72	—

（3）碳素工具钢（见表 1-12）

表 1-12　国内外碳素工具钢牌号对照

中国 GB/T 1298	国际标准 ISO	俄罗斯 ГОСТP	美国 ASTM	日本 JIS	德国 DIN	英国 BS	法国 NF
T7	TC70	Y7	W1-7	SK6 SK7	C70W1 C70W2	060A67 060A72	C70E2U Y₁70
T8	TC80	Y8	W1A-8	SK5 SK6	C80W1 C80W2 C85W2	060A78 060A81	C80E2U Y₁80
T8Mn	—	Y8Г	W1-8	SK5	C85W 080W2 C75W3	060A81	Y75
T9	TC90	Y9	W1A-8.5 W1-0.9C W2-8.5	SK4 SK5	C85W2 C90W3	BW1A	C90E2U Y₁90
T10	TC105	Y10	W1A-9.5 W1-9 W2-9.5 W1-1.0C	SK3 SK4	C100W2 C105W1 C105W2	BW1B D1 1407	C105E2U Y₁105
T11	TC105	Y11	W1A-10.5 1A(ASM)	SK3	C105W1	1407	C105E2U XC110
T12	TC120	Y12	W1A-11.5 W1-12 W1-1.2C	SK2	C125W	1407 D1	C120E3U Y₂120
T13	TC140	Y13	—	SK1	C135W	—	C140E3U Y₂140

（4）低合金高强度结构钢（见表 1-13）

表 1-13　国内外低合金高强度结构钢牌号对照

中国 GB	国际标准 ISO	德国 DIN	美国 ASTM	日本 JIS	英国 BS	法国 NF	俄罗斯 ГОСТP
Q295A		15Mo3，PH295	Gr. 42	SPFC490		A50	295
Q295B		15Mo3，PH295	Gr. 42	SPFC490		A50	295
Q345A		Fe510C	Gr. 50	SPFC590	Fe510C	Fe510C	345
Q345B	E355CC		Gr. 50	SPFC590			345
Q345C	E355DD			SPFC590			345
Q345D	E355E						345
Q390A				STKT540			390
Q390B	E390CC			STKT540			390
Q390C	E390DD			STKT540		A550-I	390
Q390D	E390E						
Q420B	E420CC					E420-I	
Q460C	E460DD			SMA570		E460T-Ⅱ	

（5）合金结构钢（见表 1-14）

表 1-14　国内外合金结构钢牌号对照

中国 GB	德国 DIN	美 国		日本 JIS	英国 BS	法国 NF	俄罗斯 ГОСТР
		UNS	AISI				
20Mn2	20Mn5	G13200	l320	SMn420	150M19	20M5	20Г2
30Mn2	28Mn6	G13300	1330	SMn433	150M28	22M5	30Г2
35Mn2	36Mn6	G13350	1335	SMn433	150M36	35M5	35Г2
40Mn2		G13400	1340	SMn438		40M5	40Г2
45Mn2	46Mn7	G13450	1345	SMn443		45M5	45Г2
50Mn2	50Mn7					55M5	50Г2
20MnV	17MnV6						
27SiMn	27MnSi5						27СГ
35SiMn	37MnSi5					38Ms5	35СГ
42SiMn	46MnSi4					41x7	42СГ
40B	35B2	G50401	50B40				
45B	45B2	G50461	50B46				
50B		G50501	50B50				
40MnB	40MnB4					38MB5	
20Mn2B						20MB5	
15Cr	15Cr3	G51150	5115	SCr415	527A17	12C3	15X
15CrA							15XA
20Cr	20Cr4	G51200	5120	SCr420	527A19	18C3	20X
30Cr	28Cr4	G51300	5130	SCr430	530A30	28C4	30X
35Cr	34Cr4	G51350	5135	SCr435	530A36	38C4	35X
40Cr	41Cr4	G51400	5140	SCr440	530A40	42C4	40X
45Cr		G51450	5145	SCr445		45C4	45X
50Cr		G51500	5150			50C4	50X
38CrSi							38XC
12CrMo	13CrMo44					12CD4	12XM
15CrMo	15CrMo5			SCM415	CDS12	15CD4.05	15XM
20CrMo	20CrMo4	G41190	4119	SCM420	CDS13	18CD4	20XM
30CrMo		G41300	4130	SCM430	708A37	30CD4	30XM
35CrMo	34CrMo4	G41350	4135	SCM435	708A40	34CD4	35XM
42CrMo	42CrMo4	G41400	4140	SCM440		42CD4	38XM
35CrMoV	35CrMoV5						35XMФ
12Cr1MoV	13CrMoV4.2				905M35		12X1MФ
38CrMoAl	41CrAlMo7		6470E	SACM645		40CAD6.12	38XMЮA
20CrV	21CrV4	G61200	6120				20XФ
40CrV	42CrV6		6140		735A50		40XФA
50CrVA	50CrV4	G61500	6150	SUP10		50CV4	50XФA
15CrMn	16MnCr5					16MC5	15XГ
20CrMn	20MnCr5	G51200	5120	SMnC420		20MC5	20XГ
40CrMn			5140	SMnC443			40XГ
20CrMnMo	20CrMo5		4119	SCM421	708M40		25XГM
40CrMnMo				SCM440		42CD4	38XГM

中国 GB	德国 DIN	美国		日本 JIS	英国 BS	法国 NF	俄罗斯 ГОСТР
		UNS	AISI				
30CrMnTi	30MnCrTi4						30ХГТ
20CrNi	20NiCr6		3120		637M17	20NC6	20ХН
40CrNi	40NiCr6	G31400	3140	SNC236	640M40	35NC6	40ХН
45CrNi	45NiCr6	G31450	3145				45ХН
50CrNi			3150				50ХН
12CrNi2	14NrCr10		3215	SNC415		14NC11	12ХН2
12CrNi3	14NiCr14		3415	SNC815	655M13	14NC12	12ХН3А
20CrNi3	22NiCr14					20NC11	20ХН3А
30CrNi3	31NiCr14		3435	SNC631	653M31	30NC12	30ХН3А
37CrNi3	35NiCr18		3335	SNC836		35NC15	37ХН3
12Cr2Ni4	14NiCr18	G33106	3310		659M15	12NC15	12Х2Н4А
20Cr2Ni4			3320			20NC14	20Х2Н4А
20CrNiMo	21NiCrMo2	G86200	8620	SNCM220	805M20	20NCD2	20ХНМ
40CrNiMoA	36NiCrMo4	G43400	4340	SNCM439	817M40	40NCD3	40ХНМ

（6）合金工具钢（见表 1-15）

表 1-15　国内外合金工具钢牌号对照

中国 GB/T 1299	国际标准 ISO	俄罗斯 ГОСТР	美国		日本 JIS	德国 DIN	英国 BS	法国 NF
			ASTM	UNS				
9SiCr	—	9ХC				90SiCr5	BH21	
Cr06	—	13Х	W5		SKS8	140Cr3	—	130Cr3
Cr2	100Cr2 (16)	X	L1			100Cr6	BL1	100Cr6 100C6
9Cr2	—	9X1 9X	L7			100Cr6	—	100C6
W	—	B1	F1	T60601	SKS21	120W4	BF1	
4CrW2Si	—	4ХВ2C				35WCrV7	—	40WCDS35-12
5CrW2Si	—	5ХВ2C	S1			45WCrV7	BSi	
6CrW2Si	—	6ХВ2C	—			55WCrV7 60WCrV7	—	—
Cr12	210Cr12	X12	D3	T30403	SKD1	X210Cr12	BD3	Z200C12
Cr12Mo1V1	160CrMoV12	—	D2	T30402	SKD11	X155CrVMo121	BD2	
Cr12MoV	—	X12M	D2		SKD11	165CrMoV46	BD2	Z200C12
Cr5Mo1V	100CrMoV5	—	A2	T30102	SKD12	—	BA2	X100CrMoV5
9Mn2V	90MnV2	9Г2Ф	02	T31502	—	90MnV8	B02	90MnV8 80M80
CrWMn	105WCr1	ХВГ	07	—	SKS31 SKS2 SKS3	105WCr6	—	105WCr5 105WCr13
9CrWMn	—	9ХВГ	—	T31501	SKS3		B01	80M8
5CrMnMo	—	5ХГМ	—		SKT5	40CrMnMo7	—	—

续表

中国 GB/T 1299	国际标准 ISO	俄罗斯 ГОСТР	美国 ASTM	美国 UNS	日本 JIS	德国 DIN	英国 BS	法国 NF
5CrNiMo	—	5ХНМ	L6	T61206 T61203	SKT4	55NiCrMoV6	BH 224/5	55NCDV7
3Cr2W8V	30WCrV9	3X2B8Ф 3X3M3Ф	H21 H10	T20821	SKD5	X30WCrV93 X32CrMnV33	BH21 BH19	X30WCrV9 Z30WCV9 32DCV28
4Cr5MoSiV	—	4X5МФC	H11 H12	T20811	SKD6 SKD62	X38CrMoV51 X37CrMoW51	BH11 BH12	X38CrMoV5 Z38CDV5 Z35CWDV5
4Cr5MoSiV1	40CrMoV5 (H6)	4X5МФ1C (ЭТТ572)	H H13	T20813	SKD61	X40CrMoV51	BH13	X40CrMoV5 Z40CDV5
3Cr2Mo	35CrMo2	—	—	—	—	—	—	35CrMo8

（7）高速工具钢（见表 1-16）

表 1-16　国内外高速工具钢牌号对照

中国 GB/T 9943	国际标准 ISO	俄罗斯 ГОСТР	美国 ASTM	美国 UNS	日本 JIS	德国 DIN	英国 BS	法国 NF
W18Cr4V	HS18-0-1 (S1)	P18 P9	T1	T12001	SKH2	S18-0-1 B18	BT1	HS18-0-1 Z80WCV18-04-01 Z80WCN18-04-01
W18Cr4VCo5	HS18-1-1-5 (S7)	P18K5Ф2	T4 T5 T6	T12004 T12005 T12006	SKH3 SKH4A SKH4B	S18-1-2-5 S18-1-2-10 S18-1-2-15	BT4 BT5 BT6	HS18-1-1-5 Z80WKCV18-05-04-01 Z85WK18-10
W18Cr4V2Co8	HS18-0-1-10		T5	T12005	SKH40	S18-1-2-10	BT5	HS18-0-2-9 Z80WKCV18-05-04-02
W12Cr4V5Co5	HS12-1-5-5 (S9)	P10K5Ф5	T15	T12015	SKH10	S12-1-4-5 S12-1-5-5	BT15	Z160WK12-05-05-04 HS12-1-5-5
W6Mo5Cr4V2	HS6-5-2 S4	P6M5	M2 (Regularc)	T11302 T11313	SKH51 SKH9	S6-5-2 SC6-5-2	BM2	HS6-5-2 Z85WDCV06-05-04-02 Z90WDCV06-05-04-02
CW6Mo5Cr4V2			M2 (high C)	T11302		SC6-5-2		
W18Cr4V	HS18-0-1 (S1)	P18 P9	T1	T12001	SKH2	S18-0-1 B18	BT1	HS18-0-1 Z80WCV18-04-01 Z80WCN18-04-01
W18Cr4VCo5	HS18-1-1-5 (S7)	P18K5Ф2	T4 T5 T6	T12004 T12005 T12006	SKH3 SKH4A SKH4B	S18-1-2-5 S18-1-2-10 S18-1-2-15	BT4 BT5 BT6	HS18-1-1-5 Z80WKCV18-05-04-01 Z85WK18-10

续表

中国 GB/T 9943	国际标准 ISO	俄罗斯 ГОСТP	美　国		日本 JIS	德国 DIN	英国 BS	法国 NF
			ASTM	UNS				
W18Cr4V2Co8	HS18-0-1-10	—	T5	T12005	SKH40	S18-1-2-10	BT5	HS18-0-2-9 Z80WKCV18- 05-04-02
W12Cr4V5Co5	HS12-1-5-5 (S9)	P10K5Φ5	T15	T12015	SKH10	S12-1-4-5 S12-1-5-5	BT15	Z160WK12- 05-05-04 HS12-1-5-5
W6Mo5Cr4V2	HS6-5-2 S4	P6M5	M2 (Regularc)	T11302 T11313	SKH51 SKH9	S6-5-2 SC6-5-2	BM2	HS6-5-2 Z85WDCV06- 05-04-02 Z90WDCV06- 05-04-02
CW6Mo5Cr4V2	—	—	M2 (high C)	T11302		SC6-5-2		—
W6Mo5Cr4V3	HS6-5-3	—	M3 (class a)	T11313	SKH52	S6-5-3		Z120WDCV06- 05-04-03
CW6Mo5Cr4V3	HS6-5-3 (S5)	—	M3 (ckass b)	T11323	SKH53	S6-5-3		HS6-5-3
W2Mo9Cr4V2	HS2-9-2 (S2)	—	M7	T11307	SKH58	S2-9-2		HS2-9-2 Z100DCWV09- 04-02-02
W6Mo5Cr4V2Co5	HS6-5-2-5 (S8)	P6M5K5	M35	—	SKH55	S6-5-2-5		HS6-5-2-5 Z85WDKCV06- 05-05-04-02
W7Mo4Cr4V2Co5	HS7-4-2-5 (12)	P6M5K5	M41	T11341		S7-4-2-5		HS7-4-2-5 Z110WKCDV07- 05-04-04-02
W2Mo9Cr4VCo8	HS2-9-1-8 (S11)	—	M42	T11342	SKH59	S2-10-1-8	BM42	HS2-9-1-8 Z110WKCDV09- 08-04-02-01

（8）碳素铸钢（见表 1-17）

表 1-17　国内外碳素铸钢牌号对照

中国 GB	国际标准 ISO	德国 DIN	美　国		日本 JIS	英国 BS	法国 NF	俄罗斯 ГОСТP
			UNS	ASTM				
ZG200-400	200-400	GS-20-38	J02500	U-60-30	SC410	A1	E20-40M	15Л
ZG230-450	230-450	GS-23-45	J03009	U-65-35	SC450		E23-45M	25Л
ZG270-500	270-480	GS-26-52	J03501	U-70-36	SC480	A2	E26-52M	35Л
ZG310-570	340-550	GS-30-60		U-80-50		A3	E30-57M	45Л
ZG340-640				U-90-60	SCC5A	A4		55Л

1.2.6　国内外常用有色金属材料牌号对照

国内外常用有色金属材料牌号对照见表 1-18。

表1-18　国内外常用有色金属材料牌号对照

产品名称	中国 GB	国际标准 ISO	德国 DIN	美国 ASTM	日本 JIS	英国 BS	法国 NF	俄罗斯 ГОСТР
纯铜	T2	Cu-FRHC	E-Cu58	C11000	C1100	C101,C102		M1
	T3	Cu-FRTP				C104		M2
	TU2	Cu-OF	OF-Cu	C10200	C1020	C103		M1Б
	TP1	Cu-DLP	SW-Cu	C12000	C1201			M1P
	TP2	Cu-DHP	SF-Cu	C12200	C1220	C106		M2P
普通黄铜	H96	CuZn5	CuZn5	C21000	C2100	CZ125	CuZn5	Л96
	H90	CuZn10	CuZn10	C22000	C2200	CZ101	CuZn10	Л90
	H85	CuZn15	CuZn15	C23000	C2300	CZ102	CuZn15	Л85
	H80	CuZn20	CuZn20	C24000	C2400	CZ103	CuZn20	Л80
	H70	CuZn30	CuZn30	C26000	C2600	CZ106	CuZn30	Л70
	H68	CuZn33	CuZn33	C26200				Л68
	H65	CuZn35	CuZn36	C27000	C2700	CZ107	CuZn33	
	H63	CuZn37	CuZn37	C27200	C2720	CZ108	CuZn37	Л63
	H62	CuZn40		C28000	C2800	CZ109	CuZn40	
	H59		CuZn40	C28000	C2800	CZ109		Л60
铅黄铜	HPb63-3		CuZn36Pb3	C34500	C3450	CZ124		ЛC63-3
	HPb61-1		CuZn39Pb0.5	C37100	C3710	CZ123	CuZn40Pb	ЛC60-1
	HPb59-1	CuZn39Pb1	CuZn40Pb2	C37710	C3771	CZ122		ЛC59-1
锡黄铜	HSn90-1			C40400				ЛО90-1
	HSn62-1	CuZn38Sn1	CuZn39Sn	C46400	C4620	CZ112	CuZn38Sn1	ЛО62-1
	HSn60-1			C48600		CZ113		ЛО60-1
铝黄铜	HAl60-1-1	CuZn39AlFeMn	CuZn37Al			CZ115		ЛАЖ60-1-1
	HAl59-3-2							ЛАН59-3-2
锰黄铜	HMn58-2		CuZn40Mn					ЛМц58-2
	HMn57-3-1							ЛМцА57-3-1

续表

产品名称	中国 GB	国际标准 ISO	德国 DIN	美国 ASTM	日本 JIS	英国 BS	法国 NF	俄罗斯 ГОСТР
铁黄铜	HFe59-1-1		CuZn40Al1					ЛЖМц59-1-1
	HFe58-1-1							ЛЖС58-1-1
镍黄铜	HNi65-5							ЛН65-5
	HNi56-3							
锡青铜	QSn4-3	CuSn4Zn2		C54400			CuSn4ZnPb4	БРОЦ4-3
	QSn4-4-4	CuSn4Zn3						БРОЦ4-4-4
	QSn6.5-0.1	CuSn6	CuSn6	C51900	C5191	PB103	CuSn6P	БРОФ6.5-0.15
	QSn6.5-0.4	CuSn6	CuSn6	C51900	C5191	PB103	CuSn6P	БРОФ6.5-0.4
	QSn7-0.2	CuSn8	CuSn8	C52100	C5210	PB104	CuSn8P	БРОФ7-0.2
铝青铜	QAl5	CuAl5	CuAl5As	C60600		CA101	CuAl6	БРА5
	QAl7	CuAl7	CuAl8	C61000		CA102	CuAl8	БРА7
	QAl9-2	CuAl9Mn2	CuAl9Mn2					БРАМЦ9-2
	QAl9-4	CuAl10Fe3		C62300				БРАМЖ9-4
	Qal10-3-1.5			C63200	C6301			БРАЖМц10-3-1.5
	Qal10-4-4	CuAl10Ni5Fe5	CuAl10Fe3Mn2	C63300		CA104	CuAl10Ni5Fe4	БРАЖН10-4-4
	Qal10-5-5		CuAl10Ni5Fe4	C63280		CA105		
	Qal11-6-6		CuAl10Ni6Fe6	C62730				
铍青铜	QBe1.7	CuBe1.7	CuBe1.7	C17000	C1700	CB101	CuBe1.7	БРБНТ1.7
	QBe2	CuBe2	CuBe2	C17200	C1720		CuBe1.9	БРБ2
硅青铜	QSi1-3		CuNi3Si					БРКН1-3
	QSi3-1	CuSi3Mn1	CuSi3Mn	C65500		CS101		БРКМц3-1
锰青铜	QMn2		CuMn2					
	QMn5		CuMn5					БРМц5

续表

产品名称	中国 GB	国际标准 ISO	德国 DIN	美国 ASTM	日本 JIS	英国 BS	法国 NF	俄罗斯 ГОСТР
铝及铝合金	1A99(LG5)		Al99.8R	1199	1N99	S1		AB000
	1A90(LG2)		Al99.9	1090	1N90	1A		AB1
	1A85(LG1)	Al99.8	Al99.8	1080	A1080	1A		1B2
	1070A(L1)	Al99.7	Al99.7	1070	A1070		1070A	A00
	1060(L2)			1060	A1060			A0
	1050A(L3)	Al99.5	Al99.5	1050	A1100	1B	1050A	A1
	1100(L5-1)	Al99.0	Al99.0	1100	A1200	3L54	1100	A2
	1200(L5)		Al99			1C	1200	
	5A02(LF2)	AlMg2.5	AlMg2.5	5052	A5052	N4	5052	AMГ2
	5A03(LF3)	AlMg3	AlMg3	5154	A5154	N5		AMГ3
	5083(LF4)	AlMg4.5Mn0.7	AlMg4.5Mn	5083	A5083	N8	5083	AMГ4
	5065(LF5-1)	AlMg5	AlMg5	5056	A5056	N6		
	5A05(LF5)	AlMg5Mn0.4		5456		N61		AMГ5
	3A21(LF21)	AlMn1Cu	AlMnCu	3003	A3003	N3	3003	AMЦ
	2A01(LY1)	AlCu2.5Mg	AlCu2.5Mg0.5	2217	A2217	3L86		Д18
	2A11(LY11)	AlCu4MgSi	AlCuMg1	2017	A2017	H15	2017A	Д1
	2A12(LY12)	AlCu4Mg1	AlCuMg2	2024	A2024	GB-24S	2024	Д16
	6A02(LD2)			6165	A6165			AB
	2A70(LD7)	AlCuMgNi		2618	2N01	H16	2618A	AK4
	2A90(LD9)			2018				AK2
	2A14(LD10)	AlCu4SiMg	AlCuSiMn	2014	A2014	38S	2014	AK8
	4A11(LD11)			4032	A4032		4032	AK9
	6061(LD30)	AlMg1SiCu	AlMg1SiCu	6061	A6061	H20	6061	AД33
	6063(LD31)	AlMg0.7Si	AlMgSi0.5	6063	A6063	H19		AД31
	7A03(LC3)	AlZn7MgCu		7141				B94
	7A09(LC9)	AlZn5.5MgCu	AlZnMgCu1.5	7075	A7075	L95	7075	
	7A10(LC10)		AlZnMgCu0.5	7079	7N11			
钛及钛合金	TA1	Grade1	3.7035	Grade1	1级			BT10
	TA2	Grade2	3.7055	Grade2	2级			
	TA3	Grade3	3.7065	Grade3	3级			
	TA7		TiAl5Sn2	Grade6				BT5-1

注：括号中为旧牌号。

1.3　钢铁的涂色标记

钢铁的涂色标记见表 1-19。

表 1-19　钢铁的涂色标记

材　料　种　类		端面涂色标记
碳素结构钢	Q215A	白色＋黑色
	Q215B	黄色
	Q235A	红色
	Q235B	黑色
	Q255A	绿色
	Q255B	棕色
	Q275	红色＋棕色
优质碳素结构钢	05～15	白色
	20～25	棕色＋绿色
	30～40	白色＋蓝色
	45～85	白色＋棕色
	15Mn～40Mn	白色两条
	45Mn～70Mn	绿色三条
合金结构钢	锰钢	黄色＋蓝色
	硅锰钢	红色＋黑色
	锰钒钢	蓝色＋绿色
	铬钢	绿色＋黄色
	铬硅钢	蓝色＋红色
	铬锰钢	蓝色＋黑色
	铬锰硅钢	红色＋紫色
	铬钒钢	绿色＋黑色
	铬锰钛钢	黄色＋黑色
	铬钨钒钢	棕色＋黑色
	钼钢	紫色
	铬钼钢	绿色＋紫色
	铬锰钼钢	紫色＋白色
	铬钼钒钢	紫色＋棕色
	铬铝钢	铝白色
	铬钼铝钢	黄色＋紫色
	铬钨钒铝钢	黄色＋红色
	硼钢	紫色＋蓝色
	铬钼钨钒钢	紫色＋黑色

材　料　种　类		端面涂色标记
高速钢	W12Cr4V4Mo	棕色一条＋黄色一条
	W18Cr4V	棕色一条＋蓝色一条
	W9Cr4V2	棕色两条
	W9Cr4V	棕色一条
滚珠轴承钢	GCr4	绿色一条＋白色一条
	GCr15	蓝色一条
	GCr15SiMn	绿色一条＋蓝色一条
	GCr15SiMo	白色一条＋黄色一条
	GCr18Mo	绿色两条
不锈钢、耐酸钢和耐热不起皮钢	铬钢	铝白色＋黑色
	铬钛钢	铝白色＋黄色
	铬锰钢	铝白色＋绿色
	铬钼钢	铝白色＋白色
	铬镍钢	铝白色＋红色
	铬锰镍钢	铝白色＋棕色
	铬镍钛钢	铝白色＋蓝色
	铬钼钛钢	铝白色＋白色＋黄色
	铬镍钼钛钢	铝白色＋红色＋黄色
	铬钼钒钢	铝白色＋紫色
	铬镍钨钛钢	铝白色＋白色＋红色
	铬镍铜钛钢	铝白色＋蓝色＋白色
	铬镍钼铜钛钢	铝白色＋黄色＋绿色
	铬硅钢	红色＋白色
	铬钼钢	红色＋绿色
	铬硅钼钢	红色＋蓝色
	铬铝硅钢	红色＋黑色
	铬硅钛钢	红色＋黄色
	铬硅钼钛钢	红色＋紫色
	铬铝合金	红色＋铝白色
	铬镍钨钼钢	红色＋棕色
热轧钢筋	Ⅰ级	红色
	Ⅱ级	—
	Ⅲ级	白色
	Ⅳ级	黄色
	28/50kg 级	绿色
	50/75kg 级	蓝色

1.4　钢材断面积和理论重量计算公式

钢材断面积和理论重量计算公式分别见表 1-20 和表 1-21。

表 1-20　钢材断面积的计算公式

序号	钢 材 类 别	计 算 公 式	代 号 说 明
1	方钢	$S = a^2$	a—边宽
2	圆角方钢	$S = a^2 - 0.8584r^2$	a—边宽，r—圆角半径
3	钢板、扁钢、带钢	$S = a\delta$	a—宽度，δ—厚度
4	圆角扁钢	$S = a\delta - 0.8584r^2$	a—宽度，δ—厚度，r—圆角半径
5	圆钢、圆盘条、钢丝	$S = 0.7854d^2$	d—外径
6	六角钢	$S = 0.866a^2 = 2.598s^2$	a—对边距离，s—边宽
7	八角钢	$S = 0.8284a^2 = 4.8284s^2$	
8	钢管	$S = 3.1416\delta(D - \delta)$	D—外径，δ—壁厚
9	等边角钢	$S = d(2b - d) + 0.2146(r^2 - 2r_1^2)$	d—边厚，b—边宽（不等边角钢为短边宽），r—内面圆角半径，r_1—边端圆角半径，B—（不等边角钢）长边宽
10	不等边角钢	$S = d(B + b - d) + 0.2146(r^2 - 2r_1^2)$	
11	工字钢	$S = hd + 2t(b - d) + 0.8584(r^2 - 2r_1^2)$	h—高度，b—腿宽，d—腰厚，t—平均腿厚，r—内面圆角半径，r_1—边端圆角半径
12	槽钢	$S = hd + 2t(b - d) + 0.4292(r^2 - 2r_1^2)$	

注：其他型材如铜材、铝材等一般也可按上表计算。

表 1-21　钢材理论重量计算公式

序号	钢材类别	计 算 公 式	代 号 说 明
1	圆钢	$F = 0.7854d^2$ $W = 0.0061654d^2$	F—断面积，mm^2 d—直径，mm
2	方钢	$F = a^2$ $W = 0.00785a^2$	a—边宽，mm
3	六角钢	$F = 0.866a^2 = 2.598s^2$ $W = 0.0067986a^2 = 0.0203943s^2$	a—对边距离，mm s—边宽，mm
4	八角钢	$F = 0.8284a^2 = 4.8284s^2$ $W = 0.006503a^2 = 0.0379s^2$	
5	钢板、扁钢、带钢	$F = a\delta$ $W = 0.00785a\delta$	a—边宽，mm δ—厚，mm
6	等边角钢	$F = d(2b - d) + 0.2146(r^2 - 2r_1^2)$ $W = 0.00785[d(2b - d) + 0.2146(r^2 - 2r_1^2)]$ $\approx 0.00795d(2b - d)$	d—边厚，mm b—边宽，mm r—内弧半径，mm r_1—端弧半径，mm
7	不等边角钢	$F = d(B + b - d) + 0.2146(r^2 - 2r_1^2)$ $W = 0.00785[d(B + b - d) + 0.2146(r^2 - 2r_1^2)]$ $\approx 0.00795d(B + b - d)$	d—边厚，mm B—长边宽，mm b—短边宽，mm r—内弧半径，mm r_1—端弧半径，mm

续表

序号	钢材类别	计 算 公 式	代 号 说 明
8	工字钢	$F = hd + 2t(b-d) + 0.8584(r^2 - r_1^2)$ $W = 0.00785[hd + 2t(b-d) + 0.8584(r^2 - r_1^2)]$	h—高度，mm b—腿宽，mm d—腰厚，mm
9	槽钢	$F = hd + 2t(b-d) + 0.4292(r^2 - r_1^2)$ $W = 0.00785[hd + 2t(b-d) + 0.4292(r^2 - r_1^2)]$	t—平均腿厚，mm r—内弧半径，mm r_1—端弧半径，mm
10	钢管	$F = 3.1416(D-t)t$ $W = 0.02466(D-t)t$	D—外径，mm t—壁厚，mm

注：1. $W = F\rho/1000$（W 为理论单位长度质量，kg/m）。

2. 钢材密度一般按 7.85g/cm³ 计算。

3. 有色金属材料，如铜材、铝材等也可按上表计算，密度可查有关资料。

1.5 钢材的火花鉴别

（1）火花束的基本知识 钢铁材料在砂轮上磨削时所产生的火花由根部火花、中部火花和尾部火花三部分组成，总称为火花束。火花束由流线节点、爆花和尾花构成（见图1-2）。

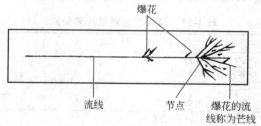

图 1-2 火花束的组成

火花束中由灼热发光的粉末形成的线条状火花称为流线，随钢铁材料成分的不同，流线有直线状、断续状和波浪状三种形状；流线在中途爆炸的地方称为节点，节点处爆炸形成的火花称为爆花，爆花的流线称为芒线。在流线尾部末端所呈现的特殊形式的火花称为尾花。

爆花按爆发先后可分为一次、二次、三次及多次爆花（见图1-3）。

由于含碳量的不同，爆花可分为一次花、二次花、三次花和多次花。

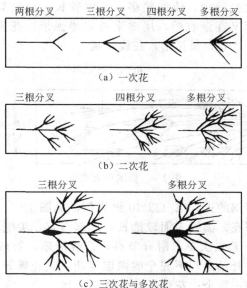

（a）一次花

（b）二次花

（c）三次花与多次花

图 1-3　爆花特征

　　一次花：在流线上的爆花，只有一次爆裂的芒线。一次花一般是碳的质量分数在 0.25% 以下时的火花特征。

　　二次花：在一次花的芒线上，又一次发生爆裂所呈现的爆花形式。二次花一般是碳的质量分数在 0.25%～0.60% 时的火花特征。

　　三次花与多次花：在二次花的芒线上，再一次发生爆裂的火花形式称三次花，若在三次花的芒线上继续有一次或数次爆裂出现，这种形式的爆花称多次花。三次花与多次花是碳的质量分数在 0.65% 及 0.65% 以上时的火花特征。

　　单花：在整条流线上仅有一个爆花，称为单花。

　　复花：在一条流线上有两个或两个以上爆花，统称复花。有两个爆花的称两层复花；有三个或三个以上爆花的称三层复花或多层复花。

　　（2）低碳钢的火花束（以 15 钢为例，见图 1-4）　整个火束呈草黄带红，发光适中。流线稍多，长度较长，自根部起逐渐膨胀粗大，至尾部又逐渐收缩，尾部下垂成半弧形。花量不多，爆花为四根分叉一次花，呈星形，芒线较粗。

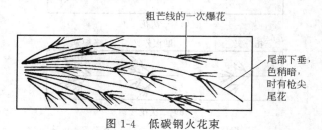

粗芒线的一次爆花

尾部下垂，
色稍暗，
时有枪尖
尾花

图1-4　低碳钢火花束

（3）中碳钢的火花束（以40钢为例，见图1-5）　整个火束呈黄色，发光明亮。流线多而较细长，尾部挺直，尖端有分叉现象。爆花为多根分叉二次花，附有节点，芒线清晰，有较多的小花及花粉产生，并开始出现不完全的两层复花，火花盛开，射力较大，花量较多，约占整个火花束的五分之三以上。

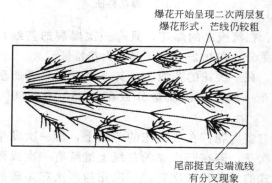

爆花开始呈现二次两层复
爆花形式，芒线仍较粗

尾部挺直尖端流线
有分叉现象

图1-5　中碳钢火花束

（4）高碳钢的火花束（以65钢为例，见图1-6）　整个火束呈黄色，光度根部暗，中部明亮，尾部次之。流线多而细，长度较短，形挺直，射力很强。爆花为多根分叉二、三次爆裂三层复花，花量多而拥挤，占整个火花束的四分之三以上。芒线细长而量多，间距密，芒线间杂有更多的花粉。

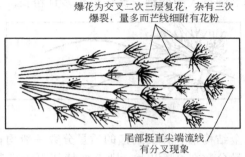

爆花为交叉二次三层复花，杂有三次
爆裂，量多而芒线细附有花粉

尾部挺直尖端流线
有分叉现象

图 1-6　高碳钢火花束

（5）铬钢的火花束（以 7Cr3 为例，见图 1-7）　铬元素是助长产生爆花的，在一定范围内，铬的含量越多，产生的爆花也越多。铬元素的存在，使火束趋向明亮，火花爆裂非常活跃而正规，花状呈大星形，分叉多而细，附有很多碎花粉。

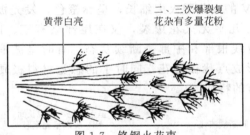

黄带白亮

二、三次爆裂复
花杂有多量花粉

图 1-7　铬钢火花束

7Cr3 为高碳低铬钢，与高碳钢的火花束有些相似，爆花为二、三次爆裂复花，花形较大，有多量花粉产生，花量多而拥挤。由于铬元素的存在，使火束的颜色为黄色而带白亮。流线短缩而稍粗，爆花多为大型爆花，枝状爆花不显著，另外根据手的感觉材料很硬，并在砂轮的外圈围绕很多火花。

（6）锰钢的火花束（见图 1-8）　锰元素是助长火花爆裂最甚的元素，当钢中锰的质量分数为 $1\% \sim 2\%$ 时，其火花形式与碳钢相仿，但它的明显特征是全体爆花呈星形，爆花核心较大，成为白亮的节点，花粉很多，花形较大，芒线稍细而长，花呈黄色，光度较亮，爆裂强度大于碳钢，流线也较多且粗长。

图 1-8　锰钢火花图

普通锰合金结构钢、弹簧钢锰的质量分数一般均在1%～2%之间。若锰的质量分数在 2% 以上，则上面特征更为显著，在火花束中有时产生特种的大花及小火团。

(7) 高速工具钢的火花束（以 W18Cr4V 为例，见图 1-9）　钨元素对火花爆裂的发生起抑制作用，钨的存在会使流线呈暗红色和细花，爆裂几乎完全不发生，在流线尾端产生狐尾花是钨的特有特征。

W18Cr4V 的火花图火束细长，呈赤橙色，发光极暗弱。因受高钨的影响，几乎无火花爆裂，仅在尾部略有三、四分叉爆裂，花量极少。流线根部和中部呈断续状态，有时呈波浪流线，尾部膨胀下垂，形成点状狐尾花。同时手的感觉材料极硬，这是高速工具钢所具有的特征。

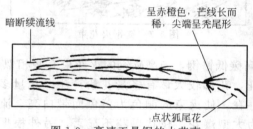

暗断续流线　　　　　　　　　　呈赤橙色，芒线长而稀，尖端呈秃尾形

点状狐尾花

图 1-9　高速工具钢的火花束

第2章 常用钢材

2.1 型钢

2.1.1 热轧钢棒（GB/T 702—2008）

热轧钢棒的尺寸及重量见表 2-1～表 2-4，经供需双方协商，并在合同中注明，也可供应表中未规定的其他尺寸的钢材；钢棒一般按实际重量交货，经供需双方协商，并在合同中注明，可按理论重量交货。

热轧钢棒的标记示例：

（1）热轧圆钢、方钢　用 40Cr 钢轧制成的公称直径或边长为 50mm 允许偏差组别为 2 组的圆钢或方钢，其标记为

$$\times\times \frac{50\text{-}2\text{-GB/T }702—2008}{40\text{Cr-GB/T }3077—2015}$$

（2）热轧六角钢和八角钢及热轧扁钢和热轧工具钢扁钢　用 45 钢轧制成的 22mm 热轧六角钢和热轧八角钢或 10mm×30mm 组别为 2 组热轧（工具钢）扁钢，其标记为

$$\times\times \frac{22(10\times30)\text{-}2\text{-GB/T }702—2008}{45\text{-GB/T }699—2015}$$

工具钢扁钢没有组别。

表 2-1　热轧圆钢和方钢的尺寸及理论重量

圆钢公称直径 d 方钢公称边长 a /mm	理论重量/kg·m^{-1}		圆钢公称直径 d 方钢公称边长 a /mm	理论重量/kg·m^{-1}	
	圆钢	方钢		圆钢	方钢
5.5	0.186	0.237	13	1.04	1.33
6	0.222	0.283	14	1.21	1.54
6.5	0.260	0.332	15	1.39	1.77
7	0.302	0.385	16	1.58	2.01
8	0.395	0.502	17	1.78	2.27
9	0.499	0.636	18	2.00	2.54
10	0.617	0.785	19	2.23	2.83
11	0.746	0.950	20	2.47	3.14
12	0.888	1.13	21	2.72	3.46

续表

圆钢公称直径 d 方钢公称边长 a/mm	理论重量/kg·m⁻¹		圆钢公称直径 d 方钢公称边长 a/mm	理论重量/kg·m⁻¹	
	圆钢	方钢		圆钢	方钢
22	2.98	3.80	85	44.5	56.7
23	3.26	4.15	90	49.9	63.6
24	3.55	4.52	95	55.6	70.8
25	3.85	4.91	100	61.7	78.5
26	4.17	5.31	105	68.0	86.5
27	4.49	5.72	110	74.6	95.0
28	4.83	6.15	115	81.5	104
29	5.18	6.60	120	88.8	113
30	5.55	7.06	125	96.3	123
31	5.92	7.54	130	104	133
32	6.31	8.04	135	112	143
33	6.71	8.55	140	121	154
34	7.13	9.07	145	130	165
35	7.55	9.62	150	139	177
36	7.99	10.2	155	148	189
38	8.90	11.3	160	158	201
40	9.86	12.6	165	168	214
42	10.9	13.8	170	178	227
45	12.5	15.9	180	200	254
48	14.2	18.1	190	223	283
50	15.4	19.6	200	247	314
53	17.3	22.0	210	272	
55	18.6	23.7	220	298	
56	19.3	24.6	230	326	
58	20.7	26.4	240	355	
60	22.2	28.3	250	385	
63	24.5	31.2	260	417	
65	26.0	33.2	270	449	
68	28.5	36.3	280	483	
70	30.2	38.5	290	518	
75	34.7	44.2	300	555	
80	39.5	50.2	310	592	

注：表中钢的理论重量按密度为 7.85g/cm³ 计算。

表 2-2　热轧六角钢和八角钢的尺寸及理论重量

对边距离 s/mm	截面面积 A/cm²		理论重量/kg·m⁻¹	
	六角钢	八角钢	六角钢	八角钢
8	0.5543	—	0.435	—
9	0.7015	—	0.551	—
10	0.866	—	0.680	—
11	1.048	—	0.823	—
12	1.247	—	0.979	—
13	1.464	—	1.05	—
14	1.697	—	1.33	—
15	1.949	—	1.53	—
16	2.217	2.120	1.74	1.66
17	2.503	—	1.96	—
18	2.806	2.683	2.20	2.16
19	3.126	—	2.45	—
20	3.464	3.312	2.72	2.60
21	3.819	—	3.00	—
22	4.192	4.008	3.29	3.15
23	4.581	—	3.60	—
24	4.988	—	3.92	—
25	5.413	5.175	4.25	4.06
26	5.854	—	4.60	—
27	6.314	—	4.96	—
28	6.790	6.492	5.33	5.10
30	7.794	7.452	6.12	5.85
32	8.868	8.479	6.96	6.66
34	10.011	9.572	7.86	7.51
36	11.223	10.731	8.81	8.42
38	12.505	11.956	9.82	9.39
40	13.86	13.250	10.88	10.40
42	15.28	—	11.99	—
45	17.54	—	13.77	—
48	19.95	—	15.66	—
50	21.65	—	17.00	—
53	24.33	—	19.10	—
56	27.16	—	21.32	—
58	29.13	—	22.87	—
60	31.18	—	24.50	—
63	34.37	—	26.98	—
65	36.59	—	28.72	—
68	40.04	—	31.43	—
70	42.43	—	33.30	—

注：表中的理论重量按密度 7.85g/m³ 计算。表中截面面积（A）计算公式

$$A = \frac{1}{4}ns^2\tan\frac{\varphi}{2}\times\frac{1}{100}$$

六角形

$$A = \frac{3}{2}s^2\tan30°\times\frac{1}{100}\approx0.866s^2\times\frac{1}{100}$$

八角形

$$A = 2s^2\tan22°30'\times\frac{1}{100}\approx0.828s^2\times\frac{1}{100}$$

式中　n——正 n 边形边数；

　　　φ——正 n 边形圆内角。

$$\varphi=\frac{360}{n}$$

表 2-3　热轧扁钢的尺寸及理论重量

公称宽度/mm	厚度/mm 理论重量/kg·m⁻¹																								
	3	4	5	6	7	8	9	10	11	12	14	16	18	20	22	25	28	30	32	36	40	45	50	56	60
10	0.24	0.31	0.39	0.47	0.55	0.63																			
12	0.28	0.38	0.47	0.57	0.66	0.75																			
14	0.33	0.44	0.55	0.66	0.77	0.88																			
16	0.38	0.50	0.63	0.75	0.88	1.00	1.13	1.26																	
18	0.42	0.57	0.71	0.85	0.99	1.13	1.27	1.41																	
20	0.47	0.63	0.78	0.94	1.10	1.26	1.41	1.57	1.73	1.88															
22	0.52	0.69	0.86	1.04	1.21	1.38	1.55	1.73	1.90	2.07															
25	0.59	0.78	0.98	1.18	1.37	1.57	1.77	1.96	2.16	2.36	2.75	3.14													
28	0.66	0.88	1.10	1.32	1.54	1.76	1.98	2.20	2.42	2.64	3.08	3.53													
30	0.71	0.94	1.18	1.41	1.65	1.88	2.12	2.36	2.59	2.83	3.30	3.77	4.24	4.71											
32	0.75	1.00	1.26	1.51	1.76	2.01	2.26	2.55	2.76	3.01	3.52	4.02	4.52	5.02											
35	0.82	1.10	1.37	1.65	1.92	2.20	2.47	2.75	3.02	3.30	3.85	4.40	4.95	5.50	6.04	6.87	7.69								
40	0.94	1.26	1.57	1.88	2.20	2.51	2.83	3.14	3.45	3.77	4.40	5.02	5.65	6.28	6.91	7.85	8.79								
45	1.06	1.41	1.77	2.12	2.47	2.83	3.18	3.53	3.89	4.24	4.95	5.65	6.36	7.07	7.77	8.83	9.89	10.60	11.30	12.72					
50	1.18	1.57	1.96	2.36	2.75	3.14	3.53	3.93	4.32	4.71	5.50	6.28	7.06	7.85	8.64	9.81	10.99	11.78	12.56	14.13	15.54				
55		1.73	2.16	2.59	3.02	3.45	3.89	4.32	4.75	5.18	6.04	6.91	7.77	8.64	9.50	10.79	12.09	12.95	13.82	15.54	16.96				
60		1.88	2.36	2.83	3.30	3.77	4.24	4.71	5.18	5.65	6.59	7.54	8.48	9.42	10.36	11.78	13.19	14.13	15.07	16.96	18.84	21.20			
65		2.04	2.55	3.06	3.57	4.08	4.59	5.10	5.61	6.12	7.14	8.16	9.18	10.20	11.23	12.76	14.29	15.31	16.33	18.37	20.41	22.96			
70		2.20	2.75	3.30	3.85	4.40	4.95	5.50	6.04	6.59	7.69	8.79	9.89	10.99	12.09	13.74	15.39	16.49	17.58	19.78	21.98	24.73			

续表

厚度/mm，理论重量/kg·m⁻¹

公称宽度/mm	3	4	5	6	7	8	9	10	11	12	14	16	18	20	22	25	28	30	32	36	40	45	50	56	60
75		2.36	2.94	3.53	4.12	4.71	5.30	5.89	6.48	7.07	8.24	9.42	10.60	11.78	12.95	14.72	16.48	17.66	18.84	21.20	23.55	26.49			
80		2.51	3.14	3.77	4.40	5.02	5.65	6.28	6.91	7.54	8.79	10.05	11.30	12.56	13.82	15.70	17.58	18.84	20.10	22.61	25.12	28.26	31.40	35.17	
85			3.34	4.00	4.67	5.34	6.01	6.67	7.34	8.01	9.34	10.68	12.01	13.34	14.68	16.68	18.68	20.02	21.35	24.02	26.69	30.03	33.36	37.37	40.04
90			3.53	4.24	4.95	5.65	6.36	7.07	7.77	8.48	9.89	11.30	12.72	14.13	15.54	17.66	19.78	21.20	22.61	25.43	28.26	31.79	35.32	39.56	42.39
95			3.73	4.47	5.22	5.97	6.71	7.46	8.20	8.95	10.44	11.93	13.42	14.92	16.41	18.64	20.88	22.37	23.86	26.85	29.83	33.56	37.29	41.76	44.74
100			3.92	4.71	5.50	6.28	7.06	7.85	8.64	9.42	10.99	12.56	14.13	15.70	17.27	19.62	21.98	23.55	25.12	28.26	31.40	35.32	39.25	43.96	47.10
105			4.12	4.95	5.77	6.59	7.42	8.24	9.07	9.89	11.54	13.19	14.84	16.48	18.13	20.61	23.08	24.73	26.38	29.67	32.97	37.09	41.21	46.16	49.46
110			4.32	5.18	6.04	6.91	7.77	8.64	9.50	10.36	12.09	13.82	15.54	17.27	19.00	21.59	24.18	25.90	27.63	31.09	34.54	38.86	43.18	48.36	51.81
120			4.71	5.65	6.59	7.54	8.48	9.42	10.36	11.30	13.19	15.07	16.96	18.84	20.72	23.55	26.38	28.26	30.14	33.91	37.68	42.39	47.10	52.75	56.52
125				5.89	6.87	7.85	8.83	9.81	10.79	11.78	13.74	15.70	17.66	19.62	21.58	24.53	27.48	29.44	31.40	35.32	39.25	44.16	49.06	54.95	58.88
130				6.12	7.14	8.16	9.18	10.20	11.23	12.25	14.29	16.33	18.37	20.41	22.45	25.51	28.57	30.62	32.66	36.74	40.82	45.92	51.02	57.15	61.23
140					7.69	8.79	9.89	10.99	12.09	13.19	15.39	17.58	19.78	21.98	24.18	27.48	30.77	32.97	35.17	39.56	43.96	49.46	54.95	61.54	65.94
150					8.24	9.42	10.60	11.78	12.95	14.13	16.48	18.84	21.20	23.55	25.90	29.44	32.97	35.32	37.68	42.39	47.10	52.99	58.88	65.94	70.65
160					8.79	10.05	11.30	12.56	13.82	15.07	17.58	20.10	22.61	25.12	27.63	31.40	35.17	37.68	40.19	45.22	50.24	56.52	62.80	70.34	75.36
180					9.89	11.30	12.72	14.13	15.54	16.96	19.78	22.61	25.43	28.26	31.09	35.32	39.56	42.39	45.22	50.87	56.52	63.58	70.65	79.13	84.78
200					10.99	12.56	14.13	15.70	17.27	18.84	21.98	25.12	28.26	31.40	34.54	39.25	43.96	47.10	50.24	56.52	62.80	70.65	78.50	87.92	94.20

注：1. 表中的粗线用以划分扁钢的组别。
第 1 组——理论重量≤19kg/m。
第 2 组——理论重量>19kg/m。
2. 表中的理论重量按密度 7.85g/cm³ 计算。

表2-4　热轧工具钢扁钢的尺寸及理论重量

扁钢公称厚度/mm；理论重量/kg·m⁻¹

公称宽度/mm	4	6	8	10	12	16	18	20	22	25	28	32	36	40	45	50	56	63	71	80	90	100
10	0.31	0.47	0.63																			
13	0.41	0.61	0.82	1.02	1.22																	
16	0.50	0.75	1.00	1.26	1.51																	
20	0.63	0.94	1.26	1.57	1.88	2.51	2.83															
25	0.79	1.18	1.57	1.96	2.36	3.14	3.53	3.93	4.32													
32	1.00	1.51	2.01	2.51	3.01	4.02	4.52	5.02	5.53	6.28	7.03											
40	1.26	1.88	2.51	3.14	3.77	5.02	5.65	6.28	6.91	7.85	8.79	10.05										
50	1.57	2.36	3.14	3.93	4.71	6.28	7.07	7.85	8.64	9.81	10.99	12.56	14.13	15.70	17.66							
63	1.98	2.97	3.96	4.95	5.93	7.91	8.90	9.89	10.88	12.36	13.85	15.83	17.80	19.78	22.25	24.73	27.69					
71	2.23	3.34	4.46	5.57	6.69	8.92	10.03	11.15	12.26	13.93	15.61	17.84	20.06	22.29	25.08	27.87	31.21	35.11				
80	2.51	3.77	5.02	6.28	7.54	10.05	11.30	12.56	13.82	15.70	17.58	20.10	22.61	25.12	28.26	31.40	35.17	39.56	44.59			
90	2.83	4.24	5.65	7.07	8.48	11.30	12.72	14.13	15.54	17.66	19.78	22.61	25.43	28.26	31.79	35.33	39.56	44.51	50.16	56.52		
100	3.14	4.71	6.28	7.85	9.42	12.56	14.13	15.70	17.27	19.63	21.98	25.12	28.26	31.40	35.33	39.25	43.96	49.46	55.74	62.80	70.65	
112	3.52	5.28	7.03	8.79	10.55	14.07	15.83	17.58	19.34	21.98	24.62	28.13	31.65	35.17	39.56	43.96	49.24	55.39	62.42	70.34	79.13	87.92
125	3.93	5.89	7.85	9.81	11.78	15.70	17.66	19.63	21.59	24.53	27.48	31.40	35.33	39.25	44.16	49.06	54.95	61.82	69.67	78.50	88.31	98.13
140	4.40	6.59	8.79	10.99	13.19	17.58	19.78	21.98	24.18	27.48	30.77	35.17	39.56	43.96	49.46	54.95	61.54	69.24	78.03	87.92	98.91	109.90
160	5.02	7.54	10.05	12.56	15.07	20.10	22.61	25.12	27.63	31.40	35.17	40.19	45.22	50.24	56.52	62.80	70.34	79.13	89.18	100.48	113.04	125.60
180	5.65	8.48	11.30	14.13	16.96	22.61	25.43	28.26	31.09	35.33	39.56	45.22	50.87	56.52	63.59	70.65	79.13	89.02	100.32	113.04	127.17	141.30
200	6.28	9.42	12.56	15.70	18.84	25.12	28.26	31.40	34.54	39.25	43.96	50.24	56.52	62.80	70.65	78.50	87.92	98.91	111.47	125.60	141.30	157.00
224	7.03	10.55	14.07	17.58	21.10	28.13	31.65	35.17	38.68	43.96	49.24	56.27	63.30	70.34	79.13	87.92	98.47	110.78	124.85	140.67	158.26	175.84
250	7.85	11.78	15.70	19.63	23.55	31.40	35.33	39.25	43.18	49.06	54.95	62.80	70.65	78.50	88.31	98.13	109.90	123.64	139.34	157.00	176.63	196.25
280	8.79	13.19	17.58	21.98	26.38	35.17	39.56	43.96	48.36	54.95	61.54	70.34	79.13	87.92	98.91	109.90	123.09	138.47	156.06	175.84	197.82	219.80
310	9.73	14.60	19.47	24.34	29.20	38.94	43.80	48.67	53.54	60.84	68.14	77.87	87.61	97.34	109.51	121.68	136.28	153.31	172.78	194.68	219.02	243.35

注：表中的理论重量按密度7.85g/cm³计算，对于高合金钢计算理论重量时，应采用相应牌号的密度进行计算。

2.1.2 热轧型钢 (GB/T 706—2016)

型钢的截面尺寸、截面面积、理论重量应分别符合表 2-5～表 2-8 的规定。

角钢的通常长度为 4～19m，其他型钢的通常长度为 5～19m，根据需方要求也可供应其他长度的产品。

型钢应按理论重量交货（理论重量按密度为 7.85g/cm³ 计算）。经供需双方协商并在合同中注明，也可按实际重量交货。根据双方协议，型钢的每米重量允许偏差不得超过 $^{+3}_{-5}$％。型钢的截面面积计算公式见表 2-10。

型钢表面不得有裂缝、折叠、结疤、分层和夹杂。型钢表面允许有局部发纹、凹坑、麻点、刮痕和氧化铁皮压入等缺陷存在，但不得超出型钢尺寸的允许偏差。型钢表面缺陷允许清除，清除处应圆滑无棱角，但不应进行横向清除。清除宽度不应小于清除深度的五倍，清除后的型钢尺寸不应超出尺寸的允许偏差。型钢不应有大于 5mm 的毛刺。

表 2-5 工字钢截面尺寸、截面面积、理论重量

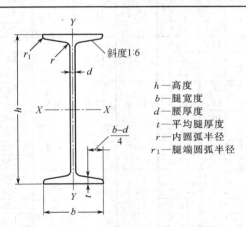

型号	截面尺寸/mm						截面面积/cm²	理论重量/kg·m⁻¹
	h	b	d	t	r	r_1		
10	100	68	4.5	7.6	6.5	3.3	14.33	11.3
12	120	74	5.0	8.4	7.0	3.5	17.80	14.0

型号	截面尺寸/mm						截面面积/cm²	理论重量/kg·m⁻¹
	h	b	d	t	r	r_1		
12.6	126	74	5.0	8.4	7.0	3.5	18.10	14.2
14	140	80	5.5	9.1	7.5	3.8	21.50	16.9
16	160	88	6.0	9.9	8.0	4.0	26.11	20.5
18	180	94	6.5	10.7	8.5	4.3	30.74	24.1
20a	200	100	7.0	11.4	9.0	4.5	35.55	27.9
20b		102	9.0				39.55	31.1
22a	220	110	7.5	12.3	9.5	4.8	42.10	33.1
22b		112	9.5				46.50	36.5
24a	240	116	8.0				47.71	37.5
24b		118	10.0	13.0	10.0	5.0	52.51	41.2
25a	250	116	8.0				48.51	38.1
25b		118	10.0				53.51	42.0
27a	270	122	8.5				54.52	42.8
27b		124	10.5	13.7	10.5	5.3	59.92	47.0
28a	280	122	8.5				55.37	43.5
28b		124	10.5				60.97	47.9
30a		126	9.0				61.22	48.1
30b	300	128	11.0	14.4	11.0	5.5	67.22	52.8
30c		130	13.0				73.22	57.5
32a		130	9.5				67.12	52.7
32b	320	132	11.5	15.0	11.5	5.8	73.52	57.7
32c		134	13.5				79.92	62.7
36a		136	10.0				76.44	60.0
36b	360	138	12.0	15.8	12.0	6.0	83.66	65.7
36c		140	14.0				90.84	71.3
40a		142	10.5				86.07	67.6
40b	400	144	12.5	16.5	12.5	6.3	94.07	73.8
40c		146	14.5				102.1	80.1
45a		150	11.5				102.4	80.4
45b	450	152	13.5	18.0	13.5	6.8	111.4	87.4
45c		154	15.5				120.4	94.5
50a		158	12.0				119.2	93.6
50b	500	160	14.0	20.0	14.0	7.0	129.2	101
50c		162	16.0				139.2	109
55a		166	12.5				134.1	105
55b	550	168	14.5				145.1	114
55c		170	16.5	21.0	14.5	7.3	156.1	123
56a		166	12.5				135.4	106
56b	560	168	14.5				146.6	115
56c		170	16.5				157.8	124

型号	截面尺寸/mm						截面面积/cm²	理论重量/kg·m⁻¹
	h	b	d	t	r	r_1		
63a		176	13.0				154.658	121
63b	630	178	15.0	22.0	15.0	7.5	167.258	131
63c		180	17.0				179.858	141

注：表中 r、r_1 的数据用于孔型设计，不作交货条件。

表 2-6　槽钢截面尺寸、截面面积、理论重量

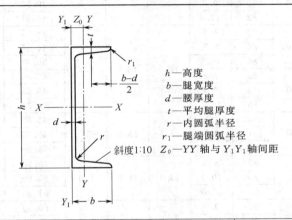

h—高度
b—腿宽度
d—腰厚度
t—平均腿厚度
r—内圆弧半径
r_1—腿端圆弧半径
斜度1:10　Z_0—YY 轴与 Y_1Y_1 轴间距

型号	截面尺寸/mm						截面面积/cm²	理论重量/kg·m⁻¹
	h	b	d	t	r	r_1		
5	50	37	4.5	7.0	7.0	3.5	6.925	5.44
6.3	63	40	4.8	7.5	7.5	3.8	8.446	6.63
6.5	65	40	4.3	7.5	7.5	3.8	8.292	6.51
8	80	43	5.0	8.0	8.0	4.0	10.24	8.04
10	100	48	5.3	8.5	8.5	4.2	12.74	10.0
12	120	53	5.5	9.0	9.0	4.5	15.36	12.1
12.6	126	53	5.5	9.0	9.0	4.5	15.69	12.3
14a	140	58	6.0	9.5	9.5	4.8	18.51	14.5
14b		60	8.0				21.31	16.7
16a	160	63	6.5	10.0	10.0	5.0	21.95	17.2
16b		65	8.5				25.15	19.8
18a	180	68	7.0	10.5	10.5	5.2	25.69	20.2
18b		70	9.0				29.29	23.0
20a	200	73	7.0	11.0	11.0	5.5	28.83	22.6
20b		75	9.0				32.83	25.8

续表

型号	截面尺寸/mm						截面面积/cm²	理论重量/kg·m⁻¹
	h	b	d	t	r	r_1		
22a	220	77	7.0	11.5	11.5	5.8	31.83	25.0
22b		79	9.0				36.23	28.5
24a		78	7.0				34.21	26.9
24b	240	80	9.0				39.01	30.6
24c		82	11.0	12.0	12.0	6.0	43.81	34.4
25a		78	7.0				34.91	27.4
25b	250	80	9.0				39.91	31.3
25c		82	11.0				44.91	35.3
27a		82	7.5				39.27	30.8
27b	270	84	9.5				44.67	35.1
27c		86	11.5	12.5	12.5	6.2	50.07	39.3
28a		82	7.5				40.02	31.4
28b	280	84	9.5				45.62	35.8
28c		86	11.5				51.22	40.2
30a		85	7.5				43.89	34.5
30b	300	87	9.5	13.5	13.5	6.8	49.89	39.2
30c		89	11.5				55.89	43.9
32a		88	8.0				48.50	38.1
32b	320	90	10.0	14.0	14.0	7.0	54.90	43.1
32c		92	12.0				61.30	48.1
36a		96	9.0				60.89	47.8
36b	360	98	11.0	16.0	16.0	8.0	68.09	53.5
36c		100	13.0				75.29	59.1
40a		100	10.5				75.04	58.9
40b	400	102	12.5	18.0	18.0	9.0	83.04	65.2
40c		104	14.5				91.04	71.5

注：表中 r、r_1 的数据用于孔型设计，不作交货条件。

表 2-7 等边角钢截面尺寸、截面面积、理论重量

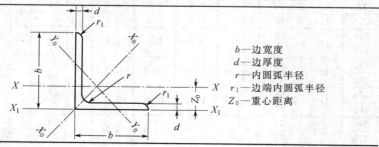

b—边宽度
d—边厚度
r—内圆弧半径
r_1—边端内圆弧半径
Z_0—重心距离

续表

型号	截面尺寸/mm			截面面积/cm²	理论重量/kg·m⁻¹	外表面积/m²·m⁻¹
	b	d	r			
2	20	3	3.5	1.132	0.89	0.078
		4		1.459	1.15	0.077
2.5	25	3		1.432	1.12	0.098
		4		1.859	1.46	0.097
3.0	30	3		1.749	1.37	0.117
		4		2.276	1.79	0.117
3.6	36	3	4.5	2.109	1.66	0.141
		4		2.756	2.16	0.141
		5		3.382	2.65	0.141
4	40	3		2.359	1.85	0.157
		4		3.086	2.42	0.157
		5		3.792	2.98	0.156
4.5	45	3	5	2.659	2.09	0.177
		4		3.486	2.74	0.177
		5		4.292	3.37	0.176
		6		5.077	3.99	0.176
5	50	3	5.5	2.971	2.33	0.197
		4		3.897	3.06	0.197
		5		4.803	3.77	0.196
		6		5.688	4.46	0.196
5.6	56	3	6	3.343	2.62	0.221
		4		4.390	3.45	0.220
		5		5.415	4.25	0.220
		6		6.420	5.04	0.220
		7		7.404	5.81	0.219
		8		8.367	6.57	0.219
6	60	5	6.5	5.829	4.58	0.236
		6		6.914	5.43	0.235
		7		7.977	6.26	0.235
		8		9.020	7.08	0.235
6.3	63	4	7	4.978	3.91	0.248
		5		6.143	4.82	0.248
		6		7.288	5.72	0.247
		7		8.412	6.60	0.247
		8		9.515	7.47	0.247
		10		11.66	9.15	0.246

型号	截面尺寸/mm			截面面积/cm²	理论重量/kg·m⁻¹	外表面积/m²·m⁻¹
	b	d	r			
7	70	4	8	5.570	4.37	0.275
		5		6.876	5.40	0.275
		6		8.160	6.41	0.275
		7		9.424	7.40	0.275
		8		10.67	8.37	0.274
7.5	75	5		7.412	5.82	0.295
		6		8.797	6.91	0.294
		7		10.160	7.98	0.294
		8		11.500	9.03	0.294
		9		12.830	10.1	0.294
		10		14.130	11.1	0.293
8	80	5	9	7.912	6.21	0.315
		6		9.397	7.38	0.314
		7		10.860	8.53	0.314
		8		12.300	9.66	0.314
		9		13.730	10.80	0.314
		10		15.130	11.90	0.313
9	90	6	10	10.64	8.35	0.354
		7		12.30	9.66	0.354
		8		13.94	10.9	0.353
		9		15.57	12.2	0.353
		10		17.17	13.5	0.353
		12		20.31	15.9	0.352
10	100	6	12	11.93	9.37	0.393
		7		13.80	10.8	0.393
		8		15.64	12.3	0.393
		9		17.46	13.7	0.392
		10		19.26	15.1	0.392
		12		22.80	17.9	0.391
		14		26.26	20.6	0.391
		16		29.63	23.3	0.390
11	110	7	12	15.20	11.9	0.433
		8		17.24	13.5	0.433
		10		21.26	16.7	0.432
		12		25.20	19.8	0.431
		14		29.06	22.8	0.431

续表

型号	截面尺寸/mm			截面面积/cm²	理论重量/kg·m⁻¹	外表面积/m²·m⁻¹
	b	d	r			
12.5	125	8		19.75	15.5	0.492
		10		24.37	19.1	0.491
		12		28.91	22.7	0.491
		14		33.37	26.2	0.490
		16		37.74	29.6	0.489
14	140	10		27.37	21.5	0.551
		12		32.51	25.5	0.551
		14	14	37.57	29.5	0.550
		16		42.54	33.4	0.549
15	150	8		23.75	18.6	0.592
		10		29.37	23.1	0.591
		12		34.91	27.4	0.591
		14		40.37	31.7	0.590
		15		43.06	33.8	0.590
		16		45.74	35.9	0.589
16	160	10		31.50	24.7	0.630
		12		37.44	29.4	0.630
		14		43.30	34.0	0.629
		16	16	49.07	38.5	0.629
18	180	12		42.24	33.2	0.710
		14		48.90	38.4	0.709
		16		55.47	43.5	0.709
		18		61.96	48.6	0.708
20	200	14		54.642	42.9	0.788
		16		62.013	48.7	0.788
		18	18	69.301	54.4	0.787
		20		76.505	60.1	0.787
		24		90.661	71.2	0.785
22	220	16		68.67	53.9	0.866
		18		76.75	60.3	0.866
		20		84.76	56.5	0.866
		22	21	92.68	72.3	0.865
		24		100.5	78.9	0.864
		26		108.3	85.0	0.864

续表

型号	截面尺寸/mm			截面面积/cm²	理论重量/kg·m⁻¹	外表面积/m²·m⁻¹
	b	d	r			
		18		87.84	69.0	0.985
		20		97.05	76.2	0.984
		22		106.2	83.3	0.983
		24		115.2	90.4	0.983
25	250	26	24	124.2	97.5	0.982
		28		133.0	104	0.982
		30		141.8	111	0.981
		32		150.5	118	0.981
		35		163.4	128	0.980

注：截面图中的 $r_1=1/3d$ 及表中 r 的数据用于孔型设计，不作交货条件。

表 2-8　不等边角钢截面尺寸、截面面积、理论重量

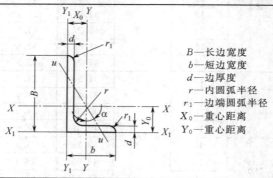

B—长边宽度
b—短边宽度
d—边厚度
r—内圆弧半径
r_1—边端圆弧半径
X_0—重心距离
Y_0—重心距离

型号	截面尺寸/mm				截面面积/cm²	理论重量/kg·m⁻¹	外表面积/m²·m⁻¹
	B	b	d	r			
2.5/1.6	25	16	3	3.5	1.162	0.91	0.080
			4		1.499	1.18	0.079
3.2/2	32	20	3		1.492	1.17	0.102
			4		1.939	1.52	0.101
4/2.5	40	25	3	4	1.890	1.48	0.127
			4		2.467	1.94	0.127
4.5/2.8	45	28	3	5	2.149	1.69	0.143
			4		2.806	2.20	0.143
5/3.2	50	32	3	5.5	2.431	1.91	0.161
			4		3.177	2.49	0.160
5.6/3.6	56	36	3	6	2.743	2.15	0.181
			4		3.590	2.82	0.180
			5		4.415	3.47	0.180

续表

型号	截面尺寸/mm				截面面积/cm²	理论重量/kg·m⁻¹	外表面积/m²·m⁻¹
	B	b	d	r			
6.3/4	63	40	4	7	4.058	3.19	0.202
			5		4.993	3.92	0.202
			6		5.908	4.64	0.201
			7		6.802	5.34	0.201
7/4.5	70	45	4	7.5	4.553	3.57	0.226
			5		5.609	4.40	0.225
			6		6.644	5.22	0.225
			7		7.658	6.01	0.225
7.5/5	75	50	5		6.126	4.81	0.245
			6		7.260	5.70	0.245
			8		9.467	7.43	0.244
			10	8	11.590	9.10	0.244
8/5	80	50	5		6.376	5.00	0.255
			6		7.560	5.93	0.255
			7		8.724	6.85	0.255
			8		9.867	7.75	0.254
9/5.6	90	56	5	9	7.212	5.66	0.287
			6		8.557	6.72	0.286
			7		9.881	7.76	0.286
			8		11.18	8.78	0.286
10/6.3	100	63	6		9.618	7.55	0.320
			7		11.11	8.72	0.320
			8		12.58	9.88	0.319
			10		15.47	12.1	0.319
10/8	100	80	6	10	10.64	8.35	0.354
			7		12.30	9.66	0.354
			8		13.94	10.9	0.353
			10		17.17	13.5	0.353
11/7	110	70	6		10.64	8.35	0.354
			7		12.30	9.66	0.354
			8		13.94	10.9	0.353
			10		17.17	13.5	0.353
12.5/8	125	80	7	11	14.10	11.1	0.403
			8		15.99	12.6	0.403
			10		19.71	15.5	0.402
			12		23.35	18.3	0.402

续表

型号	截面尺寸/mm				截面面积/cm²	理论重量/kg·m⁻¹	外表面积/m²·m⁻¹
	B	b	d	r			
14/9	140	90	8		18.04	14.2	0.453
			10		22.26	17.5	0.452
			12		26.40	20.7	0.451
			14		30.46	23.9	0.451
15/9	150	90	8	12	18.84	14.8	0.473
			10		23.26	18.3	0.472
			12		27.60	21.7	0.471
			14		31.86	25.0	0.471
			15		33.95	26.7	0.471
			16		36.03	28.3	0.470
16/10	160	100	10	13	25.32	19.9	0.512
			12		30.05	23.6	0.511
			14		34.71	27.2	0.510
			16		39.28	30.8	0.510
18/11	180	110	10		28.37	22.3	0.571
			12		33.71	26.5	0.571
			14		38.97	30.6	0.570
			16	14	44.14	34.6	0.569
20/12.5	200	125	12		37.91	29.8	0.641
			14		43.87	34.4	0.640
			16		49.74	39.0	0.639
			18		55.53	43.6	0.639

注：截面图中的 $r_1=1/3d$ 及表中 r 的数据用于孔型设计，不作交货条件。

2.1.3 热轧 H 型钢和剖分 T 型钢 （GB/T 11263—2005）

H 型钢和剖分 T 型钢截面尺寸、截面面积、理论重量见表 2-9 和表 2-10。

热轧 H 型钢和剖分 T 型钢标记示例：

H 型钢的规格标记采用 H 与高度 H 值×宽度 B 值×腹板厚度 t_1 值×翼缘厚度 t_2 值表示，如 H800×300×14×26。

剖分 T 型钢的规格标记采用 T 与高度 h 值×宽度 B 值×腹板厚度 t_1 值×翼缘厚度 t_2 值表示，如 T200×400×13×21。

2.1.4 冷拉圆钢、方钢、六角钢 （GB/T 905—1994）

冷拉圆钢、方钢、六角钢的直径系列见表 2-11。

表 2-9　H型钢截面尺寸、截面面积、理论重量

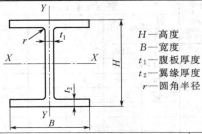

H—高度
B—宽度
t_1—腹板厚度
t_2—翼缘厚度
r—圆角半径

类别	型号(高度× 宽度)/mm	截面尺寸/mm					截面面积/cm²	理论重量/kg·m⁻¹
		H	B	t_1	t_2	r		
HW(宽翼缘)	100×100	100	100	6	8	8	21.59	16.9
	125×125	125	125	6.5	9	8	30.00	23.6
	150×150	150	150	7	10	8	39.65	31.1
	175×175	175	175	7.5	11	13	51.43	40.4
	200×200	200	200	8	12	13	63.53	49.9
		200	204	12	12	13	71.53	56.2
	250×250	244	252	11	11	13	81.31	63.8
		250	250	9	14	13	91.43	71.8
		250	255	14	14	13	103.93	81.6
HW	300×300	294	302	12	12	13	106.33	83.5
		300	300	10	15	13	118.45	93.0
		300	305	15	15	13	133.45	104.8
	350×350	338	351	13	13	13	133.27	104.6
		334	348	10	16	13	144.01	113.0
		334	354	16	16	13	164.65	129.3
		350	350	12	19	13	171.89	134.9
		350	357	19	19	13	196.39	154.2
HW	400×400	388	402	15	15	22	178.45	140.1
		394	398	11	18	22	186.81	146.6
		394	405	18	18	22	214.39	168.3
		400	400	13	21	22	218.69	171.7
		400	408	21	21	22	250.69	196.8
		414	405	18	28	22	295.39	231.9
		428	407	20	35	22	360.65	283.1
		458	417	30	50	22	528.55	414.9
		*498	432	45	70	22	770.05	604.5
	*500×500	492	465	15	20	22	257.95	202.5
		502	465	15	25	22	304.45	239.0
		502	470	20	25	22	329.55	258.7

续表

类别	型号(高度× 宽度)/mm	截面尺寸/mm					截面面 积/cm²	理论重量 /kg·m⁻¹
		H	B	t_1	t_2	r		
HM (中翼缘)	150×100	148	100	6	9	8	26.35	20.7
	200×150	194	150	6	9	8	38.11	29.9
	250×175	244	175	7	11	13	55.49	43.6
	300×200	294	200	8	12	13	71.05	55.8
	350×250	340	250	9	14	13	99.53	78.1
	400×300	390	300	10	16	13	133.25	104.6
	450×300	440	300	11	18	13	153.89	120.8
	500×300	482	300	11	15	13	141.17	110.8
		488	300	11	18	13	159.17	124.9
HM	550×300	544	300	11	15	13	147.99	116.2
		550	300	11	18	13	165.99	130.3
	600×300	582	300	12	17	13	169.21	132.8
		588	300	12	20	13	187.21	147.0
		594	302	14	23	13	217.09	170.4
HN (窄翼缘)	100×50	100	50	5	7	8	11.85	9.3
	125×60	125	60	6	8	8	16.69	13.1
	150×75	150	75	5	7	8	17.85	14.0
	175×90	175	90	5	8	8	22.90	18.0
	200×100	198	99	4.5	7	8	22.69	17.8
		200	100	5.5	8	8	26.67	20.9
	250×125	248	124	5	8	8	31.99	25.1
		250	125	6	9	8	36.97	29.0
	300×150	298	149	5.5	8	13	40.80	32.0
		300	150	6.5	9	13	46.78	36.7
	350×175	346	174	6	9	13	52.45	41.2
		350	175	7	11	13	62.91	49.4
	400×150	400	150	8	13	13	70.37	55.2
	400×200	396	199	8	13	13	71.41	56.1
		400	200	8	13	13	83.37	65.4
	450×200	446	199	8	12	13	82.97	65.1
		450	200	9	14	13	95.43	74.9
	500×200	496	199	9	14	13	99.29	77.9
		500	200	10	16	13	112.25	88.1
		506	201	11	19	13	129.31	101.5
	550×200	546	199	9	14	13	103.79	81.5
		550	200	10	16	13	117.25	92.0
	600×200	596	199	10	15	13	117.75	92.4
		600	200	11	17	13	131.71	103.4

类别	型号(高度×宽度)/mm	截面尺寸/mm					截面面积/cm²	理论重量/kg·m⁻¹
		H	B	t_1	t_2	r		
HN (窄翼缘)	600×200	606	201	12	20	13	149.77	117.6
	650×300	646	299	10	15	13	152.75	119.9
		650	300	11	17	13	171.21	134.4
		656	301	12	20	13	195.77	153.7
	700×300	692	300	13	20	18	207.54	162.9
		700	300	13	24	18	231.54	181.8
	750×300	734	299	12	16	18	182.70	143.4
		742	300	13	20	18	214.04	168.0
		750	300	13	24	18	238.04	186.9
		758	303	16	28	18	284.78	223.6
	800×300	792	300	14	22	18	239.50	188.0
		800	300	14	26	18	263.50	206.8
	850×300	834	298	14	19	18	227.46	178.6
		842	299	15	23	18	259.72	203.9
		850	300	16	27	18	292.14	229.3
		858	301	17	31	18	324.72	254.9
	900×300	890	299	15	23	18	266.92	209.5
		900	300	16	28	18	305.82	240.1
		912	302	18	34	18	360.06	282.6
	1000×300	970	297	16	21	18	276.00	216.7
		980	298	17	26	18	315.50	247.7
		990	298	17	31	18	345.30	271.1
		1000	300	19	36	18	395.10	310.2
		1000	302	21	40	18	439.26	344.8
HT (薄壁)	100×50	95	48	3.2	4.5	8	7.26	6.0
		97	49	4	5.5	8	9.38	7.4
	100×100	96	99	4.5	6	8	16.21	12.7
	125×60	118	58	3.2	4.5	8	9.26	7.3
		120	59	4	5.5	8	11.40	8.9
	125×125	119	123	4.5	6	8	20.12	15.8
	150×75	145	73	3.2	4.5	8	11.47	9.0
		147	74	4	5.5	8	14.13	11.1
	150×100	139	97	3.2	4.5	8	13.44	10.5
		142	99	4.5	6	8	18.28	14.3
	150×150	144	148	5	7	8	27.77	21.8
		147	149	6	8.5	8	33.68	26.4
	175×90	168	88	3.2	4.5	8	13.56	10.6
		171	89	4	6	8	17.59	13.8

类别	型号(高度×宽度)/mm	截面尺寸/mm					截面面积/cm²	理论重量/kg·m⁻¹
		H	B	t_1	t_2	r		
HT (薄壁)	175×175	167	173	5	7	13	33.32	26.2
		172	175	6.5	9.5	13	44.65	35.0
	200×100	193	98	3.2	4.5	8	15.26	12.0
		196	99	4	6	8	19.79	15.5
	200×150	188	149	4.5	6	8	26.35	20.7
	200×200	192	198	6	8	13	43.69	34.3
	250×125	244	124	4.5	6	8	25.87	20.3
	250×175	238	173	4.5	8	13	39.12	30.7
	300×150	294	148	4.5	6	13	31.90	25.0
	300×200	286	198	6	8	13	49.33	38.7
	350×175	340	173	4.5	6	13	36.97	29.0
	400×150	390	148	6	8	13	47.57	37.3
	400×200	390	198	6	8	13	55.57	43.6

注：1. 同一类型的产品，其内尺寸高度一致。

2. 截面面积计算公式为 $t_1(H-2t_2)+2Bt_2+0.858r^2$。

3. ＊所示规格表示国内暂不能生产。

表 2-10　剖分 T 型钢截面尺寸、截面面积、理论重量

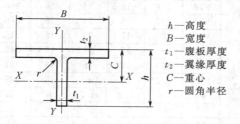

h—高度

B—宽度

t_1—腹板厚度

t_2—翼缘厚度

C—重心

r—圆角半径

类别	型号(高度×宽度)/mm	截面尺寸/mm					截面面积/cm²	理论重量/kg·m⁻¹	对应H型钢系列型号
		h	B	t_1	t_2	r			
TW (宽翼缘)	50×100	50	100	6	8	8	10.79	8.47	100×100
	62.5×125	62.5	125	6.5	9	8	15.00	11.8	125×125
	75×150	75	150	7	10	8	19.82	15.6	150×150
	87.5×175	87.5	175	7.5	11	13	25.71	20.2	175×175
	100×200	100	200	8	12	13	31.77	24.9	200×200
		100	204	12	12	13	35.77	28.1	
	125×250	125	250	9	14	13	45.72	35.9	250×250
		125	255	14	14	13	51.97	40.8	

续表

类别	型号 （高度× 宽度）/mm	截面尺寸/mm					截面 面积 /cm²	理论 重量 /kg·m⁻¹	对应 H 型钢系 列型号
		h	B	t_1	t_2	r			
TW （宽翼缘）	150×300	147	302	12	12	13	53.17	41.7	300×300
		150	300	10	15	13	59.23	46.5	
		150	305	15	15	13	66.73	52.4	
	175×350	172	348	10	16	13	72.01	56.5	350×350
		175	350	12	19	13	85.95	67.5	
	200×400	194	402	15	15	22	89.23	70.0	400×400
		197	398	11	18	22	93.41	73.3	
		200	400	13	21	22	109.35	85.8	
		200	408	21	21	22	125.35	98.4	
		207	405	18	28	22	147.70	115.9	
		214	407	20	35	22	180.33	141.6	
TM （中翼缘）	75×100	74	100	6	9	8	13.17	10.3	150×100
	100×150	97	150	6	9	8	19.05	15.0	200×150
	125×175	122	175	7	11	13	27.75	21.8	250×175
	150×200	147	200	8	12	13	35.53	27.9	300×200
	175×250	170	250	9	14	13	49.77	39.1	350×250
	200×300	195	300	10	16	13	66.63	52.3	400×300
	225×300	220	300	11	18	13	76.95	60.4	450×300
	250×300	241	300	11	15	13	70.59	55.4	500×300
		244	300	11	18	13	79.59	62.5	
	275×300	272	300	11	15	13	74.00	58.1	550×300
		275	300	11	18	13	83.00	65.2	
	300×300	291	300	12	17	13	84.61	66.4	600×300
		294	300	12	20	13	93.61	73.5	
		297	302	14	23	13	108.55	85.2	
TN （窄翼缘）	50×50	50	50	5	7	8	5.92	4.7	100×50
	62.5×60	62.5	60	6	8	8	8.34	6.6	125×60
	75×75	75	75	5	7	8	8.92	7.0	150×75
	87.5×90	87.5	90	5	8	8	11.45	9.0	175×90
	100×100	99	99	4.5	7	8	11.34	8.9	200×100
		100	100	5.5	8	8	13.33	10.5	
	125×125	124	124	5	8	8	15.99	12.6	250×125
		125	125	6	9	8	18.48	14.5	
	150×150	149	149	5.5	8	13	20.40	16.0	300×150
		150	150	6.5	9	13	23.39	18.4	
	175×175	173	174	6	9	13	23.39	20.6	350×175
		175	175	7	11	13	31.46	24.7	

续表

类别	型号 （高度× 宽度）/mm	截面尺寸/mm					截面 面积 /cm²	理论 重量 /kg·m⁻¹	对应 H 型钢系 列型号
		h	B	t_1	t_2	r			
TN （窄翼缘）	200×200	198	199	7	11	13	35.71	28.0	400×200
		200	200	8	13	13	41.69	32.7	
	225×200	223	199	8	12	13	41.49	32.6	450×200
		225	200	9	14	13	47.72	37.5	
	250×200	248	199	9	14	13	49.65	39.0	500×200
		250	200	10	16	13	56.13	44.1	
		253	201	11	19	13	64.66	50.8	
	275×200	273	199	9	14	13	51.90	40.7	550×200
		275	200	10	16	13	58.63	46.0	
	300×200	298	199	10	15	13	58.88	46.2	600×200
		300	200	11	17	13	65.86	51.7	
		303	201	12	20	13	74.89	58.8	
	325×300	323	299	10	15	12	76.27	59.9	650×300
		325	300	11	17	13	85.61	67.2	
		328	301	12	20	13	97.89	76.8	
	350×300	346	300	13	20	13	103.11	80.9	700×300
		350	300	13	24	13	115.11	90.4	
	400×300	396	300	14	22	18	119.75	94.0	800×300
		400	300	14	26	18	131.75	103.4	
	450×300	445	299	15	23	18	133.46	104.8	900×300
		450	300	16	28	18	152.91	120.0	
		456	302	18	34	18	180.03	141.3	

表 2-11 冷拉圆钢、方钢、六角钢的直径系列

直　　径/mm
3.0,3.2,3.5,4.0,4.5,5.0,5.5,6.0,6.3,7.0,7.5,8.0,8.5,9.0,9.5,10.0,10.5, 11.0,11.5,12.0,13.0,14.0,15.0,16.0,17.0,18.0,19.0,20.0,21.0,22.0,24.0, 25.0,26.0,28.0,30.0,32.0,34.0,35.0,36.0,38.0,40.0,42.0,45.0,48.0,50.0, 52.0,55.0,56.0,60.0,63.0,65.0,67.0

注：对圆钢表示直径，对方钢及六角钢的直径，是指其内切圆直径，即两平行边间的距离。

2.1.5 冷弯型钢（GB/T 6725—2008）

冷弯型钢的力学性能见表 2-12。

2.1.6 通用冷弯开口型钢（GB/T 6723—2008）

型钢的尺寸、截面面积、理论重量及主要参数见表 2-13～表 2-20。若经供需双方协议，可供应表中所列尺寸以外的冷弯开口型钢。

冷弯开口型钢的标记示例：

用牌号为 Q345 的材料制成高度为 160mm、中腿边长为 60mm、小腿边长为 20mm、壁厚为 3mm 的冷弯内卷边槽钢，其标记为

$$\text{冷弯内卷边槽钢} \frac{\text{CN } 160 \times 60 \times 20 \times 3\text{-GB/T } 6732\text{—}2008}{\text{Q345-GB/T } 1591\text{—}2008}$$

表 2-12　冷弯型钢的力学性能

产品屈服强度等级	壁厚 t/mm	屈服强度 R_{eL}/MPa	抗拉强度 R_m/MPa	断后伸长率 A/%
235		≥235	≥370	≥24
345	≤19	≥345	≥470	≥20
390		≥390	≥490	≥17

注 1：对于断面尺寸小于或等于 60mm×60mm（包括等周长尺寸的圆及矩形冷弯型钢）及边厚比小于或等于 14 的所有冷弯型钢产品，平板部分的最小断后伸长率为 17%。

2：冷弯型钢的尺寸、外形、重量及允许偏差应符合相应产品标准的规定。

表 2-13　冷弯等边角钢基本尺寸与主要参数

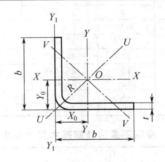

规　格 $b \times b \times t$	尺　寸/mm b	t	理论重量 /kg·m^{-1}	截面面积 /cm^2	重心 Y_0/cm
20×20×1.2	20	1.2	0.354	0.451	0.559
20×20×2.0		2.0	0.566	0.721	0.599
30×30×1.6	30	1.6	0.714	0.909	0.829
30×30×2.0		2.0	0.880	1.121	0.849
30×30×3.0		3.0	1.274	1.623	0.898
40×40×1.6	40	1.6	0.965	1.229	1.079
40×40×2.0		2.0	1.194	1.521	1.099
40×40×3.0		3.0	1.745	2.223	1.148

规 格	尺 寸/mm		理论重量	截面面积	重心
$b \times b \times t$	b	t	/kg·m^{-1}	/cm^2	Y_0/cm
50×50×2.0		2.0	1.508	1.921	1.349
50×50×3.0	50	3.0	2.216	2.823	1.398
50×50×4.0		4.0	2.894	3.686	1.448
60×60×2.0		2.0	1.822	2.321	1.599
60×60×3.0	60	3.0	2.687	3.423	1.648
60×60×4.0		4.0	3.522	4.486	1.698
70×70×3.0	70	3.0	3.158	4.023	1.898
70×70×4.0		4.0	4.150	5.286	1.948
80×80×4.0	80	4.0	4.778	6.086	2.198
80×80×5.0		5.0	5.895	7.510	2.247
100×100×4.0	100	4.0	6.034	7.686	2.698
100×100×5.0		5.0	7.465	9.510	2.747
150×150×6.0		6.0	13.458	17.254	4.062
150×150×8.0	150	8.0	17.685	22.673	4.169
150×150×10		10	21.783	27.927	4.277
200×200×6.0		6.0	18.138	23.254	5.310
200×200×8.0	200	8.0	23.925	30.673	5.416
200×200×10		10	29.583	37.927	5.522
250×250×8.0		8.0	30.164	38.672	6.664
250×250×10	250	10	37.383	47.927	6.770
250×250×12		12	44.472	57.015	6.876
300×300×10		10	45.183	57.927	8.018
300×300×12	300	12	53.832	69.015	8.124
300×300×14		14	62.022	79.516	8.277
300×300×16		16	70.312	90.144	8.392

表 2-14 冷弯不等边角钢基本尺寸与主要参数

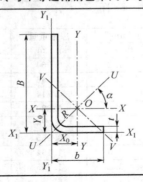

规　　格	尺　寸/mm			理论重	截面面	重心/cm	
$B \times b \times t$	B	b	t	量/kg·m^{-1}	积/cm^2	Y_0	X_0
30×20×2.0	30	20	2.0	0.723	0.921	1.011	0.490
30×20×3.0			3.0	1.039	1.323	1.068	0.536
50×30×2.5	50	30	2.5	1.473	1.877	1.706	0.674
50×30×4.0			4.0	2.266	2.886	1.794	0.741
60×40×2.5	60	40	2.5	1.866	2.377	1.939	0.913
60×40×4.0			4.0	2.894	3.686	2.023	0.981
70×40×3.0	70	40	3.0	2.452	3.123	2.402	0.861
70×40×4.0			4.0	3.208	4.086	2.461	0.905
80×50×3.0	80	50	3.0	2.923	3.723	2.631	1.096
80×50×4.0			4.0	3.836	4.886	2.688	1.141
100×60×3.0	100	60	3.0	3.629	4.623	3.297	1.259
100×60×4.0			4.0	4.778	6.086	3.354	1.304
100×60×5.0			5.0	5.895	7.510	3.412	1.349
150×120×6.0	150	120	6.0	12.054	15.454	4.500	2.962
150×120×8.0			8.0	15.813	20.273	4.615	3.064
150×120×10			10	19.443	24.927	4.732	3.167
200×160×8.0	200	160	8.0	21.429	27.473	6.000	3.950
200×160×10			10	24.463	33.927	6.115	4.051
200×160×12			12	31.368	40.215	6.231	4.154
250×220×10	250	220	10	35.043	44.927	7.188	5.652
250×220×12			12	41.664	53.415	7.299	5.756
250×220×14			14	47.826	61.316	7.466	5.904
300×260×12	300	260	12	50.088	64.215	8.686	6.638
300×260×14			14	57.654	73.916	8.851	6.782
300×260×16			16	65.320	83.744	8.972	6.894

表 2-15　冷弯等边槽钢基本尺寸与主要参数

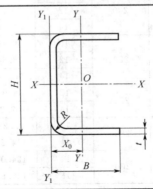

续表

规　格	尺　　寸/mm			理论重量	截面面积	重心/cm
$H \times B \times t$	H	B	t	/kg·m^{-1}	/cm^2	X_0
20×10×1.5	20	10	1.5	0.401	0.511	0.324
20×10×2.0			2.0	0.505	0.643	0.349
50×30×2.0	50	30	2.0	1.604	2.043	0.922
50×30×3.0			3.0	2.314	2.947	0.975
50×50×3.0		50	3.0	3.256	4.147	1.850
100×50×3.0	100	50	3.0	4.433	5.647	1.398
100×50×4.0			4.0	5.788	7.373	1.448
140×60×3.0	140	60	3.0	5.846	7.447	1.527
140×60×4.0			4.0	7.672	9.773	1.575
140×60×5.0			5.0	9.436	12.021	1.623
200×80×4.0	200	80	4.0	10.812	13.773	1.966
200×80×5.0			5.0	13.361	17.021	2.013
200×80×6.0			6.0	15.849	20.190	2.060
250×130×6.0	250	130	6.0	22.703	29.107	3.630
250×130×8.0			8.0	29.755	38.147	3.739
300×150×6.0	300	150	6.0	26.915	34.507	4.062
300×150×8.0			8.0	35.371	45.347	4.169
300×150×10			10	43.566	55.854	4.277
350×180×8.0	350	180	8.0	42.235	54.147	4.983
350×180×10			10	52.146	66.854	5.092
350×180×12			12	61.799	79.230	5.501
400×200×10	400	200	10	59.166	75.854	5.522
400×200×12			12	70.223	90.030	5.630
400×200×14			14	80.366	103.033	5.791
450×220×10	450	220	10	66.186	84.854	5.956
450×220×12			12	78.647	100.830	6.063
450×220×14			14	90.194	115.633	6.219
500×250×12	500	250	12	88.943	114.030	6.876
500×250×14			14	102.206	131.033	7.032
550×280×12	550	280	12	99.239	127.230	7.691
550×280×14			14	114.218	146.433	7.846
600×300×14	600	300	14	124.046	159.033	8.276
600×300×16			16	140.624	180.287	8.392

表 2-16 冷弯不等边槽钢基本尺寸与主要参数

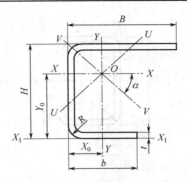

规格	尺寸/mm				理论重量/kg·m⁻¹	截面面积/cm²	重心/cm	
$H \times B \times b \times t$	H	B	b	t	量/kg·m⁻¹	积/cm²	X_0	Y_0
50×32×20×2.5	50	32	20	2.5	1.840	2.344	0.817	2.803
50×32×20×3.0				3.0	2.169	2.764	0.842	2.806
80×40×20×2.5	80	40	20	2.5	2.586	3.294	0.828	4.588
80×40×20×3.0				3.0	3.064	3.904	0.852	4.591
100×60×30×3.0	100	60	30	3.0	4.242	5.404	1.326	5.807
150×60×50×3.0	150		50		5.890	7.504	1.304	7.793
200×70×60×4.0	200	70	60	4.0	9.832	12.605	1.469	10.311
200×70×60×5.0				5.0	12.061	15.463	1.527	10.315
250×80×70×5.0	250	80	70	5.0	14.791	18.963	1.647	12.823
250×80×70×6.0				6.0	17.555	22.507	1.696	12.825
300×90×80×6.0	300	90	80	6.0	20.831	26.707	1.822	15.330
300×90×80×8.0				8.0	27.259	34.947	1.918	15.334
350×100×90×6.0	350	100	90	6.0	24.107	30.907	1.953	17.834
350×100×90×8.0				8.0	31.627	40.547	2.048	17.837
400×150×100×8.0	400	150	100	8.0	38.491	49.347	2.882	21.589
400×150×100×10				10	47.466	60.854	2.981	21.602
450×200×150×10	450	200	150	10	59.166	75.854	4.402	23.950
450×200×150×12				12	70.223	90.030	4.504	23.960
500×250×200×12	500	250	200	12	84.263	108.030	6.008	26.355
500×250×200×14				14	96.746	124.033	6.159	26.371
550×300×250×14	550	300	250	14	113.126	145.033	7.714	28.794
550×300×250×16				16	128.144	164.287	7.831	28.800

表 2-17 冷弯内卷边槽钢基本尺寸与主要参数

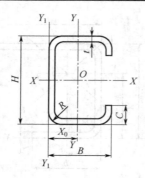

规　格	尺　　寸/mm				理论重量 /kg·m⁻¹	截面面积 /cm²	重心/cm
$H \times B \times C \times t$	H	B	C	t	/kg·m⁻¹	/cm²	X_0
60×30×10×2.5	60	30	10	2.5	2.363	3.010	1.043
60×30×10×3.0				3.0	2.743	3.495	1.036
100×50×20×2.5	100	50	20	2.5	4.325	5.510	1.853
100×50×20×3.0				3.0	5.098	6.495	1.848
140×60×20×2.5	140	60	20	2.5	5.503	7.010	1.974
140×60×20×3.0				3.0	6.511	8.295	1.969
180×60×20×3.0	180	60	20	3.0	7.453	9.495	1.739
180×70×20×3.0		70			7.924	10.095	2.106
200×60×20×30	200	60	20	3.0	7.924	10.095	1.644
200×70×20×3.0		70			8.395	10.695	1.996
250×40×15×3.0	250	40			7.924	10.095	0.790
300×40×15×3.0	300	40	15	3.0	9.102	11.595	0.707
400×50×15×3.0	400	50			11.928	15.195	0.783
450×70×30×6.0	450	70	30	6.0	28.092	36.015	1.421
450×70×30×8.0				8.0	36.421	46.693	1.429
500×100×40×6.0				6.0	34.176	43.815	2.297
500×100×40×8.0	500	100	40	8.0	44.533	57.093	2.293
500×100×40×10				10	54.372	69.708	2.289
550×120×50×8.0				8.0	51.397	65.893	2.940
550×120×50×10	550	120	50	10	62.952	80.708	2.933
550×120×50×12				12	73.990	94.859	2.926
600×150×60×12				12	86.158	110.459	3.902
600×150×60×14	600	150	60	14	97.395	124.865	3.840
600×150×60×16				16	109.025	139.775	3.819

表 2-18　冷弯外卷边槽钢基本尺寸与主要参数

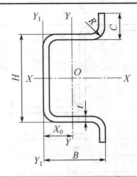

规　格	尺　　寸/mm				理论重量	截面面积	重心/cm
$H×B×C×t$	H	B	C	t	/kg · m^{-1}	/cm^2	X_0
30×30×16×2.5	30	30	16	2.5	2.009	2.560	1.526
50×20×15×3.0	50	20	15	3.0	2.272	2.895	0.823
60×25×32×2.5	60	25	32	2.5	3.030	3.860	1.279
60×25×32×3.0	60	25	32	3.0	3.544	4.515	1.279
80×40×20×4.0	80	40	20	4.0	5.296	6.746	1.573
100×30×15×3.0	100	30	15	3.0	3.921	4.995	0.932
150×40×20×4.0	150	40	20	4.0	7.497	9.611	1.176
150×40×20×5.0				5.0	8.913	11.427	1.158
200×50×30×4.0	200	50	30	4.0	10.305	13.211	1.525
200×50×30×5.0				5.0	12.423	15.927	1.511
250×60×40×5.0	250	60	40	5.0	15.933	20.427	1.856
250×60×40×6.0				6.0	18.732	24.015	1.853
300×70×50×6.0	300	70	50	6.0	22.944	29.415	2.195
300×70×50×8.0				8.0	29.557	37.893	2.191
350×80×60×6.0	350	80	60	6.0	27.156	34.815	2.533
350×80×60×8.0				8.0	35.173	45.093	2.475
400×90×70×8.0	400	90	70	8.0	40.789	52.293	2.773
400×90×70×10				10	49.692	63.708	2.868
450×100×80×8.0	450	100	80	8.0	46.405	59.493	3.206
450×100×80×10				10	56.712	72.708	3.205
500×150×90×10	500	150	90	10	69.972	89.708	5.003
500×150×90×12				12	82.414	105.659	4.992
550×200×100×12	550	200	100	12	98.326	126.059	6.564
550×200×100×14				14	111.591	143.065	6.815
600×250×150×14	600	250	150	14	138.891	178.065	9.717
600×250×150×16				16	156.449	200.575	9.700

表 2-19 冷弯 Z 型钢基本尺寸与主要参数

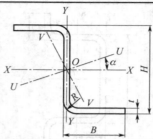

规　格	尺　寸/mm			理论重量	截面面积
$H \times B \times t$	H	B	t	/kg·m^{-1}	/cm^2
80×40×2.5	80	40	2.5	2.947	3.755
80×40×3.0			3.0	3.491	4.447
100×50×2.5	100	50	2.5	3.732	4.755
100×50×3.0			3.0	4.433	5.647
140×70×3.0	140	70	3.0	6.291	8.065
140×70×4.0			4.0	8.272	10.605
200×100×3.0	200	100	3.0	9.099	11.665
200×100×4.0			4.0	12.016	15.405
300×120×4.0	300	120	4.0	16.384	21.005
300×120×5.0			5.0	20.251	25.963
400×150×6.0	400	150	6.0	31.595	40.507
400×150×8.0			8.0	41.611	53.347

表 2-20 冷弯卷边 Z 型钢基本尺寸与主要参数

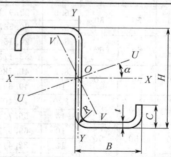

规　格	尺　寸/mm				理论重量	截面面积
$H \times B \times C \times t$	H	B	C	t	/kg·m^{-1}	/cm^2
100×40×20×2.0	100	40	20	2.0	3.208	4.086
100×40×20×2.5				2.5	3.933	5.010

规　格	尺　寸/mm				理论重量	截面面积
$H \times B \times C \times t$	H	B	C	t	/kg·m^{-1}	/cm^2
140×50×20×2.5	140	50	20	2.5	5.110	6.510
140×50×20×3.0				3.0	6.040	7.695
180×70×20×2.5	180	70	20	2.5	6.680	8.510
180×70×20×3.0				3.0	7.924	10.095
230×75×25×3.0	230			3.0	9.573	12.195
230×75×25×4.0		75	25	4.0	12.518	15.946
250×75×25×3.0	250			3.0	10.044	12.795
250×75×25×4.0				4.0	13.146	16.746
300×100×30×4.0	300	100	30	4.0	16.545	21.211
300×100×30×6.0				6.0	23.880	30.615
400×120×40×8.0	400	120	40	8.0	40.789	52.293
400×120×40×10				10	49.692	63.708

2.2 钢板和钢带

2.2.1 钢板（钢带）理论重量

钢板（钢带）理论重量见表 2-21。

表 2-21 钢板（钢带）理论重量

厚度/mm	理论重量/kg·m^{-2}	厚度/mm	理论重量/kg·m^{-2}	厚度/mm	理论重量/kg·m^{-2}	厚度/mm	理论质量/kg·m^{-2}
0.20	1.570	1.9	14.92	13	102.1	55	431.8
0.25	1.963	2.0	15.70	14	109.9	60	471.0
0.30	2.355	2.2	17.27	15	117.8	65	510.3
0.35	2.748	2.5	19.63	16	125.6	70	549.5
0.40	3.140	2.8	21.98	17	133.5	75	588.8
0.45	3.533	3.0	23.55	18	141.3	80	628.0
0.50	3.925	3.2	25.12	19	149.2	85	667.3
0.55	4.318	3.5	27.48	20	157.0	90	706.5
0.56	4.396	3.8	29.83	21	164.9	95	745.8
0.60	4.710	3.9	30.62	24	188.4	100	785.0
0.65	5.103	4.0	31.40	25	196.3	105	824.3
0.70	5.495	4.2	32.97	26	204.1	110	863.5
0.75	5.888	4.5	35.33	28	219.8	120	942.0
0.80	6.280	4.8	37.68	30	235.5	125	981.3
0.90	7.065	5.0	39.25	32	251.2	130	1021
1.0	7.850	5.5	43.18	34	266.9	140	1099
1.1	8.635	6.0	47.10	36	282.6	150	1178
1.2	9.420	6.5	51.03	38	298.3	160	1256
1.3	10.21	7.0	54.95	40	314.0	165	1295
1.4	10.99	8.0	62.80	42	329.7	170	1335
1.5	11.78	9.0	70.65	45	353.3	180	1413
1.6	12.56	10	78.50	48	376.8	185	1452
1.7	13.35	11	86.35	50	392.5	190	1492
1.8	14.13	12	94.20	52	408.2	195	1531
						200	1570

注：钢板（钢带）理论重量的密度按 7.85g/cm^3 计算。高合金钢（如不锈钢）的密度不同，不能使用本表。

2.2.2 冷轧钢板和钢带的尺寸及允许偏差 (GB/T 708—2006)

冷轧钢板和钢带的尺寸及允许偏差见表 2-22～表 2-25。

表 2-22 冷轧钢板和钢带的分类和代号

分 类 方 法	类 别	代 号
按边缘状态分	切边	EC
	不切边	EM
按尺寸精度分	普通厚度精度	PT. A
	较高厚度精度	PT. B
	普通宽度精度	PW. A
	较高宽度精度	PW. B
	普通长度精度	PL. A
	较高长度精度	PL. B
按不平度精度分	普通不平度精度	PF. A
	较高不平度精度	PF. B

表 2-23 产品形态、边缘状态所对应的尺寸精度的分类

产品形态	边缘状态	分类及代号							
		厚度精度		宽度精度		长度精度		不平度精度	
		普通	较高	普通	较高	普通	较高	普通	较高
钢带	不切边 EM	PT. A	PT. B	PW. A	—				
	切边 EC	PT. A	PT. B	PW. A	PW. B				
钢板	不切边 EM	PT. A	PT. B	PW. A	—	PL. A	PL. B	PF. A	PF. B
	切边 EC	PT. A	PT. B	PW. A	PW. B	PL. A	PL. B	PF. A	PF. B
纵切钢带	切边 EC	PT. A	PT. B	PW. A	—	—	—	—	—

表 2-24 钢板和钢带的尺寸

尺 寸 范 围	推荐的公称尺寸	备 注
钢板和钢带(包括纵切钢带)的公称厚度 0.30～4.00mm	公称厚度小于 1mm 的钢板和钢带按 0.05mm 倍数的任何尺寸;公称厚度不小于 1mm 的钢板和钢带按 0.1mm 倍数的任何尺寸	根据需方要求,经供需双方协商,可以供应其他尺寸的钢板和钢带
钢板和钢带的公称宽度 600～2050mm	按 10mm 倍数的任何尺寸	
钢板的公称长度 1000～6000mm	按 50mm 倍数的任何尺寸	

表 2-25 冷轧钢板和钢带的尺寸允许偏差 mm

	①规定的最小屈服强度小于 280MPa 的钢板和钢带的厚度允许偏差					
	公称厚度	普通精度 PT. A			较高精度 PT. B		
		公称宽度			公称宽度		
1. 厚度允许偏差		≤1200	>1200~1500	>1500	≤1200	>1200~1500	>1500
	≤0.40	±0.04	±0.05	±0.06	±0.025	±0.035	±0.045
	>0.40~0.60	±0.05	±0.06	±0.07	±0.035	±0.045	±0.050
	>0.60~0.80	±0.06	±0.07	±0.08	±0.040	±0.050	±0.050
	>0.80~1.00	±0.07	±0.08	±0.09	±0.045	±0.060	±0.060
	>1.00~1.20	±0.08	±0.09	±0.10	±0.055	±0.070	±0.070
	>1.20~1.60	±0.10	±0.11	±0.11	±0.070	±0.080	±0.080
	>1.60~2.00	±0.12	±0.13	±0.13	±0.080	±0.090	±0.090
	>2.00~2.50	±0.14	±0.15	±0.15	±0.100	±0.110	±0.110
	>2.50~3.00	±0.16	±0.17	±0.17	±0.110	±0.120	±0.120
	>3.00~4.00	±0.17	±0.19	±0.19	±0.140	±0.150	±0.150

②规定的最小屈服强度为 280~360MPa 的钢板和钢带的厚度允许偏差比表中规定值增加 20%;规定的最小屈服强度为不小于 360MPa 的钢板和钢带的厚度允许偏差比表中规定值增加 40%

③距钢带焊缝处 15m 内的厚度允许偏差比表中规定值增加 60%;距钢带两端各 15m 内的厚度允许偏差比表中规定值增加 60%

	①切边钢板、钢带和不切边钢板、钢带			不切边钢板、钢带的宽度允许偏差
2. 宽度允许偏差	公称宽度	切边钢板、钢带的宽度允许偏差		
		普通精度 PW. A	较高精度 PW. B	
	≤1200	+4 / 0	+2 / 0	由供需双方商定
	>1200~1500	+5 / 0	+2 / 0	
	>1500	+6 / 0	+3 / 0	

	②纵切钢带					
	公称厚度	宽度允许偏差				
		公称宽度				
		≤125	>125~250	>250~400	>400~600	>600
	≤0.40	+0.3 / 0	+0.6 / 0	+1.0 / 0	+1.5 / 0	+2.0 / 0
	>0.40~1.0	+0.5 / 0	+0.8 / 0	+1.2 / 0	+1.5 / 0	+2.0 / 0
	>1.0~1.8	+0.7 / 0	+1.0 / 0	+1.5 / 0	+2.0 / 0	+2.5 / 0
	>1.8~4.0	+1.0 / 0	+1.3 / 0	+1.7 / 0	+2.0 / 0	+2.5 / 0

	钢板长度允许偏差		
3. 长度允许偏差	公称长度	普通精度 PL. A	较高精度 PL. B
	≤2000	+6 / 0	+3 / 0
	>2000	+0.3% × 公称长度 / 0	+0.15% × 公称长度 / 0

2.2.3 冷轧低碳钢板及钢带（GB/T 5213—2008）

冷轧低碳钢板及钢带见表 2-26。

表 2-26 冷轧低碳钢板及钢带

牌号	钢板及钢带的牌号由三部分组成:第一部分为字母 D,代表冷成形用钢板及钢带;第二部分为字母 C,代表轧制条件为冷轧;第三部分为两位数字序列号,即 01、03、04 等 示例:DC01 D—冷成形用钢板及钢带 C—轧制条件为冷轧 01—数字序列号		

分类 及 代号	分类方法	牌号	用途
	按用途分	DC01 DC03 DC04 DC05 DC06 DC07	一般用 冲压用 深冲用 特深冲用 超深冲用 特超深冲用
		级别	代号
	按表面质量分	较高级表面 高级表面 超高级表面	FB FC FD
	按表面结构分	麻面 光亮表面	D B

规格	尺寸、外形、重量及允许偏差应符合 GB/T 708 的规定				

力学 性能	牌号	屈服强度[a,b] R_{eL} 或 $R_{p0.2}$/MPa≤	抗拉强度 R_m/MPa	断后伸长率[c,d]A_{80}/%≥ ($b=20mm$, $L_0=80mm$)	r_{90}[e]≥	n_{90}[e]≥
	DC01	280[f]	270～410	28	—	—
	DC03	240	270～370	34	1.3	—
	DC04	210	270～350	38	1.6	0.18
	DC05	180	270～330	40	1.9	0.20
	DC06	170	270～330	41	2.1	0.22
	DC07	150	250～310	44	2.5	0.23

a 无明显屈服时采用 $R_{p0.2}$,否则采用 R_{eL}。当厚度大于 0.50mm 且不大于 0.70mm 时,屈服强度上限值可以增加 20MPa;当厚度不大于 0.50mm 时,屈服强度上限值可以增加 40MPa

b 经供需双方协商同意,DC01、DC03、DC04 屈服强度的下限值可设定为 140MPa,DC05、DC06 屈服强度的下限值可设定为 120MPa,DC07 屈服强度的下限值可设定为 100MPa

c 采用 GB/T 228 中的 P6 试样,试样方向为横向

d 当厚度大于 0.50mm 且不大于 0.70mm 时,断后伸长率最小值可以降低 2%(绝对值);当厚度不大于 0.50mm 时,断后伸长率最小值可降低 4%(绝对值)

e r_{90} 值和 n_{90} 值的要求仅适用于厚度不小于 0.50mm 的产品。当厚度大于 2.0mm 时,r_{90} 值可以降低 0.2

f DC01 的屈服强度上限值的有效期仅为从生产完成之日起 8 天内

2.2.4 碳素结构钢冷轧薄钢板及钢带（GB/T 11253—2007）

碳素结构钢冷轧薄钢板及钢带见表 2-27。

表 2-27 碳素结构钢冷轧薄钢板及钢带

<table>
<tr><td rowspan="5">分类及代号</td><td>分类方法</td><td>类　别</td><td colspan="2">代　号</td></tr>
<tr><td rowspan="2">按表面质量分</td><td>较高级表面</td><td colspan="2">FB</td></tr>
<tr><td>高级表面</td><td colspan="2">FC</td></tr>
<tr><td rowspan="2">按表面结构分</td><td>光亮表面</td><td colspan="2">B：其特征为经轧辊磨床精加工处理</td></tr>
<tr><td>粗糙表面</td><td colspan="2">D：其特征为轧辊磨床加工后经喷丸等处理</td></tr>
<tr><td>钢号</td><td colspan="4">Q195、Q215、Q235、Q275</td></tr>
<tr><td rowspan="13">力学性能</td><td colspan="4">①横向拉伸试验</td></tr>
<tr><td rowspan="2">牌号</td><td rowspan="2">下屈服强度 R_{eL}
（无明显屈服时用
$R_{p0.2}$）/MPa</td><td rowspan="2">抗拉强度
R_m/MPa</td><td>断后伸长率/%</td></tr>
<tr><td>A_{50mm}　　A_{80mm}</td></tr>
<tr><td>Q195</td><td>≥195</td><td>315～430</td><td>≥26　　　≥24</td></tr>
<tr><td>Q215</td><td>≥215</td><td>335～450</td><td>≥24　　　≥22</td></tr>
<tr><td>Q235</td><td>≥235</td><td>370～500</td><td>≥22　　　≥20</td></tr>
<tr><td>Q275</td><td>≥275</td><td>410～540</td><td>≥20　　　≥18</td></tr>
<tr><td colspan="4">②180°弯曲试验（试样宽度 B≥20mm，伸裁试验时 B＝20mm），弯曲处
不应有肉眼可见裂纹</td></tr>
<tr><td>牌号</td><td colspan="2">试样方向</td><td>弯心直径 d</td></tr>
<tr><td>Q195</td><td colspan="2">横</td><td>0.5a（a 为试样厚度）</td></tr>
<tr><td>Q215</td><td colspan="2">横</td><td>0.5a</td></tr>
<tr><td>Q235</td><td colspan="2">横</td><td>1a</td></tr>
<tr><td>Q275</td><td colspan="2">横</td><td>1a</td></tr>
</table>

2.2.5 合金结构钢薄钢板（YB/T 5132—2007）

合金结构钢薄钢板见表 2-28。

表 2-28 合金结构钢薄钢板

<table>
<tr><td rowspan="2">牌号</td><td colspan="3">优质钢：35B，40B，45B，50B，15Cr，20Cr，30Cr，35Cr，40Cr，50Cr，12CrMo，15CrMo，20CrMo，30CrMo，35CrMo，12Cr1MoV，12CrMoV，20CrNi，40CrNi，20CrMnTi，30CrMnSi</td></tr>
<tr><td colspan="3">高级优质钢：12Mn2A，16Mn2A，45Mn2A，50BA，15CrA，38CrA，20CrMnSiA，25CrMnSiA，30CrMnSiA，35CrMnSiA</td></tr>
<tr><td rowspan="5">力学性能</td><td>牌号</td><td>抗拉强度 R_m/MPa</td><td>断后伸长率 $A_{11.3}$/%≥</td></tr>
<tr><td>12Mn2A</td><td>390～570</td><td>22</td></tr>
<tr><td>16Mn2A</td><td>490～635</td><td>18</td></tr>
<tr><td>45Mn2A</td><td>590～835</td><td>12</td></tr>
<tr><td>35B</td><td>490～635</td><td>19</td></tr>
</table>

续表

牌　　号	抗拉强度 R_m/MPa	断后伸长率 $A_{11.3}$/% ≥
40B	510～655	18
45B	540～685	16
50B、50BA	540～715	14
15Cr、15CrA	390～590	19
20Cr	390～590	18
30Cr	490～685	17
35Cr	540～735	16
38CrA	540～735	16
40Cr	540～785	14
20CrMnSiA	440～685	18
25CrMnSiA	490～685	18
30CrMnSi、30CrMnSiA	490～735	16
35CrMnSiA	590～785	14

其中"力学性能"为左侧合并单元格。

	钢板公称厚度/mm	牌号		
		12Mn2A	16Mn2A、25CrMnSiA	35CrMnSiA
		冲压深度/mm　≥		
工艺性能	0.5	7.3	6.6	6.5
	0.6	7.7	7.0	6.7
	0.7	8.0	7.0	7.0
	0.8	8.5	7.5	7.2
	0.9	8.8	7.7	7.5
	1.0	9.0	8.0	7.7
	在上列厚度之间	采用相邻较小厚度的指标		

注：1. 经退火或回火供应的钢板，交货状态力学性能应符合表中的规定。表中未列牌号的力学性能，仅供参考或由供需双方协议规定。

2. 正火和不热处理交货的钢板，在保证断后伸长率的情况下，抗拉强度上限允许较表中规定的数值提高 50MPa。

3. 厚度不大于 0.9mm 的钢板的伸长率仅供参考。

2.2.6　不锈钢冷轧钢板和钢带（GB/T 3280—2015）

不锈钢冷轧钢板和钢带的有关内容见表 2-29 和表 2-30。

表 2-29　不锈钢冷轧钢板和钢带的公称尺寸范围　　　　mm

形　　态	公称厚度	公称宽度
宽钢带、卷切钢板	0.10～8.00	≥600～<2100
纵剪宽钢带①、卷切钢带Ⅰ①	0.10～8.00	<600
窄钢带、卷切钢带Ⅱ	0.01～3.00	<600

① 由宽度大于 600mm 的宽钢带纵剪（包括纵剪加横切）成宽度小于 600mm 的钢带或钢板。

表 2-30 不锈钢冷轧钢板和钢带的力学性能

① 经固溶处理的奥氏体型钢板和钢带的力学性能

统一数字代号	牌 号	规定塑性延伸强度 $R_{p0.2}$/MPa	抗拉强度 R_m/MPa	断后伸长率[①] A/%	硬 度 值		
					HBW	HRB	HV
		不小于			不大于		
S30103	022Cr17Ni7	220	550	45	241	100	242
S30110	12Cr17Ni7	205	515	40	217	95	220
S30153	022Cr17Ni7N	240	550	45	241	100	242
S30210	12Cr18Ni9	205	515	40	201	92	210
S30240	12Cr18Ni9Si3	205	515	40	217	95	220
S30403	022Cr19Ni10	180	485	40	201	92	210
S30408	06Cr19Ni10	205	515	40	201	92	210
S30409	07Cr19Ni10	205	515	40	201	92	210
S30450	05Cr19Ni10Si2CeN	290	600	40	217	95	220
S30453	022Cr19Ni10N	205	515	40	217	95	220
S30458	06Cr19Ni10N	240	550	30	217	95	220
S30478	06Cr19Ni9NbN	345	620	30	241	100	242
S30510	10Cr18Ni12	170	485	40	183	88	200
S30859	08Cr21Ni11Si2CeN	310	600	40	217	95	220
S30908	06Cr23Ni13	205	515	40	217	95	220
S31008	06Cr25Ni20	205	515	40	217	95	220
S31053	022Cr25Ni22Mo2N	270	580	25	217	95	220
S31252	015Cr20Ni18Mo6CuN	310	690	35	223	96	225
S31603	022Cr17Ni12Mo2	180	485	40	217	95	220
S31608	06Cr17Ni12Mo2	205	515	40	217	95	220
S31609	07Cr17Ni12Mo2	205	515	40	217	95	220
S31653	022Cr17Ni12Mo2N	205	515	40	217	95	220
S31658	06Cr17Ni12Mo2N	240	550	35	217	95	220
S31668	06Cr17Ni12Mo2Ti	205	515	40	217	95	220
S31678	06Cr17Ni12Mo2Nb	205	515	30	217	95	220
S31688	06Cr18Ni12Mo2Cu2	205	520	40	187	90	200
S31703	022Cr19Ni13Mo3	205	515	40	217	95	220
S31708	06Cr19Ni13Mo3	205	515	35	217	95	220
S31723	022Cr19Ni16Mo5N	240	550	40	223	96	225
S31753	022Cr19Ni13Mo4N	240	550	40	217	95	220
S31782	015Cr21Ni26Mo5Cu2	220	490	35	—	90	200
S32168	06Cr18Ni11Ti	205	515	40	217	95	220
S32169	07Cr19Ni11Ti	205	515	40	217	95	220

续表

① 经固溶处理的奥氏体型钢板和钢带的力学性能

统一数字代号	牌　号	规定塑性延伸强度 $R_{p0.2}$/MPa	抗拉强度 R_m/MPa	断后伸长率[①] A/%	硬　度　值		
					HBW	HRB	HV
		不小于			不大于		
S32652	015Cr24Ni22Mo8Mn3CuN	430	750	40	250	—	252
S34553	022Cr24Ni17Mo5Mn6NbN	415	795	35	241	100	242
S34778	06Cr18Ni11Nb	205	515	40	201	92	210
S34779	07Cr18Ni11Nb	205	515	40	201	92	210
S38367	022Cr21Ni25Mo7N	310	690	30	—	100	258
S38926	015Cr20Ni25Mo7CuN	295	650	35	—	—	—

② H1/4 状态的钢板和钢带的力学性能

统一数字代号	牌　号	规定塑性延伸强度 $R_{p0.2}$/MPa	抗拉强度 R_m/MPa	断后伸长率[①]A/%		
				厚度 $<$ 0.4mm	厚度 0.4mm～ $<$0.8mm	厚度 $\geqslant$ 0.8mm
		不小于				
S30103	022Cr17Ni7	515	825	25	25	25
S30110	12Cr17Ni7	515	860	25	25	25
S30153	022Cr17Ni7N	515	825	25	25	25
S30210	12Cr18Ni9	515	860	10	10	12
S30403	022Cr19Ni10	515	860	8	8	10
S30408	06Cr19Ni10	515	860	10	10	12
S30453	022Cr19Ni10N	515	860	10	10	12
S30458	06Cr19Ni10N	515	860	12	12	12
S31603	022Cr17Ni12Mo2	515	860	8	8	8
S31608	06Cr17Ni12Mo2	515	860	10	10	10
S31658	06Cr17Ni12Mo2N	515	860	12	12	12

③ H1/2 状态的钢板和钢带的力学性能

统一数字代号	牌　号	规定塑性延伸强度 $R_{p0.2}$/MPa	抗拉强度 R_m/MPa	断后伸长率[①]A/%		
				厚度 $<$ 0.4mm	厚度 0.4mm～ $<$0.8mm	厚度 $\geqslant$ 0.8mm
		不小于				
S30103	022Cr17Ni7	690	930	20	20	20
S30110	12Cr17Ni7	760	1035	15	18	18
S30153	022Cr17Ni7N	690	930	20	20	20
S30210	12Cr18Ni9	760	1035	9	10	10

续表

③H1/2 状态的钢板和钢带的力学性能

统一数字代号	牌 号	规定塑性延伸强度 $R_{p0.2}$/MPa	抗拉强度 R_m/MPa	断后伸长率 A/%		
				厚度 < 0.4mm	厚度 0.4mm~ <0.8mm	厚度 ≥ 0.8mm
				不小于		
S30403	022Cr19Ni10	760	1035	5	6	6
S30408	06Cr19Ni10	760	1035	6	7	7
S30453	022Cr19Ni10N	760	1035	6	7	7
S30458	06Cr19Ni10N	760	1035	6	8	8
S31603	022Cr17Ni12Mo2	760	1035	5	6	6
S31608	06Cr17Ni12Mo2	760	1035	6	7	7
S31658	06Cr17Ni12Mo2N	760	1035	6	8	8

④H3/4 状态的钢板和钢带的力学性能

统一数字代号	牌 号	规定塑性延伸强度 $R_{p0.2}$/MPa	抗拉强度 R_m/MPa	断后伸长率[①] A/%		
				厚度 < 0.4mm	厚度 0.4mm~ <0.8mm	厚度 ≥ 0.8mm
				不小于		
S30110	12Cr17Ni7	930	1205	10	12	12
S30210	12Cr18Ni9	930	1205	5	6	6

⑤H 状态的钢板和钢带的力学性能

统一数字代号	牌 号	规定塑性延伸强度 $R_{p0.2}$/MPa	抗拉强度 R_m/MPa	断后伸长率[①] A/%		
				厚度 < 0.4mm	厚度 0.4mm~ <0.8mm	厚度 ≥ 0.8mm
				不小于		
S30110	12Cr17Ni7	965	1275	8	9	9
S30210	12Cr18Ni9	965	1275	3	4	4

⑥H2 状态的钢板和钢带的力学性能

统一数字代号	牌 号	规定塑性延伸强度 $R_{p0.2}$/MPa	抗拉强度 R_m/MPa	断后伸长率[①] A/%		
				厚度 < 0.4mm	厚度 0.4mm~ <0.8mm	厚度 ≥ 0.8mm
				不小于		
S30110	12Cr17Ni7	1790	1860	—	—	—

续表

⑦经固溶处理的奥氏体—铁素体型钢板和钢带的力学性能

统一数字代号	牌　号	规定塑性延伸强度 $R_{p0.2}$/MPa	抗拉强度 R_m/MPa	断后伸长率[①] A/%	硬度值	
					HBW	HRC
		不小于			不大于	
S21860	14Cr18Ni11Si4AlTi	—	715	25	—	—
S21953	022Cr19Ni5Mo3Si2N	440	630	25	290	31
S22053	022Cr23Ni5Mo3N	450	655	25	293	31
S22152	022Cr21Mn5Ni2N	450	620	25	—	25
S22153	022Cr21Ni3Mo2N	450	655	25	293	31
S22160	12Cr21Ni5Ti	—	635	20	—	—
S22193	022Cr21Mn3Ni3Mo2N	450	620	25	293	31
S22253	022Cr22Mn3Ni2MoN	450	655	30	293	31
S22293	022Cr22Ni5Mo3N	450	620	25	293	31
S22294	03Cr22Mn5Ni2MoCuN	450	650	30	290	—
S22353	022Cr23Ni2N	450	650	30	290	—
S22493	022Cr24Ni4Mn3Mo2CuN	540	740	25	290	—
S22553	022Cr25Ni6Mo2N	450	640	25	295	31
S23043	022Cr23Ni4MoCuN	400	600	25	290	31
S25073	022Cr25Ni7Mo4N	550	795	15	310	32
S25554	03Cr25Ni6Mo3Cu2N	550	760	15	302	32
S27603	022Cr25Ni7Mo4WCuN	550	750	25	270	—

⑧经退火处理的铁素体型钢板和钢带的力学性能

统一数字代号	牌　号	规定塑性延伸强度 $R_{p0.2}$/MPa	抗拉强度 R_m/MPa	断后伸长率[①] A/%	180°弯曲试验弯曲压头直径 D	硬度值		
						HBW	HRB	HV
		不小于				不大于		
S11163	022Cr11Ti	170	380	20	$D=2a$	179	88	200
S11173	022Cr11NbTi	170	380	20	$D=2a$	179	88	200
S11203	022Cr12	195	360	22	$D=2a$	183	88	200
S11213	022Cr12Ni	280	450	18	—	180		
S11348	06Cr13Al	170	415	20	$D=2a$	179	88	200
S11510	10Cr15	205	450	22	$D=2a$	183	89	200
S11573	022Cr15NbTi	205	450	22	$D=2a$	183	89	200
S11710	10Cr17	205	420	22	$D=2a$	183	89	200
S11763	022Cr17Ti	175	360	22	$D=2a$	183	88	200
S11790	10Cr17Mo	240	450	22	$D=2a$	183	89	200

续表

⑧经退火处理的铁素体型钢板和钢带的力学性能

统一数字代号	牌号	规定塑性延伸强度 $R_{p0.2}$/MPa	抗拉强度 R_m/MPa	断后伸长率[①] $A/\%$	180°弯曲试验弯曲压头直径 D	硬度值		
		不小于				HBW	HRB	HV
						不大于		
S11862	019Cr18MoTi	245	410	20	$D=2a$	217	96	230
S11863	022Cr18Ti	205	415	22	$D=2a$	183	89	200
S11873	022Cr18Nb	250	430	18	—	180	88	200
S11882	019Cr18CuNb	205	390	22	$D=2a$	192	90	200
S11972	019Cr19Mo2NbTi	275	415	20	$D=2a$	217	96	230
S11973	022Cr18NbTi	205	415	22	$D=2a$	183	89	200
S12182	019Cr21CuTi	205	390	22	$D=2a$	192	90	200
S12361	019Cr23Mo2Ti	245	410	20	$D=2a$	217	96	230
S12362	019Cr23MoTi	245	410	20	$D=2a$	217	96	230
S12763	022Cr27Ni2Mo4NbTi	450	585	18	$D=2a$	241	100	242
S12791	008Cr27Mo	275	450	22	$D=2a$	187	90	200
S12963	022Cr29Mo4NbTi	415	550	18	$D=2a$	255	25[②]	257
S13091	008Cr30Mo2	295	450	22	$D=2a$	207	95	220

⑨经退火处理的马氏体型钢板和钢带(17Cr16Ni2 除外)的力学性能

统一数字代号	牌号	规定塑性延伸强度 $R_{p0.2}$/MPa	抗拉强度 R_m/MPa	断后伸长率[①] $A/\%$	180°弯曲试验弯曲压头直径 D	硬度值		
		不小于				HBW	HRB	HV
						不大于		
S40310	12Cr12	205	485	20	$D=2a$	217	96	210
S41008	06Cr13	205	415	22	$D=2a$	183	89	200
S41010	12Cr13	205	450	20	$D=2a$	217	96	210
S41595	04Cr13Ni5Mo	620	795	15	—	302	32[②]	308
S42020	20Cr13	225	520	18	—	223	97	234
S42030	30Cr13	225	540	18	—	235	99	247
S42040	40Cr13	225	590	15	—			
S43120	17Cr16Ni2[③]	690	880~1080	12		262~326		
		1050	1350	10		388	—	—
S44070	68Cr17	245	590	15	—	255	25[②]	269
S46050	50Cr15MoV	—	≤850	12		280	100	280

续表

⑩经固溶处理的沉淀硬化型钢板和钢带试样的力学性能

统一数字代号	牌号	钢材厚度/mm	规定塑性延伸强度 $R_{p0.2}$/MPa	抗拉强度 R_m/MPa	断后伸长率[①] A/%	硬度值	
						HRC	HBW
			不大于		不小于	不大于	
S51380	04Cr13Ni8Mo2Al	0.10～<8.0	—	—	—	38	363
S51290	022Cr12Ni9Cu2NbTi	0.30～8.0	1105	1205	3	36	331
S51770	07Cr17Ni7Al	0.10～<0.30	450	1035	—	—	—
		0.30～8.0	380	1035	20	92[②]	
S51570	07Cr15Ni7Mo2Al	0.10～<8.0	450	1035	25	100[②]	
S51750	09Cr17Ni5Mo3N	0.10～<0.30	585	1380	8	30	
		0.30～8.0	585	1380	12	30	
S51778	06Cr17Ni7AlTi	0.10～<1.50	515	825	4	32	—
		1.50～8.0	515	825	5	32	—

⑪经时效处理后的沉淀硬化型钢板和钢带试样的力学性能

统一数字代号	牌号	钢材厚度/mm	处理[④]温度/℃	规定塑性延伸强度 $R_{p0.2}$/MPa	抗拉强度 R_m/MPa	断后伸长率[⑤,⑥] A/%	硬度值	
							HRC	HBW
						不小于		
S51380	04Cr13Ni8Mo2Al	0.10～<0.50	510±6	1410	1515	6	45	—
		0.50～<5.0		1410	1515	8	45	
		5.0～8.0		1410	1515	10	45	
		0.10～<0.50	538±6	1310	1380	6	43	
		0.50～<5.0		1310	1380	8	43	
		5.0～8.0		1310	1380	10	43	
S51290	022Cr12Ni9Cu2NbTi	0.10～<0.50	510±6 或 482±6	1410	1525	—	44	
		0.50～<1.50		1410	1525	3	44	
		1.50～8.0		1410	1525	4	44	
S51770	07Cr17Ni7Al	0.10～<0.30	760±15	1035	1240	3	38	
		0.30～<5.0	15±3	1035	1240	5	38	
		5.0～8.0	566±6	965	1170	7	38	352
		0.10～<0.30	954±8	1310	1450	1	44	
		0.30～<5.0	−73±6	1310	1450	4	44	
		5.0～8.0	510±6	1240	1380	6	43	401
S51570	07Cr15Ni7Mo2Al	0.10～<0.30	760±15	1170	1310	3	40	
		0.30～<5.0	15±3	1170	1310	5	40	
		5.0～8.0	566±6	1170	1310	4	40	375

⑪经时效处理后的沉淀硬化型钢板和钢带试样的力学性能

统一数字代号	牌　号	钢材厚度/mm	处理④温度/℃	规定塑性延伸强度$R_{p0.2}$/MPa	抗拉强度R_m/MPa	断后伸长率⑤,⑥A/%	硬度值	
							HRC	HBW
				不小于				
S51570	07Cr15Ni7Mo2Al	0.10～<0.30	954±8	1380	1550	2	46	—
		0.30～<5.0	−73±6	1380	1550	4	46	
		5.0～8.0	510±6	1380	1550	4	45	429
		0.10～1.2	冷轧	1205	1380	1	41	
		0.10～1.2	冷轧＋482	1580	1655	1	46	
S51750	09Cr17Ni5Mo3N	0.10～<0.30	455±8	1035	1275	6	42	
		0.30～5.0		1035	1275	8	42	
		0.10～<0.30	540±8	1000	1140	6	36	
		0.30～5.0		1000	1140	8	36	
S51778	06Cr17Ni7AlTi	0.10～<0.80	510±8	1170	1310	3	39	
		0.80～<1.50		1170	1310	4	39	
		1.50～8.0		1170	1310	5	39	
		0.10～<0.80	538±8	1105	1240	3	37	
		0.80～<1.50		1105	1240	4	37	
		1.50～8.0		1105	1240	5	37	
		0.10～<0.80	566±8	1035	1170	3	35	
		0.80～<1.50		1035	1170	4	35	
		1.50～8.0		1035	1170	5	35	

⑫经固溶处理后沉淀硬化型钢板和钢带的弯曲性能

统一数字代号	牌　号	厚度/mm	180°弯曲试验弯曲压头直径 D
S51290	022Cr12Ni9Cu2NbTi	0.10～5.0	$D=6a$
S51770	07Cr17Ni7Al	0.10～<5.0	$D=a$
		5.0～7.0	$D=3a$
S51570	07Cr15Ni7Mo2Al	0.10～<5.0	$D=a$
		5.0～7.0	$D=3a$
S51750	09Cr17Ni5Mo3N	0.10～5.0	$D=2a$

① 厚度不大于 3mm 时使用 A_{50mm} 试样。
② 为 HRC 硬度值。
③ 表列为淬火，回火后的力学性能。
④ 为推荐性热处理温度，供方应向需方提供推荐性热处理制度。
⑤ 适用于沿宽度方向的试验，垂直于轧制方向且平行于钢板表面。
⑥ 厚度不大于 3mm 时使用 A_{50mm} 试样。
注：a 为弯曲试样厚度。

2.2.7 冷轧电镀锡钢板及钢带（GB/T 2520—2008）

冷轧电镀锡钢板及钢带的分类和代号见表2-31。

表2-31 冷轧电镀锡钢板及钢带的分类和代号

	分类方式	类　别	代　号
分类及代号	原板钢种	—	MR,L,D
	调质度	一次冷轧钢板及钢带	T-1,T-1.5,T-2,T-2.5,T-3,T-3.5,T-4,T-5
		二次冷轧钢板及钢带	DR-7M,DR-8,DR-8M,DR-9,DR-9M,DR-10
	退火方式	连续退火	CA
		罩式退火	BA
	薄厚镀锡标识	薄面标识方法	D
		厚面标识方法	A
	表面状态	光亮表面	B
		粗糙表面	R
		银色表面	S
		无光表面	M
	钝化方式	化学钝化	CP
		电化学钝化	CE
		低铬钝化	LCr
	边部形状	直边	SL
		花边	WL
牌号及标记	①普通用途的钢板及钢带,其牌号通常由原板钢种、调质度代号和退火方式构成 　例如:MR T-2.5 CA,L T-3 BA,MR DR-8 BA ②用于制作两片拉拔罐(DI)的钢板及钢带,原板钢种只适用于D钢种。其牌号由原板钢种D、调质度代号、退火方式和代号DI构成 　例如:D T-2.5 CA DI ③用于制作盛装酸性内容物的素面[镀锡量(5.6g/m²)/(2.8g/m²)以上]食品罐的钢板及钢带,即K板,原板钢种主要适用于L钢种。其牌号通常由原板钢种L、调质度代号、退火方式和代号K构成 　例如:L T-2.5 CA K ④用于制作盛装蘑菇等要求低铬钝化处理的食品罐的钢板及钢带,原板钢种适用于MR和L钢种。其牌号由原板钢种MR或L、调质度代号、退火方式和代号LCr构成 　例如:MR T-2.5 CA LCr		
尺寸	①钢板及钢带的公称厚度小于0.50mm时,按0.01mm的倍数进级。大于或等于0.50mm时,按0.05mm的倍数进级 ②如要求标记轧制宽度方向,可在表示轧制宽度方向的数字后面加上字母W 　例如:0.26×832W×760 ③钢卷内径可为406mm、420mm或508mm		

2.2.8　搪瓷用冷轧低碳钢板及钢带 （GB/T 13790—2008）

搪瓷用冷轧低碳钢板及钢带的牌号、分类、代号和力学性能见表 2-32。

表 2-32　搪瓷用冷轧低碳钢板及钢带的牌号、分类、代号和力学性能

<table>
<tr><td rowspan="2">牌号</td><td colspan="3">钢板及钢带的牌号由四部分组成：第一部分为字母 D，代表冷成形用钢板及钢带；第二部分为字母 C，代表轧制条件为冷轧；第三部分为两位数字序列号，即 01、03、05 等代表冲压成形级别；第四部分为搪瓷加工类型代号</td></tr>
<tr></tr>
<tr><td rowspan="9">分类和代号</td><td>分类方法</td><td>类　别</td><td>代号</td></tr>
<tr><td rowspan="2">按搪瓷加工用途分</td><td>普通搪瓷用途：钢板及钢带按其后续搪瓷加工用途，采用湿粉一层或多层以及干粉搪瓷加工工艺</td><td>EK</td></tr>
<tr><td>当用于直接面釉搪瓷加工工艺时，由于对搪瓷钢板有特殊的预处理要求，需供需双方另行协商确定</td><td></td></tr>
<tr><td rowspan="3">按用途分</td><td>一般用</td><td>DC01EK</td></tr>
<tr><td>冲压用</td><td>DC03EK</td></tr>
<tr><td>特深冲压用</td><td>DC05EK</td></tr>
<tr><td rowspan="2">按表面质量区分</td><td>较高级的精整表面</td><td>FB</td></tr>
<tr><td>高级的精整表面</td><td>FC</td></tr>
<tr><td rowspan="2">按表面结构区分</td><td>麻面</td><td>D</td></tr>
<tr><td>粗糙表面</td><td>R</td></tr>
<tr><td>标记</td><td colspan="3">示例：DC01EK
D—冷成形用钢板及钢带
C—轧制条件为冷轧
01—冲压成形级别序列号
EK—普通搪瓷</td></tr>
<tr><td>规格</td><td colspan="3">尺寸、外形、重量及允许偏差应符合 GB/T 708 的规定</td></tr>
</table>

牌号	下屈服强度[a],[b]/MPa≥	抗拉强度/MPa	断后伸长率[c],[d] A_{80mm}/%≥	r_{90}[e]≥	n_{90}[e]≥
DC01EK	280	270～410	30	—	—
DC03EK	240	270～370	34	1.3	—
DC05EK	200	270～350	38	1.6	0.18

力学性能

　　a 无明显屈服时采用 $R_{p0.2}$，否则采用 R_{eL}。当厚度大于 0.50mm，且不大于 0.70mm 时，屈服强度上限值可以增加 20MPa；当厚度不大于 0.50mm 时，屈服强度上限值可以增加 40MPa

　　b 经供需双方协商同意，DC01EK、DC03EK 屈服强度下限值可设定为 140MPa，DC05EK 可设定为 120MPa

　　c 试样采用 GB/T 228 中的 P6 试样，试样方向为横向

　　d 当厚度大于 0.50mm 且不大于 0.70mm 时，断后伸长率最小值可以降低 2%（绝对值）；当厚度不大于 0.50mm 时，断后伸长率最小值可以降低 4%（绝对值）

　　e r_{90} 值和 n_{90} 值的要求仅适用于厚度不小于 0.50mm 的产品。当厚度大于 2.0mm 时，r_{90} 值可以降低 0.2

2.2.9 热轧钢板和钢带的尺寸及允许偏差 (GB/T 709—2006)

热轧钢板和钢带的尺寸及允许偏差见表 2-33～表 2-35。

表 2-33 热轧钢板和钢带的分类和代号

分类方法	类别	代号
按边缘状态分	切边 不切边	EC EM
按厚度偏差种类分	N类偏差:正偏差和负偏差相等 A类偏差:按公差厚度规定负偏差 B类偏差:固定负偏差为 0.3mm C类偏差:固定负偏差为 0,按公差厚度规定正偏差	—
按厚度精度分	普通厚度精度 较高厚度精度	PT.A PT.B

表 2-34 热轧钢板和钢带的尺寸

尺寸范围	推荐的公称尺寸	备注
单轧钢板公称厚度 3～400mm	厚度小于 30mm 的钢板按 0.5mm 倍数的任何尺寸;厚度不小于 30mm 的钢板按 1mm 倍数的任何尺寸	根据需方要求,经供需双方协商,可以供应其他尺寸的钢板和钢带
单轧钢板公称宽度 600～4800mm	按 10mm 或 50mm 倍数的任何尺寸	
钢板公称长度 2000～20000mm	按 50mm 或 100mm 倍数的任何尺寸	
钢带(包括连轧钢板)公称厚度 0.8～25.4mm	按 0.1mm 倍数的任何尺寸	
钢带(包括连轧钢板)公称宽度 600～2200mm	按 10mm 倍数的任何尺寸	
纵切钢带公称宽度 120～900mm		

表 2-35 热轧钢板和钢带的尺寸允许偏差　　　　mm

	①单轧钢板的厚度允许偏差(N 类)				
1. 厚度允许偏差	公称厚度	下列公称宽度的厚度允许偏差			
		≤1500	>1500～2500	>2500～4000	>4000～4800
	3.00～5.00	±0.45	±0.55	±0.65	—
	>5.00～8.00	±0.50	±0.60	±0.75	—

①单轧钢板的厚度允许偏差（N 类）

公称厚度	下列公称宽度的厚度允许偏差			
	≤1500	>1500～2500	>2500～4000	>4000～4800
>8.00～15.0	±0.55	±0.65	±0.80	±0.90
>15.0～25.0	±0.65	±0.75	±0.90	±1.10
>25.0～40.0	±0.70	±0.80	±1.00	±1.20
>40.0～60.0	±0.80	±0.90	±1.10	±1.30
>60.00～100	±0.90	±1.10	±1.30	±1.50
>100～150	±1.20	±1.40	±1.60	±1.80
>150～200	±1.40	±1.60	±1.80	±2.00
>200～250	±1.60	±1.80	±2.00	±2.20
>250～300	±1.80	±2.00	±2.20	±2.40
>300～400	±2.00	±2.20	±2.40	±2.60

1. 厚度允许偏差

②单轧钢板的厚度允许偏差（A 类）

公称厚度	下列公称宽度的厚度允许偏差			
	≤1500	>1500～2500	>2500～4000	>4000～4800
3.00～5.00	+0.55 -0.35	+0.70 -0.40	+0.85 -0.45	—
>5.00～8.00	+0.65 -0.35	+0.75 -0.45	+0.95 -0.55	—
>8.00～15.0	+0.70 -0.40	+0.85 -0.45	+1.05 -0.55	+1.20 -0.60
>15.0～25.0	+0.85 -0.45	+1.00 -0.50	+1.15 -0.65	+1.50 -0.70
>25.0～40.0	+0.90 -0.50	+1.05 -0.55	+1.30 -0.70	+1.60 -0.80
>40.0～60.0	+1.05 -0.55	+1.20 -0.60	+1.45 -0.75	+1.70 -0.90
>60.0～100	+1.20 -0.60	+1.50 -0.70	+1.75 -0.85	+2.00 -1.00
>100～150	+1.60 -0.85	+1.90 -0.90	+2.15 -1.05	+2.40 -1.20
>150～200	+1.90 -0.90	+2.20 -1.00	+2.45 -1.30	+2.50 -1.30
>200～250	+2.20 -1.20	+2.40 -1.20	+2.70 -1.30	+3.00 -1.40
>250～300	+2.40 -1.20	+2.70 -1.30	+2.95 -1.45	+3.20 -1.60
>300～400	+2.70 -1.30	+3.00 -1.40	+3.25 -1.55	+3.50 -1.70

续表

1. 厚度允许偏差

③ 单轧钢板的厚度允许偏差(B 类)

公称厚度	下列公称宽度的厚度允许偏差			
	≤1500	>1500~2500	>2500~4000	>4000~4800
3.00~5.00	+0.60	+0.80	+1.00	—
>5.00~8.00	+0.70	+0.90	+1.20	—
>8.00~15.0	+0.80	+1.00	+1.30	+1.50
>15.0~25.0	+1.00	+1.20	+1.50	+1.90
>25.0~40.0	+1.10	+1.30	+1.70	+2.10
>40.0~60.0	+1.30	+1.50	+1.90	+2.30
>60.0~100	+1.50	+1.80	+2.30	+2.70
>100~150	+2.10	+2.50	+2.90	+3.30
>150~200	+2.50	+2.90	+3.30	+3.50
>200~250	+2.90	+3.30	+3.70	+4.10
>250~300	+3.30	+3.70	+4.10	+4.50
>300~400	+3.70	+4.10	+4.50	+4.90
下偏差	-0.30	-0.30	-0.30	-0.30

④ 单轧钢板的厚度允许偏差(C 类)

公称厚度	下列公称宽度的厚度允许偏差			
	≤1500	>1500~2500	>2500~4000	>4000~4800
3.00~5.00	+0.90	+1.10	+1.30	—
>5.00~8.00	+1.00	+1.20	+1.50	—
>8.00~15.0	+1.10	+1.30	+1.60	+1.80
>15.0~25.0	+1.30	+1.50	+1.80	+2.20
>25.0~40.0	+1.40	+1.60	+2.00	+2.40
>40.0~60.0	+1.60	+1.80	+2.20	+2.60
>60.0~100	+1.80	+2.20	+2.60	+3.00
>100~150	+2.40	+2.80	+3.20	+3.60
>150~200	+2.80	+3.20	+3.60	+3.80
>200~250	+3.20	+3.60	+4.00	+4.40
>250~300	+3.60	+4.00	+4.40	+4.80
>300~400	+4.00	+4.40	+4.80	+5.20
下偏差	0	0	0	0

	⑤钢带(包括连轧钢板)的厚度偏差								
1. 厚度允许偏差		厚度允许偏差							
	公称厚度	普通精度PT.A				较高精度PT.B			
		公称宽度				公称宽度			
		600～1200	>1200～1500	>1500～1800	>1800	600～1200	>1200～1500	>1500～1800	>1800
	0.8～1.5	±0.15	±0.17	—	—	±0.10	±0.12	—	—
	>1.5～2.0	±0.17	±0.19	±0.21	—	±0.13	±0.14	±0.14	—
	>2.0～2.5	±0.18	±0.21	±0.23	±0.25	±0.14	±0.15	±0.17	±0.20
	>2.5～3.0	±0.20	±0.22	±0.24	±0.26	±0.15	±0.17	±0.19	±0.21
	>3.0～4.0	±0.22	±0.24	±0.26	±0.27	±0.17	±0.18	±0.21	±0.22
	>4.0～5.0	±0.24	±0.26	±0.28	±0.29	±0.19	±0.21	±0.22	±0.23
	>5.0～6.0	±0.26	±0.28	±0.29	±0.31	±0.21	±0.22	±0.23	±0.25
	>6.0～8.0	±0.29	±0.30	±0.31	±0.35	±0.23	±0.24	±0.25	±0.28
	>8.0～10.0	±0.32	±0.33	±0.34	±0.40	±0.25	±0.26	±0.27	±0.32
	>10.0～12.5	±0.35	±0.36	±0.37	±0.43	±0.28	±0.29	±0.30	±0.36
	>12.5～15.0	±0.37	±0.38	±0.40	±0.46	±0.30	±0.31	±0.33	±0.39
	>15.0～25.4	±0.40	±0.42	±0.45	±0.50	±0.32	±0.34	±0.37	±0.42

	①切边单轧钢板		
2. 宽度允许偏差	公称厚度	公称宽度	允许偏差
	3～16	≤1500	$^{+10}_{0}$
		>1500	$^{+15}_{0}$
	>16	≤2000	$^{+20}_{0}$
		>2000～3000	$^{+25}_{0}$
		>3000	$^{+30}_{0}$
	②不切边单轧钢板:宽度允许偏差由供需双方协商		
	③不切边钢带(包括连轧钢板)		
	公称宽度		允许偏差
	≤1500		$^{+20}_{0}$
	>1500		$^{+25}_{0}$

续表

④切边钢带（包括连轧钢板）		
公称宽度	允许偏差	
≤1500	$+3 \atop 0$	由供需双方协商，可供应较高宽度精度的钢带
>1500~2000	$+5 \atop 0$	
>2000	$+6 \atop 0$	

⑤纵切钢带

公称宽度	公称厚度		
	≤4.0	>4.0~8.0	>8.0
120~160	$+1 \atop 0$	$+2 \atop 0$	$+2.5 \atop 0$
>160~250	$+1 \atop 0$	$+2 \atop 0$	$+2.5 \atop 0$
>250~600	$+2 \atop 0$	$+2.5 \atop 0$	$+3 \atop 0$
>600~900	$+2 \atop 0$	$+2.5 \atop 0$	$+3 \atop 0$

（左栏：2. 宽度允许偏差）

①单轧钢板

公称长度	允许偏差
2000~4000	$+20 \atop 0$
>4000~6000	$+30 \atop 0$
>6000~8000	$+40 \atop 0$
>8000~10000	$+50 \atop 0$
>10000~15000	$+75 \atop 0$
>15000~20000	$+100 \atop 0$
>20000	由供需双方协商

②连轧钢板

公称长度	允许偏差
2000~8000	+5%×公称长度
>8000	$+40 \atop 0$

（左栏：3. 长度允许偏差）

注：1. 对不切头尾的不切边钢带检查厚度、宽度时，两端不考核的总长度 L（m）=90/公称厚度（mm），但两端最大总长度不得大于20m。

2. 规定最小屈服强度 $R_e \geqslant 345$MPa 的钢带，厚度偏差应增加10%。

2.2.10 耐热钢钢板和钢带（GB/T 4238—2015）

耐热钢钢板和钢带的力学性能见表2-36。

表 2-36 耐热钢钢板和钢带的力学性能

①经固溶处理的奥氏体型耐热钢板和钢带的力学性能

统一数字代号	牌 号	拉伸试验			硬度试验		
		规定塑性延伸强度 $R_{p0.2}$/MPa	抗拉强度 R_m/MPa	断后伸长率[①] A/%	HBW	HRB	HV
		不小于			不大于		
S30210	12Cr18Ni9	205	515	40	201	92	210
S30240	12Cr18Ni9Si3	205	515	40	217	95	220
S30408	06Cr19Ni10	205	515	40	201	92	210
S30409	07Cr19Ni10	205	515	40	201	92	210
S30450	05Cr19Ni10Si2CeN	290	600	40	217	95	220
S30808	06Cr20Ni11	205	515	40	183	88	200
S30859	08Cr21Ni11Si2CeN	310	600	40	217	95	220
S30920	16Cr23Ni13	205	515	40	217	95	220
S30908	06Cr23Ni13	205	515	40	217	95	220
S31020	20Cr25Ni20	205	515	40	217	95	220
S31008	06Cr25Ni20	205	515	40	217	95	220
S31608	06Cr17Ni12Mo2	205	515	40	217	95	220
S31609	07Cr17Ni12Mo2	205	515	40	217	95	220
S31708	06Cr19Ni13Mo3	205	515	35	217	95	220
S32168	06Cr18Ni11Ti	205	515	40	217	95	220
S32169	07Cr19Ni11Ti	205	515	40	217	95	220
S33010	12Cr16Ni35	205	560	—	201	92	210
S34778	06Cr18Ni11Nb	205	515	40	201	92	210
S34779	07Cr18Ni11Nb	205	515	40	201	92	210
S38240	16Cr20Ni14Si2	220	540	40	217	95	220
S38340	16Cr25Ni20Si2	220	540	35	217	95	220

②经退火处理的铁素体型耐热钢板和钢带的力学性能

统一数字代号	牌 号	拉伸试验			硬度试验			弯曲试验	
		规定塑性延伸强度 $R_{p0.2}$/MPa	抗拉强度 R_m/MPa	断后伸长率[①] A/%	HBW	HRB	HV	弯曲角度	弯曲压头直径 D
		不小于			不大于				
S11348	06Cr13Al	170	415	20	179	88	200	180°	$D=2a$
S11163	022Cr11Ti	170	380	20	179	88	200	180°	$D=2a$
S11173	022Cr11NbTi	170	380	20	179	88	200	180°	$D=2a$
S11710	10Cr17	205	420	22	183	89	200	180°	$D=2a$
S12550	16Cr25N	275	510	20	201	95	210	135°	—

③经退火处理的马氏体型耐热钢板和钢带的力学性能

统一数字代号	牌号	拉伸试验			硬度试验			弯曲试验	
		规定塑性延伸强度 $R_{p0.2}$/MPa	抗拉强度 R_m/MPa	断后伸长率[①] A/%	HBW	HRB	HV	弯曲角度	弯曲压头直径 D
		不小于			不大于				
S40310	12Cr12	205	485	25	217	88	210	180°	$D=2a$
S41010	12Cr13	205	450	20	217	96	210	180°	$D=2a$
S47220	22Cr12NiMoWV	275	510	20	200	95	210	—	$a \geqslant 3mm$, $D=a$

④经固溶处理的沉淀硬化型耐热钢板和钢带的试样的力学性能

统一数字代号	牌号	钢材厚度/mm	规定塑性延伸强度 $R_{p0.2}$/MPa	抗拉强度 R_m/MPa	断后伸长率[①] A/%	硬度值	
						HRC	HBW
S51290	022Cr12Ni9Cu2NbTi	0.30～100	≤1105	≤1205	≥3	≤36	≤331
S51740	05Cr17Ni4Cu4Nb	0.4～100	≤1105	≤1255	≥3	≤38	≤363
S51770	07Cr17Ni7Al	0.1～<0.3	≤450	≤1035	—	≤92[b]	
		0.3～100	≤380	≤1035	≥20		
S51570	07Cr15Ni7Mo2Al	0.10～100	≤450	≤1035	≥25	≤100[②]	
S51778	06Cr17Ni7AlTi	0.10～<0.80	≤515	≤825	≥3	≤32	
		0.80～<1.50	≤515	≤825	≥4	≤32	
		1.50～100	≤515	≤825	≥5	≤32	
S51525	06Cr15Ni25Ti2MoAlVB[③]	<2	—	≥725	≥25	≤91[②]	≤192
		≥2	≥590	≥900	≥15	≤101[②]	≤248

⑤经时效处理后的耐热钢板和钢带的试样的力学性能

统一数字代号	牌号	钢材厚度/mm	热处理温度[④]	规定塑性延伸强度 $R_{p0.2}$/MPa	抗拉强度 R_m/MPa	断后伸长率[⑤⑥] A/%	硬度值	
				不小于			HRC	HBW
S51290	022Cr12Ni9Cu2NbTi	0.10～<0.75	510℃±10℃ 或 480℃±6℃	1410	1525	—	≥44	—
		0.75～<1.50		1410	1525	3	≥44	
		1.50～16		1410	1525	4	≥44	

续表

⑤经时效处理后的耐热钢板和钢带的试样的力学性能

统一数字代号	牌　　号	钢材厚度/mm	热处理温度④	规定塑性延伸强度 $R_{p0.2}$/MPa	抗拉强度 R_m/MPa	断后伸长率⑤⑥ A/%	硬度值	
				不小于			HRC	HBW
S51740	05Cr17Ni4Cu4Nb	0.1~<5.0	482℃±10℃	1170	1310	5	40~48	—
		5.0~<16		1170	1310	8	40~48	388~477
		16~100		1170	1310	10	40~48	388~477
		0.1~<5.0	496℃±10℃	1070	1170	5	38~46	—
		5.0~<16		1070	1170	8	38~47	375~477
		16~100		1070	1170	10	38~47	375~477
		0.1~<5.0	552℃±10℃	1000	1070	5	35~43	—
		5.0~<16		1000	1070	8	33~42	321~415
		16~100		1000	1070	12	33~42	321~415
		0.1~<5.0	579℃±10℃	860	1000	5	31~40	—
		5.0~<16		860	1000	9	29~38	293~375
		16~100		860	1000	13	29~38	293~375
		0.1~<5.0	593℃±10℃	790	965	5	31~40	—
		5.0~<16		790	965	10	29~38	293~375
		16~100		790	965	14	29~38	293~375
		0.1~<5.0	621℃±10℃	725	930	8	28~38	—
		5.0~<16		725	930	10	26~36	269~352
		16~100		725	930	16	26~36	269~352
		0.1~<5.0	760℃±10℃ 621℃±10℃	515	790	9	26~36	255~331
		5.0~<16		515	790	11	24~34	248~321
		16~100		515	790	18	24~34	248~321
S51770	07Cr17Ni7Al	0.05~<0.30	760℃±15℃	1035	1240	3	≥38	—
		0.30~<5.0	15℃±3℃	1035	1240	5	≥38	—
		5.0~16	566℃±6℃	965	1170	7	≥38	≥352
		0.05~<0.30	954℃±8℃	1310	1450	1	≥44	—
		0.30~<5.0	−73℃±6℃	1310	1450	3	≥44	—
		5.0~16	510℃±6℃	1240	1380	6	≥43	≥401
S51570	07Cr15Ni7Mo2Al	0.05~<0.30	760℃±15℃	1170	1310	3	≥40	—
		0.30~<5.0	15℃±3℃	1170	1310	5	≥40	—
		5.0~16	566℃±10℃	1170	1310	4	≥40	≥375
		0.05~<0.30	954℃±8℃	1380	1550	2	≥46	—
		0.30~<5.0	−73℃±6℃	1380	1550	4	≥46	—
		5.0~16	510℃±6℃	1380	1550	4	≥45	≥429

⑤经时效处理后的耐热钢板和钢带的试样的力学性能

统一数字代号	牌号	钢材厚度 /mm	热处理温度④	规定塑性延伸强度 $R_{p0.2}$ /MPa	抗拉强度 R_m /MPa	断后伸长率⑤⑥ A /%	硬度值	
				不小于			HRC	HBW
S51778	06Cr17Ni7AlTi	0.10～<0.80	510℃±8℃	1170	1310	3	≥39	—
		0.80～<1.50		1170	1310	4	≥39	—
		1.50～16		1170	1310	5	≥39	—
		0.10～<0.75	538℃±8℃	1105	1240	3	≥37	—
		0.75～<1.50		1105	1240	4	≥37	—
		1.50～16		1105	1240	5	≥37	—
		0.10～<0.75	566℃±8℃	1035	1170	3	≥35	—
		0.75～<1.50		1035	1170	4	≥35	—
		1.50～16		1035	1170	5	≥35	—
S51525	06Cr15Ni25Ti2Mo2AlVB	2.0～<8.0	700～760℃	590	900	15	≥101	≥248

⑥经固溶处理的沉淀硬化型耐热钢板和钢带的弯曲性能

统一数字代号	牌号	厚度/mm	180°弯曲试验弯曲压头直径 D
S51290	022Cr12Ni9Cu2NbTi	2.0～5.0	$D=6a$
S51770	07Cr17Ni7Al	2.0～<5.0	$D=a$
		5.0～7.0	$D=3a$
S51570	07Cr15Ni7Mo2Al	2.0～<5.0	$D=a$
		5.0～7.0	$D=3a$

① 厚度不大于3mm时使用 A_{50mm} 试样。
② HRB硬度值。
③ 时效处理后的力学性能。
④ 表中所列为推荐性热处理温度。供方应向需方提供推荐性热处理制度。
⑤ 适用于沿宽度方向的试验。垂直于轧制方向且平行于钢板表面。
⑥ 厚度不大于3mm时使用 A_{50mm} 试样。
注：a 为钢板和钢带厚度。

2.2.11 连续热镀锌薄钢板和钢带 （GB/T 2518—2008）

连续热镀锌薄钢板和钢带的公称尺寸范围见表2-37。

2.2.12 连续电镀锌、锌镍合金镀层钢板及钢带 （GB/T 15675—2008）

连续电镀锌、锌镍合金镀层钢板及钢带见表2-38。

表 2-37　连续热镀锌薄钢板和钢带的公称尺寸范围

项　目		公称尺寸/mm
公称厚度		0.30～0.50
公称宽度	钢板及钢带	600～2050
	纵切钢带	＜600
公称长度	钢板	1000～8000
公称内径	钢板及纵切钢带	610 或 508

表 2-38　连续电镀锌、锌镍合金镀层钢板及钢带

牌号	钢板及钢带的牌号由基板牌号和镀层种类两部分组成,中间用"＋"连接 示例 1:DC01＋ZE,DC01＋ZN 　DC01—基板牌号 　ZE,ZN—镀层种类(纯锌镀层,锌镍合金镀层) 　示例 2:CR180BH＋ZE,CR180BH＋ZN CR180BH—基板牌号 　ZE,ZN—镀层种类(纯锌镀层,锌镍合金镀层)
分类和代号	①按表面质量区分 | 级别	代号 | |---|---| | 普通级表面 | FA | | 较高级表面 | FB | | 高级表面 | FC | ②按镀层种类分 | 镀层种类 | 代号 | |---|---| | 纯锌镀层 | ZE | | 锌镍合金镀层 | ZN | ③按镀层形式区分:等厚镀层、差厚镀层及单面镀层 ④镀层重量的表示方法 示例: 钢板:上表面镀层重量(g/m²)/下表面镀层重量(g/m²),如 40/40、10/20、0/30 钢带:外表面镀层重量(g/m²)/内表面镀层重量(g/m²),如 50/50、30/40、0/40 ⑤表面处理的种类和代号

②按镀层种类分

镀层种类	代号
纯锌镀层	ZE
锌镍合金镀层	ZN

①按表面质量区分

级别	代号
普通级表面	FA
较高级表面	FB
高级表面	FC

⑤表面处理的种类和代号

表面处理种类	代号
铬酸钝化	C
铬酸钝化＋涂油	CO
磷化(含铬封闭处理)	PC
磷化处理(含铬封闭处理)＋涂油	PCO
无铬酸钝化	C5
无铬酸钝化＋涂油	CO5
磷化(含无铬封闭处理)	PC5
磷化(含无铬封闭处理)＋涂油	PCO5
磷化(不含封闭处理)	P
磷化(不含封闭处理)＋涂油	PO
涂油	O
不处理	U
无铬耐指纹处理	AF5

力学和 工艺性能	①对于采用 GB/T 5213、GB/T 20564.1、GB/T 20564.2、GB/T 20564.3 等国家标准中产品作为基板的纯锌镀层钢板及钢带的力学性能及工艺性能应符合相应基板的规定 ②对于采用 GB/T 5213、GB/T 20564.1、GB/T 20564.2、GB/T 20564.3 等国家标准中产品作为基板的锌镍合金镀层钢板及钢带力学性能,若双面镀层重量之和小于 $50g/m^2$,其断后伸长率允许比相应基板的规定值下降 2 个单位,r 值允许比相应基板的规定值下降 0.2;若双面镀层重量之和不小于 $50g/m^2$,其断后伸长率允许比相应基板的规定值下降 3 个单位,r 值允许比相应基板的规定值下降 0.3;其他力学性能及工艺性能应符合相应基板的规定 ③对于其他基板的电镀锌/锌镍合金镀层钢板及钢带,其力学和工艺性能的要求,应在订货时协商确定

镀层重量	镀层 形式	可供重量范围/g·m^{-2}		推荐的公称镀层重量/g·m^{-2}	
		镀层种类			
		纯锌镀层 (单面)	锌镍合金 镀层(单面)	纯锌镀层	锌镍合金镀层
	等厚	3～90	10～40	3/3, 10/10, 15/15, 20/20, 30/30, 40/40, 50/50, 60/60, 70/70, 80/80, 90/90	10/10, 15/15, 20/20, 25/25, 30/30, 35/35, 40/40
	差厚	3～90,两面差值最大值为 40	10～40,两面差值最大值为 20	两面镀层重量之差不大于 40	两面镀层重量之差不大于 20
	单面	10～110	10～40	10, 20, 30, 40, 50,60,70,80,90, 100,110	10, 15, 20, 25,30,35,40
	①$50g/m^2$纯锌镀层重量大约相当于 $7.1\mu m$ 厚,$50g/m^2$锌镍合金镀层重量大约相当于 $6.8\mu m$ 厚 ②对等厚镀层,镀层重量每面三点试验平均值应不小于相应面公称镀层重量,单点试验值不小于相应面公称镀层重量的 85%;对差厚及单面镀层,镀层重量每面三点试验平均值应不小于相应面公称镀层重量,单点试验值不小于相应面公称镀层重量的 80%				

2.2.13　彩色涂层钢板及钢带 (GB/T 12754—2006)

彩色涂层钢板是以冷轧钢板或镀锌钢板的卷板为基板,经刷磨、除油、磷化、钝化等表面处理后,在基板表面形成一层极薄的磷化钝化膜,在通过辊涂机时,基板两面被涂覆以各种色彩涂料,再经烘烤后成为彩色涂层钢板。可用有机、无机涂料和复合涂料作表面涂层。彩色涂层钢板及钢带牌号、分类及规格见表2-39,力学性能见表 2-40 和表 2-41。

表 2-39 彩色涂层钢板及钢带牌号、分类及规格

<table>
<tr><td rowspan="1">牌号命名方法</td><td colspan="6">彩涂板的牌号由彩涂代号、基板特性代号和基板类型代号三个部分组成,其中基板特性代号和基板类型代号之间用加号"+"连接
①彩涂代号
用"涂"字汉语拼音的第一个字母 T 表示
②基板特性代号
冷成形用钢:电镀基板时由三个部分组成,其中第一部分为字母 D,代表冷成形用钢板,第二部分为字母 C,代表轧制条件为冷轧,第三部分为两位数字序号,即 01、03 和 04;热镀基板时由四个部分组成,其中第一和第二部分与电镀基板相同,第三部分为两位数字序号,即 51、52、53 和 54,第四部分为字母 D,代表热镀
结构钢:由四个部分组成,其中第一部分为字母 S,代表结构钢,第二部分为三位数字,代表规定的最小屈服强度(单位为 MPa),即 250、280、300、320、350、550,第三部分为字母 G,代表热处理,第四部分为字母 D,代表热镀
③基板类型代号
Z 代表热镀锌基板,ZF 代表热镀锌铁合金基板,AZ 代表热镀铝锌合金基板,ZA 代表热镀锌铝合金基板,ZE 代表电镀锌基板</td></tr>
</table>

彩涂板的牌号及用途	热镀锌基板	热镀锌铁合金基板	热镀铝锌合金基板	热镀锌铝合金基板	电镀锌基板	用途
	TDC51D+Z	TDC51D+ZF	TDC51D+AZ	TDC51D+ZA	TDC01+ZE	一般用
	TDC52D+Z	TDC52D+ZF	TDC52D+AZ	TDC52D+ZA	TDC03+ZE	冲压用
	TDC53D+Z	TDC53D+ZF	TDC53D+AZ	TDC53D+ZA	TDC04+ZE	深冲压用
	TDC54D+Z	TDC54D+ZF	TDC54D+AZ	TDC54D+ZA	—	特深冲压用
	TS250GD+Z	TS250GD+ZF	TS250GDY+AZ	TS250GD+ZA	—	结构用
	TS280GD+Z	TS280GD+ZF	TS280GD+AZ	TS280GD+ZA	—	
	—	—	TS300GD+AZ	—	—	
	TS320GD+Z	TS320GD+ZF	TS320GD+AZ	TS320GD+ZA	—	
	TS350GD+Z	TS350GD+ZF	TS350GD+AZ	TS350GD+ZA	—	
	TS550GD+Z	TS550GD+ZF	TS550GD+AZ	TS550GD+ZA	—	

分类和代号	分类方法	类别	代号
	按用途分	建筑外用	JW
		建筑内用	JN
		家电	JD
		其他	QT
	按基板类别分	热镀锌基板	Z
		热镀锌铁合金基板	ZF
		热镀铝锌合金基板	AZ
		热镀锌铝合金基板	ZA
		电镀锌基板	ZE
	按涂层表面状态分	涂层板	TC
		压花板	YA
		印花板	YI
	按面漆种类分	聚酯	PE
		硅改性聚酯	SMP
		高耐久性聚酯	HDP
		聚偏氟乙烯	PVDF
	按涂层结构分	正面两层,反面一层	2/1
		正面两层,反面两层	2/2
	按热镀锌基板表面结构分	光整小锌花	MS
		光整无锌花	FS

续表

分类和代号	如需表中以外用途、基板类型、涂层表面状态、面漆种类、涂层结构和热镀锌基板表面结构的彩涂板应在订货时协商	
规格	项目	公称尺寸/mm
	公称厚度	0.20～2.0
	公称宽度	600～1600
	钢板公称长度	1000～6000
	钢带卷内径	450、508 或 610
	彩涂板的厚度为基板的厚度，不包含涂层厚度	
表面质量	钢板和钢带不允许有气泡、划伤、漏涂、颜色不均等有害于使用的缺陷。钢带如有上述缺陷不能切除时，允许做出标记带缺陷交货，但不得超过每卷总长度的 5%	

表 2-40　热镀基板彩涂板的力学性能

牌　号	屈服强度[①]/MPa	抗拉强度/MPa	断后伸长率($L_0=80mm$, $b=20mm$)/% ≥		拉伸试样的方向
			公称厚度/mm		
			≤0.7	＞0.70	
TDC51D＋Z、TDC51D＋ZF、TDC51 D＋AZ、TDC51D＋ZA	—	270～500	20	22	横向（垂直轧制方向）
TDC52D＋Z、TDC52D＋ZF、TDC52D＋AZ、TDC52D＋ZA	140～300	270～420	24	26	
TDC53D＋Z、T DC53D ＋ZF、T DC53D＋AZ、T DC53D＋ZA	140～260	270～380	28	30	
TDC54D＋Z、TDC54D＋AZ、TDC54D＋ZA	140～220	270～350	34	36	
TDC54D＋ZF	140～220	270～350	32	34	
TS250GD＋Z、TS250GD＋ZF、TS250GD＋AZ、TS250GD＋ZA	≥250	≥330	17	19	纵向（沿轧制方向）
TS280GD＋Z、TS280GD＋ZF、TS280GD＋AZ、TS280GD＋ZA	≥280	≥360	16	18	
TS300GD＋AZ	≥300	≥380	16	18	
TS320GD＋Z、TS320GD＋ZF、TS320GD＋AZ、TS320GD＋ZA	≥320	≥390	15	17	
TS350GD＋Z、TS350GD＋ZF、TS350GD＋AZ、TS350GD＋ZA	≥350	≥420	14	16	
TS550GD＋Z、TS550GD＋ZF、TS550GD＋AZ、TS550GD＋ZA	≥550	≥560			

① 当屈服现象不明显时采用 $R_{p0.2}$，否则采用 R_{eH}。

表 2-41　电镀锌基板彩涂板的力学性能

牌　号	屈服强度[1][2]/MPa	抗拉强度/MPa≥	断后伸长率(L_0=80mm，b=20mm)/% ≥			拉伸试验试样的方向
			公称厚度/mm			
			≤0.50	0.50~0.70	>0.70	
TDC01＋ZE	140~280	270	24	26	28	横向（垂直轧制方向）
TDC03＋ZE	140~240	270	30	32	34	
TDC04＋ZE	140~220	270	33	35	37	

① 当屈服现象不明显时采用 $R_{p0.2}$，否则采用 R_{eL}。

② 公称厚度 0.50~0.70mm 时，屈服强度允许增加 20MPa；公称厚度≤0.50mm 时，屈服强度允许增加 40MPa。

2.2.14　冷弯波形钢板（YB/T 5327—2006）

冷弯波形钢板截面尺寸及重量见表 2-42。

表 2-42　冷弯波形钢板截面尺寸及重量

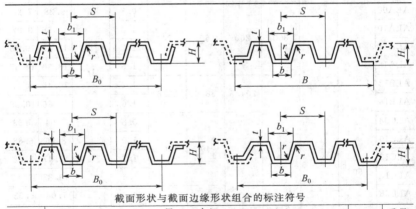

截面形状与截面边缘形状组合的标注符号

代号	尺　寸/mm								断面积/cm²	重量/kg·m⁻¹
	高度 H	宽度		槽距 S	槽底尺寸 b	槽口尺寸 b_1	厚度 t	内弯曲半径 r		
		B	B_0							
AKA15	12	370		110	36	50	1.5	1t	6.00	4.71
AKB12	14	488		120	50	70	1.2		6.30	4.95
AKC12		378	—						5.02	3.94
AKD12	15	488		100	41.9	58.1			6.58	5.17
AKD15		488					1.5		8.20	6.44

续表

代号	尺 寸/mm							断面积 /cm²	重量 /kg· m⁻¹
	高度 H	宽度		槽距 S	槽底 尺寸 b	槽口 尺寸 b_1	厚度 t	内弯曲 半径 r		

代号	高度 H	B	B_0	槽距 S	槽底 尺寸 b	槽口 尺寸 b_1	厚度 t	内弯曲 半径 r	断面积 /cm²	重量 /kg·m⁻¹
AKE05							0.5		5.87	4.61
AKE08		830					0.8		9.32	7.32
AKE10							1.0		11.57	9.08
AKE12	25			90	40	50	1.2		13.79	10.83
AKF05							0.5		4.58	3.60
AKF08		650	—				0.8		7.29	5.72
AKF10							1.0		9.05	7.10
AKF12							1.2		10.78	8.46
AKG10							1.0		9.60	7.54
AKG16	30	690		96	38	58	1.6		15.04	11.81
AKG20							2.0		18.60	14.60
ALA08							0.8		9.28	7.28
ALA10			800	200	60	74	1.0		11.56	9.07
ALA12							1.2		13.82	10.85
ALA16							1.6	$1t$	18.30	14.37
ALB12				204.7	38.6	58.6	1.2		10.46	8.21
ALB16							1.6		13.86	10.88
ALC08							0.8		7.04	5.53
ALC10					40	60	1.0		8.76	6.88
ALC12							1.2		10.47	8.22
ALC16	50	—					1.6		13.87	10.89
ALD08							0.8		7.04	5.53
ALD10			614	205	50	70	1.0		8.76	6.88
ALD12							1.2		10.47	8.22
ALD16							1.6		13.87	10.89
ALE08							0.8		7.04	5.53
ALE10					92.5	112.5	1.0		8.76	6.88
ALE12							1.2		10.47	8.22
ALE16							1.6		13.87	10.89
ALF12				204.7	90	110	1.2		10.46	8.21
ALF16							1.6		13.86	10.88

续表

代号	尺　寸/mm								断面积 /cm²	重量 /kg·m⁻¹
	高度 H	宽度 B	B_0	槽距 S	槽底 尺寸 b	槽口 尺寸 b_1	厚度 t	内弯曲 半径 r		
ALG08	60			80		100	0.8		7.49	5.88
ALG10							1.0		9.33	7.32
ALG12							1.2		11.17	8.77
ALG16							1.6		14.79	11.61
ALH08						65	0.8		8.42	6.61
ALH10							1.0		10.49	8.23
ALH12							1.2		12.55	9.85
ALH16							1.6		16.62	13.05
ALI08						73	0.8		8.38	6.58
ALI10		600	200				1.0		10.45	8.20
ALI12							1.2		12.52	9.83
ALI16							1.6		16.60	13.03
ALJ08				58		80	0.8		8.13	6.38
ALJ10							1.0		10.12	7.94
ALJ12		—					1.2	$1t$	12.11	9.51
ALJ16	75						1.6		16.05	12.60
ALJ23							2.3		22.81	17.91
ALK08							0.8		8.06	6.33
ALK10							1.0		10.02	7.87
ALK12							1.2		11.95	9.38
ALK16							1.6		15.84	12.43
ALK23							2.3		22.53	17.69
ALL08						95	0.8		9.18	7.21
ALL10							1.0		10.44	8.20
ALL12							1.2		13.69	10.75
ALL16							1.6		18.14	14.24
ALM08		690	230		88		0.8		8.93	7.01
ALM10							1.0		11.12	8.73
ALM12						110	1.2		13.31	10.45
ALM16							1.6		17.65	13.86
ALM23							2.3		25.09	19.70

续表

代号	高度 H	宽度 B	宽度 B₀	槽距 S	槽底尺寸 b	槽口尺寸 b₁	厚度 t	内弯曲半径 r	断面积 /cm²	重量 /kg·m⁻¹
ALN08							0.8		8.74	6.86
ALN10							1.0		10.89	8.55
ALN12	75		690	230	88	118	1.2		13.03	10.23
ALN16							1.6		17.28	13.56
ALN23							2.3		24.60	19.31
ALO10							1.0		10.18	7.99
ALO12	80		600	200		72	1.2		12.19	9.57
ALO16							1.6		16.15	12.68
ANA05							0.5		2.64	2.07
ANA08							0.8		4.21	3.30
ANA10	25	—	360	90	40	50	1.0		5.23	4.11
ANA12							1.2		6.26	4.91
ANA16							1.6		8.29	6.51
ANB08							0.8	1t	7.22	5.67
ANB10							1.0		8.99	7.06
ANB12	40		600	150	15	18	1.2		10.70	8.40
ANB16							1.6		14.17	11.12
ANB23							2.3		20.03	15.72
ARA08							0.8		7.04	5.53
ARA10							1.0		8.76	6.88
ARA12				205	40	60	1.2		10.47	8.22
ARA16							1.6		13.87	10.89
BLA05	50		614				0.5		4.69	3.68
BLA08							0.8		7.46	5.86
BLA10				204.7	50	70	1.0		9.29	7.29
BLA12							1.2		11.10	8.71
BLA15							1.5		13.78	10.82

代号	尺　寸/mm								断面积 /cm²	重量 /kg·m⁻¹
	高度 H	宽度		槽距 S	槽底 尺寸 b	槽口 尺寸 b_1	厚度 t	内弯曲 半径 r		
		B	B_0							
BLB05							0.5		5.73	4.50
BLB08							0.8		9.13	7.17
BLB10			690	230	88	103	1.0		11.37	8.93
BLB12							1.2		13.61	10.68
BLB16							1.6		18.04	14.16
BLC05							0.5		5.05	3.96
BLC08							0.8		8.04	6.31
BLC10			600	200	58	88	1.0		10.02	7.87
BLC12	75	—					1.2	$1t$	11.99	9.41
BLC16							1.6		15.89	12.47
BLC23							2.3		22.60	17.74
BLD05							0.5		5.50	4.32
BLD08							0.8		8.76	6.88
BLD10			690	230	88	118	1.0		10.92	8.57
BLD12							1.2		13.07	1026
BLD16							1.6		17.33	13.60
BLD23							2.3		24.67	19.37

注：1. 代号中第三个英文字母表示截面形状及截面边缘形状相同，而其他各部尺寸不同的区别。

2. 弯曲部位的内弯曲半径按 $1t$ 计算。

3. 镀锌波形钢板按锌层牌号为 275 计算。

4. 经双方协议，可供应表中所列截面尺寸以外的波形钢板。

2.3　钢管

2.3.1　无缝钢管的尺寸、外形、重量及允许偏差 (GB/T 17395—2008)

普通钢管的外径、壁厚及单位长度理论重量见表 2-43，不锈钢钢管的外径和壁厚见表 2-44。

钢管的通常长度为 3000～12500mm。

定尺长度和倍尺长度应在通常长度范围内。

表2-43 普通钢管的外径、壁厚及单位长度理论重量

壁 厚/mm　单位长度理论重量/kg·m⁻¹

外径(系列1)/mm	0.25	0.30	0.40	0.50	0.60	0.80	1.0	1.2	1.4	1.5	1.6	1.8	2.0	2.2(2.3)	2.5(2.6)	2.8
10(10.2)	0.060	0.072	0.095	0.117	0.139	0.182	0.220	0.260	0.297	0.314	0.331	0.364	0.395	0.423	0.462	0.497
13.5	0.082	0.098	0.129	0.160	0.191	0.251	0.308	0.364	0.418	0.444	0.470	0.519	0.567	0.613	0.678	0.739
17(17.2)	0.103	0.124	0.164	0.203	0.243	0.320	0.395	0.468	0.539	0.573	0.608	0.675	0.740	0.803	0.894	0.981
21(21.3)			0.203	0.253	0.302	0.399	0.493	0.586	0.677	0.721	0.765	0.852	0.937	1.02	1.14	1.26
27(26.9)			0.262	0.327	0.391	0.517	0.641	0.764	0.884	0.943	1.00	1.12	1.23	1.35	1.51	1.67
34(33.7)			0.331	0.413	0.494	0.655	0.814	0.971	1.13	1.20	1.28	1.43	1.58	1.73	1.94	2.15
42(42.4)							1.01	1.21	1.40	1.50	1.59	1.78	1.97	2.16	2.44	2.71
48(48.3)							1.16	1.38	1.61	1.72	1.83	2.05	2.27	2.48	2.81	3.12
60(60.3)							1.46	1.74	2.02	2.16	2.30	2.58	2.86	3.14	3.55	3.95
76(76.1)							1.85	2.21	2.58	2.76	2.94	3.29	3.65	4.00	4.53	5.05
89(88.9)									3.02	3.24	3.45	3.87	4.29	4.71	5.33	5.95
114(114.3)										4.16	4.44	4.98	5.52	6.07	6.87	7.68

壁 厚/mm　单位长度理论重量/kg·m⁻¹

外径(系列1)/mm	(2.9)3.0	3.2	3.5(3.6)	4.0	4.5	5.0	(5.4)5.5	6.0	(6.3)6.5	7.0(7.1)	7.5	8.0	8.5	(8.8)9.0	9.5	10
10(10.2)	0.518	0.537	0.561													
13.5	0.777	0.813	0.863	0.937												
17(17.2)	1.04	1.09	1.17	1.28	1.39	1.48										
21(21.3)	1.33	1.40	1.51	1.68	1.83	1.97	2.10	2.22								
27(26.9)	1.78	1.88	2.03	2.27	2.50	2.71	2.92	3.11	3.29	3.45						
34(33.7)	2.29	2.43	2.63	2.96	3.27	3.58	3.87	4.14	4.41	4.66	4.90	5.13				
42(42.4)	2.89	3.06	3.32	3.75	4.16	4.56	4.95	5.33	5.69	6.04	6.38	6.71	7.02	7.32	7.61	7.89
48(48.3)	3.33	3.54	3.84	4.34	4.83	5.30	5.76	6.21	6.65	7.08	7.49	7.89	8.28	8.66	9.02	9.37
60(60.3)	4.22	4.48	4.88	5.52	6.16	6.78	7.39	7.99	8.58	9.15	9.71	10.26	10.80	11.32	11.83	12.33
76(76.1)	5.40	5.75	6.26	7.10	7.93	8.75	9.56	10.36	11.14	11.91	12.67	13.42	14.15	14.87	15.58	16.28
89(88.9)	6.36	6.77	7.38	8.38	9.38	10.36	11.33	12.28	13.22	14.16	15.07	15.98	16.87	17.76	18.63	19.48
114(114.3)	8.21	8.74	9.54	10.85	12.15	13.44	14.72	15.98	17.23	18.47	19.70	20.91	22.12	23.31	24.48	25.65

续表

壁厚/mm，单位长度理论重量/kg·m⁻¹

外径(系列1)/mm	(2.9)3.0	3.2	3.5(3.6)	4.0	4.5	5.0	(5.4)5.5	6.0	(6.3)6.5	7.0(7.1)	7.5	8.0	8.5	(8.8)9.0	9.5	10
140(139.7)	10.14	10.80	11.78	13.42	15.04	16.65	18.24	19.83	21.40	22.96	24.51	26.04	27.57	29.08	30.57	32.06
168(168.3)			14.20	16.18	18.14	20.10	22.04	23.97	25.89	27.79	29.69	31.57	33.43	35.29	37.13	38.97
219(219.1)								31.52	34.06	36.60	39.12	41.63	44.13	46.61	49.08	51.54
273									42.72	45.92	49.11	52.28	55.45	58.60	61.73	64.86
325(323.9)											58.73	62.54	66.35	70.14	73.92	77.68
356(355.6)														77.02	81.18	85.33
406(406.4)														88.12	92.89	97.66
457														99.44	104.84	110.24
508														110.75	116.79	122.81
610														133.39	140.69	147.97

壁厚/mm，单位长度理论重量/kg·m⁻¹

外径(系列1)/mm	11	12(12.5)	13	14(14.2)	15	16	17(17.5)	18	19	20	22(22.2)	24	25	26	28
48(48.3)	10.04	10.65													
60(60.3)	13.29	14.21	15.07	15.88	16.65	17.36									
76(76.1)	17.63	18.94	20.20	21.41	22.57	23.68	24.74	25.75	26.71	27.62					
89(88.9)	21.16	22.79	24.37	25.89	27.37	28.80	30.19	31.52	32.80	34.03	36.35	38.47			
114(114.3)	27.94	30.19	32.38	34.53	36.62	38.67	40.67	42.62	44.51	46.36	49.91	53.27	54.87	56.43	59.36
140(139.7)	34.99	37.88	40.72	43.50	46.24	48.93	51.57	54.16	56.70	59.19	64.02	68.66	70.90	73.10	77.34
168(168.3)	42.59	46.17	49.69	53.17	56.60	59.98	63.31	66.59	69.82	73.00	79.21	85.23	88.17	91.05	96.67
219(219.1)	56.43	61.26	66.04	70.78	75.46	80.10	84.69	89.23	93.71	98.15	106.88	115.42	119.61	123.87	131.89
273	71.07	77.24	83.36	89.42	95.44	101.41	107.33	113.20	119.02	124.79	136.18	147.38	152.90	158.38	169.18
325(323.9)	85.18	92.63	100.03	107.38	114.68	121.93	129.13	136.28	143.38	150.44	164.39	178.16	184.96	191.72	205.09
356(355.6)	93.59	101.80	109.97	118.08	126.14	134.16	142.12	150.12	157.91	165.73	181.21	196.50	204.07	211.60	226.49
406(406.4)	107.15	116.60	126.00	135.34	144.64	153.89	163.09	172.24	181.34	190.39	208.34	226.10	234.90	243.66	261.02
457	120.99	131.69	142.35	152.95	163.51	174.01	184.47	194.88	205.23	215.54	236.01	256.28	266.34	276.36	296.23
508	134.82	146.79	158.70	170.56	182.37	194.14	205.85	217.51	229.13	240.70	263.68	286.47	297.79	309.06	331.45
610	162.50	176.97	191.40	205.78	220.09	234.38	248.61	262.79	276.92	291.01	319.02	346.84	360.68	374.46	401.88
711		206.86	223.78	240.65	257.47	274.24	290.96	307.63	324.25	340.82	373.82	406.62	422.95	439.22	471.63
813										391.13	429.16	466.99	485.83	504.62	542.06
914													548.10	569.39	611.80
1016													610.99	634.79	682.24

续表

壁厚/mm　单位长度理论重量/kg·m⁻¹

外径(系列1)/mm	30	32	34	36	38	40	42	45	48	50	55	60	65
114(114.3)	62.15												
140(139.7)	81.38	85.22	88.88	92.33									
168(168.3)	102.10	107.33	112.36	117.19	121.83	126.27	130.51	136.50					
219(219.1)	139.83	147.57	155.12	162.47	169.62	176.58	183.33	193.10	202.42	208.39	222.45		
273	179.78	190.19	200.40	210.41	220.23	229.85	239.27	253.03	266.34	274.98	295.69	315.17	333.42
325(323.9)	218.25	231.23	244.00	256.58	268.96	281.14	293.13	310.74	327.90	339.10	366.22	392.12	416.78
356(355.6)	241.19	255.69	269.99	284.10	298.01	311.72	325.24	345.14	364.60	377.32	408.27	437.99	466.47
406(406.4)	278.18	295.15	311.92	328.49	344.87	361.05	377.03	400.63	423.78	438.98	476.09	511.97	546.62
457	315.91	335.40	354.68	373.77	392.66	411.35	429.85	457.23	484.16	501.86	545.27	587.44	628.38
508	353.65	375.64	397.45	419.05	440.46	461.66	482.68	513.82	544.52	564.75	614.44	662.90	710.13
610	429.11	456.14	482.97	509.61	536.04	562.28	588.33	627.02	665.27	690.52	752.79	813.83	873.64
711		535.85	567.66	599.28	630.69	661.92	692.94	739.11	784.83	815.06	889.79	963.28	1035.54
813	579.30	616.34	653.22	689.84	726.28	762.53	798.58	852.30	905.57	940.84	1028.14	1114.21	1199.65
914	654.02	696.05	737.87	779.50	820.93	862.17	903.20	964.39	1025.13	1065.38	1165.14	1263.66	1360.95
1016	729.49	776.54	823.40	870.06	916.52	962.79	1008.86	1077.59	1145.87	1191.15	1303.49	1414.59	1524.45

壁厚/mm　单位长度理论重量/kg·m⁻¹

外径(系列1)/mm	70	75	80	85	90	95	100	110	120
273	350.44	366.22	380.77	394.09					
325(323.9)	440.21	462.40	483.37	503.10	521.59	538.86	554.89		
356(355.6)	493.72	519.74	544.53	568.08	590.40	611.48	631.34		
406(406.4)	580.04	612.22	643.17	672.89	701.37	728.63	754.64		
457	668.08	706.55	743.79	779.80	814.57	848.11	880.42		
508	756.12	800.88	844.41	886.71	927.77	967.60	1006.19	1079.68	
610	932.21	989.55	1045.65	1100.52	1154.16	1206.57	1257.74	1356.38	1450.10
711	1106.56	1176.36	1244.92	1312.24	1378.33	1443.19	1506.82	1630.38	1749.00
813	1282.65	1365.02	1446.15	1526.06	1604.73	1682.17	1758.37	1907.08	2050.86
914	1457.00	1551.83	1645.42	1737.78	1828.90	1918.79	2007.45	2181.07	2349.75
1016	1633.09	1740.40	1846.66	1951.59	2055.29	2157.76	2259.00	2457.77	2651.61

注：括号内尺寸为相应的 ISO 4200 规格。

钢管按实际重量交货，也可按理论重量交货。实际重量交货可分为单根重量或每批重量两种。按理论重量交货的钢管，每批大于或等于 10t 钢管的理论重量与实际重量允许偏差为 ±7.5% 或 ±5%。

表 2-44　不锈钢钢管的外径和壁厚

外径（系列1）/mm	壁　厚/mm													
	0.5	0.6	0.7	0.8	0.9	1.0	1.2	1.4	1.5	1.6	2.0	2.2(2.3)	2.5(2.6)	2.8(2.9)
10(10.2)	●	●	●	●	●	●	●							
13(13.5)	●	●	●	●	●	●	●	●	●	●	●	●	●	●
17(17.2)	●	●	●	●	●	●	●	●	●	●	●	●	●	●
21(21.3)	●	●	●	●	●	●	●	●	●	●	●	●	●	●
27(26.9)						●	●	●	●	●	●	●	●	●
34(33.7)						●	●	●	●	●	●	●	●	●
42(42.4)							●	●	●	●	●	●	●	●
48(48.3)						●	●		●	●	●	●	●	●
60(60.3)										●	●	●	●	●
76(76.1)										●	●	●	●	●
89(88.9)										●	●	●	●	●
114(114.3)										●	●	●	●	●
140(139.7)										●	●	●	●	●
168(168.3)										●	●	●	●	●
219(219.1)											●	●	●	●
273											●	●	●	●
325(323.9)													●	●
356(355.6)													●	●
406(406.4)													●	●

外径（系列1）/mm	壁　厚/mm													
	3.0	3.2	3.5(3.6)	4.0	4.5	5.0	5.5(5.6)	6.0	6.3(6.5)	7.0(7.1)	7.5	8.0	8.5	8.8(9.0)
10(10.2)														
13(13.5)	●	●												
17(17.2)	●	●	●	●										
21(21.3)	●	●	●	●		●								
27(26.9)	●	●	●	●	●		●	●						

续表

外径（系列1）/mm	壁　厚/mm													
	3.0	3.2	3.5(3.6)	4.0	4.5	5.0	5.5(5.6)	6.0	6.3(6.5)	7.0(7.1)	7.5	8.0	8.5	8.8(9.0)
34(33.7)	●	●	●	●	●	●	●	●		●				
42(42.4)	●	●	●	●	●	●	●	●		●				
48(48.3)	●	●	●	●	●	●	●	●		●		●	●	
60(60.3)	●	●	●	●	●	●	●	●		●		●	●	●
76(76.1)	●	●	●	●	●	●	●	●		●		●	●	●
89(88.9)	●	●	●	●	●	●	●	●		●		●	●	●
114(114.3)	●	●	●	●	●	●	●	●		●		●	●	●
140(139.7)	●	●	●	●	●	●	●	●		●		●	●	●
168(168.3)	●	●	●	●	●	●	●	●		●		●	●	●
219(219.1)	●	●	●	●	●	●	●	●		●		●	●	●
273	●	●	●	●	●	●	●	●		●		●	●	●
325(323.9)	●	●	●	●	●	●	●	●		●		●	●	●
356(355.6)	●	●	●	●	●	●	●	●		●		●	●	●
406(406.4)	●	●	●	●	●	●	●	●		●	●	●	●	●

外径（系列1）/mm	壁　厚/mm														
	9.5	10	11	12(12.5)	14(14.2)	15	16	17(17.5)	18	20	22(22.2)	24	25	26	28
60(60.3)	●														
76(76.1)	●	●	●												
89(88.9)	●	●	●	●	●										
114(114.3)	●	●	●	●											
140(139.7)	●	●	●	●		●	●								
168(168.3)	●	●	●	●				●	●						
219(219.1)	●	●	●	●				●	●						
273	●	●	●	●					●	●	●	●	●	●	●
325(323.9)	●	●	●	●	●		●		●	●	●	●	●	●	●
356(355.6)	●	●	●	●	●	●	●		●	●	●	●	●	●	●
406(406.4)	●	●	●	●	●	●	●	●	●	●	●	●	●	●	●

注：1. 括号内为相应的英制单位。

2. "●"表示常用规格。

2.3.2　结构用无缝钢管 （GB/T 8162—2008）

结构用无缝钢管的尺寸、外形和重量见表 2-45，钢管的力学性能见表 2-46～表 2-48。

表 2-45　结构用无缝钢管的尺寸、外形和重量

项目	要　　求			
外径和壁厚	钢管的外径 D 和壁厚 S 应符合 GB/T 17395 的规定 根据需方要求,经供需双方协商,可供应其他外径和壁厚的钢管			
外径和壁厚的允许偏差/mm	①钢管的外径允许偏差			
	钢管种类		允许偏差	
	热轧(挤压、扩)钢管		$\pm1\%D$ 或 ±0.50mm,取其中较大者	
	冷拔(轧)钢管		$\pm1\%D$ 或 ±0.30mm,取其中较大者	
	②热轧(挤压、扩)钢管壁厚允许偏差			
	钢管种类	钢管公称外径	S/D	允许偏差
	热轧(挤压)钢管	≤102mm	—	$\pm12.5\%S$ 或 ±0.40mm,取其中较大者
		>102mm	≤0.05	$\pm15\%S$ 或 ±0.40mm,取其中较大者
			>0.05～0.10	$\pm12.5\%S$ 或 ±0.40mm,取其中较大者
			>0.10	$^{+12.5\%S}_{-10\%S}$
	热扩钢管	—		$\pm15\%S$
	③冷拔(轧)钢管壁厚允许偏差			
	钢管种类	钢管公称壁厚	允许偏差	
	冷拔(轧)	≤3mm	$^{+15\%S}_{-10\%S}$ 或 ±0.15mm,取其中较大者	
		>3mm	$^{+12.5\%S}_{-10\%S}$	
	根据需方要求,经供需双方协商,并在合同中注明,可生产表中规定以外尺寸允许偏差的钢管			
长度	①通常长度:3000～12500mm			
	②范围长度:根据需方要求,经供需双方协商,并在合同中注明,钢管可按范围长度交货。范围长度应在通常长度范围内			
	③定尺和倍尺长度: a. 根据需方要求,经供需双方协商,并在合同中注明,钢管可按定尺长度或倍尺长度交货 b. 钢管的定尺长度应在通常长度范围内,其定尺长度允许偏差应符合如下规定:定尺长度不大于 6000mm,允许偏差为 $^{+10}_{0}$mm;定尺长度大于 6000mm,允许偏差为 $^{+15}_{0}$mm c. 钢管的倍尺总长度应在通常长度范围内,全长允许偏差为 $^{+20}_{0}$mm,每个倍尺长度应按下述规定留出切口余量:外径不大于 159mm,5～10mm;外径大于 159mm,10～15mm。			
重量	①钢管按实际重量交货,也可按理论重量交货。钢管理论重量的计算按 GB/T 17395 的规定,钢的密度取 7.85kg/dm³ ②根据需方要求,经供需双方协商,并在合同中注明,交货钢管的理论重量与实际重量的偏差应符合如下规定:单支钢管,$\pm10\%$;每批最小为 10t 的钢管,$\pm7.5\%$			

表 2-46　优质碳素结构钢、低合金高强度结构钢和牌号为 Q235、Q275、
Q295、Q345、Q390、Q420、Q460 的钢管的力学性能

牌号	质量等级	抗拉强度 R_m/MPa	下屈服强度 R_{eL}/MPa 壁厚/mm $\geqslant$			断后伸长率 A/%	冲击试验 温度/℃	吸收能量 KV_2/J $\geqslant$
			≤16	>16~30	>30			
10	—	≥335	205	195	185	24	—	
15	—	≥375	225	215	205	22	—	
20	—	≥410	245	235	225	20	—	
25	—	≥450	275	265	255	18	—	
35	—	≥510	305	295	285	17	—	
45	—	≥590	335	325	315	14	—	
20Mn	—	≥450	275	265	255	20	—	
25Mn	—	≥490	295	285	275	18	—	
Q235	A	375~500	235	225	215	25	—	27
	B						+20	
	C						0	
	D						−20	
Q275	A	415~540	275	265	255	22	—	27
	B						+20	
	C						0	
	D						−20	
Q295	A	390~570	295	275	255	22	—	34
	B						+20	
Q345	A	470~630	345	325	295	20	—	34
	B						+20	
	C						0	
	D					21	−20	
	E						−40	27
Q390	A	490~650	390	370	350	18	—	34
	B						+20	
	C						0	
	D					19	−20	
	E						−40	27
Q420	A	520~680	420	400	380	18	—	34
	B						+20	
	C						0	
	D					19	−20	
	E						−40	27

续表

牌号	质量等级	抗拉强度 R_m/MPa	下屈服强度 R_{eL}/MPa			断后伸长率 A/%	冲击试验	
			壁厚/mm				温度 /℃	吸收能量 KV_2/J
			≤16	>16～30	>30			
			≥					≥
Q460	C	550～720	460	440	420	17	0	34
	D						-20	
	E						-40	27

注：1. 拉伸试验时，如不能测定屈服强度，可测定规定非比例延伸强度 $R_{p0.2}$ 代替 R_{eL}。

2. 冲击试验。

① 低合金高强度结构钢和牌号为 Q235、Q275 的钢管，当外径不小于 70mm，且壁厚不小于 6.5mm 时，应进行冲击试验，其夏比 V 形缺口冲击试验的冲击吸收能量和试验温度应符合表中的规定。冲击吸收能量按一组三个试样的算术平均值计算，允许其中一个试样的单个值低于规定值，但应不低于规定值的 70%。

② 表中的冲击吸收能量为标准尺寸试样夏比 V 形缺口冲击吸性能量要求值。当钢管尺寸不能制备标准尺寸试样时，可制备小尺寸试样。当采用小尺寸冲击试样时，其最小夏比 V 形缺口冲击吸收能量要求值应为标准尺寸试样冲击吸收能量要求值乘以表 2-47 中的递减系数。冲击试样尺寸应优先选择尽可能的较大尺寸。

③ 根据需方要求，经供需双方协商，并在合同中注明，其他牌号、质量等级也可进行夏比 V 形缺口冲击试验，其试验温度、试验尺寸、冲击吸收能量由供需双方协商确定。

表 2-47　小尺寸试样冲击吸收能量递减系数

试样规格	试样尺寸(高度×宽度)/mm	递减系数
标准试样	10×10	1.00
小试样	10×7.5	0.75
小试样	10×5	0.50

表 2-48　合金钢钢管的力学性能

序号	牌号	推荐的热处理制度[①]					拉伸性能			钢管退火或高温回火交货状态布氏硬度
		淬火（正火）			回火		抗拉强度 R_m/MPa	下屈服强度 R_{eL}[⑥]/MPa	断后伸长率 A/%	
		温度/℃		冷却剂	温度/℃	冷却剂				
		第一次	第二次				≥			≤
1	40Mn2	840	—	水、油	540	水、油	885	735	12	217
2	45Mn2	840	—	水、油	550	水、油	885	735	10	217
3	27SiMn	920	—	水	450	水、油	980	835	12	217
4	40MnB[②]	850	—	油	500	水、油	980	785	10	207
5	45MnB[②]	840	—	油	500	水、油	1030	835	9	217
6	20Mn2B[②⑤]	880	—	油	200	水、空	980	785	10	187
7	20Cr[③⑤]	880	880	水、油	200	水、空	835	540	10	179
							785	490	10	179

序号	牌号	推荐的热处理制度[①]					拉伸性能			钢管退火或高温回火交货状态布氏硬度
		淬火（正火）			回火		抗拉强度 R_m/MPa	下屈服强度 R_{eL}[⑥]/MPa	断后伸长率 A/%	
		温度/℃		冷却剂	温度/℃	冷却剂				
		第一次	第二次				≥			≤
8	30Cr	860	—	油	500	水、油	885	685	11	187
9	35Cr	860	—	油	500	水、油	930	735	11	207
10	40Cr	850	—	油	520	水、油	980	785	9	207
11	45Cr	840	—	油	520	水、油	1030	835	9	217
12	50Cr	830	—	油	520	水、油	1080	930	9	229
13	38CrSi	900	—	油	600	水、油	980	835	12	255
14	12CrMo	900	—	空	650	空	410	265	24	179
15	15CrMo	900	—	空	650	空	440	295	22	179
16	20CrMo[③⑤]	880	—	水、油	500	水、油	885	685	11	197
							845	635	12	197
17	35CrMo	850	—	油	550	水、油	980	835	12	229
18	42CrMo	850	—	油	560	水、油	1080	930	12	217
19	12CrMoV	970	—	空	750	空	440	225	22	241
20	12Cr1MoV	970	—	空	750	空	490	245	22	179
21	38CrMoAl[③]	940	—	水、油	640	水、油	980	835	12	229
							930	785	14	229
22	50CrVA	860	—	油	500	水、油	1275	1130	10	255
23	20CrMn	850	—	油	200	水、空	930	735	10	187
24	20CrMnSi[⑤]	880	—	油	480	水、油	785	635	12	207
25	30CrMnSi[③⑤]	880	—	油	520	水、油	1080	885	8	229
							980	835	10	229
26	35CrMnSiA[⑤]	880	—	油	230	水、空	1620	—	9	229
27	20CrMnTi[④⑤]	890	870	油	200	水、空	1080	835	10	217
28	30CrMnTi[④⑤]	880	850	油	200	水、空	1470	—	9	229
29	12CrNi2	860	780	水、油	200	水、空	785	590	12	207
30	12CrNi3	860	780	油	200	水、空	930	685	11	217
31	12Cr2Ni4	860	780	油	200	水、空	1080	835	10	269
32	40CrNiMoA	850	—	油	600	水、油	980	835	12	269
33	45CrNiMoVA	860	—	油	460	油	1470	1325	7	269

① 表中所列热处理温度允许调整范围：淬火±20℃，低温回火±30℃，高温回火±50℃。

② 含硼钢在淬火前可先正火，正火温度应不高于其淬火温度。

③ 按需方指定的一组数据交货，当需方未指定时，可按其中任一组数据交货。

④ 含铬、锰、钛钢第一次淬火可用正火代替。

⑤ 于290～320℃等温淬火。

⑥ 拉伸试验时，如不能测定屈服强度，可测定规定非比例延伸强度 $R_{p0.2}$ 代替 R_{eL}。

2.3.3 输送流体用无缝钢管（GB/T 8163—2008）

输送流体用无缝钢管的尺寸、外形和重量见表 2-45，钢管的力学性能见表 2-49。

表 2-49 钢管的力学性能

牌号	质量等级	抗拉强度 R_m/MPa	拉 伸 性 能			断后伸长率 A/%	冲 击 试 验	
			下屈服强度 R_{eL}/MPa				温度/℃	吸收能量 KV_2/J
			壁厚/mm					
			≤16	>16～30	>30			
			≥					≥
10	—	335～475	205	195	185	24	—	—
20	—	410～530	245	235	225	20	—	—
Q295	A	390～570	295	275	255	22	—	—
	B						+20	34
Q345	A	470～630	345	325	295	20	—	—
	B						+20	34
	C						0	
	D					21	−20	
	E						−40	27
Q390	A	490～650	390	370	350	18	—	—
	B						+20	34
	C						0	
	D					19	−20	
	E						−40	27
Q420	A	520～680	420	400	380	18	—	—
	B						+20	34
	C						0	
	D					19	−20	
	E						−40	27
Q460	C	550～720	460	440	420	17	0	34
	D						−20	
	E						−40	27

注：1. 拉伸试验时，如不能测定屈服强度，可测定规定非比例延伸强度 $R_{p0.2}$ 代替 R_{eL}。

2. 冲击试验。

① 牌号为 Q295、Q345、Q390、Q420、Q460，质量等级为 B、C、D、E 的钢管，当外径不小于 70mm，且壁厚不小于 6.5mm 时，应进行冲击试验，其夏比 V 形缺口冲击试验的冲击吸收能量和试验温度应符合表中的规定。冲击吸收能量按一组三个试样的算术平均值计算，允许其中一个试样的单个值低于规定值，但应不低于规定值的 70%。

② 表中的冲击吸收能量为标准尺寸试样夏比 V 形缺口冲击吸收性能量要求值。当钢管尺寸不能制备标准尺寸试样时，可制备小尺寸试样。当采用小尺寸冲击试样时，其最小夏比 V 形缺口冲击吸收能量要求值应为标准尺寸试样冲击吸收能量要求值乘以表 2-47 中的递减系数。冲击试样尺寸应优先选择尽可能的较大尺寸。

③ 根据需方要求，经供需双方协商，并在合同中注明，其他牌号、质量等级也可进行夏比 V 形缺口冲击试验，其试验温度、试验尺寸、冲击吸收能量由供需双方协商确定。

2.3.4 焊接钢管尺寸及单位长度重量 （GB/T 21835—2008）

焊接钢管尺寸及单位长度重量见表2-50和表2-51。

表 2-50 普通焊接钢管尺寸及单位长度理论重量

外径 (系列1) /mm	壁厚(系列1)/mm											
	0.5	0.6	0.8	1.0	1.2	1.4	1.6	1.8	2.0	2.3	2.6	2.9
	单位长度理论重量/kg·m⁻¹											
10.2	0.120	0.142	0.185	0.227	0.266	0.304	0.339	0.373	0.404	0.448	0.487	0.522
13.5	0.160	0.191	0.251	0.308	0.364	0.418	0.470	0.519	0.567	0.635	0.699	0.758
17.2	0.206	0.246	0.324	0.400	0.474	0.546	0.616	0.684	0.750	0.845	0.936	1.02
21.3	0.256	0.306	0.404	0.501	0.595	0.687	0.777	0.866	0.952	1.08	1.20	1.32
26.9	0.326	0.389	0.515	0.639	0.761	0.880	0.998	1.11	1.23	1.40	1.56	1.72
33.7	0.409	0.490	0.649	0.806	0.962	1.12	1.27	1.36	1.45	1.74	1.99	2.20
42.4	0.517	0.619	0.821	1.02	1.22	1.42	1.61	1.80	1.99	2.27	2.55	2.82
48.3		0.706	0.937	1.17	1.39	1.62	1.84	2.06	2.28	2.61	2.93	3.25
60.3		0.883	1.17	1.46	1.75	2.03	2.32	2.60	2.88	3.29	3.70	4.11
76.1			1.49	1.85	2.22	2.58	2.94	3.30	3.65	4.19	4.71	5.24
88.9			1.74	2.17	2.60	3.02	3.44	3.87	4.29	4.91	5.53	6.15
114.3					3.35	3.90	4.45	4.99	5.54	6.35	7.16	7.97
139.7						5.45	6.12	6.79	7.79	8.79	9.78	
168.3							6.58	7.39	8.20	9.42	10.62	11.83
219.1								9.65	10.71	12.30	13.88	15.46
273.1									13.37	15.36	17.34	19.32
323.9											20.60	22.96
355.6											22.63	25.22
406.4											25.89	28.86

外径 (系列1) /mm	壁厚(系列1)/mm											
	3.2	3.6	4.0	4.5	5.0	5.4	5.6	6.3	7.1	8.0	8.8	10
	单位长度理论重量/kg·m⁻¹											
10.2												
13.5												
17.2	1.10	1.21										
21.3	1.43	1.57	1.71	1.86								
26.9	1.87	2.07	2.26	2.49	2.70							

续表

单位长度理论重量/kg·m⁻¹（壁厚系列1）

外径（系列1）/mm	壁厚（系列1）/mm											
	3.2	3.6	4.0	4.5	5.0	5.4	5.6	6.3	7.1	8.0	8.8	10
33.7	2.41	2.67	2.93	3.24	3.54							
42.4	3.09	3.44	3.79	4.21	4.61	4.93	5.08					
48.3	3.56	3.97	4.37	4.86	5.34	5.71	5.90					
60.3	4.51	5.03	5.55	6.19	6.82	7.31	7.55					
76.1	5.75	6.44	7.11	7.95	8.77	9.42	9.74	10.84				
88.9	6.76	7.57	8.38	9.37	10.35	11.12	11.50	12.83				
114.3	8.77	9.83	10.88	12.19	13.48	14.50	15.01	16.78	18.77			
139.7	10.77	12.08	13.39	15.00	16.61	17.89	18.52	20.73	23.22			
168.3	13.03	14.62	16.21	18.18	20.14	21.69	22.47	25.17	28.23	31.63		
219.1	17.04	19.13	21.22	23.82	26.40	28.46	29.49	33.06	37.12	41.65	45.64	51.57
273.1	21.30	23.93	26.55	29.81	33.06	35.65	36.94	41.45	46.58	52.30	57.36	64.88
323.9	25.31	28.44	31.56	35.45	39.32	42.42	43.96	49.34	55.47	62.34	68.38	77.41
355.6	27.81	31.25	34.68	38.96	43.23	46.64	48.34	54.27	61.02	68.58	75.26	85.23
406.4	31.82	35.76	39.70	44.60	49.50	53.40	55.35	62.16	69.92	78.60	86.29	97.76
457	35.81	40.25	44.69	50.23	55.73	60.14	62.34	70.02	78.78	88.58	97.27	110.24
508	39.84	44.78	49.72	55.88	62.02	66.93	69.38	77.95	87.71	98.65	108.34	122.81
610	47.89	53.84	59.78	67.20	74.60	80.52	83.47	93.80	105.57	118.77	130.47	147.97
711			69.74	78.41	87.06	93.97	97.42	109.49	123.25	138.70	152.39	172.88
813			79.80	89.72	99.63	107.55	111.51	125.33	141.11	158.82	174.53	198.03
914			89.76	100.93	112.09	121.00	125.45	141.03	158.80	178.75	196.45	222.94
1016			99.83	112.25	124.66	134.58	139.54	156.87	176.66	198.87	218.58	248.09
1067					130.95	141.38	146.58	164.80	185.58	208.93	229.65	260.67
1118					137.24	148.17	153.63	172.72	194.51	218.99	240.72	273.25
1219					149.70	161.62	167.58	188.41	212.20	238.92	262.64	298.16
1422							195.61	219.95	247.74	278.97	306.69	348.22
1626								251.65	283.46	319.22	350.97	398.53
1829									319.01	359.27	395.02	448.59
2032										399.32	439.08	498.66
2235											483.13	548.72
2540												623.94

续表

外径 (系列 1) /mm	壁厚(系列 1)/mm									
	11	12.5	14.2	16	17.5	20	22.2	25	28	30
	单位长度理论重量/kg·m^{-1}									
219.1	56.45	63.69	71.75							
273.1	71.10	80.33	90.67							
323.9	84.88	95.99	108.45	121.49	132.23					
355.6	93.48	105.77	119.56	134.00	145.92					
406.4	107.26	121.43	137.35	154.05	167.84	190.58	210.34	235.15	261.29	278.48
457	120.99	137.03	155.07	174.01	189.68	215.54	238.05	266.34	296.23	315.91
508	134.82	152.75	172.93	194.14	211.69	240.70	265.97	297.79	331.45	353.65
610	162.49	184.19	208.65	234.38	255.71	291.01	321.81	360.67	401.88	429.11
711	189.89	215.33	244.01	274.24	299.30	340.82	377.11	422.94	471.63	503.83
813	217.56	246.77	279.73	314.48	343.32	391.13	432.95	485.83	542.06	579.30
914	244.96	277.90	315.10	354.34	386.91	440.95	488.25	548.10	611.80	654.02
1016	272.63	309.35	350.82	394.58	430.93	491.26	544.09	610.99	682.24	729.49
1067	286.47	325.07	368.68	414.71	452.94	516.41	572.01	642.43	717.45	767.22
1118	300.30	340.79	386.54	434.83	474.95	541.57	599.93	673.88	752.67	804.95
1219	327.70	371.93	421.91	474.68	518.54	591.38	655.23	736.15	822.41	879.68
1422	382.77	434.50	493.00	554.79	606.15	691.51	766.37	861.30	962.59	1029.86
1626	438.11	497.39	564.44	635.28	694.19	754.95	878.06	987.08	1103.45	1180.79
1829	493.18	559.97	635.53	715.38	781.80	850.32	989.20	1112.23	1243.63	1330.98
2032	548.25	622.55	706.62	795.48	869.41	992.38	1100.34	1237.39	1383.81	1481.17
2235	603.32	685.13	777.71	875.58	957.02	1092.50	1211.48	1362.55	1523.98	1631.36
2540	643.20	742.55	791.55	939.63	1036.74	1184.35	1378.46	1550.59	1734.59	1857.01

外径 (系列 1) /mm	壁厚(系列 1)/mm							
	32	36	40	45	50	55	60	65
	单位长度理论重量/kg·m^{-1}							
508	375.64	419.05	461.66	513.82	564.75	614.44	662.90	710.12
610	456.14	509.61	562.28	627.02	690.52	752.79	813.83	873.63
711	535.85	599.27	661.91	739.11	815.06	889.79	963.28	1035.54
813	616.34	689.83	762.53	852.30	940.84	1028.14	1114.21	1199.04
914	696.05	779.50	862.17	964.39	1065.38	1165.13	1263.66	1360.94
1016	776.54	870.06	962.78	1077.58	1191.15	1303.48	1414.58	1524.45

续表

外径(系列1)/mm	壁厚(系列1)/mm							
	32	36	40	45	50	55	60	65
	单位长度理论重量/kg·m⁻¹							
1067	816.79	915.34	1013.09	1134.18	1254.04	1372.66	1490.05	1606.20
1118	857.04	960.61	1063.40	1190.78	1316.92	1441.83	1565.51	1687.96
1219	936.74	1050.28	1163.04	1302.87	1441.46	1578.83	1714.96	1849.86
1422	1096.94	1230.51	1363.29	1528.15	1691.78	1854.17	2015.34	2175.27
1626	1257.93	1411.62	1564.53	1754.54	1943.33	2130.88	2317.19	2502.28
1829	1418.13	1591.85	1764.78	1979.83	2193.64	2406.22	2617.57	2827.69
2032	1578.34	1772.08	1965.03	2205.11	2443.95	2681.57	2917.95	3153.10
2235	1738.54	1952.30	2165.28	2430.39	2694.27	2956.91	3218.33	3478.50
2540	1979.23	2223.09	2466.15	2768.87	3070.36	3370.61	3669.63	3967.42

表 2-51 不锈钢焊接钢管尺寸

外径/mm	壁厚(系列1)/mm																	
	0.3	0.4	0.5	0.6	0.7	0.8	0.9	1.0	1.2	1.4	1.5	1.6	1.8	2.0	2.2 (2.3)	2.5 (2.6)	2.8 (2.9)	3.0
10.2	●	●	●															
13.5			●	●	●	●	●	●	●	●	●				●	●	●	●
17.2			●	●	●	●	●	●	●	●	●	●	●	●	●	●	●	●
21.3			●	●	●	●	●	●	●	●	●	●	●	●	●	●	●	●
26.9			●	●	●	●	●	●	●	●	●	●	●	●	●	●	●	●
33.7				●	●	●	●	●	●	●	●	●	●	●	●	●	●	●
42.4					●	●	●	●	●	●	●	●	●	●	●	●	●	●
48.3					●	●	●	●	●	●	●	●	●	●	●	●	●	●
60.3					●	●	●	●	●	●	●	●	●	●	●	●	●	●
76.1				●	●	●	●	●	●	●	●	●	●	●	●	●	●	●
88.9						●	●	●	●	●	●	●	●	●	●	●	●	●
114.3								●	●	●	●	●	●	●	●	●	●	●
139.7									●	●	●	●	●	●	●	●	●	●
168.3												●	●	●	●	●	●	●
219.1												●	●	●	●	●	●	●
273.1														●	●	●	●	●

续表

壁厚(系列 1)/mm

外径/mm	0.3	0.4	0.5	0.6	0.7	0.8	0.9	1.0	1.2	1.4	1.5	1.6	1.8	2.0	2.2(2.3)	2.5(2.6)	2.8(2.9)	3.0
323.9																●	●	●
355.6																●	●	●
406.4															●	●	●	●
457																	●	●
508																	●	●

壁厚(系列 1)/mm

外径/mm	3.2	3.5(3.6)	4.0	4.2	4.5(4.6)	4.8	5.0	5.5(5.6)	6.0	6.5(6.3)	7.0(7.1)	7.5	8.0	8.5	9.0(8.8)
13.5	●														
17.2	●	●													
21.3	●	●	●	●											
26.9	●	●	●	●	●										
33.7	●	●	●	●	●	●	●								
42.4	●	●	●	●	●	●	●	●	●						
48.3	●	●	●	●	●	●	●	●	●						
60.3	●	●	●	●	●	●	●	●	●						
76.1	●	●	●	●	●	●	●	●	●	●					
88.9	●	●	●	●	●	●	●	●	●	●	●				
114.3	●	●	●	●	●	●	●	●	●	●	●	●			
139.7	●	●	●	●	●	●	●	●	●	●	●	●	●	●	●
168.3	●	●	●	●	●	●	●	●	●	●	●	●	●	●	●
219.1	●	●	●	●	●	●	●	●	●	●	●	●	●	●	●
273.1	●	●	●	●	●	●	●	●	●	●	●	●	●	●	●
323.9	●	●	●	●	●	●	●	●	●	●	●	●	●	●	●
355.6	●	●	●	●	●	●	●	●	●	●	●	●	●	●	●
406.4	●	●	●	●	●	●	●	●	●	●	●	●	●	●	●
457	●	●	●	●	●	●	●	●	●	●	●	●	●	●	●
508	●	●	●	●	●	●	●	●	●	●	●	●	●	●	●
610	●	●	●	●	●	●	●	●	●	●	●	●	●	●	●
711	●	●	●	●	●	●	●	●	●	●	●	●	●	●	●
813	●	●	●	●	●	●	●	●	●	●	●	●	●	●	●
914	●	●	●	●	●	●	●	●	●	●	●	●	●	●	●

续表

外径 /mm	壁厚(系列 1)/mm														
	3.2	3.5 (3.6)	4.0	4.2	4.5 (4.6)	4.8	5.0	5.5 (5.6)	6.0	6.5 (6.3)	7.0 (7.1)	7.5	8.0	8.5	9.0 (8.8)
1016	●	●	●	●	●	●	●	●	●	●	●	●	●	●	●
1067	●	●	●	●	●	●	●	●	●	●	●	●	●	●	●
1118	●	●	●	●	●	●	●	●	●	●	●	●	●	●	●
1219										●	●	●	●	●	●
1422										●	●	●	●	●	●
1626										●	●	●	●	●	●
1829										●	●	●	●	●	●

外径 /mm	壁厚(系列 1)/mm														
	9.5	10	11	12 (12.5)	14 (14.2)	15	16	17 (17.5)	18	20	22 (22.2)	24	25	26	28
139.7	●	●	●												
168.3	●	●	●	●											
219.1	●	●	●	●	●										
273.1	●	●	●	●	●	●	●								
323.9	●	●	●	●	●	●	●								
355.6	●	●	●	●	●	●	●								
406.4	●	●	●	●	●			●	●	●					
457	●	●	●	●	●			●	●	●	●	●	●		
508	●	●	●	●	●	●	●	●	●	●	●	●	●	●	●
610	●	●	●	●	●	●	●	●	●	●	●	●	●	●	●
711	●	●	●	●	●	●	●	●	●	●	●	●	●	●	●
813	●	●	●	●	●	●	●	●	●	●	●	●	●	●	●
914	●	●	●	●	●	●	●	●	●	●	●	●	●	●	●
1016	●	●	●	●	●	●	●	●	●	●	●	●	●	●	●
1067	●	●	●	●	●	●	●	●	●	●	●	●	●	●	●
1118	●	●	●	●	●	●	●	●	●	●	●	●	●	●	●
1219	●	●	●	●	●	●	●	●	●	●	●	●	●	●	●
1422	●	●	●	●	●	●	●	●	●	●	●	●	●	●	●
1626	●	●	●	●	●	●	●	●	●	●	●	●	●	●	●
1829	●	●	●	●	●	●	●	●	●	●	●	●	●	●	●

注：1. 括号内为相应的英制规格换算成的公制规格。
　　2. "●"表示常用规格。

2.3.5　流体输送用不锈钢焊接钢管（GB/T 12771—2008）

流体输送用不锈钢焊接钢管的分类及代号见表2-52，钢管的尺寸及单位长度重量见表2-53，钢的密度和理论重量计算公式见表2-54。钢管的热处理制度及力学性能见表2-55。

表 2-52　流体输送用不锈钢焊接钢管的分类及代号

分类方法	类别	代号	说明
按制造类别分	Ⅰ类	—	钢管采用双面自动焊接方法制造，且焊缝100%全长射线探伤
	Ⅱ类		钢管采用单面自动焊接方法制造，且焊缝100%全长射线探伤
	Ⅲ类		钢管采用双面自动焊接方法制造，且焊缝局部射线探伤
	Ⅳ类		钢管采用单面自动焊接方法制造，且焊缝局部射线探伤
	Ⅴ类		钢管采用双面自动焊接方法制造，且焊缝不进行射线探伤
	Ⅵ类		钢管采用单面自动焊接方法制造，且焊缝不进行射线探伤
按供货状态分	焊接状态 热处理状态 冷拔(轧)状态 磨(抛)光状态	H T WC SP	

表 2-53　钢管的尺寸及单位长度重量

项目	要求			
外径和壁厚	钢管的外径 D 和壁厚 S 应符合 GB/T 21835 的规定。根据需方要求，经供需双方协商，可供应其他外径和壁厚的钢管			
外径和壁厚的允许偏差/mm	①钢管外径的允许偏差			
	类别	外径 D/mm	允许偏差/mm	
			较高级(A)	普通级(B)
	焊接状态	全部尺寸	±0.5%D 或±0.20，两者取较大值	±0.75%D 或±0.30，两者取较大值
	热处理状态	<40	±0.20	±0.30
		≥40~65	±0.30	±0.40
		≥65~90	±0.40	±0.50
		≥90~168.3	±0.80	±1.00

续表

项　目	要　　　求		
外径和壁厚的允许偏差/mm	①钢管外径的允许偏差		

类别	外径 D/mm	允许偏差/mm	
		较高级（A）	普通级（B）
热处理状态	≥168.3～325	±0.75%D	±1.0%D
	≥325～610	±0.6%D	±1.0%D
	≥610	±0.6%D	±0.7%D 或±10，两者取较小值
冷拔（轧）状态、磨（抛）光状态	＜40	±0.15	±0.20
	≥40～60	±0.20	±0.30
	≥60～100	±0.30	±0.40
	≥100～200	±0.4%D	±0.5%D
	≥200	±0.5%D	±0.75%D

②钢管壁厚的允许偏差

壁厚 S/mm	壁厚允许偏差/mm
≤0.5	±0.10
＞0.5～1.0	±0.15
＞1.0～2.0	±0.20
＞2.0～4.0	±0.30
＞4.0	±10%S

	根据需方要求，经供需双方协商，并在合同中注明，可供应表中规定以外尺寸允许偏差的钢管 　　当合同未注明钢管尺寸允许偏差级别时，钢管外径和壁厚的允许偏差按普通级交货
长度	①钢管的通常长度为 3000～9000mm ②根据需方要求，经供需双方协商，并在合同中注明，钢管可按定尺长度或倍尺长度交货。钢管的定尺长度或倍尺总长度应在通常范围内，其全长允许偏差为 $^{+20}_{0}$mm。每个倍尺长度应留 5～10mm 的切口余量 ③经供需双方协商，并在合同中注明，外径不小于 508mm 的钢管允许有双纵缝或与纵向焊缝相同质量的环缝接头
重量	钢管按理论重量交货，也可按实际重量交货。按理论重量交货时，理论重量的计算按下式： $$W = \frac{\pi}{1000}S(D-S)\rho$$ 式中　W——钢管的理论重量，kg/m； 　　　　S——钢管的公称壁厚，mm； 　　　　D——钢管的公称外径，mm； 　　　　ρ——钢的密度，kg/dm³，各牌号钢的密度见表 2-54

表 2-54 钢的密度和理论重量计算公式

序号	新 牌 号	旧 牌 号	密度/kg·dm⁻³	换算后的公式
1	12Cr18Ni9	1Cr18Ni9	7.93	$W=0.02491S(D-S)$
2	06Cr19Ni10	0Cr18Ni9		
3	022Cr19Ni10	00Cr19Ni10	7.90	$W=0.02482S(D-S)$
4	06Cr18Ni11Ti	0Cr18Ni10Ti	8.03	$W=0.02523S(D-S)$
5	06Cr25Ni20	0Cr25Ni20	7.98	$W=0.02507S(D-S)$
6	06Cr17Ni12Mo2	0Cr17Ni12Mo2	8.00	$W=0.02513S(D-S)$
7	022Cr17Ni12Mo2	00Cr17Ni14Mo2		
8	06Cr18Ni11Nb	0Cr18Ni11Nb	8.03	$W=0.02523S(D-S)$
9	022Cr18Ti	00Cr17	7.70	$W=0.02419S(D-S)$
10	022Cr11Ti	—	7.75	$W=0.02435S(D-S)$
11	06Cr13Al	0Cr13Al		
12	019Cr19Mo2NbTi	00Cr18Mo2		
13	022Cr12Ni	—		
14	06Cr13	0Cr13		

表 2-55 钢管的热处理制度及力学性能

序号	类型	牌 号	推荐的热处理制度[①]	力 学 性 能		断后伸长率 A/%	
				规定非比例延伸强度 $R_{p0.2}$[②]/MPa	抗拉强度 R_m/MPa	热处理状态	非热处理状态
				≥			
1	奥氏体型	12Cr18Ni9	1010~1150℃快冷	210	520	35	25
2		06Cr19Ni10	1010~1150℃快冷	210	520		
3		022Cr19Ni10	固溶处理 1010~1150℃快冷	180	480		
4		06Cr18Ni11Ti	1030~1180℃快冷	210	520		

续表

序号	类型	牌　号	推荐的热处理制度①	规定非比例延伸强度 $R_{p0.2}$②/MPa	抗拉强度 R_m/MPa	断后伸长率 A/% 热处理状态	断后伸长率 A/% 非热处理状态
				≥			
5	奥氏体型	06Cr25Ni20	1010～1150℃快冷	210	520	35	25
6		06Cr17Ni12Mo2	1010～1150℃快冷	180	480		
7		022Cr17Ni12Mo2	920～1150℃快冷	210	520		
8		06Cr18Ni11Nb	980～1150℃快冷	210	520		
9	马氏体型	022Cr18Ti	780～950℃快冷或缓冷	180	360	20	—
10		022Cr11Ti	800～1050℃快冷	240	410	20	—
11		06Cr13Al	780～830℃快冷或缓冷	177	410		
12		019Cr19Mo2NbTi	830～950℃快冷	275	400	18	—
13		022Cr12Ni	830～950℃快冷	275	400	18	—
14	铁素体型	06Cr13	750℃快冷或800～900℃缓冷	210	410	20	—

注：推荐的热处理制度列标题为"固溶处理"（序号5~8）、"退火处理"（序号9~14）。

① 对 06Cr18Ni11Ti、06Cr18Ni11Nb，需方规定在固溶热处理后需进行稳定化热处理时，稳定化热处理制度为850～950℃快冷。

② 非比例延伸强度 $R_{p0.2}$ 仅在需方要求，合同中注明时才给予保证。

2.3.6　低压流体输送用焊接钢管（GB/T 3091—2015）

低压流体输送用焊接钢管的尺寸、外形和重量见表 2-56，镀锌层的重量系数见表 2-59，钢管的力学性能见表 2-60。

表 2-56 低压流体输送用焊接钢管的尺寸、外形和重量

项 目		要 求			
尺寸	外径和壁厚	外径不大于 219.1mm 的钢管按公称口径(DN)和公称壁厚(t)交货,其公称口径和公称壁厚应符合表 2-57 的规定。其中,管端用螺纹或沟槽连接的钢管尺寸见表 2-58 外径大于 219.1mm 的钢管按公称外径和公称壁厚交货,其规格应符合 GB/T 21835 的规定			
	外径和壁厚的允许偏差/mm	外径 D	外径允许偏差		壁厚 t 允许偏差
			管体	管端 (距管端 100mm 范围内)	
		$D \leqslant 48.3$	± 0.5	—	$\pm 10\% t$
		$48.3 < D \leqslant 273.1$	$\pm 1\% D$	—	
		$273.1 < D \leqslant 508$	$\pm 0.75\% D$	$^{+2.4}_{-0.8}$	
		$D > 508$	$\pm 1\% D$ 或 ± 10.0,两者取较小值	$^{+3.2}_{-0.8}$	
		根据需方要求,经供需双方协商,并在合同中注明,可供应表中规定以外允许偏差的钢管			
长度	通常长度	3000~12000mm			
	定尺长度	钢管的定尺长度应在通常长度范围内,直缝高频电焊钢管的定尺长度允许偏差为 $^{+15}_{0}$ mm;埋弧焊钢管的定尺长度允许偏差为 $^{+50}_{0}$ mm			
	倍尺长度	钢管的倍尺总长度应在通常长度范围内,直缝高频电焊钢管的总长度允许偏差为 $^{+15}_{0}$ mm;埋弧焊钢管的总长度允许偏差为 $^{+50}_{0}$ mm,每个倍尺长度应留 5~15mm 的切口余量			
	其他	根据需方要求,经供需双方协商,并在合同中注明,可供应通常长度范围以外的定尺长度和倍尺长度的钢管			
重量		①钢管按理论重量交货,也可按实际重量交货 ②钢管的理论重量按下式计算(钢的密度按 7.85kg/dm³): $$W = 0.0246615(D-t)t$$ 式中 W——钢管的单位长度理论重量,kg/m; $\qquad D$——钢管的外径,mm; $\qquad t$——钢管的壁厚,mm ③钢管镀锌后单位长度理论重量按下式计算: $$W' = cW$$ 式中 W'——钢管镀锌后的单位长度理论重量,kg/m; $\qquad W$——钢管镀锌前的单位长度理论重量,kg/m; $\qquad c$——镀锌层的重量系数,见表 2-59 ④以理论重量交货的钢管,每批或单根钢管的理论重量与实际重量的允许偏差应不大于 $\pm 7.5\%$			

表 2-57　外径不大于 219.1mm 的钢管公称口径、外径、公称

壁厚和不圆度　　　　　mm

公称口径 (DN)	外径（D）			最小公称壁厚 t	不圆度 不大于
	系列 1	系列 2	系列 3		
6	10.2	10.0	—	2.0	0.20
8	13.5	12.7	—	2.0	0.20
10	17.2	16.0	—	2.2	0.20
15	21.3	20.8	—	2.2	0.30
20	26.9	26.0	—	2.2	0.35
25	33.7	33.0	32.5	2.5	0.40
32	42.4	42.0	41.5	2.5	0.40
40	48.3	48.0	47.5	2.75	0.50
50	60.3	59.5	59.0	3.0	0.60
65	76.1	75.5	75.0	3.0	0.60
80	88.9	88.5	88.0	3.25	0.70
100	114.3	114.0	—	3.25	0.80
125	139.7	141.3	140.0	3.5	1.00
150	165.1	168.3	159.0	3.5	1.20
200	219.1	219.0	—	4.0	1.60

注：1. 表中的公称口径系近似内径的名义尺寸，不表示外径减去两倍壁厚所得的内径。

2. 系列 1 是通用系列，属推荐选用系列；系列 2 是非通用系列；系列 3 是少数特殊、专用系列。

表 2-58　管端用螺纹和沟槽连接的钢管外径、壁厚　　　mm

公称口径 (DN)	外径 (D)	壁厚（t）		公称口径 (DN)	外径 (D)	壁厚（t）	
		普通钢管	加厚钢管			普通钢管	加厚钢管
6	10.2	2.0	2.5	50	60.3	3.8	4.5
8	13.5	2.5	2.8	65	76.1	4.0	4.5
10	17.2	2.5	2.8	80	88.9	4.0	5.0
15	21.3	2.8	3.5	100	114.3	4.0	5.0
20	26.9	2.8	3.5	125	139.7	4.0	5.5
25	33.7	3.2	4.0	150	165.1	4.5	6.0
32	42.4	3.5	4.0	200	219.1	6.0	7.0
40	48.3	3.5	4.5				

注：表中的公称口径系近似内径的名义尺寸，不表示外径减去两倍壁厚所得的内径。

表 2-59   镀锌层的重量系数

镀锌层 300g/m² 的重量系数

公称壁厚/mm	2.0	2.2	2.3	2.5	2.8	2.9	3.0	3.2	3.5	3.6
系数 c	1.038	1.035	1.033	1.031	1.027	1.026	1.025	1.024	1.022	1.021
公称壁厚/mm	3.8	4.0	4.5	5.0	5.4	5.5	5.6	6.0	6.3	7.0
系数 c	1.020	1.019	1.017	1.015	1.014	1.014	1.014	1.013	1.012	1.011
公称壁厚/mm	7.1	8.0	8.8	10	11	12.5	14.2	16	17.5	20
系数 c	1.011	1.010	1.009	1.008	1.007	1.006	1.005	1.005	1.004	1.004

镀锌层 500g/m² 的重量系数

公称壁厚/mm	2.0	2.2	2.3	2.5	2.8	2.9	3.0	3.2	3.5	3.6
系数 c	1.064	1.058	1.055	1.051	1.045	1.044	1.042	1.040	1.036	1.035
公称壁厚/mm	3.8	4.0	4.5	5.0	5.4	5.5	5.6	6.0	6.3	7.0
系数 c	1.034	1.032	1.028	1.025	1.024	1.023	1.023	1.021	1.020	1.018
公称壁厚/mm	7.1	8.0	8.8	10	11	12.5	14.2	16	17.5	20
系数 c	1.018	1.016	1.014	1.013	1.012	1.010	1.009	1.008	1.007	1.006

表 2-60   钢管的力学性能

牌 号	下屈服强度 R_{eL}/MPa ≥		抗拉强度 R_m/MPa ≥	断后伸长率 A/% ≥	
	$t \leqslant 16mm$	$t > 16mm$		$D \leqslant 168.3mm$	$D > 168.3mm$
Q195[①]	195	185	315	15	20
Q215A,Q215B	215	205	335		
Q235A,Q235B	235	225	370		
Q275A,Q275B	275	265	410	13	18
Q345A,Q345B	345	325	470		

① Q195 的屈服强度值仅供参考,不作交货条件。

2.3.7   双焊缝冷弯方形及矩形钢管 (YB/T 4181—2008)

双焊缝冷弯方形及矩形钢管的分类与代号见表 2-61,钢管的推荐规格见表 2-62 和表 2-63,其他规格由供需双方协商确定。钢管的截面面积等物理特性参考值见表 2-64 和表 2-65。

表 2-61   双焊缝冷弯方形及矩形钢管的分类与代号

分类方法	类 别	代 号
按外形分	方形钢管 矩形钢管	SHF SHJ

表 2-62　双焊缝方形钢管边长与壁厚的推荐尺寸　　　mm

公称边长 B	公称壁厚 t
300、320	8,10,12,14,16,19
350、380	8,10,12,14,16,19,22
400	8,9,10,12,14,16,19,22,25,28
450、500	9,10,12,14,16,19,22,25,28,32
550、600	9,10,12,14,16,19,22,25,32,36,40
650	12,16,19,25,32,36,40
700、750、800、850、900	16,19,25,32,36,40
950、1000	19,25,32,36,40

表 2-63　矩形钢管边长与壁厚的推荐尺寸　　　mm

公称边长		公称壁厚 t
H（长边）	B（短边）	
350	250	8,10,12,14,16
350	300	
400	200	
400	250	
400	300	
450	250	
450	300	
450	350	
450	400	9,10,12,14,16
500	300	10,12,14,16
500	400	9,10,12,14,16
500	450	
550	400	
550	500	10,12,14,16
600	400	9,10,12,14,16
600	450	
600	500	9,10,12,14,16,19,22
600	550	9,10,12,14,16,19,22,25
700	600	16,19,25,32,36,40
800	600	19,25,32,36,40
800	700	
900	700	
900	800	
1000	850	
1000	900	

表 2-64 方形钢管理论重量及截面面积

公称边长 B/mm	公称壁厚 t/mm	理论重量 M/kg·m^{-1}	截面面积 A/cm^2
	8	71	91
	10	88	113
300	12	104	132
	14	119	152
	16	135	171
	19	156	198
	8	76	97
	10	94	120
320	12	111	141
	14	127	162
	16	144	183
	19	167	213
	8	84	107
	10	104	133
	12	123	156
350	14	141	180
	16	159	203
	19	185	236
	22	209	266
	8	92	117
	10	113	145
	12	133	170
380	14	154	197
	16	174	222
	19	203	259
	22	231	294
	8	96	123
	9	108	138
	10	120	153
	12	141	180
	14	163	208
400	16	184	235
	19	215	274
	22	243	310
	25	271	346
	28	293	373
	9	122	156
	10	135	173
	12	160	204
	14	185	236
	16	209	267
450	19	245	312
	22	279	355
	25	311	396
	28	337	429
	32	375	478

公称边长 B/mm	公称壁厚 t/mm	理论重量 M/kg·m⁻¹	截面面积 A/cm²
	9	137	174
	10	151	193
	12	179	228
	14	207	264
500	16	235	299
	19	275	350
	22	310	395
	25	347	442
	32	428	546
	9	150	191
	10	166	211
550	12	197	251
	14	228	290
	16	258	329
	19	302	385
	25	387	492
550	32	479	610
	36	529	673
	40	576	733
	9	164	209
	10	182	232
	12	216	275
	14	250	318
600	16	283	361
	19	332	423
	25	426	543
	32	529	674
	36	585	745
	40	639	814
	12	235	299
	16	308	393
	19	362	461
650	25	465	593
	32	580	738
	36	642	817
	40	702	894
	16	333	425
	19	392	499
700	25	505	643
	32	630	802
	36	698	889
	40	764	974

续表

公称边长 B/mm	公称壁厚 t/mm	理论重量 M/kg·m^{-1}	截面面积 A/cm^2
750	16	358	457
	19	422	537
	25	544	693
	32	680	868
	36	755	961
	40	827	1054
800	16	348	489
	19	451	575
	25	583	743
	32	730	930
	36	811	1033
	40	890	1134
850	16	409	521
	19	481	613
	25	622	793
	32	781	994
	36	868	1105
	40	953	1214
900	16	434	553
	19	511	651
	25	662	843
	32	831	1058
	36	924	1177
	40	1016	1294
950	19	541	689
	25	701	893
	32	881	1122
	36	981	1249
	40	1078	1374
1000	19	571	727
	25	740	943
	32	931	1186
	36	1037	1320
	40	1141	1454

表 2-65   矩形钢管理论重量及截面面积

公称边长/mm		公称壁厚/mm	理论重量/kg·m^{-1}	截面面积/cm^2
H	B	t	M	A
350	250	8	72	91
		10	88	113
		12	104	132
		14	119	152
		16	134	171

续表

公称边长/mm		公称壁厚/mm	理论重量/kg·m⁻¹	截面面积/cm²
H	B	t	M	A
350	300	8	78	99
		10	96	123
		12	113	144
		14	130	166
		16	147	187
400	200	8	72	91
		10	88	113
		12	104	132
		14	119	152
		16	134	171
400	250	8	78	99
		10	96	122
		12	113	144
		14	130	166
		16	146	187
400	300	8	84	107
		10	104	133
		12	123	156
		14	141	180
		16	159	203
450	250	8	84	107
		10	104	133
		12	123	156
		14	141	180
		16	159	203
450	300	8	91	115
		10	112	142
		12	131	167
		14	151	193
		16	171	217
450	350	8	97	123
		10	120	153
		12	141	180
		14	163	208
		16	184	235
450	400	9	115	147
		10	128	163
		12	151	192
		14	174	222
		16	197	251

续表

公称边长/mm		公称壁厚/mm	理论重量/kg·m⁻¹	截面面积/cm²
H	B	t	M	A
500	300	10	120	153
		12	141	180
		14	163	208
		16	184	235
500	400	9	122	156
		10	135	173
		12	160	204
		14	185	236
		16	209	267
500	450	9	129	165
		10	143	183
		12	170	216
		14	196	250
		16	222	283
550	400	9	129	164
		10	143	182
		12	170	216
		14	217	277
		16	221	281
550	500	10	158	202
		12	188	239
		14	217	277
		16	246	313
600	400	9	136	173
		10	151	192
		12	178	227
		14	206	263
		16	233	297
600	450	9	143	182
		10	158	202
		12	188	239
		14	217	277
		16	246	313
600	500	9	150	191
		10	166	212
		12	197	251
		14	228	291
		16	258	329
		19	305	388
		22	348	444

公称边长/mm		公称壁厚/mm	理论重量/kg·m⁻¹	截面面积/cm²
H	B	t	M	A
		9	157	200
		10	174	222
		12	207	263
600	550	14	239	305
		16	271	345
		19	320	407
		22	366	466
		25	411	523
		16	310	395
		19	362	461
700	600	25	465	593
		32	580	738
		36	642	817
		40	702	894
		19	392	499
		25	505	643
800	600	32	630	802
		36	698	889
		40	764	974
		19	422	537
		25	544	693
800	700	32	680	866
		36	755	961
		40	827	1054
		19	451	575
		25	583	743
900	700	32	730	930
		36	811	1033
		40	890	1134
		19	481	613
		25	622	793
900	800	32	781	994
		36	868	1105
		40	953	1214
		19	526	670
		25	681	868
1000	850	32	856	1090
		36	953	1213
		40	1047	1334
		19	541	689
		25	701	893
1000	900	32	881	1122
		36	981	1249
		40	1078	1347

2.3.8 直缝电焊钢管 (GB/T 13793—2016)

直缝电焊钢管的分类、代号、尺寸、外形、重量及允许偏差见表 2-66,镀锌钢管的重量系数见表 2-67。钢管的力学性能见表 2-68。

表 2-66 直缝电焊钢管的分类、代号、尺寸、外形、重量及允许偏差

	分类方法	类 别	代 号
分类及代号	按外径精度等级分	普通精度	PD. A
		较高精度	PD. B
		高精度	PD. C
	按壁厚精度等级分	普通精度	PT. A
		较高精度	PT. B
		高精度	PT. C
	按弯曲度精度等级分	普通精度	PS. A
		较高精度	PS. B
		高精度	PS. C
外径和壁厚	钢管的外径 D 和壁厚 t 应符合 GB/T 21835 的规定。根据需方要求,经供需双方协商,可供应 GB/T 21835 规定以外尺寸的钢管		
长度	通常长度	钢管的通常长度应符合如下规定: $D \leqslant 30\text{mm}, 4000 \sim 6000\text{mm}$; $D > 30 \sim 70\text{mm}, 4000 \sim 8000\text{mm}$; $D > 70\text{mm}, 4000 \sim 12000\text{mm}$ 经供需双方协商,并在合同中注明,可提供通常长度以外长度的钢管 按通常长度交货时,每批钢管可交付数量不超过该批钢管交货总数量 5% 的长度不小于 2000mm 的短尺钢管	
	定尺长度和倍尺长度	根据需方要求,经供需双方协商,并在合同中注明,钢管可按定尺长度或倍尺长度交货。定尺长度和倍尺总长度应在通常长度范围内。倍尺长度每个倍尺长度应留 5~10mm 的切口余量。定尺长度、倍尺总长度允许偏差应符合以下规定: $D \leqslant 219.1\text{mm}, ^{+15}_{0}\text{mm}; D > 219.1\text{mm}, ^{+50}_{0}\text{mm}$	
钢管重量	①钢管按理论重量交货,也可按实际重量交货 ②非镀锌钢管的理论重量按下式计算(钢的密度为 7.85g/cm³): $$W = 0.0246615(D - t)t$$ 式中 W——钢管的每米理论重量,kg/m; D——钢管公称外径,mm; t——钢管公称壁厚,mm; ③镀锌钢管的理论重量按下式计算: $$W' = cW$$ 式中 W'——镀锌钢管的每米理论重量,kg/m; c——镀锌钢管比原来增加的重量系数,见表 2-67; W——未镀锌钢管的每米理论重量,kg/m	

表 2-67　镀锌钢管的重量系数

壁厚 t/mm		1.2	1.4	1.5	1.6	1.8	2.0	2.2	2.5	2.8	3.0	3.2	3.5	3.8
系数 c	A	1.106	1.091	1.085	1.080	1.071	1.064	1.058	1.051	1.045	1.042	1.040	1.036	1.034
	B	1.085	1.073	1.068	1.064	1.057	1.051	1.046	1.041	1.036	1.034	1.032	1.029	1.027
	C	1.064	1.055	1.051	1.048	1.042	1.038	1.035	1.031	1.027	1.025	1.024	1.022	1.020
壁厚 t/mm		4.0	4.2	4.5	4.8	5.0	5.4	5.6	6.0	6.5	7.0	8.0	9.0	10.0
系数 c	A	1.032	1.030	1.028	1.027	1.025	1.024	1.023	1.021	1.020	1.018	1.016	1.014	1.013
	B	1.025	1.024	1.023	1.021	1.020	1.019	1.018	1.017	1.016	1.015	1.013	1.011	1.010
	C	1.019	1.018	1.017	1.016	1.015	1.014	1.014	1.013	1.012	1.011	1.010	1.008	1.008
壁厚 t/mm		11.0	12.0	12.7	13.0	14.2	16.0	17.5	20.0					
系数 c	A	1.012	1.011	1.010	1.010	1.009	1.008	1.007	1.006					
	B	1.009	1.008	1.008	1.008	1.007	1.006	1.006	1.005					
	C	1.007	1.006	1.006	1.006	1.005	1.005	1.004	1.004					

注：本表规定壁厚之外的镀锌钢管，其重量系数由供需双方协商确定。

表 2-68　钢管的力学性能

牌　　号	下屈服强度[1] R_{eL}/MPa	抗拉强度 R_{m}/MPa	断后伸长率 $A/\%$	
			$D{\leqslant}168.3\text{mm}$	$D{>}168.3\text{mm}$
	不小于			
08,10	195	315	22	
15	215	355	20	
20	235	390	19	
Q195[2]	195	315		
Q215A,Q215B	215	335	15	20
Q235A,Q235B,Q235C	235	370		
Q275A,Q275B,Q275C	275	410	13	18
Q345A,Q345B,Q345C	345	470		
Q390A,Q390B,Q390C	390	490	19	
Q420A,Q420B,Q420C	420	520	19	
Q460C,Q460D	460	550	17	

[1] 当屈服不明显时，可测量 $R_{\text{p0.2}}$ 或 $R_{\text{p0.3}}$ 代替下屈服强度。
[2] Q195 的屈服强度值仅作为参考，不作交货条件。

2.4　钢丝、钢筋

2.4.1　冷拉圆钢丝、方钢丝、六角钢丝 （GB/T 342—1997）

圆钢丝直径为 0.05 ～ 16.0mm；方钢丝边长为 0.50 ～

10.0mm；六角钢丝对边距离为 1.60～10.0mm。钢丝公称尺寸、截面面积及理论重量见表2-69。

表 2-69 钢丝公称尺寸、截面面积及理论重量

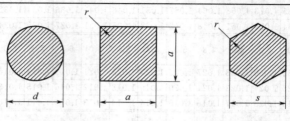

d—圆钢丝直径　　　a—方钢丝的边长　　　s—六角钢丝的对边距离
r—角部圆弧半径　　　r—角部圆弧半径

公称尺寸/mm	圆 形		方 形		六 角 形	
	截面面积/mm²	理论重量/kg·km⁻¹	截面面积/mm²	理论重量/kg·km⁻¹	截面面积/mm²	理论重量/kg·km⁻¹
0.050	0.0020	0.016	—	—	—	—
0.055	0.0024	0.019	—	—	—	—
0.063	0.0031	0.024	—	—	—	—
0.070	0.0038	0.030	—	—	—	—
0.080	0.0050	0.039	—	—	—	—
0.090	0.0064	0.050	—	—	—	—
0.10	0.0079	0.062	—	—	—	—
0.11	0.0095	0.075	—	—	—	—
0.12	0.0113	0.089	—	—	—	—
0.14	0.0154	0.121	—	—	—	—
0.16	0.0201	0.158	—	—	—	—
0.18	0.0254	0.199	—	—	—	—
0.20	0.0314	0.246	—	—	—	—
0.22	0.0380	0.298	—	—	—	—
0.25	0.0491	0.385	—	—	—	—
0.28	0.0616	0.484	—	—	—	—
0.30	0.0707	0.555	—	—	—	—
0.32	0.0804	0.631	—	—	—	—
0.35	0.096	0.754	—	—	—	—
0.40	0.126	0.989	—	—	—	—
0.45	0.159	1.248	—	—	—	—
0.50	0.196	1.539	0.250	1.962	—	—
0.55	0.238	1.868	0.302	2.371	—	—
0.60	0.283	2.220	0.360	2.826	—	—
0.63	0.312	2.447	0.397	3.116	—	—

公称尺寸/mm	圆 形		方 形		六 角 形	
	截面面积/mm²	理论重量/kg·km⁻¹	截面面积/mm²	理论重量/kg·km⁻¹	截面面积/mm²	理论重量/kg·km⁻¹
0.70	0.385	3.021	0.490	3.846	—	—
0.80	0.503	3.948	0.640	5.024	—	—
0.90	0.636	4.993	0.810	6.358	—	—
1.00	0.785	6.162	1.000	7.850	—	—
1.10	0.950	7.458	1.210	9.498	—	—
1.20	1.131	8.878	1.440	11.30	—	—
1.40	1.539	12.08	1.960	15.39	—	—
1.60	2.011	15.79	2.560	20.10	2.217	17.40
1.80	2.545	19.98	3.240	25.43	2.806	22.03
2.00	3.142	24.66	4.000	31.40	3.464	27.20
2.20	3.801	29.84	4.840	37.99	4.192	32.91
2.50	4.909	38.54	6.250	49.06	5.413	42.49
2.80	6.158	48.34	7.840	61.54	6.790	53.30
3.00	7.069	55.49	9.000	70.65	7.795	61.19
3.20	8.042	63.13	10.24	80.38	8.869	69.62
3.50	9.621	75.52	12.25	96.16	10.61	83.29
4.00	12.57	98.67	16.00	125.6	13.86	108.8
4.50	15.90	124.8	20.25	159.0	17.54	137.7
5.00	19.63	154.2	25.00	196.2	21.65	170.0
5.50	23.76	186.5	30.25	237.5	26.20	205.7
6.00	28.27	221.9	36.00	282.6	31.18	244.8
6.30	31.17	244.7	39.69	311.6	34.38	269.9
7.00	38.48	302.1	49.00	384.6	42.44	333.2
8.00	50.27	394.6	64.00	502.4	55.43	435.1
9.00	63.62	499.4	81.00	635.8	70.15	550.7
10.0	78.54	616.5	100.00	785.0	86.61	679.9
11.0	95.03	746.0	—	—	—	—
12.0	113.1	887.8	—	—	—	—
14.0	153.9	1208.1	—	—	—	—
16.0	201.1	1578.6	—	—	—	—

注：1. 表中的理论重量按密度为 7.85g/cm³ 计算，对特殊合金钢丝，在计算理论重量时应采用相应牌号的密度。

2. 表内尺寸一栏，对于圆钢丝表示直径；对于方钢丝表示边长；对于六角钢丝表示对边距离。

2.4.2 一般用途低碳钢丝（YB/T 5294—2009）

一般用途低碳钢丝的有关内容见表 2-70～表 2-72。

表 2-70 钢丝的分类和代号

分 类	按交货状态			按用途		
	冷拉	退火	镀锌	普通用	制钉用	建筑用
代号	WCD	TA	SZ	—	—	—

表 2-71 钢丝捆重及最低重量

钢丝公称直径 /mm	标准捆			非标准捆最低重量 /kg
	捆重 /kg	每捆焊接头数量 不多于	单根最低重量 /kg	
≤0.30	5	6	0.5	0.5
>0.30～0.50	10	5	1	1
>0.50～1.00	25	4	2	2
>1.00～1.20	25	3	3	3
>1.20～3.00	50	3	4	4
>3.00～4.50	50	2	6	10
>4.50～6.00	50	2	6	12

表 2-72 钢丝的力学性能

公称直径 /mm	抗拉强度 R_m/MPa			退火钢丝	镀锌钢丝[1]	180°弯曲试验/次		伸长率（标距100mm）/%	
	冷拉钢丝					冷拉钢丝		冷拉建筑用钢丝	镀锌钢丝
	普通用	制钉用	建筑用			普通用	建筑用		
≤0.30	≤980	—	—	295～540	295～540	用打结拉伸试验替代	—	—	≥10
>0.30～0.80	≤980	—	—				—	—	
>0.80～1.20	≤980	880～1320	—				—	—	
>1.20～1.80	≤1060	785～1220	—			≥6	—	—	
>1.80～2.50	≤1010	735～1170	—				—	—	
>2.50～3.50	≤960	685～1120	≥550				—	—	≥12
>3.50～5.00	≤890	590～1030	≥550			≥4	≥4	≥2	
>5.00～6.00	≤790	540～930	≥550						
>6.00	≤690								

① 对于先镀后拉的镀锌钢丝的力学性能按冷拉钢丝的力学性能执行。

2.4.3 预应力混凝土用钢丝（GB/T 5223—2014）

预应力混凝土用钢丝的分类、代号及标记见表 2-73，光圆钢丝的尺寸、允许偏差及每米参考重量见表 2-74，螺旋肋钢丝的尺寸及允许偏差见表 2-75，三面刻痕钢丝的尺寸及允许偏差见表 2-76。光圆及螺旋肋钢丝的不圆度不得超出其直径公差的 1/20。

表 2-73　预应力混凝土用钢丝的分类、代号及标记

分类、代号	分类方法	类别		代号
	按加工状态分	冷拉钢丝		WCD
		消除应力钢丝(按松弛性能分)	低松弛钢丝	WLR
	按外形分	光圆钢丝		P
		螺旋肋钢丝		H
		刻痕钢丝		I
标记	标记内容： 预应力钢丝；公称直径；抗拉强度等级；加工状态代号；外形代号；标准号 标记示例 示例 1：直径为 4.00mm，抗拉强度为 1670MPa 的冷拉光圆钢丝，其标记为 预应力钢丝 4.00-1670-WCD-P-GB/T 5223—2014 示例 2：直径为 7.00mm，抗拉强度为 1570MPa 低松弛的螺旋肋钢丝，其标记为 预应力钢丝 7.00-1570-WLR-H-GB/T 5223—2014			
盘重	每盘钢丝由一根组成，其盘重不小于 500kg，允许有 10% 的盘数小于 500kg 但不小于 100kg			
盘径	冷拉钢丝的盘内径应不小于钢丝公称直径的 100 倍。消除应力钢丝的盘内径不小于 1700mm			

表 2-74　光圆钢丝尺寸、允许偏差及每米理论重量

公称直径 d_n/mm	直径允许偏差/mm	公称横截面积 S_n/mm²	每米理论重量/g·m⁻¹
4.00	±0.04	12.57	98.6
4.80		18.10	142
5.00	±0.05	19.63	154
6.00		28.27	222
6.25		30.68	241
7.00		38.48	302
7.50		44.18	347
8.00	±0.06	50.26	394
9.00		63.62	499
9.50		70.88	556
10.00		78.54	616
11.00		95.03	746
12.00		113.1	888

表 2-75 螺旋肋钢丝的尺寸及允许偏差

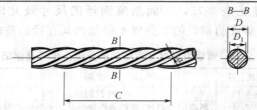

螺旋肋预应力混凝土用钢丝外形示意图

公称直径 d_n/mm	螺旋肋数量/条	基圆尺寸		外轮廓尺寸		单肋尺寸	螺旋肋导程 C/mm
		基圆直径 D_1/mm	允许偏差/mm	外轮廓直径 D/mm	允许偏差/mm	宽度 a/mm	
4.00		3.85		4.25		0.90～1.30	24～30
4.80		4.60		5.10		1.30～1.70	28～36
5.00		4.80		5.30	±0.05		
6.00		5.80		6.30		1.60～2.00	30～38
6.25		6.00		6.70			30～40
7.00		6.73		7.46		1.80～2.20	35～45
7.50	4	7.26	±0.05	7.96		1.90～2.30	36～46
8.00		7.75		8.45		2.00～2.40	40～50
9.00		8.75		9.45	±0.10	2.10～2.70	42～52
9.50		9.30		10.10		2.20～2.80	44～53
10.00		9.75		10.45		2.50～3.00	45～58
11.00		10.76		11.47		2.60～3.10	50～64
12.00		11.78		12.50		2.70～3.20	55～70

表 2-76 三面刻痕钢丝尺寸及允许偏差

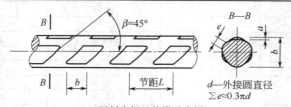

三面刻痕钢丝外形示意图

公称直径 d_n/mm	刻痕深度		刻痕长度		节距	
	公称深度 a/mm	允许偏差/mm	公称长度 b/mm	允许偏差/mm	公称节距 L/mm	允许偏差/mm
≤5.00	0.12	±0.05	3.5	±0.05	5.5	±0.05
>5.00	0.15		5.0		8.0	

注：公称直径指横截面积等同于光圆钢丝时所对应的直径。

2.4.4 热轧盘条的尺寸、外形、重量及允许偏差（GB/T 14981—2009）

热轧盘条的尺寸、外形、重量及允许偏差见表 2-77。

表 2-77 热轧盘条的尺寸、外形、重量及允许偏差

公称直径/mm	允许偏差/mm			不圆度/mm			横截面积/mm²	理论重量/kg·m⁻¹
	A 级精度	B 级精度	C 级精度	A 级精度	B 级精度	C 级精度		
5							19.63	0.154
5.5							23.76	0.187
6							28.27	0.222
6.5							33.18	0.260
7							38.48	0.302
7.5	±0.30	±0.25	±0.15	≤0.48	≤0.40	≤0.24	44.18	0.347
8							50.26	0.395
8.5							56.74	0.445
9							63.62	0.499
9.5							70.88	0.556
10							78.54	0.617
10.5							86.59	0.680
11							95.03	0.746
11.5							103.9	0.816
12							113.1	0.888
12.5							122.7	0.963
13	±0.40	±0.30	±0.20	≤0.64	≤0.48	≤0.32	132.7	1.04
13.5							143.1	1.12
14							153.9	1.21
14.5							165.1	1.30
15							176.7	1.39
15.5							188.7	1.48
16							201.1	1.58
17							227.0	1.78
18							254.5	2.00
19							283.5	2.23
20	±0.50	±0.35	±0.25	≤0.80	≤0.56	≤0.40	314.2	2.47
21							346.3	2.72
22							380.1	2.98
23							415.5	3.26
24							452.4	3.55
25							490.9	3.85
26							530.9	4.17
27							572.6	4.49
28	±0.60	±0.40	±0.30	≤0.96	≤0.64	≤0.48	615.7	4.83
29							660.5	5.18
30							706.9	5.55
31							754.8	5.92

公称直径/mm	允许偏差/mm			不圆度/mm			横截面积/mm²	理论重量/kg·m⁻¹
	A 级精度	B 级精度	C 级精度	A 级精度	B 级精度	C 级精度		
32							804.2	6.31
33							855.3	6.71
34							907.9	7.13
35							962.1	7.55
36	±0.60	±0.40	±0.30	≤0.96	≤0.64	≤0.48	1018	7.99
37							1075	8.44
38							1134	8.90
39							1195	9.38
40							1257	9.87
41							1320	10.36
42							1385	10.88
43							1452	11.40
44							1521	11.94
45	±0.80	±0.50	—	≤1.28	≤0.80		1590	12.48
46							1662	13.05
47							1735	13.62
48							1810	14.21
49							1886	14.80
50							1964	15.41
51							2042	16.03
52							2123	16.66
53							2205	17.31
54	±1.00	±0.60	—	≤1.60	≤0.96	—	2289	17.97
55							2375	18.64
56							2462	19.32
57							2550	20.02
58	±1.00	±0.60		≤1.60	≤0.96	—	2641	20.73
59							2733	21.45
60							2826	22.18

注：1. 盘条的理论重量按密度 7.85g/cm³ 计算。

2. 不圆度不大于相应级别直径公差的 80%。

3. 精度级别应在相应的产品标准或合同中注明，未注明者按 A 级精度执行。

4. 根据需方要求，经供需双方协议可采用其他尺寸偏差要求，但公差不允许超过表中相应规格的规定值。

5. 每卷盘条由一根组成，盘条重量应不小于 1000kg。下列两种情况允许交货，但其盘卷总数应不大于每批盘数的 5%（不足 2 盘的允许有 2 盘）：由一根组成的盘重小于 1000kg 但大于 800kg；由两根组成的盘卷，盘重不小于 1000kg，每根盘条的重量不小于 300kg，并且有明显标识。

2.4.5　低碳钢热轧圆盘条（GB/T 701—2008）

低碳钢热轧盘条的技术要求见表 2-78。

表 2-78　低碳钢热轧盘条的技术要求

项　目	要　求					
尺寸、外形及允许偏差	应符合 GB/T 14981 的规定，盘卷应规整					
重量	每卷盘条的重量不应小于 1000kg。每批允许有 5% 的盘数（不足 2 盘的允许有 2 盘）由两根组成，但每根盘条的重量不小于 300kg，并且有明显标识					
牌号和化学成分	化学成分（质量分数）/%					
	牌号	C	Mn	Si	S	P	Cr、Ni、Cu、As
				≤			
	Q195	≤0.12	0.25～0.50	0.30	0.040	0.035	残余含量应符合 GB/T 700 的有关规定
	Q215	0.09～0.15	0.25～0.60		0.045	0.045	
	Q235	0.12～0.20	0.30～0.70				
	Q275	0.14～0.22	0.40～1.00				
	经供需双方协议并在合同中注明，可供应其他成分或牌号的盘条						
力学性能和工艺性能	力学性能			冷弯试验 180°（d 为弯心直径，a 为试样直径）			
	牌号	抗拉强度 R_m/MPa ≤		断后伸长率 $A_{11.3}$/% ≤			
	Q195	410		30		$d=0$	
	Q215	435		28		$d=0$	
	Q235	500		23		$d=0.5a$	
	Q275	540		21		$d=1.5a$	
	经供需双方协商并在合同中注明，可进行冷弯性能试验。直径大于 12mm 的盘条，冷弯性能指标由供需双方协商确定						

2.5　钢丝绳（GB/T 20118—2006）

钢丝绳按其股数和股外层钢丝的数目分类，见表 2-79。如果需方没有明确要求某种结构的钢丝绳时，在同一组别内结构的选择由供方自行确定。

表 2-79　钢丝绳分类

组别	类别	分类原则	典型结构		直径范围/mm
			钢丝绳	股	
1	单股钢丝绳	1 个圆股，每股外层丝可到 18 根，中心丝外捻制 1～3 层钢丝	1×7 1×19 1×37	(1+6) (1+6+12) (1+6+12+18)	0.6～12 1～16 1.4～22.5

组别	类别	分类原则	典型结构		直径范围/mm
			钢丝绳	股	
2	6×7	6个圆股,每股外层丝可到7根,中心丝(或无)外捻制1～2层钢丝,钢丝等捻距	6×7 6×9W	(1+6) (3+3/3)	1.8～36 14～36
3	6×19(a)	6个圆股,每股外层丝8～12根,中心丝外捻制2～3层钢丝,钢丝等捻距	6×19S 6×19W 6×25Fi 6×26WS 6×31WS	(1+9+9) (1+6+6/6) (1+6+6F+12) (1+5+5/5+10) (1+6+6/6+12)	6～36 6～40 8～44 13～40 12～46
	6×19(b)	6个圆股,每股外层丝12根,中心丝外捻制2层钢丝	6×19	(1+6+12)	3～46
4	6×37(a)	6个圆股,每股外层丝14～18根,中心丝外捻制3～4层钢丝,钢丝等捻距	6×29Fi 6×36WS 6×37S(点线接触) 6×41WS 6×49SWS 6×55SWS	(1+7+7F+14) (1+7+7/7+14) (1+6+15+15) (1+8+8+8+16) (1+8+8+8/8+16) (1+9+9+9/9+18)	10～44 12～60 10～60 32～60 36～60 36～60
	6×37(b)	6个圆股,每股外层丝18根,中心丝外捻制3层钢丝	6×37	(1+6+12+18)	5～60
5	6×61	6个圆股,每股外层丝24根,中心丝外捻制4层钢丝	6×61	(1+6+12+18+24)	40～60
6	8×19	8个圆股,每股外层丝8～12根,中心丝外捻制2～3层钢丝,钢丝等捻距	8×19S 8×19W 8×25Fi 8×26WS 8×31WS	(1+9+9) (1+6+6/6) (1+6+6F+12) (1+5+5/5+10) (1+6+6/6+12)	11～44 10～48 18～52 16～48 14～56
7	8×37	8个圆股,每股外层丝14～18根,中心丝外捻制3～4层钢丝,钢丝等捻距	8×36WS 8×41WS 8×49SWS 8×55SWS	(1+7+7/7+14) (1+8+8+8+16) (1+8+8+8/8+16) (1+9+9+9/9+18)	14～60 40～60 44～60 44～60
8	18×7	钢丝绳中有17或18个圆股,在纤维芯或钢芯外捻制2层股,外层10～12个股,每股外层丝4～7根,中心丝外捻制1层钢丝	17×7 18×7	(1+6) (1+6)	6～44 6～44

续表

组别	类别	分类原则	典型结构		直径范围 /mm
			钢丝绳	股	
9	18×19	钢丝绳中有 17 或 18 个圆股,在纤维芯或钢芯外捻制 2 层股,外层 10～12 个股,每股外层丝 8～12 根,中心丝外捻制 2～3 层钢丝	18×19W 18×19S 18×19	(1+6+6/6) (1+9+9) (1+6+12)	14～44 14～44 10～44
10	34×7	钢丝绳中有 34～36 个圆股,在纤维芯或钢芯外捻制 3 层股,外层 17～18 个股,每股外层丝 4～8 根,中心丝外捻制 1 层钢丝	34×7 36×7	(1+6) (1+6)	16～44 16～44
11	35W×7	钢丝绳中有 24～40 个圆股,在钢芯外捻制 2～3 层股,外层 12～18 个股,每股外层丝 4～8 根,中心丝外捻制 1 层钢丝	35W×7 24W×7	(1+6) (1+6)	12～50 12～50
12	6×12	6 个圆股,每股外层丝 12 根,股纤维芯外捻制 1 层钢丝	6×12	(FC+12)	8～32
13	6×24	6 个圆股,每股外层丝 12～16 根,股纤维芯外捻制 2 层钢丝	6×24 6×24S 6×24W	(FC+9+15) (FC+12+12) (FC+8+8/8)	8～40 10～44 10～44
14	6×15	6 个圆股,每股外层丝 15 根,股纤维芯外捻制一层钢丝	6×15	(FC+15)	10～32
15	4×19	4 个圆股,每股外层丝 8～12 根,中心丝外捻制 2～3 层钢丝,钢丝等捻距	4×19S 4×25Fi 4×26WS 4×31WS	(1+9+9) (1+6+6F+12) (1+5+5/5+10) (1+6+6/6+12)	8～28 12～34 12～31 12～36
16	4×37	4 个圆股,每股外层丝 14～18 根,中心丝外捻制 3～4 层钢丝,钢丝等捻距	4×36WS 4×41WS	(1+7+7/7+14) (1+8+8/8+16)	14～22 26～46

注：1. 3 组和 4 组内推荐用 (a) 类钢丝绳。

2. 12 组～14 组仅为纤维芯,其余组别的钢丝绳可由需方指定纤维芯或钢芯。

3. (a) 为线接触,(b) 为点接触。

　　钢丝绳按捻法分为右交互捻、左交互捻、右同向捻和左同向捻四种。

　　1 组中 1×19 和 1×37 单股钢丝绳外层钢丝与内部各层钢丝的捻向相反。

　　2～4 组、6～11 组钢丝绳可为交互捻和同向捻，其中 8 组、9 组、10 组和 11 组多层股钢丝绳的内层绳捻法，由供方确定。

　　3 组中 6×19（b）类、6×19W 结构，6 组中 8×19W 结构和 9 组中 18×19W、18×19 结构钢丝绳推荐使用交互捻。

　　4 组中 6×37（b）类、5 组、12 组、13 组、14 组、15 组、16 组钢丝绳仅为交互捻。

　　钢丝绳的力学性能见表 2-80～表 2-98。

表 2-80　第 1 组单股钢丝绳 1×7 的力学性能

单股钢丝绳 1×7 截面示意图

钢丝绳公称直径 /mm	钢丝绳参考重量 /kg·(100m)⁻¹	钢丝绳公称抗拉强度/MPa			
		1570	1670	1770	1870
		钢丝绳最小破断拉力/kN			
0.6	0.19	0.31	0.32	0.34	0.36
1.2	0.75	1.22	1.30	1.38	1.45
1.5	1.17	1.91	2.03	2.15	2.27
1.8	1.69	2.75	2.92	3.10	3.27
2.1	2.30	3.74	3.98	4.22	4.45
2.4	3.01	4.88	5.19	5.51	5.82
2.7	3.80	6.18	6.97	6.97	7.36
3	4.70	7.63	8.60	8.60	9.82
3.3	5.68	9.23	9.82	10.4	11.0
3.6	6.77	11.0	11.7	12.4	13.1
3.9	7.94	12.9	13.7	14.5	15.4
4.2	9.21	15.0	15.9	16.9	17.8
4.5	10.6	17.2	18.3	19.4	20.4
4.8	12.0	19.5	20.8	22.0	23.3
5.1	13.6	22.1	23.5	24.9	26.3
5.4	15.2	24.7	26.3	27.9	29.4
6	18.8	30.5	32.5	34.4	36.4

续表

钢丝绳公称直径 /mm	钢丝绳参考重量 /kg·(100m)⁻¹	钢丝绳公称抗拉强度/MPa			
		1570	1670	1770	1870
		钢丝绳最小破断拉力/kN			
6.6	22.7	36.9	39.3	41.6	44.0
7.2	27.1	43.9	46.7	49.5	52.3
7.8	31.8	51.6	54.9	58.2	61.4
8.4	36.8	59.8	63.6	67.4	71.3
9	42.3	68.7	73.0	77.4	81.8
9.6	48.1	78.1	83.1	88.1	93.1
10.5	57.6	93.5	99.4	105	111
11.5	69.0	112	119	126	134
12	75.2	122	130	138	145

注：最小钢丝破断拉力总和＝钢丝绳最小破断拉力×1.111。

表 2-81　第 1 组单股钢丝绳 1×19 的力学性能

单股钢丝绳 1×19 截面示意图

钢丝绳公称直径 /mm	钢丝绳参考重量 /kg·(100m)⁻¹	钢丝绳公称抗拉强度/MPa			
		1570	1670	1770	1870
		钢丝绳最小破断拉力/kN			
1	0.51	0.83	0.89	0.94	0.99
1.5	1.14	1.87	1.99	2.11	2.23
2	2.03	3.33	3.54	3.75	3.96
2.5	3.17	5.20	5.53	5.86	6.19
3	4.56	7.49	7.97	8.44	8.92
3.5	6.21	10.2	10.8	11.5	12.1
4	8.11	13.3	14.2	15.0	15.9
4.5	10.3	16.9	17.9	19.0	20.1
5	12.7	20.8	22.1	23.5	24.8
5.5	15.3	25.2	26.8	28.4	30.0
6	18.3	30.0	31.9	33.8	35.7
6.5	21.4	35.2	37.4	39.6	41.9
7	24.8	40.8	43.4	46.0	48.6
7.5	28.5	46.8	49.8	52.8	55.7
8	32.4	56.6	56.6	60.0	63.4
8.5	36.6	60.1	63.9	67.8	71.6

续表

钢丝绳公称直径 /mm	钢丝绳参考重量 /kg·(100m)⁻¹	钢丝绳公称抗拉强度/MPa			
		1570	1670	1770	1870
		钢丝绳最小破断拉力/kN			
9	41.1	67.4	71.7	76.0	80.3
10	50.7	83.2	88.6	93.8	99.1
11	61.3	101	107	114	120
12	73.0	120	127	135	143
13	85.7	141	150	159	167
14	99.4	163	173	184	194
15	114	187	199	211	223
16	120	213	227	240	254

表 2-82   第 1 组单股钢丝绳 1×37 的力学性能

单股钢丝绳 1×37 截面示意图

钢丝绳公称直径 /mm	钢丝绳参考重量 /kg·(100m)⁻¹	钢丝绳公称抗拉强度/MPa			
		1570	1670	1770	1870
		钢丝绳最小破断拉力/kN			
1.4	0.98	1.51	1.60	1.70	1.80
2.1	2.21	3.39	3.61	3.82	4.04
2.8	3.93	6.03	6.42	6.80	7.18
3.5	6.14	9.42	10.0	10.6	11.2
4.2	8.84	13.6	14.4	15.3	16.2
4.9	12.0	18.5	19.6	20.8	22.0
5.6	15.7	24.1	25.7	27.2	28.7
6.3	19.9	30.5	32.5	34.4	36.4
7	24.5	37.7	40.1	42.5	44.9
7.7	29.7	45.6	48.5	51.4	54.3
8.4	35.4	54.3	57.7	61.2	64.7
9.1	41.5	63.7	67.8	71.8	75.9
9.8	48.1	73.9	78.6	83.3	88.0
10.5	55.2	84.8	90.2	95.6	101
11	60.6	93.1	99.0	105	111
12	72.1	111	118	125	132
12.5	78.3	120	128	136	143
14	98.2	151	160	170	180
15.5	120	185	197	208	220
17	145	222	236	251	265
18	162	249	265	281	297
19.5	191	292	311	330	348
21	221	339	361	382	404
22.5	254	389	414	439	464

表2-83 第2组6×7类钢丝绳的力学性能

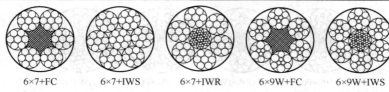

6×7+FC　　　6×7+IWS　　　6×7+IWR　　　6×9W+FC　　　6×9W+IWS

直径1.8～36mm　　　　　　　　　　　　　　　　直径14～36mm

截面示意图

钢丝绳公称直径/mm	钢丝绳参考重量/kg·(100m)⁻¹			钢丝绳公称抗拉强度/MPa							
				1570		1670		1770		1870	
				钢丝绳最小破断拉力/kN							
	天然纤维芯钢丝绳	合成纤维芯钢丝绳	钢芯钢丝绳	纤维芯钢丝绳	钢芯钢丝绳	纤维芯钢丝绳	钢芯钢丝绳	纤维芯钢丝绳	钢芯钢丝绳	纤维芯钢丝绳	钢芯钢丝绳
1.8	1.14	1.11	1.25	1.69	1.83	1.80	1.94	1.90	2.06	2.01	2.18
2	1.40	1.38	1.55	2.08	2.25	2.22	2.40	2.35	2.54	2.48	2.69
3	3.16	3.10	3.48	4.69	5.07	4.99	5.40	5.29	5.72	5.59	6.04
4	5.62	5.50	6.19	8.34	9.02	8.87	9.59	9.40	10.2	9.93	10.7
5	8.78	8.60	9.68	13.0	14.1	13.9	15.0	14.7	15.9	15.5	16.8
6	12.6	12.4	13.9	18.8	20.3	20.0	21.6	21.2	22.9	22.4	24.2
7	17.2	16.9	19.0	25.5	27.6	27.2	29.4	28.8	31.1	30.4	32.9
8	22.5	22.0	24.8	33.4	36.1	35.5	38.4	37.6	40.7	39.7	43.0
9	28.4	27.9	31.3	42.2	45.7	44.9	48.6	47.6	51.5	50.3	54.4
10	35.1	34.4	38.7	52.1	56.4	55.4	60.0	58.8	63.5	62.1	67.1
11	42.5	41.6	46.8	63.1	68.2	67.1	72.5	71.1	76.9	75.1	81.2
12	50.5	49.5	55.7	75.1	81.2	79.8	86.3	84.6	91.5	89.4	96.7
13	59.3	58.1	65.4	88.1	95.3	93.7	101	99.3	107	105	113
14	68.8	67.4	75.9	102	110	109	118	115	125	122	132
16	89.9	88.1	99.1	133	144	142	153	150	163	159	172
18	114	111	125	169	183	180	194	190	206	201	218
20	140	138	155	208	225	222	240	235	254	248	269
22	170	166	187	252	273	268	290	284	308	300	325
24	202	198	223	300	325	319	345	338	366	358	387
26	237	233	262	352	381	375	405	397	430	420	454
28	275	270	303	409	442	435	470	461	498	487	526
30	316	310	348	469	507	499	540	529	572	559	604
32	359	352	396	534	577	568	614	602	651	636	687
34	406	398	447	603	652	641	693	679	735	718	776
36	455	446	502	676	730	719	777	762	824	805	870

注：最小钢丝破断拉力总和=钢丝绳最小破断拉力×1.134（纤维芯）或1.214（钢芯）。

表2-84 第3组6×19(a)类钢丝绳的力学性能

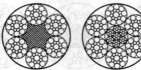

6×19S+FC　　6×19S+IWR　　6×19W+FC　　6×19W+IWR

直径6～36mm　　　　　直径6～40mm

截面示意图

钢丝绳公称直径/mm	钢丝绳参考重量/kg·(100m)⁻¹			钢丝绳公称抗拉强度/MPa											
				1570		1670		1770		1870		1960		2160	
				钢丝绳最小破断拉力/kN											
	天然纤维芯钢丝绳	合成纤维芯钢丝绳	钢芯钢丝绳	纤维芯钢丝绳	钢芯钢丝绳	纤维芯钢丝绳	钢芯钢丝绳	纤维芯钢丝绳	钢芯钢丝绳	纤维芯钢丝绳	钢芯钢丝绳	纤维芯钢丝绳	钢芯钢丝绳	纤维芯钢丝绳	钢芯钢丝绳
6	13.3	13.0	14.6	18.7	20.1	19.8	21.4	21.0	22.7	22.2	24.0	23.3	25.1	25.7	27.7
7	18.1	17.6	19.9	25.4	27.4	27.0	29.1	28.6	30.9	30.2	32.6	31.7	34.2	34.9	37.7
8	23.6	23.0	25.9	33.2	35.8	35.3	38.0	37.4	40.3	39.5	42.5	41.4	44.6	45.6	49.2
9	29.9	29.1	32.8	42.0	45.3	44.6	48.2	47.3	51.0	50.0	53.9	52.4	56.5	57.7	62.3
10	36.9	36.0	40.6	51.8	55.9	55.1	59.5	58.4	63.0	61.7	66.6	64.7	69.8	71.3	76.9
11	44.6	43.5	49.1	62.7	67.6	66.7	71.9	70.7	76.2	74.7	80.6	78.3	84.4	86.2	93.0
12	53.1	51.8	58.4	74.6	80.5	79.4	85.6	84.1	90.7	88.9	95.6	93.1	100	103	111
13	62.3	60.8	65.8	87.6	94.5	93.1	100	98.7	106	104	113	109	118	120	130
14	72.2	70.5	79.5	102	110	108	117	114	124	121	130	127	137	140	151
16	94.4	92.1	104	133	143	141	152	150	161	158	170	166	179	182	197
18	119	117	131	168	181	179	193	189	204	200	216	210	226	231	249
20	147	144	162	207	224	220	238	234	252	247	266	259	279	285	308
22	178	174	196	251	271	267	288	283	305	299	322	313	338	345	372
24	212	207	234	298	322	317	342	336	363	355	383	373	402	411	443
26	249	243	274	350	378	373	402	395	426	417	450	437	472	482	520
28	289	282	318	406	438	432	466	458	494	484	522	507	547	559	603
30	332	324	365	466	503	496	535	526	567	555	599	582	628	642	692
32	377	369	415	531	572	564	609	598	645	632	682	662	715	730	787
34	426	416	469	599	646	637	687	675	728	713	770	748	807	824	889
36	478	466	525	671	724	714	770	757	817	800	863	838	904	924	997
38	532	520	585	748	807	796	858	843	910	891	961	934	1010	1030	1110
40	590	576	649	829	894	882	951	935	1010	987	1070	1030	1120	1140	1230

注: 最小钢丝破断拉力总和=钢丝绳最小破断拉力×1.214(纤维芯)或1.308(钢芯)。

表 2-85 第 3 组 6×19（b）类钢丝绳的力学性能

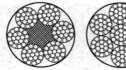

6×19+FC 6×19+IWS 6×19+IWR

直径3～46mm

截面示意图

钢丝绳公称直径/mm	钢丝绳参考重量/kg·(100m)⁻¹		钢丝绳公称抗拉强度/MPa							
			1570		1670		1770		1870	
			钢丝绳最小破断拉力/kN							
	天然纤维芯钢丝绳	合成纤维芯钢丝绳	钢芯钢丝绳	纤维芯钢丝绳	钢芯钢丝绳	纤维芯钢丝绳	钢芯钢丝绳	纤维芯钢丝绳	钢芯钢丝绳	纤维芯钢丝绳	钢芯钢丝绳
3	3.16	3.10	3.60	4.34	4.69	4.61	4.99	4.89	5.29	5.17	5.59
4	5.82	5.50	6.40	7.71	8.34	8.20	8.87	8.69	9.40	9.19	9.93
5	8.78	8.60	10.0	12.0	13.0	12.8	13.9	13.6	14.7	14.4	15.5
6	12.6	12.4	14.4	17.4	18.8	18.5	20.0	19.6	21.2	20.7	22.4
7	17.2	16.9	19.6	23.6	25.5	25.1	27.2	26.6	28.8	28.1	30.4
8	22.5	22.0	25.6	30.8	33.4	32.8	35.5	34.8	37.6	36.7	39.7
9	28.4	27.9	32.4	39.0	42.2	41.6	44.9	44.0	47.6	46.5	50.3
10	35.1	34.4	40.0	48.2	52.1	51.3	55.4	54.4	58.8	57.4	62.1
11	42.5	41.6	48.4	58.3	63.1	62.0	67.1	65.8	71.1	69.5	75.1
12	50.5	50.0	57.6	69.4	75.1	73.8	79.8	78.2	84.6	82.7	89.4
13	59.3	58.1	67.6	81.5	88.1	86.6	93.7	91.8	99.3	97.0	105
14	68.8	67.4	78.4	94.5	102	100	109	107	115	113	122
16	89.9	88.1	102	123	133	131	142	139	150	147	159
18	114	111	130	156	169	166	180	176	190	186	201
20	140	138	160	193	208	205	222	217	235	230	248
22	170	166	194	233	252	248	268	263	284	278	300
24	202	198	230	278	300	295	319	313	338	331	358
26	237	233	270	326	352	346	375	367	397	388	420
28	275	270	314	378	409	402	435	426	461	450	487
30	316	310	360	434	469	461	499	489	529	517	559
32	359	352	410	494	534	525	568	557	602	588	636
34	406	398	462	557	603	593	641	628	679	664	718
36	455	446	518	625	676	664	719	704	762	744	805
38	507	497	578	696	753	740	801	785	849	829	896
40	562	550	640	771	834	820	887	869	940	919	993
42	619	607	706	850	919	904	978	959	1040	1010	1100
44	680	666	774	933	1010	993	1070	1050	1140	1110	1200
46	743	728	846	1020	1100	1080	1170	1150	1240	1210	1310

注：最小钢丝破断拉力总和＝钢丝绳最小破断拉力×1.226（纤维芯）或1.321（钢芯）。

表 2-86 第 3 组和第 4 组 6×19(a) 和 6×37(a) 类钢丝绳的力学性能

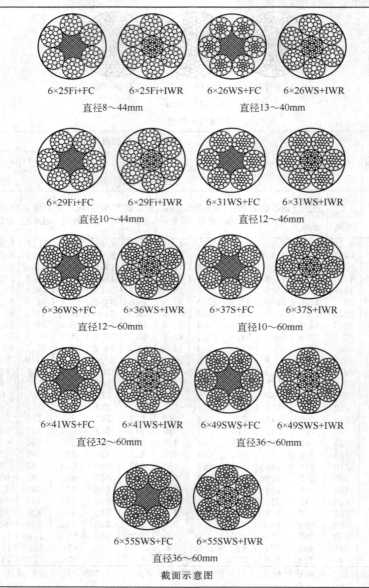

6×25Fi+FC   6×25Fi+IWR   6×26WS+FC   6×26WS+IWR

直径8～44mm   直径13～40mm

6×29Fi+FC   6×29Fi+IWR   6×31WS+FC   6×31WS+IWR

直径10～44mm   直径12～46mm

6×36WS+FC   6×36WS+IWR   6×37S+FC   6×37S+IWR

直径12～60mm   直径10～60mm

6×41WS+FC   6×41WS+IWR   6×49SWS+FC   6×49SWS+IWR

直径32～60mm   直径36～60mm

6×55SWS+FC   6×55SWS+IWR

直径36～60mm

截面示意图

续表

钢丝绳公称直径/mm	钢丝绳参考重量/kg·(100m)⁻¹			钢丝绳公称抗拉强度/MPa											
				1570		1670		1770		1870		1960		2160	
				钢丝绳最小破断拉力/kN											
	天然纤维芯钢丝绳	合成纤维芯钢丝绳	钢芯钢丝绳	纤维芯钢丝绳	钢芯钢丝绳	纤维芯钢丝绳	钢芯钢丝绳	纤维芯钢丝绳	钢芯钢丝绳	纤维芯钢丝绳	钢芯钢丝绳	纤维芯钢丝绳	钢芯钢丝绳	纤维芯钢丝绳	钢芯钢丝绳
8	24.3	23.7	26.8	33.2	35.8	35.3	38.0	37.4	40.3	39.5	42.6	41.4	44.7	45.6	49.2
10	38.0	37.1	41.8	51.8	55.9	55.1	59.5	58.4	63.0	61.7	66.6	64.7	69.8	71.3	76.9
12	54.7	53.4	60.2	74.6	80.5	79.4	85.6	84.1	90.7	88.9	95.9	93.1	100	103	111
13	64.2	62.7	70.6	87.6	94.5	93.1	100	98.7	106	104	113	109	118	120	130
14	74.5	72.7	81.9	102	110	108	117	114	124	121	130	127	137	140	151
I6	97.3	95.0	107	133	143	141	152	150	161	158	170	166	179	182	197
18	123	120	135	168	181	179	193	189	204	200	216	210	226	231	249
20	152	148	167	207	224	220	238	234	252	247	266	259	279	285	308
22	184	180	202	251	271	267	288	283	305	299	322	313	338	345	372
24	219	214	241	298	322	317	342	336	361	355	383	373	402	411	443
26	257	251	283	350	378	373	402	395	426	417	450	437	472	482	520
28	298	291	328	406	438	432	466	458	494	484	522	507	547	559	603
30	342	334	376	466	503	496	535	526	567	555	599	582	628	642	692
32	389	380	428	531	572	564	609	598	645	632	682	662	715	730	787
34	439	429	483	599	646	637	687	675	728	713	770	748	807	824	889
36	492	481	542	671	724	714	770	757	817	800	863	838	904	924	997
38	549	536	604	748	807	796	858	843	910	891	961	934	1010	1030	1110
40	608	594	669	829	894	882	951	935	1010	987	1070	1030	1120	1140	1230
42	670	654	737	914	986	972	1050	1030	1110	1090	1170	1140	1230	1260	1360
44	736	718	809	1000	1080	1070	1150	1130	1220	1190	1290	1250	1350	1380	1490
46	804	785	884	1100	1180	1170	1260	1240	1330	1310	1410	1370	1480	1510	1630
48	876	855	963	1190	1290	1270	1370	1350	1450	1420	1530	1490	1610	1640	1770
50	950	928	1040	1300	1400	1380	1490	1460	1580	1540	1660	1620	1740	1780	1920
52	1030	1000	1130	1400	1510	1490	1610	1580	1700	1670	1800	1750	1890	1930	2080
54	1110	1080	1220	1510	1630	1610	1730	1700	1840	1800	1940	1890	2030	2080	2240
56	1190	1160	1310	1620	1750	1730	1860	1830	1980	1940	2090	2030	2190	2240	2410
58	1280	1250	1410	1740	1880	1850	2000	1960	2120	2080	2240	2180	2350	2400	2590
60	1370	1340	1500	1870	2010	1980	2140	2100	2270	2220	2400	2330	2510	2570	2770

注：最小钢丝破断拉力总和＝钢丝绳最小破断拉力×1.226（纤维芯）或 1.321（钢芯），其中 6×37S 纤维芯为 1.191，钢芯为 1.283。

表 2-87   第 4 组 6 × 37（b）类钢丝绳的力学性能

6×37+FC   6×37+IWR

直径5～60mm

截面示意图

钢丝绳公称直径/mm	钢丝绳参考重量/kg·(100m)⁻¹			钢丝绳公称抗拉强度/MPa							
				1570		1670		1770		1870	
				钢丝绳最小破断拉力/kN							
	天然纤维芯钢丝绳	合成纤维芯钢丝绳	钢芯钢丝绳	纤维芯钢丝绳	钢芯钢丝绳	纤维芯钢丝绳	钢芯钢丝绳	纤维芯钢丝绳	钢芯钢丝绳	纤维芯钢丝绳	钢芯钢丝绳
5	8.65	8.43	10.0	11.6	12.5	12.3	13.3	13.1	14.1	13.8	14.9
6	12.5	12.1	14.4	16.7	18.0	17.7	19.2	18.8	20.3	19.9	21.5
7	17.0	16.5	19.6	22.7	24.5	24.1	26.1	25.6	27.7	27.0	29.2
8	22.1	21.6	25.6	29.6	32.1	31.5	34.1	33.4	36.1	35.3	38.2
9	28.0	27.3	32.4	37.5	40.6	39.9	43.2	42.3	45.7	44.7	48.3
10	34.6	33.7	40.0	46.3	50.1	49.3	53.3	52.2	56.5	55.2	59.7
11	41.9	40.8	48.4	56.0	60.6	59.6	64.5	63.2	68.3	66.7	72.2
12	49.8	48.5	57.6	66.7	72.1	70.9	76.7	75.2	81.3	79.4	85.9
13	58.5	57.0	67.6	78.3	84.6	83.3	90.0	88.2	95.4	93.2	101
14	67.8	66.1	78.4	90.8	98.2	96.6	104	102	111	108	117
16	88.6	86.3	102	119	128	126	136	134	145	141	153
18	112	109	130	150	162	160	173	169	183	179	193
20	138	135	160	185	200	197	213	209	226	221	239
22	167	163	194	224	242	238	258	253	273	267	289
24	199	194	230	267	288	284	307	301	325	318	344
26	234	228	270	313	339	333	360	353	382	373	403
28	271	264	314	363	393	386	418	409	443	432	468
30	311	303	360	417	451	443	479	470	508	496	537
32	354	345	410	474	513	504	546	535	578	565	611
34	400	390	462	535	579	570	616	604	653	638	690
36	448	437	518	600	649	638	690	677	732	715	773
38	500	487	578	669	723	711	769	754	815	797	861
40	554	539	640	741	801	788	852	835	903	883	954
42	610	594	706	817	883	869	940	921	996	973	1050
44	670	652	774	897	970	954	1030	1010	1090	1070	1150
46	732	713	846	980	1060	1040	1130	1100	1190	1170	1260
48	797	776	922	1070	1150	1140	1230	1200	1300	1270	1370
50	865	843	1000	1160	1250	1230	1330	1300	1410	1380	1490
52	936	911	1080	1250	1350	1330	1440	1410	1530	1490	1610
54	1010	983	1170	1350	1460	1440	1550	1520	1650	1610	1740
56	1090	1060	1250	1450	1570	1540	1670	1640	1770	1730	1870
58	1160	1130	1350	1560	1680	1660	1790	1760	1900	1860	2010
60	1250	1210	1440	1670	1800	1770	1920	1880	2030	1990	2150

注：最小钢丝破断拉力总和＝钢丝绳最小破断拉力×1.249（纤维芯）或 1.336（钢芯）。

表 2-88 第 5 组 6×61 类钢丝绳的力学性能

6×61+FC   6×61+IWR

截面示意图

钢丝绳公称直径/mm	钢丝绳参考重量/kg·(100m)⁻¹		钢丝绳公称抗拉强度/MPa							
			1570		1670		1770		1870	
			钢丝绳最小破断拉力/kN							
	天然纤维芯钢丝绳	合成纤维芯钢丝绳	钢芯钢丝绳	纤维芯钢丝绳	钢芯钢丝绳	纤维芯钢丝绳	钢芯钢丝绳	纤维芯钢丝绳	钢芯钢丝绳	纤维芯钢丝绳	钢芯钢丝绳
40	578	566	637	711	769	756	818	801	867	847	916
42	637	624	702	784	847	834	901	884	955	934	1010
44	699	685	771	860	930	915	989	970	1050	1020	1110
46	764	749	842	940	1020	1000	1080	1060	1150	1120	1210
48	832	816	917	1020	1110	1090	1180	1150	1250	1220	1320
50	903	885	995	1110	1200	1180	1280	1250	1350	1320	1430
52	976	957	1080	1200	1300	1280	1380	1350	1460	1430	1550
54	1050	1030	1160	1300	1400	1380	1490	1460	1580	1540	1670
56	1130	1110	1250	1390	1510	1480	1600	1570	1700	1660	1790
58	1210	1190	1340	1490	1620	1590	1720	1690	1820	1780	1920
60	1300	1270	1430	1600	1730	1700	1840	1800	1950	1910	2060

注：最小钢丝破断拉力总和＝钢丝绳最小破断拉力×1.301（纤维芯）或 1.392（钢芯）。

表 2-89 第 6 组 8×19 类钢丝绳的力学性能

8×19S+FC   8×19S+IWR   8×19W+FC   8×19W+IWR

直径11～44mm   直径10～48mm

截面示意图

续表

钢丝绳公称直径/mm	钢丝绳参考重量/kg·(100m)$^{-1}$			钢丝绳公称抗拉强度/MPa										
				1570		1670		1770		1870		1960		2160	
				钢丝绳最小破断拉力/kN											
	天然纤维芯钢丝绳	合成纤维芯钢丝绳	钢芯钢丝绳	纤维芯钢丝绳	钢芯钢丝绳	纤维芯钢丝绳	钢芯钢丝绳	纤维芯钢丝绳	钢芯钢丝绳	纤维芯钢丝绳	钢芯钢丝绳	纤维芯钢丝绳	钢芯钢丝绳	纤维芯钢丝绳	钢芯钢丝绳
10	34.6	33.4	42.2	46.0	54.3	48.9	57.8	51.9	61.2	54.8	64.7	57.4	67.8	63.3	74.7
11	41.9	40.4	51.1	55.7	65.7	59.2	69.9	62.8	74.1	66.3	78.3	69.5	82.1	76.6	90.4
12	49.9	48.0	60.8	66.2	78.2	70.5	83.2	74.7	88.2	78.9	93.2	82.7	97.7	91.1	108
13	58.5	56.4	71.3	77.7	91.8	82.7	97.7	87.6	103	92.6	109	97.1	115	107	126
14	67.9	65.4	82.7	90.2	106	95.9	113	102	120	107	127	113	133	124	146
16	88.7	85.4	108	118	139	125	148	133	157	140	166	147	174	162	191
18	112	108	137	149	176	159	187	168	198	178	210	186	220	205	242
20	139	133	169	184	217	196	231	207	245	219	259	230	271	253	299
22	168	162	204	223	263	237	280	251	296	265	313	278	328	306	362
24	199	192	243	265	313	282	333	299	353	316	373	331	391	365	430
26	234	226	285	311	367	331	391	351	414	371	437	388	458	428	505
28	271	262	331	361	426	384	453	407	480	430	507	450	532	496	586
30	312	300	380	414	489	440	520	467	551	493	582	517	610	570	673
32	355	342	432	471	556	501	592	531	627	561	663	588	694	648	765
34	400	386	488	532	628	566	668	600	708	633	748	664	784	732	864
36	449	432	547	596	704	634	749	672	794	710	839	744	879	820	969
38	500	482	609	664	784	707	834	749	884	791	934	829	979	914	1080
40	554	534	675	736	869	783	925	830	980	877	1040	919	1090	1010	1200
42	611	589	744	811	958	863	1020	915	1080	967	1140	1010	1200	1120	1320
44	670	646	817	891	1050	947	1120	1000	1190	1060	1250	1110	1310	1230	1450
46	733	706	893	973	1150	1040	1220	1100	1300	1160	1370	1220	1430	1340	1580
48	798	769	972	1060	1250	1130	1330	1190	1410	1260	1490	1320	1560	1460	1720

注：最小钢丝破断拉力总和＝钢丝绳最小破断拉力×1.214（纤维芯）或 1.360（钢芯）。

表 2-90　第 6 组和第 7 组 8×19 和 8×37 类钢丝绳的力学性能

8×25Fi+FC　　　8×25Fi+IWR　　　8×26WS+FC　　　8×26WS+IWR

直径18～52mm　　　　　　　直径16～48mm

续表

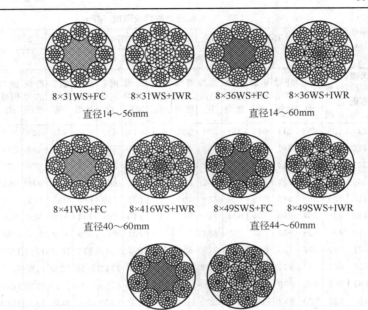

8×31WS+FC　　8×31WS+IWR　　8×36WS+FC　　8×36WS+IWR

直径14～56mm　　　　　　直径14～60mm

8×41WS+FC　　8×416WS+IWR　　8×49SWS+FC　　8×49SWS+IWR

直径40～60mm　　　　　　直径44～60mm

8×55SWS+FC　　8×55SWS+IWR

直径44～60mm

截面示意图

钢丝绳公称直径/mm	钢丝绳参考重量/kg·(100m)⁻¹			钢丝绳公称抗拉强度/MPa											
				1570		1670		1770		1870		1960		2160	
				钢丝绳最小破断拉力/kN											
	天然纤维芯钢丝绳	合成纤维芯钢丝绳	钢芯钢丝绳	纤维芯钢丝绳	钢芯钢丝绳	纤维芯钢丝绳	钢芯钢丝绳	纤维芯钢丝绳	钢芯钢丝绳	纤维芯钢丝绳	钢芯钢丝绳	纤维芯钢丝绳	钢芯钢丝绳	纤维芯钢丝绳	钢芯钢丝绳
14	70.0	67.4	85.3	90.2	106	95.9	113	102	120	107	127	113	133	124	146
16	91.4	88.1	111	118	139	125	148	133	157	140	166	147	174	162	191
18	116	111	141	149	176	159	187	168	198	178	210	186	220	205	242
20	143	138	174	184	217	196	231	207	245	219	259	230	271	253	299
22	173	166	211	223	263	237	280	251	296	265	313	278	328	306	362
24	206	198	251	265	313	282	333	299	353	316	373	331	391	365	430

续表

钢丝绳公称直径/mm	钢丝绳参考重量/kg·(100m)⁻¹			钢丝绳公称抗拉强度/MPa										
				1570		1670		1770		1870		1960		2160	
				钢丝绳最小破断拉力/kN											
	天然纤维芯钢丝绳	合成纤维芯钢丝绳	钢芯钢丝绳	纤维芯钢丝绳	钢芯钢丝绳	纤维芯钢丝绳	钢芯钢丝绳	纤维芯钢丝绳	钢芯钢丝绳	纤维芯钢丝绳	钢芯钢丝绳	纤维芯钢丝绳	钢芯钢丝绳	纤维芯钢丝绳	钢芯钢丝绳
26	241	233	294	311	367	331	391	351	414	370	437	388	458	428	505
28	280	270	341	361	426	384	453	407	480	430	507	450	532	496	586
30	321	310	392	414	489	440	520	467	551	493	582	517	610	570	673
32	366	352	445	471	556	501	592	531	627	561	663	588	694	648	765
34	413	398	503	532	628	566	668	600	708	633	710	664	784	732	864
36	463	446	564	596	704	634	749	672	794	710	791	744	879	820	969
38	516	497	628	664	784	707	834	749	884	791	934	829	979	914	1080
40	571	550	696	736	869	783	925	830	980	877	1040	919	1090	1010	1230
42	630	607	767	811	958	863	1020	915	1080	967	1140	1010	1200	1120	1320
44	691	666	842	890	1050	947	1120	1000	1190	1060	1250	1110	1310	1230	1450
46	755	728	920	973	1150	1040	1220	1100	1300	1160	1370	1220	1430	1340	1580
48	823	793	1000	1060	1250	1130	1330	1190	1410	1260	1490	1320	1560	1460	1720
50	892	860	1090	1150	1360	1220	1440	1300	1530	1370	1620	1440	1700	1580	1870
52	965	930	1180	1240	1470	1320	1560	1400	1660	1480	1750	1550	1830	1710	2020
54	1040	1000	1270	1340	1580	1420	1680	1510	1790	1600	1890	1670	1980	1850	2180
56	1120	1080	1360	1440	1700	1530	1810	1630	1920	1720	2030	1800	2130	1980	2340
58	1200	1160	1460	1550	1830	1650	1940	1740	2060	1840	2180	1930	2280	2130	2510
60	1290	1240	1570	1660	1960	1760	2080	1870	2200	1970	2330	2070	2440	2280	2690

注：最小钢丝破断拉力总和＝钢丝绳最小破断拉力×1.225（纤维芯）或 1.374（钢芯）。

表 2-91　第 8 组和第 9 组 18×7 和 18×19 类钢丝绳的力学性能

17×7+FC　　　17×7+IWS　　　18×7+FC　　　18×7+IWS

直径6~44mm

续表

18×19W+FC　　18×19W+IWS　　18×19S+FC　　18×19S+IWS

直径14～44mm

18×19+FC　　18×19+IWS

直径10～44mm

截面示意图

钢丝绳公称直径/mm	钢丝绳参考重量/kg·(100m)⁻¹		钢丝绳公称抗拉强度/MPa										
			1570		1670		1770		1870		1960		2160	
			钢丝绳最小破断拉力/kN										
	纤维芯钢丝绳	钢芯钢丝绳	纤维芯钢丝绳	钢芯钢丝绳	纤维芯钢丝绳	钢芯钢丝绳	纤维芯钢丝绳	钢芯钢丝绳	纤维芯钢丝绳	钢芯钢丝绳	纤维芯钢丝绳	钢芯钢丝绳	纤维芯钢丝绳	钢芯钢丝绳
6	14.0	15.5	17.5	18.5	18.6	19.7	19.8	20.9	20.9	22.1	21.9	23.1	24.1	25.5
7	19.1	21.1	23.8	25.2	25.4	26.8	26.9	28.4	28.4	30.1	29.8	31.5	32.8	34.7
8	25.0	27.5	31.1	33.0	33.1	35.1	35.1	37.2	37.1	39.3	38.9	41.1	42.9	45.3
9	31.6	34.8	39.4	41.7	41.9	44.4	44.4	47.0	47.0	49.7	49.2	52.1	54.2	57.4
10	39.0	43.0	48.7	51.5	51.8	54.8	54.9	58.1	58.0	61.3	60.8	64.3	67.0	70.8
11	47.2	52.0	58.9	62.3	62.6	66.3	66.4	70.2	70.1	74.2	73.5	77.8	81.0	85.7
12	56.2	61.9	70.1	74.2	74.5	78.9	79.0	83.6	83.5	88.3	87.5	92.6	96.4	102
13	65.9	72.7	82.3	87.0	87.5	92.6	92.7	98.1	98.0	104	103	109	113	120
14	76.4	84.3	95.4	101	101	107	108	114	114	120	119	126	131	139
16	99.8	110	125	132	133	140	140	149	148	157	156	165	171	181
18	126	139	158	167	168	177	178	188	188	199	197	208	217	230
20	156	172	195	206	207	219	219	232	232	245	243	257	268	283
22	189	208	236	249	251	265	266	281	281	297	294	311	324	343
24	225	248	280	297	298	316	316	334	334	353	350	370	386	408
26	264	291	329	348	350	370	371	392	392	415	411	435	453	479
28	306	337	382	404	406	429	430	455	454	481	476	504	525	555

钢丝绳公称直径/mm	钢丝绳参考重量/kg·(100m)⁻¹		钢丝绳公称抗拉强度/MPa											
			1570		1670		1770		1870		1960		2160	
			钢丝绳最小破断拉力/kN											
	纤维芯钢丝绳	钢芯钢丝绳	纤维芯钢丝绳	钢芯钢丝绳	纤维芯钢丝绳	钢芯钢丝绳	纤维芯钢丝绳	钢芯钢丝绳	纤维芯钢丝绳	钢芯钢丝绳	纤维芯钢丝绳	钢芯钢丝绳	纤维芯钢丝绳	钢芯钢丝绳
30	351	387	438	463	466	493	494	523	522	552	547	579	603	638
32	399	440	498	527	530	561	562	594	594	628	622	658	686	725
34	451	497	563	595	598	633	634	671	670	709	702	743	774	819
36	505	557	631	667	671	710	711	752	751	795	787	833	868	918
38	563	621	703	744	748	791	792	838	837	886	877	928	967	1020
40	624	688	779	824	828	876	878	929	928	981	972	1030	1070	1130
42	688	759	859	908	913	966	968	1020	1020	1080	1070	1130	1180	1250
44	755	832	942	997	1000	1060	1060	1120	1120	1190	1180	1240	1300	1370

注：最小钢丝破断拉力总和=钢丝绳最小破断拉力×1.283，其中 17×7 为 1.250。

表 2-92　第 10 组 34×7 类钢丝绳的力学性能

34×7+FC　　34×7+IWS　　36×7+FC　　36×7+IWS

直径16～44mm

截面示意图

钢丝绳公称直径/mm	钢丝绳参考重量/kg·(100m)⁻¹		钢丝绳公称抗拉强度/MPa							
			1570		1670		1770		1870	
			钢丝绳最小破断拉力/kN							
	纤维芯钢丝绳	钢芯钢丝绳	纤维芯钢丝绳	钢芯钢丝绳	纤维芯钢丝绳	钢芯钢丝绳	纤维芯钢丝绳	钢芯钢丝绳	纤维芯钢丝绳	钢芯钢丝绳
16	99.8	110	124	128	132	136	140	144	147	152
18	126	139	157	162	167	172	177	182	187	193
20	156	172	193	200	206	212	218	225	230	238
22	189	208	234	242	249	257	264	272	279	288
24	225	248	279	288	296	306	314	324	332	343
26	264	291	327	337	348	359	369	380	389	402
28	306	337	379	391	403	416	427	441	452	466
30	351	387	435	449	463	478	491	507	518	535
32	399	440	495	511	527	544	558	576	590	609

续表

钢丝绳公称直径 /mm	钢丝绳参考重量 /kg·(100m)⁻¹		钢丝绳公称抗拉强度/MPa							
			1570		1670		1770		1870	
			钢丝绳最小破断拉力/kN							
	纤维芯钢丝绳	钢芯钢丝绳	纤维芯钢丝绳	钢芯钢丝绳	纤维芯钢丝绳	钢芯钢丝绳	纤维芯钢丝绳	钢芯钢丝绳	纤维芯钢丝绳	钢芯钢丝绳
34	451	497	559	577	595	614	630	651	666	687
36	505	557	627	647	667	688	707	729	746	771
38	563	621	698	721	743	767	787	813	832	859
40	624	688	774	799	823	850	872	901	922	951
42	688	759	853	881	907	937	962	993	1020	1050
44	755	832	936	967	996	1030	1060	1090	1120	1150

注：最小钢丝破断拉力总和＝钢丝绳最小破断拉力×1.334，其中 34×7 为 1.300。

表 2-93　第 11 组 35W×7 类钢丝绳的力学性能

35W×7

24W×7

截面示意图

钢丝绳公称直径 /mm	钢丝绳参考重量 /kg·(100m)⁻¹	钢丝绳公称抗拉强度/MPa					
		1570	1670	1770	1870	1960	2160
		钢丝绳最小破断拉力/kN					
12	66.2	81.4	86.6	91.8	96.9	102	112
14	90.2	111	118	125	132	138	152
16	118	145	154	163	172	181	199
18	149	183	195	206	218	229	252
20	184	226	240	255	269	282	311
22	223	274	291	308	326	342	376
24	265	326	346	367	388	406	448
26	311	382	406	431	455	477	526
28	361	443	471	500	528	553	610
30	414	509	541	573	606	635	700
32	471	579	616	652	689	723	796
34	532	653	695	737	778	816	899
36	596	732	779	826	872	914	1010
38	664	816	868	920	972	1020	1120
40	736	904	962	1020	1080	1130	1240
42	811	997	1060	1120	1190	1240	1370
44	891	1090	1160	1230	1300	1370	1510
46	973	1200	1270	1350	1420	1490	1650
48	1060	1300	1390	1470	1550	1630	1790
50	1150	1410	1500	1590	1680	1760	1940

注：最小钢丝破断拉力总和＝钢丝绳最小破断拉力×1.287。

表 2-94 第 12 组 6×12 类钢丝绳的力学性能

6×12+7FC
截面示意图

钢丝绳公称直径/mm	钢丝绳参考重量/kg·(100m)⁻¹		钢丝绳公称抗拉强度/MPa			
			1470	1570	1670	1770
	天然纤维芯钢丝绳	合成纤维芯钢丝绳	钢丝绳最小破断拉力/kN			
8	16.1	14.8	19.7	21.0	22.3	23.7
9	20.3	18.7	24.9	26.6	28.3	30.0
9.3	21.7	20.0	26.6	28.4	30.2	32.0
10	25.1	23.1	30.7	32.8	34.9	37.0
11	30.4	28.0	37.2	39.7	42.2	44.8
12	36.1	33.3	44.2	47.3	50.3	53.3
12.5	39.2	36.1	48.0	51.3	54.5	57.8
13	42.4	39.0	51.9	55.5	59.0	62.5
14	49.2	45.3	60.2	64.3	68.4	72.5
15.5	60.3	55.5	73.8	78.8	83.9	88.9
16	64.3	59.1	78.7	84.0	89.4	94.7
17	72.5	66.8	88.8	94.8	101	107
18	81.3	74.8	99.5	106	113	120
18.5	85.9	79.1	105	112	119	127
20	100	92.4	123	131	140	148
21.5	116	107	142	152	161	171
22	121	112	149	159	169	179
24	145	133	177	189	201	213
24.5	151	139	184	197	210	222
26	170	156	208	222	236	250
28	197	181	241	257	274	290
32	257	237	315	336	357	379

注：最小钢丝破断拉力总和＝钢丝绳最小破断拉力×1.136。

表 2-95 第 13 组 6×24 类钢丝绳的力学性能

6×24+7FC
截面示意图

续表

钢丝绳公称直径 /mm	钢丝绳参考重量 /kg·(100m)⁻¹		钢丝绳公称抗拉强度/MPa			
			1470	1570	1670	1770
	天然纤维芯钢丝绳	合成纤维芯钢丝绳	钢丝绳最小破断拉力/kN			
8	20.4	19.5	26.3	28.1	29.9	31.7
9	25.8	24.6	33.3	35.6	37.9	40.1
10	31.8	30.4	41.2	44.0	46.8	49.6
11	38.5	36.8	49.8	53.2	56.6	60.0
12	45.8	43.8	59.3	63.3	67.3	71.4
13	53.7	51.4	69.6	74.3	79.0	83.8
14	62.3	59.6	80.7	86.2	91.6	97.1
16	81.4	77.8	105	113	120	127
18	103	98.5	133	142	152	161
20	127	122	165	176	187	198
22	154	147	199	213	226	240
24	183	175	237	253	269	285
26	215	206	278	297	316	335
28	249	238	323	345	367	389
30	286	274	370	396	421	446
32	326	311	421	450	479	507
34	368	351	476	508	541	573
36	412	394	533	570	606	642
38	459	439	594	635	675	716
40	509	486	659	703	748	793

注：最小钢丝破断拉力总和＝钢丝绳最小破断拉力×1.150。

表 2-96　第 13 组 6×24 类钢丝绳的力学性能

6×24S+7FC　　　　6×24W+7FC

截面示意图

钢丝绳公称直径 /mm	钢丝绳参考重量 /kg·(100m)⁻¹		钢丝绳公称抗拉强度/MPa			
			1470	1570	1670	1770
	天然纤维芯钢丝绳	合成纤维芯钢丝绳	钢丝绳最小破断拉力/kN			
10	33.1	31.6	42.8	45.7	48.6	51.5
11	40.0	38.2	51.8	55.3	58.8	62.3

钢丝绳公称直径/mm	钢丝绳参考重量/kg·(100m)⁻¹		钢丝绳公称抗拉强度/MPa			
			1470	1570	1670	1770
	天然纤维芯钢丝绳	合成纤维芯钢丝绳	钢丝绳最小破断拉力/kN			
12	47.7	45.5	61.6	65.8	70.0	74.2
13	55.9	53.4	72.3	77.2	82.1	87.0
14	64.9	61.9	83.8	90.0	95.3	101
16	84.7	80.9	110	117	124	132
18	107	102	139	148	157	167
20	132	126	171	183	194	206
22	160	153	207	221	235	249
24	191	182	246	263	280	297
26	224	214	289	309	329	348
28	260	248	335	358	381	404
30	298	284	385	411	437	464
32	339	324	438	468	498	527
34	383	365	495	528	562	595
36	429	410	554	592	630	668
38	478	456	618	660	702	744
40	530	506	684	731	778	824
42	584	557	755	806	857	909
44	641	612	828	885	941	997

注：最小钢丝破断拉力总和＝钢丝绳最小破断拉力×1.150。

表 2-97　第 14 组 6×15 类钢丝绳的力学性能

6×15+7FC
截面示意图

钢丝绳公称直径/mm	钢丝绳参考重量/kg·(100m)⁻¹		钢丝绳公称抗拉强度/MPa			
			1470	1570	1670	1770
	天然纤维芯钢丝绳	合成纤维芯钢丝绳	钢丝绳最小破断拉力/kN			
10	20.0	18.5	26.5	28.3	30.1	31.9
12	28.8	26.6	38.1	40.7	43.3	45.9
14	39.2	36.3	51.9	55.4	58.9	62.4
16	51.2	47.4	67.7	72.3	77.0	81.6

续表

钢丝绳公称直径/mm	钢丝绳参考重量/kg·(100m)⁻¹		钢丝绳公称抗拉强度/MPa			
			1470	1570	1670	1770
	天然纤维芯钢丝绳	合成纤维芯钢丝绳	钢丝绳最小破断拉力/kN			
18	64.8	59.9	85.7	91.6	97.4	103
20	80.0	74.0	106	113	120	127
22	96.8	89.5	128	137	145	154
24	115	107	152	163	173	184
26	135	125	179	191	203	215
28	157	145	207	222	236	250
30	180	166	238	254	271	287
32	205	189	271	289	308	326

注：最小钢丝破断拉力总和＝钢丝绳最小破断拉力×1.136。

表 2-98　第 15 组和第 16 组 4×19 和 4×37 类钢丝绳的力学性能

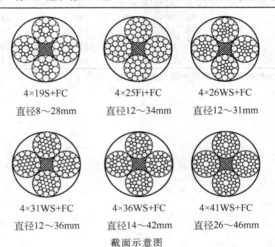

4×19S+FC
直径8～28mm

4×25Fi+FC
直径12～34mm

4×26WS+FC
直径12～31mm

4×31WS+FC
直径12～36mm

4×36WS+FC
直径14～42mm

4×41WS+FC
直径26～46mm

截面示意图

钢丝绳公称直径/mm	钢丝绳参考重量/kg·(100m)⁻¹	钢丝绳公称抗拉强度/MPa					
		1570	1670	1770	1870	1960	2160
		钢丝绳最小破断拉力/kN					
8	26.2	36.2	38.5	40.8	43.1	45.2	49.8
10	41.0	56.5	60.1	63.7	67.3	70.6	77.8
12	59.0	81.4	86.6	91.8	96.9	102	112
14	80.4	111	118	125	132	138	152
16	105	145	154	163	172	181	199

钢丝绳公称直径/mm	钢丝绳参考重量/kg·(100m)⁻¹	钢丝绳公称抗拉强度/MPa					
		1570	1670	1770	1870	1960	2160
		钢丝绳最小破断拉力/kN					
18	133	183	195	206	218	229	252
20	164	226	240	255	269	282	311
22	198	274	291	308	326	342	376
24	236	326	346	367	388	406	448
26	277	382	406	431	455	477	526
28	321	443	471	500	528	553	610
30	369	509	541	573	606	635	700
32	420	579	616	652	689	723	796
34	474	653	695	737	778	816	899
36	531	732	779	826	872	914	1010
38	592	816	868	920	972	1020	1120
40	656	904	962	1020	1080	1130	1240
42	723	997	1060	1120	1190	1240	1370
44	794	1090	1160	1230	1300	1370	1510
46	868	1200	1270	1350	1420	1490	1650

注：最小钢丝破断拉力总和＝钢丝绳最小破断拉力×1.1191。

第3章 常用有色金属材料

3.1 型材

3.1.1 一般工业用铝及铝合金挤压型材（GB/T 6892—2015）

一般工业用铝及铝合金挤压型材的室温纵向拉伸力学性能见表 3-1。

表 3-1　一般工业用铝及铝合金挤压型材的室温纵向拉伸力学性能

牌号	状态	壁厚 /mm	室温拉伸试验结果				布氏硬度参考值 HBW
			抗拉强度 R_m/MPa	规定非比例延伸强度 $R_{p0.2}$/MPa	断后伸长率[①][②]/%		
					A	A_{50mm}	
			≥				
1060	O	—	60～95	15	22	20	—
	H112	—	60	15	22	20	—
1350	H112	—	60	—	25	23	20
1050A	H112	—	60	20	25	23	20
1100	O	—	75～105	20	22	20	—
	H112	—	75	20	22	20	—
1200	H112	—	75	25	20	18	23
2A11	O	—	≤245	—	12	10	—
	T4	≤10.00	335	190		10	
		＞10.00～20.00	335	200	10	8	
		＞20.00～50.00	365	210	10		
2A12	O	—	≤245	—	12	10	
	T4	≤5.00	390	295	—	8	
		＞5.00～10.00	410	295	—	8	
		＞10.00～20.00	420	305	10	8	
		＞20.00～50.00	440	315	10		
2014 2014A	O、H111	—	≤250	≤135	12	10	45
	T4 T4510 T4511	≤25.00	370	230	11	10	110
		＞25.00～75.00	410	270	10		110
	T6 T6510 T6511	≤25.00	415	370	7	5	140
		＞25.00～75.00	460	415	7	—	140

牌号	状态	壁厚 /mm	室温拉伸试验结果				布氏 硬度 参考值 HBW
			抗拉强度 R_m/MPa	规定非比例 延伸强度 $R_{p0.2}$/MPa	断后伸长率[①②]/%		
					A	A_{50mm}	
			$\geqslant$				
2024	O、H111		≤250	≤150	12	10	47
	T3 T3510 T3511	≤15.00	395	290	8	6	120
		>15.00~50.00	420	290	8	—	120
	T8 T8510 T8511	≤50.00	455	380	5	4	130
2017	O		≤245	≤125	16	16	—
	T4	≤12.50	345	215	—	12	
		>12.50~100.00	345	195	12		
2017A	T4 T4510 T4511	≤30.00	380	260	10	8	105
3A21	O、H112	—	≤185	—	16	14	
3003	H112	—	95	35	25	20	30
3103	H112	—	95	35	25	20	28
5A02	O、H112	—	≤245	—	12	10	
5A03	O、H112		180	80	12	10	
5A05	O、H112		255	130	15	13	
5A06	O、H112		315	160	15	13	
5005	O、H111	≤20.00	100~150	40	20	18	30
5005A	H112	—	100	40	18	16	30
5019	H112	≤30.00	250	110	14	12	65
5051A	H112	—	150	60	16	14	40
5251	H112	—	160	60	16	14	45
5052	H112	—	170	70	15	13	47
5154A	H112	≤25.00	200	85	16	14	55
5454	H112	≤25.00	200	85	16	14	60
5754	H112	≤25.00	180	80	14	12	47
5083	H112	—	270	125	12	10	70
5086	H112	—	240	95	12	10	65
6A02	T4	—	180	—	12	10	—
	T6	—	295	230	10	8	—

牌号	状态	壁厚 /mm		室温拉伸试验结果				布氏硬度参考值 HBW
				抗拉强度 R_m/MPa	规定非比例延伸强度 $R_{p0.2}$/MPa	断后伸长率[①②]/%		
						A	A_{50mm}	
					≥			
6101A	T6	≤50.00		200	170	10	8	70
6101B	T6	≤15.00		215	160	8	6	70
6005	T1	≤12.50		170	100	—	11	—
	T5	≤6.30		250	200	—	7	—
		>6.30~25.00		250	200	8	7	—
	T4	≤25.00		180	90	15	13	50
	T6	实心型材	≤5.00	270	225	—	6	90
			>5.00~10.00	260	215	—	6	85
			>10.00~25.00	250	200	8	6	85
		空心型材	≤5.00	255	215	—	6	85
			>5.00~15.00	250	200	8	6	85
6005A	T5	≤6.30		250	200	—	7	—
		>6.30~25.00		250	200	8	7	—
	T4	≤25.00		180	90	15	13	50
	T6	实心型材	≤5.00	270	225	—	6	90
			>5.00~10.00	260	215	—	6	85
			>10.00~25.00	250	200	8	6	85
		空心型材	≤5.00	255	215	—	6	85
			>5.00~15.00	250	200	8	6	85
6106	T6	≤10.00		250	200	—	6	75
6008	T4	≤10.00		180	90	15	13	50
	T6	实心型材	≤5.00	270	225	—	6	90
			>5.00~10.00	260	215	—	6	85
		空心型材	≤5.00	255	215	—	6	85
			>5.00~10.00	250	200	—	6	85

续表

牌号	状态	壁厚/mm	室温拉伸试验结果				布氏硬度参考值 HBW
			抗拉强度 R_m/MPa	规定非比例延伸强度 $R_{p0.2}$/MPa	断后伸长率①②/%		
					A	A_{50mm}	
			≥				
6351	O		≤160	≤110	14	12	35
	T4	≤25.00	205	110	14	12	67
	T5	≤5.00	270	230	—	6	90
	T6	≤5.00	290	250	—	6	95
		>5.00~25.00	300	255	10	8	95
6060	T4	≤25.00	120	60	16	14	50
	T5	≤5.00	160	120	—	6	60
		>5.00~25.00	140	100	8	6	60
	T6	≤3.00	190	150	—	6	70
		>3.00~25.00	170	140	8	6	70
	T66	≤3.00	215	160	—	6	75
		>3.00~25.00	195	150	8	6	75
6360	T4	≤25.00	110	50	16	14	40
	T5	≤25.00	150	110	8	6	50
	T6	≤25.00	185	140	8	6	60
	T66	≤25.00	195	150	8	6	65
6061	T4	≤25.00	180	110	15	13	65
	T5	≤16.00	240	205	9	7	—
	T6	≤5.00	260	240	—	7	95
		>5.00~25.00	260	240	10	8	95
6261	O	—	≤170	≤120	14	12	—
	T4	≤25.00	180	100	14	12	—
	T5	≤5.00	270	230	—	7	—
		>5.00~25.00	260	220	9	8	—
		>25.00~50.00	250	210	9	—	—
	T6	实心型材 ≤5.00	290	245	—	7	100
		实心型材 >5.00~10.00	280	235	—	7	100
		空心型材 ≤5.00	290	245	—	7	100
		空心型材 >5.00~10.00	270	230	—	8	100

续表

牌号	状态	壁厚 /mm	室温拉伸试验结果				布氏硬度 参考值 HBW
			抗拉强度 R_m/MPa	规定非比例 延伸强度 $R_{p0.2}$/MPa	断后伸长率[①②]/%		
					A	A_{50mm}	
				$\geqslant$			
6063	T4	≤25.00	130	65	14	12	50
	T5	≤3.00	175	130	—	6	65
		>3.00~25.00	160	110	7	5	65
	T6	≤10.00	215	170	—	6	75
		>10.00~25.00	195	160	8	6	75
	T66[③]	≤10.00	245	200	—	6	80
		>10.00~25.00	225	180	8	6	80
6063A	T4	≤25.00	150	90	12	10	50
	T5	≤10.00	200	160		5	75
		>10.00~25.00	190	150	6	4	75
	T6	≤10.00	230	190		5	80
		>10.00~25.00	220	180	5	4	80
6463	T4	≤50.00	125	75	14	12	46
	T5	≤50.00	150	110	8	6	60
	T6	≤50.00	195	160	10	8	74
6463A	T1	≤12.00	115	60	—	10	—
	T5	≤12.00	150	110	—	6	—
	T6	≤3.00	205	170	—	6	—
		>3.00~12.00	205	170	—	8	—
6081	T6	≤25.00	275	240	8	6	95
6082	O、H111	—	≤160	≤110	14	12	35
	T4	≤25.00	205	110	14	12	70
	T5	≤5.00	270	230	—	6	90
	T6	≤5.00	290	250	—	6	95
		>5.00~25.00	310	260	10	8	95
7A04	O	—	≤245	—	10	8	—
	T6	≤10.00	500	430	—	4	—
		>10.00~20.00	530	440	6	4	—
		>20.00~50.00	560	460	6		—
7003	T5		310	260	10	8	
	T6	≤10.00	350	290		8	110
		>10.00~25.00	340	280	10	8	110

续表

牌号	状态	壁厚/mm	室温拉伸试验结果				布氏硬度参考值HBW
			抗拉强度 R_m/MPa	规定非比例延伸强度 $R_{p0.2}$/MPa	断后伸长率[①②]/%		
					A	A_{50mm}	
			≥				
7005	T5	≤25.00	345	305	10	8	
	T6	≤40.00	350	290	10	8	110
7020	T6	≤40.00	350	290	10	8	110
7021	T6	≤20.00	410	350	10	8	120
7022	T6 T6510 T6511	≤30.00	490	420	7	5	133
7049A	T6 T6510 T6511	≤30.00	610	530	5	4	170
7075	T6 T6510 T6511	≤25.00	530	460	6	4	150
		>25.00~60.00	540	470	6		150
	T73 T73510 T73511	≤25.00	485	420	7	5	135
	T76 T76510 T76511	≤6.00	510	440	—	5	
		>6.00~50.00	515	450	6	5	
7178	T6 T6510 T6511	≤1.60	565	525	—	—	—
		>1.60~6.00	580	525	—	3	—
		>6.00~35.00	600	540	4	3	—
		>35.00~60.00	595	530	4		—
	T76 T76510 T76511	>3.00~6.00	525	455	—	5	—
		>6.00~25.00	530	460	6	5	—

① 如无特殊要求或说明，A 适用于壁厚大于 12.5mm 的型材，A_{50mm} 适用于壁厚不大于 12.5mm 的型材。

② 壁厚不大于 1.6mm 的型材不要求伸长率，如有要求，可供需双方协商并在订货单（或合同）中注明。

③ 固溶热处理后人工时效，通过工艺控制使力学性能达到本标准要求的特殊状态。

3.1.2　铝合金建筑型材（GB 5237.1～5—2008、GB 5237.6—2004）

铝合金建筑型材包括基材，阳极氧化、着色型材，电泳涂漆型材，粉末喷涂型材和氟碳漆喷涂型材。铝合金建筑型材的表面处理方式见表 3-2，室温力学性能见表 3-3。

表 3-2　铝合金建筑型材的表面处理方式

阳极氧化型材	电泳涂漆型材	粉末喷涂型材	氟碳漆喷涂型材
阳极氧化； 阳极氧化加电解着色； 阳极氧化加有机着色	阳极氧化加电泳涂漆； 阳极氧化、电解着色加电泳涂漆	热固性饱和聚酯粉末涂层	二涂层：底漆加面漆； 三涂层：底漆、面漆加清漆； 四涂层：底漆、阻挡漆、面漆加清漆

表 3-3　室温力学性能

合金牌号	供应状态		壁厚/mm	拉伸试验结果				硬度[①]		
				抗拉强度 R_m/MPa	规定非比例延伸强度 $R_{p0.2}$/MPa	断后伸长率[②]/%		试样厚度/mm	维氏硬度/HV	韦氏硬度/HW
						A	A_{50mm}			
						≥				
6005	T5		≤6.3	260	240	—	8	—	—	—
	T6	实心型材	≤5	270	225	—	6	—	—	—
			>5～10	260	215	—	6	—	—	—
			>10～25	250	200	8	6	—	—	—
		空心型材	≤5	255	215	—	6	—	—	—
			>5～15	250	200	8	6	—	—	—
6060	T5		≤5	160	120	—	6	—	—	—
			>5～25	140	100	8	6	—	—	—
	T6		≤3	190	150	—	6	—	—	—
			>3～25	170	140	8	6	—	—	—
6061	T4		所有	180	110	16	16	—	—	—
	T5		所有	265	245	8	8	—	—	—
6063	T5		所有	160	110	8	8	0.8	58	8
	T6		所有	205	180	8	8	—	—	—

合金牌号	供应状态	壁厚/mm	拉伸试验结果				硬度①		
			抗拉强度 R_m/MPa	规定非比例延伸强度 $R_{p0.2}$/MPa	断后伸长率②/%		试样厚度/mm	维氏硬度/HV	韦氏硬度/HW
					A	A_{50mm}			
					≥				
6063A	T5	≤10	200	160	—	5	0.8	65	10
		>10	190	150	5	5	0.8	65	10
	T6	≤10	230	190	—	5	—	—	—
		>10	220	180	4	4	—	—	—
6463	T5	≤50	150	110	8	6	—	—	—
	T6	≤50	195	160	10	8	—	—	—
6463A	T5	≤12	150	110	—	6	—	—	—
	T6	≤3	205	170	—	6	—	—	—
		>3~12	205	170	—	8	—	—	—

① 表中硬度指标仅供参考。
② 取样部位的公称壁厚小于 1.20mm 时,不测定伸长率。

3.2 板材和带材

3.2.1 一般用途加工铜及铜合金板带材 (GB/T 17793—2010)

一般用途加工铜及铜合金板带材的有关内容见表 3-4 和表 3-5。

表 3-4 板材的牌号和规格

品种	牌号	制造方法	厚度/mm	宽度/mm	长度/mm
纯铜板	T2、T3、TP1、TP2、TU1、TU2	热轧	4~60	≤3000	≤6000
		冷轧	0.2~12		
黄铜板	H59、H62、H65、H68、H70、H80、H90、H96、HPb59-1、HSn62-1、HMn58-2	热轧	4~60	≤3000	≤6000
		冷轧	0.2~10		
	HMn57-3-1、HMn55-3-1、HAl60-1-1、HAl67-2.5、HAl66-6-3-2、HNi65-5	热轧	4~40	≤1000	≤2000

续表

品种	牌　　号	制造方法	厚度/mm	宽度/mm	长度/mm
青铜板	QAl5、QAl7、QAl9-2、QAl9-4	冷轧	0.4～12	≤1000	≤2000
	QSn6.5-0.1、QSn6.5-0.4、QSn4-3、QSn4-0.3、QSn7-0.2	热轧	9～50	≤600	≤2000
		冷轧	0.2～12		
白铜板	BAl6-1.5、BAl13-3	冷轧	0.5～12	≤600	≤1500
	BZn15-20	冷轧	0.5～10	≤600	≤1500
	B5、B19、BFe10-1-1、BFe30-1-1	热轧	7～60	≤2000	≤4000
		冷轧	0.5～10	≤600	≤1500

表 3-5　带材的牌号和规格

品　　种	牌　　号	厚度/mm	宽度/mm
纯铜带	T2、T3、TP1、TP2、TU1、TU2	0.05～3.00	≤1000
黄铜带	H59、H62、H65、H68、H70、H80、H90、H96、HPb59-1、HSn62-1、HMn58-2	0.05～3.00	≤600
青铜带	QAl5、QAl7、QAl9-2、QAl9-4	0.05～1.20	≤300
	QSn6.5-0.1、QSn6.5-0.4、QSn7-0.2、QSn4-3、QSn4-0.3	0.05～3.00	≤600
	QCd-1	0.05～1.20	≤300
	QMn1.5、QMn5	0.10～1.20	≤300
	QSi3-1	0.05～1.20	≤300
	QSn4-4-2.5、QSn4-4-4	0.80～1.20	≤200
白铜带	BZn15-20	0.05～1.20	≤300
	B5、B19、BFe10-1-1、BFe30-1-1、BMn3-12、BMn40-1.5	0.05～1.20	≤300

3.2.2　铜及铜合金板材（GB/T 2040—2008）

　　铜及铜合金板材的有关内容见表 3-6 和表 3-7。

表 3-6　铜及铜合金板材的牌号、状态、规格

牌　号	状　态	规格/mm		
		厚度	宽度	长度
T2、T3、TP1 TP2、TU1、TU2	R	4～60		
	M、Y_4、Y_2、Y、T	0.2～12		
H96、H80	M、Y			
H90、H85	M、Y_2、Y	0.2～10		
H65	M、Y_4、Y_2、Y、T、TY			
H70、H68	R	4～60		
	M、Y_4、Y_2、Y、T、TY	0.2～10		
H63、H62	R	4～60		
	M、Y_2、Y、T	0.2～10	≤3000	≤6000
H59	R	4～60		
	M、Y	0.2～10		
HPb59-1	R	4～60		
	M、Y_2、Y	0.2～10		
HPb60-2	Y、T	0.5～10		
HMn58-2	M、Y_2、Y	0.2～10		
HSn62-1	R	4～60		
	M、Y_2、Y	0.2～10		
HMn55-3-1、HMn57-3-1 HAl60-1-1、HAl67-2.5 HAl66-6-3-2、HNi65-5	R	4～40	≤1000	≤2000
QSn6.5-0.1	R	9～50		
	M、Y_4、Y_2、Y、T、TY	0.2～12		
QSn6.5-0.4、QSn4-3 QSn4-0.3、QSn7-0.2	M、Y、T	0.2～12	≤600	≤2000
QSn8-0.3	M、Y_4、Y_2、Y、T	0.2～5		
BAl6-1.5	Y	0.5～12		
BAl13-3	CYS		≤600	≤1500
BZn15-20	M、Y_2、Y、T	0.5～10		
BZn18-17	M、Y_2、Y	0.5～5		
B5、B19	R	7～60	≤2000	≤4000
BFe10-1-1、BFe30-1-1	M、Y	0.5～10	≤600	≤1500

牌 号	状 态	规格/mm		
		厚度	宽度	长度
QAl5	M、Y	0.4~12	≤1000	≤2000
QAl7	Y₂、Y			
QAl9-2	M、Y			
QAl9-4	Y			
QCd1	Y	0.5~10	200~300	800~1500
QCr0.5、QCr0.5-0.2-0.1	Y	0.5~15	100~600	≥300
QMn1.5	M	0.5~5	100~600	≤1500
QMn5	M、Y			
QSi3-1	M、Y、T	0.5~10	100~1000	≥500
QSn4-4-2.5、QSn4-4-4	M、Y₃、Y₂、Y	0.8~5	200~600	800~2000
BMn40-1.5	M、Y	0.5~10	100~600	800~1500
BMn3-12	M			

注：1. 经供需双方协商，可供应其他规格的板材。

2. 板材的外形尺寸及允许偏差应符合 GB/T 17793 中相应的规定，未作特别说明时按普通级供货。

3. 产品标记按产品名称、牌号、状态、规格和标准编号的顺序表示。

用 H62 制造的、供应状态为 Y₂、厚度为 0.8mm、宽度为 600mm、长度为 1500mm 的定尺板材，标记为

铜板 H62Y₂ 0.8×600×1500 GB/T 2040—2008

4. 表面质量要求：热轧板材的表面应清洁；热轧板材的表面不允许有分层、裂纹、起皮、夹杂和绿锈，但允许修理，修理后不应使板材厚度超出允许偏差；热轧板材的表面允许有轻微的、局部的、不使板材厚度超出其允许偏差的划伤、斑点、凹坑、压入物、辊印、皱纹等缺陷；长度大于 4000mm 热轧板材和软态板材，可不经酸洗供货；冷轧板材的表面质量应光滑、清洁，不允许有影响使用的缺陷。

表 3-7 铜及铜合金板材的力学性能

牌 号	状态	拉 伸 试 验			硬 度 试 验		
		厚度/mm	抗拉强度 R_m/MPa	断后伸长率 $A_{11.3}/\%$	厚度/mm	维氏硬度/HV	洛氏硬度/HRB
T2、T3 TP1、TP2 TU1、TU2	R	4~14	≥195	≥30	—	—	—
	M	0.3~10	≥205	≥30	≥0.3	≤70	
	Y₄		215~275	≥25		60~90	
	Y₂		245~345	≥8		80~110	
	Y		295~380			90~120	
	T		≥350			≥110	

续表

牌　号	状态	拉 伸 试 验			硬 度 试 验		
		厚度/mm	抗拉强度 R_m/MPa	断后伸长率 $A_{11.3}$/%	厚度/mm	维氏硬度/HV	洛氏硬度/HRB
H96	M Y	0.3～10	≥215 ≥320	≥30 ≥3	—	—	—
H90	M Y₂ Y	0.3～10	≥245 330～440 ≥390	≥35 ≥5 ≥3	—	—	—
H85	M Y₂ Y	0.3～10	≥260 305～380 ≥350	≥35 ≥15 ≥3	≥0.3	≤85 80～115 ≥105	
H80	M Y	0.3～10	≥265 ≥390	≥50 ≥3	—	—	—
H70、H68	R	4～14	≥290	≥40	—	—	—
H70 H68 H65	M Y₄ Y₂ Y T TY	0.3～10	≥290 325～410 355～440 410～540 520～620 ≥570	≥40 ≥35 ≥25 ≥10 ≥3 —	≥0.3	≤90 85～115 100～130 120～160 150～190 ≥180	
H63、H62	R	4～14	≥290	≥30	—	—	—
H63、H62	M Y₂ Y T	0.3～10	≥290 350～470 410～630 ≥585	≥35 ≥20 ≥10 ≥2.5	≥0.3	≤95 90～130 125～165 ≥155	
H59	R	4～14	≥290	≥25	—	—	—
H59	M Y	0.3～10	≥290 ≥410	≥10 ≥5	≥0.3	≥130	—
HPb59-1	R	4～14	≥370	≥18	—	—	—
HPb59-1	M Y₂ Y	0.3～10	≥340 390～490 ≥440	≥25 ≥12 ≥5	—	—	—
HPb60-2	Y	—	—	—	0.5～2.5	165～190	
HPb60-2	Y	—	—	—	2.6～10	—	75～92
HPb60-2	T	—	—	—	0.5～1.0	≥180	

续表

牌　　号	状态	拉 伸 试 验			硬 度 试 验		
		厚度/mm	抗拉强度 R_m/MPa	断后伸长率 $A_{11.3}$/%	厚度/mm	维氏硬度/HV	洛氏硬度/HRB
HMn58-2	M	0.3～10	≥380	≥30	—		
	Y_2		440～610	≥25			
	Y		≥585	≥3			
HSn62-1	R	4～14	≥340	≥20	—	—	—
	M	0.3～10	≥295	≥35	—	—	—
	Y_2		350～400	≥15			
	Y		≥390	≥5			
HMn57-3-1	R	4～8	≥440	≥10	—	—	—
HMn55-3-1	R	4～15	≥490	≥15	—	—	—
HAl60-1-1	R	4～15	≥440	≥15	—	—	—
HAl67-2.5	R	4～15	≥390	≥15	—	—	—
HAl66-6-3-2	R	4～8	≥685	≥3	—	—	—
HNi65-5	R	4～15	≥290	≥35	—	—	—
QAl5	M	0.4～12	≥275	≥33	—		
	Y		≥585	≥2.5			
QAl7	Y_2	0.4～12	585～740	≥10	—		
	Y		≥635	≥5			
QAl9-2	M	0.4～12	≥440	≥18	—		
	Y		≥585	≥5			
QAl9-4	Y	0.4～12	≥585	—	—	—	—
QSn6.5-0.1	R	9～14	≥200	≥38	—		
	M	0.2～12	≥315	≥40	≥0.2	≤120	
	Y_4	0.2～12	390～510	≥35		110～155	
	Y_2	0.2～12	490～610	≥8		150～190	
	Y	0.2～3	590～690	≥5		180～230	
		>3～12	540～690	≥5	≥0.2	180～230	
	T	0.2～5	635～720	≥1		200～240	
	TY		≥690	—		≥210	

牌　　号	状态	拉 伸 试 验			硬 度 试 验		
		厚度/mm	抗拉强度 R_m/MPa	断后伸长率 $A_{11.3}$/%	厚度/mm	维氏硬度 /HV	洛氏硬度 /HRB
QSn6.5-0.4 QSn7-0.2	M Y T	0.2～12	≥295 540～690 ≥665	≥40 ≥8 ≥2	—	—	—
QSn4-0.2	M Y T	0.2～12	≥290 540～690 ≥635	≥40 ≥3 ≥2	—	—	—
QSn8-0.3	M Y_4 Y_2 Y T	0.2～5	≥345 390～610 490～610 590～705 ≥685	≥40 ≥35 ≥20 ≥5 —	≥0.2	≤120 100～160 150～205 180～235 ≥210	—
QCd1	Y	0.5～10	≥390	—			
QCr0.5 QCr0.5-0.2-0.1	Y	—	—	—	0.5～15	≥110	
QMn1.5	M	0.5～5	≥205	≥30	—		
QMn5	M Y	0.5～5	≥290 ≥440	≥30 ≥3	—		
QSi3-1	M Y T	0.5～10	≥340 585～735 ≥685	≥40 ≥3 ≥1	—		
QSn4-4-2.5 QSn4-4-4	M Y_3 Y_2 Y	0.8～5	≥290 390～490 420～510 ≥510	≥35 ≥10 ≥9 ≥5	≥0.8		— 65～85 70～90 —
BZn15-20	M Y_2 Y T	0.5～10	≥340 440～570 540～690 ≥640	≥35 ≥5 ≥1.5 ≥1	—	—	—
BZn18-17	M Y_2 Y	0.5～5	≥375 440～570 ≥540	≥20 ≥5 ≥3	≥0.5	— 120～180 ≥150	—

续表

牌　号	状态	拉 伸 试 验			硬 度 试 验		
		厚度/mm	抗拉强度 R_m/MPa	断后伸长率 $A_{11.3}$/%	厚度/mm	维氏硬度/HV	洛氏硬度/HRB
B5	R	7～14	≥215	≥20	—	—	—
	M	0.5～10	≥215	≥30	—	—	—
	Y		≥370	≥10	—	—	—
B19	R	7～14	≥295	≥20	—	—	—
	M	0.5～10	≥290	≥25	—	—	—
	Y		≥390	≥3	—	—	—
BFe10-1-1	R	7～14	≥275	≥20	—	—	—
	M	0.5～10	≥275	≥28	—	—	—
	Y		≥370	≥3	—	—	—
BFe30-1-1	R	7～14	≥345	≥15	—	—	—
	M	0.5～10	≥370	≥20	—	—	—
	Y		≥530	≥3	—	—	—
BAl6-1.5	Y	0.5～12	≥535	≥3	—	—	—
BAl13-3	CYS		≥635	≥5	—	—	—
BMn40-1.5	M	0.5～10	390～590	实测	—	—	—
	Y		≥590	实测	—	—	—
BMn3-12	M	0.5～10	≥350	≥25	—	—	—

注：1. 表中为板材的横向室温力学性能。除铅黄铜板（HPb60-2）和铬青铜板（QCr0.5、QCr0.5-0.2-0.1）外，其他牌号板材在拉伸试验、硬度试验之间任选其一，未作特别说明时，仅提供拉伸试验。

2. 厚度超出规定范围的板材，其性能由供需双方商定。

3.2.3　铜及铜合金带材（GB/T 2059—2008）

铜及铜合金带材的有关内容见表 3-8 和表 3-9。

表 3-8　铜及铜合金带材的牌号、状态、规格

牌　号	状　态	厚度/mm	宽度/mm
T2、T3、TU1、TU2 TP1、TP2	软（M）、1/4 硬（Y_4） 半硬（Y_2）、硬（Y）、特硬（T）	＞0.15～＜0.50	≤600
		0.50～3.0	≤1200
H96、H80、H59	软（M）、硬（Y）	＞0.15～＜0.50	≤600
		0.50～3.0	≤1200

牌　　号	状　　态	厚度/mm	宽度/mm
H85、H90	软(M)、半硬(Y₂)、硬(Y)	>0.15～<0.50	≤600
		0.50～3.0	≤1200
H70、H68、H65	软(M)、1/4 硬(Y₄)、半硬(Y₂) 硬(Y)、特硬(T)、弹硬(TY)	>0.15～<0.50	≤600
		0.50～3.0	≤1200
H63、H62	软(M)、半硬(Y₂) 硬(Y)、特硬(T)	>0.15～<0.50	≤600
		0.50～3.0	≤1200
HPb59-1、HMn58-2	软(M)、半硬(Y₂)、硬(Y)	>0.15～0.20	≤300
		>0.20～2.0	≤550
HPb59-1	特硬(T)	0.32～1.5	≤200
HSn62-1	硬(Y)	>0.15～0.20	≤300
		>0.20～2.0	≤550
QAl5	软(M)、硬(Y)	>0.15～1.2	≤300
QAl7	半硬(Y₂)、硬(Y)		
QAl9-2	软(M)、硬(Y)、特硬(T)		
QAl9-4	硬(Y)		
QSn6.5-0.1	软(M)、1/4 硬(Y₄)、半硬(Y₂) 硬(Y)、特硬(T)、弹硬(TY)	>0.15～2.0	≤610
QSn7-0.2、QSn6.5-0.4、 QSn4-3、QSn4-0.3	软(M)、硬(Y)、特硬(T)	>0.15～2.0	≤610
QSn8-0.3	软(M)、1/4 硬(Y₄)、 半硬(Y₂)、硬(Y)、特硬(T)	>0.15～2.6	≤610
QSn4-4-3、QSn4-4-2.5	软(M)、1/3 硬(Y₃)、 半硬(Y₂)、硬(Y)	0.8～1.2	≤200
QCd1	硬(Y)	>0.15～1.2	≤300
QMn1.5	软(M)	>0.15～1.2	
QMn5	软(M)、硬(Y)		
QSi3-1	软(M)、硬(Y)、特硬(T)	>0.15～1.2	≤300
BZn18-17	软(M)、半硬(Y₂)、硬(Y)	>0.15～1.2	≤610

续表

牌　　号	状　　态	厚度/mm	宽度/mm
BZn15-20	软(M)、半硬(Y₂)、硬(Y)、特硬(T)	>0.15~1.2	≤400
B5、B19、BFe10-1-1、BFe30-1-1 BMn40-1.5、BMn3-12	软(M)、硬(Y)		
BAl13-3	淬火+冷加工+人工时效(CYS)	>0.15~1.2	≤300
BAl6-1.5	硬(Y)		

注：1. 经供需双方协商，也可供应其他规格的带材。

2. 带材的外形尺寸及允许偏差应符合 GB/T 17793 中相应的规定，未作特别说明时按普通级供货。

3. 产品标记按产品名称、牌号、状态、规格和标准编号的顺序表示。

用 H62 制造的、半硬（Y₂）状态，厚度为 0.8mm、宽度为 200mm 的带材标记为

带 H62Y₂　0.8×200　GB/T 2059—2008

4. 表面质量要求：带材的表面应光滑、清洁，不允许有分层、裂纹、起皮、起刺、气泡、压折、夹杂和绿锈，允许有轻微的、局部的、不使带材厚度超出其允许偏差的划伤、斑点、凹坑、压入物、辊印、氧化色、油迹和水迹等缺陷。

表 3-9　铜及铜合金带材的力学性能

牌　　号	状态	拉 伸 试 验			硬 度 试 验	
		厚度/mm	抗拉强度 R_m/MPa	断后伸长率 $A_{11.3}$/%	维氏硬度 /HV	洛氏硬度 /HRC
T2、T3 TU1、TU2 TP1、TP2	M	≥0.2	≥195	≥30	≤70	—
	Y₄		215~275	≥25	60~90	
	Y₂		245~345	≥8	80~110	
	Y		295~380	≥3	90~120	
	T		≥350	—	≥110	
H96	M	≥0.2	≥215	≥30		
	Y		≥320	≥3		
H90	M	≥0.2	≥245	≥35		
	Y₂		330~440	≥5		
	Y		≥390	≥3		
H85	M	≥0.2	≥260	≥40	≤85	
	Y₂		305~380	≥15	80~115	
	Y		≥350	—	≥105	

续表

牌 号	状态	拉 伸 试 验			硬 度 试 验	
		厚度/mm	抗拉强度 R_m/MPa	断后伸长率 $A_{11.3}$/%	维氏硬度 /HV	洛氏硬度 /HRC
H80	M	≥0.2	≥265	≥50	—	—
	Y		≥390	≥2		
H70 H68 H65	M	≥0.2	≥290	≥40	≤90	—
	Y_4		325～410	≥35	80～115	
	Y_2		355～460	≥25	100～130	
	Y		410～540	≥13	120～160	
	T		520～620	≥4	150～190	
	TY		≥570	—	≥180	
H63、H62	M	≥0.2	≥290	≥35	≤95	—
	Y_2		350～470	≥20	90～130	
	Y		410～630	≥10	125～165	
	T		≥585	≥2.5	≥155	
H59	M	≥0.2	≥290	≥10	—	—
	Y		≥410	≥5	≥130	
HPb59-1	M	≥0.2	≥340	≥25	—	—
	Y_2		390～490	≥12		
	Y		≥440	≥5		
	T	≥0.32	≥590	≥3		
HMn58-2	M	≥0.2	≥380	≥30	—	—
	Y_2		440～610	≥25		
	Y		≥585	≥3		
HSn62-1	Y	≥0.2	390	≥5		
QAl5	M	≥0.2	≥275	≥33	—	—
	Y		≥585	≥2.5		
QAl7	Y_2	≥0.2	585～740	≥10		—
	Y		≥635	≥5		

牌 号	状态	厚度/mm	抗拉强度 R_m/MPa	断后伸长率 $A_{11.3}$/%	维氏硬度 /HV	洛氏硬度 /HRC
			拉 伸 试 验		硬 度 试 验	
QAl9-2	M	≥0.2	≥440	≥18	—	—
	Y		≥585	≥5		
	T		≥880	—		
QAl9-4	Y	≥0.2	≥635	—	—	—
QSn4-3 QSn4-0.3	M	>0.15	≥290	≥40		
	Y		540~690	≥3		
	T		≥635	≥2		
QSn6.5-0.1	M	>0.15	≥315	≥40	≤120	—
	Y_4		390~510	≥35	110~155	
	Y_2		490~610	≥10	150~190	
	Y		590~690	≥8	180~230	
	T		630~720	≥5	200~240	
	TY		≥690	—	≥210	
QSn7-0.2 QSn6.5-0.4	M	>0.15	≥295	≥40		
	Y		540~690	≥8	—	
	T		≥665	≥2		
QSn8-0.3	M	≥0.2	≥355	≥45	≤120	
	Y_4		390~510	≥40	100~160	
	Y_2		490~610	≥30	150~205	—
	Y		590~705	≥12	180~235	
	T		≥685	≥5	≥210	
QSn4-4-4 QSn4-4-2.5	M	≥0.8	≥290	≥35	—	—
	Y_3		390~490	≥10	—	65~85
	Y_2		420~510	≥9	—	70~90
	Y		≥490	≥5	—	—
QCd1	Y	≥0.2	≥390	—	—	—

续表

牌　号	状态	拉 伸 试 验			硬 度 试 验	
		厚度/mm	抗拉强度 R_m/MPa	断后伸长率 $A_{11.3}$/%	维氏硬度 /HV	洛氏硬度 /HRC
QMn1.5	M	≥0.2	≥205	≥30	—	—
QMn5	M	≥0.2	≥290	≥30	—	—
	Y		≥440	≥2	—	—
QSi3-1	M	≥0.15	≥370	≥45	—	
	Y		635~785	≥5		
	T		735	≥2		
BZn15-20	M	≥0.2	≥340	≥35		
	Y_2		440~570	≥5		
	Y		540~690	≥1.5		
	T		≥640	≥1		
BZn18-17	M	≥0.2	≥375	≥20	—	
	Y_2		440~570	≥5	120~180	
	Y		≥540	≥3	≥150	
B5	M	≥0.2	≥215	≥32	—	
	Y		≥370	≥10		
B19	M	≥0.2	≥290	≥25	—	
	Y		≥390	≥3		
BFe10-1-1	M	≥0.2	≥275	≥28	—	
	Y		≥370	≥3		
BFe30-1-1	M	≥0.2	≥370	≥23	—	
	Y		≥540	≥3		
BMn3-12	M	≥0.2	≥350	≥25	—	—
BMn40-1.5	M	≥0.2	390~590	实测数据	—	—
	Y		≥635			

注：厚度超出规定范围的带材，其性能由供需双方商定。

3.2.4　一般工业用铝及铝合金板、带材（GB/T 3880—2012）

一般工业用铝及铝合金板、带材的有关内容见表 3-10~表 3-13。

表 3-10　产品分类及标记

牌号系列	铝或铝合金的类别	
	A	B
铝或铝合金的分类		
1×××	所有	—
2×××		所有
3×××	Mn 的最大含量≤1.8%,Mg 的最大含量≤1.8%,Mn 的最大含量和 Mg 的最大含量之和≤2.3%。如：3003、3103、3005、3105、3102、3A21	A 类外的其他合金,如 3004、3104
4×××	Si 的最大含量≤2%。如 4006、4007	A 类外的其他合金,如：4015
5×××	Mg 的最大含量≤1.8%,Mn 的最大含量≤1.8%,Mg 的最大含量和 Mn 的最大含量之和≤2.3% 例：5005、5005A、5050	A 类外的其他合金 例：5A02、5A03、5A05、5A06、5040、5049、5449、5251、5052、5154A、5454、5754、5082、5182、5083、5383、5086
6×××	—	所有
7×××	—	所有
8×××	不可热处理强化的合金 例：8A06、8011、8011A、8079	可热处理强化的合金

板、带材的尺寸偏差等级划分	尺寸项目	偏差等级	
		板材	带材
	厚度	冷轧板材:高精级、普通级 热轧板材:不分级	冷轧带材:高精级、普通级 热轧带材:不分级
	宽度	冷轧板材:高精级、普通级 其他板材:不分级	冷轧带材:高精级、普通级 热轧带材:不分级
	长度	冷轧板材:高精级、普通级 热轧板材:不分级	—
	不平度	高精级、普通级	
	侧边弯曲度	冷轧板材:高精级、普通级 热轧板材:高精级、普通级	冷轧带材:高精级、普通级 热轧带材:不分级
	对角线	高精级、普通级	—

标记	产品标记按产品名称、牌号、状态、规格及标准编号的顺序表示　示例 1:3003 牌号、状态为 H22、厚度为 2.0mm、宽度为 1200mm、长度为 2000mm 的板材,标记为　　　　GB/T 3880.1—3003H22-2.0×1200×2000　示例 2:5052 牌号、供应状态为 O、厚度为 1.0mm、宽度为 1050mm 的带材,标记为　　　　GB/T 3880.1—5052 O-1.0×1050

表 3-11 板、带材的牌号、相应的铝及铝合金类别、状态及厚度规格

牌号	类别	状 态	板材厚度/mm	带材厚度/mm
1A97、1A93、1A90、1A85	A	F	＞4.50～150.00	—
		H112	＞4.50～80.00	—
1080A	A	O、H111	＞0.20～12.50	—
		H12、H22、H14、H24	＞0.20～6.00	—
		H16、H26	＞0.20～4.00	＞0.20～4.00
		H18	＞0.20～3.00	＞0.20～3.00
		H112	＞6.00～25.00	—
		F	＞2.50～6.00	
1070	A	O	＞0.20～50.00	＞0.20～6.00
		H12、H22、H14、H24	＞0.20～6.00	＞0.20～6.00
		H16、H26	＞0.20～4.00	＞0.20～4.00
		H18	＞0.20～3.00	＞0.20～3.00
		H112	＞4.50～75.00	—
		F	＞4.50～150.00	＞2.50～8.00
1070A	A	O、H111	＞0.20～25.00	—
		H12、H22、H14、H24	＞0.20～6.00	—
		H16、H26	＞0.20～4.00	—
		H18	＞0.20～3.00	—
		H112	＞6.00～25.00	—
		F	＞4.50～150.00	＞2.50～8.00
1060	A	O	＞0.20～80.00	＞0.20～6.00
		H12、H22	＞0.50～6.00	＞0.50～6.00
		H14、H24	＞0.20～6.00	＞0.20～6.00
		H16、H26	＞0.20～4.00	＞0.20～4.00
		H18	＞0.20～3.00	＞0.20～3.00
		H112	＞4.50～80.00	—
		F	＞4.50～150.00	＞2.50～8.00
1050	A	O	＞0.20～50.00	＞0.20～6.00
		H12、H22、H14、H24	＞0.20～6.00	＞0.20～6.00
		H16、H26	＞0.20～4.00	＞0.20～4.00
		H18	＞0.20～3.00	＞0.20～3.00
		H112	＞4.50～75.00	—
		F	＞4.50～150.00	＞2.50～8.00
1050A	A	O	＞0.20～80.00	＞0.20～6.00
		H111	＞0.20～80.00	—
		H12、H22、H14、H24	＞0.20～6.00	＞0.20～6.00
		H16、H26	＞0.20～4.00	＞0.20～4.00

续表

牌号	类别	状 态	板材厚度/mm	带材厚度/mm
1050A	A	H18、H28、H19	＞0.20～3.00	＞0.20～3.00
		H112	＞6.00～80.00	
		F	＞4.50～150.00	＞2.50～8.00
1145	A	O	＞0.20～10.00	＞0.20～6.00
		H12、H22、H14、H24、H16、H26、H18	＞0.20～4.50	＞0.20～4.50
		H112	＞4.50～25.00	—
		F	＞4.50～150.00	＞2.50～8.00
1235	A	O	＞0.20～1.00	＞0.20～1.00
		H12、H22	＞0.20～4.50	＞0.20～4.50
		H14、H24	＞0.20～3.00	＞0.20～3.00
		H16、H26	＞0.20～4.00	＞0.20～4.00
		H18	＞0.20～3.00	＞0.20～3.00
1100	A	O	＞0.20～80.00	＞0.20～6.00
		H12、H22、H14、H24	＞0.20～6.00	＞0.20～6.00
		H16、H26	＞0.20～4.00	＞0.20～4.00
		H18、H28	＞0.20～3.20	＞0.20～3.20
		H112	＞6.00～80.00	—
		F	＞4.50～150.00	＞2.50～8.00
1200	A	O	＞0.20～80.00	＞0.20～6.00
		H111	＞0.20～80.00	—
		H12、H22、H14、H24	＞0.20～6.00	＞0.20～6.00
		H16、H26	＞0.20～4.00	＞0.20～4.00
		H18、H19	＞0.20～3.00	＞0.20～3.00
		H112	＞6.00～80.00	—
		F	＞4.50～150.00	＞2.50～8.00
2A11、包铝 2A11	B	O	＞0.50～10.00	＞0.50～6.00
		T1	＞4.50～80.00	—
		T3、T4	＞0.50～10.00	—
		F	＞4.50～150.00	—
2A12、包铝 2A12	B	O	＞0.50～10.00	—
		T1	＞4.50～80.00	—
		T3、T4	＞0.50～10.00	—
		F	＞4.50～150.00	—
2A14	B	O	0.50～10.00	—
		T1	＞4.50～40.00	—
		T6	0.50～10.00	—
		F	＞4.50～150.00	—

牌号	类别	状　态	板材厚度/mm	带材厚度/mm
2E12、包铝 2E12	B	T3	0.80～6.00	—
2014	B	O	＞0.40～25.00	—
		T3	＞0.40～6.00	—
		T4	＞0.40～100.00	—
		T6	＞0.40～160.00	—
		F	＞4.50～150.00	—
包铝 2014	B	O	＞0.50～25.00	—
		T3	＞0.50～6.30	—
		T4	＞0.50～6.30	—
		T6	＞0.50～6.30	—
		F	＞4.50～150.00	—
2014A、包铝 2014A	B	O	＞0.20～6.00	—
		T4	＞0.20～80.00	—
		T6	＞0.20～140.00	—
2024	B	O	＞0.40～25.00	＞0.50～6.00
		T3	＞0.40～150.00	—
		T4	＞0.40～6.00	—
		T8	＞0.40～40.00	—
		F	＞4.50～80.00	—
包铝 2024	B	O	＞0.20～45.50	—
		T3	＞0.20～6.00	—
		T4	＞0.20～3.20	—
		F	＞4.50～80.00	—
2017、包铝 2017	B	O	＞0.40～25.00	＞0.50～6.00
		T3、T4	＞0.40～6.00	—
		F	＞4.50～150.00	—
2017A、包铝 2017A	B	O	0.40～25.00	—
		T4	0.40～200.00	—
2219、包铝 2219	B	O	＞0.50～50.00	—
		T81	＞0.50～6.30	—
		T87	＞0.10～12.50	—
3A21	A	O	＞0.20～10.00	—
		H14	＞0.80～4.50	—
		H24、H18	＞0.20～4.50	—
		H112	＞4.50～80.00	—
		F	＞4.50～150.00	—
3102	A	H18	＞0.20～3.00	＞0.20～3.00

续表

牌号	类别	状　态	板材厚度/mm	带材厚度/mm
3003	A	O	>0.20~50.00	>0.20~6.00
		H111	>0.20~50.00	—
		H12、H22、H14、H24	>0.20~6.00	>0.20~6.00
		H16、H26	>0.20~4.00	>0.20~4.00
		H18、H28、H19	>0.20~3.00	>0.20~3.00
		H112	>4.50~80.00	—
		F	>4.50~150.00	>2.50~8.00
3103	A	O、H111	>0.20~50.00	—
		H12、H22、H14、H24、H16	>0.20~6.00	—
		H26	>0.20~4.00	—
		H18、H28、H19	>0.20~3.00	—
		H112	>4.50~80.0	—
		F	>20.00~80.00	—
3004	B	O	>0.20~50.00	>0.20~6.00
		H111	>0.20~50.00	—
		H12、H22、H32、H14	>0.20~6.00	>0.20~6.00
		H24、H34、H26、H36、H18	>0.20~3.00	>0.20~3.00
		H16	>0.20~4.00	>0.20~4.00
		H28、H38、H19	>0.20~1.50	>0.20~1.50
		H112	>4.50~80.00	—
		F	>6.00~80.00	>2.50~80.00
3104	B	O	>0.20~3.00	>0.20~3.00
		H111	>0.20~3.00	>0.20~3.00
		H12、H22、H32	>0.50~3.00	>0.50~3.00
		H14、H24、H34、H16、H26、H36	>0.20~3.00	>0.20~3.00
		H18、H28、H38、H19、H29、H39	>0.20~0.50	>0.20~0.50
		F	>6.00~80.00	>2.50~80.00
3005	A	O	>0.20~6.00	>0.20~6.00
		H111	>0.20~6.00	—
		H12、H22、H14	>0.20~6.00	>0.20~6.00
		H24	>0.20~3.00	>0.20~3.00
		H16	>0.20~4.00	>0.20~4.00
		H26、H18、H28	>0.20~3.00	>0.20~3.00
		H19	>0.20~1.50	>0.20~1.50
		F	>6.00~80.00	>2.50~80.00

牌号	类别	状 态	板材厚度/mm	带材厚度/mm
3105	A	O、H12、H22、H14、H16、H26、H18	>0.20～3.00	>0.20～3.00
		H111	>0.20～3.00	—
		H28、H19	>0.20～1.50	>0.20～1.50
		F	>6.00～80.00	>2.50～80.00
4006	A	O	>0.20～6.00	—
		H12、H14	>0.20～3.00	—
		F	2.50～6.00	—
4007	A	O、H111	>0.20～12.50	—
		H12	>0.20～3.00	—
		F	2.50～6.00	—
4015	B	O、H11	>0.20～3.00	—
		H12、H14、H16、H18	>0.20～3.00	—
5A02	B	O	>0.50～10.00	—
		H14、H24、H34、H18	>0.50～4.50	—
		H112	>4.50～80.00	—
		F	>4.50～150.00	—
5A03	B	O、H14、H24、H34	>0.50～4.50	>0.50～4.50
		H112	>4.50～50.00	—
		F	>4.50～150.00	—
5A05	B	O	>0.50～4.50	>0.50～4.50
		H112	>4.50～50.00	—
		F	>4.50～150.00	—
5A06	B	O	0.50～4.50	>0.50～4.50
		H112	>4.50～50.00	—
		F	>4.50～150.00	—
5005、5005A	A	O	>0.20～50.00	>0.20～6.00
		H111	>0.20～50.00	—
		H12、H22、H32、H14、H24、H34	>0.20～6.00	>0.20～6.00
		H16、H26、H36	>0.20～4.00	>0.20～4.00
		H18、H28、H38、H19	>0.20～3.00	>0.20～3.00
		H112	>6.00～80.00	—
		F	>4.50～150.00	>2.50～8.00
5040	B	H24、H34	0.80～1.80	—
		H26、H36	1.00～2.00	—

续表

牌号	类别	状　态	板材厚度/mm	带材厚度/mm
5049	B	O、H111	＞0.20～100.00	—
		H12、H22、H32、H14、H24、H34、H16、H26、H36	＞0.20～6.00	—
		H18、H28、H38	＞0.20～3.00	
		H112	＞6.00～80.00	
5449	B	O、H111、H22、H24、H26、H28	＞0.50～3.00	
5050	A	O、H111	＞0.20～50.00	—
		H12	＞0.20～3.00	—
		H22、H32、H14、H24、H34	＞0.20～6.00	—
		H16、H26、H36	＞0.20～4.00	—
		H18、H28、H38	＞0.20～3.00	—
		H112	6.00～80.00	—
		F	2.50～80.00	—
5251	B	O、H111	＞0.20～50.00	—
		H12、H22、H32、H14、H24、H34	＞0.20～6.00	—
		H16、H26、H36	＞0.20～4.00	—
		H18、H28、H38	＞0.20～3.00	—
		F	2.50～80.00	
5052	B	O	＞0.20～80.00	＞0.20～6.00
		H111	＞0.20～80.00	
		H12、H22、H32、H14、H24、H34、H16、H26、H36	＞0.20～6.00	＞0.20～6.00
		H18、H28、H38	＞0.20～3.00	＞0.20～3.00
		H112	＞6.00～80.00	—
		F	＞2.50～150.00	＞2.50～80.00
5154A	B	O、H111	＞0.20～50.00	
		H12、H22、H32、H14、H24、H34、H26、H36	＞0.20～6.00	＞0.20～6.00
		H18、H28、H38	＞0.20～3.00	＞0.20～3.00
		H19	＞0.20～1.50	＞0.20～1.50
		H112	6.00～80.00	—
		F	＞2.50～80.00	—
5454	B	O、H111	＞0.20～80.00	
		H12、H22、H32、H14、H24、H34、H26、H36	＞0.20～6.00	

续表

牌号	类别	状　态	板材厚度/mm	带材厚度/mm
5454	B	H28、H38	＞0.20～3.00	—
		H112	＞6.00～120.00	—
		F	＞4.50～150.00	—
5754	B	O、H111	＞0.20～100.00	—
		H12、H22、H32、H14、H24、H34、H16、H26、H36	＞0.20～6.00	—
		H18、H28、H38	＞0.20～3.00	—
		H112	6.00～80.00	—
		F	＞4.50～150.00	—
5082	B	H18、H38、H19、H39	＞0.20～0.50	＞0.20～0.50
		F	＞4.50～150.00	—
5182	B	O	＞0.20～3.00	＞0.20～3.00
		H111	＞0.20～3.00	—
		H19	＞0.20～1.50	＞0.20～1.50
5083	B	O	＞0.20～200.00	＞0.20～4.00
		H111	＞0.20～200.00	—
		H12、H22、H32、H14、H24、H34	＞0.20～6.00	＞0.20～6.00
		H16、H26、H36	＞0.20～4.00	—
		H116、H321	＞1.50～80.00	—
		H112	＞6.00～120.00	—
		F	＞4.50～150.00	—
5383	B	O、H111	＞0.20～150.00	—
		H22、H32、H24、H34	＞0.20～6.00	—
		H116、H321	＞1.50～80.00	—
		H112	＞6.00～80.00	—
5086	B	O、H111	＞0.20～150.00	—
		H12、H22、H32、H14、H24、H34	＞0.20～6.00	—
		H16、H26、H36	＞0.20～4.00	—
		H18	＞0.20～3.00	—
		H116、H321	＞1.50～50.00	—
		H112	＞6.00～80.00	—
		F	＞4.50～150.00	—
6A02	B	O、T4、T6	＞0.50～10.00	—
		T1	＞4.50～80.00	—
		F	＞4.50～150.00	—

续表

牌号	类别	状　态	板材厚度/mm	带材厚度/mm
6061	B	O	0.40～2.50	0.40～6.00
		T4	0.40～80.00	—
		T6	0.40～100.00	—
		F	＞4.50～150.00	＞2.50～8.00
6016	B	T4、T6	0.40～3.00	—
6063	B	O	0.50～20.00	—
		T4、T6	0.50～10.00	—
6082	B	O	0.40～2.50	—
		T4	0.40～80.00	—
		T6	0.40～12.50	—
		F	＞4.50～150.00	—
7A04、包铝 7A04 7A09、包铝 7A09	B	O、T6	＞0.50～10.00	—
		T1	＞4.50～40.00	—
		F	＞4.50～150.00	—
7020	B	O、T4	0.40～12.50	—
		T6	0.40～200.00	—
7021	B	T6	1.50～6.00	—
7022	B	T6	3.00～200.00	—
7075	B	O	＞0.40～75.00	—
		T6	＞0.40～60.00	—
		T76	＞1.50～12.50	—
		T73	＞1.50～100.00	—
		F	＞6.00～50.00	—
包铝 7075	B	O	＞0.39～50.00	—
		T6	＞0.39～6.30	—
		T76	＞3.10～6.30	—
		F	＞6.00～100.00	—
7475	B	T6	＞0.35～6.00	—
		T76、T761	1.00～6.50	—
包铝 7475	B	O、T761	1.00～6.50	—
8A06	A	O	＞0.20～10.00	—
		H14、H24、H18	＞0.20～4.50	—
		H112	＞4.50～80.00	—
		F	＞4.50～150.00	＞2.50～8.00
8011	—	H14、H24、H16、H26	＞0.20～0.50	＞0.20～0.50
		H18	0.20～0.50	0.20～0.50

续表

牌号	类别	状态	板材厚度/mm	带材厚度/mm
8011A	A	O	＞0.20～12.50	＞0.20～6.00
		H111	＞0.20～12.50	—
		H22	＞0.20～3.00	＞0.20～3.00
		H14、H24	＞0.20～6.00	＞0.20～6.00
		H16、H26	＞0.20～4.00	＞0.20～4.00
		H18	＞0.20～3.00	＞0.20～3.00
8079	A	H14	＞0.20～0.50	＞0.20～0.50

表 3-12　与厚度对应的宽度和长度　　　　　　　　　　　mm

板、带材厚度	板材的宽度和长度		带材的宽度和内径	
	板材的宽度	板材的长度	带材的宽度	带材的内径
＞0.20～0.50	500.0～1660.0	500～4000	≤1800.0	405,505, 605,650, 750
＞0.50～0.80	500.00～2000.0	500～10000	≤2400.0	
＞0.80～1.20	500.0～2400.0①	1000～10000	≤2400.0	
＞1.20～3.00	500.0～2400.0	1000～10000	≤2400.0	
＞3.00～8.00	500.0～2400.0	1000～15000	≤2400.0	
＞8.00～15.00	500.0～2500.0	1000～15000	—	—
＞15.00～25.00	500.0～3500.0	1000～20000	—	—

① A类合金最大宽度为2000.0mm。

注：带材是否带套筒及套筒材质，由供需双方商定后在订货单（或合同）中注明。

表 3-13　一般工业用铝及铝合金板、带材的力学性能（GB/T 3880.2—2012）

牌号	包铝分类	供应状态	试样状态	厚度/mm	室温拉伸试验结果				弯曲半径②	
					抗拉强度 R_m/MPa	规定非比例延伸强度 $R_{p0.2}$ /MPa	断后伸长率① /%		90°	180°
							A_{50mm}	A		
					不小于					
1A97	—	H112	H112	＞4.50～80.00	附实测值				—	—
1A93		F	—	＞4.50～150.00					—	—
1A90 1A85	—	H112	H112	＞4.50～12.50	60	—	21		—	—
				＞12.50～20.00			—	19		
				＞20.00～80.00	附实测值					
		F	—	＞4.50～150.00						
1080A	—	O H111	O H111	＞0.20～0.50	60～90	15	26		0t	0t
				＞0.50～1.50			28		0t	0t
				＞1.50～3.00			31		0t	0t

牌号	包铝分类	供应状态	试样状态	厚度/mm	室温拉伸试验结果				弯曲半径[2]	
					抗拉强度 R_m/MPa	规定非比例延伸强度 $R_{p0.2}$ /MPa	断后伸长率[1] /%		90°	180°
							A_{50mm}	A		
					不小于					
1080A		O	O	>3.00~6.00	60~90	15	35	—	0.5t	0.5t
		H111	H111	>6.00~12.50			35	—	0.5t	0.5t
		H12	H12	>0.20~0.50	8~120	55	5	—	0t	0.5t
				>0.50~1.50			6	—	0t	0.5t
				>1.50~3.00			7	—	0.5t	0.5t
				>3.00~6.00			9	—	1.0t	—
		H22	H22	>0.20~0.50	80~120	50	8	—	0t	0.5t
				>0.50~1.50			9	—	0t	0.5t
				>1.50~3.00			11	—	0.5t	0.5t
				>3.00~6.00			13	—	1.0t	—
		H14	H14	>0.20~0.50	100~140	70	4	—	0t	0.5t
				>0.50~1.50			4	—	0.5t	0.5t
				>1.50~3.00			5	—	1.0t	1.0t
				>3.00~6.00			6	—	1.5t	—
		H24	H24	>0.20~0.50	100~140	60	5	—	0t	0.5t
				>0.50~1.50			6	—	0.5t	0.5t
				>1.50~3.00			7	—	1.0t	1.0t
				>3.00~6.00			9	—	1.5t	—
		H16	H16	>0.20~0.50	110~150	90	2	—	0.5t	1.0t
				>0.50~1.50			2	—	1.0t	1.0t
				>1.50~4.00			3	—	1.0t	1.0t
		H26	H26	>0.20~0.50	110~150	80	3	—	0.5t	—
				>0.50~1.50			3	—	1.0t	—
				>1.50~4.00			4	—	1.0t	—
		H18	H18	>0.20~0.50	125	105	2	—	1.0t	—
				>0.50~1.50			2	—	2.0t	—
				>1.50~3.00			2	—	2.5t	—
		H112	H112	>6.00~12.50	70	—	20	—		
				>12.50~25.00	70	—		20		
		F	—	2.50~25.00	—	—				
1070	—	O	O	>0.20~0.30	55~95	—	15	—	0t	
				>0.30~0.50			20	—	0t	

续表

牌号	包铝分类	供应状态	试样状态	厚度/mm	室温拉伸试验结果				弯曲半径[②]	
					抗拉强度 R_m/MPa	规定非比例延伸强度 $R_{p0.2}$/MPa	断后伸长率[①]/%		90°	180°
							A_{50mm}	A		
					不小于					
1070	—	O	O	>0.50~0.80	55~95		25	—	0t	—
				>0.80~1.50			30	—	0t	—
				>1.50~6.00		15	35	—	0t	—
				>6.00~12.50			35	—	—	—
				>12.50~50.00			—	30	—	—
		H12	H12	>0.20~0.30	70~100		2	—	0t	—
				>0.30~0.50			3	—	0t	—
				>0.50~0.80			4	—	0t	—
				>0.80~1.50			6	—	0t	—
				>1.50~3.00		55	8	—	0t	—
				>3.00~6.00			9	—	0t	—
		H22	H22	>0.20~0.30	70		2	—	0t	—
				>0.30~0.50			3	—	0t	—
				>0.50~0.80			4	—	0t	—
				>0.80~1.50			6	—	0t	—
				>1.50~3.00		55	8	—	0t	—
				>3.00~6.00			9	—	0t	—
		H14	H14	>0.20~0.30	85~120		1	—	0.5t	—
				>0.30~0.50			2	—	0.5t	—
				>0.50~0.80			3	—	0.5t	—
				>0.80~1.50			4	—	1.0t	—
				>1.50~3.00		65	5	—	1.0t	—
				>3.00~6.00			6	—	1.0t	—
		H24	H24	>0.20~0.30	85	—	1	—	0.5t	—
				>0.30~0.50			2	—	0.5t	—
				>0.50~0.80			3	—	0.5t	—
				>0.80~1.50			4	—	1.0t	—
				>1.50~3.00		65	5	—	1.0t	—
				>3.00~6.00			6	—	1.0t	—
		H16	H16	>0.20~0.50	100~135	—	1	—	1.0t	—
				>0.50~0.80			2	—	1.0t	—
				>0.80~1.50		75	3	—	1.5t	—

续表

牌号	包铝分类	供应状态	试样状态	厚度/mm	室温拉伸试验结果				弯曲半径②	
					抗拉强度 R_m/MPa	规定非比例延伸强度 $R_{p0.2}$/MPa	断后伸长率① /%			
							A_{50mm}	A	90°	180°
					不小于					
1070	—	H16	H16	>1.50~4.00	100~135	75	4	—	1.5t	—
		H26	H26	>0.20~0.50	100	—	1	—	1.0t	—
				>0.50~0.80		—	2	—	1.0t	—
				>0.80~1.50	100	75	3	—	1.5t	—
				>1.50~4.00			4	—	1.5t	—
		H18	H18	>0.20~0.50	120	—	1	—	—	—
				>0.50~0.80			2	—	—	—
				>0.80~1.50			3	—	—	—
				>1.50~3.00			4	—	—	—
		H112	H112	>4.50~6.00	75	35	13	—	—	—
				>6.00~12.50	70	35	15	—	—	—
				>12.50~25.00	60	25	—	20	—	—
				>25.00~75.00	55	15	—	25	—	—
		F	—	>2.50~150.00		—			—	—
1070A	—	O H111	O H111	>0.20~0.50	60~90	15	23	—	0t	0t
				>0.50~1.50			25	—	0t	0t
				>1.50~3.00			29	—	0t	0t
				>3.00~6.00			32	—	0.5t	0.5t
				>6.00~12.50			35	—	0.5t	0.5t
				>12.50~25.00			—	32	—	—
		H12	H12	>0.20~0.50	80~120	55	5	—	0t	0.5t
				>0.50~1.50			6	—	0t	0.5t
				>1.50~3.00			7	—	0.5t	0.5t
				>3.00~6.00			9	—	1.0t	—
		H22	H22	>0.20~0.50	80~120	50	7	—	0t	0.5t
				>0.50~1.50			8	—	0t	0.5t
				>1.50~3.00			10	—	0.5t	0.5t
				>3.00~6.00			12	—	1.0t	—
		H14	H14	>0.20~0.50	100~140	70	4	—	0t	0.5t
				>0.50~1.50			4	—	0.5t	0.5t
				>1.50~3.00			5	—	1.0t	1.0t
				>3.00~6.00			6	—	1.5t	—

牌号	包铝分类	供应状态	试样状态	厚度/mm	室温拉伸试验结果				弯曲半径②	
					抗拉强度 R_m/MPa	规定非比例延伸强度 $R_{p0.2}$/MPa	断后伸长率①/%		90°	180°
							A_{50mm}	A		
					不小于					
1070A	—	H24	H24	>0.20~0.50	100~140	60	5	—	0t	0.5t
				>0.50~1.50			6	—	0.5t	0.5t
				>1.50~3.00			7	—	1.0t	1.0t
				>3.00~6.00			9	—	1.5t	—
		H16	H16	>0.20~0.50	110~150	90	2	—	0.5t	1.0t
				>0.50~1.50			2	—	1.0t	1.0t
				>1.50~4.00			3	—	1.0t	1.0t
		H26	H26	>0.20~0.50	110~150	80	3	—	0.5t	
				>0.50~1.50			3	—	1.0t	
				>1.50~4.00			4	—	1.0t	
		H18	H18	>0.20~0.50	125	105	2	—	1.0t	
				>0.50~1.50			2	—	2.0t	
				>1.50~3.00			2	—	2.5t	
		H112	H112	>6.00~12.50	70	20	20	—	—	—
				>12.50~25.00		—	—	20	—	—
		F	—	2.50~150.00			—		—	—
1060	—	O	O	>0.20~0.30	60~100	15	15	—	—	—
				>0.30~0.50			18	—		
				>0.50~1.50			23	—		
				>1.50~6.00			25	—		
				>6.00~80.00			25	22		
		H12	H12	>0.50~1.50	80~120	60	6	—		
				>1.50~6.00			12	—		
		H22	H22	>0.50~1.50	80	60	6	—		
				>1.50~6.00			12	—		
		H14	H14	>0.20~0.30	95~135	70	1	—		
				>0.30~0.50			2	—		
				>0.50~0.80			2	—		
				>0.80~1.50			4	—		
				>1.50~3.00			6	—		
				>3.00~6.00			10	—		
		H24	H24	>0.20~0.30	95	70	1	—	—	—

续表

牌号	包铝分类	供应状态	试样状态	厚度/mm	室温拉伸试验结果					弯曲半径[②]	
					抗拉强度 R_m/MPa	规定非比例延伸强度 $R_{p0.2}$/MPa	断后伸长率[①]/%			90°	180°
							A_{50mm}	A			
					不小于						
1060	—	H24	H24	>0.30～0.50	95	70	2	—	—	—	
				>0.50～0.80			2	—	—	—	
				>0.80～1.50			4	—	—	—	
				>1.50～3.00			6	—	—	—	
				>3.00～6.00			10	—	—	—	
		H16	H16	>0.20～0.30	110～155	75	1	—	—	—	
				>0.30～0.50			2	—	—	—	
				>0.50～0.80			2	—	—	—	
				>0.80～1.50			3	—	—	—	
				>1.50～4.00			5	—	—	—	
		H26	H26	>0.20～0.30	110	75	1	—	—	—	
				>0.30～0.50			2	—	—	—	
				>0.50～0.80			2	—	—	—	
				>0.80～1.50			3	—	—	—	
				>1.50～4.00			5	—	—	—	
		H18	H18	>0.20～0.30	125	85	1	—	—	—	
				>0.30～0.50			2	—	—	—	
				>0.50～1.50			3	—	—	—	
				>1.50～3.00			4	—	—	—	
		H112	H112	>4.50～6.00	75	—	10	—	—	—	
				>6.00～12.50	75		10	—	—	—	
				>12.50～40.00	70		—	18	—	—	
				>40.00～80.00	60		—	22	—	—	
		F	—	>2.50～150.00	—				—	—	
1050	—	O	O	>0.20～0.50	60～100	20	15	—	0t	—	
				>0.50～0.80			20	—	0t	—	
				>0.80～1.50			25	—	0t	—	
				>1.50～6.00			30	—	0t	—	
				>6.00～50.00			28	28	—	—	
		H12	H12	>0.20～0.30	80～120	—	2	—	0t	—	
				>0.30～0.50			3	—	0t	—	
				>0.50～0.80			4	—	0t	—	

续表

牌号	包铝分类	供应状态	试样状态	厚度/mm	室温拉伸试验结果				弯曲半径[2]	
					抗拉强度 R_m/MPa	规定非比例延伸强度 $R_{p0.2}$/MPa	断后伸长率[1]/%		90°	180°
							A_{50mm}	A		
					不小于					
1050	—	H12	H12	>0.80~1.50	80~120	65	6	—	0.5t	—
				>1.50~3.00			8	—	0.5t	—
				>3.00~6.00			9	—	0.5t	—
		H22	H22	>0.20~0.30	80	—	2	—	0t	—
				>0.30~0.50			3	—	0t	—
				>0.50~0.80			4	—	0t	—
				>0.80~1.50			6	—	0.5t	—
				>1.50~3.00		65	8	—	0.5t	—
				>3.00~6.00			9	—	0.5t	—
		H14	H14	>0.20~0.30	95~130	—	1	—	0.5t	—
				>0.30~0.50			2	—	0.5t	—
				>0.50~0.80			3	—	0.5t	—
				>0.80~1.50			4	—	1.0t	—
				>1.50~3.00		75	5	—	1.0t	—
				>3.00~6.00			6	—	1.0t	—
		H24	H24	>0.20~0.30	95	—	1	—	0.5t	—
				>0.30~0.50			2	—	0.5t	—
				>0.50~0.80			3	—	0.5t	—
				>0.80~1.50			4	—	1.0t	—
				>1.50~3.00		75	5	—	1.0t	—
				>3.00~6.00			6	—	1.0t	—
		H16	H16	>0.20~0.50	120~150	—	1	—	2.0t	—
				>0.50~0.80			2	—	2.0t	—
				>0.80~1.50		85	3	—	2.0t	—
				>1.50~4.00			4	—	2.0t	—
		H26	H26	>0.20~0.50	120	—	1	—	2.0t	—
				>0.50~0.80			2	—	2.0t	—
				>0.80~1.50		85	3	—	2.0t	—
				>1.50~4.00			4	—	2.0t	—
		H18	H18	>0.20~0.50	130	—	1	—	—	—
				>0.50~0.80			2	—	—	—
				>0.80~1.50			3	—	—	—

续表

牌号	包铝分类	供应状态	试样状态	厚度/mm	室温拉伸试验结果				弯曲半径②	
					抗拉强度 R_m/MPa	规定非比例延伸强度 $R_{p0.2}$/MPa	断后伸长率①/%		90°	180°
							A_{50mm}	A		
					不小于					
1050	—	H18	H18	>1.50~3.00	130	—	4	—	—	—
		H112	H112	>4.50~6.00	85	45	10	—	—	—
				>6.00~12.50	80	45	10	—	—	—
				>12.50~25.00	70	35	—	16	—	—
				>25.00~50.00	65	30	—	22	—	—
				>50.00~75.00	65	30	—	22	—	—
		F	—	>2.50~150.00						
1050A	—	O H111	O H111	>0.20~0.50	>65~95	20	20	—	0t	0t
				>0.50~1.50			22	—	0t	0t
				>1.50~3.00			26	—	0t	0t
				>3.00~6.00			29	—	0.5t	0.5t
				>6.00~12.50			35	—	1.0t	1.0t
				>12.50~80.00			—	32	—	—
		H12	H12	>0.20~0.50	>85~125	65	2	—	0t	0.5t
				>0.50~1.50			4	—	0t	0.5t
				>1.50~3.00			5	—	0.5t	0.5t
				>3.00~6.00			7	—	1.0t	1.0t
		H22	H22	>0.20~0.50	>85~125	55	4	—	0t	0.5t
				>0.50~1.50			5	—	0t	0.5t
				>1.50~3.00			6	—	0.5t	0.5t
				>3.00~6.00			11	—	1.0t	1.0t
		H14	H14	>0.20~0.50	>105~145	85	2	—	0t	1.0t
				>0.50~1.50			2	—	0.5t	1.0t
				>1.50~3.00			4	—	1.0t	1.0t
				>3.00~6.00			5	—	1.5t	—
		H24	H24	>0.20~0.50	>105~145	75	3	—	0t	1.0t
				>0.50~1.50			4	—	0.5t	1.0t
				>1.50~3.00			5	—	1.0t	1.0t
				>3.00~6.00			8	—	1.5t	1.5t
		H16	H16	>0.20~0.50	>120~160	100	1	—	0.5t	—
				>0.50~1.50			2	—	1.0t	—
				>1.50~4.00			3	—	1.5t	—

续表

牌号	包铝分类	供应状态	试样状态	厚度/mm	室温拉伸试验结果				弯曲半径②	
					抗拉强度 R_m/MPa	规定非比例延伸强度 $R_{p0.2}$/MPa	断后伸长率① /%		90°	180°
							A_{50mm}	A		
					不小于					
1050A	—	H26	H26	>0.20～0.50	>120～160	90	2	—	0.5t	—
				>0.50～1.50			3	—	1.0t	—
				>1.50～4.00			4	—	1.5t	—
		H18	H18	>0.20～0.50	135	120	1	—	1.0t	—
				>0.50～1.50	140		2	—	2.0t	—
				>1.50～3.00			2	—	3.0t	—
		H28	H28	>0.20～0.50	140	110	2	—	1.0t	—
				>0.50～1.50			2	—	2.0t	—
				>1.50～3.00			3	—	3.0t	—
		H19	H19	>0.20～0.50	155	140	1	—	—	—
				>0.50～1.50	150	130		—	—	—
				>1.50～3.00				—	—	—
		H112	H112	>6.00～12.50	75	30	20	—	—	—
				>12.50～80.00	70	25	—	20	—	—
		F	—	2.50～150.00	—				—	—
1145	—	O	O	>0.20～0.50	60～100	—	15	—	—	—
				>0.50～0.80			20	—	—	—
				>0.80～1.50			25	—	—	—
				>1.50～6.00		20	30	—	—	—
				>6.00～10.00			28	—	—	—
		H12	H12	>0.20～0.30	80～120	—	2	—	—	—
				>0.30～0.50			3	—	—	—
				>0.50～0.80			4	—	—	—
				>0.80～1.50			6	—	—	—
				>1.50～3.00		65	8	—	—	—
				>3.00～4.50			9	—	—	—
		H22	H22	>0.20～0.30	80	—	2	—	—	—
				>0.30～0.50			3	—	—	—
				>0.50～0.80			4	—	—	—
				>0.80～1.50			6	—	—	—
				>1.50～3.00			8	—	—	—
				>3.00～4.50			9	—	—	—

续表

牌号	包铝分类	供应状态	试样状态	厚度/mm	室温拉伸试验结果		断后伸长率① /%		弯曲半径②	
					抗拉强度 R_m/MPa	规定非比例延伸强度 $R_{p0.2}$ /MPa	A_{50mm}	A	90°	180°
					不小于					
1145	—	H14	H14	>0.20～0.30	95～125		1	—	—	—
				>0.30～0.50		—	2	—	—	—
				>0.50～0.80			3	—	—	—
				>0.80～1.50			4	—	—	—
				>1.50～3.00		75	5	—	—	—
				>3.00～4.50			6	—	—	—
		H24	H24	>0.20～0.30	95		1	—	—	—
				>0.30～0.50			2	—	—	—
				>0.50～0.80			3	—	—	—
				>0.80～1.50		—	4	—	—	—
				>1.50～3.00			5	—	—	—
				>3.00～4.50			6	—	—	—
		H16	H16	>0.20～0.50	120～145		1	—	—	—
				>0.50～0.80		—	2	—	—	—
				>0.80～1.50		85	3	—	—	—
				>1.50～4.50			4	—	—	—
		H26	H26	>0.20～0.50	120		1	—	—	—
				>0.50～0.80			2	—	—	—
				>0.80～1.50			3	—	—	—
				>1.50～4.50			4	—	—	—
		H18	H18	>0.20～0.50	125		1	—	—	—
				>0.50～0.80		—	2	—	—	—
				>0.80～1.50			3	—	—	—
				>1.50～4.50			4	—	—	—
		H112	H112	>4.50～6.50	85	45	10	—	—	—
				>6.50～12.50	80	45	10	—	—	—
				>12.50～25.00	70	35	—	16	—	—
		F	—	>2.50～150.00		—			—	—
1235	—	O	O	>0.20～1.00	65～105	—	15	—	—	—
		H12	H12	>0.20～0.30	95～130		2	—	—	—
				>0.30～0.50			3	—	—	—
				>0.50～1.50			6	—	—	—

续表

牌号	包铝分类	供应状态	试样状态	厚度/mm	室温拉伸试验结果				弯曲半径②	
					抗拉强度 R_m/MPa	规定非比例延伸强度 $R_{p0.2}$/MPa	断后伸长率①/%		90°	180°
							A_{50mm}	A		
					不小于					
1235	—	H12	H12	>1.50~3.00	95~130	—	8	—	—	—
				>3.00~4.50			9	—	—	—
		H22	H22	>0.20~0.30	95	—	2	—	—	—
				>0.30~0.50			3	—	—	—
				>0.50~1.50			6	—	—	—
				>1.50~3.00			8	—	—	—
				>3.00~4.50			9	—	—	—
		H14	H14	>0.20~0.30	115~150	—	1	—	—	—
				>0.30~0.50			2	—	—	—
				>0.50~1.50			3	—	—	—
				>1.50~3.00			4	—	—	—
		H24	H24	>0.20~0.30	115	—	1	—	—	—
				>0.30~0.50			2	—	—	—
				>0.50~1.50			3	—	—	—
				>1.50~3.00			4	—	—	—
		H16	H16	>0.20~0.50	130~165	—	1	—	—	—
				>0.50~1.50			2	—	—	—
				>1.50~4.00			3	—	—	—
		H26	H26	>0.20~0.50	130	—	1	—	—	—
				>0.50~1.50			2	—	—	—
				>1.50~4.00			3	—	—	—
		H18	H18	>0.20~0.50	145	—	1	—	—	—
				>0.50~1.50			2	—	—	—
				>1.50~3.00			3	—	—	—
1200	—	O H111	O H111	>0.20~0.50	75~105	25	19	—	0t	0t
				>0.50~1.50			21	—	0t	0t
				>1.50~3.00			24	—	0t	0t
				>3.00~6.00			28	—	0.5t	0.5t
				>6.00~12.50			33	—	1.0t	1.0t
				>12.50~80.00			—	30	—	—
		H12	H12	>0.20~0.50	95~135	75	2	—	0t	0.5t
				>0.50~1.50			4	—	0t	0.5t

续表

牌号	包铝分类	供应状态	试样状态	厚度/mm	室温拉伸试验结果				弯曲半径[2]	
					抗拉强度 R_m/MPa	规定非比例延伸强度 $R_{p0.2}$/MPa	断后伸长率[1]/%		90°	180°
							A_{50mm}	A		
					不小于					
1200	—	H12	H12	＞1.50～3.00	95～135	75	5	—	0.5t	0.5t
				＞3.00～6.00			6	—	1.0t	1.0t
		H22	H22	＞0.20～0.50	95～135	65	4	—	0t	0.5t
				＞0.50～1.50			5	—	0t	0.5t
				＞1.50～3.00			6	—	0.5t	0.5t
				＞3.00～6.00			10	—	1.0t	1.0t
		H14	H14	＞0.20～0.50	105～155	95	1	—	0t	1.0t
				＞0.50～1.50	115～155		3	—	0.5t	1.0t
				＞1.50～3.00			4	—	1.0t	1.0t
				＞3.00～6.00			4	—	1.5t	1.5t
		H24	H24	＞0.20～0.50	115～155	90	3	—	0t	1.0t
				＞0.50～1.50			4	—	0.5t	1.0t
				＞1.50～3.00			5	—	1.0t	1.0t
				＞3.00～6.00			7	—	1.5t	—
		H16	H16	＞0.20～0.50	120～170	110	1	—	0.5t	—
				＞0.50～1.50	130～170	115	2	—	1.0t	—
				＞1.50～4.00			3	—	1.5t	—
		H26	H26	＞0.20～0.50	130～170	105	2	—	0.5t	—
				＞0.50～1.50			3	—	1.0t	—
				＞1.50～4.00			4	—	1.5t	—
		H18	H18	＞0.20～0.50	150	130	1	—	1.0t	—
				＞0.50～1.50			2	—	2.0t	—
				＞1.50～3.00			2	—	3.0t	—
		H19	H19	＞0.20～0.50	160	140	1	—	—	—
				＞0.50～1.50			1	—	—	—
				＞1.50～3.00			1	—	—	—
		H112	H112	＞6.00～12.50	85	35	16	—		
				＞12.50～80.00	80	30	—	16		
		F	—	＞2.50～150.00						
包铝2A11	正常包铝或工艺包铝	O	O	＞0.50～3.00	≤225	—	12			
2A11				＞3.00～10.00	≤235	—	12			
			T42[3]	＞0.50～3.00	350	185	15			

续表

牌号	包铝分类	供应状态	试样状态	厚度/mm	室温拉伸试验结果				弯曲半径②	
					抗拉强度 R_m/MPa	规定非比例延伸强度 $R_{p0.2}$/MPa	断后伸长率①/%		90°	180°
							A_{50mm}	A		
					不小于					
包铝 2A11 2A11	正常包铝或工艺包铝	O	T42③	>3.00~10.00	355	195	15	—	—	—
		T1	T42	>4.50~10.00	355	195	15	—	—	—
				>10.00~12.50	370	215	11	—	—	—
				>12.50~25.00	370	215	—	11	—	—
				>25.00~40.00	330	195	—	8	—	—
				>40.00~70.00	310	195	—	6	—	—
				>70.00~80.00	285	195	—	4	—	—
		T3	T3	>0.50~1.50	375	215	15		—	—
				>1.50~3.00			17		—	—
				>3.00~10.00			15		—	—
		T4	T4	>0.50~3.00	360	185	15		—	—
				>3.00~10.00	370	195	15		—	—
		F	—	>4.50~150.00	—				—	—
包铝 2A12 2A12	正常包铝或工艺包铝	O	O	>0.50~4.50	≤215	—	14		—	—
				>4.50~10.00	≤235	—	12		—	—
			T42③	>0.50~3.00	390	245	15		—	—
				>3.00~10.00	410	265	12		—	—
		T1	T42	>4.50~10.00	410	265	12		—	—
				>10.00~12.50	420	275	7		—	—
				>12.50~25.00	420	275	—	7	—	—
				>25.00~40.00	390	255	—	5	—	—
				>40.00~70.00	370	245	—	4	—	—
				>70.00~80.00	345	245	—	3	—	—
		T3	T3	>0.50~1.60	405	270	15		—	—
				>1.60~10.00	420	275	15		—	—
		T4	T4	>0.50~3.00	405	270	13		—	—
				>3.00~4.50	425	275	12		—	—
				>4.50~10.00	425	275	12		—	—
		F	—	>4.50~150.00	—				—	—
2A14	工艺包铝	O	O	0.50~10.00	≤245	—	10		—	—
		T6	T6	0.50~10.00	430	340	5		—	—
		T1	T62	>4.50~12.50	430	340	5		—	—

续表

牌号	包铝分类	供应状态	试样状态	厚度/mm	室温拉伸试验结果				弯曲半径[2]	
					抗拉强度 R_m/MPa	规定非比例延伸强度 $R_{p0.2}$ /MPa	断后伸长率[1] /%		90°	180°
							A_{50mm}	A		
					不小于					
2A14	工艺包铝	T1	T62	＞12.50～40.00	430	340	—	5	—	—
		F	—	＞4.50～150.00		—			—	—
包铝2E12 2E12	正常包铝或工艺包铝	T3	T3	0.80～1.50	405	270	—	15	—	5.0t
				＞1.50～3.00	≥420	275	—	15	—	5.0t
				＞3.00～6.00	425	275	—	15	—	8.0t
2014	工艺包铝或不包铝	O	O	＞0.40～1.50	≤220	≤140	12	—	0t	0.5t
				＞1.50～3.00			13	—	1.0t	1.0t
				＞3.00～6.00			16	—	1.5t	—
				＞6.00～9.00			16	—	2.5t	—
				＞9.00～12.50			16	—	4.0t	—
				＞12.50～25.00			—	10	—	—
		T3	T3	＞0.40～1.50	395	245	14	—		
				＞1.50～6.00	400	245	14	—		
		T4	T4	＞0.40～1.50	395	240	14	—	3.0t	3.0t
				＞1.50～6.00	395	240	14	—	5.0t	5.0t
				＞6.00～12.50	400	250	14	—	8.0t	—
				＞12.50～40.00	400	250		10	—	—
				＞40.00～100.00	395	250		7	—	—
		T6	T6	＞0.40～1.50	440	390	6	—		
				＞1.50～6.00	440	390	7	—		
				＞6.00～12.50	450	395	7	—		
				＞12.50～40.00	460	400		6	5.0t	
				＞40.00～60.00	450	390		5	7.0t	
				＞60.00～80.00	435	380		4	10.0t	
				＞80.00～100.00	420	360		4		
				＞100.00～125.00	410	350		4		
				＞125.00～160.00	390	340		2		
		F	—	＞4.50～150.00		—				
包铝2014	正常包铝	O	O	＞0.50～0.63	≤205	≤95	16		—	—
				＞0.63～1.00	≤220				—	—
				＞1.00～2.50	≤205				—	—
				＞2.50～12.50	≤205		9		—	—

续表

牌号	包铝分类	供应状态	试样状态	厚度/mm	室温拉伸试验结果 抗拉强度 R_m/MPa	规定非比例延伸强度 $R_{p0.2}$/MPa	断后伸长率①/% A_{50mm}	A	弯曲半径② 90°	180°
							不小于			
包铝 2014	正常 包铝	O	O	>12.50~25.00	≤220④	—	—	5	—	—
		T3	T3	>0.50~0.63	370	230	14	—	—	—
				>0.63~1.00	380	235	14	—	—	—
				>1.00~2.50	395	240	15	—	—	—
				>2.50~6.30	395	240	15	—	—	—
		T4	T4	>0.50~0.63	370	215	14	—	—	—
				>0.63~1.00	380	220	14	—	—	—
				>1.00~2.50	395	235	15	—	—	—
				>2.50~6.30	395	235	15	—	—	—
		T6	T6	>0.50~0.63	425	370	7	—	—	—
				>0.63~1.00	435	380	7	—	—	—
				>1.00~2.50	440	395	8	—	—	—
				>2.50~6.30	440	395	8	—	—	—
		F	—	>4.50~150.00	—				—	—
包铝 2014A 2014A	正常包铝、工艺包铝或不包铝	O	O	>0.20~0.50	≤235	≤110	—		1.0t	—
				>0.50~1.50			14	—	2.0t	—
				>1.50~3.00			16	—	2.0t	—
				>3.00~6.00			16	—	2.0t	—
		T4	T4	>0.20~0.50	400	225	—		3.0t	—
				>0.50~1.50			13		3.0t	—
				>1.50~6.00			14		5.0t	—
				>6.00~12.50			14		—	—
				>12.50~25.00		250		12	—	—
				>25.00~40.00				10	—	—
				>40.00~80.00	395			7	—	—
		T6	T6	>0.20~0.50	440	380	—		5.0t	—
				>0.50~1.50			6		5.0t	—
				>1.50~3.00			7		6.0t	—
				>3.00~6.00			8		5.0t	—
				>6.00~12.50	460	410	8		—	—
				>12.50~25.00	460	410		6	—	—
				>25.00~40.00	450	400		5	—	—

续表

牌号	包铝分类	供应状态	试样状态	厚度/mm	室温拉伸试验结果				弯曲半径②	
					抗拉强度 R_m/MPa	规定非比例延伸强度 $R_{p0.2}$/MPa	断后伸长率①/%		90°	180°
							A_{50mm}	A		
					不小于					
包铝2014A 2014A	正常包铝、工艺包铝或不包铝	T6	T6	>40.00~60.00	430	390	—	5	—	—
				>60.00~90.00	430	390	—	4	—	—
				>90.00~115.00	420	370	—	4	—	—
				>115.00~140.00	410	350	—	4	—	—
2024	工艺包铝或不包铝	O	O	>0.40~1.50	≤220	≤140	12	—	0t	0.5t
				>1.50~3.00			13		1.0t	2.0t
				>3.00~6.00					1.5t	3.0t
				>6.00~9.00					2.5t	
				>9.00~12.50					4.0t	
				>12.50~25.00	—		—	11		
		T3	T3	>0.40~1.50	435	290	12	11	4.0t	4.0t
				>1.50~3.00	435	290	14		4.0t	4.0t
				>3.00~6.00	440	290	14		5.0t	5.0t
				>6.00~12.50	440	290	13		8.0t	
				>12.50~40.00	430	290		11	—	
				>40.00~80.00	420	290		8	—	
				>80.00~100.00	400	285		7	—	
				>100.00~120.00	380	270		5	—	
				>120.00~150.00	360	250		5	—	
		T4	T4	>0.40~1.50	425	275	12	—	—	4.0t
				>1.50~6.00	426	275	14		—	5.0t
		T8	T8	>0.40~1.50	460	400	12		—	—
				>1.50~6.00	460	400	6		—	—
				>6.00~12.50	460	400	5		—	—
				>12.50~25.00	455	400	—	4	—	—
				>25.00~40.00	455	395	—	4	—	—
		F	—	>4.50~80.00	—				—	—
包铝2024	正常包铝	O	O	>0.20~0.25	≤205	≤95	10		—	—
				>0.25~1.60	≤205	≤95	12		—	—
				>1.60~12.50	≤220	≤95	12		—	—
				>12.50~45.50	≤220④	—	—	10	—	—

牌号	包铝分类	供应状态	试样状态	厚度/mm	室温拉伸试验结果				弯曲半径[②]	
					抗拉强度 R_m/MPa	规定非比例延伸强度 $R_{p0.2}$/MPa	断后伸长率[①]/%		90°	180°
							A_{50mm}	A		
					不小于					
包铝 2024	正常包铝	T3	T3	＞0.20～0.25	400	270	10	—	—	—
				＞0.25～0.50	405	270	12	—	—	—
				＞0.50～1.60	405	270	15	—	—	—
				＞1.60～3.20	420	275	15	—	—	—
				＞3.20～6.00	420	275	15	—	—	—
		T4	T4	＞0.20～0.50	400	245	12	—	—	—
				＞0.50～1.60	400	245	15	—	—	—
				＞1.60～3.20	420	260	15			
		F	—	＞4.50～80.00						
包铝 2017 2017	正常包铝、工艺包铝或不包铝	O	O	＞0.40～1.60	≤215	≤110	12		0.5t	
				＞1.60～2.90					1.0t	
				＞2.90～6.00					1.5t	
				＞6.00～25.00						
		O	T42[③]	＞0.40～0.50	355	—	12			
				＞0.50～1.60			15			
				＞1.60～2.90		195	17			
				＞2.90～6.50			15			
				＞6.50～25.00		185	12			
		T3	T3	＞0.40～0.50	375	215	12	—	1.5t	
				＞0.50～1.60			15	—	2.5t	
				＞1.60～2.90			17	—	3t	
				＞2.90～6.00			15	—	3.5t	
		T4	T4	＞0.40～0.50	355	195	12	—	1.5t	
				＞0.50～1.60			15	—	2.5t	
				＞1.60～2.90			17	—	3t	
				＞2.90～6.00			15	—	3.5t	
		F	—	＞4.50～150.00					—	—
包铝 2017A 2017A	正常包铝、工艺包铝或不包铝	O	O	0.40～1.50	≤225	≤145	12	—	5t	0.5t
				＞1.50～3.00			14		1.0t	1.0t
				＞3.00～6.00					1.5t	—
				＞6.00～9.00			13		2.5t	—
				＞9.00～12.50					4.0t	—

续表

牌号	包铝分类	供应状态	试样状态	厚度/mm	室温拉伸试验结果				弯曲半径[2]	
					抗拉强度 R_m/MPa	规定非比例延伸强度 $R_{p0.2}$/MPa	断后伸长率[1]/%		90°	180°
							A_{50mm}	A		
					不小于					
包铝 2017A 2017A	正常包铝、工艺包铝或不包铝	O	O	>12.50~25.00	≤225	≤145	—	12	—	—
		T4	T4	0.40~1.50	390	245	14	—	3.0t	3.0t
				>1.50~6.00		245	15	—	5.0t	5.0t
				>6.00~12.50		260	13	—	8.0t	
				>12.50~40.00		250	—	12		
				>40.00~60.00	385	245	—	12		
				>60.00~80.00	370		—	7		
				>80.00~120.00	360	240	—	6		
				>120.00~150.00	350		—	4		
				>150.00~180.00	330	220	—	2		
				>180.00~200.00	300	200	—	2		
包铝 2219 2219	正常包铝、工艺包铝或不包铝	O	O	>0.50~12.50	≤220	≤110	12	—	—	—
				>12.50~50.00	≤220[4]	≤110[4]	—	10	—	—
		T81	T81	>0.50~1.00	340	255	6	—	—	—
				>1.00~2.50	380	285	7	—	—	—
				>2.50~6.30	400	295	7	—	—	—
		T87	T87	>1.00~2.50	395	315	6	—	—	—
				>2.50~6.30	415	330	6	—	—	—
				>6.30~12.50	415	330	7	—	—	—
3A21	—	O	O	>0.20~0.80	100~150	—	19	—	—	—
				>0.80~4.50			23	—	—	—
				>4.50~10.00			21	—	—	—
		H14	H14	>0.80~1.30	145~215	—	6	—	—	—
				>1.30~4.50			6	—	—	—
		H24	H24	>0.20~1.30	145	—	6	—	—	—
				>1.30~4.50			6	—	—	—
		H18	H18	>0.20~0.50	185	—	1	—	—	—
				>0.50~0.80			2	—	—	—
				>0.80~1.30			3	—	—	—
				>1.30~4.50			4	—	—	—
		H112	H112	>4.50~10.00	110	—	16	—	—	—
				>10.00~12.50	120	—	16	—	—	—

续表

牌号	包铝分类	供应状态	试样状态	厚度/mm	室温拉伸试验结果				弯曲半径[2]	
					抗拉强度 R_m/MPa	规定非比例延伸强度 $R_{p0.2}$ /MPa	断后伸长率[1] /%		90°	180°
							A_{50mm}	A		
					不小于					
3A21	—	H112	H112	>12.50～25.00	120		—	16	—	—
				>25.00～80.00	110		—	16	—	—
		F	—	>4.50～150.00	—					
3102	—	H18	H18	>0.20～0.50	160		3	—		
				>0.50～3.00			2	—		
3003	—	O H111	O H111	>0.20～0.50	95～135	35	15	—	0t	0t
				>0.50～1.50			17	—	0t	0t
				>1.50～3.00			20	—	0t	0t
				>3.00～6.00			23	—	1.0t	1.0t
				>6.00～12.50			24	—	1.5t	—
				>12.50～50.00			—	23	—	—
		H12	H12	>0.20～0.50	120～160	90	3	—	0t	1.5t
				>0.50～1.50			4	—	0.5t	1.5t
				>1.50～3.00			5	—	1.0t	1.5t
				>3.00～6.00			6	—	1.0t	—
		H22	H22	>0.20～0.50	120～160	80	6	—	0t	1.0t
				>0.50～1.50			7	—	0.5t	1.0t
				>1.50～3.00			8	—	1.0t	1.0t
				>3.00～6.00			9	—	1.0t	—
		H14	H14	>0.20～0.50	145～195	125	2	—	0.5t	2.0t
				>0.50～1.50			2	—	1.0t	2.0t
				>1.50～3.00			3	—	1.0t	2.0t
				>3.00～6.00			4	—	2.0t	—
		H24	H24	>0.20～0.50	145～195	115	4	—	0.5t	1.5t
				>0.50～1.50			4	—	1.0t	1.5t
				>1.50～3.00			5	—	1.0t	1.5t
				>3.00～6.00			6	—	2.0t	—
		H16	H16	>0.20～0.50	170～210	150	1	—	1.0t	2.5t
				>0.50～1.50			2	—	1.5t	2.5t
				>1.50～4.00			2	—	2.0t	2.5t
		H26	H26	>0.20～0.50	170～210	140	2	—	1.0t	2.0t
				>0.50～1.50			3	—	1.5t	2.0t

续表

牌号	包铝分类	供应状态	试样状态	厚度/mm	室温拉伸试验结果				弯曲半径②	
					抗拉强度 R_m/MPa	规定非比例延伸强度 $R_{p0.2}$/MPa	断后伸长率① /%		90°	180°
							A_{50mm}	A		
					不小于					
3003	—	H26	H26	>1.50~4.00	170~210	140	3	—	2.0t	2.0t
		H18	H18	>0.20~0.50	190	170	1	—	1.5t	—
				>0.50~1.50			2	—	2.5t	—
				>1.50~3.00			2	—	3.0t	—
		H28	H28	>0.20~0.50	190	160	2	—	1.5t	—
				>0.50~1.50			2	—	2.5t	—
				>1.50~3.00			3	—	3.0t	—
		H19	H19	>0.20~0.50	210	180	1	—	—	—
				>0.50~1.50			2	—	—	—
				>1.50~3.00			2	—	—	—
		H112	H112	>4.50~12.50	115	70	10	—	—	—
				>12.50~80.00	100	40	—	18	—	—
		F	—	>2.50~150.00	—				—	—
3103	—	O H111	O H111	>0.20~0.50	90~130	35	17	—	0t	0t
				>0.50~1.50			19	—	0t	0t
				>1.50~3.00			21	—	0t	0t
				>3.00~6.00			24	—	1.0t	1.0t
				>6.00~12.50			28	—	1.5t	—
				>12.50~50.00			—	25	—	—
		H12	H12	>0.20~0.50	115~155	85	3	—	0t	1.5t
				>0.50~1.50			4	—	0.5t	1.5t
				>1.50~3.00			5	—	1.0t	1.5t
				>3.00~6.00			6	—	1.0t	—
		H22	H22	>0.20~0.50	115~155	75	6	—	0t	1.0t
				>0.50~1.50			7	—	0.5t	1.0t
				>1.50~3.00			8	—	1.0t	1.0t
				>3.00~6.00			9	—	1.0t	—
		H14	H14	>0.20~0.50	140~180	120	2	—	0.5t	2.0t
				>0.50~1.50			2	—	1.0t	2.0t
				>1.50~3.00			3	—	1.0t	2.0t
				>3.00~6.00			4	—	2.0t	—
		H24	H24	>0.20~0.50	140~180	110	4	—	0.5t	1.5t

牌号	包铝分类	供应状态	试样状态	厚度/mm	室温拉伸试验结果				弯曲半径[②]	
					抗拉强度 R_m/MPa	规定非比例延伸强度 $R_{p0.2}$/MPa	断后伸长率[①]/%		90°	180°
							A_{50mm}	A		
					不小于					
3103	—	H24	H24	>0.50～1.50	140～180	110	4	—	1.0t	1.5t
				>1.50～3.00			5	—	1.0t	1.5t
				>3.00～6.00			6	—	2.0t	—
		H16	H16	>0.20～0.50	160～200	145	1	—	1.0t	2.5t
				>0.50～1.50			2	—	1.5t	2.5t
				>1.50～4.00			2	—	2.0t	2.5t
				>4.00～6.00			2	—	1.5t	2.0t
		H26	H26	>0.20～0.50	160～200	135	2	—	1.0t	2.0t
				>0.50～1.50			3	—	1.5t	2.0t
				>1.50～4.00			3	—	2.0t	2.0t
		H18	H18	>0.20～0.50	185	165	1	—	1.5t	—
				>0.50～1.50			2	—	2.5t	—
				>1.50～3.00			2	—	3.0t	—
		H28	H28	>0.20～0.50	185	155	2	—	1.5t	—
				>0.50～1.50			2	—	2.5t	—
				>1.50～3.00			3	—	3.0t	—
		H19	H19	>0.20～0.50	200	175	1	—		
				>0.50～1.50			2	—		
				>1.50～3.00			2	—		
		H112	H112	>4.50～12.50	110	70	10	—	—	—
				>12.50～80.00	95	40	—	18	—	—
		F	—	>20.00～80.00	—				—	—
3004	—	O H111	O H111	>0.20～0.50	155～200	60	13	—	0t	0t
				>0.50～1.50			14	—	0t	0t
				>1.50～3.00			15	—	0t	0.5t
				>3.00～6.00			16	—	1.0t	1.0t
				>6.00～12.50			16	—	2.0t	—
				>12.50～50.00			—	14	—	—
		H12	H12	>0.20～0.50	190～240	155	2	—	0t	1.5t
				>0.50～1.50			3	—	0.5t	1.5t
				>1.50～3.00			4	—	1.0t	2.0t
				>3.00～6.00			5	—	1.5t	—

续表

牌号	包铝分类	供应状态	试样状态	厚度/mm	室温拉伸试验结果				弯曲半径②	
					抗拉强度 R_m/MPa	规定非比例延伸强度 $R_{p0.2}$ /MPa	断后伸长率① /%		90°	180°
							A_{50mm}	A		
					不小于					
3004	—	H22 H32	H22 H32	>0.20~0.50	190~240	145	4	—	0t	1.0t
				>0.50~1.50			5	—	0.5t	1.0t
				>1.50~3.00			6	—	1.0t	1.5t
				>3.00~6.00			7	—	1.5t	—
		H14	H14	>0.20~0.50	220~265	180	1	—	0.5t	2.5t
				>0.50~1.50			2	—	1.0t	2.5t
				>1.50~3.00			2	—	1.5t	2.5t
				>3.00~6.00			3	—	2.0t	—
		H24 H34	H24 H34	>0.20~0.50	220~265	170	3	—	0.5t	2.0t
				>0.50~1.50			4	—	1.0t	2.0t
				>1.50~3.00			4	—	1.5t	2.0t
		H16	H16	>0.20~0.50	240~285	200	1	—	1.0t	3.5t
				>0.50~1.50			1	—	1.5t	3.5t
				>1.50~4.00			2	—	2.5t	—
		H26 H36	H26 H36	>0.20~0.50	240~285	190	3	—	1.0t	3.0t
				>0.50~1.50			3	—	1.5t	3.0t
				>1.50~3.00			3	—	2.5t	—
		H18	H18	>0.20~0.50	260	230	1	—	1.5t	
				>0.50~1.50			1	—	2.5t	
				>1.50~3.00			2	—	—	—
		H28 H38	H28 H38	>0.20~0.50	260	220	2	—	1.5t	
				>0.50~1.50			3	—	2.5t	
		H19	H19	>0.20~0.50	270	240	1	—	—	
				>0.50~1.50			1	—	—	
		H112	H112	>4.50~12.50	160	60	7	—		
				>12.50~40.00			—	6		
				>40.00~80.00			—	6		
		F	—	>2.50~80.00	—					
3104	—	O H111	O H111	>0.20~0.50	155~195	—	10	—	0t	0t
				>0.50~0.80			14	—	0t	0t
				>0.80~1.30		60	16	—	0.5t	0.5t
				>1.30~3.00			18	—	0.5t	0.5t

牌号	包铝分类	供应状态	试样状态	厚度/mm	室温拉伸试验结果				弯曲半径[②]	
					抗拉强度 R_m/MPa	规定非比例延伸强度 $R_{p0.2}$/MPa	断后伸长率[①]/%		90°	180°
							A_{50mm}	A		
					不小于					
3104	—	H12 H32	H12 H32	>0.50~0.80	195~245	145	3	—	0.5t	0.5t
				>0.80~1.30			4	—	1.0t	1.0t
				>1.30~3.00			5	—	1.0t	1.0t
		H22	H22	>0.50~0.80	195	—	3	—	0.5t	0.5t
				>0.80~1.30			4	—	1.0t	1.0t
				>1.30~3.00			5	—	1.0t	1.0t
		H14 H34	H14 H34	>0.20~0.50	225~265	175	1	—	1.0t	1.0t
				>0.50~0.80			2	—	1.5t	1.5t
				>0.80~1.30			3	—	1.5t	1.5t
				>1.30~3.00			4	—	1.5t	1.5t
		H24	H24	>0.20~0.50	225		1	—	1.0t	1.0t
				>0.50~0.80			3	—	1.5t	1.5t
				>0.80~1.30			3	—	1.5t	1.5t
				>1.30~3.00			4	—	1.5t	1.5t
		H16 H36	H16 H36	>0.20~0.50	245~285	195	1	—	2.0t	2.0t
				>0.50~0.80			2	—	2.0t	2.0t
				>0.80~1.30			3	—	2.5t	2.5t
				>1.30~3.00			4	—	2.5t	2.5t
		H26	H26	>0.20~0.50	245		1	—	2.0t	2.0t
				>0.50~0.80			2	—	2.0t	2.0t
				>0.80~1.30			3	—	2.5t	2.5t
				>1.30~3.00			4	—	2.5t	2.5t
		H18 H38	H18 H38	>0.20~0.50	265	215	1	—	—	—
		H28	H28	>0.20~0.50	265	—	1	—	—	—
		H19 H29 H39	H19 H29 H39	>0.20~0.50	275		1	—	—	—
		F	—	>2.50~80.00			—		—	—
3005	—	O H111	O H111	>0.20~0.50	115~165	65	12	—	0t	0t
				>0.50~1.50			14	—	0t	0t
				>1.50~3.00			16	—	0.5t	1.0t

续表

牌号	包铝分类	供应状态	试样状态	厚度/mm	室温拉伸试验结果		断后伸长率[①]/%		弯曲半径[②]	
					抗拉强度 R_m/MPa	规定非比例延伸强度 $R_{p0.2}$/MPa	A_{50mm}	A	90°	180°
					不小于					
3005	—	O H111	O H111	>3.00~6.00	115~165	45	19	—	1.0t	—
		H12	H12	>0.20~0.50	145~195	125	3	—	0t	1.5t
				>0.50~1.50			4	—	0.5t	1.5t
				>1.50~3.00			4	—	1.0t	2.0t
				>3.00~6.00			5	—	1.5t	—
		H22	H22	>0.20~0.50	145~195	110	5	—	0t	1.0t
				>0.50~1.50			5	—	0.5t	1.0t
				>1.50~3.00			6	—	1.0t	1.5t
				>3.00~6.00			7	—	1.5t	—
		H14	H14	>0.20~0.50	170~215	150	1	—	0.5t	2.5t
				>0.50~1.50			2	—	1.0t	2.5t
				>1.50~3.00			2	—	1.5t	—
				>3.00~6.00			3	—	2.0t	—
		H24	H24	>0.20~0.50	170~215	130	4	—	0.5t	1.5t
				>0.50~1.50			4	—	1.0t	1.5t
				>1.50~3.00			4	—	1.5t	—
		H16	H16	>0.20~0.50	195~240	175	1	—	1.0t	—
				>0.50~1.50			2	—	1.5t	—
				>1.50~4.00			2	—	2.5t	—
		H26	H26	>0.20~0.50	195~240	160	3	—	1.0t	—
				>0.50~1.50			3	—	1.5t	—
				>1.50~3.00			3	—	2.5t	—
		H18	H18	>0.20~0.50	220	200	1	—	1.5t	—
				>0.50~1.50			2	—	2.5t	—
				>1.50~3.00			2	—	—	—
		H28	H28	>0.20~0.50	220	190	2	—	1.5t	—
				>0.50~1.50			2	—	2.5t	—
				>1.50~3.00			3	—	—	—
		H19	H19	>0.20~0.50	235	210	1	—	—	—
				>0.50~1.50	235	210	1	—	—	—
		F	—	>2.50~80.00					—	—

续表

牌号	包铝分类	供应状态	试样状态	厚度/mm	室温拉伸试验结果				弯曲半径[2]	
					抗拉强度 R_m/MPa	规定非比例延伸强度 $R_{p0.2}$/MPa	断后伸长率[1] /%			
							A_{50mm}	A	90°	180°
					不小于					
4007	—	H12	H12	>0.20~0.50	140~180	110	4	—	—	—
				>0.50~1.50			4	—	—	—
				>1.50~3.00			5	—	—	—
		F	—	2.50~6.00	110	—	—	—	—	—
4015	—	O H111	O H111	>0.20~3.00	≤150	45	20	—	—	—
		H12	H12	>0.20~0.50	120~175	90	4	—	—	—
				>0.50~3.00			4	—	—	—
		H14	H14	>0.20~0.50	150~200	120	2	—	—	—
				>0.50~3.00			3	—	—	—
		H16	H16	>0.20~0.50	170~220	150	1	—	—	—
				>0.50~3.00			2	—	—	—
		H18	H18	>0.20~3.00	200~250	180	1	—	—	—
5A02	—	O	O	>0.50~1.00	165~225		17	—	—	—
				>1.00~10.00			19	—	—	—
		H14 H24 H34	H14 H24 H34	>0.50~1.00	235	—	4	—	—	—
				>1.00~4.50			6	—	—	—
		H18	H18	>0.50~1.00	265		3	—	—	—
				>1.00~4.50			4	—	—	—
		H112	H112	>4.50~12.50	175	—	7	—	—	—
				>12.50~25.00	175		—	7	—	—
				>25.00~80.00	155		—	6	—	—
		F	—	>4.50~150.00	—		—	—	—	—
5A03	—	O	O	>0.50~4.50	195	100	16	—	—	—
		H14 H24 H34	H14 H24 H34	>0.50~4.50	225	195	8	—	—	—
		H112	H112	>4.50~10.00	185	80	16	—	—	—
				>10.00~12.50	175	70	13	—	—	—
				>12.50~25.00	175	70	—	13	—	—
				>25.00~50.00	165	60	—	12	—	—

牌号	包铝分类	供应状态	试样状态	厚度/mm	室温拉伸试验结果				弯曲半径[2]	
					抗拉强度 R_m/MPa	规定非比例延伸强度 $R_{p0.2}$/MPa	断后伸长率[1]/%		90°	180°
							A_{50mm}	A		
					不小于					
5A03	—	F	—	>4.50~150.00	—		—	—	—	—
5A05	—	O	O	0.50~4.50	275	145	16	—	—	—
		H112	H112	>4.50~10.00	275	125	16	—	—	—
				>10.00~12.50	265	115	14	—	—	—
				>12.50~25.00	265	115	—	14	—	—
				>25.00~50.00	255	105	—	13	—	—
		F	—	>4.50~150.00	—		—	—	—	—
3105	—	O H111	O H111	>0.20~0.50	100~155	40	14	—	—	0t
				>0.50~1.50			15	—	—	0t
				>1.50~3.00			17	—	—	0.5t
		H12	H12	>0.20~0.50	130~180	105	3	—	—	1.5t
				>0.50~1.50			4	—	—	1.5t
				>1.50~3.00			4	—	—	1.5t
		H22	H22	>0.20~0.50	130~180	105	6	—	—	—
				>0.50~1.50			6	—	—	—
				>1.50~3.00			7	—	—	—
		H14	H14	>0.20~0.50	150~200	130	2	—	—	2.5t
				>0.50~1.50			2	—	—	2.5t
				>1.50~3.00			2	—	—	2.5t
		H24	H24	>0.20~0.50	150~200	120	4	—	—	2.5t
				>0.50~1.50			4	—	—	2.5t
				>1.50~3.00			5	—	—	2.5t
		H16	H16	>0.20~0.50	175~225	160	1	—	—	—
				>0.50~1.50			2	—	—	—
				>1.50~3.00			3	—	—	—
		H26	H26	>0.20~0.50	175~225	150	3	—	—	—
				>0.50~1.50			3	—	—	—
				>1.50~3.00			3	—	—	—
		H18	H18	>0.20~3.00	195	180	1	—	—	—
		H28	H28	>0.20~1.50	195	170	1	—	—	—
		H19	H19	>0.20~1.50	215	190	1	—	—	—
		F	—	>2.50~80.00	—		—	—	—	—

续表

牌号	包铝分类	供应状态	试样状态	厚度/mm	室温拉伸试验结果				弯曲半径[②]	
					抗拉强度 R_m/MPa	规定非比例延伸强度 $R_{p0.2}$/MPa	断后伸长率[①]/%		90°	180°
							A_{50mm}	A		
					不小于					
4006	—	O	O	>0.20～0.50	95～130	40	17	—	—	0t
				>0.50～1.50			19	—	—	0t
				>1.50～3.00			22	—	—	0t
				>3.00～6.00			25	—	—	1.0t
		H12	H12	>0.20～0.50	120～160	90	4	—	—	1.5t
				>0.50～1.50			4	—	—	1.5t
				>1.50～3.00			5	—	—	1.5t
		H14	H14	>0.20～0.50	140～180	120	3	—	—	2.0t
				>0.50～1.50			3	—	—	2.0t
				>1.50～3.00			3	—	—	2.0t
		F	—	2.50～6.00	—	—	—	—	—	—
4007	—	O H111	O H111	>0.20～0.50	110～150	45	15	—	—	—
				>0.50～1.50			16	—	—	—
				>1.50～3.00			19	—	—	—
				>3.00～6.00			21	—	—	—
				>6.00～12.50			25	—	—	—
5A06	工艺包铝或不包铝	O	O	0.50～4.50	315	155	16	—	—	—
				>4.50～10.00	315	155	16	—	—	—
		H112	H112	>10.00～12.50	305	145	12	—	—	—
				>12.50～25.00	305	145	—	12	—	—
				>25.00～50.00	295	135	—	6	—	—
				>4.50～150.00	—				—	—
5005 5005A	—	O H111	O H111	>0.20～0.50	100～145	35	15	—	0t	0t
				>0.50～1.50			19	—	0t	0t
				>1.50～3.00			20	—	0t	0.5t
				>3.00～6.00			22	—	1.0t	1.0t
				>6.00～12.50			24	—	1.5t	—
				>12.50～50.00			—	20	—	—
		H12	H12	>0.20～0.50	125～165	95	2	—	0t	1.0t
				>0.50～1.50			2	—	0.5t	1.0t
				>1.50～3.00			4	—	1.0t	1.5t
				>3.00～6.00			5	—	1.0t	—

续表

牌号	包铝分类	供应状态	试样状态	厚度/mm	室温拉伸试验结果					弯曲半径[2]	
					抗拉强度 R_m/MPa	规定非比例延伸强度 $R_{p0.2}$/MPa	断后伸长率[1]/%			90°	180°
							A_{50mm}	A		
					不小于					
5005 5005A	—	H22 H32	H22 H32	>0.20~0.50	125~165	80	4	—	0t	1.0t
				>0.50~1.50			5	—	0.5t	1.0t
				>1.50~3.00			6	—	1.0t	1.5t
				>3.00~6.00			8	—	1.0t	—
		H14	H14	>0.20~0.50	145~185	120	2	—	0.5t	2.0t
				>0.50~1.50			2	—	1.0t	2.0t
				>1.50~3.00			3	—	1.0t	2.5t
				>3.00~6.00			4	—	2.0t	—
		H24 H34	H24 H34	>0.20~0.50	145~185	110	3	—	0.5t	1.5t
				>0.50~1.50			4	—	1.0t	1.5t
				>1.50~3.00			5	—	1.0t	2.0t
				>3.00~6.00			6	—	2.0t	—
		H16	H16	>0.20~0.50	165~205	145	1	—	1.0t	—
				>0.50~1.50			2	—	1.5t	—
				>1.50~3.00			3	—	2.0t	—
				>3.00~4.00			3	—	2.5t	—
		H26 H36	H26 H36	>0.20~0.50	165~205	135	2	—	1.0t	—
				>0.50~1.50			3	—	1.5t	—
				>1.50~3.00			4	—	2.0t	—
				>3.00~4.00			4	—	2.5t	—
		H18	H18	>0.20~0.50	185	165	1	—	1.5t	—
				>0.50~1.50			2	—	2.5t	—
				>1.50~3.00			2	—	3.0t	—
		H28 H38	H28 H38	>0.20~0.50	185	160	1	—	1.5t	—
				>0.50~1.50			2	—	2.5t	—
				>1.50~3.00			3	—	3.0t	—
		H19	H19	>0.20~0.50	205	185	1	—	—	—
				>0.50~1.50			2	—	—	—
				>1.50~3.00			2	—	—	—
		H112	H112	>6.00~12.50	115	—	8	—	—	—
				>12.50~40.00	105		—	10	—	—
				>40.00~80.00	100		—	16	—	—

续表

牌号	包铝分类	供应状态	试样状态	厚度/mm	抗拉强度 R_m/MPa	规定非比例延伸强度 $R_{p0.2}$/MPa	断后伸长率[1] /% A_{50mm}	A	弯曲半径[2] 90°	180°
					室温拉伸试验结果 不小于					
5005 5005A	—	F	—	>2.5~150.00	—					
5040	—	H24 H34	H24 H34	0.80~1.80	220~260	170	6	—	—	—
		H26 H36	H26 H36	1.00~2.00	240~280	205	5	—	—	—
5049	—	O H111	O H111	>0.20~0.50	190~240	80	12	—	0t	0.5t
				>0.50~1.50			14	—	0.5t	0.5t
				>1.50~3.00			16	—	1.0t	1.0t
				>3.00~6.00			18	—	1.0t	1.0t
				>6.00~12.50			18	—	2.0t	—
				>12.50~100.00			—	17	—	—
		H12	H12	>0.20~0.50	220~270	170	4	—	—	—
				>0.50~1.50			5	—	—	—
				>1.50~3.00			6	—	—	—
				>3.00~6.00			7	—	—	—
		H22 H32	H22 H32	>0.20~0.50	220~270	130	7	—	0.5t	1.5t
				>0.50~1.50			8	—	1.0t	1.5t
				>1.50~3.00			10	—	1.5t	2.0t
				>3.00~6.00			11	—	1.5t	—
		H14	H14	>0.20~0.50	240~280	190	3	—	—	—
				>0.50~1.50			3	—	—	—
				>1.50~3.00			4	—	—	—
				>3.00~6.00			4	—	—	—
		H24 H34	H24 H34	>0.20~0.50	240~280	160	6	—	1.0t	2.5t
				>0.50~1.50			6	—	1.5t	2.5t
				>1.50~3.00			7	—	2.0t	2.5t
				>3.00~6.00			8	—	2.5t	—
		H16	H16	>0.20~0.50	265~305	220	2	—	—	—
				>0.50~1.50			3	—	—	—
				>1.50~3.00			3	—	—	—
				>3.00~6.00			3	—	—	—

续表

牌号	包铝分类	供应状态	试样状态	厚度/mm	抗拉强度 R_m/MPa	规定非比例延伸强度 $R_{p0.2}$/MPa	断后伸长率[①] /% A_{50mm}	A	弯曲半径[②] 90°	180°
							不小于			
5049	—	H26 H36	H26 H36	>0.20~0.50	265~305	190	4	—	1.5t	—
				>0.50~1.50			4	—	2.0t	—
				>1.50~3.00			5	—	3.0t	—
				>3.00~6.00			6	—	3.5t	—
		H18	H18	>0.20~0.50	290	250	1	—	—	—
				>0.50~1.50			2	—	—	—
				>1.50~3.00			2	—	—	—
		H28 H38	H28 H38	>0.20~0.50	290	230	3	—	—	—
				>0.50~1.50			3	—	—	—
				>1.50~3.00			4	—	—	—
		H112	H112	6.00~12.50	210	100	12	—	—	—
				>12.50~25.00	200	90	—	10	—	—
				>25.00~40.00	190	80	—	12	—	—
				>40.00~80.00	190	80	—	14	—	—
5449	—	O H111	O H111	>0.50~1.50	190~240	80	14	—	—	—
				>1.50~3.00			16	—	—	—
		H22	H22	>0.50~1.50	220~270	130	8	—	—	—
				>1.50~3.00			10	—	—	—
		H24	H24	>0.50~1.50	240~280	160	6	—	—	—
				>1.50~3.00			7	—	—	—
		H26	H26	>0.50~1.50	265~305	190	4	—	—	—
				>1.50~3.00			5	—	—	—
		H28	H28	>0.50~1.50	290	230	3	—	—	—
				>1.50~3.00			4	—	—	—
5050	—	O H111	O H111	>0.20~0.50	130~170	45	16	—	0t	0t
				>0.50~1.50			17	—	0t	0t
				>1.50~3.00			19	—	0t	0.5t
				>3.00~6.00			21	—	1.0t	—
				>6.00~12.50			22	—	2.0t	—
				>12.50~50.00			—	20	—	—
		H12	H12	>0.20~0.50	155~195	130	2	—	0t	—
				>0.50~1.50			2	—	0.5t	—

续表

牌号	包铝分类	供应状态	试样状态	厚度/mm	室温拉伸试验结果				弯曲半径[2]	
---	---	---	---	---	抗拉强度 R_m/MPa	规定非比例延伸强度 $R_{p0.2}$/MPa	断后伸长率[1] /%		90°	180°
							A_{50mm}	A		
					不小于					
5050	—	H12	H12	>1.50～3.00	155～195	130	4	—	1.0t	—
		H22 H32	H22 H32	>0.20～0.50	155～195	110	4	—	0t	1.0t
				>0.50～1.50			5	—	0.5t	1.0t
				>1.50～3.00			7	—	1.0t	1.5t
				>3.00～6.00			10	—	1.5t	—
		H14	H14	>0.20～0.50	175～215	150	2	—	0.5t	—
				>0.50～1.50			2	—	1.0t	—
				>1.50～3.00			3	—	1.5t	—
				>3.00～6.00			4	—	2.0t	—
		H24 H34	H24 H34	>0.20～0.50	175～215	135	3	—	0.5t	1.5t
				>0.50～1.50			4	—	1.0t	1.5t
				>1.50～3.00			5	—	1.5t	2.0t
				>3.00～6.00			8	—	2.0t	—
		H16	H16	>0.20～0.50	195～235	170	1	—	1.0t	—
				>0.50～1.50			2	—	1.5t	—
				>1.50～3.00			2	—	2.5t	—
				>3.00～4.00			3	—	3.0t	—
		H26 H36	H26 H36	>0.20～0.50	195～235	160	2	—	1.0t	—
				>0.50～1.50			3	—	1.5t	—
				>1.50～3.00			4	—	2.5t	—
				>3.00～4.00			6	—	3.0t	—
		H18	H18	>0.20～0.50	220	190	1	—	1.5t	—
				>0.50～1.50			2	—	2.5t	—
				>1.50～3.00			2	—	—	—
		H28 H38	H28 H38	>0.20～0.50	220	180	1	—	1.5t	—
				>0.50～1.50			2	—	2.5t	—
				>1.50～3.00			3	—	—	—
		H112	H112	6.00～12.50	140	55	12	—	—	—
				>12.50～40.00			—	10	—	—
				>40.00～80.00			—	10	—	—
		F	—	2.50～80.00	—		—	—	—	—

续表

牌号	包铝分类	供应状态	试样状态	厚度/mm	室温拉伸试验结果				弯曲半径②	
					抗拉强度 R_m/MPa	规定非比例延伸强度 $R_{p0.2}$/MPa	断后伸长率① /%			
							A_{50mm}	A	90°	180°
					不小于					
5251	—	O H111	O H111	>0.20~0.50	160~200	60	13	—	0t	0t
				>0.50~1.50			14	—	0t	0t
				>1.50~3.00			16	—	0.5t	0.5t
				>3.00~6.00			18	—	1.0t	—
				>6.00~12.50			18	—	2.0t	—
				>12.50~50.00			—	18	—	—
		H12	H12	>0.20~0.50	190~230	150	3	—	0t	0t
				>0.50~1.50			4	—	1.0t	2.0t
				>1.50~3.00			5	—	1.0t	2.0t
				>3.00~6.00			8	—	1.5t	—
		H22 H32	H22 H32	>0.20~0.50	190~230	120	4	—	0t	1.5t
				>0.50~1.50			6	—	1.0t	1.5t
				>1.50~3.00			8	—	1.0t	1.5t
				>3.00~6.00			10	—	1.5t	—
		H14	H14	>0.20~0.50	210~250	170	2	—	0.5t	2.5t
				>0.50~1.50			2	—	1.5t	2.5t
				>1.50~3.00			3	—	1.5t	2.5t
				>3.00~6.00			4	—	2.5t	—
		H24 H34	H24 H34	>0.20~0.50	210~250	140	3	—	0.5t	2.0t
				>0.50~1.50			5	—	1.5t	2.0t
				>1.50~3.00			6	—	1.5t	2.0t
				>3.00~6.00			8	—	2.5t	—
		H16	H16	>0.20~0.50	230~270	200	1	—	1.0t	3.5t
				>0.50~1.50			2	—	1.5t	3.5t
				>1.50~3.00			3	—	2.0t	3.5t
				>3.00~4.00			3	—	3.0t	—
		H26 H36	H26 H36	>0.20~0.50	230~270	170	3	—	1.0t	3.0t
				>0.50~1.50			4	—	1.5t	3.0t
				>1.50~3.00			5	—	2.0t	3.0t
				>3.00~4.00			7	—	3.0t	—
		H18	H18	>0.20~0.50	255	230	1	—	—	—
				>0.50~1.50			2	—	—	—

续表

牌号	包铝分类	供应状态	试样状态	厚度/mm	室温拉伸试验结果				弯曲半径②	
					抗拉强度 R_m/MPa	规定非比例延伸强度 $R_{p0.2}$/MPa	断后伸长率① /%		90°	180°
							A_{50mm}	A		
					不小于					
5251	—	H18	H18	>1.50～3.00	255	230	2	—	—	—
		H28 H38	H28 H38	>0.20～0.50	255	200	2	—	—	—
				>0.50～1.50			3	—	—	—
				>1.50～3.00			3	—	—	—
		F	—	2.50～80.00	—					
5052	—	O H111	O H111	>0.20～0.50	170～215	65	12	—	0t	0t
				>0.50～1.50			14	—	0t	0t
				>1.50～3.00			16	—	0.5t	0.5t
				>3.00～6.00			18	—	1.0t	
				>6.00～12.50	165～215		19	—	2.0t	
				>12.50～80.00			—	18	—	—
		H12	H12	>0.20～0.50	210～260	160	4			
				>0.50～1.50			5			
				>1.50～3.00			6			
				>3.00～6.00			8			
		H22 H32	H22 H32	>0.20～0.50	210～260	130	5	—	0.5t	1.5t
				>0.50～1.50			6	—	1.0t	1.5t
				>1.50～3.00			7	—	1.5t	1.5t
				>3.00～6.00			10	—	1.5t	
		H14	H14	>0.20～0.50	230～280	180	3	—	—	—
				>0.50～1.50			3	—	—	—
				>1.50～3.00			4	—	—	—
				>3.00～6.00			4	—	—	—
		H24 H34	H24 H34	>0.20～0.50	230～280	150	4	—	0.5t	2.0t
				>0.50～1.50			5	—	1.5t	2.0t
				>1.50～3.00			6	—	2.0t	2.0t
				>3.00～6.00			7	—	2.5t	
		H16	H16	>0.20～0.50	250～300	210	2	—	—	—
				>0.50～1.50			3	—	—	—
				>1.50～3.00			3	—	—	—
				>3.00～6.00			3	—	—	—

续表

牌号	包铝分类	供应状态	试样状态	厚度/mm	室温拉伸试验结果				弯曲半径[②]	
					抗拉强度 R_m/MPa	规定非比例延伸强度 $R_{p0.2}$/MPa	断后伸长率[①]/%		90°	180°
							A_{50mm}	A		
					不小于					
5052	—	H26 H36	H26 H36	>0.20～0.50	250～300	180	3	—	1.5t	—
				>0.50～1.50			4	—	2.0t	—
				>1.50～3.00			5	—	3.0t	—
				>3.00～6.00			6	—	3.5t	—
		H18	H18	>0.20～0.50	270	240	1	—	—	—
				>0.50～1.50			2	—	—	—
				>1.50～3.00			2	—	—	—
		H28 H38	H28 H38	>0.20～0.50	270	210	3	—	—	—
				>0.50～1.50			3	—	—	—
				>1.50～3.00			4	—	—	—
		H112	H112	>6.00～12.50	190	80	7	—	—	—
				>12.50～40.00	170	70	—	10	—	—
				>40.00～80.00	170	70	—	14	—	—
		F	—	>2.50～150.00	—					
5154A	—	O H111	O H111	>0.20～0.50	215～275	85	12	—	0.5t	0.5t
				>0.50～1.50			13	—	0.5t	0.5t
				>1.50～3.00			15	—	1.0t	1.0t
				>3.00～6.00			17	—	1.5t	
				>6.00～12.50			18	—	2.5t	
				>12.50～50.00			—	16	—	—
		H12	H12	>0.20～0.50	250～305	190	3	—	—	—
				>0.50～1.50			4	—	—	—
				>1.50～3.00			5	—	—	—
				>3.00～6.00			6	—	—	—
		H22 H32	H22 H32	>0.20～0.50	250～305	180	5	—	0.5t	1.5t
				>0.50～1.50			6	—	1.0t	1.5t
				>1.50～3.00			7	—	2.0t	2.0t
				>3.00～6.00			8	—	2.5t	
		H14	H14	>0.20～0.50	270～325	220	2	—	—	—
				>0.50～1.50			3	—	—	—
				>1.50～3.00			3	—	—	—
				>3.00～6.00			4	—	—	—

牌号	包铝分类	供应状态	试样状态	厚度/mm	室温拉伸试验结果				弯曲半径[②]	
					抗拉强度 R_m/MPa	规定非比例延伸强度 $R_{p0.2}$/MPa	断后伸长率[①]/%		90°	180°
							A_{50mm}	A		
					不小于					
5154A	—	H24 H34	H24 H34	>0.20~0.50	270~325	200	4	—	1.0t	2.5t
				>0.50~1.50			5	—	2.0t	2.5t
				>1.50~3.00			6	—	2.5t	3.0t
				>3.00~6.00			7	—	3.0t	
		H26 H36	H26 H36	>0.20~0.50	290~345	230	3	—		
				>0.50~1.50			3	—		
				>1.50~3.00			4	—		
				>3.00~6.00			5	—		
		H18	H18	>0.20~0.50	310	270	1	—		
				>0.50~1.50			1	—		
				>1.50~3.00			1	—		
		H28 H38	H28 H38	>0.20~0.50	310	250	3	—		
				>0.50~1.50			3	—		
				>1.50~3.00			3	—		
		H19	H19	>0.20~0.50	330	285	1	—		
				>0.50~1.50			1	—		
		H112	H112	6.00~12.50	220	125	8	—		
				>12.50~40.00	215	90	—	9		
				>40.00~80.00	215	90	—	13		
		F	—	2.50~80.00	—					
5454	—	O H111	O H111	>0.20~0.50	215~275	85	12	—	0.5t	0.5t
				>0.50~1.50			13	—	0.5t	0.5t
				>1.50~3.00			15	—	1.0t	1.0t
				>3.00~6.00			17	—	1.5t	
				>6.00~12.50			18	—	2.5t	
				>12.50~80.00			—	16		
		H12	H12	>0.20~0.50	250~305	190	3	—		
				>0.50~1.50			4	—		
				>1.50~3.00			5	—		
				>3.00~6.00			6	—		
		H22 H32	H22 H32	>0.20~0.50	250~305	180	5	—	0.5t	1.5t
				>0.50~1.50			6	—	1.0t	1.5t

续表

牌号	包铝分类	供应状态	试样状态	厚度/mm	室温拉伸试验结果				弯曲半径②	
					抗拉强度 R_m/MPa	规定非比例延伸强度 $R_{p0.2}$/MPa	断后伸长率① /%		90°	180°
							A_{50mm}	A		
					不小于					
5454	—	H22 H32	H22 H32	>1.50~3.00	250~305	180	7	—	2.0t	2.0t
				>3.00~6.00			8	—	2.5t	—
		H14	H14	>0.20~0.50	270~325	220	2	—	—	—
				>0.50~1.50			3	—	—	—
				>1.50~3.00			3	—	—	—
				>3.00~6.00			4	—	—	—
		H24 H34	H24 H34	>0.20~0.50	270~325	200	4	—	1.0t	2.5t
				>0.50~1.50			5	—	2.0t	2.5t
				>1.50~3.00			6	—	2.5t	3.0t
				>3.00~6.00			7	—	3.0t	—
		H26 H36	H26 H36	>0.20~1.50	290~345	230	3	—	—	—
				>1.50~3.00			4	—	—	—
				>3.00~6.00			5	—	—	—
		H28 H38	H28 H38	>0.20~3.00	310	250	3	—	—	—
		H112	H112	6.00~12.50	220	125	8	—	—	—
				>12.50~40.00	215	90	—	9	—	—
				>40.00~120.00			—	13	—	—
		F	—	>4.50~150.00	—		—		—	—
5754	—	O H111	O H111	>0.20~0.50	190~240	80	12	—	0t	0.5t
				>0.50~1.50			14	—	0.5t	0.5t
				>1.50~3.00			16	—	1.0t	1.0t
				>3.00~6.00			18	—	1.0t	1.0t
				>6.00~12.50			18	—	2.0t	—
				>12.50~100.00			—	17	—	—
		H12	H12	>0.20~0.50	220~270	170	4	—	—	—
				>0.50~1.50			5	—	—	—
				>1.50~3.00			6	—	—	—
				>3.00~6.00			7	—	—	—
		H22 H32	H22 H32	>0.20~0.50	220~270	130	7	—	0.5t	1.5t
				>0.50~1.50			8	—	1.0t	1.5t

续表

牌号	包铝分类	供应状态	试样状态	厚度/mm	室温拉伸试验结果				弯曲半径[②]	
					抗拉强度 R_m/MPa	规定非比例延伸强度 $R_{p0.2}$/MPa	断后伸长率[①] /%		90°	180°
							A_{50mm}	A		
				不小于						
5754	—	H22 H32	H22 H32	>1.50~3.00	220~270	130	10	—	1.5t	2.0t
				>3.00~6.00			11	—	1.5t	—
		H14	H14	>0.20~0.50	240~280	190	3	—	—	—
				>0.50~1.50			3	—	—	—
				>1.50~3.00			4	—	—	—
				>3.00~6.00			4	—	—	—
		H24 H34	H24 H34	>0.20~0.50	240~280	160	6	—	1.0t	2.5t
				>0.50~1.50			6	—	1.5t	2.5t
				>1.50~3.00			7	—	2.0t	2.5t
				>3.00~6.00			8	—	2.5t	—
		H16	H16	>0.20~0.50	265~305	220	2	—	—	—
				>0.50~1.50			3	—	—	—
				>1.50~3.00			3	—	—	—
				>3.00~6.00			3	—	—	—
		H26 H36	H26 H36	>0.20~0.50	265~305	190	4	—	1.5t	—
				>0.50~1.50			4	—	2.0t	—
				>1.50~3.00			5	—	3.0t	—
				>3.00~6.00			6	—	3.5t	—
		H18	H18	>0.20~0.50	290	250	1	—	—	—
				>0.50~1.50			2	—	—	—
				>1.50~3.00			2	—	—	—
		H28 H38	H28 H38	>0.20~0.50	290	230	3	—	—	—
				>0.50~1.50			3	—	—	—
				>1.50~3.00			4	—	—	—
		H112	H112	6.00~12.50	190	100	12	—	—	—
				>12.50~25.00		90	—	10	—	—
				>25.00~40.00		80	—	12	—	—
				>40.00~80.00			—	14	—	—
		F	—	>4.50~150.00					—	—
5082	—	H18 H38	H18 H38	>0.20~0.50	335	—	1	—	—	—

续表

牌号	包铝分类	供应状态	试样状态	厚度/mm	室温拉伸试验结果		断后伸长率[①]/%		弯曲半径[②]	
					抗拉强度 R_m/MPa	规定非比例延伸强度 $R_{p0.2}$/MPa	A_{50mm}	A	90°	180°
					不小于					
5082	—	H19 H39	H19 H39	>0.20~0.50	355	—	1	—	—	—
		F	—	>4.50~150.00		—			—	—
5182	—	O H111	O H111	>0.2~0.50	255~315	110	11	—	—	1.0t
				>0.50~1.50			12	—	—	1.0t
				>1.50~3.00			13	—	—	1.0t
		H19	H19	>0.20~1.50	380	320	1	—	—	—
5083	—	O H111	O H111	>0.20~0.50	275~350	125	11	—	0.5t	1.0t
				>0.50~1.50			12	—	1.0t	1.0t
				>1.50~3.00			13	—	1.0t	1.5t
				>3.00~6.30			15	—	1.5t	—
				>6.30~12.50			16	—	2.5t	—
				>12.50~50.00	270~345	115	—	15	—	—
				>50.00~80.00			—	14		
				>80.00~120.00	260	110		12		
				>120.00~200.00	255	105		12		
		H12	H12	>0.20~0.50	315~375	250	3	—		
				>0.50~1.50			4	—		
				>1.50~3.00			5	—		
				>3.00~6.00			6	—		
		H22 H32	H22 H32	>0.20~0.50	305~380	215	5	—	0.5t	2.0t
				>0.50~1.50			6	—	1.5t	2.0t
				>1.50~3.00			7	—	2.0t	3.0t
				>3.00~6.00			8	—	2.5t	—
		H14	H14	>0.20~0.50	340~400	280	2	—		
				>0.50~1.50			3	—		
				>1.50~3.00			3	—		
				>3.00~6.00			3	—		
		H24 H34	H24 H34	>0.20~0.50	340~400	250	4	—	1.0t	—
				>0.50~1.50			5	—	2.0t	—
				>1.50~3.00			6	—	2.5t	—
				>3.00~6.00			7	—	3.5t	—

牌号	包铝分类	供应状态	试样状态	厚度/mm	室温拉伸试验结果				弯曲半径②	
					抗拉强度 R_m/MPa	规定非比例延伸强度 $R_{p0.2}$ /MPa	断后伸长率① /%		90°	180°
							A_{50mm}	A		
					不小于					
5083	—	H16	H16	>0.20～0.50	360～420	300	1	—	—	—
				>0.50～1.50			2	—	—	—
				>1.50～3.00			2	—	—	—
				>3.00～4.00			2	—	—	—
		H26 H36	H26 H36	>0.20～0.50	360～420	280	2	—	—	—
				>0.50～1.50			3	—	—	—
				>1.50～3.00			3	—	—	—
				>3.00～4.00			3	—	—	—
		H116 H321	H116 H321	1.50～3.00	305	215	8	—	2.0t	—
				>3.00～6.00			10	—	2.5t	—
				>6.00～12.50			12	—	4.0t	—
				>12.50～40.00			—	10	—	—
				>40.00～80.00	285	200	—	10	—	—
		H112	H112	>6.00～12.50	275	125	12	—	—	—
				>12.50～40.00	275	125	—	10	—	—
				>40.00～80.00	270	115	—	10	—	—
				>40.00～120.00	260	110	—	10	—	—
		F	—	>4.50～150.00						
5383	—	O H111	O H111	>0.20～0.50	290～360	145	11	—	0.5t	1.0t
				>0.50～1.50			12	—	1.0t	1.0t
				>1.50～3.00			13	—	1.0t	1.5t
				>3.00～6.00			15	—	1.5t	—
				>6.00～12.50			16	—	2.5t	—
				>12.50～50.00			—	15	—	—
				>50.00～80.00	285～355	135	—	14	—	—
				>80.00～120.00	275	130	—	12	—	—
				>120.00～150.00	270	125	—	12	—	—
		H22 H32	H22 H32	>0.20～0.50	305～380	220	5	—	0.5t	2.0t
				>0.50～1.50			6	—	1.5t	2.0t
				>1.50～3.00			7	—	2.0t	3.0t
				>3.00～6.00			8	—	2.5t	—

续表

牌号	包铝分类	供应状态	试样状态	厚度/mm	室温拉伸试验结果		断后伸长率[①] /%		弯曲半径[②]	
					抗拉强度 R_m/MPa	规定非比例延伸强度 $R_{p0.2}$ /MPa	A_{50mm}	A	90°	180°
					不小于					
5383	—	H24 H34	H24 H34	>0.20~0.50	340~400	270	4	—	1.0t	—
				>0.50~1.50			5	—	2.0t	—
				>1.50~3.00			6	—	2.5t	—
				>3.00~6.00			7	—	3.5t	—
		H116 H321	H116 H321	1.50~3.00	305	220	8	—	2.0t	3.0t
				>3.00~6.00			10	—	2.5t	—
				>6.00~12.50			12	—	4.0t	—
				>12.50~40.00			—	10	—	—
				>40.00~80.00	285	205	—	10	—	—
		H112	H112	6.00~12.50	290	145	12	—	—	—
				>12.50~40.00			—	10	—	—
				>40.00~80.00	285	135	—	10	—	—
5086	—	O H111	O H111	>0.20~0.50	240~310	100	11	—	0.5t	1.0t
				>0.50~1.50			12	—	1.0t	1.0t
				>1.50~3.00			13	—	1.0t	1.0t
				>3.00~6.00			15	—	1.5t	1.5t
				>6.00~12.50			17	—	2.5t	—
				>12.50~150.00			—	16	—	—
		H12	H12	>0.20~0.50	275~335	200	3	—	—	—
				>0.50~1.50			4	—	—	—
				>1.50~3.00			5	—	—	—
				>3.00~6.00			6	—	—	—
		H22 H32	H22 H32	>0.20~0.50	275~335	185	5	—	0.5t	2.0t
				>0.50~1.50			6	—	1.5t	2.0t
				>1.50~3.00			7	—	2.0t	2.0t
				>3.00~6.00			8	—	2.5t	—
		H14	H14	>0.20~0.50	300~360	240	2	—	—	—
				>0.50~1.50			3	—	—	—
				>1.50~3.00			3	—	—	—
				>3.00~6.00			3	—	—	—
		H24 H34	H24 H34	>0.20~0.50	300~360	220	4	—	1.0t	2.5t
				>0.50~1.50			5	—	2.0t	2.5t

续表

牌号	包铝分类	供应状态	试样状态	厚度/mm	室温拉伸试验结果		断后伸长率① /%		弯曲半径②	
					抗拉强度 R_m/MPa	规定非比例延伸强度 $R_{p0.2}$/MPa			90°	180°
					不小于		A_{50mm}	A		
5086	—	H24 H34	H24 H34	>1.50~3.00	300~360	220	6	—	2.5t	2.5t
				>3.00~6.00			7	—	3.5t	—
		H16	H16	>0.20~0.50	325~385	270	1	—	—	—
				>0.50~1.50			2	—	—	—
				>1.50~3.00			2	—	—	—
				>3.00~4.00			2	—	—	—
		H26 H36	H26 H36	>0.20~0.50	325~385	250	2	—	—	—
				>0.50~1.50			3	—	—	—
				>1.50~3.00			3	—	—	—
				>3.00~4.00			3	—	—	—
		H18	H18	>0.20~0.50	345	290	1	—	—	—
				>0.50~1.50			1	—	—	—
				>1.50~3.00			1	—	—	—
		H116 H321	H116 H321	1.50~3.00	275	195	8	—	2.0t	2.0t
				>3.00~6.00			9	—	2.5t	—
				>6.00~12.50			10	—	3.5t	—
				>12.50~50.00			—	9	—	—
		H112	H112	>6.00~12.50	250	105	8	—	—	—
				>12.50~40.00	240	105	—	9	—	—
				>40.00~80.00	240	100	—	12	—	—
		F	—	>4.50~150.00	—	—	—	—	—	—
6A02	—	O	O	>0.50~4.50	≤145	—	21	—	—	—
				>4.50~10.00			16	—	—	—
			T62⑤	>0.50~4.50	295	—	11	—	—	—
				>4.50~10.00			8	—	—	—
		T4	T4	>0.50~0.80	195	—	19	—	—	—
				>0.80~2.90			21	—	—	—
				>2.90~4.50			19	—	—	—
				>4.50~10.00	175		17	—	—	—
		T6	T6	>0.50~4.50	295	—	11	—	—	—
				>4.50~10.00			8	—	—	—

续表

牌号	包铝分类	供应状态	试样状态	厚度/mm	室温拉伸试验结果				弯曲半径②	
					抗拉强度 R_m/MPa	规定非比例延伸强度 $R_{p0.2}$/MPa	断后伸长率① /%		90°	180°
							A_{50mm}	A		
					不小于					
6A02	—	T1	T62⑥	>4.50~12.50	295	—	8	—	—	—
				>12.50~25.00			—	7	—	—
				>25.00~40.00	285		—	6	—	—
				>40.00~80.00	275		—	6	—	—
			T42⑥	>4.50~12.50	175	—	17	—	—	—
				>12.50~25.00			—	14	—	—
				>25.00~40.00	165		—	12	—	—
				>40.00~80.00			—	10	—	—
		F	—	>4.50~150.00						
6061	—	O	O	0.40~1.50	≤150	≤85	14	—	0.5t	1.0t
				>1.50~3.00			16	—	1.0t	1.0t
				>3.00~6.00			19	—	1.0t	
				>6.00~12.50			16	—	2.0t	
				>12.50~25.00			—	16	—	
		T4	T4	0.40~1.50	205	110	12	—	1.0t	1.5t
				>1.50~3.00			14	—	1.5t	2.0t
				>3.00~6.00			16	—	3.0t	
				>6.00~12.50			18	—	4.0t	
				>12.50~40.00			—	15	—	
				>40.00~80.00			—	14	—	
		T6	T6	0.40~1.50	290	240	6	—	2.5t	
				>1.50~3.00			7	—	3.5t	
				>3.00~6.00			10	—	4.0t	
				>6.00~12.50			9	—	5.0t	
				>12.50~40.00			—	8	—	
				>40.00~80.00			—	6	—	
				>80.00~100.00			—	5	—	
		F	—	>2.50~150.00						
6016	—	T4	T4	0.40~3.00	170~250	80~140	24	—	0.5t	0.5t
		T6	T6	0.40~3.00	260~300	180~260	10	—	—	—

续表

牌号	包铝分类	供应状态	试样状态	厚度/mm	室温拉伸试验结果		断后伸长率① /%		弯曲半径②	
					抗拉强度 R_m/MPa	规定非比例延伸强度 $R_{p0.2}$/MPa	A_{50mm}	A	90°	180°
					不小于					
6063	—	O	O	0.50~5.00	≤130	—	20	—		
				>5.00~12.50			15	—		
				>12.50~20.00			—	15		
			T62⑤	0.50~5.00	230	180	—	8		
				>5.00~12.50	220	170	—	6		
				>12.50~20.00	220	170	6	—		
		T4	T4	0.50~5.00	150		10			
				5.00~10.00	130		10			
		T6	T6	0.50~5.00	240	190	8			
				>5.00~10.00	230	180	8			
6082	—	O	O	0.40~1.50	≤150	≤85	14	—	0.5t	1.0t
				>1.50~3.00			16	—	1.0t	1.0t
				>3.00~6.00			18	—	1.5t	
				>6.00~12.50			17	—	2.5t	
				>12.50~25.00	≤155	—	—	16		
		T4	T4	0.40~1.50			12	—	1.5t	3.0t
				>1.50~3.00			14	—	2.0t	3.0t
				>3.00~6.00	205	110	15	—	3.0t	
				>6.00~12.50			14	—	4.0t	
				>12.50~40.00			—	13		
				>40.00~80.00			—	12		
		T6	T6	0.40~1.50			6	—	2.5t	
				>1.50~3.00	310	260	7	—	3.5t	
				>3.00~6.00			10	—	4.5t	
				>6.00~12.50	300	255	9	—	6.0t	
		F	—	>4.50~150.00	—					
包铝 7A04 包铝 7A09	正常包铝或工艺包铝	O	O	0.50~10.00	≤245	—	11			
			T62⑤	0.50~2.90	470	390				
				>2.90~10.00	490	410				
7A04 7A09		T6	T6	0.50~2.90	480	400	7			
				>2.90~10.00	490	410				
		T1	T62	>4.50~10.00	490	410	—		—	—

续表

牌号	包铝分类	供应状态	试样状态	厚度/mm	室温拉伸试验结果				弯曲半径[②]	
					抗拉强度 R_m/MPa	规定非比例延伸强度 $R_{p0.2}$/MPa	断后伸长率[①] /%		90°	180°
							A_{50mm}	A		
					不小于					
包铝7A04 包铝7A09 7A04 7A09	正常包铝或工艺包铝	T1	T62	>10.00~12.50	490	410	4	—	—	—
				>12.50~25.00				—	—	—
				>25.50~40.00			3	—	—	—
		F	—	>4.50~150.00	—					
7020	—	O	O	0.40~1.50	≤220	≤140	12	—	2.0t	
				>1.50~3.00			13	—	2.5t	
				>3.00~6.00			15	—	3.5t	
				>6.00~12.50			12	—	5.0t	
		T4[⑦]	T4[⑦]	0.40~1.50	320	210	11	—		
				>1.50~3.00			12	—		
				>3.00~6.00			13	—		
				>6.00~12.50			14	—		
		T6	T6	0.40~1.50	350	280	7	—	3.5t	
				>1.50~3.00			7	—	4.0t	
				>3.00~6.00			10	—	5.5t	
				>6.00~12.50			10	—	8.0t	
				>12.50~40.00			—	9		
				>40.00~100.00	340	270	—	8		
				>100.00~150.00			—	7		
				>150.00~175.00	330	260	—	6		
				>175.00~200.00			—	5		
7021	—	T6	T6	1.50~3.00	400	350	7			
				>3.00~6.00			6			
7022	—	T6	T6	3.00~12.50	450	370	8			
				>12.50~25.00			—	8		
				>25.00~50.00			—	7		
				>50.00~100.00	430	350	—	5		
				>100.00~200.00	410	330	—	4		
7075	工艺包铝或不包铝	O	O	0.40~0.80	≤275	≤145	10	—	0.5t	1.0t
				>0.80~1.50				—	1.0t	2.0t
				>1.50~3.00				—	1.0t	3.0t

续表

牌号	包铝分类	供应状态	试样状态	厚度/mm	室温拉伸试验结果				弯曲半径[②]	
					抗拉强度 R_m/MPa	规定非比例延伸强度 $R_{p0.2}$/MPa	断后伸长率[①]/%		90°	180°
							A_{50mm}	A		
					不小于					
7075	工艺包铝或不包铝	O	O	>3.00~6.00	≤275	≤145	10	—	2.5t	—
				>6.00~12.50				—	4.0t	—
				>12.50~75.00	—		—	9	—	—
		O	T62[⑤]	0.40~0.80	525	460	6	—	—	—
				>0.80~1.50	540	460	6	—	—	—
				>1.50~3.00	540	470	7	—	—	—
				>3.00~6.00	545	475	8	—	—	—
				>6.00~12.50	540	460	8	—	—	—
				>12.50~25.00	540	470	—	6	—	—
				>25.00~50.00	530	460	—	5	—	—
				>50.00~60.00	525	440	—	4	—	—
				>60.00~75.00	495	420	—	4	—	—
		T6	T6	0.40~0.80	525	460	6	—	4.5t	—
				>0.80~1.50	540	460	6	—	5.5t	—
				>1.50~3.00	540	470	7	—	6.5t	—
				>3.00~6.00	545	475	8	—	8.0t	—
				>6.00~12.50	540	460	8	—	12.0t	—
				>12.50~25.00	540	470	—	6	—	—
				>25.00~50.00	530	460	—	5	—	—
				>50.00~60.00	525	440	—	4	—	—
		T76	T76	>1.50~3.00	500	425	7	—	—	—
				>3.00~6.00	500	425	8	—	—	—
				>6.00~12.50	490	415	7	—	—	—
		T73	T73	>1.50~3.00	460	385	7	—	—	—
				>3.00~6.00	460	385	8	—	—	—
				>6.00~12.50	475	390	7	—	—	—
				>12.50~25.00	475	390	—	6	—	—
				>25.00~50.00	475	390	—	5	—	—
				>50.00~60.00	455	360	—	5	—	—
				>60.00~80.00	440	340	—	5	—	—
				>80.00~100.00	430	340	—	5	—	—
		F	—	>6.00~50.00	—				—	—

续表

牌号	包铝分类	供应状态	试样状态	厚度/mm	抗拉强度 R_m/MPa	规定非比例延伸强度 $R_{p0.2}$/MPa	A_{50mm}	A	90°	180°
							\ 不小于 \			
包铝 7075	正常包铝	O	O	>0.39~1.60	≤275	≤145	10	—	—	—
				>1.60~4.00				—	—	—
				>4.00~12.50				—	—	—
				>12.50~50.00	—		—	9	—	—
		O	T62⑤	>0.39~1.00	505	435	7		—	—
				>1.00~1.60	515	445	8		—	—
				>1.60~3.20	515	445	8		—	—
				>3.20~4.00	515	445	8		—	—
				>4.00~6.30	525	455	8		—	—
				>6.30~12.50	525	455	9		—	—
				>12.50~25.00	540	470	—	6	—	—
				>25.00~50.00	530	460	—	5	—	—
				>50.00~60.00	525	440	—	4	—	—
		T6	T6	>0.39~1.00	505	435	7		—	—
				>1.00~1.60	515	445	8		—	—
				>1.60~3.20	515	445	8		—	—
				>3.20~4.00	515	445	8		—	—
				>4.00~6.30	525	455	8		—	—
		T76	T76	>3.10~4.00	470	390	8		—	—
				>4.00~6.30	485	405	8		—	—
		F	—	>6.00~100.00	—				—	—
包铝 7475	正常包铝	O	O	1.00~1.60	≤250	≤140	10	—	—	2.0t
				>1.60~3.20	≤260	≤140	10	—	—	3.0t
				>3.20~4.80	≤260	≤140	10	—	—	4.0t
				>4.80~6.50	≤270	≤145	10	—	—	4.0t
		T761⑧	T761⑧	1.00~1.60	455	379	9	—	—	6.0t
				>1.60~2.30	469	393	9	—	—	7.0t
				>2.30~3.20	469	393	9	—	—	8.0t
				>3.20~4.80	469	393	9	—	—	9.0t
				>4.80~6.50	483	414	9	—	—	9.0t

续表

牌号	包铝分类	供应状态	试样状态	厚度/mm		室温拉伸试验结果				弯曲半径[②]	
						抗拉强度 R_m/MPa	规定非比例延伸强度 $R_{p0.2}$/MPa	断后伸长率[①]/%		90°	180°
								A_{50mm}	A		
						不小于					
7475	工艺包铝或不包铝	T6	T6	>0.35～6.00		515	440	9	—	—	—
		T76 T761[⑧]	T76 T761[⑧]	1.00～1.60	纵向	490	420	9	—	—	6.0t
					横向	490	415	9			
				>1.60～2.30	纵向	490	420	9			7.0t
					横向	490	415	9			
				>2.30～3.20	纵向	490	420	9			8.0t
					横向	490	415	9			
				>3.20～4.80	纵向	490	420	9			9.0t
					横向	490	415	9			
				>4.80～6.50	纵向	490	420	9			9.0t
					横向	490	415	9			
8A06	—	O	O	>0.20～0.30		≤110	—	16		—	—
				>0.30～0.50				21		—	—
				>0.50～0.80				26		—	—
				>0.80～10.00				30		—	—
		H14 H24	H14 H24	>0.20～0.30		100		1		—	—
				>0.30～0.50				3		—	—
				>0.50～0.80				4		—	—
				>0.80～1.00				5		—	—
				>1.00～4.50				6		—	—
		H18	H18	>0.20～0.30		135		1		—	—
				>0.30～0.80				2		—	—
				>0.80～4.50				3		—	—
		H112	H112	>4.50～10.00		70		19		—	—
				>10.00～12.50		80		19		—	—
				>12.50～25.00		80	—	—	19	—	—
				>25.00～80.00		65		—	16	—	—
		F	—	>2.50～150						—	—

续表

牌号	包铝分类	供应状态	试样状态	厚度/mm	室温拉伸试验结果				弯曲半径[2]	
					抗拉强度 R_m/MPa	规定非比例延伸强度 $R_{p0.2}$/MPa	断后伸长率[1] /%		90°	180°
							A_{50mm}	A		
					不小于					
8011	—	H14	H14	＞0.20～0.50	125～165	—	2	—	—	—
		H24	H24	＞0.20～0.50	125～165	—	3	—	—	—
		H16	H16	＞0.20～0.50	130～185	—	1	—	—	—
		H26	H26	＞0.20～0.50	130～185	—	2	—	—	—
		H18	H18	0.20～0.50	165	—	1	—	—	—
8011A	—	O H111	O H111	＞0.20～0.50	85～130	30	19	—	—	—
				＞0.50～1.50			21	—	—	—
				＞1.50～3.00			24	—	—	—
				＞3.00～6.00			25	—	—	—
				＞6.00～12.50			30	—	—	—
		H22	H22	＞0.20～0.50	105～145	90	4	—	—	—
				＞0.50～1.50			5	—	—	—
				＞1.50～3.00			6	—	—	—
		H14	H14	＞0.20～0.50	120～170	110	1	—	—	—
				＞0.50～1.50	125～165		2	—	—	—
				＞1.50～3.00			3	—	—	—
				＞3.00～6.00			4	—	—	—
		H24	H24	＞0.20～0.50	125～165	100	3	—	—	—
				＞0.50～1.50			4	—	—	—
				＞1.50～3.00			5	—	—	—
				＞3.00～6.00			6	—	—	—
		H16	H16	＞0.20～0.50	140～190	130	1	—	—	—
				＞0.50～1.50	145～185		2	—	—	—
				＞1.50～4.00			3	—	—	—
		H26	H26	＞0.20～0.50	145～185	120	3	—	—	—
				＞0.50～1.50			3	—	—	—
				＞1.50～4.00			4	—	—	—

续表

牌号	包铝分类	供应状态	试样状态	厚度/mm	室温拉伸试验结果				弯曲半径②	
					抗拉强度 R_m/MPa	规定非比例延伸强度 $R_{p0.2}$/MPa	断后伸长率①/%		90°	180°
							A_{50mm}	A		
					不小于					
8011A	—	H18	H18	>0.20~0.50	160	145	1	—	—	—
				>0.50~1.50	165		2	—	—	—
				>1.50~3.00			2		—	—
8079	—	H14	H14	>0.20~0.50	125~175		2	—	—	—

① 当 A_{50mm} 和 A 两栏均有数值时，A_{50mm} 适用于厚度不大于 12.5mm 的板材，A 适用于厚度大于 12.5mm 的板材。

② 弯曲半径中的 t 表示板材的厚度，对表中既有 90°弯曲也有 180°弯曲的产品，当需方未指定采用 90°弯曲或 180°弯曲时，弯曲半径由供方任选一种。

③ 对于 2A11、2A12、2017 合金的 O 状态板材，需要 T42 状态的性能值时，应在订货单（或合同）中注明，未注明时，不检测该性能。

④ 厚度为>12.5~25.00mm 的 2014、2024、2219 合金 O 状态的板材，其拉伸试样由芯材机加工得到，不得有包铝层。

⑤ 对于 6A02、6063、7A04、7A09 和 7075 合金的 O 状态板材，需要 T62 状态的性能值时，应在订货单（或合同）中注明，未注明时，不检测该性能。

⑥ 对于 6A02 合金 T1 状态的板材，当需方未注明需要 T62 或 T42 状态的性能时，由供方任选一种。

⑦ 应尽量避免订购 7020 合金 T4 状态的产品。T4 状态产品的性能是在室温下自然时效 3 个月后才能达到规定的稳定的力学性能，将淬火后的试样在 60~65℃的条件下持续 60h 后也可以得到近似的自然时效性能值。

⑧ T761 状态专用于 7475 合金薄板和带材，与 T76 状态的定义相同，是在固溶热处理后进行人工过时效，以获得良好的抗剥落腐蚀性能的状态。

3.2.5 铝及铝合金波纹板 (GB/T 4438—2006)

铝及铝合金波纹板的技术指标见表 3-14。

表 3-14 铝及铝合金波纹板的技术指标

牌号、状态、波型代号及规格	牌号	状态	波型代号	规格/mm				
				坯料厚度	长度	宽度	波高	波距
	1050A、1050、1060、1070A、1100、1200、3003	H18	波 20-106	0.60~1.00	2000~10000	1115	20	106
			波 33-131			1008	33	131
	需方需要其他波型时，可供需双方协商并在合同中注明							

续表

标记示例	用 3003 合金制造的、供应状态为 H18、波型代号为波 20-106、坯料厚度为 0.80mm、长度为 3000mm 的波纹板,标记为:波 20-106 3003-H18 0.8×1115×3000 GB/T 4438—2006

3.2.6 铝及铝合金压型板（GB/T 6891—2006）

压型板的型号、板型、牌号、供应状态、规格见表 3-15。

表 3-15 压型板的型号、板型、牌号、供应状态、规格

型　号	牌　号	状　态	规格/mm				
			波高	波距	坯料厚度	宽度	长度
V25-150 I						635	
V25-150 II		H18	25	150	0.6～1.0	935	1700～6200
V25-150 III						970	
V25-150 IV						1170	
V60-187.5	1050A、1050、1060、1070A、1100、1200、3003、5005	H16、H18	60	187.5	0.9～1.2	826	1700～6200
V25-300		H16	25	300	0.6～1.0	985	1700～5000
V35-115 I		H16、H18	35	115	0.7～1.2	720	≥1700
V35-115 II						710	
V35-125		H16、H18	35	125	0.7～1.2	807	≥1700
V130-550		H16、H18	130	550	1.0～1.2	625	≥6000
V173		H16、H18	173		0.9～1.2	387	≥1700
Z295		H18			0.6～1.0	295	1200～2500

注：1. 需方需要其他规格或板型的压型板时，供需双方协商。

2. 标记示例：用 3003 合金制造的、供应状态为 H18、型号为 V60-187.5、坯料厚度为 1.0mm、宽度为 826mm、长度为 3000mm 的压型板，标记为

V60-187.5　3003-H18　1.0×826×3000　GB/T 6891—2006

3. 压型板的化学成分应符合 GB/T 3190 的规定。

3.2.7 镁及镁合金板、带（GB/T 5154—2010）

镁及镁合金板、带材的有关内容见表 3-16 和表 3-17。

表 3-16 镁及镁合金板、带材的牌号、状态和规格

牌　号	状　态	规格/mm		
		厚　度	宽　度	长　度
Mg99.00	H18	0.20	3.0～6.0	≥100
M2M	O	0.80～10.00	400～1200	1000～3500
AZ40M	H112、F	＞8.00～70.00	400～1200	1000～3500

续表

牌　号	状　态	规格/mm		
		厚　度	宽　度	长　度
AZ41M	H18、O	0.40～2.00	≤1000	≤2000
	O	＞2.00～10.00	400～1200	1000～3500
	H112、F	＞8.00～70.00	400～1200	1000～2000
AZ31B	H24	＞0.40～2.00	≤600	≤2000
		＞2.00～4.00	≤1000	≤2000
		＞8.00～32.00	400～1200	1000～3500
		＞32.00～70.00	400～1200	1000～2000
	H26	6.30～50.00	400～1200	1000～2000
	O	＞0.40～1.00	≤600	≤2000
		＞1.00～8.00	≤1000	≤2000
		＞8.00～70.00	400～1200	1000～2000
	H112、F	＞8.00～70.00	400～1200	1000～2000
ME20M	H18、O	0.40～0.80	≤1000	≤2000
	H24、O	＞0.80～10.00	400～1200	1000～3500
	H112、F	＞8.00～32.00	400～1200	1000～3500
		＞32.00～70.00	400～1200	1000～2000

附表:新旧牌号和新旧状态对照

新牌号	旧牌号	新状态	旧状态
Mg99.00	Mg2	F	—
M2M	MB1	H112	R
AZ40M	MB2	O	M
AZ41M	MB3	H24	Y_2
ME20M	MB8	H18	Y
AZ31B	—	H26	Y_3

产品标记按产品名称、牌号、状态、规格和标准编号的顺序表示。标记示例如下:

示例 1：AZ41M 牌号、H112 状态、厚度为 30mm、宽度为 1000mm、长度 2500mm 的板材，标记为:

镁板 AZ41M-H112　30×1000×2500　GB/T 5154—2010

示例 2：Mg99.00 牌号、O 状态、厚度为 0.20mm、宽度为 5mm 的带材，标记为:

镁带　Mg99.00-O　0.20×5　GB/T 5154—2010

表 3-17　板材室温力学性能

牌号	状态	板材厚度/mm	抗拉强度 R_m/(N/mm²)	规定非比例延伸强度 $R_{p0.2}$/(N/mm²)	规定非比例压缩强度 $R_{p0.2}$/(N/mm²)	断后伸长率/% $A_{5.65}$	A_{50mm}
				不小于			
M2M	O	0.80~3.00	190	110	—	—	6.0
		>3.00~5.00	180	100	—	—	5.0
		>5.00~10.00	170	90	—	—	5.0
	H112	8.00~12.50	200	90	—	—	4.0
		>12.50~20.00	190	100	—	4.0	—
		>20.00~70.00	180	110	—	4.0	—
AZ40M	O	0.80~3.00	240	130	—	—	12.0
		>3.00~10.00	230	120	—	—	12.0
	H112	8.00~12.50	230	140	—	—	10.0
		>12.50~20.00	230	140	—	8.0	—
		>20.00~70.00	230	140	70	8.0	—
AZ41M	H18	0.40~0.80	290	—	—	—	2.0
	O	0.40~3.00	250	150	—	—	12.0
		>3.00~5.00	240	140	—	—	12.0
		>5.00~10.00	240	140	—	—	10.0
	H112	8.00~12.50	240	140	—	—	10.0
		>12.50~20.00	250	150	—	6.0	—
		>20.00~70.00	250	140	80	10.0	—
AZ31B	O	0.40~3.00	225	150	—	—	12.0
		>3.00~12.50	225	140	—	—	12.0
		>12.50~70.00	225	140	—	10.0	—
	H24	0.40~8.00	270	200	—	—	6.0
		>8.00~12.50	255	165	—	—	8.0
		>12.50~20.00	250	150	—	8.0	—
		>20.00~70.00	235	125	—	8.0	—
	H26	6.30~10.00	270	186	—	—	6.0
		>10.00~12.50	265	180	—	—	6.0
		>12.50~25.00	255	160	—	6.0	—
		>25.00~50.00	240	150	—	5.0	—
	H112	8.00~12.50	230	140	—	—	10.0
		>12.50~20.00	230	140	—	8.0	—
		>20.00~32.00	230	140	70	8.0	—
		>32.00~70.00	230	130	60	8.0	—
ME20M	H18	0.40~0.80	260	—	—	—	2.0

续表

牌号	状态	板材厚度 /mm	抗拉强度 $R_m/(N/mm^2)$	规定非比例延 伸强度 $R_{p0.2}$ $/(N/mm^2)$	规定非比例压 缩强度 $R_{p0.2}$ $/(N/mm^2)$	断后伸长率 /%	
						$A_{5.65}$	A_{50mm}
			不小于				
ME20M	H24	＞0.80～3.00	250	160	—	—	8.0
		＞3.00～5.00	240	140	—	—	7.0
		＞5.00～10.00	240	140	—	—	6.0
	O	0.40～3.00	230	120	—	—	12.0
		＞3.00～10.00	220	110	—	—	10.0
	H112	8.00～12.50	220	110	—	—	10.0
		＞12.50～20.00	210	110	—	10.0	—
		＞20.00～32.00	210	110	70	7.0	—
		＞32.00～70.00	200	90	50	6.0	—

3.2.8 镍及镍合金板（GB/T 2054—2013）

镍及镍合金板的有关内容见表 3-18 和表 3-19。

表 3-18 镍及镍合金板的类别、制造方法、牌号及状态

牌号	制造 方法	状态	规格/mm	
			矩形板材 （厚度×宽度 ×长度）	圆形板材 （厚度×直径）
N1、N5（NW2201，N02201） N6、N7（NW2200，N02200） NSi0.19、NMg0.1、NW4-0.15 NW4-0.1、NW4-0.07、DN NCu28-2.5-1.5	热轧	热加工态（R） 软态（M） 固溶退 火态（ST）[1]	(4.1～100.0) ×(50～3000) ×(500～4500)	(4.1～100.0) ×(50～3000)
NCu30（NW4400，N04400） NS1101（N08800）、NS1102（N08810） NS1402（N08825）、NS3304（N10276） NS3102（NW6600，N06600） NS3306（N06625）	冷轧	冷加工态（Y） 半硬状态（Y_2） 软态（M） 固溶退 火态（ST）[1]	(0.1～4.0) ×(50～1500) ×(500～4000)	(0.5～4.0) ×(50～1500)

[1] 固溶退火态仅适用于 NS3304（N10276）和 NS3306（N06625）。

注：产品标记按产品名称、标准编号、牌号、供应状态、规格的顺序表示。

用 N6 制成的厚度为 3.0mm、宽度 500mm、长度 2000mm 的软态板材，标记为：

板 GB/T 2054-N6M-3.0×500×2000

表 3-19 镍及镍合金板的力学性能

牌　号	状态	厚度/mm	室温力学性能　不小于			硬度	
			抗拉强度 R_m/MPa	规定塑性延伸强度[1] $R_{p0.2}$/MPa	断后伸长率 A_{50mm}/%	HV	HRB
N4、N5 NW4-0.15 NW4-0.1 NW4-0.07	M	≤1.5[2]	345	80	35	—	—
		>1.5	345	80	40	—	—
	R[5]	>4	345	80	30	—	—
	Y	≤2.5	490	—	2	—	—
N6、N7 DN[5]、NSi0.19 NMg0.1	M	≤1.5[2]	380	100	35	—	—
		>1.5	380	100	40	—	—
	R	>4	380	135	30	—	—
	Y[4]	>1.5	620	480	2	188～215	90～95
		≤1.5	540	—	2	—	—
	Y_2[4]	>1.5	490	290	20	147～170	79～85
NCu28-2.5-1.5	M	—	440	160	35	—	—
	R[3]	>4	440		25	—	—
	Y_2[4]	—	570		6.5	157～188	82～90
NCu30 （N04400）	M	—	485	195	35	—	—
	R[3]	>4	515	260	25	—	—
	Y_2[4]	—	550	300	25	157～188	82～90
NS1101（N08800）	R	所有规格	550	240	25	—	—
	M		520	205	30	—	—
NS1102（N08810）	M	所有规格	450	170	30	—	—
NS1402（N08825）	M	所有规格	586	241	30	—	—
NS3102 （NW6600、N06600）	M	0.1～100	550	240	30	—	≤88[6]
	Y	<6.4	860	620	2	—	—
	Y_2	<6.4	—	—	—	—	93～98
NS3304（N10276）	ST	所有规格	690	283	40	—	≤100
NS3306（N06625）	ST	所有规格	690	276	30	—	—

① 厚度≤0.5mm 板材的规定塑性延伸强度不作考核。

② 厚度<1.0mm 用于成型换热器的 N4 和 N6 薄板力学性能报实测数据。

③ 热轧板材可在最终热轧前做一次热处理。

④ 硬态及半硬态供货的板材性能，以硬度作为验收依据，需方要求时，可提供拉伸性能。提供拉伸性能时，不再进行硬度测试。

⑤ 仅适用于电真空器件用板。

⑥ 仅适用于薄板和带材，且用于深冲成型时的产品要求。用户要求并在合同中注明时进行检测。

3.2.9 钛及钛合金板材 (GB/T 3621—2007)

钛及钛合金板材的有关内容见表 3-20 和表 3-21。

表 3-20 钛及钛合金板材的产品牌号、制造方法、供应状态及规格分类

牌　　号	制造方法	供应状态	规　格		
			厚度/mm	宽度/mm	长度/mm
TA1、TA2、TA3、TA4、TA5、TA6、TA7、TA8、TA8-1、	热轧	热加工状态(R) 退火状态(M)	>4.75~60.0	400~3000	1000~4000
TA9、TA9-1、TA10、TA11、TA15、TA17、TA18、TC1、TC2、TC3、TC4、TC4ELI	冷轧	冷加工状态(Y) 退火状态(M) 固溶状态(ST)	0.30~6.0	400~1000	1000~3000
TB2	热轧	固溶状态(ST)	>4.0~10.0	400~3000	1000~4000
	冷轧	固溶状态(ST)	1.0~4.0	400~1000	1000~3000
TB5、TB6、TB8	冷轧	固溶状态(ST)	0.30~4.75	400~1000	1000~3000

注：1. 工业纯钛板材供货的最小厚度为 0.3mm，其他牌号的最小厚度见表 3-21。如对供货厚度和尺寸规格有特殊要求，可由供需双方协商。

2. 当需方在合同中注明时，可供应消应力状态（m）的板材。

3. 产品标记按产品名称、牌号、供应状态、规格和标准编号的顺序表示。

用 TA2 制成的厚度为 3.0mm，宽度为 500mm、长度为 2000 的退火态板材，标记为

板 TA2 M 3.0×500×2000 GB/T 3621—2007

表 3-21 钛及钛合金板材力学性能

①板材横向室温力学性能

牌　　号	状态	板材厚度	抗拉强度 R_m/MPa	规定非比例延伸强度 $R_{p0.2}$/MPa	断后伸长率 A/% ≥
TA1	M	0.3~25	≥240	140~310	30
TA2	M	0.3~25	≥400	275~450	25
TA3	M	0.3~25	≥500	380~550	20
TA4	M	0.3~25	≥580	485~600	20
TA5	M	0.5~1.0 >1.0~2.0 >2.0~5.0 >5.0~10.0	≥685	≥585	20 15 12 12
TA6	M	0.8~1.5 >1.5~2.0 >2.0~5.0 >5.0~10.0	≥685	—	20 15 12 12

续表

① 板材横向室温力学性能

牌　　号		状态	板 材 厚 度	抗拉强度 R_m/MPa	规定非比例延伸强度 $R_{p0.2}$/MPa	断后伸长率 A/% ≥
TA7		M	0.8～1.5 ＞1.5～2.0 ＞2.0～5.0 ＞5.0～10.0	735～930	≥685	20 15 12 12
TA8		M	0.8～10.0	≥400	275～450	20
TA8-1		M	0.8～10.0	≥240	140～310	24
TA9		M	0.8～10.0	≥400	275～450	20
TA9-1		M	0.8～10.0	≥240	140～310	24
TA10	A 类	M	0.8～10.0	≥485	≥345	18
	B 类	M	0.8～10.0	≥345	≥275	25
TA11		M	5.0～12.0	≥895	≥825	10
TA13		M	0.5～2.0	540～770	460～570	18
TA15		M	0.8～1.8 ＞1.8～4.0 ＞4.0～10.0	930～1130	≥855	12 10 8
TA17		M	0.5～1.0 ＞1.0～2.0 ＞2.0～4.0 ＞4.0～10.0	685～835	—	25 15 12 10
TA18		M	0.5～2.0 ＞2.0～4.0 ＞4.0～10.0	590～730	—	25 20 15
TB2		ST STA	1.0～3.5	≤980 1320		20 8
TB5		ST	0.8～1.75 ＞1.75～3.18	705～945	690～835	12 10
TB6		ST	1.0～5.0	≥1000	—	6
TB8		ST	0.3～0.6	825～1000	795～965	6 8
TC1		M	0.5～1.0 ＞1.0～2.0 ＞2.0～5.0 ＞5.0～10.0	590～735		25 25 20 20
TC2		M	0.5～1.0 ＞1.0～2.0 ＞2.0～5.0 ＞5.0～10.0	≥685	—	25 15 12 12

①板材横向室温力学性能

牌　　号	状态	板 材 厚 度	抗拉强度 R_m/MPa	规定非比例延伸强度 $R_{p0.2}$/MPa	断后伸长率 A/%≥
TC3	M	0.8～2.0	≥880	—	12
		＞2.0～5.0			10
		＞5.0～10.0			10
TC4	M	0.8～2.0	≥895	≥830	12
		＞2.0～5.0			10
		＞5.0～10.0			10
		10.0～25.0			8
TC4ELI	M	0.8～25.0	≥860	≥795	10

②板材高温力学性能

合 金 牌 号	板材厚度/mm	试验温度/℃	抗拉强度 R_m/MPa≥	持久强度 σ_{100h}/MPa≥
TA6	0.8～10	350	420	390
		500	340	195
TA7	0.8～10	350	490	440
		500	440	195
TA11	0.5～12	425	620	—
TA15		500	635	440
		550	570	440
TA17	0.5～10	350	420	390
		400	390	360
TA18	0.5～10	350	340	320
		400	310	280
TC1	0.5～10	350	340	320
		400	310	295
TC2	0.5～10	350	420	390
		400	390	360
TC3、TC4	0.8～10	400	590	540
		500	440	195

3.3　管材

3.3.1　铝及铝合金拉（轧）制无缝管（GB/T 6893—2010）

铝及铝合金拉（轧）制无缝管的有关内容见表 3-22 和表 3-23。

表 3-22　铝及铝合金（轧）制无缝管牌号和状态

牌　号	状　态
1035 1050 1050A 1060 1070 1070A 1100 1200 8A06	O、H14
2017 2024 2A11 2A12	O、T4
2A14	T4
3003	O、H14
3A21	O、H14、H18、H24
5052、5A02	O、H14
5A03	O、H34
5A05、5056、5083	O、H32
5A06、5754	O
6061、6A02	O、T4、T6
6063	O、T6
7A04	O
7020	T6

注：1. 表中未列入的合金、状态可由供需双方协商后在合同中注明。

2. 管材的外形尺寸及允许偏差应符合 GB/T 4436 中普通级的规定。需要高精级时，应在合同中注明。

表 3-23　铝及铝合金（轧）制无缝管力学性能

牌号	状态	壁厚/mm		室温纵向拉伸力学性能				
				抗拉强度 R_m /(N/mm^2)	规定非比例伸长应力 $R_{p0.2}$ /(N/mm^2)	伸长率/%		
						全截面试样	其他试样	
						A_{50mm}	A_{65mm}	A[①]
				≥				
1035、1050A、1050	O	所有		60～95	—	—	22	25
	H14	所有		100～135	70	—	5	6
1060、1070A、1070	O	所有		60～95	—			
	H14	所有		85	70			
1100、1200	O	所有		70～105	—		16	20
	H14	所有		110～145	80		4	5
2A11	O	所有		≤245	—	10		
	T4	外径≤22	≤1.5	375	195	13		
			>1.5～2.0			14		
			>2.0～5.0			15		
		外径 >22～50	≤1.5	390	225	12		
			>1.5～5.0			13		
		外径>50	所有	390	225	11		

续表

牌号	状态	壁厚/mm		抗拉强度 R_m /(N/mm²)	规定非比例伸长应力 $R_{p0.2}$ /(N/mm²)	全截面试样 A_{50mm}	其他试样 A_{65mm}	$A^{①}$
					≥			
2017	O	所有		≤245	≤125	17	16	16
	T4	所有		375	215	13	12	12
2A12	O	所有		≤245	—		10	
	T4	外径≤22	≤2.0	410	255		13	
			>2.0~5.0					
		外径>22~50	所有	420	275		12	
		外径>50	所有	420	275		10	
2A14	T4	外径≤22	1.0~2.0	360	205		10	
			>2.0~5.0	360	205		—	
		外径>22	所有	360	205		10	
2024	O	所有		≤240	≤140	—	10	12
	T4	0.63~1.2		440	290	12	10	—
		>1.2~5.0		440	290	14	10	—
3003	O	所有		95~130	35	—	20	25
	H14	所有		130~165	110		4	6
3A21	O	所有		≤135	—		—	
	H14	所有		135	—		—	
	H18	外径<60,壁厚 0.5~5.0		185				
		外径≥60,壁厚 2.0~5.0		175				
	H24	外径<60,壁厚 0.5~5.0		145			8	
		外径≥60,壁厚 2.0~5.0		135			8	
5A02	O	所有		≤225	—		—	
	H14	外径≤55,壁厚≤2.5		225	—		—	
		其他所有		195	—		—	
5A03	O	所有		175	80		15	
	H34	所有		215	125		8	
5A05	O	所有		215	90		15	
	H32	所有		245	145		8	

续表

牌号	状态	壁厚/mm	室温纵向拉伸力学性能					
			抗拉强度 R_m /(N/mm²)	规定非比例伸长应力 $R_{p0.2}$ /(N/mm²)	伸长率/%			
					全截面试样	其他试样		
					A_{50mm}	A_{50mm}	A_{65mm}	$A^①$
			$\geqslant$					
5A06	O	所有	315	145		15		
5052	O	所有	170～230	65	—	17	20	
	H14	所有	230～270	180	—	4	5	
5056	O	所有	≤315	100		16		
	H32	所有	305	—				
5083	O	所有	270～350	110		14	16	
	H32	所有	280	200		4	6	
5754	O	所有	180～250	80		14	16	
6A02	O	所有	≤155	—		14		
	T4	所有	205	—		14		
	T6	所有	305	—		8		
6061	O	所有	≤150	≤110		14	16	
	T4	所有	205	110		14	16	
	T6	所有	290	240		8	10	
6063	O	所有	≤130			15	20	
	T6	所有	220	190		8	10	
7A04	O	所有	≤265			8		
7020	T6	所有	350	280		8	10	
8A06	O	所有	≤120	—		20		
	H14	所有	100	—		5		

① A 表示原始标距为 $5.65\sqrt{S_n}$ 的断后伸长率。

注：管材力学性能应符合表中的规定。5A03、5A05、5A06 规定非比例延伸强度仅供参考，其他管材的规定非比例延伸强度应符合表中规定。

3.3.2 铝及铝合金热挤压无缝圆管（GB/T 4437.1—2015）

铝及铝合金热挤压无缝圆管的有关内容见表 3-24 和表 3-25。

表 3-24 铝及铝合金热挤压无缝圆管牌号及供应状态

牌 号	供 应 状 态
1100、1200	O、H112、F

牌　　号	供 应 状 态
1035	O
1050A	O、H111、H112、F
1060、1070A	O、H112
2014	O、T1、T4、T4510、T4511、T6、T6510、T6511
2017、2A12	O、T1、T4
2024	O、T1、T3、T3510、T3511、T4、T81、T8510、T8511
2219	O、T1、T3、T3510、T3511、T81、T8510、T8511
2A11	O、T1
2A14、2A50	T6
3003、包铝 3003	O、H112、F
3A21	H112
5051A、5083、5086	O、H111、H112、F
5052	O、H112、F
5154、5A06	O、H112
5454、5456	O、H111、H112
5A02、5A03、5A05	H112
6005、6105	T1、T5
6005A	T1、T5、T61[①]
6041	T5、T6511
6042	T5、T5511
6061	O、T1、T4、T4510、T4511、T51、T6、T6510、T6511、F
6351、6082	O、H111、T4、T6
6162	T5、T5510、T5511、T6、T6510、T6511
6262、6064	T6、T6511
6063	O、T1、T4、T5、T52、T6、T66[②]、F
6066	O、T1、T4、T4510、T4511、T6、T6510、T6511
6A02	O、T1、T4、T6
7050	T6510、T73511、T74511
7075	O、H111、T1、T6、T6510、T6511、T73、T73510、T73511
7178	O、T1、T6、T6510、T6511
7A04、7A09、7A15	T1、T6
7B05	O、T4、T6
8A06	H112

　① 固溶热处理后进行欠时效以提高变形性能的状态。

　② 固溶热处理后人工时效，通过工艺控制使力学性能达到本部分要求的特殊状态。

表 3-25　铝及铝合金热挤压无缝圆管力学性能

牌号	供应状态	试样状态	壁厚/mm	室温拉伸试验结果		
				抗拉强度 R_m/MPa	规定非比例延伸强度 $R_{p0.2}$/MPa	断后伸长率/%
						A_{50mm} | A
				≥		
1100 1200	O	O	所有	75～105	20	25 | 22
	H112	H112	所有	75	25	25 | 22
	F	—	所有	—	—	— | —
1035	O	O	所有	60～100	—	25 | 23
1050A	O、H111	O、H111	所有	60～100	20	25 | 23
	H112	H112	所有	60	20	25 | 23
	F	—	所有	—	—	— | —
1060	O	O	所有	60～95	15	25 | 22
	H112	H112	所有	60	—	25 | 22
1070A	O	O	所有	60～95	—	25 | 22
	H112	H112	所有	60	20	25 | 22
2014	O	O	所有	≤205	≤125	12 | 10
	T4、T4510、T4511	T4、T4510、T4511	所有	345	240	12 | 10
			所有	345	240	12 | 10
	T1[①]	T42	所有	345	200	12 | 10
		T62	≤18.00	415	365	7 | 6
			>18	415	365	— | 6
	T6、T6510、T6511	T6、T6510、T6511	≤12.50	415	365	7 | 6
			12.50～18.00	440	400	— | 6
			>18.00	470	400	— | 6
2017	O	O	所有	≤245	≤125	16 | 16
	T4	T4	所有	345	215	12 | 12
	T1	T42	所有	335	195	12 | —
2024	O	O	全部	≤240	≤130	12 | 10
	T3、T3510、T3511	T3、T3510、T3511	≤6.30	395	290	10 | —
			>6.30～18.00	415	305	10 | 9
			>18.00～35.00	450	315	— | 9
			>35.00	470	330	— | 7
	T4	T4	≤18.00	395	260	12 | 10
			>18.00	395	260	— | 9
	T1	T42	≤18.00	395	260	12 | 10
			>18.00～35.00	395	260	— | 9
			>35.00	395	260	— | 7

牌号	供应状态	试样状态	壁厚/mm	室温拉伸试验结果			
				抗拉强度 R_m/MPa	规定非比例延伸强度 $R_{p0.2}$/MPa	断后伸长率/%	
						A_{50mm}	A
				$\geqslant$			
2024	T81、T8510、T8511	T81、T8510、T8511	>1.20~6.30	440	385	4	—
			>6.30~35.00	455	400	5	4
			>35.00	455	400	—	4
2219	O	O	所有	≤220	≤125	12	10
	T31、T3510、T3511	T31、T3510、T3511	≤12.50	290	180	14	12
			>12.50~80.00	310	185	—	12
	T1	T62	≤25.00	370	250	6	5
			>25.00	370	250	—	5
	T81、T8510、T8511	T81、T8510、T8511	≤80.00	440	290	6	5
2A11	O	O	所有	≤245	—	—	10
	T1	T1	所有	350	195	—	10
2A12	O	O	所有	≤245	—	—	10
	T1	T42	所有	390	255	—	10
	T4	T4	所有	390	255	—	10
2A14	T6	T6	所有	430	350	6	—
2A50	T6	T6	所有	380	250	—	10
3003	O	O	所有	95~130	35	25	22
	H112	H112	≤1.60	95	35	—	—
			>1.60	95	35	25	22
	F	F	所有	—	—	—	—
包铝 3003	O	O	所有	90~125	30	25	22
	H112	H112	所有	90	30	25	22
	F	F	所有	—	—	—	—
3A21	H112	H112	所有	≤165	—	—	—
5051A	O、H111	O、H111	所有	150~200	60	16	18
	H112	H112	所有	150	60	14	16
	F	—	所有	—	—	—	—
5052	O	O	所有	170~240	70	15	17
	H112	H112	所有	170	70	13	15
	F		所有	—	—	—	—
5083	O	O	所有	270~350	110	14	12
	H111	H111	所有	275	165	12	10

续表

牌号	供应状态	试样状态	壁厚/mm	室温拉伸试验结果			
				抗拉强度 R_m/MPa	规定非比例延伸强度 $R_\mathrm{p0.2}$/MPa	断后伸长率 /%	
						$A_{50\mathrm{mm}}$	A
				$\geqslant$			
5083	H112	H112	所有	270	110	12	10
	F	—	所有	—	—	—	—
5154	O	O	所有	205～285	75	—	—
	H112	H112	所有	205	75	—	—
5454	O	O	所有	215～285	85	14	12
	H111	H111	所有	230	130	12	10
	H112	H112	所有	215	85	12	10
5456	O	O	所有	285～365	130	14	12
	H111	H111	所有	290	180	12	10
	H112	H112	所有	285	130	12	10
5086	O	O	所有	240～315	95	14	12
	H111	H111	所有	250	145	12	10
	H112	H112	所有	240	95	12	10
	F	—	所有	—	—	—	—
5A02	H112	H112	所有	225			
5A03	H112	H112	所有	175	70		15
5A05	H112	H112	所有	225	110		15
5A06	H112、O	H112、O	所有	315	145		15
6005	T1	T1	≤12.50	170	105	16	14
	T5	T5	≤3.20	260	240	8	—
			3.20～25.00	260	240	10	9
6005A	T1	T1	≤6.30	170	100	15	—
	T5	T5	≤6.30	260	215	7	—
			6.30～25.00	260	215	9	8
	T61	T61	≤6.30	260	240	8	—
			6.30～25.00	260	240	10	9
6105	T1	T1	≤12.50	170	105	16	14
	T5	T5	≤12.50	260	240	8	7
6041	T5、T6511	T5、T6511	10.00～50.00	310	275	10	9
6042	T5、T5511	T5、T5511	10.00～12.50	260	240	10	—
			12.50～50.00	290	240	—	9
6061	O	O	所有	≤150	≤110	16	14
	T1[②]	T1	≤16.00	180	95	16	14

续表

牌号	供应状态	试样状态	壁厚/mm	室温拉伸试验结果			
				抗拉强度 R_m/MPa	规定非比例延伸强度 $R_{p0.2}$/MPa	断后伸长率 /%	
						A_{50mm}	A
				$\geqslant$			
6061	T1[②]	T42	所有	180	85	16	14
		T62	≤6.30	260	240	8	—
			>6.30	260	240	10	9
	T4、T4510、T4511	T4、T4510、T4511	所有	180	110	16	14
	T51	T51	≤16.00	240	205	8	7
	T6、T6510、T6511	T6、T6510、T6511	≤6.30	260	240	8	—
			>6.30	260	240	10	9
	F	—	所有	—	—	—	—
6351	O、H111	O、H111	≤25.00	≤160	≤110	12	14
	T4	T4	≤19.00	220	130	16	14
	T6	T6	≤3.20	290	255	8	—
			>3.20~25.00	290	255	10	9
6162	T5、T5510、T5511	T5、T5510、T5511	≤25.00	255	235	7	6
	T6、T6510、T6511	T6、T6510、T6511	≤6.30	260	240	8	—
			>6.30~12.50	260	240	10	9
6262	T6、T6511	T6、T6511	所有	260	240	10	9
6063	O	O	所有	≤130	—	18	16
	T1[③]	T1	≤12.50	115	60	12	10
			>12.50~25.00	110	55	—	10
		T42	≤12.50	130	70	14	12
			>12.50~25.00	125	60	—	12
	T4	T4	≤12.50	130	70	14	12
			>12.50~25.00	125	60	—	12
	T5	T5	≤25.00	175	130	6	8
	T52	T52	≤25.00	150~205	110~170	8	7
	T6	T6	所有	205	170	10	9
	T66	T66	≤25.00	245	200	8	10
	F	—	所有	—	—	—	—
6064	T6、T6511	T6、T6511	10.00~50.00	260	240	10	9
6066	O	O	所有	≤200	≤125	16	14

牌号	供应状态	试样状态	壁厚/mm	室温拉伸试验结果			
				抗拉强度 R_m/MPa	规定非比例延伸强度 $R_{p0.2}$/MPa	断后伸长率/%	
						A_{50mm}	A
				$\geqslant$			
6066	T4、T4510 T4511	T4、T4510、 T4511	所有	275	170	14	12
	T1[①]	T42	所有	275	165	14	12
		T62	所有	345	290	8	7
	T6、T6510 T6511	T6、T6510、 T6511	所有	345	310	8	7
6082	O、H111	O、H111	≤25.00	≤160	≤110	12	14
	T4	T4	≤25.00	205	110	12	14
	T6	T6	≤5.00	290	250	6	8
			>5.00～25.00	310	260	8	10
6A02	O	O	所有	≤145	—		17
	T4	T4	所有	205	—		14
	T1	T62	所有	295	—		8
	T6	T6	所有	295	—		8
7050	T76510	T76510	所有	545	475	7	—
	T73511	T73511	所有	485	415	8	7
	T74511	T74511	所有	505	435	7	—
7075	O、H111	O、H111	≤10.00	≤275	≤165	10	10
	T1	T62	≤6.30	540	485	7	—
			>6.30～12.50	560	505	7	6
			>12.50～70.00	560	495	—	6
	T6、T6510 T6511	T6、T6510、 T6511	≤6.30	540	485	7	—
			>6.30～12.50	560	505	7	6
			>12.50～70.00	560	495	—	6
	T73、T73510 T73511	T73、T73510、 T73511	1.60～6.30	470	400	5	7
			>6.30～35.00	485	420	6	8
			>35.00～70.00	475	405	—	8
7178	O	O	所有	≤275	≤165	10	9
	T6、T6510 T6511	T6、T6510、 T6511	≤1.60	565	525	—	—
			>1.60～6.30	580	525	5	—
			>6.30～35.00	600	540	5	4
			>35.00～60.00	580	515	—	4
			>60.00～80.00	565	490	—	4

牌号	供应状态	试样状态	壁厚/mm	室温拉伸试验结果		
				抗拉强度 R_m/MPa	规定非比例延伸强度 $R_{p0.2}$/MPa	断后伸长率/%
						A_{50mm} / A
				≥		
7178	T1	T62	≤1.60	545	505	— / —
			>1.60～6.30	565	510	5 / —
			>6.30～35.00	595	530	5 / 4
			>35.00～60.00	580	515	— / 4
			>60.00～80.00	565	490	— / 4
7A04	T1	T62	≤80	530	400	— / 5
7A09	T6	T6	≤80	530	400	— / 5
7B05	O	O	≤12.00	245	145	12 / —
	T4	T4	≤12.00	305	195	11 / —
	T6	T6	≤6.00	325	235	10 / —
			>6.00～12.00	335	225	10 / —
7A15	T1	T62	≤80	470	420	— / 6
	T6	T6	≤80	470	420	— / 6
8A06	H112	H112	所有	≤120	—	20 / —

① T1 状态供货的管材，由供需双方商定提供 T42 或 T62 试样状态的性能，并在订货单（或合同）中注明，未注明时提供 T42 试样状态的性能。

② T1 状态供货的管材，由供需双方商定提供 T1 或 T42、T62 试样状态的性能，并在订货单（或合同）中注明，未注明时提供 T1 试样状态的性能。

③ T1 状态供货的管材，由供需双方商定提供 T1 或 T42 试样状态的性能，并在订货单（或合同）中注明，未注明时提供 T1 试样状态的性能。

3.3.3　铜及铜合金无缝管材 （GB/T 16866—2006）

铜及铜合金无缝管材的有关内容见表 3-26 和表 3-27。

表 3-26　挤制铜及铜合金无缝管材　　　　　　　　　　mm

公 称 外 径	公 称 壁 厚
20,21,22	1.5～3.0,4.0
23,24,25,26	1.5～4.0
27,28,29,30,32,34,35,36	2.5～6.0
38,40,42,44,45,46,48	2.5～10.0
50,52,54,55	2.5～17.5
56,58,60	4.0～17.5
62,64,65,68,70	4.0～20.0

公 称 外 径	公 称 壁 厚
72,74,75,78,80	4.0~25.0
85,90,95,100	7.5,10.0~30.0
105,110	10.0~30.0
115,120	10.0~37.5
125,130	10.0~35.0
135,140	10.0~37.5
145,150	10.0~35.0
155,160,165,170,175,180	10.0~42.5
185,190,195,200,210,220	10.0~45.0
230,240,250	10.0~15.0,20.0,25.0~50.0
260,280	10.0~15.0,20.0,25.0,30.0
290,300	20.0,25.0,30.0

壁厚系列:1.5,2.0,2.5,3.0,3.5,4.0,4.5,5.0,6.0,7.5,9.0,10.0,12.5,15.0,
17.5,20.0,22.5,25.0,27.5,30.0,32.5,35.0,37.5,40.0,42.5,45.0,50.0

供应长度:500~6000

表 3-27　拉制铜及铜合金无缝管材　　　　　　　　　　mm

公 称 外 径	公 称 壁 厚
3,4	0.2~1.25
5,6,7	0.2~1.5
8,9,10,11,12,13,14,15	0.2~3.0
16,17,18,19,20	0.3~4.5
21,22,23,24,25,26,27,28,29,30,31,32,33, 34,35,36,37,38,39,40	0.4~5.0
42,44,45,46,48,49,50	0.75~6.0
52,54,55,56,58,60	0.75~8.0
62,64,65,66,68,70	1.0~11.0
72,74,75,76,78,80	2.0~13.0
82,84,85,86,88,90,92,94,96,98,100	2.0~15.0
105,110,115,120,125,130,135,140,145,150	2.0~15.0
155,160,165,170,175,180,185,190,195, 200,210,220,230,240,250	3.0~15.0
260,270,280,290,300,310,320,330,340, 350,360	4.0~5.0

壁厚系列:0.2,0.3,0.4,0.5,0.6,0.75,1.0,1.0,1.25,1.5,2.0,2.5,3.0,3.5,4.0,4.5,
5.0,6.0,7.0,8.0,9.0,10.0,11.0,12.0,13.0,14.0,15.0

供应长度:外径≤100 的拉制管材,供应长度为 1000~7000,其他管材供应长度为
500~6000

3.3.4　铜及铜合金拉制管 （GB/T 1527—2006）

铜及铜合金拉制管的牌号、状态和规格见表 3-28。

表 3-28　铜及铝合金拉制管的牌号、状态和规格

牌　号	状　态	规格/mm			
		圆形		矩（方）形	
		外径	壁厚	对边距	壁厚
T2、T3、TU1、TU2、TP1、TP2	软(M)、轻软(M₁)、硬(Y)、特硬(T)	3～360	0.5～15		1～10
	半硬(Y₂)	3～100			
H96、H90	软(M)、轻软(M₁)、硬(Y)、特硬(T)	3～200	0.2～10	3～100	0.2～7
H85、H80、H85A					
H70、H68、H59、HPb59-1、HSn62-1、HSn70-1、H70A、H68A		3～100			
H65、H63、H62、HPb66-0.5、H65A		3～200			
HPb63-0.1	半硬(Y₂)	18～31	6.5～13		
	1/3 硬(Y₃)	8～31	3.0～13		
BZn15-20	硬(Y)、半硬(Y₂)、软(M)	4～40	0.5～8	—	—
BFe10-1-1	硬(Y)、半硬(Y₂)、软(M)	8～160			
BFe30-1-1	半硬(Y₂)、软(M)	8～30			

注：1. 外径≤100mm 的圆形直管，供应长度为 1000～7000mm，其他规格的圆形直管供应长度为 500～6000mm。

2. 矩（方）形管的供应长度为 1000～5000mm。

3. 外径≤30mm、壁厚＜3mm 的圆形直管材和圆周长≤100mm 或圆周长与壁厚之比≤15 的矩（方）形管材，可供应长度＞6000mm 的盘管。

3.3.5　铜及铜合金挤制管 （YS/T 662—2007）

铜及铜合金挤制管的牌号、状态和规格见表 3-29。

3.3.6　热交换器用铜合金无缝管 （GB/T 8890—2015）

热交换器用铜合金无缝管的牌号、状态和规格见表 3-30。

表 3-29　铜及铜合金挤制管的牌号、状态和规格

牌　号	状态	规格/mm		
		外径	壁厚	长度
TU1、TU2、T2、T3、TP1、TP2	挤制 (R)	20～300	5～65	300～6000
H96、H62、HPb59-1、HFe59-1-1		20～300	1.5～42.5	
H80、H65、H68、HSn62-1、 HSi80-3、HMn58-2、HMn57-3-1		60～220	7.5～30	
QAl9-2、QAl9-4、QAl10-3-1.5、 QAl10-4-4		20～250	3～50	500～6000
QSi3.5-3-1.5		80～200	10～30	
QCr0.5		100～220	17.5～37.5	500～3000
BFe10-1-1		70～250	10～25	300～3000
BFe30-1-I		80～120	10～25	

表 3-30　热交换器用铜合金无缝管的牌号、状态和规格

牌号	代号	供应状态	种类	规格/mm		
				外径	壁厚	长度
BFe10-1-1 BFe10-1.4-1	T70590 C70600	软化退火(O60) 硬(H80)	盘管	3～20	0.3～1.5	—
BFe10-1-1	T70590	软化退火(O60)	直管	4～160	0.5～4.5	<6000
		退火至1/2硬(O82)、 硬(H80)		6～76	0.5～4.5	<18000
BFe30-0.7 BFe30-1-1	C71500 T71510	软化退火(O60) 退火至1/2硬(O82)	直管	6～76	0.5～4.5	<18000
HAl77-2 HSn72-1 HSn70-1 HSn70-1-0.01 HSn70-1-0.01-0.04 HAs68-0.04 HAs70-0.05 HAs85-0.05	C68700 C44300 T45000 T45010 T45020 T26330 C26130 T23030	软化退火(O60) 退火至1/2硬(O82)	直管	6～76	0.5～4.5	<18000

注：标记示例　产品标记按产品名称、标准编号、牌号、状态和规格的顺序表示。标记示例如下：

示例 1：用 BFe10-1-1（T70590）制造的、软化退火（O60）、外径为 19.05mm、壁厚为 0.89mm 的盘管标记为：

盘管 GB/T 8890-BFe10-1-1 O60-φ19.05×0.89

或　盘管 GB/T 8890-T70590O60-φ19.05×0.89

示例 2：用 HSn70-1-0.01-0.04（T45020）制造的、退火至 1/2 硬（O82）、外径为 10mm、壁厚为 1.0mm、长度为 3000mm 的直管标记为：

直管 GB/T 8890-HSn70-1-0.01-0.04 O82-φ10×1×3000

或　直管 GB/T 8890-T45020 O82-φ10×1×3000

3.3.7 铜及铜合金毛细管（GB/T 1531—2009）

铜及铜合金毛细管的规格见表 3-31。

表 3-31 铜及铜合金毛细管的规格

类别和用途	
类　别	用　　途
高精级 普通级	适用于家用电冰箱、空调、电冰柜、高精度仪表、高精密医疗仪器等工业部门 适用于一般精度的仪器、仪表和电子等工业部门

牌号、状态和规格			
牌　　号	供应状态	规格（外径× 内径）/mm	长度/mm
T2、TP1、TP2、H85、H80、 H70、H68、H65、H63、H62	硬（Y），半 硬（Y_2），软（M）	（$\phi 0.5 \sim 6.10$）× （$\phi 0.3 \times 4.45$）	盘管：≥3000 直管：50～6000
H96、H90、QSn4-0.3、 QSn6.5-0.1	硬（Y），软（M）		

3.3.8 铜及铜合金散热扁管（GB/T 8891—2013）

铜及铜合金散热扁管的规格见表 3-32。

表 3-32 铜及铜合金散热扁管的规格

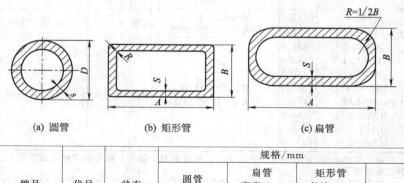

(a) 圆管　　　　　　(b) 矩形管　　　　　　(c) 扁管

牌号	代号	状态	规格/mm			长度
			圆管 直径 D × 壁厚 S	扁管 宽度 A × 高度 B ×壁厚 S	矩形管 长边 A × 短边 B ×壁厚 S	
TU0	T10130	拉拔硬 （H80）、 轻拉（H55）	（4～25） ×（0.20～2.00）	—	—	

续表

牌号	代号	状态	规格/mm			长度
			圆管 直径 $D\times$ 壁厚 S	扁管 宽度 $A\times$ 高度 B $\times$壁厚 S	矩形管 长边 $A\times$ 短边 B $\times$壁厚 S	
T2 H95	T11050 T21000	拉拔硬 (H80)				
H90 H85 H80	T22000 T23000 T24000	轻拉(H55)	$(10\sim50)$ $\times(0.20\sim0.80)$	$(15\sim25)$ $\times(1.9\sim6.0)$ $\times(0.20\sim0.80)$	$(15\sim25)$ $\times(5\sim12)$ $\times(0.20\sim0.80)$	$250\sim$ 4000
H68 HAs68-0.04 H65 H63	T26300 T26330 T27000 T27300	轻软退火 (O50)				
HSn70-1	T45000	软化退火 (O60)				

注：经供需双方协商可供应其他牌号或规格的管材。

3.3.9　铜及铜合金波导管（GB/T 8894—2014）

铜及铜合金波导管的有关内容见表 3-33～表 3-38。

表 3-33　铜及铜合金波导管的牌号、状态和规格

牌号	代号	供应 状态	规格/mm					长度
			圆形 d	矩形和方形				
				矩形 $a/b\approx2$	中等扁矩形 $a/b\approx4$	扁矩形 $a/b\approx8$	方形 $a/b\approx1$	
TU$_{00}$ TU$_0$ TU1 T2 H62 H96	C10100 T10130 T10150 T11050 T27600 C21000	拉拔 (H50)	3.581 ～149	$2.540\times$ $1.270\sim$ $165.10\times$ 82.55	$22.85\times$ $5.00\sim$ $195.58\times$ 48.90	$22.86\times$ $5.00\sim$ $109.22\times$ 13.10	$15.00\times$ $15.00\sim$ $50.00\times$ 50.00	$500\sim$ 4000
BMn40-1.5	T71660			$22.86\times$ $10.16\sim$ $40.40\times$ 20.20	—	—	—	

注：1. 经双方协商，可供其他规格的管材，具体要求应在合同中注明。

2. 尺寸 d、a、b 见表 3-34～表 3-38。

表 3-34　圆形铜合金波导管尺寸及其允许偏差　　　　　mm

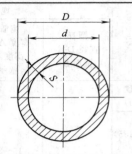

型号	内径尺寸			名义壁厚 S	外径尺寸		
	d	允许偏差±			D	允许偏差±	
		Ⅰ级	Ⅱ级			Ⅰ级	Ⅱ级
C580	3.581	0.008	0.020	0.510	4.601	0.050	0.060
C495	4.369	0.008	0.020	0.510	5.389	0.050	0.060
C430	4.775	0.008	0.020	0.510	5.795	0.050	0.060
C380	5.563	0.008	0.020	0.510	6.583	0.050	0.060
C330	6.350	0.008	0.020	0.510	7.370	0.050	0.060
C290	7.137	0.008	0.030	0.760	8.657	0.050	0.070
C255	8.331	0.008	0.030	0.760	9.851	0.050	0.070
C220	9.525	0.010	0.030	0.760	11.045	0.050	0.070
C190	11.13	0.010	0.04	1.015	13.16	0.050	0.08
C165	12.70	0.013	0.04	1.015	14.73	0.055	0.08
C140	15.09	0.015	0.05	1.015	17.12	0.055	0.08
C120	17.48	0.017	0.05	1.270	20.02	0.065	0.09
C104	20.24	0.020	0.05	1.270	22.78	0.065	0.09
C89	23.83	0.024	0.06	1.650	27.13	0.065	0.10
C76	27.79	0.028	0.06	1.650	31.09	0.065	0.10
C65	32.54	0.033	0.07	2.030	36.60	0.080	0.12
C56	38.10	0.038	0.07	2.030	42.16	0.080	0.12
C48	44.45	0.044	0.08	2.540	49.53	0.080	0.14
C40	51.99	0.050	0.08	2.540	57.07	0.095	0.15
C35	61.04	0.06	0.09	3.30	67.64	0.095	0.16
C30	71.42	0.07	0.11	3.30	78.02	0.095	0.16
C25	83.62	0.08	0.14	3.30	90.22	0.11	0.18
C22	97.87	0.10	0.16	3.30	104.47	0.11	0.18
C18	114.58	0.11	0.18	3.30	121.18	0.13	0.20
C16	134.11	0.11	0.21	3.30	140.71	0.15	0.23

续表

型号	内径尺寸			名义壁厚 S	外径尺寸		
	d	允许偏差±			D	允许偏差±	
		Ⅰ级	Ⅱ级			Ⅰ级	Ⅱ级
—	32.00	0.033	0.07	2.00	36.00	0.080	0.12
—	35.50	0.038	0.07	2.00	39.50	0.080	0.12
—	41.00	0.044	0.09	2.00	45.00	0.080	0.16
—	54.00	0.050	0.10	2.00	58.00	0.095	0.16
—	65.00	0.06	0.12	2.50	70.00	0.095	0.17
—	69.00	0.06	0.12	2.50	74.00	0.095	0.17
—	73.00	0.07	0.13	2.50	78.00	0.095	0.17
—	100.00	0.10	0.16	3.00	106.00	0.11	0.18
—	149.00	0.16	0.26	4.00	157.00	0.18	0.30

表 3-35　矩形波导管尺寸规格及其允许偏差　　　mm

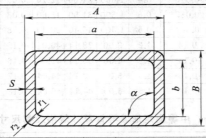

型号	内孔尺寸				壁厚 S	外缘尺寸					
	基本尺寸		允许偏差±	r_1 ≤		基本尺寸		允许偏差±		r_2	
	a	b				A	B	Ⅰ级	Ⅱ级	≥	≤
R900	2.540	1.270	0.013	0.15	1.015	4.57	3.30	0.05	—	0.5	1.0
R740	3.099	1.549	0.013	0.15	1.015	5.13	3.58	0.05	—	0.5	1.0
R620	3.759	1.880	0.020	0.2	1.015	5.79	3.91	0.05	—	0.5	1.0
R500	4.775	2.388	0.020	0.3	1.015	6.81	4.42	0.05	0.08	0.5	1.0
R400	5.690	2.845	0.020	0.3	1.015	7.72	4.88	0.05	0.08	0.5	1.0
R320	7.112	3.556	0.020	0.4	1.015	9.14	5.59	0.05	0.08	0.5	1.0
R260	8.636	4.318	0.020	0.04	1.015	10.67	6.35	0.05	0.08	0.5	1.0
R220	10.67	4.318	0.021	0.4	1.015	12.70	6.35	0.05	0.08	0.5	1.0
R180	12.95	6.477	0.026	0.4	1.015	14.99	8.51	0.05	0.08	0.5	1.0
R140	15.80	7.899	0.031	0.4	1.015	17.83	9.93	0.05	0.08	0.5	1.0
R120	19.05	9.525	0.038	0.6	1.270	21.59	12.07	0.05	0.08	0.65	1.15
R100	22.86	10.16	0.046	0.6	1.270	25.40	12.70	0.05	0.08	0.65	1.15
R84	28.50	12.62	0.057	0.6	1.625	31.75	15.87	0.05	0.10	0.8	1.3

续表

型号	内孔尺寸				壁厚 S	外缘尺寸					
	基本尺寸		允许偏差 ±	r_1		基本尺寸		允许偏差±		r_2	
	a	b		≤		A	B	I级	II级	≥	≤
R70	34.85	15.80	0.070	0.6	1.625	38.10	19.05	0.08	0.14	0.8	1.3
R58	40.39	20.19	0.081	0.6	1.625	43.64	23.44	0.08	0.14	0.8	1.3
R48	47.55	22.15	0.09	0.6	1.625	50.80	25.40	0.10	0.15	0.8	1.3
R40	58.17	29.08	0.12	1.2	1.625	61.42	32.33	0.12	0.18	0.8	1.3
R32	72.14	34.04	0.14	1.2	2.030	76.20	38.10	0.14	0.20	1.0	1.5
R26	86.36	43.18	0.17	1.2	2.030	90.42	47.24	0.17	0.25	1.0	1.5
R22	109.22	54.61	0.22	1.2	2.030	113.28	58.67	0.20	0.32	1.0	1.5
R16	129.54	64.77	0.26	1.2	2.030	133.6	68.83	0.20	0.35	1.0	1.5
R14	165.10	82.55	0.33	1.2	2.030	169.16	86.61	0.20	0.40	1.0	1.5
—	58.00	25.00	0.12	0.8	2.000	62.00	29.00	0.12	0.18	1.0	1.5
—	22.86	10.16	0.046	0.4	1.000	24.86	12.16	0.05	0.08	0.5	1.0
—	28.50	12.60	0.057	0.6	1.500	31.50	15.60	0.08	0.10	0.75	1.25
—	40.40	20.20	0.081	0.6	1.500	46.40	26.40	0.08	0.14	0.75	1.25
—	72.14	34.04	0.14	1.2	3.00	78.14	40.04	0.15	0.20	1.5	2.0
—	72.14	34.04	0.14	1.2	4.00	80.14	42.04	0.16	0.20	2.0	2.0
—	72.14	34.04	0.14	1.5	5.00	82.14	44.04	0.17	0.20	2.5	2.5
—	72.14	34.04	0.14	1.5	6.00	84.14	46.04	0.18	0.20	3.0	2.5

表 3-36 中等扁矩形波导管尺寸规格及其尺寸偏差 mm

型号	内孔尺寸					壁厚 S	外缘尺寸					
	基本尺寸		允许偏差±		r_1		基本尺寸		允许偏差±		r_2	
	a	b	I级	II级	≤		A	B	I级	II级	≥	≤
M100	22.85	5.00	0.023	0.030	0.8	1.270	25.39	7.54	0.050	0.08	0.65	1.15
M84	28.50	5.00	0.028	0.040	0.8	1.625	31.75	8.25	0.057	0.10	0.8	1.3
M70	34.85	8.70	0.035	0.060	0.8	1.625	38.10	11.95	0.07	0.14	0.8	1.3
M58	40.39	10.10	0.04	0.06	0.8	1.625	43.64	13.35	0.08	0.14	0.8	1.3
M48	47.55	11.90	0.048	0.07	0.8	1.625	50.80	15.15	0.10	0.15	0.8	1.3
M40	58.17	14.50	0.058	0.09	1.2	1.625	61.42	17.75	0.12	0.18	0.8	1.3
M32	72.14	18.00	0.072	0.11	1.2	2.030	76.20	22.06	0.14	0.20	1.0	1.5
M26	86.36	21.60	0.086	0.12	1.2	2.030	90.42	25.66	0.17	0.25	1.0	1.5
M22	109.22	27.30	0.11	0.17	1.2	2.030	113.28	31.36	0.22	0.33	1.0	1.5
M18	129.54	32.40	0.13	0.20	1.2	2.030	133.60	36.46	0.26	0.38	1.0	1.5
M14	165.10	41.30	0.17	0.26	1.2	2.030	169.16	45.36	0.34	0.47	1.0	1.5
M12	195.58	48.90	0.18	0.30	1.2	3.20	201.98	55.30	0.38	0.52	1.6	2.1

表 3-37　扁矩形波导管尺寸规格及其尺寸偏差　　　mm

型号	内孔尺寸					壁厚 S	外缘尺寸					
	基本尺寸		允许偏差±		r_1		基本尺寸		允许偏差±		r_2	
	a	b	Ⅰ级	Ⅱ级	≤		A	B	Ⅰ级	Ⅱ级	≥	≤
F100	22.86	5.00	0.02	0.04	0.8	1.000	24.86	7.00	0.05	0.10	0.65	1.15
F84	28.50	5.00	0.03	0.06	0.8	1.500	31.50	8.00	0.06	0.12	0.8	1.3
F70	34.85	5.00	0.035	0.06	0.8	1.625	38.10	8.25	0.07	0.14	0.8	1.3
F58	40.39	5.00	0.04	0.06	0.8	1.625	43.64	8.25	0.08	0.14	0.8	1.3
F48	47.55	5.70	0.05	0.08	0.8	1.625	50.80	8.95	0.10	0.15	0.8	1.3
F40	58.17	7.00	0.06	0.09	1.2	1.625	61.42	10.25	0.12	0.18	0.8	1.3
F32	72.14	8.60	0.07	0.11	1.2	2.030	76.20	12.66	0.14	0.20	1.0	1.5
F26	86.36	10.40	0.09	0.14	1.2	2.030	90.42	14.46	0.17	0.25	1.0	1.5
F22	109.22	13.10	0.11	0.16	1.2	2.030	113.28	17.16	0.22	0.33	1.0	1.5
—	58.00	10.00	0.06	0.09	1.2	2.000	62.00	14.00	0.12	0.18	1.0	1.5

表 3-38　方形波导管尺寸规格　　　mm

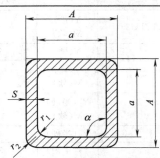

型号	内孔尺寸			壁厚 S	外缘尺寸				
	基本尺寸	允许偏差±		r_1		基本尺寸	允许偏差±		r_2	
	a	Ⅰ级	Ⅱ级	≤		A	Ⅰ级	Ⅱ级	≥	≤
Q130	15.00	0.030	0.05	0.4	1.270	17.54	0.050	0.08	0.5	1.0
Q115	17.00	0.034	0.06	0.4	1.270	19.54	0.050	0.08	0.65	1.15
Q100	19.50	0.039	0.06	0.8	1.625	22.75	0.050	0.08	0.8	1.3
Q23	23.00	0.046	0.07	0.8	1.625	26.25	0.050	0.08	0.8	1.3
Q70	26.00	0.052	0.08	0.8	1.625	29.25	0.050	0.08	0.8	1.3
Q70	28.00	0.056	0.08	0.8	1.625	31.25	0.056	0.09	0.8	1.3
Q65	30.00	0.060	0.09	0.8	2.030	34.06	0.060	0.09	1.0	1.5
Q61	32.00	0.064	0.10	0.8	2.030	36.06	0.064	0.10	1.0	1.5
Q54	36.00	0.072	0.11	0.8	2.030	40.06	0.072	0.10	1.0	1.5

续表

型号	内孔尺寸				壁厚 S	外缘尺寸				
	基本尺寸	允许偏差±		r_1		基本尺寸	允许偏差±		r_2	
	a	Ⅰ级	Ⅱ级	≤		A	Ⅰ级	Ⅱ级	≥	≤
Q49	40.00	0.080	0.12	0.8	2.030	44.06	0.080	0.12	1.0	1.5
Q41	48.00	0.096	0.15	0.8	2.030	52.06	0.096	0.15	1.0	1.5
—	50.00	0.10	0.15	0.8	2.030	54.06	0.10	0.15	1.0	1.5

3.4　棒材

3.4.1　铜及铜合金拉制棒（GB/T 4423—2007）

铜及铜合金拉制棒的有关内容见表 3-39 和表 3-40。

表 3-39　拉制棒牌号、状态和规格

牌　号	状态	直径（或对边距离）/mm	
		圆形棒、方形棒、六角形棒	矩形棒
T2、T3、TP2、H96、TU1、TU2	Y(硬) M(软)	3～80	3～80
H90	Y(硬)	3～40	—
H80、H65	Y(硬) M(软)	3～40	—
H68	Y₂(半硬) M(软)	3～80 13～35	—
H62	Y₂(半硬)	3～80	3～80
HPb59-1	Y₂(半硬)	3～80	3～80
H63、HPb63-0.1	Y₂(半硬)	3～40	—
HPb63-3	Y(硬) Y₂(半硬)	3～30 3～60	3～80
HPb61-1	Y₂(半硬)	3～20	—
HFe59-1-1、HFe58-1-1、HSn62-1、HMn58-2	Y(硬)	4～60	—
QSn6.5-0.1、QSn6.5-0.4、QSn4-3、QSn4-0.3、QSi3-1、QA19-2、QA19-4、QAl10-3-1.5、QZr0.2、QZr0.4	Y(硬)	4～40	—
QSn7-0.2	Y(硬) T(特硬)	4～40	—

续表

牌　号	状态	直径(或对边距离)/mm	
		圆形棒、方形棒、六角形棒	矩形棒
QCd1	Y(硬) M(软)	4～60	—
QCr0.5	Y(硬) M(软)	4～40	—
QSi1.8	Y(硬)	4～15	—
BZn15-20	Y(硬) M(软)	4～40	—
BZn15-24-1.5	T(特硬) Y(硬) M(软)	3～18	—
BFe30-1-1	Y(硬) M(软)	16～50	—
BMn40-1.5	Y(硬)	7～40	—

注：经双方协商，可供其他规格棒材，具体要求应在合同中注明。

表 3-40　矩形棒截面的宽高比

高度/mm	宽度/高度≤
≤10	2.0
>10～20	3.0
>20	2.5

注：经双方协商，可供其他规格棒材，具体要求应在合同中注明。

3.4.2　铜及铜合金挤制棒（YS/T 649—2007）

铜及铜合金挤制棒牌号、状态和规格见表 3-41。

表 3-41　铜及铜合金挤制棒的牌号、状态和规格

牌　号	状态	直径或长边对边距/mm		
		圆形棒	矩形棒[①]	方形、六角棒
T2、T3	挤制(R)	30～300	20～120	20～120
TU1、TU2、TP2		16～300	—	16～120
H96、HFe58-1-1、HAl60-1-1		10～160	—	10～120
HSn62-1、HMn58-2、HFe59-1-1		10～220	—	10～120
H80、H68、H59		16～120	—	16～120
H62、HPb59-1		10～220	5～50	10～120

牌　号	状态	直径或长边对边距/mm		
		圆形棒	矩形棒①	方形、六角形棒
HSn70-1、HAl77-2		10～160	—	10～120
HMn55-3-1、HMn57-3-1、HAl66-6-2-2、HAl67-2.5		10～160	—	10～120
QAl9-2		10～200	—	30～60
QAl9-4、QAl10-3-1.5、QAl10-4-4、QAl10-5-5		10～200	—	—
QAl11-6-6、HSi80-3、HNi56-3		10～160	—	—
QSn-3		20～100	—	—
QSi-1	挤制(R)	20～160	—	—
QSi3.5-3-1.5、BFe10-1-1、BFe30-1-1、BAl13-3、BMn40-1.5		40～120	—	—
QCd1		20～120	—	—
QSn4-0.3		60～160	—	—
QSn4-3、QSn7-0.2		40～180	—	40～120
QSn6.5-0.1、QSn6.5-0.4		40～180	—	30～120
QCr0.5		18～160	—	—
BZn15-20		25～120	—	—

① 矩形棒的对边距指两短边的距离。

注：直径（或对边距）为 10～50mm 的棒材，供应长度为 1000～5000mm；直径（或对边距）＞50～75mm 的棒材，供应长度为 500～5000mm；直径（或对边距）＞75～120mm 的棒材，供应长度为 500～4000mm；直径（或对边距）＞120mm 的棒材，供应长度为 300～4000mm。

3.4.3　铝及铝合金挤压棒（GB/T 3191—2010）

铝及铝合金挤压棒的牌号、状态和规格见表 3-42。

表 3-42　铝及铝合金挤压棒的牌号、状态和规格

牌　号	供应状态	规格/mm			
		圆棒直径		方棒、六角棒内切圆直径	
		普通棒材	高强度棒材	普通棒材	高强度棒材
1070A、1060、1050A、1035、1200、8A06、5A02、5A03、5A05、5A06、5A12、3A21、5052、5083、3003	H112 F O	5～600	—	5～200	—

续表

牌　　号	供应状态	规格/mm			
		圆棒直径		方棒、六角棒 内切圆直径	
		普通棒材	高强度棒材	普通棒材	高强度棒材
2A70、2A80、2A90、4A11、 2A02、2A06、2A16	H112,F	5～600	—	5～200	—
	T6	5～150	—	5～120	—
7A04、7A09、6A02、 2A50、2A14	H112,F	5～600	20～160	5～200	20～100
	T6	5～150	20～120	5～120	20～100
2A11、2A12	H112,F	5～600	20～160	5～200	20～100
	T4	5～150	20～120	5～120	20～100
2A13	H112,F	5～600	—	5～200	—
	T4	5～150	—	5～120	—
6063	T5,T6	5～25	—	5～25	—
	F	5～600	—	5～200	—
6061	H112,F	5～600	—	5～200	—
	T6,T4	5～150	—	5～120	—

3.5　线材

3.5.1　铝及铝合金拉制圆线材（GB/T 3195—2016）

铝及铝合金拉制圆线材的牌号、状态和规格见表 3-43。

表 3-43　铝及铝合金拉制圆线材的牌号、状态和规格

牌　　号	供应状态	直径/mm	用途
1350	O	9.50～25.00	导体用线材
	H12、H22		
	H14、H24		
	H16、H26		
	H19	1.20～6.50	
1A50	O、H19	0.80～20.00	
8017、8030、8076、8130、8176、8177	O、H19	0.20～17.00	
8C05、8C12	O	0.30～2.50	
	H14、H18	0.30～2.50	
1035	O、H18	0.80～20.00	焊接用线材
	H14	3.00～20.00	
1050A、1060、1070A、1100、1200	O、H18	0.80～20.00	
	H14	3.00～20.00	

牌　　号	供应状态	直径/mm	用途
2A14、2A16、2A20	O、H14、H18	0.80～20.00	焊接用线材
	H12	7.00～20.00	
3A21	O、H14、H18	0.80～20.00	
	H12	7.00～20.00	
4A01、4043、4043A、4047	O、H14、H18	0.80～20.00	
	H12	7.00～20.00	
5A02、5A03、5A05、5A06	O、H14、H18	0.80～20.00	
	H12	7.00～20.00	
5B05、5A06、5B06、5087、5A33、5183、5183A、5356、5356A、5554、5A56	O	0.80～20.00	
	H18、H14	0.80～7.00	
	H12	7.00～20.00	
4A47、4A54	H14	0.50～8.00	
1035	H18	1.60～3.00	铆钉用线材
	H14	3.00～20.00	
1100	O	1.60～25.00	
2A01、2A04、2B11、2B12、2A10	H14、T4	1.60～20.00	
2B16	T6	1.60～10.00	
2017、2024、2117、2219	O、H13	1.60～25.00	
3003	O、H14		
3A21	H14	1.60～20.00	
5A02			
5A05	H18	0.80～7.00	
	O、H14	1.60～20.00	
5B05、5A06	H12		
5005、5052、5056	O	1.60～25.00	
6061			
	H18、T6	1.60～20.00	
7A03	H14、T6		
7050	O、H13、T7	1.60～25.00	
5154、5154A、5154C	O	0.10～0.50	线缆编织用线材
	H38	0.10～0.50	
Al-Si1	H14	2.00～8.00	蒸发料用线材

3.5.2　电工圆铝线 （GB/T 3955—2009）

圆铝线型号、规格及电性能见表 3-44。

表 3-44　圆铝线型号、规格及电性能

型　　号	状态代号	名　　称	直径范围/mm	20℃时最大直流电阻率/ $\Omega \cdot mm^2 \cdot m^{-1}$
LR	O	软圆铝线	0.30～10.00	0.02759
LY4	H4	H4 状态硬圆铝线	0.30～6.00	0.028264
LY6	H6	H6 状态硬圆铝线	0.30～10.00	
LY8	H8	H8 状态硬圆铝线	0.30～5.00	
LY9	H9	H9 状态硬圆铝线	1.25～5.00	

3.5.3　电工圆铜线 （GB/T 3953—2009）

圆铜线型号、规格及电性能见表 3-45。

表 3-45　圆铜线型号、规格及电性能

型　号	名　　称	规格范围/mm	电阻率 $\rho_{20}/\Omega \cdot mm^2 \cdot m^{-1} \leqslant$	
			<2.00mm	≥2.00mm
TR	软圆铜线	0.020～14.00	0.017241	0.017241
TY	硬圆铜线	0.020～14.00	0.01796	0.01777
TYT	特硬圆铜线	1.50～5.00	0.01796	0.01777

3.5.4　铜及铜合金线材 （GB/T 21652—2008）

铜及铜合金线材的牌号、状态、规格见表 3-46。

表 3-46　铜及铜合金线材的牌号、状态、规格

类别	牌　　号	状　　态	直径（对边距）/mm
纯铜线	T2、T3	软(M)，半硬(Y₂)，硬(Y)	0.05～8.0
	TU1、TU2	软(M)，硬(Y)	0.05～8.0
黄铜线	H62、H63、H65	软(M)，1/8 硬(Y₈)，1/4 硬(Y₄)，半硬(Y₂)，3/4 硬(Y₁)，硬(Y)	0.05～13.0
		特硬(T)	0.05～4.0
	H68、H70	软(M)，1/8 硬(Y₈)，1/4 硬(Y₄)，半硬(Y₂)，3/4 硬(Y₁)，硬(Y)	0.05～8.5
		特硬(T)	0.1～6.0
黄铜线	H80、H85、H90、H96	软(M)，半硬(Y₂)，硬(Y)	0.05～12.0
	HSn60-1、HSn62-1	软(M)，硬(Y)	0.5～6.0
	HPb63-3、HPb59-1	软(M)，半硬(Y₂)，硬(Y)	

续表

类别	牌　号	状　态	直径(对边距)/mm
黄铜线	Hb59-3	半硬(Y_2),硬(Y)	1.0~8.5
	HPb61-1	半硬(Y_2),硬(Y)	0.5~8.5
	HPb62-0.8	半硬(Y_2),硬(Y)	0.5~6.0
	HSb60-0.9、HBi60-1.3、HSb61-0.8-0.5	半硬(Y_2),硬(Y)	0.8~12.0
	HMn62-13	软(M),1/4 硬(Y_4),半硬(Y_2),3/4 硬(Y_1),硬(Y)	0.5~6.0
青铜线	QSn6.5-0.1、QSn6.5-0.4、QSn7-0.2、QSn5-0.2、QSi3-1	软(M),1/4 硬(Y_4),半硬(Y_2),3/4 硬(Y_1),硬(Y)	0.1~8.5
	QSn4-3	软(M),1/4 硬(Y_4),半硬(Y_2),3/4 硬(Y_1)	0.1~8.5
		硬(Y)	0.1~6.0
	QSn4-4-4	半硬(Y_2),硬(Y)	0.1~8.5
	QSn15-1-1	软(M),1/4 硬(Y_4),半硬(Y_2),3/4 硬(Y_1),硬(Y)	0.5~6.0
	QAl7	半硬(Y_2),硬(Y)	1.0~6.0
	QAl9-2	硬(Y)	0.6~6.0
	QCr1、QCr1-0.18	固溶处理+冷加工+时效(CYS),固溶处理+时效+冷加工(CSY)	1.0~12.0
	QCr4.5-2.5-0.6	软(M),固溶处理+冷加工+时效(CYS),固溶处理+时效+冷加工(CSY)	0.5~6.0
	QCd1	软(M),硬(Y)	0.1~6.0
白铜线	B19	软(M),硬(Y)	0.1~6.0
	BFe10-1-1、BFe30-1-1		
	BMn3-2	软(M),硬(Y)	0.05~6.0
	BMn40-1.5		
	BZn9-29、BZn12-26、BZn15-20、BZn18-20	软(M),1/8 硬(Y_8),1/4 硬(Y_4),半硬(Y_2),3/4 硬(Y_1),硬(Y)	0.1~8.0
		特硬(T)	0.5~4.0

类别	牌　号	状　态	直径(对边距)/mm
白铜线	BZn22-16、BZn25-18	软(M),1/8 硬(Y_8),1/4 硬(Y_4), 半硬(Y_2),3/4 硬(Y_1),硬(Y)	0.1～8.0
		特硬(T)	0.1～4.0
	BZn40-20	软(M),1/4 硬(Y_4),半硬(Y_2), 3/4 硬(Y_1),硬(Y)	1.0～6.0

第2篇

通用配件

第4章 连接件

4.1 螺栓和螺柱

4.1.1 螺栓、螺柱的类型、规格、特点和用途

螺栓、螺柱用作紧固连接件，要求保证连接强度（有时还要求紧密性）。连接件分为三个精度等级，其代号为 A、B、C。A 级精度最高，用于要求配合精确、防止振动等重要零件的连接；B 级精度多用于受载较大且经常装拆、调整或承受变载的连接；C 级精度多用于一般的螺纹连接。螺栓、螺柱的类型、特点和用途见表 4-1。

表 4-1　螺栓、螺柱的类型、特点和用途

类型	名　称	标　准	特点及用途
六角头	六角头螺栓-C 级	GB/T 5780—2016	应用广泛,产品分 A、B 和 C 三个等级。A 级精度最高,C 级精度最低。A 级用于装配精度高、振动冲击较大或承受变载荷的重要连接
	六角头螺栓-全螺纹-C 级	GB/T 5781—2016	
	六角头螺栓	GB/T 5782—2016	
	六角头螺栓-全螺纹	GB/T 5783—2016	A 级螺栓: $d \leqslant 24\text{mm}, l \leqslant 10d$ 或 $l \leqslant 150\text{mm}$
	六角头螺栓-细杆-B 级	GB/T 5784—1986	
	六角头螺栓-细牙	GB/T 5785—2016	B 级螺栓: $d > 24\text{mm}, l > 10d$ 或 $l > 150\text{mm}$
	六角头螺栓-细牙全螺纹	GB/T 5786—2016	
六角法兰面	六角法兰面螺栓-加大系列-B 级	CB/T 5789—1986	防松性能好,应用越来越广泛

续表

类型	名　称	标　准	特点及用途
六角法兰面	六角法兰面螺栓-加大系列-细杆-B级	GB/T 5790—1986	防松性能好,应用越来越广泛
六角头头部带孔、带槽	六角头头部带孔螺栓-细杆-B级	GB/T 32.2—1988	使用时,可通过机械方法将螺栓锁合,防松可靠
	六角头头部带孔螺栓-A和B级	GB/T 32.1—1988	
	六角头头部带孔螺栓-细牙-A和B级	GB/T 32.3—1988	
	六角头头部带槽螺栓-A和B级	GB/T 29.1—1988	
六角头螺杆带孔	六角头螺杆带孔螺栓-A和B级	GB/T 31.1—1988	螺杆上制出开口销孔或金属丝孔,采用机械防松,防松可靠
	六角头螺杆带孔螺栓-细牙A和B级	GB/T 31.3—1988	
	六角头螺杆带孔螺栓-细杆-B级	GB/T 31.2—1988	
十字槽凹穴六角头	十字槽凹穴六角头螺栓	GB/T 29.2—1988	安装拧紧方便,主要用于受载较小的轻工、仪器仪表
六角头铰制孔	六角头加强杆螺栓	GB/T 27—2013	承受横向载荷,能精确保证被连接件的相互位置,加工精度要求高
	六角头螺杆带孔铰制孔用螺栓-A和B级	GB/T 28—1988	
方头	方头螺栓-C级	GB/T 8—1988	方头尺寸小,便于扳手口卡住或靠其他零件防止转动。可用于T形槽中,便于在槽中调整位置
	小方头螺栓-B级	GB/T 35—2013	
沉头	沉头方颈螺栓	GB/T 10—2013	方颈或榫有止转作用。多用于零件表面要求平坦或不阻挡东西的场合
	沉头带榫螺栓	GB/T 11—2013	
	沉头双榫螺栓	GB/T 800—1988	
半圆头	半圆头带榫螺栓	GB/T 13—2013	多用于由于结构受限制而不能使用其他螺栓头或零件表面要求光滑的场合。半圆头方颈螺栓多用于金属件,大半圆头的多用于木制件
	半圆头方颈螺栓	GB/T 12—2013	
	大半圆头方颈螺栓-C级	GB/T 14—2013	
	大半圆头带榫螺栓	GB/T 15—1988	

续表

类型	名　称	标　准	特点及用途
T形槽	T形槽用螺栓	GB/T 37—1988	螺栓插入被连接件T形槽中,靠T形槽防止转动,构成连接,多用于工装
地脚螺栓	地脚螺栓	GB/T 799—1988	用于水泥基础中机座的固定
单头螺柱	手工焊用焊接螺柱	GB/T 902.1—2008	
铰链用	活节螺栓	GB/T 798—1988	多用于经常拆装的场所和工装
钢结构用	钢结构用扭剪型高强度螺栓连接副	GB/T 3632—2008	强度高,主要用于桥梁、塔架等钢结构
双头螺栓	等长双头螺柱-B级	GB/T 901—1988	用于被连接件太厚不使用螺栓或因拆装频繁不宜采用螺钉连接的场合,双头螺柱通常一端旋入螺孔,一端用螺母连接,等长双头螺柱则两端均配螺母
	等长双头螺柱-C级	GB/T 953—1988	
	双头螺柱: $b_m = 1d$ $b_m = 1.25d$ $b_m = 1.5d$ $b_m = 2d$	GB/T 897—1988 GB/T 898—1988 GB/T 899—1988 GB/T 900—1988	
	螺杆	GB/T 15389—1994	

4.1.2 六角头螺栓

（1）六角头螺栓（C级）

六角头螺栓精度有A（精制）、B（半精制）、C（普通）之分。C级则主要用于表面较粗糙、对精度要求不高的设备上。C级的规格见表4-2。

表4-2　六角头螺栓（C级）螺纹规格（GB/T 5780—2016）mm

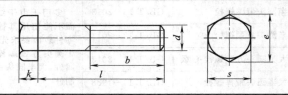

螺纹规格 d		M5	M6	M8	M10	M12	(M14)
螺距 P		0.8	1	1.25	1.5	1.75	2
b参考	l公称≤125	16	18	22	26	30	34
	125<l公称≤200	22	24	28	32	36	40
	l公称>200	35	37	41	45	49	53
e min		8.63	10.89	14.2	17.59	19.85	22.78
k	公称	3.5	4.0	5.3	6.4	7.5	8.8
	max	3.875	4.375	5.675	6.85	7.95	9.25
	min	3.125	3.625	4.925	5.95	7.05	8.35
s	公称(=max)	8.00	10.00	13.00	16.00	18.00	21.00
	min	7.64	9.64	12.57	15.57	17.57	20.16
l		25~50	30~60	40~80	45~100	55~120	60~140
螺纹规格 d		M16	(M18)	M20	(M22)	M24	(M27)
螺距 P		2	2.5	2.5	2.5	3	3
b参考	l公称≤125	38	42	46	50	54	60
	125<l公称≤200	44	48	52	56	60	66
	l公称>200	57	61	65	69	73	79
e min		26.17	29.56	32.95	37.29	39.55	45.2
k	公称	10.0	11.5	12.5	14	15	17
	max	10.75	12.4	13.4	14.9	15.9	17.9
	min	9.25	10.6	11.6	13.1	14.1	16.1
s	公称(=max)	24.00	27.00	30.00	34.00	36.00	41.00
	min	23.16	26.16	29.16	33.00	35.00	40.00
l		65~160	80~180	80~200	90~220	100~240	100~260
螺纹规格 d		M30	(M33)	M36	(M39)	M42	(M45)
螺距 P		3.5	3.5	4	4	4.5	4.5
b参考	l公称≤125	66	72	—	—	—	—
	125<l公称≤200	72	78	84	90	96	102
	l公称>200	85	91	97	103	109	115
e min		50.85	55.37	60.79	66.44	71.3	76.95
k	公称	18.7	21	22.5	25	26	28
	max	19.75	22.05	23.55	26.05	27.05	29.05
	min	17.65	19.95	21.45	23.95	24.95	26.95
s	公称(=max)	46	50	55.0	60.0	65.0	70.0
	min	45	49	53.8	58.8	63.1	68.1
l		120~300	90~300	140~320	150~400	180~420	180~440

续表

螺纹规格 d		M48	(M52)	M56	(M60)	M64	—
螺距 P		5	5	5.5	5.5	6	—
$b_{参考}$	$l_{公称} \leqslant 125$	—	—	—	—	—	—
	$125 < l_{公称} \leqslant 200$	108	116	—	—	—	—
	$l_{公称} > 200$	121	129	137	145	153	—
e_{min}		82.6	88.25	93.56	99.21	104.86	—
k	公称	30	33	35	38	40	—
	max	31.05	34.25	36.25	39.25	41.25	—
	min	28.95	31.75	33.75	36.75	38.75	—
s	公称(=max)	75.0	80.0	85.0	90.0	95.0	—
	min	73.1	78.1	82.8	87.8	92.8	—
l		200~480	200~500	240~500	240~500	260~500	—

注：1. 长度系列尺寸（单位均为 mm）为 10、12、16、20~50（5 进位）、(55)、60、(65)、70~150（10 进位）、180~500（20 进位）。

2. 括号内数字为非优选规格。

（2）六角头螺栓全螺纹（C 级）（表 4-3）

表 4-3　六角头螺栓全螺纹（C 级）的规格（GB/T 5781—2016）

mm

螺纹规格 d		M5	M6	M8	M10	M12	(M14)	M16	(M18)
螺距 P		0.8	1.0	1.25	1.5	1.75	2.0	2.0	2.5
e_{min}		8.63	10.89	14.2	17.59	19.85	22.78	26.17	29.56
k	公称	3.5	4.0	5.3	6.4	7.5	8.8	10	11.5
	max	3.875	4.375	5.675	6.85	7.95	9.25	10.75	12.4
	min	3.125	3.625	4.925	5.95	7.05	8.35	9.25	10.6
s	公称(=max)	8.0	10.0	13.0	16.0	18.0	21.00	24.0	27.00
	min	7.64	9.64	12.57	15.57	17.57	20.16	23.16	26.16
l		10~50	12~60	16~80	20~100	25~120	30~140	30~160	35~180
螺纹规格 d		M20	(M22)	M24	(M27)	M30	(M33)	M36	(M39)
螺距 P		2.5	2.5	3.0	3.0	3.5	3.5	4.0	4.0
e_{min}		32.95	37.29	39.55	45.2	50.85	55.37	60.79	66.44

续表

螺纹规格 d		M20	(M22)	M24	(M27)	M30	(M33)	M36	(M39)
k	公称	12.5	14.0	15	17	18.7	21	22.5	25
	max	13.4	14.9	15.9	17.9	19.75	22.05	23.55	26.05
	min	11.6	13.1	14.1	16.1	17.65	19.95	21.45	23.95
s	公称(=max)	30.0	34	36.0	41	46	50	55.0	60
	min	29.16	33	35.0	40	45	49	53.8	58.8
l		40~200	45~220	50~240	55~280	60~300	65~360	70~360	80~400

螺纹规格 d		M42	(M45)	M48	(M52)	M56	(M60)	M64
螺距 P		4.5	4.5	5.0	5.0	5.5	5.5	6.0
e_{min}		71.3	76.95	82.6	88.25	93.56	99.22	104.86
k	公称	26	28	30	33	35	38	40
	max	27.05	29.05	31.05	34.25	36.25	39.25	41.25
	min	24.95	26.95	28.95	31.75	33.75	36.75	38.75
s	公称(=max)	65	70	75	80	85	90.0	95.0
	min	63.1	68.1	73.1	78.1	82.8	87.8	92.8
l		80~420	90~440	100~480	100~500	110~500	120~500	120~500

注：1. 长度系列尺寸（单位均为 mm）为 10、12、16、20~50（5 进位）、(55)、60、(65)、70~150（10 进位）、180~500（20 进位）。

2. 括号内为非优选规格。

（3）六角头螺栓（A 级和 B 级）

六角头螺栓 A 级用于 $d = 1.6$~24mm 和 $l \leqslant 10d$ 或 $l \leqslant 150$mm（按较小值）；B 级用于 $d > 24$mm 或 $l > 10d$ 或 $l > 150$mm（按较小值）的螺栓。其规格见表 4-4。

表 4-4　六角头螺栓（A、B 级）的规格（GB/T 5782—2016）mm

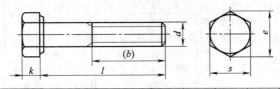

螺纹规格 d		M1.6	M2	M2.5	M3	(M3.5)	M4	M5	M6	M8	M10
螺距 P		0.35	0.4	0.45	0.5	0.6	0.7	0.8	1.0	1.25	1.5
b 参考	l 公称 $\leqslant 125$	9	10	11	12	13	14	16	18	22	26
	$125 < l$ 公称 $\leqslant 200$	15	16	17	18	19	20	22	24	28	32
	l 公称 > 200	28	29	30	31	32	33	35	37	41	45

续表

螺纹规格 d			M1.6	M2	M2.5	M3	(M3.5)	M4	M5	M6	M8	M10
e_{min}	A		3.41	4.32	5.45	6.01	6.58	7.66	8.79	11.05	14.38	17.77
	B		3.28	4.18	5.31	5.88	6.44	7.50	8.63	10.89	14.20	17.59
k	公称		1.1	1.4	1.7	2.0	2.4	2.8	3.5	4.0	5.3	6.4
	A	max	1.225	1.525	1.825	2.125	2.525	2.925	3.65	4.15	5.45	6.58
		min	0.975	1.275	1.575	1.875	2.275	2.675	3.35	3.85	5.15	6.22
	B	max	1.3	1.6	1.9	2.2	2.6	3.0	3.26	4.24	5.54	6.69
		min	0.9	1.2	1.5	1.8	2.2	2.6	2.35	3.76	5.06	6.11
s	公称(=max)		3.20	4.00	5.00	5.5	6.00	7.00	8.00	10.00	13.00	16.00
	min	A	3.02	3.82	4.82	5.32	5.82	6.78	7.78	9.78	12.73	15.73
		B	2.90	3.70	4.70	5.20	5.70	6.64	7.64	9.64	12.57	15.57
l	A		12~16	16~20	16~25	5.70	20~30	25~40	25~40	30~60	35~80	40~100
	B					20~35						160

螺纹规格 d			M12	(M14)	M16	(M18)	M20	(M22)	M24	(M27)	M30	(M33)
螺距 P			1.75	2.0	2.0	2.5	2.5	2.5	3.0	3.0	3.5	3.5
$b_{参考}$	$l_{公称}{\leqslant}125$		30	34	38	42	46	50	54	60	66	—
	$125{<}l_{公称}{\leqslant}200$		36	40	44	48	52	56	60	66	72	78
	$l_{公称}{>}200$		49	53	57	61	65	69	73	79	85	91
e_{min}	A		20.03	23.36	26.75	30.14	33.53	37.72	39.98	—	—	—
	B		19.85	22.78	26.17	29.56	32.95	37.29	39.55	45.2	50.85	55.37
k	公称		7.5	8.8	10	11.5	12.5	14	15	17	18.7	21
	A	max	7.68	8.98	10.18	11.715	12.715	14.215	15.125	17.35	—	—
		min	7.32	8.62	9.82	11.285	12.285	13.785	14.785	16.65	—	—
	B	max	7.79	9.09	10.29	11.85	12.85	14.35	15.35	—	19.12	21.42
		min	7.21	8.51	9.71	11.15	12.15	13.65	14.65	—	18.28	20.58
s	公称(=max)		18.00	21.00	24.00	27.00	30.00	34.00	36.00	40.00	46.00	50.00
	min	A	17.73	20.67	23.67	26.67	29.67	33.38	35.38	—	—	—
		B	17.57	20.16	23.16	26.16	29.16	33.00	35.00	41.0	45.0	49.0
l	A		50~120	50~140	65~160	60~150	65~150	70~150	80~150	90~150	—	100~150
	B		—	—	—	160~180	—	160~220	—	160~260	—	160~320

螺纹规格 d		M36	(M39)	M42	(M45)	M48	(M52)	M56	(M60)	M64
螺距 P		4.0	4	4.5	4.5	5.0	5	5.5	5.5	6.0
$b_{参考}$	$l_{公称}{\leqslant}125$	—	—	—	—	—	—	—	—	—
	$125{<}l_{公称}{\leqslant}200$	84	90	96	102	108	116	—	—	—
	$l_{公称}{>}200$	97	103	109	115	121	129	137	145	153

续表

螺纹规格 d			M36	(M39)	M42	(M45)	M48	(M52)	M56	(M60)	M64
e_{min}	A		—	—	—	—	—	—	—	—	—
	B		60.79	66.44	71.3	76.95	82.6	88.25	93.56	99.21	104.86
k	公称		22.5	25	26	28	30	33	35	38	40
	A	max	—	—	—	—	—	—	—	—	—
		min	—	—	—	—	—	—	—	—	—
	B	max	22.92	25.42	26.42	28.42	30.42	33.5	35.5	38.5	40.5
		min	22.08	24.58	25.58	27.58	29.58	32.5	34.5	37.5	39.5
s	公称（=max）		55.0	60.0	65.0	70.0	75.0	80.0	85.0	90.0	95.0
	min	A	—	—	—	—	—	—	—	—	—
		B	53.8	58.8	63.1	68.1	73.1	78.1	82.8	87.8	92.8
l	A		—	—	—	—	—	—	—	—	—
	B		—	130~380	—	130~400	—	150~400	—	180~400	—

注：1. 长度系列（单位均为 mm）为 20~50（5 进位），(55)，60，(65)，70~160
（10 进位），180~400（20 进位）。

2. 括号内规格尽量不采用。

（4）六角头 A 级螺栓与细杆 B 级（表 4-5）

表 4-5 六角头 A 级螺栓与细杆 B 级的规格　　　　mm

螺纹规格 d	螺杆长度 l		
	部分螺纹（GB/T 5782—2016）	全螺纹（GB/T 5783—2016）	细杆（GB/T 5784—1986）
M1.6	12~16	2~16	—
M2	16~20	4~20	—
M2.5	16~25	5~25	—
M3	20~30	6~30	20~30
M4	25~40	8~40	20~40
M5	25~50	10~50	25~50
M6	30~60	12~60	25~60
M8	(35)40~80	16~80	30~80
M10	(40)45~100	20~100	40~100
M12	(45)50~120	25~120	45~120
(M14)	(50)60~140	30~140	50~140
M16	(55)65~160	30~150	55~150
(M18)	(60)70~180	35~180	—
M20	(65)80~200	40~150	65~150

续表

螺纹规格 d	螺杆长度 l		
	部分螺纹(GB/T 5782—2016)	全螺纹(GB/T 5783—2016)	细杆(GB/T 5784—1986)
(M22)	(70)90～220	45～200	—
M24	80(90)～240	50～150	—
(M27)	100～260(90～300)	55～200	—
M30	(90)110～300	60～200	—
(M33)	150～380	65～200	—
M36	140～360(110～300)	70～200	—
(M39)	180～440	80～200	—
M42	160～440(130～300)	80～200	—
(M45)	200～480	90～200	—
M48	180～480(140～300)	100～200	—
(M52)	240～500	100～200	—
M56	220～500	110～200	—
(M60)	260～500	120～200	—
M64	260～500	120～200	—

注：l（单位均为 mm）公称系列为 2，3，4，5，6，8，10，12，16，20，25，30，35，40，45，50，55，60，65，70，80，90，100，110，120，130，140，150，160，180，200，220，240，260，280，300，320，340，360，380，400，420，440，460，480，500。

（5）六角头细牙螺栓

细牙螺栓主要用于薄壁零件或承受振动、冲击载荷场合，其规格见表 4-6。

表 4-6　六角头细牙螺栓的规格　　　　　　　　　mm

螺纹规格 $d \times P$	螺杆长度 l		螺纹规格 $d \times P$	螺杆长度 l	
	部分螺纹(GB/T 5785—2016)	全螺纹(GB/T 5786—2016)		部分螺纹(GB/T 5785—2016)	全螺纹(GB/T 5786—2016)
M8×1	40～80	16～80	M20×1.5	80～200	40～200
M10×1	45～100	20～100	(M22×1.5)	90～220	45～220
(M10×1.25)	45～100	20～100	M24×2	100～240	40～200
(M12×125)	50～120	25～120	(M27×2)	110～260	55～260
M12×1.5	50～120	25～120	M30×2	120～300	40～200
(M14×1.5)	60～140	30～140	(M33×2)	130～300	65～330
M16×1.5	65～160	35～160	M36×3	140～300	40～200
(M18×1.5)	70～180	40～180	(M39×3)	150～380	80～380

螺纹规格 $d \times P$	螺杆长度 l		螺纹规格 $d \times P$	螺杆长度 l	
	部分螺纹（GB/T 5785—2016）	全螺纹（GB/T 5786—2016）		部分螺纹（GB/T 5785—2016）	全螺纹（GB/T 5786—2016）
M42×3	160～440	90～420	M56×4	220～500	120～500
(M45×3)	180～440	90～440	(M60×4)	200～500	120～500
M48×3	200～480	100～480	M64×4	240～500	130～500
(M52×4)	200～480	100～500			

注：l（单位均为 mm）公称系列为 16，20，25，30，35，40，45，50，55，60，65，70，80，90，100，110，120，130，140，150，160，180，200，220，240，260，280，300，320，340，360，380，400，420，440，460，480，500。

（6）法兰面螺栓

法兰面螺栓用于重型机械和各种发动机，能比规格相同的六角头螺栓承受更大的预紧力，其规格见表 4-7。

表 4-7 六角法兰面螺栓—小系列-A 级（GB 16674.1—2016）　mm

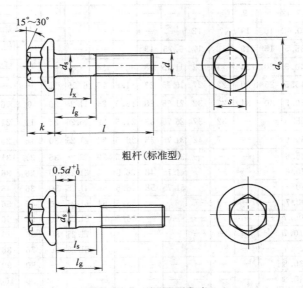

粗杆(标准型)

细杆(R型，使用有要求时)

续表

螺纹规格 d		M5	M6	M8	M10	M12	(M14)	M16
P		0.8	1.0	1.25	1.5	1.75	2.0	2.0
e	min	7.59	8.71	10.95	14.26	16.5	19.86	23.15
d_s	max	5.00	6.00	8.00	10.00	12.00	14.00	16.00
	min	4.82	5.82	7.78	9.78	11.73	13.73	15.73
k	max	5.6	6.9	8.5	9.7	12.1	12.9	15.2
s	max	7.00	8.00	10.00	13.00	15.00	18.00	21.00
	min	6.78	7.78	9.78	12.73	14.73	17.73	20.67

l　无螺杆部分长度 l_s 和夹紧长度 l_g

公称	min	max	l_s min	l_g max	l_s min	l_g max	l_s min	l_g max	l_s min	l_g max	l_s min	l_g max	l_s min	l_g max	l_s min	l_g max
10	9.71	10.29	—		—		—		—		—		—		—	
12	11.65	12.35	—		—		—		—		—		—		—	
16	15.65	16.35	—		—		—		—		—		—		—	
20	19.58	20.42	—		—		—		—		—		—		—	
25	24.58	25.42	5	9	—		—		—		—		—		—	
30	29.58	30.42	10	14	7	12	—		—		—		—		—	
35	34.5	35.5	15	19	12	17	6.75	13	—		—		—		—	
40	39.5	40.5	20	24	17	22	11.75	18	6.5	14	—		—		—	
45	44.5	45.5	25	29	22	27	16.75	23	11.5	19	6.25	15	—		—	
50	49.5	50.5	30	34	27	32	21.75	28	16.5	24	11.25	20	6	16	—	
55	54.4	55.6	—		32	37	26.75	33	21.5	29	16.25	25	11	21	7	17
60	59.4	60.6	—		37	42	31.75	38	26.5	34	21.25	30	16	26	12	22
65	64.4	65.6	—		—		36.75	43	31.5	39	26.25	35	21	31	17	27
70	69.4	70.6	—		—		41.75	48	36.5	44	31.25	40	26	36	22	32
80	79.4	80.6	—		—		51.75	58	46.5	54	41.25	50	36	46	32	42
90	89.3	90.7	—		—		—		56.5	64	51.25	60	46	56	42	52
100	99.3	100.7	—		—		—		66.5	74	61.25	70	56	66	52	62
110	109.3	110.7	—		—		—		—		71.25	80	66	76	62	72
120	119.3	120.7	—		—		—		—		81.25	90	76	86	72	82
130	129.2	130.8	—		—		—		—		—		80	90	76	86
140	139.2	140.8	—		—		—		—		—		90	100	86	96
150	149.2	150.8	—		—		—		—		—		—		96	106
160	159.2	160.8	—		—		—		—		—		—		106	116

续表

螺纹规格 d			M6		M8		M10		M12	
l			l_s 和 l_g							
公称	min	max	l_s min	l_g max	l_s min	l_g max	l_s min	l_g max	l_s min	l_g max
12	11.65	12.35	全	全						
16	15.65	16.35	全	全	全	全				
20	19.58	20.42	全	全	全	全	全	全		
25	24.58	25.42	全	全	全	全	全	全	全	全
30	29.58	30.42	7	12	全	全	全	全	全	全
35	34.50	35.50	12	17	6.75	13	全	全	全	全
40	39.50	40.50	17	22	11.75	18	6.5	14	全	全
45	44.50	45.50	22	27	16.75	23	11.5	19	6.25	15
50	49.50	50.50	27	32	21.75	28	16.5	24	11.25	20
55	54.40	55.60	32	37	26.75	33	21.5	29	16.25	25
60	59.40	60.60	37	42	31.75	38	26.5	34	21.25	30
65	64.40	65.60			36.75	43	31.5	39	26.25	35
70	69.40	70.60			41.75	48	36.5	44	31.25	40
80	79.40	80.60			51.75	58	46.5	54	41.25	50
90	89.30	90.70					56.5	64	51.25	60
100	99.30	100.70					66.5	74	61.25	70
110	109.30	110.70							71.25	80
120	119.30	120.70							81.25	90

注：1. 公称长度在粗线以上的螺栓，应制出全螺纹。

2. 细杆型（R 型）仅适用于公称长度在粗线以下的螺栓。

3. "全"表示全螺纹。

4.1.3　方头螺栓

（1）方头螺栓 C 级

方头尺寸较大，便于使用扳手或借助其他零件防止转动，多用于粗糙结构表面和带 T 形槽零件中。其规格见表 4-8。

表 4-8　方头螺栓 C 级的规格（GB/T 8—1988）　　　mm

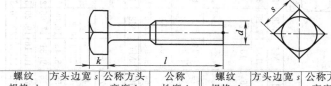

螺纹规格 d	方头边宽 s max	公称方头高度 k	公称长度 l	螺纹规格 d	方头边宽 s max	公称方头高度 k	公称长度 l
M10	16	7	20～100	M24	36	15	55～240
M12	18	8	25～120	(M27)	41	17	60～260
(M14)	21	9	25～140	M30	46	19	60～300
M16	24	10	30～160	M36	55	23	80～300
(M18)	27	12	35～180	M42	65	26	80～300
M20	30	13	35～200	M48	75	30	110～300
(M22)	34	14	50～220				

注：1. l（单位均为 mm）公称系列为 20，25，30，35，40，45，50，(55)，60，(65)，70，80，90，100，110，120，130，140，150，160，180，200，220，240，260，280，300。

2. 尽可能不采用括号内的规格。

（2）小方头螺栓（表 4-9）

表 4-9 小方头螺栓的规格（GB/T 35—2013）

mm

螺纹规格 d		M5	M6	M8	M10	M12	M14	M16	M18	M20	M22	M24	M27	M30	M36	M42	M48
牙距 P		0.8	1.0	1.25	1.50	1.75	2.0	2.0	2.5	2.5	2.5	3	3	4	4	5	5
b	L<125	16	18	22	26	30	34	38	42	46	50	54	60	66	78	—	—
	125<L<200	—	—	28	32	36	40	44	48	52	56	60	66	72	84	96	108
	200<L	—	—	—	—	—	—	57	61	65	69	73	79	85	97	109	121
k	max	3.74	4.24	5.24	6.24	7.29	8.29	9.29	10.29	11.35	12.35	13.35	15.35	17.35	20.42	23.42	26.42
	min	3.26	3.76	4.76	5.76	6.71	7.71	8.71	9.71	10.65	11.65	12.65	14.65	16.65	19.58	22.58	25.58
s	max	8	10	13	16	18	21	24	27	30	34	36	41	46	55	65	75
	min	7.64	9.64	12.57	15.57	17.57	20.16	23.16	26.16	29.16	33	35	40	45	53.5	63.1	73.1
公称直径 d		M5	M6	M8	M10	M12	M14	M16	M18	M20	M22	M24	M27	M30	M36	M42	M48
公称长度 L		每 1000 件钢制品的质量/kg															
20		3.75															
25		4.35															
30		4.95	7.59														
35		5.55	8.45	16.09													
40		6.15	9.31	17.65	29.23												
45		6.75	10.16	19.20	31.69	46.3											
50		7.35	11.02	20.76	34.14	49.86											

公称直径 d	M5	M6	M8	M10	M12	M14	M16	M18	M20	M22	M24	M27	M30	M36	M42	M48
公称长度 L	每 1000 件钢制品的质量/kg															
55	—	11.88	21.00	36.6	53.43	75.05	103.8	—	—	—	—	—	—	—	—	—
60	—	12.74	23.87	39.06	56.99	79.93	110.3	142.6	—	—	—	—	—	—	—	—
65	—	—	25.42	41.51	60.55	84.8	116.9	150.7	194.8	—	—	—	—	—	—	—
70	—	—	26.98	4397	64.11	89.68	123.4	158.8	205.0	262.6	—	—	—	—	—	—
80	—	—	30.09	48.55	71.24	99.43	136.5	175.1	225.5	287.8	340.9	—	—	—	—	—
90	—	—	—	53.79	78.36	109.2	149.6	191.3	246.0	313.0	370.4	501.2	647.2	—	—	—
100	—	—	—	58.7	85.48	110.9	162.7	207.5	266.4	338.2	399.0	539.3	693.9	—	—	—
110	—	—	—	—	92.61	128.7	175.8	223.8	286.6	363.4	429.4	577.4	740.6	1128	—	—
120	—	—	—	—	99.73	138.4	188.8	240	307.4	388.6	458.4	615.6	787.3	1196	—	—
130	—	—	—	—	—	148.2	201.9	256.3	327.9	413.8	488.4	653.7	834	1263	1890	—
140	—	—	—	—	—	157.9	215	272.5	348.3	439.0	517.9	691.8	880.7	1331	1983	2763
150	—	—	—	—	—	—	228.1	288.8	368.8	464.2	547.4	729.9	927.4	1299	2076	2885
160	—	—	—	—	—	—	241.2	305	389.3	489.4	576.9	768.0	974.1	1467	2169	3007
180	—	—	—	—	—	—	—	337.5	430.3	539.8	635.9	844.2	1068	1603	2355	3251
200	—	—	—	—	—	—	—	—	471.2	590.2	694.9	920.5	1161	1738	2540	3494
220	—	—	—	—	—	—	—	—	—	640.6	753.9	996.7	1254	1874	2726	3738
240	—	—	—	—	—	—	—	—	—	—	812.9	1073	1348	2010	2912	3982
260	—	—	—	—	—	—	—	—	—	—	—	1149	1441	2145	3098	4226
280	—	—	—	—	—	—	—	—	—	—	—	—	1535	2281	3284	4470
300	—	—	—	—	—	—	—	—	—	—	—	—	1628	2416	3470	4713

4.1.4 圆头螺栓

(1) 圆头方颈螺栓（表 4-10）

表 4-10 半圆头方颈螺栓的规格（GB/T 12—2013） mm

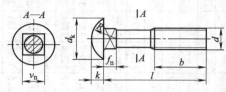

螺纹规格 d		M6	M8	M10	M12	(M14)	M16	M20
P		1	1.25	1.5	1.75	2	2	2.5
b	$l \leqslant 125$	18	22	26	30	34	38	46
	$125 < l \leqslant 200$	—	28	32	36	40	44	52
d_k	max	13.1	17.1	21.3	25.3	29.3	33.6	41.6
	min	11.3	15.3	19.16	23.16	27.16	31	39
f_n	max	4.4	5.4	6.4	8.45	9.45	10.45	12.55
	min	3.6	4.6	5.6	7.55	8.55	9.55	11.45
k	max	4.08	5.28	6.48	8.9	9.9	10.9	13.1
	min	3.2	4.4	5.6	7.55	8.55	9.55	11.45
v_n	max	6.3	8.36	10.36	12.43	14.43	16.43	20.82
	min	5.84	7.8	9.8	11.76	13.76	15.76	19.22

公称	l min	max				通用长度规格范围			
16	15.1	16.9							
20	18.95	21.05							
25	23.95	26.05							
30	28.95	31.05							
35	33.75	36.25							
40	38.75	41.25							
45	43.75	46.25	通						
50	48.75	51.25		用					
(55)	53.5	56.5			长				
60	58.5	61.5				度			
(65)	63.5	66.5					规		
70	68.5	71.5					格		
80	78.5	81.5							
90	88.25	91.75						范	
100	98.25	101.75							围
110	108.25	111.75							
120	118.25	121.75							
130	128	132							
140	138	142							
150	148	152							
160	156	164							
180	176	184							
200	195.4	204.6							

（2）圆头带榫螺栓（表 4-11）

表 4-11 圆头带榫螺栓的规格（GB/T 13—2013） mm

螺纹规格 d		M6	M8	M10	M12	(M14)	M16	M20	M24
P		1	1.25	1.5	1.75	2	2	2.5	3
b	$l \leqslant 125$	18	22	26	30	34	38	46	54
	$125 < l \leqslant 200$	—	28	32	36	40	44	52	60
d_k	max	12.1	15.1	18.1	22.3	25.3	29.3	35.6	43.6
	min	10.3	13.3	16.3	20.16	23.16	27.16	33.0	41.0
k	max	4.08	5.28	6.48	8.9	9.3	10.9	13.1	17.1
	min	3.2	4.4	5.6	7.55	8.55	9.55	11.45	15.45
d_s	max	6.48	8.58	10.58	12.7	14.7	16.7	20.84	21.84
	min	5.52	7.42	9.42	11.3	13.3	15.3	19.15	23.16
h min		4	5	6	7	8	9	11	13

l			通用长度规格范围							
公称	min	max								
20	18.95	21.05								
25	23.95	26.05								
30	28.95	31.05								
35	33.75	36.25	通							
40	38.75	41.25								
45	43.75	46.25	用							
50	48.75	51.25								
(55)	53.5	56.5		长						
60	58.5	61.5								
(65)	63.5	66.5			度					
70	68.5	71.5								
80	78.5	81.5				规				
90	88.25	91.75								
100	98.25	101.75					格			
110	108.25	111.75								
120	118.25	121.75						范		
130	128	132								
140	138	142							围	
150	148	152								
160	156	164								
180	176	184								
200	195.4	204.6								

（3）扁圆头带榫螺栓（表4-12和表4-13）

表4-12　扁圆头带榫螺栓的规格（GB/T 15—2013）　　　mm

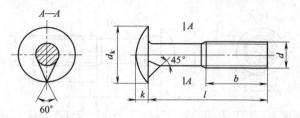

螺纹规格 d		M6	M8	M10	M12	(M14)	M16	M20	M24
P		1	1.25	1.5	1.75	2	2	2.5	3
b	l≤125	18	22	26	30	34	38	46	54
	125<l≤200	—	28	32	36	40	44	52	60
d_k	max	15.1	19.1	24.3	29.3	33.6	36.6	45.6	53.9
	min	13.3	17.3	22.16	27.16	31.0	34.0	43.0	50.8
k	max	3.48	4.48	5.48	6.48	7.9	8.9	10.9	13.1
	min	2.7	3.6	4.6	5.6	6.55	7.55	9.45	11.45

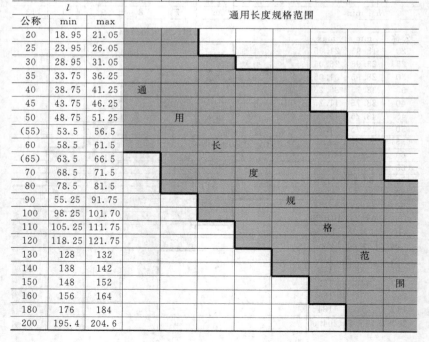

l 公称	min	max	通用长度规格范围
20	18.95	21.05	
25	23.95	26.05	
30	28.95	31.05	
35	33.75	36.25	
40	38.75	41.25	
45	43.75	46.25	
50	48.75	51.25	
(55)	53.5	56.5	
60	58.5	61.5	
(65)	63.5	66.5	
70	68.5	71.5	
80	78.5	81.5	
90	55.25	91.75	
100	98.25	101.70	
110	105.25	111.75	
120	118.25	121.75	
130	128	132	
140	138	142	
150	148	152	
160	156	164	
180	176	184	
200	195.4	204.6	

表 4-13　扁圆头方颈螺栓 C 级的规格（GB/T 14—2013） mm

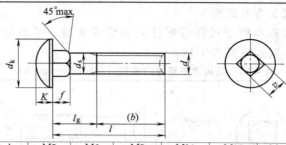

螺纹规格 d		M5	M6	M8	M10	M12	M16	M20
P		0.8	1	1.25	1.5	1.75	2	2.5
b 参考	$l \leqslant 120$	16	18	22	26	30	38	46
	$130 \leqslant l \leqslant 200$	—	—	28	32	36	44	52
	$l > 200$	—	—	—	—	—	57	65
d_k	max(=公称)	13	16	20	24	30	38	46
	min	11.9	14.9	18.7	22.7	28.7	36.4	44.4
d_s	max	5.48	6.48	8.58	10.58	12.7	16.7	20.84
	min				≈螺纹中径			
f	max	4.1	4.6	5.6	6.6	8.8	12.9	15.9
	min	2.9	3.4	4.4	5.4	7.1	11.1	14.1
K	max	3.1	3.6	4.8	5.8	6.8	8.9	10.9
	min	2.5	3	4	5	6	8	10
v	max	5.48	6.48	8.58	10.58	12.7	16.7	20.84
	min	4.52	5.52	7.42	9.42	11.3	15.3	19.16

l			无螺纹杆部长度 l_0 和夹紧长度 l_g														
公称	min	max	min	max	min	max	min	max	min	max	min	max	min	max	min	max
20	19	21	—	4	—	—	—	—	—	—	—	—	—	—	—	—
25	24	26	5	9	—	—	—	—	—	—	—	—	—	—	—	—
30	29	31	10	14	7	12	—	—	—	—	—	—	—	—	—	—
35	33.7	36.3	15	19	12	17	—	—	—	—	—	—	—	—	—	—
40	38.7	41.3	20	24	17	22	11.75	18	—	—	—	—	—	—	—	—
45	43.7	46.3	25	29	22	27	18.75	23	11.5	19	—	—	—	—	—	—
50	48.7	51.3	30	34	27	32	21.75	28	16.5	24	—	—	—	—	—	—
55	53.5	56.5	—	—	32	37	26.75	33	21.5	29	16.25	25	—	—	—	—
60	58.5	61.5	—	—	37	42	31.75	38	26.5	34	21.25	30	—	—	—	—
65	63.5	66.5	—	—	—	—	36.75	43	31.5	39	26.25	35	17	27	—	—
70	68.5	71.5	—	—	—	—	41.75	48	36.5	44	31.25	40	22	32	—	—
75	73.5	76.5	—	—	—	—	46.75	53	41.5	49	36.25	45	27	37	16.5	29
80	78.5	81.5	—	—	—	—	45.75	52	40.5	48	35.25	44	26	36	15.5	28
90	88.3	91.7	—	—	—	—	—	—	50.5	58	45.25	54	36	46	25.5	38
100	98.3	101.7	—	—	—	—	—	—	60.5	68	55.25	64	46	56	35.5	48
110	108.3	111.7	—	—	—	—	—	—	—	—	65.25	74	56	66	45.5	58
120	118.3	121.7	—	—	—	—	—	—	—	—	75.25	84	66	76	55.5	68
130	128	132	—	—	—	—	—	—	—	—	—	—	64	74	52.5	65
140	138	142	—	—	—	—	—	—	—	—	—	—	74	84	62.5	75
150	148	152	—	—	—	—	—	—	—	—	—	—	84	94	72.5	85
160	156	164	—	—	—	—	—	—	—	—	—	—	94	104	82.5	95
180	176	184	—	—	—	—	—	—	—	—	—	—	114	124	102.5	115
200	195.4	204.6	—	—	—	—	—	—	—	—	—	—	134	144	122.5	135

4.1.5 沉头螺栓

（1）沉头方颈螺栓

用于仪器和精密机件等零件表面要求光滑、平整处，有防止转动作用，其规格见表 4-14。

表 4-14 沉头方颈螺栓的规格（GB/T 10—2013） mm

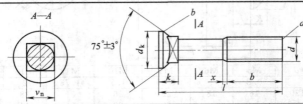

螺纹规格 d		M6	M8	M10	M12	M16	M20
P		1	1.25	1.5	1.75	2	2.5
l	$l \leqslant 125$	18	22	26	30	38	46
	$125 < l \leqslant 200$	—	28	32	36	44	52
d_k	max	11.05	14.55	17.55	21.65	28.65	36.80
	min	9.95	13.45	16.45	20.35	27.35	35.2
k	max	6.1	7.25	8.45	11.05	13.05	15.05
	min	5.3	6.35	7.55	9.05	11.90	13.95
v_n	max	6.36	8.36	10.36	12.43	16.43	20.52
	min	5.84	7.8	9.8	11.76	15.76	19.72

公称	min	max	通用长度规格范围					
25	23.95	26.05						
30	28.95	31.05						
35	33.75	36.25						
40	38.75	41.25	通用					
45	43.75	46.25						
50	48.75	51.25	长度					
(55)	53.5	56.5						
60	58.5	61.5						
(65)	63.5	66.5		规格				
70	68.5	71.5						
80	78.5	81.5						
90	88.25	91.75				范围		
100	98.25	101.75						
110	108.25	111.75						
120	118.25	121.75						
130	128	132						
140	138	142						
150	148	152						
160	156	164						
180	176	184						
200	195.4	201.8						

（2）沉头带榫螺栓（表 4-15）

表 4-15 沉头带榫螺栓的规格（GB/T 11—2013） mm

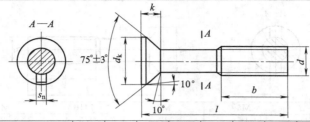

螺纹规格 d		M6	M8	M10	M12	(M14)	M16	M20	(M22)	M24
P		1	1.25	1.5	1.75	2	2	2.5	2.5	3
b	$l \leqslant 125$	10	22	26	30	34	38	46	50	54
	$125 < l \leqslant 200$	—	28	32	36	40	44	52	56	60
d_k	max	11.05	11.55	17.55	21.65	24.65	28.65	36.8	40.8	45.8
	min	9.95	13.45	16.45	20.35	23.35	27.35	35.2	39.2	44.2
s_n	max	2.7	2.7	3.8	3.8	4.3	4.8	4.8	6.3	6.3
	min	2.3	2.3	3.2	3.2	3.7	4.2	4.2	5.7	5.7
k	max	4.1	5.3	6.2	8.5	8.9	10.2	13	14.3	16.5

	l		通用长度规格范围
公称	min	max	
25	23.95	26.05	
30	28.95	31.05	
35	33.75	36.25	通
40	38.75	41.25	
45	43.75	46.25	用
50	48.75	51.25	
(55)	53.5	56.5	长
60	58.5	61.5	
(65)	63.5	66.5	度
70	68.5	71.5	
80	78.5	81.5	规
90	88.25	91.75	
100	98.25	101.75	格
110	108.25	111.75	
120	118.25	121.75	范
130	128	132	
140	138	142	围
150	148	152	
160	156	164	
180	176	184	
200	195.4	204.6	

（3）沉头双榫螺栓（表 4-16）

表 4-16 沉头双榫螺栓的规格（GB/T 800—1988） mm

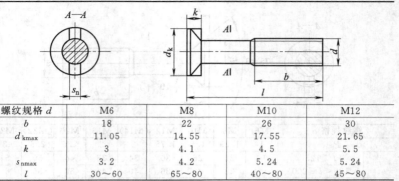

螺纹规格 d	M6	M8	M10	M12
b	18	22	26	30
d_{kmax}	11.05	14.55	17.55	21.65
k	3	4.1	4.5	5.5
s_{nmax}	3.2	4.2	5.24	5.24
l	30～60	65～80	40～80	45～80

注：l（单位均为 mm）公称系列为 5，30，35，40，45，50，（55），60，（65），70，80，90，100，110，120，130，140，150，160，180，200。

4.1.6 T 形槽用螺栓

主要用于机床、机床附件上，可在只旋转螺母而不卸螺栓时将连接件拧紧或松脱，其规格见表 4-17。

表 4-17 T 形槽用螺栓的规格（GB/T 37—1988） mm

螺纹规格 d		M5	M6	M8	M10	M12	M16	M20	M24	M30	M36	M42	M48
b	$l_{公称}\leqslant125$	16	18	22	26	30	38	46	54	66	78		
	$125<l_{公称}\leqslant200$			28	32	36	44	52	60	72	84	96	108
	$l_{公称}>200$						57	65	73	85	97	109	121
D		12	16	20	25	30	38	46	58	25	85	95	105
k	max	4.24	5.24	6.24	7.29	9.29	12.35	14.35	16.35	20.42	24.42	28.42	32.50
	min	3.76	5.76	5.76	6.71	8.71	11.65	13.65	15.65	19.58	23.58	27.58	31.50
h		2.8	3.4	4.1	4.8	6.5	9.0	10.4	11.8	14.5	18.5	22.0	26.0
s	公称	9	12	14	18	22	28	34	44	57	67	76	86
	max	9.00	12.00	14.00	18.00	22.00	28.00	34.00	144.00	57.00	67.00	76.00	86.00
	min	8.64	11.57	13.57	17.57	21.16	27.16	33.00	3.00	55.80	65.10	74.10	83.80

注 1. 长度 $l_{公称}$（单位均为 mm）系列：20～50（5 进位），（55），60，（65），70～160（10 进位），180～300（20 进位）。

2. 括号内的规格尽可能不采用。

4.1.7　活节螺栓

用于需紧固又有铰接的连接件，其规格见表 4-18。

表 4-18　活节螺栓的规格（GB/T 798—1988）　mm

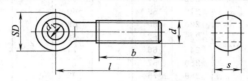

螺纹规格 d	M4	M5	M6	M8	M10	M12	M16	M20	M24	M30	M36
d_1	3	4	5	6	8	10	12	16	20	25	30
s	5	6	8	10	12	14	18	22	26	34	40
b	14	16	18	22	26	30	38	52	60	72	84
SD	8	10	12	14	18	20	28	34	42	52	64
l	20～ 35	25～ 45	30～ 55	35～ 70	40～ 110	50～ 130	60～ 160	70～ 180	90～ 260	110～ 300	130～ 300

注：l（单位均为 mm）公称系列为 20，25，30，35，40，45，50，（55），60，（65），70，80，90，100，110，120，130，140，150，160，180，200，220，240，260，280，300。

4.1.8　U 形螺栓

用于固定管件等，其规格见表 4-19。

表 4-19　U 形螺栓的规格（JB/ZQ 4321—2006）　mm

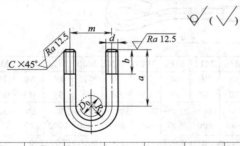

L—毛坯长度
D_0—管子外径

D_0	R	d	L	a	b	m	C	质量/（kg/千件）
14	8	M6	98	33	22	22	1	22
18	10		108	35		26		24
22	12	M10	135	42	28	34	1.5	83
25	14		143	44		38		88
33	18		160	48		46		99

续表

D_0	R	d	L	a	b	m	C	质量/(kg/千件)
38	20		192	55		52		171
42	22		202	57		56		180
45	24		210	59		60		188
48	25		220	60		62		196
51	27	M12	225	62	32	66	2	200
57	31		240	66		74		214
60	32		250	67		76		223
76	40		289	75		92		256
83	43		310	78		98		276
89	46		325	81		104		290
102	53		365	93		122		575
108	56		390	96		128		616
114	59		405	99		134		640
133	69	M16	450	108	32	154	2	712
140	72		470	112		160		752
159	82		520	122		180		822
165	85		538	125		186		850
219	112		680	152		240		1075

4.1.9　地脚螺栓

地脚螺栓埋于混凝土地基中，用于紧固各种机器、设备的底座，其规格见表 4-20。

表 4-20　地脚螺栓的规格尺寸（GB/T 799—1988）　　mm

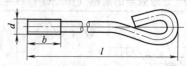

螺纹规格 d		M6	M8	M10	M12	M16	M20	M24	M30	M36	M42	M48
螺纹长度 b	min	24	28	32	36	44	52	60	72	84	96	108
	max	27	31	36	40	50	58	68	80	94	106	118
公称长度 l		80～160	120～220	160～300	160～400	220～500	300～630	300～800	400～1000	500～1000	630～1250	630～1560
长度系列		80,120,160,220,300,400,500,630,800,1000,1250,1560										

注：产品 C 级，螺纹公差 8g。

4.2　螺钉

4.2.1　螺钉的类型、特点和用途

螺钉的类型、特点和用途见表 4-21。

表 4-21　螺钉的类型、特点和用途

类型	名　　称	标　　准	特点及用途
机螺钉	十字槽盘头螺钉	GB/T 818—2016	十字槽拧紧时对中性好，易实现自动装配，生产率高，槽的强度高，不易打滑
	十字槽沉头螺钉	GB/T 819.1—2016 GB/T 819.2—2016	
	十字槽半沉头螺钉	GB/T 820—2015	
	十字槽圆柱头螺钉	GB/T 822—2016	
	十字槽小盘头螺钉	GB/T 823—2016	
	开槽圆柱头螺钉	GB/T 65—2016	开槽螺钉，多用于较小零件的连接
	开槽盘头螺钉	GB/T 67—2016	
	开槽沉头螺钉	GB/T 68—2016	
	开槽半沉头螺钉	GB/T 69—2016	
	内六角花形低圆柱头螺钉	GB/T 2671.1—2017	内六角可承受较大的拧紧力矩，连接强度高，可替代六角头螺栓。头部可埋入零件沉孔中，外形平滑，结构紧凑
	内六角花形圆柱头螺钉	GB/T 2671.2—2017	
	内六角花形盘头螺钉	GB/T 2672—2017	
	内六角花形沉头螺钉	GB/T 2673—2007	
	内六角花形半沉头螺钉	GB/T 2674—2017	
	内六角圆柱头螺钉	GB/T 70.1—2008	
	内六角平圆头螺钉	GB/T 70.2—2015	
	内六角沉头螺钉	GB/T 70.3—2008	
	内六角圆柱头轴肩螺钉	GB/T 5281—1985	
紧定螺钉	开槽锥端紧定螺钉	GB/T 71—1985	锥端：靠端头直接顶紧零件，一般用于不常拆装或零件硬度不高的场合 平端：端头平滑，不伤零件表面，多用于受载小，经常调节位置的场合 凹端：适用于零件硬度较大的场合 圆柱端：承载能力高，用于位置经常调节或固定安装在管轴上的零件。使用时应有防松措施 球面端：除压顶平面外，还可压在零件的圆窝中 紧定螺钉的硬度：高于零件硬度。一般螺钉的热处理硬度为 28～38HRC
	开槽平端紧定螺钉	GB/T 73—2017	
	开槽凹端紧定螺钉	GB/T 74—1985	
	开槽长圆柱紧定螺钉	GB/T 75—1985	
	内六角平端紧定螺钉	GB/T 77—2007	
	内六角锥端紧定螺钉	GB/T 78—2007	
	内六角凹端紧定螺钉	GB/T 80—2007	
	内六角圆柱端紧定螺钉	GB/T 79—2007	
	方头长圆柱球面端紧定螺钉	GB/T 83—1988	
	方头凹端紧定螺钉	GB/T 84—1988	
	方头长圆柱端紧定螺钉	GB/T 85—1988	
	方头短圆柱锥端紧定螺钉	GB/T 86—1988	
	方头倒角端紧定螺钉	GB/T 821—1988	

续表

类型	名　称	标　准	特点及用途
定位螺钉	开槽盘头定位螺钉	GB/T 828—1988	主要作用是定位,也可传递不大的载荷
	开槽圆柱端定位螺钉	GB/T 829—1988	
	开槽锥端定位螺钉	GB/T 72—1988	
不脱出螺钉	开槽盘头不脱出螺钉	GB/T 837—1988	多用于冲击振动较大,不允许脱出的连接。可在细的螺杆处装防脱元件
	六角头不脱出螺钉	GB/T 838—1988	
	滚花头不脱出螺钉	GB/T 839—1988	
	开槽沉头不脱出螺钉	GB/T 948—1988	
	开槽半沉头不脱出螺钉	GB/T 949—1988	
自攻螺钉	十字槽盘头自攻螺钉	GB/T 845—2017	多用于较薄的钢板和有色金属板的连接。螺钉硬度较高,一般热处理硬度为 50～58HRC。被连接件可不预先制出螺纹,在连接时,利用螺钉攻出螺纹
	十字槽沉头自攻螺钉	GB/T 846—2017	
	十字槽半沉头自攻螺钉	GB/T 847—2017	
	六角头自攻螺钉	GB/T 5285—2017	
	十字槽凹穴六角头自攻螺钉	GB/T 9456—1988	
	开槽盘头自攻螺钉	GB/T 5282—2017	
	开槽沉头自攻螺钉	GB/T 5283—2017	
	开槽半沉头自攻螺钉	GB/T 5284—2017	
	十字槽盘头自钻自攻螺钉	GB/T 15856.1—2002	
	十字槽沉头自钻自攻螺钉	GB/T 15856.2—2002	
	十字槽半沉头自钻自攻螺钉	GB/T 15856.3—2002	
	六角法兰面自钻自攻螺钉	GB/T 15856.4—2002	
	六角凸缘自钻自攻螺钉	GB/T 15856.5—2002	
	墙板自攻螺钉	GB/T 14210—1993	
	十字槽沉头自挤螺钉	GB/T 6561—2014	
	六角头自挤螺钉	GB/T 6563—2013	
特殊用途螺钉	开槽无头轴位螺钉	GB/T 831—1988	多用于受载较小的工装设备的连接
	开槽带孔球面圆柱头螺钉	GB/T 832—1988	
	开槽大圆柱头螺钉	GB/T 833—1988	
	滚花高头螺钉	GB/T 834—1988	
	滚花平头螺钉	GB/T 835—1988	
	滚花小头螺钉	GB/T 836—1988	
	塑料滚花头螺钉	GB/T 840—1988	
	开槽球面圆柱头轴位螺钉	GB/T 946—1988	
	开槽球面大圆柱头螺钉	GB/T 947—1988	
	吊环螺钉	GB/T 825—1988	用于起吊机械等
	精密机械用紧固件十字槽螺钉	GB/T 13806.1—1992	主要用于仪器、仪表等精密机械

4.2.2 开槽螺钉

开槽螺钉的规格见表 4-22～表 4-25。

表 4-22 开槽圆柱头螺钉的规格尺寸（GB/T 65—2016） mm

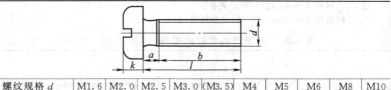

螺纹规格 d	M1.6	M2	M2.5	M3	M3.5	M4	M5	M6	M8	M10
公称头部直径 d_{kmax}	3.00	3.80	4.50	5.50	6.00	7.00	8.50	10.00	13.00	16.00
公称头部高度 k_{max}	1.10	1.40	1.80	2.00	2.40	2.60	3.30	3.9	5.0	6.0
公称长度 l	2～16	3～20	3～25	4～30	5～35	5～40	6～50	8～60	10～80	12～80

注：公称长度 l（单位均为 mm）系列为 2，2.5，3，4，5，6，8，10，12，（14），16，20，25，30，35，40，45，50，（55），60，（65），70，75，80。

表 4-23 开槽盘头螺钉的规格尺寸（GB/T 67—2017） mm

螺纹规格 d		M1.6	M2.0	M2.5	M3.0	(M3.5)	M4	M5	M6	M8	M10
螺距 P		0.35	0.4	0.45	0.5	0.6	0.7	0.8	1.0	1.25	1.5
b_{min}		25	25	25	25	38	38	38	38	38	38
k	公称（＝max）	1.00	1.30	1.50	1.80	2.10	2.40	3.00	3.6	4.8	6.0
	min	1.86	1.16	1.36	1.66	1.96	2.26	2.86	3.3	4.5	5.7

	l		每 1000 件钢螺钉的质量（$\rho=7.85\mathrm{kg/dm^3}$）/kg								
公称	max	min									
2	2.2	1.8	0.075								
2.5	2.7	2.3	0.081	0.052							
3	3.2	2.8	0.087	0.161	0.281						
4	4.24	3.76	0.099	0.180	0.311	0.463					
5	5.24	4.76	0.110	0.198	0.341	0.507	0.825	1.16			
6	6.24	5.76	0.122	0.217	0.371	0.551	0.885	1.24	2.12		
8	8.29	7.71	0.145	0.254	0.431	0.639	1.00	1.39	2.37	4.02	
10	10.29	9.71	0.168	0.292	0.491	0.727	1.12	1.55	2.61	4.37	9.38
12	12.35	11.65	0.192	0.329	0.551	0.816	1.24	1.70	2.86	4.72	10.0	18.2
(14)	14.35	13.65	0.215	0.366	0.611	0.904	1.36	1.86	3.11	5.10	10.6	19.2

续表

螺纹规格 d		M1.6	M2.0	M2.5	M3.0	(M3.5)	M4	M5	M6	M8	M10
l		每1000件钢螺钉的质量 (ρ=7.85kg/dm³)/kg									
公称	max	min									
16	16.35	15.65	0.238	0.404	0.671	0.992	1.48	2.01	3.36	5.45	11.2	20.2
20	20.42	19.58		0.478	0.792	1.17	1.72	2.32	3.85	6.14	12.6	22.2
25	25.42	24.58			0.942	1.39	2.02	2.71	4.47	7.01	14.1	24.7
30	30.42	29.58				1.61	2.32	3.10	5.09	7.90	15.7	27.2
35	35.5	34.5					2.62	3.48	5.71	8.78	17.3	29.7
40	40.5	39.5						3.87	6.32	9.66	18.9	32.2
45	45.5	44.5							6.94	10.5	20.5	34.7
50	50.5	49.5							7.56	11.4	22.1	37.2
(55)	55.95	54.05								12.3	23.7	39.7
60	60.95	59.05								13.2	25.3	42.2
(65)	65.95	64.05									26.9	44.7
70	70.95	69.05									28.5	47.2
(75)	75.95	74.05									30.1	49.7
80	80.95	79.05									31.7	52.2

注：1. 尽可能不采用括号内的规格。

2. 公称直径 $d \leqslant 45$mm 时，制出全螺纹（$b=l-a$）。

表 4-24 开槽沉头螺钉的规格（GB/T 68—2016）   mm

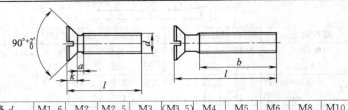

螺纹规格 d		M1.6	M2	M2.5	M3	(M3.5)	M4	M5	M6	M8	M10
螺距 P		0.35	0.4	0.45	0.5	0.6	0.7	0.8	1.0	1.25	1.5
b_{min}		25	25	25	25	38	38	38	38	38	38
k 公称（=max）		1	1.2	1.5	1.65	2.35	2.7	2.7	3.3	4.65	5
l		每1000件钢螺钉的质量（ρ=7.85kg/dm³）/kg									
公称	max	min									
2.5	2.7	2.3	0.053								
3	3.2	2.8	0.058	0.101							
4	4.24	3.76	0.069	0.119	0.206						
5	5.24	4.76	0.081	0.137	0.236	0.335					
6	6.24	5.76	0.093	0.152	0.266	0.379	0.633	0.903			
8	8.29	7.71	0.116	0.193	0.326	0.467	0.753	1.06	1.48	2.38	
10	10.29	9.71	0.139	0.231	0.386	0.555	0.873	1.22	1.72	2.73	5.68

续表

螺纹规格 d			M1.6	M2	M2.5	M3	(M3.5)	M4	M5	M6	M8	M10
l			每 1000 件钢螺钉的质量($\rho=7.85\mathrm{kg/dm^3}$)/kg									
公称	max	min										
12	12.35	11.65	0.162	0.268	0.446	0.643	0.993	1.37	1.96	3.08	6.32	9.54
(14)	14.35	13.65	0.185	0.306	0.507	0.731	1.11	1.53	2.20	3.43	6.96	10.6
16	16.35	15.65	0.028	0.343	0.567	0.82	1.23	1.68	2.44	3.78	7.60	11.6
20	20.42	19.58		0.417	0.687	0.996	1.47	2.00	2.92	4.48	8.88	13.6
25	25.42	24.58			0.838	1.22	1.77	2.39	3.52	5.36	10.5	16.1
30	30.42	29.58				1.44	2.07	2.78	4.12	6.23	12.1	18.7
35	35.5	34.5					2.37	3.17	4.72	7.11	13.7	21.2
40	40.5	39.5						3.56	5.32	7.98	15.3	23.7
45	45.5	44.5							5.92	8.86	16.9	26.2
50	50.5	49.5							6.52	9.73	18.5	28.8
(55)	55.95	54.05								10.6	20.1	31.3
60	60.95	59.05								11.5	21.7	33.8
(65)	65.95	64.05									23.3	36.3
70	70.95	69.05									24.9	38.9
(75)	75.95	74.05									26.5	41.4
80	80.95	79.05									28.1	43.9

注：1. 尽可能不采用括号内的规格。

2. 公称直径 $d \leqslant 45\mathrm{mm}$ 时，制出全螺纹（$b=l-a$）。

表 4-25　开槽半沉头螺钉的规格（GB/T 69—2016）　　　mm

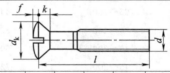

螺纹规格 d	M1.6	M2	M2.5	M3	(M3.5)	M4	M5	M6	M8	M10
公称头部直径 $d_{k\,max}$	3.0	3.8	4.7	5.5	7.30	8.40	9.30	11.30	15.80	18.30
公称头部高度 k_{max}	1	1.2	1.5	1.65	2.35	2.7	2.7	3.3	4.65	5
半沉头球面高度 $f \approx$	0.4	0.5	0.6	0.7	1.0	1.2	1.4	2	2	2.3
公称长度 *l*	2.5～16	3～20	4～25	5～30	6～35	6～40	8～50	8～60	10～80	12～80

注：公称长度 *l*（单位均为 mm）系列为 2, 2.5, 3, 4, 5, 6, 8, 10, 12, (14), 16, 20, 25, 30, 35, 40, 45, 50, (55), 60, (65), 70, 75, 80。

4.2.3　内六角圆柱头螺钉

内六角圆柱头螺钉用于需把螺钉头埋入机件内，而紧固力又要求较大的场合。内六角圆柱头螺钉规格见表 4-26。

表 4-26 内六角圆柱头螺钉规格 mm

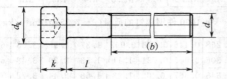

GB/T 70.1—2008

螺纹规格 d	内六角扳手尺寸 s	螺钉长度		l 系列尺寸
		l	b（参考）	
M1.6	1.5	2.5～16	15	
M2	1.5	3～20	16	
M2.5	2	4～25	17	
M3	2.5	5～30	18	
M4	3	6～40	20	
M5	4	8～50	22	
M6	5	10～60	24	2.5，3，4，5，6，8，10，12，16，20，25，30，35，40，45，50，55，60，65，70，80，90，100，110，120，130，140，150，160，180，200，210，220，240，260，280，300
M8	6	12～80	28	
M10	8	16～100	32	
M12	10	20～120	36	
（M14）	12	25～140	40	
M16	14	25～160	44	
M20	17	30～200	52	
M24	19	40～200	60	
M30	22	45～200	72	
M36	27	55～200	84	
M42	32	60～300	96	
M48	36	70～300	108	
M56	41	80～300	124	
M64	46	90～300	140	

注：括号内的规格尽量不采用。

4.2.4 紧定螺钉

紧定螺钉用于固定零部件的相对位置，其种类如图 4-1 所示。

（1）方头紧定螺钉（见表 4-27）

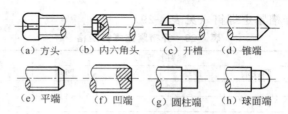

（a）方头　　（b）内六角头　　（c）开槽　　（d）锥端

（e）平端　　（f）凹端　　（g）圆柱端　　（h）球面端

图 4-1　紧定螺钉种类

表 4-27　方头紧定螺钉规格 mm

螺纹规格 d	螺钉长度 L					L 系列尺寸
	倒角（平）端	锥端	圆柱端	凹端	球面端	
M5	8～30	12～30		10～30	—	8，10，12，（14），16，20，25，30，35，40，45，50，（55），60，70，80，90，100
M6	8～30	12～30			—	
M8	10～40	14～40			16～40	
M10	12～50	20～50			20～50	
M12	14～60	25～60			25～60	
M16	20～80	25～80			30～80	
M20	40～100	40～100			35～100	

注：括号内尺寸尽量不采用。

（2）内六角凹端紧定螺钉（见表 4-28）

表 4-28　内六角凹端紧定螺钉规格（GB/T 80—2007）　mm

螺纹规格 d	螺钉长度 L				L 系列尺寸
	锥端	平端	凹端	圆柱端	
M1.6	2～8				2，2.5，3，4，5，6，8，10，12，16，20，25，30，35，40，45，50，55，60
M2	2～10			2.5～10	
M2.5	2.5～12	2～12		3～12	
M3	2.5～16	2～16	2.5～16	4～16	
M4	3～20	2.5～20	3～20	5～20	
M5	4～25	3～25	4～25	6～25	
M6	5～30	4～30	5～30	8～30	
M8	6～40	5～40	6～40	8～40	
M10	8～50	6～50	8～50	10～50	
M12	10～60	8～60	10～60	12～60	
M16	12～60	10～60	12～60	16～60	
M20	16～60	12～60	14～60	20～60	
M24	20～60	16～60	20～60	25～60	

（3）开槽紧定螺钉（见表 4-29）

表 4-29　开槽紧定螺钉规格　　mm

螺纹规格 d	螺钉长度 L				L 系列尺寸
	圆柱端	锥端	平端	凹端	
M1.2	—	2～6		—	
M1.6	2.5～8		2～8		
M2	3～10		2～10	2.5～10	
M2.5	4～12	3～12	2.5～12	3～12	2,2.5,3,4,5,
M3	5～16	4～16	3～16	3～16	6、8、10、12、
M4	6～20	5～20	4～20	4～20	（14），16、20、
M5	8～25	8～25	5～25	5～25	25、30、35、40、
M6	8～30		6～30		45,50,(55),60
M8	10～40		6～30		
M10	12～50		10～50		
M12	14～60		12～60		

注：括号内尺寸尽量不采用。

4.2.5　大圆柱头螺钉

大圆柱头螺钉规格见表 4-30。

表 4-30　大圆柱头螺钉规格　　mm

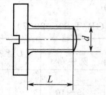

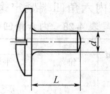

大圆柱头螺钉GB/T 833—1988　　　　球面大圆柱头螺钉GB/T 947—1988

螺纹规格 d	螺杆长度 L		L 系列尺寸
	大圆柱头	球面大圆柱头	
M1.6	2.5～5	2～5	
M2	3～6	2.5～6	
M2.5	4～8	3～8	2、2.5、3、
M3	4～10	4～10	4、5、6、8、
M4	5～12	5～12	10、　12、
M5	6～14	6～14	（14），16,20
M6	8～16	8～16	
M8	10～16	10～20	
M10	12～20	12～20	

注：括号内尺寸尽量不采用。

4.2.6　滚花螺钉

滚花螺钉用作连接，适宜于需经常做松紧动作的场合。滚花螺钉规格见表 4-31。

表 4-31　滚花螺钉规格　　　　　　　mm

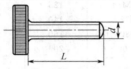　　　　　　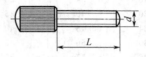

滚花平头螺钉 GB/T 835—1988　　　滚花小头螺钉 GB/T 836—1988

螺纹规格 d	螺杆长度 L		L 系列尺寸
	滚花平头	滚花小头	
M1.6	2～12	3～16	2、2.5、3、4、5、6、8、10、12、(14)、16、20、25、30、35、40
M2	4～16	4～20	
M2.5	5～16	5～20	
M3	6～20	6～25	
M4	8～25	8～30	
M5	10～25	10～35	
M6	12～30	12～40	
M8	16～35	—	
M10	20～40	—	

注：括号内尺寸尽量不采用。

4.2.7　吊环螺钉

吊环螺钉装在机器或大型零部件的顶盖或外壳上，便于起吊用。吊环螺钉规格见表 4-32。

表 4-32　吊环螺钉规格　　　　　　　mm

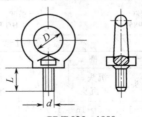

GB/T 825—1988

续表

螺纹规格 d	吊环内径 D	钉杆长度 L	螺纹规格 d	吊环内径 D	钉杆长度 L
M8	20	16	M42	80	65
M10	24	20	M48	95	70
M12	28	22	M56	112	80
M16	34	28	M64	125	90
M20	40	35	M72×6	140	100
M24	48	40	M80×6	160	115
M30	56	45	M100×6	200	140
M36	67	55			

4.2.8　自攻螺钉

　　自攻螺钉用于薄金属制件与较厚金属制作之间的连接。自攻螺钉规格见表4-33。

表4-33　自攻螺钉规格　　　　mm

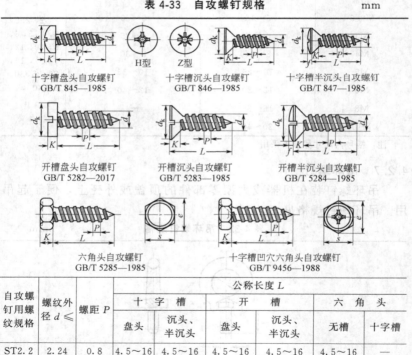

十字槽盘头自攻螺钉　　　　十字槽沉头自攻螺钉　　　　十字槽半沉头自攻螺钉
GB/T 845—1985　　　　　　GB/T 846—1985　　　　　　GB/T 847—1985

开槽盘头自攻螺钉　　　　　开槽沉头自攻螺钉　　　　　开槽半沉头自攻螺钉
GB/T 5282—2017　　　　　　GB/T 5283—1985　　　　　　GB/T 5284—1985

六角头自攻螺钉　　　　　十字槽凹穴六角头自攻螺钉
GB/T 5285—1985　　　　　GB/T 9456—1988

自攻螺钉用螺纹规格	螺纹外径 $d \leqslant$	螺距 P	公称长度 L					
			十　字　槽		开　槽		六　角　头	
			盘头	沉头、半沉头	盘头	沉头、半沉头	无槽	十字槽
ST2.2	2.24	0.8	4.5～16	4.5～16	4.5～16	4.5～16	4.5～16	—
ST2.9	2.90	1.1	6.5～19	6.5～19	6.5～19	6.5～19	6.5～19	6.5～19

续表

自攻螺钉用螺纹规格	螺纹外径 $d \leqslant$	螺距 P	公称长度 L					
			十 字 槽		开 槽		六 角 头	
			盘头	沉头、半沉头	盘头	沉头、半沉头	无槽	十字槽
ST3.5	3.53	1.3	9.5～25	9.5～25	9.5～22	9.5～25(22)	9.5～22	9.5～22
ST4.2	4.22	1.4	9.5～32	9.5～32	9.5～25	9.5～32(25)	9.5～25	9.5～25
ST4.8	4.80	1.6	9.5～38	9.5～32	9.5～32	9.5～32	9.5～32	9.5～32
ST5.5	5.46	1.8	13～38	13～38	13～32	13～38(32)	13～32	—
ST6.3	6.25	1.8	13～38	13～38	13～38	13～38	13～38	13～38
ST8	8.00	2.1	16～50	16～50	16～50	16～50	13～50	13～50
ST9.5	9.65	2.1	16～50	16～50	16～50	19～50	16～50	—

4.2.9 自钻自攻螺钉

自钻自攻螺钉用于连接。连接时可将钻孔和攻螺纹两道工序合并一次完成。自钻自攻螺钉规格见表 4-34。

表 4-34 自钻自攻螺钉规格　　　　mm

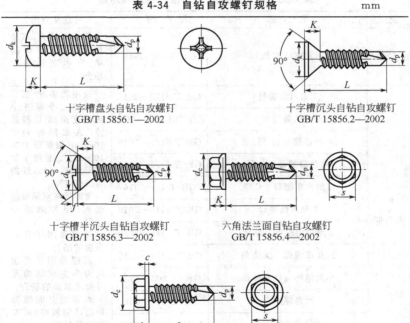

十字槽盘头自钻自攻螺钉
GB/T 15856.1—2002

十字槽沉头自钻自攻螺钉
GB/T 15856.2—2002

十字槽半沉头自钻自攻螺钉
GB/T 15856.3—2002

六角法兰面自钻自攻螺钉
GB/T 15856.4—2002

六角凸缘自钻自攻螺钉 GB/T 15856.5—2002

续表

自攻螺钉用螺纹规格	螺纹外径 $d \leqslant$	公称长度 L	钻头部分(直径 d_p)的工作性能	钻削范围(板厚)
ST2.9	2.90	9.5～19		0.7～1.9
ST3.5	3.53	9.5～25		0.7～2.25
ST4.2	4.22	13～38	按 GB/T 3098.11 —2002 规定	1.75～3
ST4.8	4.80	13～50		1.75～4.4
ST5.5	5.46	16～50		1.75～5.25
ST6.3	6.25	19～50		2～6

4.3 螺母

4.3.1 螺母的类型、特点和用途

螺母的类型、规格、特点和用途见表 4-35。

表 4-35 螺母的类型、规格、特点和用途

类别	名 称	标 准 编 号	特点及应用
方形	方螺母-C 级	GB/T 39—1988	扳手卡口大,不易打滑,用于结构简单、支承面粗糙的场合
六角形	1 型六角螺母	GB/T 6170—2015	应用较多,产品分 A,B,C 三个等级,A 级精度最高,C 级最差。A 级螺母 $D \leqslant$ 16mm,B 级螺母 $D >$ 16 mm。2 型较 1 型螺母约厚 10%,性能等级也略高
薄螺母在双螺母防松时,作为副螺母使用
厚螺母用于经常拆装的场合
扁螺母用于受切向力为主或结构尺寸要求紧凑的场合
六角法兰面螺母防松性能较好,可省去弹簧垫圈
球面六角螺母多用于管路的连接
	六角薄螺母	GB/T6172.1—2016	
	六角标准螺母(1 型)细牙	GB/T 6171—2016	
	六角薄螺母 细牙	GB/T 6173—2015	
	1 型六角螺母 C 级	GB/T 41—2016	
	2 型六角螺母	GB/T 6175—2016	
	2 型六角螺母 细牙	GB/T 6176—2016	
	六角薄螺母 无倒角	GB/T 6174—2016	
	小六角特扁细牙螺母	GB/T 808—1988	
	六角厚螺母	GB/T 56—1988	
	六角法兰面螺母	GB/T 6177—2016	
	球面六角螺母	GB/T 804—1988	

续表

类别	名　　称	标 准 编 号	特点及应用
六角开槽	1 型六角开槽螺母　C 级	GB/T 6179—1986	配开口销防止松退,用于振动、冲击、变载荷等易发生螺母松退的场合
	2 型六角开槽螺母　A 和 B 级	GB/T 6180—1986	
	六角开槽薄螺母　A 和 B 级	GB/T 6181—1986	
	1 型六角开槽螺母　A 和 B 级	GB/T 6178—1986	
	1 型六角开槽螺母细牙　A 和 B 级	GB/T 9457—1988	
	2 型六角开槽螺母细牙　A 和 B 级	GB/T 9458—1988	
六角锁紧和扣紧	1 型全金属六角锁紧螺母	GB/T 6184—2000	带嵌件锁紧螺母:防松性能好,弹性好
	2 型全金属六角锁紧螺母	GB/T 6185.1—2000	
		GB/T 6186—2000	
六角锁紧和扣紧	1 型非金属嵌件六角锁紧螺母	GB/T 889.1—2015	扣紧螺母:一般与六角螺母配合使用,防止螺母松退
	2 型非金属嵌件六角锁紧螺母	GB/T 6182—2016	
	非金属嵌件六角法兰面锁紧螺母	GB/T 6183.1—2016	
	全金属六角法兰面锁紧螺母	GB/T 6187.1—2016	
	扣紧螺母	GB/T 805—1988	
异形	蝶形螺母 圆翼	GB/T 62.1—2004	蝶形、环形螺母:一般不用工具即可拆装,通常用于经常装拆和受载不大的地方
	蝶形螺母 方翼	GB/T 62.2—2004	
	蝶形螺母 冲压	GB/T 62.3—2004	
	蝶形螺母 压铸	GB/T 62.4—2004	
	组合式盖形螺母	GB/T 802.1—2008	盖形螺母:用于端部螺纹需要罩盖处 圆螺母:多为细牙螺纹,常用于直径较大的连接,一般配圆螺母止动垫圈,小圆螺母外径、厚度较小,结构紧凑,适用于两件成组使用,可进行轴向微调 滚花螺母和带槽螺母:多用于工艺装备
	圆螺母	GB/T 812—1988	
	小圆螺母	GB/T 810—1988	
	环形螺母	GB/T 63—1988	
	滚花高螺母	GB/T 806—1988	
	滚花薄螺母	GB/T 807—1988	
	盖形螺母	GB/T 923—2009	
	端面带孔圆螺母	GB/T 815—1988	
	侧面带孔圆螺母	GB/T 816—1988	
	带槽圆螺母	GB/T 817—1988	

4.3.2　六角螺母和六角开槽螺母

六角螺母和六角开槽螺母与螺栓、螺柱、螺钉配合使用,起连接紧固作用。其中以 1 型六角螺母应用最广,C 级螺母用于表面比较粗糙、对精度要求不高的机器、设备或结构上;A 级(适用于螺纹公称直径 $D \leqslant 16\text{mm}$)和 B 级(适用于 $D > 16\text{mm}$)螺母用于表面粗糙度较小、对精度要求较高的机器、设备或结构上。2 型六角螺母的厚度较厚，多用于经常需要装拆的场合。六角薄螺母的厚度较薄，多用于被连接机件的表面空间受限制的场合，也常用作防止主螺母回松的锁紧螺母。六角开槽螺母专供与螺杆末端带孔的螺栓配合使用，以便把开口销从螺母的槽中插入螺杆的孔中，防止螺母自动回松，主要用于具有振动载荷或交变载荷的场合。一般六角螺母均制成粗牙普通螺纹。各种细牙普通螺纹的六角螺母必须配合细牙六角头螺栓使用，用于薄壁零件或承受交变载荷、振动载荷、冲击载荷的机件上。六角螺母和六角开槽螺母规格见表 4-36。

表 4-36　六角螺母和六角开槽螺母规格　　　　mm

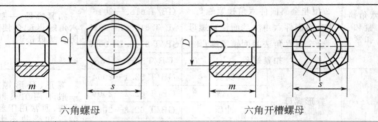

六角螺母　　　　　　　　六角开槽螺母

螺纹规格 D	扳手尺寸 s 公称 (= max)	螺母最大高度 m								
		六角螺母			六角开槽螺母				六角薄螺母	
		1型 C级	1型 A和B级	2型 A和B级	1型 C级	薄型	1型	2型	B级无倒角	A和B级倒角
						A和B级				
M1.6	3.2	—	1.1	—	—	—	—	—	1	1
M2	4	—	1.6	—	—	—	—	—	1.2	1.2
M2.5	5	—	2	—	—	—	—	—	1.6	1.6
M3	5.5	—	2.4	—	—	—	—	—	1.8	1.8
M4	7	—	3.2	—	—	5	—	—	2.2	2.2
M5	8	5.6	4.7	5.1	7.6	5.1	6.7	7.1	2.7	2.7
M6	10	6.4	5.2	5.7	8.9	5.7	7.7	8.2	3.2	3.2
M8	13	7.94	6.8	7.5	10.94	7.5	9.8	10.5	4	4
M10	16	9.54	8.4	9.3	13.54	9.3	12.4	13.3	5	5
M12	18	12.17	10.8	12	17.17	12	15.8	17	—	6
(M14)	21	13.9	12.8	14.1	18.9	14.1	17.8	19.1	—	7
M16	24	15.9	14.8	16.4	21.9	16.4	20.8	22.4	—	8
(M18)	27	16.9	15.8						—	9
M20	30	19	18	20.3	25	20.3	24	26.3	—	10

续表

螺纹规格 D	扳手尺寸 s 公称 (= max)	螺母最大高度 m								
		六角螺母			六角开槽螺母				六角薄螺母	
		1型 C级	1型	2型	1型 C级	薄型	1型	2型	B级无倒角	A和B级倒角
			A和B级			A和B级				
(M22)	34	20.2	19.4	—	—	—	—	—	—	11
M24	36	22.3	21.5	23.9	30.3	23.9	29.5	31.9	—	12
(M27)	41	24.7	23.8	—	—	—	—	—	—	13.5
M30	46	26.4	25.6	28.6	35.4	28.6	34.6	37.6	—	15
(M33)	50	29.5	28.7	—	—	—	—	—	—	16.5
M36	55	31.9	31	34.7	40.9	34.7	40	43.7	—	18
(M39)	60	34.3	33.4	—	—	—	—	—	—	19.5
M42	65	34.9	34	—	—	—	—	—	—	21
(M45)	70	36.9	36	—	—	—	—	—	—	22.5
M48	75	38.9	38	—	—	—	—	—	—	24
(M52)	80	42.9	42	—	—	—	—	—	—	26
M56	85	45.9	45	—	—	—	—	—	—	28
(M60)	90	48.9	48	—	—	—	—	—	—	30
M64	95	52.4	51	—	—	—	—	—	—	32

注：带括号的尺寸尽可能不采用。

4.3.3 小六角特扁细牙螺母

小六角特扁细牙螺母规格见表 4-37。

表 4-37 小六角特扁细牙螺母规格（GB/T 808—1988） mm

螺母规格 D×P	扳手尺寸 s	高度 m	螺母规格 D×P	扳手尺寸 s	高度 m
M4×0.5	7	1.5	(M14×1)	19	3.0
M5×0.5	8	1.5	M16×1.5	22	4.0
M6×0.75	10	2.2	M16×1	22	3.0
M8×1	12	2.8	(M18×1.5)	24	4.0
M8×0.75	12	2.2	M18×1	24	3.2
M10×1	14	2.8	M20×1	27	3.5
M10×7.5	14	2.2	(M22×1)	30	3.5
M12×1.25	17	3.5	M24×1.5	32	4.0
M12×1	17	2.8	M24×1	32	3.5

4.3.4 圆螺母和小圆螺母

圆螺母和小圆螺母常用来固定传动及转动零件的轴向位移。也常与止退垫圈配用,作为滚动轴承的轴向固定。圆螺母和小圆螺母规格见表 4-38。

表 4-38 圆螺母和小圆螺母规格   mm

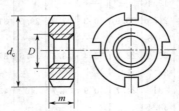

圆螺母GB/T 812—1988
小圆螺母GB/T 810—1988

螺纹规格 $D \times P$	外径 d_c		厚度 m		螺纹规格 $D \times P$	外径 d_c		厚度 m	
	普通	小型	普通	小型		普通	小型	普通	小型
M10×1	22	20			M64×2	95	85		
M12×1.25	25	22			M65×2*	95	—	12	10
M14×1.5	28	25	8	6	M68×2	100	90		
M16×1.5	30	28			M72×2	105	95		
M18×1.5	32	30			M75×2*	105	—		
M20×1.5	35	32			M76×2	110	100	15	12
M22×1.5	38	35			M80×2	115	105		
M24×1.5	42	38			M85×2	120	110		
M25×1.5*	42	—			M90×2	125	115		
M27×1.5	45	42			M95×2	130	120	18	12
M30×1.5	48	45			M100×2	135	125		
M33×1.5	52	48	10	8	M105×2	140	130	18	15
M35×1.5*	52	—			M110×2	150	135		
M36×1.5	55	52			M115×2	155	140		
M39×1.5	58	55			M120×2	160	145	22	15
M40×1.5*	58	—			M125×2	165	150		
M42×1.5	62	58			M130×2	170	160		
M45×1.5	68	62			M140×2	180	170		
M48×1.5	72	68			M150×2	200	180	26	18
M50×1.5*	72	—			M160×3	210	195		
M52×1.5	78	72	12	10	M170×3	220	205		
M55×2*	78	—			M180×3	230	220		
M56×2*	85	78			M190×3	240	230	30	22
M60×2*	90	80			M200×3	250	240		

注:带"﹡"记号的圆螺母仅用于滚动轴承锁紧装置。

4.3.5　方螺母

方螺母规格见表 4-39。

表 4-39　方螺母规格　　　　mm

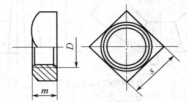

GB/T 39—1988

螺母规格 D	厚度 m（max）	扳手尺寸 s（max）	螺母规格 D	厚度 m（max）	扳手尺寸 s（max）
M3	2.4	5.5	(M14)	11	21
M4	3.2	7	M16	13	24
M5	4	8	(M18)	15	27
M6	5	10	M20	16	30
M8	6.5	13	(M22)	18	34
M10	8	16	M24	19	36
M12	10	18			

注：尽可能不采用括号内的规格。

4.3.6　蝶形螺母

蝶形螺母用于经常拆装和受力不大的地方。蝶形螺母规格见表 4-40。

表 4-40　蝶形螺母规格　　　　mm

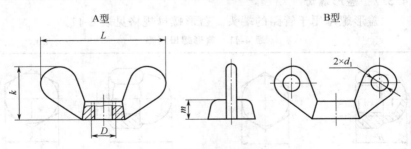

圆翼 GB/T 62.1—2004

续表

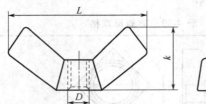

方翼 GB/T 62.2—2004

螺母规格 D	圆翼				方翼		
	L	k	m	d_1	L	k	m
M2	12	6	2	2	—	—	—
M2.5	16	8	3	2.5	—	—	—
M3	16	8	3	3	17	9	3
M4	20	10	4	4	17	9	3
M5	25	12	5	4	21	11	4
M6	32	16	6	5	27	13	4.5
M8	40	20	8	6	31	16	6
M10	50	25	10	7	36	18	7.5
M12	60	30	12	8	48	23	9
(M14)	70	35	14	9	48	23	9
M16	70	35	14	10	68	35	12
(M18)	80	40	16	10	68	35	12
M20	90	45	18	11	68	35	12
(M22)	100	50	20	11	—	—	—
M24	112	56	22	12	—	—	—

注：尽可能不采用括号内的规格。

4.3.7 盖形螺母

盖形螺母用于管路的端头。盖形螺母规格见表 4-41。

表 4-41　盖形螺母规格　　　　mm

六角盖形 GB/T 923—2009　　　　组合式盖形 GB/T 802.1—2008

螺纹规格 D	六角盖形		组合式盖形	
	扳手尺寸 s	高度 h	扳手尺寸 s	高度 h
M3	5.5	6	—	—
M4	7	7	7	7
M5	8	9	8	9
M6	10	11	10	11
M8	14	15	13	15
M10	17	18	16	18
M12	19	22	18	22
（M14）	22	24	—	—
M16	24	26	—	—
（M18）	27	29	—	—
M20	30	32	—	—
（M22）	32	35	—	—
M24	36	38	—	—

注：括号内的尺寸尽量不采用。

4.3.8　滚花螺母

滚花螺母适宜用在便于用手拆装的场合。滚花螺母规格见表 4-42。

表 4-42　滚花螺母规格　　　　　　　　　mm

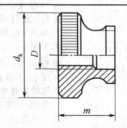

滚花高螺母 GB/T 806—1988

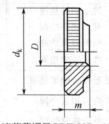

滚花薄螺母 GB/T 807—1988

螺纹规格 D	滚花前直径 d_k	厚度 m		螺纹规格 D	滚花前直径 d_k	厚度 m	
		高螺母	薄螺母			高螺母	薄螺母
M1.4	6	—	2.0	M4	12	8.0	3.0
M1.6	7	4.7	2.5	M5	16	10.0	4.0
M2	8	5.0	2.5	M6	20	12.0	5.0
M2.5	9	5.5	2.5	M8	24	16.0	6.0
M3	11	7.0	3.0	M10	30	20.0	8.0

4.4 垫圈与挡圈

4.4.1 垫圈与挡圈的类型、特点和用途

垫圈与挡圈的类型、特点和用途见表4-43。

表4-43 垫圈与挡圈的类型、特点和用途

类别	名称	标准编号	特点及用途
圆形	平垫圈 A级	GB/T 97.1—2002	一般用于金属零件的连接,增加支承面积,防止损伤零件表面。大垫圈多用于木质结构中
	平垫圈 C级	GB/T 95—2002	
	平垫圈 倒角型 A级	GB/T 97.2—2002	
	小垫圈 A级	GB/T 848—2002	
	大垫圈 A和C级	GB/T 96—2002	
	特大垫圈 C级	GB/T 5287—2002	
异形	工字钢用方斜垫圈	GB/T 852—1988	方斜垫圈用于槽钢、工字钢翼缘类倾斜面垫平,使连接件免受弯矩作用
	槽钢用方斜垫圈	GB/T 853—1988	
	球面垫圈	GB/T 849—1988	球面垫圈与锥面垫圈配合使用,具有自动调位作用,多用于工装设备
	锥面垫圈	GB/T 850—1988	
	开口垫圈	GB/T 851—1988	开口垫圈可从侧面装拆,用于工装设备
弹簧及弹性垫圈	标准型弹簧垫圈	GB/T 93—1987	靠弹性及斜口摩擦防松,广泛用于经常拆装的连接
	重型弹簧垫圈	GB/T 7244—1987	
	轻型弹簧垫圈	GB/T 859—1987	
	波形弹性垫圈	GB/T 955—1987	靠弹性变形压紧紧固件防松,波形弹力较大,受力均匀,鞍形变形大,支承面积小
	波形弹簧垫圈	GB/T 7246—1987	
	鞍形弹性垫圈	GB/T 860—1987	
	鞍形弹簧垫圈	GB/T 7245—1987	
	锥形锁紧垫圈	GB/T 956.1—1987	防松可靠,受力均匀,不宜用在经常拆装和材料较软的连接中
	锥形锯齿锁紧垫圈	GB/T 956.2—1987	
	内齿锁紧垫圈	GB/T 861.1—1987	内齿用于螺钉头部尺寸较小的连接,外齿应用较多,防松可靠
	外齿锁紧垫圈	GB/T 862.1—1987	
止动垫圈	角形垂直单耳止动垫圈	GB/T 1021—1988	允许螺母拧紧在任意位置加以锁合,防松可靠
	角形单耳止动垫圈	GB/T 1022—1988	
	角形垂直外舌止动垫圈	GB/T 1023—1988	
	角形外舌止动垫圈	GB/T 1024—1988	
	单耳止动垫圈	GB/T 854—1988	
	双耳止动垫圈	GB/T 855—1988	
	外舌止动垫圈	GB/T 856—1988	
	圆螺母用止动垫圈	GB/T 858—1988	与圆螺母配合使用,可用于滚动轴承的固定

类别	名　　称	标准编号	特点及用途
挡圈	轴用弹性挡圈	GB/T 894—2017	用于固定孔内（或轴上）零件的位置及锁紧固定在轴端的零件
	孔用弹性挡圈	GB/T 893—2017	
	螺栓紧固轴端挡圈	GB/T 892—1986	
	螺钉紧固轴端挡圈	GB/T 891—1986	
	锥销锁紧挡圈	GB/T 883—1986	
	螺钉锁紧挡圈	GB/T 884—1986	
	带锁圈的螺钉锁紧挡圈	GB/T 885—1986	
	轴肩挡圈	GB/T 886—1986	
	开口挡圈	GB/T 896—1986	

4.4.2　垫圈

　　垫圈放置在螺母和被连接件之间，起保护支承表面等作用。垫圈规格见表 4-44。

表 4-44　垫圈规格　　　　　mm

平垫圈

平垫圈-C 级 GB/T 95—2002

平垫圈-A 级 GB/T 97.1—2002

平垫圈-倒角型 A 级 GB/T 97.2—2002

特大垫圈-C 级 GB/T 5287—2002

大垫圈-A 和 C 级 GB/T 96—2002

小垫圈-A 级 GB/T 848—2002

球面垫圈 GB/T 849—1988

锥面垫圈 GB/T 850—1988

公称规格	内径 d				外径 D						厚度 s				高度 h
	A级	C级	球面	锥面	小系列	标准系列	大系列	特大系列	球面	锥面	小系列	标准系列	大系列	特大系列	
1.6	1.7	1.8	—	—	3.5	4	—	—	—	—	0.3	0.3	—	—	—
2	2.2	2.4	—	—	4.5	5	—	—	—	—	0.3	0.3	—	—	—
2.5	2.7	2.9	—	—	5	6	—	—	—	—	0.5	0.5	—	—	—
3	3.2	3.4	—	—	6	7	9	—	—	—	0.5	0.5	0.8	—	—
4	4.3	4.5	—	—	8	9	12	—	—	—	0.5	0.8	1	—	—
5	5.3	5.5	—	—	9	10	15	18	—	—	1	1	1.2	2	—
6	6.4	6.6	6.4	8.0	11	12	18	22	12.5	12.5	1.6	1.6	1.6	2	4
8	8.4	9	8.4	10.0	15	16	24	28	17	17	1.6	1.6	2	3	5
10	10.5	11	10.5	12.5	18	20	30	34	21	21	1.6	2	2.5	3	6
12	13	13.5	13.0	16	20	24	37	44	24	24	2	2.5	3	4	7
14	15	15.5	—	—	24	28	44	50	—	—	2	2.5	3	4	—

续表

公称规格	内径 d				外径 D						厚度 s				高度 h
	A 级	C 级	球面	锥面	小系列	标准系列	大系列	特大系列	球面	锥面	小系列	标准系列	大系列	特大系列	
16	17	17.5	17	17	28	30	50	56	30	30	2.5	3	3	5	8
20	21	22	21	25	34	37	60	72	37	37	3	3	4	6	10
24	25	26	25	30	39	44	72	85	44	44	4	4	5	6	13
30	31	33	31	36	50	56	92	105	56	56	4	4	6	6	33
36	37	39	37	43	60	66	110	125	66	66	5	5	8	8	36
42	45	45	43	50	66	78	—	—	78	78	—	7	—	—	24
48	52	52	50	60	78	92	—	—	92	92	—	8	—	—	30
56	62	62	—	—	—	105	—	—	—	—	—	9	—	—	—
64	70	70	—	—	—	115	—	—	—	—	—	10	—	—	—

4.4.3　开口垫圈

开口垫圈易装拆，用途与垫圈相同。开口垫圈规格见表 4-45。

表 4-45　开口垫圈规格　　　　　　　　mm

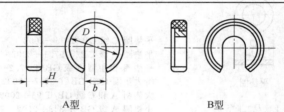

A 型　　　　　　　　　　B 型
GB/T 851—1988

公称直径(螺纹直径)	开口宽度 b	厚度 H	外径 D	公称直径(螺纹直径)	开口宽度 b	厚度 H	外径 D
5	6	4	16~30	20	22	12	80~100
		5	20~25			14	110~120
6	8	6	30~35	24	26	12	60~90
8	10	6	25~30			14	100~110
		7	35~50			16	120~130
10	12	7	30~35	30	32	14	70~100
		8	40~60			16	110~120
12	16	8	35~50			18	130~140
		10	60~80	36	40	16	90~100
16	18	10	40~60			16	120
		12	80~100			18	140
20	22	10	50~70			20	160

注：1. 网纹滚花按 GB/T 6403.3—2008 的规定。

2. 垫圈外径系列尺寸为 16，20，25，30，35，40，50，60，70，80，90，100，110，120，130，140，160 (mm)。

4.4.4　弹簧垫圈

弹簧垫圈装在螺母下面，起防松作用。弹簧垫圈规格见表 4-46。

表 4-46　弹簧垫圈规格　　　　　　　　　　　　mm

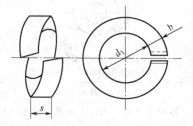

标准型弹簧垫圈GB/T 93—1987
轻型弹簧垫圈GB/T 859—1987
重型弹簧垫圈GB/T 7244—1987

螺纹直径		2	2.5	3	4	5	6	8	10	12	16	20	24	30	36	42	48
d_1		2.1	2.6	3.1	4.1	5.1	6.1	8.1	10.2	12.2	16.2	20.2	24.5	30.5	36.5	42.5	48.5
标准型	s	0.5	0.65	0.8	1.1	1.3	1.6	2.1	2.6	3.1	4.1	5	6	7.5	9	10.5	12
	b	0.5	0.65	0.8	1	1.3	1.6	2.1	2.6	3.1	4.1	5	6	7.5	9	10.5	12
轻型	s	—	—	0.6	0.8	1.1	1.3	1.6	2	2.5	3.2	4	5	6	—	—	—
	b	—	—	1	1.2	1.5	2	2.5	3	3.5	4.5	5.5	7	9	—	—	—
重型	s	—	—	—	—	—	1.8	2.4	3	3.5	4.8	6	7.1	9	10.8	—	—
	b	—	—	—	—	—	2.6	3.2	3.8	4.3	5.3	6.4	7.5	9.3	11.1	—	—

4.4.5　弹性垫圈

弹性垫圈起防松作用。弹性垫圈规格见表 4-47。

表 4-47　弹性垫圈规格　　　　　　　　　　　　mm

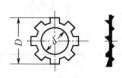

外齿弹性垫圈
GB/T 862—1987

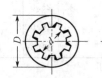

内齿弹性垫圈
GB/T 861—1987

鞍形弹性垫圈
GB/T 860—1987

续表

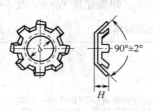

锥形弹性垫圈 GB/T 956—1987

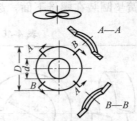

波形弹性垫圈 GB/T 955—1987

公称直径	内径 d					外径 D				锥形厚度 H
	外齿	内齿	鞍形	锥形	波形	外齿	内齿	鞍形	波形	
2.0		2.2				5		4.5		—
2.5		2.7		—		6		5.5		—
3.0	3.2	3.2	3.2	3.2		7		6.0		1.5
4.0	4.2	4.2	4.2	4.2		9		8.0	9.0	1.7
5.0	5.2		5.3	5.2	5.3	10		9.0	10.0	2.2
6.0	6.2		6.4	6.2	6.4	12		11.5	12.5	2.7
8.0	8.2		8.4	8.2	8.4	15		15.5	17.0	3.6
10.0	10.2		10.5	10.2	10.5	18		18.0	21.0	4.4
12.0	12.3		—	12.3	13.0	22			24.0	5.4
(14.0)	14.3				15.0	24			28.0	
16.0	16.3		—		17.0	27		—	30.0	
(18.0)	18.3				19.0	30			34.0	
20.0	20.5				21.0	33			37.0	
(22.0)					23.0				39.0	—
24.0			—		25.0			—	44.0	
(27.0)					28.0				50.0	
30.0					31.0				56.0	

注：括号内的尺寸尽量不采用。

4.4.6　圆螺母用止动垫圈

　　圆螺母用止动垫圈与圆螺母配合使用，起防松作用。圆螺母用止动垫圈规格见表 4-48。

表 4-48　圆螺母用止动垫圈规格　　　　mm

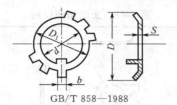

GB/T 858—1988

公称直径	内径 d	外径 D_1	齿外径 D	齿宽 b	厚度 S	公称直径	内径 d	外径 D_1	齿外径 D	齿宽 b	厚度 S
10	10.5	16	25	3.8		64	65.0	84	100	7.7	
12	12.5	19	28			65*	66.0	84	100		
14	14.5	20	32			68	69.0	88	105		1.5
16	16.5	22	34			72	73.0	93	110		
18	18.5	24	35		1.0	75*	76.0	93	110	9.6	
20	20.5	27	38	4.8		76	77.0	98	115		
22	22.5	30	42			80	81.0	103	120		
24	24.5	34	45			85	86.0	108	125		
25*	25.5	34	45			90	91.0	112	130	11.6	
27	27.5	37	48			95	96.0	117	135		
30	30.5	40	52			100	101.0	122	140		2
33	33.5	43	56			105	106.0	127	145		
35*	35.5	43	56			110	111.0	135	156		
36	36.5	46	60	5.7		115	116.0	140	160	13.5	
39	39.5	49	62			120	121.0	145	166		
40*	40.5	49	62			125	126.0	150	170		
42	42.5	53	66		1.5	130	131.0	155	176		
45	45.5	59	72			140	141.0	165	186		
48	48.5	61	76			150	151.0	180	206		
50*	50.5	61	76			160	161.0	190	216		
52	52.5	61	82	7.7		170	171.0	200	226	15.6	2.5
55*	56.0	67	82			180	181.0	210	236		
56	57.0	74	90			190	191.0	220	246		
60	61.0	79	94			200	201.0	230	256		

注：1. 垫圈的公称直径是指配合使用的螺纹公称直径。
　2. 带"*"的直径，仅用于滚动轴承锁紧装置。

4.4.7 止动垫圈

止动垫圈起防松作用。止动垫圈规格见表 4-49。

表 4-49 止动垫圈规格 mm

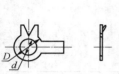
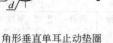

角形垂直单耳止动垫圈
GB/T 1021—1988

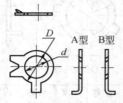

角形垂直外舌止动垫圈
GB/T 1023—1988

角形外舌止动垫圈
GB/T 1024—1988

单耳止动垫圈
GB/T 854—1988

双耳止动垫圈
GB/T 855—1988

外舌止动垫圈
GB/T 856—1988

角形单耳止动垫圈
GB/T 1022—1988

公称直径	内径 d		外径 D			
	角形单耳 角形垂直单耳 角形外舌 角形垂直外舌	单耳 双耳 外舌	角形单耳 角形垂直单耳 角形外舌 角形垂直外舌	单耳	双耳	外舌
2.5	—	2.7	—	8	5	10
3.0	4.1	3.2	7	10	5	12
4.0		4.2		14	8	14
5.0	5.1	5.3	8	17	9	17
6.0	6.1	6.4	10	19	11	19
8.0	8.1	8.4	13	22	14	22
10.0	10.1	10.5	15	26	17	26
12.0	12.1	13.0	18	32	22	32
(14.0)	14.1	15.0	20	32	22	32
16.0	16.1	17.0	23	40	27	40

续表

公称直径	内径 d			外径 D			
	角形单耳 角形垂直单耳 角形外舌 角形垂直外舌	单耳 双耳 外舌		角形单耳 角形垂直单耳 角形外舌 角形垂直外舌	单耳	双耳	外舌
(18.0)	18.1	19.0		25	45	32	45
20.0	20.1	21.0		28	45	32	45
(22.0)	22.1	23.0		31	50	34	50
24.0	24.1	25.0		34	50	34	50
(27.0)		28.0			58	41	58
30.0		31.0			63	46	63
36.0	—	37.0		—	75	55	75
42.0		43.0			88	65	88
48.0		50.0			100	75	100

注：括号内的尺寸尽量不采用。

4.4.8　弹性挡圈

弹性挡圈用于固定孔内（或轴上）零件的位置，防止零件移动。弹性挡圈规格见表 4-50。

表 4-50　弹性挡圈规格　　　　　　mm

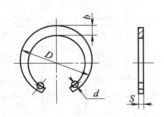

孔用弹性挡圈
GB/T 893—2017

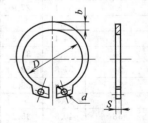

轴用弹性挡圈
GB/T 894—2017

续表

轴径	D 孔用	D 轴用	b 孔用	b 轴用	d 孔用	d 轴用	S 孔用	S 轴用
3	—	2.7	—	0.8	—	1.0	—	0.4
4	—	3.7	—	0.9				
5	—	4.7	—	1.1	—	1.2	—	0.6
6	—	5.6	—	1.3	—		—	0.7
7	—	6.5	—	1.4	—		—	0.8
8	8.7	7.4	1.1	1.5	1.0		0.8	
9	9.8	8.4	1.3	1.7		0.8		
10	10.8	9.3	1.4	1.8	1.2	1.5	1.0	
11	11.8	10.2	1.5					
12	13.0	11.0	1.7		1.5			1.0
13	14.1	11.9	1.8	2.0		1.7		
14	15.1	12.9	1.9	2.1				
15	16.2	13.8	2.0	2.2	1.7			
16	17.3	14.7				1.0		
17	18.3	15.7	2.1	2.3				
18	19.5	16.5	2.2	2.4	2.0	2.0	1.2	
19	20.5	17.5		2.5				
20	21.5	18.5	2.3	2.6				
21	22.5	19.5	2.4	2.7				1.2
22	23.5	20.5	2.5	2.8				
24	25.9	22.2	2.6	3.0				
25	26.9	23.2	2.7				1.2	
26	27.9	24.2	2.8	3.1				
28	30.1	25.9	2.9	3.2				
29	—	26.9	—	3.4			—	1.5
30	32.1	27.9	3.0	3.5				
31	33.4	—	3.2	—		—	1.2	—
32	34.4	29.6	3.2	3.6	2.5	2.5		1.5
34	36.5	31.5	3.3	3.8				
35	37.8	32.2	3.4	3.9			1.5	
36	38.8	33.2	3.5	4.0				1.75
37	39.8	—	3.6	—				—
38	40.8	35.2	3.7	4.2				
40	43.5	36.5	3.9	4.4		2.5	1.75	1.75
42	45.5	38.5	4.1	4.5				
45	48.5	41.5	4.3	4.7				

续表

轴径	D		b		d		S	
	孔用	轴用	孔用	轴用	孔用	轴用	孔用	轴用
47	50.5	—	4.4	—		—	1.75	—
48	51.5	44.5	4.5	5.0				1.75
50	54.2	45.8	4.6	5.1				
52	56.2	47.8	4.7	5.2				
55	59.2	50.8	5.0	5.4	2.5	2.5	2.0	2.0
56	60.2	51.8	5.1	5.5				
58	62.2	53.8	5.2	5.6				
60	64.2	55.8	5.4	5.8				
62	66.2	57.8	5.5	6.0				
63	67.2	58.8	5.6	6.2				
65	69.2	60.8	5.8	6.3				
68	72.5	63.5	6.1	6.5				
70	74.5	63.5	6.2	6.6				
72	76.5	67.5	6.4	6.8	3.0	3.0	2.5	2.5
75	79.5	70.5	6.6	7.0				
78	82.5	73.5		7.3				
80	85.5	74.5	6.8	7.4				
82	87.5	76.5	7.0	7.6				
85	90.5	79.5		7.8				3.0
88	93.5	82.5	7.2	8.0		3.5		—
90	95.5	84.5	7.6	8.2			3.0	3.0
92	97.5	—	7.8	—		—		3.0
95	100.5	89.5	8.1	8.6		3.5		3.0
98	103.5	—	8.3	—				3.0
100	105.5	94.5	8.4	9.0	3.5	3.5		3.0
102	108.0	—	8.5	—		—		—
105	112.0	98.0	8.7	9.3		3.5		4.0
108	115.0	—	8.9	—		—		—
110	117.0	103.0	9.0	9.6		3.5		4.0
112	119.0	—	9.1	—		—		—
115	122.0	108.0	9.3	9.8		3.5	4.0	
120	127.0	113.0	9.7	10.2				4.0
125	132.0	118.0	10.0	10.4				
130	137.0	123.0	10.2	10.7	4.0	4.0		4.0
135	142.0	128.0	10.5	11.0				
140	147.0	133.0	10.7	11.2				

续表

轴径	D		b		d		S	
	孔用	轴用	孔用	轴用	孔用	轴用	孔用	轴用
145	152.0	138.0	10.9	11.5				
150	158.0	142.0	11.2	11.8				
155	164.0	146.0	11.4	12.0				
160	169.0	151.0	11.6	12.2				
165	174.5	155.5	11.8	12.5				
170	179.5	160.5	12.2	12.9			4.0	4.0
175	184.5	165.5	12.7	13.5				
180	189.5	170.5	13.2	13.5				
185	194.5	175.5	13.7		4.0	4.0		
190	199.5	180.5	13.8					
195	204.5	185.5						
200	209.5	190.5						
210	222.0	198.0	14.0	14.0				
220	232.0	208.0						
230	242.0	218.0						
240	252.0	228.0						
250	262.0	238.0					5.0	5.0
260	275.0	245.0						
270	285.0	255.0						
280	295.0	265.0	16.0	16.0	5.0	5.0		
290	305.0	275.0						
300	315.0	285.0						

4.4.9   紧固轴端挡圈

紧固轴端挡圈用于轴端，以便固定轴上零件。紧固轴端挡圈规格见表 4-51。

表 4-51   紧固轴端挡圈   mm

螺钉紧固轴端挡圈GB/T 891—1986   螺栓紧固轴端挡圈GB/T 892—1986

续表

| 轴径≤ | 外径 D | 内径 d | 厚度 H | 孔距 A | 互配件的规格（推荐） | | | 圆柱销 GB/T 119 |
| | | | | | 螺钉紧固 | 螺栓紧固 | | |
					螺钉 GB/T 818	螺栓 GB/T 5783	垫圈 GB/T 93	
14	20			—				—
16	22							
18	25	5.5	4		M5×12	M5×16	5	
20	28			7.5				A2×10
22	30							
25	32							
28	35			10				
30	38							
32	40	6.6	5		M6×16	M6×20	6	A3×12
35	45			12				
40	50							
45	55							
50	60			16				
55	65							
60	70	9.0	6		M8×20	M8×25	8	A4×14
65	75			20				
70	80							
75	90	13.0	8	25	M12×25	M12×30	12	A5×16
85	100							

4.4.10 轴肩挡圈

轴肩挡圈用于固定轴上的零件，防止产生轴向位移。轴肩挡圈规格见表 4-52。

表 4-52 轴肩挡圈规格 mm

GB/T 886—1986

公称直径 d	30,35,40,45,50	55,60,65,70,75	80,85,90,95	100,105,110,120
外径 D	36,42,47,52,58	65,70,75,80,85	90,95,100,110	115,120,125,135
厚度 H	4	5	6	8

4.4.11 开口挡圈

开口挡圈用于防止轴上零件产生轴向位移。开口挡圈规格见表 4-53。

表 4-53 开口挡圈规格   mm

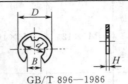

GB/T 896—1986

公称直径 d	1.0,1.2	1.5,2.0,2.5	3.0,3.5	4.0,5.0	6.0,9.0	12.0	15.0
外径 D	3.0,3.5	4.0,5.0,6.0	7.0,8.0	9.0,10.0	12.0,18.0	24.0	30.0
开口宽度 B	0.7,0.9	1.2,1.7	2.5,3.0	3.5,4.5	5.5,8.0	10.5	13.0
厚度 H	0.3	0.4	0.6	0.8	1.0	1.2	1.5

4.4.12 锁紧挡圈

锁紧挡圈用于防止轴上零件产生轴向位移。锁紧挡圈规格见表 4-54。

表 4-54 锁紧挡圈规格   mm

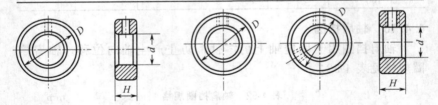

锥销锁紧挡圈GB/T 883—1986   螺钉锁紧挡圈GB/T 884—1986

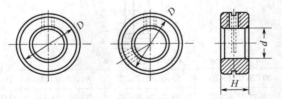

带锁圈的螺钉锁紧挡圈GB/T 885—1986

续表

公称直径	外径 D	厚度 H 螺钉	厚度 H 锥销	互配件规格(推荐) 螺钉	互配件规格(推荐) 圆锥销	公称直径	外径 D	厚度 H 螺钉	厚度 H 锥销	互配件规格(推荐) 螺钉	互配件规格(推荐) 圆锥销
8	20					65	95				
(9)	22				3×22	70	100	20	20	M10×18	10×100
10	22	10	9	M5×9		75	110				10×110
12	25				3×25	80	115				
(13)	25					85	120	22	22		10×120
14	28				4×28	90	125			M12×22	
(15)	30					95	130				10×130
16	30				4×32	100	135				
(17)	32	12	10	M6×10		105	140	25	25		10×140
18	32					110	150				
(19)	35				4×35	115	155				12×150
20	35					120	160	30			12×160
22	38				5×40	(125)	165			M16×25	
25	42		12		5×45	130	170				12×180
28	45			M8×12		(135)	175				
30	48	14	14		6×50	140	180				
32	52				6×55	(145)	190	30		M16×28	
35	56					150	200				
40	62	16	16	M10×16	6×60	160	210	—			—
45	70				6×70	170	220				
50	80	18	18		6×80	180	230			M16×30	
55	85			M10×18		190	240				
60	90	20	20		8×90	200	250				

注:括号内的尺寸尽量不采用。

4.5 铆钉

4.5.1 常用铆钉的型式和用途

常用铆钉的型式和用途见表 4-55。

表 4-55　常用铆钉的型式和用途

名称	形状	标准	用途
半圆头		GB/T 863.1—1986（粗制） GB/T 863.2—1986（粗制） GB/T 867—1986	用于承受较大横向载荷的铆缝，应用最广
平锥头		GB/T 864—1986（粗制） GB/T 868—1986	因钉头较大，耐腐蚀性较强，常用在船壳、锅炉、水箱等腐蚀性较强的场合
沉头		GB/T 865—1986（粗制） GB/T 869—1986	用于表面要求平滑，并且载荷不大的铆缝。承载能力比半圆头低
半沉头		GB/T 866—1986（粗制） GB/T 870—1986	用于表面要求平滑，并且载荷不大的铆缝
120°沉头		GB/T 954—1986	用于表面要求平滑，并且载荷不大的铆缝
120°半沉头		GB/T 1012—1986	用于表面要求平滑，并且载荷不大的铆缝
平头		GB/T 109—1986	作强固接缝用
扁平头		GB/T 872—1986	用于金属薄板或非金属材料之间的铆缝
抽芯铆钉		GB/T 12615.1—2004 GB/T 12616.1—2004 GB/T 12617.1～5—2006 GB/T 12618.1～6—2006	用于汽车车身覆盖件、支架等的单面铆接

续表

名称	形 状	标 准	用 途
标牌铆钉	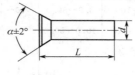	GB/T 827—1986	用于标牌的铆接

4.5.2　沉头铆钉

沉头铆钉适用于表面需要平滑，钉头略可外露或不允许外露的场合。沉头铆钉规格见表 4-56。

表 4-56　沉头铆钉规格　　　　　mm

α＝60°粗制沉头铆钉　GB/T 865—1986
α＝90°精制沉头铆钉　GB/T 869—1986
α＝120°沉头铆钉　　　GB/T 954—1986

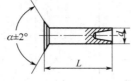

α＝90°沉头半空心铆钉　GB/T 1015—1986
α＝120°沉头半空心铆钉　GB/T 874—1986

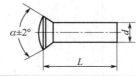

α＝60°粗制半沉头铆钉　GB/T 866—1986
α＝90°精制半沉头铆钉　GB/T 870—1986
α＝120°半沉头铆钉　　　GB/T 1012—1986

公称直径 d	长度 L					
	粗制	精　　制				
	沉头 半沉头	沉头 半沉头	90°沉头 半空心	120°沉头 半空心	120°沉头	120°半沉头
1.0	—	2.0～8.0	—	—	—	—
1.2	—	2.5～8.0	—	4～8	1.5～6.0	—
(1.4)	—	3.0～12.0	—	—	2.5～8.0	—
1.6	—	3.0～12.0	—	4～10	2.5～10.0	—
2.0	—	3.5～16.0	2～13	3～20	3.0～10.0	—

续表

公称直径 d	长度 L					
	粗制	精　制				
	沉头半沉头	沉头半沉头	90°沉头半空心	120°沉头半空心	120°沉头	120°半沉头
2.5	—	5.0～18.0	3～16	4～80	4.0～15.0	—
3.0	—	5.0～22.0	3～30	4～100	5.0～20.0	5～24
(3.5)	—	6.0～24.0	3～36	5～35	6.0～36.0	6～28
4.0	—	6.0～30.0	3～40	5～100	6.0～42.0	6～32
5.0	—	6.0～50.0	3～50	6～100	7.0～50.0	8～40
6.0	—	6.0～50.0	3～30	8～100	8.0～50.0	10～40
8.0	—	12.0～60.0	14～50	10～80	10.0～50.0	—
10.0	—	16.0～75.0	18～50	18～50	—	—
12.0	20～75	18.0～75.0	—	—	—	—
(14.0)	20～100	20.0～100.0	—	—	—	—
16.0	24～100	24.0～100.0	—	—	—	—
(18.0)	28～150		—	—	—	—
20.0	30～150		—	—	—	—
(22.0)	38～180		—	—	—	—
24.0	50～180		—	—	—	—
(27.0)	55～180		—	—	—	—
30.0	60～200		—	—	—	—
36.0	65～200		—	—	—	—

注：1. 括号内的尺寸尽量不采用。

2. L 系列尺寸为 2，2.5，3，3.5，4，5，6，7，8，9，10，11，12，13，14，15，16，17，18，19，20，22，24，26，28，30，32，34*，35+，36*，38，40，42，44*，45+，46*，48，50，52，55，58，60，62*，65，68*，70，75，80，85，90，95，100，110，120，130，140，150，160，170，180，190，200（mm）。其中带"+"者只有粗制，带"*"者只有精制。

4.5.3　圆头铆钉

圆头铆钉用于钢结构的铆接。圆头铆钉规格见表 4-57。

表 4-57　圆头铆钉规格　　　　　　　　mm

粗制半圆头铆钉 GB/T 863—1986
精制半圆头铆钉 GB/T 867—1986

扁圆头铆钉 GB/T 871—1986
大扁圆头铆钉 GB/T 1011—1986

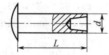

扁圆头半空心铆钉 GB/T 873—1986
大扁圆头半空心铆钉 GB/T 1014—1986

公称直径 d	长度 L				
	半圆头	扁圆头	大扁圆头	扁圆头半空心	大扁圆头半空心
0.6	1.0～6.0	—	—	—	—
0.8	1.5～8.0	—	—	—	—
1.0	2.0～8.0	—	—	—	—
(1.2)	2.5～8.0	1.5～6.0	—	4～6	—
1.4	3.0～12.0	2.0～8.0	—	4～8	—
(1.6)	3.0～12.0	2.0～8.0	—	4～8	—
2.0	3.0～16.0	2.0～13.0	3.5～16.0	3～14	2.0～13.0
2.5	5.0～20.0	3.0～16.0	3.5～20.0	3～16	3.0～16.0
3.0	5.0～26.0	3.5～30.0	3.5～24.0	4～30	3.5～30.0
(3.5)	7.0～26.0	5.0～36.0	6.0～28.0	5～50	5.0～36.0
4.0	7.0～50.0	5.0～40.0	6.0～32.0	3～40	5.0～40.0
5.0	7.0～55.0	6.0～50.0	8.0～40.0	6～50	6.0～50.0
6.0	8.0～60.0	7.0～50.0	10.0～40.0	6～50	7.0～50.0
8.0	16.0～65.0	9.0～50.0	14.0～50.0	10～50	3.0～40.0
10.0	16.0～85.0	10.0～50.0	—	20～50	—
12.0	20.0～90.0	—	—	—	—
(14.0)	22.0～100.0	—	—	—	—
16.0	26.0～110.0	—	—	—	—
(18.0)	32.0～150.0	—	—	—	—
20.0	32.0～150.0	—	—	—	—
(22.0)	38.0～180.0	—	—	—	—
24.0	52.0～180.0	—	—	—	—

续表

公称直径 d	长度 L				
	半圆头	扁圆头	大扁圆头	扁圆头半空心	大扁圆头半空心
(27.0)	55.0～180.0	—	—	—	—
30.0	55.0～180.0	—	—	—	—
36.0	58.0～200.0	—	—	—	—

注：1. 括号内的尺寸尽量不采用。

2. L 系列尺寸为 1、1.5、2、2.5、3、3.5、4、5、6、7、8、9、10、11、12、13、14、15、16、17、18、19、20、22、24、26、28、30、32、34*、35+、36*、38、40、42、44*、45+、46*、48、50、52、55、58、60、62*、65、68*、70、75、80、85、90、100、110、120、130、140、150、160、170、180、190、200 (mm)。其中带"*"者只有精制，带"+"者只有粗制。

4.5.4 平头铆钉

平头铆钉用于扁薄件的铆接。平头铆钉规格见表 4-58。

表 4-58   平头铆钉规格   mm

普通平头铆钉
GB/T 109—1986

扁平头铆钉
GB/T 872—1986

扁平头半空心铆钉
GB/T 875—1986

公称直径 d	长度 L			L 系列尺寸
	普通	扁平	扁平半空心	
(1.2)	—	1.5～6.0	—	1.5、2、2.5、3、3.5、4、5、6、7、8、9、10、11、12、13、14、15、16、17、18、19、20、22、24、26、28、30、32、34、36、40、42、44、46、48、50
1.4	—	2.0～7.0	—	
(1.6)	—	2.0～8.0	—	
2.0	4～8	2.0～13.0	3～20	
2.5	5～10	3.0～15.0	3～30	
3.0	6～14	3.5～30.0	4～30	
3.5	6～18	5.0～36.0	5～40	
4.0	8～22	5.0～40.0	5～40	
5.0	10～26	6.0～50.0	6～50	
6.0	10～30	7.0～50.0	8～50	
8.0	16～30	9.0～50.0	10～50	
10.0	20～30	10.0～50.0	18～50	

注：括号内尺寸尽量不采用。

4.5.5　空心铆钉

空心铆钉规格见表 4-59。

表 4-59　空心铆钉规格 mm

GB/T 876—1986

公称直径 d	长度 L	公称直径 d	长度 L
1.4	1.5～5	3.5	3～10
1.6	2～5	4.0	3～12
2.0	2～6	5.0	3～15
2.5	2～8	6.0	3～15
3.0	2～10	8.0	4～15

4.5.6　锥头铆钉

锥头铆钉用于钢结构件的铆接。锥头铆钉规格见表 4-60。

表 4-60　锥头铆钉规格 mm

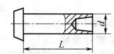

粗制普通锥头铆钉 GB/T 864—1986
精制普通锥头铆钉 GB/T 868—1986

锥头半空心铆钉 GB/T 1013—1986

公称直径	长度 L		
	普通粗制	普通精制	半空心
2.0	—	3～16	2.0～13.0
2.5	—	4～20	3.0～16.0
3.0	—	6～24	3.5～30.0
(3.5)	—	6～28	5.0～36.0
4.0	—	8～32	4.0～40.0
5.0	—	10～40	6.0～50.0
6.0	—	12～40	7.0～45.0
8.0	—	16～60	8.0～50.0
10.0	—	16～90	—
12.0	20～100	18～110	—
(14.0)	20～100	18～110	—
16.0	24～110	24～110	—
(18.0)	30～150	—	—
20.0	30～150	—	—
(22.0)	38～180	—	—
24.0	50～180	—	—

续表

公称直径	长度 L		
	普通粗制	普通精制	半空心
(27.0)	58～180	—	—
30.0	65～180	—	—
36.0	70～200	—	—

注：1. 括号内尺寸尽量不采用。
2. 杆长系列与圆头铆钉相同。

4.5.7　无头铆钉

无头铆钉规格见表 4-61。

表 4-61　无头铆钉规格　　　　mm

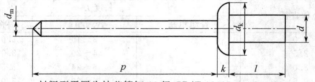

GB/T 1016—1986

公称直径 d	长度 L	公称直径 d	长度 L
1.4	6～12	5.0	12～50
2.0	6～20	6.0	16～60
2.5	6～20	8.0	18～60
3.0	8～30	10.0	20～60
4.0	8～50		

4.5.8　抽芯铆钉

（1）封闭型平圆头抽芯铆钉规格（见表 4-62）

表 4-62　封闭型平圆头抽芯铆钉规格　　　　mm

封闭型平圆头抽芯铆钉-11 级 GB/T 12615.1—2004
封闭型平圆头抽芯铆钉-30 级 GB/T 12615.2—2004
封闭型平圆头抽芯铆钉-06 级 GB/T 12615.3—2004
封闭型平圆头抽芯铆钉-51 级 GB/T 12615.4—2004

公称直径	钉芯长 p	长度 l			
		GB/T 12615.1	GB/T 12615.2	GB/T 12615.3	GB/T 12615.4
3.2	25	6.5～12.5	6～12	8～11	6～14
4	25	8～14.5	6～15	9.5～12.5	6～16
4.8	27	8.5～21	8～15	8～18	8～20
5	27	8.5～21	—	—	—
6.4	27	12.5,14.5	15～21	12.5～18	12～20

（2）封闭型沉头抽芯铆钉规格（见表 4-63）

表 4-63 封闭型沉头抽芯铆钉规格 mm

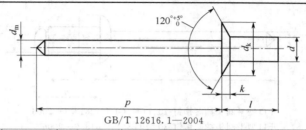

GB/T 12616.1—2004

公称直径	3.2	4	4.8	5	6.4
钉芯长 p	25			27	
长度 l	8～12.5	8～14.5	8.5～21	8.5～21	12.5,15.5

（3）开口型沉头抽芯铆钉规格（见表 4-64）

表 4-64 开口型沉头抽芯铆钉规格 mm

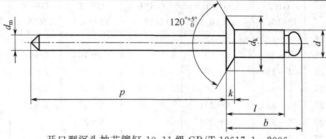

开口型沉头抽芯铆钉-10、11 级 GB/T 12617.1—2006
开口型沉头抽芯铆钉-30 级 GB/T 12617.2—2006
开口型沉头抽芯铆钉-12 级 GB/T 12617.3—2006
开口型沉头抽芯铆钉-51 级 GB/T 12617.4—2006
开口型沉头抽芯铆钉-20、21、22 级 GB/T 12617.5—2006

公称直径	钉芯长 p	长度 l				
		GB/T 12617.1	GB/T 12617.2	GB/T 12617.3	GB/T 12617.4	GB/T 12617.5
2.4	25	4～12	6～12	6	—	—
3	25	6～25	6～20	—	6～16	5～14
3.2	25	6～25	6～20	6～20	6～16	5～14
4	27	8～25	6～20	8～20	6～16	5～16
4.8	27	8～30	8～25	8～20	8～18	8～20
5	27	8～30	8～25	—	8～18	—
6	27	—	10～25	—	—	—
6.4	27	—	10～25	12～20	—	—

（4）开口型平圆头抽芯铆钉规格（见表 4-65）

表 4-65 开口型平圆头抽芯铆钉规格 mm

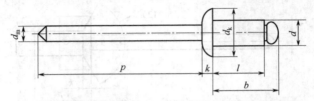

开口型平圆头抽芯铆钉-10、11 级 GBT 12618.1—2006

开口型平圆头抽芯铆钉-30 级 GB/T 12618.2—2006

开口型平圆头抽芯铆钉-12 级 GB/T 12618.3—2006

开口型平圆头抽芯铆钉-51 级 GB/T 12618.4—2006

开口型平圆头抽芯铆钉-20、21、22 级 GB/T 12618.5—2006

开口型平圆头抽芯铆钉-40、41 级 GB/T 12618.6—2006

公称直径	钉芯长 p	长度 l					
		GBT 12618.1	GB/T 12618.2	GB/T 12618.3	GB/T 12618.4	GB/T 12618.5	GB/T 12618.6
2.4	25	4～12	6～12	6～12	—		—
3	25	4～25	6～20	—	6～16	5～14	5～12
3.2	25	4～25	6～20	5～25	6～16	5～14	
4	27	6～25	8～30	6～25	6～25	5～16	5～20
4.8	27	6～30	8～30	6～30	6～25	8～20	6～20
5	27	6～30	8～30		6～25		
6	27	8～30	10～30				
6.4	27	12～30	10～30	12～30	—	—	12,18

4.5.9 标牌铆钉

标牌铆钉用于固定设备标牌。标牌铆钉规格见表 4-66。

表 4-66 标牌铆钉规格 mm

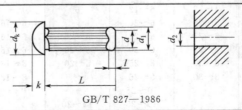

GB/T 827—1986

续表

d（公称）	d_k（最大）	k（最大）	d_1（最小）	d_2（最大）	L（公称）	l	L 系列尺寸
(1.6)	3.20	1.2	1.75	1.56	3～6	1	
2	3.74	1.4	2.15	1.96	3～8	1	3，4，5，6，
2.5	4.84	1.8	2.65	2.46	3～10	1	8，10，12，15，
3	5.54	2.0	3.15	2.96	4～12	1	18，20
4	7.39	2.6	4.15	3.96	6～18	1.5	
5	9.09	3.2	5.15	4.96	8～20	1.5	

4.6 销

4.6.1 常用销的类型、特点和用途

常用销的类型、特点和用途见表 4-67。

表 4-67 常用销的类型、特点和用途

类　型		标　准	特　点	用　途
圆柱销	普通圆柱销	GB/T 119—2000	销孔需要铰制，多次装卸后会降低定位的精度和连接的紧固性。只能传递不大的载荷	直径公差带有 m6（A型）、h8（B型）、h11（C型）和 u8（D型）四种，以满足不同的配合要求	主要用于定位，也可用于连接
	内螺纹	GB/T 120—2000		直径公差带只有 m6 一种，内螺纹供拆卸时使用。有 A 型和 B 型两种内螺纹圆柱销	B 型有通气平面，用于不通孔
	螺纹圆柱销（开槽无头螺钉）	GB/T 878—2007		直径公差较大，定位精度低	用于精度要求不高的场合
	无头销轴	GB/T 880—2008		用开口销锁定，拆卸方便	用于铰接处
	弹性圆柱销	GB/T 879.1～5—2000		具有弹性，装入销孔后与孔壁压紧，不易松脱。销孔精度要求较低，互换性好，可多次装拆，但刚性较差，不适合于高精度定位。载荷大时可用几个套在一起使用，相邻内外两销的缺口应错开 180°	用于有冲击、振动的场合，可代替部分圆柱销、圆锥销、开口销或销轴

类　型		标　准	特　点		用　途
圆锥销	普通圆锥销	GB/T 117—2000	有 1:50 的锥度,便于安装。定位精度比圆柱销高,在受横向力时能够自锁,销孔需铰制 螺纹供拆卸用。螺尾锥销制造困难。开尾圆锥销打入销孔后,末端可以稍微胀开,以防止松脱		主要用于定位,也可用于固定零件、传递动力,多用于经常装拆的场合
	内螺纹圆锥销	GR/T 118—2000			用于不通孔
	螺尾锥销	GB/T 881—2000			用于拆卸困难的场合
	开尾圆锥销	GB/T 877—1986			用于有冲击、振动的场合
槽销	直槽销	GB/T 13829.1~2—2004	沿销体母线碾压或横锻三条(相隔 120°)沟槽,打入销孔并与孔壁压紧,不易松脱,能承受振动和循环载荷。销孔不需铰光,可多次装拆	全长具有平行槽,端部有导杆和倒角两种,销与孔壁间压力分布较均匀	用于有严重振动和冲击载荷的场合
	中心槽销	GB/T 13829.3~4—2004		销的中部有短槽,槽长有 1/2 全长和 1/3 全长两种	用作心轴,将带毂的零件固定在短槽处
	锥槽销	GB/T 13829.5~6—2004		沟槽成楔形,有全长和半长两种,作用与圆锥销相似,销与孔壁间压力分布不均匀	与圆锥销相同
	半长倒锥槽销	GB/T 13829.7—2004		一半为圆柱销,一半为圆锥销	用作轴杆
	有头槽销	GB/T 13829.8~9—2004		有圆头和沉头两种	可代替螺钉、抽芯铆钉,用以紧固标牌、管夹子等
其他销	销轴	GB/T 882—2008	用开口销锁定,拆卸方便		用于铰接处
	开口销	GB/T 91—2000	工作可靠,拆卸方便		用于锁定其他紧固件,与槽形螺母合用

续表

类　型		标　准	特　点	用　途
其他销	快卸销		既能定位并承受一定的横向力，还能快速拆卸，有快卸止动销、快卸弹簧销等多种型式	需要快速拆卸的销连接
	安全销		结构简单，型式多样，必要时可在销上切出圆槽。为防止断销时损坏孔壁，可在孔内加销套	用于传动装置和机器的过载保护，如作为安全联轴器等的过载剪断元件

4.6.2　圆柱销

圆柱销用来固定零件之间的相对位置，靠过盈固定在孔中。圆柱销规格见表 4-68 和表 4-69。

表 4-68　普通圆柱销规格　　　　　mm

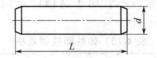

圆柱销—不淬硬钢和奥氏体不锈钢（GB/T 119.1—2000）

圆柱销—淬硬钢和马氏体不锈钢（GB/T 119.2—2000）

d（公称）	0.6	0.8	1	1.2	1.5	2	2.5	3	4	5
L（GB/T 119.1）	2～6	2～8	4～10	4～12	4～16	6～20	6～24	8～30	8～40	10～50
L（GB/T 119.2）	—	—	3～10	4～16	5～20	6～24	8～40	10～40	12～50
d（公称）	6	8	10	12	16	20	25	30	40	50
L（GB/T 119.1）	12～60	14～80	18～95	22～140	26～180	35～200	50～200	60～200	80～200	95～200
L（GB/T 119.2）	14～60	18～65	22～80	26～100	30～100	50～100				
L 系列尺寸	2,3,4,5,6,8,10,12,14,16,18,20,22,24,26,28,30,32,35,40,45,50,55,60,65,70,75,80,85,90,95,100,120,140,160,180,200									

表 4-69 内螺纹圆柱销规格   mm

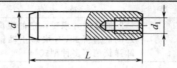

内螺纹圆柱销—不淬硬钢和奥氏体不锈钢(GB/T 120.1—2000)
内螺纹圆柱销—淬硬钢和马氏体不锈钢(GB/T 120.2—2000)

d(公称)	6	8	10	12	16	20	25	30	40	50
d_1	M4	M5	M6	M6	M8	M10	M16	M20	M20	M24
L	16~60	18~80	22~100	26~120	30~160	40~200	50~200	60~200	80~200	100~200
L 系列尺寸	16,18,20,22,24,26,28,30,32,35,40,45,50,55,60,65,70,75,80,85,90,95,100,120,140,160,180,200									

4.6.3 弹性圆柱销

弹性圆柱销有弹性,装配后不易松脱,适用于具有冲击和振动的场合。但刚性较差,不宜用于高精度定位及不穿透的销孔中。弹性圆柱销规格见表 4-70。

表 4-70 弹性圆柱销规格   mm

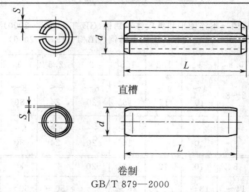

直槽

卷制
GB/T 879—2000

公称直径 d	直槽重型 (GB/T 879.1—2000)			直槽轻型 (GB/T 879.2—2000)			卷制标准型 (GB/T 879.4—2000)		
	壁厚 S	长度 L	最小剪切载荷(双剪)/kN	壁厚 S	长度 L	最小剪切载荷(双剪)/kN	壁厚 S	长度 L	最小剪切载荷(双剪)/kN
0.8	—	—	—	—	—	—	0.07	4~16	0.4 0.3
1	0.2	4~20	0.70	—	—	—	0.08	4~16	0.6 0.45

续表

公称直径 d	直槽重型 (GB/T 879.1—2000)			直槽轻型 (GB/T 879.2—2000)			卷制标准型 (GB/T 879.4—2000)		
	壁厚 S	长度 L	最小剪切载荷(双剪)/kN	壁厚 S	长度 L	最小剪切载荷(双剪)/kN	壁厚 S	长度 L	最小剪切载荷(双剪)/kN
1.2	—	—	—	—	—	—	0.1	4～16	0.9	0.65
1.5	0.3	4～20	1.58	—	—	—	0.13	4～24	1.45	1.05
2	0.4	4～30	2.80	0.2	4～30	1.5	0.17	4～40	2.5	1.9
2.5	0.5	4～30	4.38	0.25	4～30	2.4	0.21	5～45	3.9	2.9
3	0.5	4～40	6.32	0.3	4～40	3.5	0.25	6～50	5.5	4.2
3.5	0.75	4～40	9.06	0.35	4～40	4.6	0.29	6～50	7.5	5.7
4	0.8	4～50	11.24	0.5	4～50	8	0.33	8～60	9.6	7.6
4.5	1	5～50	15.36	0.5	6～50	8.8	—	—	—	—
5	1	5～80	17.54	0.5	6～80	10.4	0.42	10～60	15	11.5
6	1	10～100	26.40	0.75	10～100	18	0.5	12～75	22	16.8
8	1.5	10～120	42.70	0.75	10～120	24	0.67	16～120	39	30
10	2	10～160	70.16	1	10～160	40	0.84	20～120	62	45
12	2.5	10～180	104.1	1	10～180	48	1	24～160	89	67
13	2.5	10～180	115.1	1.2	10～180	66	—	—	—	—
14	3	10～200	144.7	1.5	10～200	84	1.2	28～200	120	—
16	3	10～200	171.0	1.5	10～200	98	1.3	32～200	155	—
18	3.5	10～200	222.5	1.7	10～200	126	—	—	—	—
20	4	10～200	280.6	2	10～200	158	1.7	45～200	250	—
21	4	14～200	298.2	2	14～200	168	—	—	—	—
25	5	14～200	438.5	2	14～200	202	—	—	—	—
28	5.5	14～200	542.6	2.5	14～200	280	—	—	—	—
30	6	14～200	631.4	2.5	14～200	302	—	—	—	—
32	6	20～200	684	—	—	—	—	—	—	—
35	7	20～200	859	3.5	20～200	490	—	—	—	—
38	7.5	20～200	1003	—	—	—	—	—	—	—
40	7.5	20～200	1068	4	20～200	634	—	—	—	—
45	8.5	20～200	1360	4	20～200	720	—	—	—	—
50	9.5	20～200	1685	5	20～200	1000	—	—	—	—

注：长度系列尺寸为 4，5，6，8，10，12，14，16，18，20，22，24，26，28，30，32，35～100（5 进级），120～200 及 200 以上（20 进级）(mm)。

4.6.4　圆锥销

圆锥销用于零件的定位、固定，也可传递动力。圆锥销规格见表 4-71。

表 4-71　圆锥销规格　　　　　　　mm

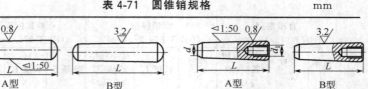

圆锥销（GB/T 117—2000）　　　内螺纹圆锥销（GB/T 118—2000）

d（公称）	圆锥销 L	内螺纹圆锥销		L 系列尺寸
		d_1	L	
0.6	4～8			
0.8	5～12			
1	6～16			
1.2	6～20			
1.5	8～24	—	—	
2	10～35			
2.5	10～35			4,5,6,8,10,12,
3	12～45			14,16,18,20,22,
4	14～55			24,26,28,30,32,
5	18～60			35,40,45,50,55,
6	22～90	M4	16～60	60,65,70,75,80,
8	22～120	M5	18～85	85, 90, 95, 100,
10	26～160	M6	22～100	120, 140, 160,
12	32～180	M8	26～120	180,200
16	40～200	M10	32～160	
20	45～200	M12	45～200	
25	50～200	M16	50～200	
30	55～200	M20	60～200	
40	60～200	M20	80～200	
50	65～200	M24	120～200	

4.6.5　螺尾锥销

螺尾锥销规格见表 4-72。

表 4-72　螺尾锥销规格　　　　　　　mm

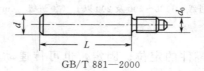

GB/T 881—2000

续表

直径 d	长度 L	锥销螺纹直径 d_0	L 系列尺寸
5	40～50	M5	
6	45～60	M6	
8	55～75	M8	
10	65～100	M10	
12	85～140	M12	40,45,50,55,60,
16	100～160	M16	75,85,100,120,140,
20	120～220	M16	160,190,220,250,
25	140～250	M20	280,320,360,400
30	160～280	M24	
40	190～360	M30	
50	220～400	M36	

4.6.6 开口销

开口销用于需经常装拆的零件上。开口销规格见表 4-73。

表 4-73 开口销规格 mm

GB/T 91—2000

开口销公称直径 d	销身长度 L	伸出长度 $a\leqslant$	开口销公称直径 d	销身长度 L	伸出长度 $a\leqslant$	L 系列尺寸
0.6	4～12	1.6	4	18～80	4	4,5,6,8,10,
0.8	5～16	1.6	5	22～100	4	12,14,16,18,
1	6～20	1.6	6.3	30～120	4	20,22,25,28,
1.2	8～26	2.5	8	40～160	4	32,36,40,45,
1.6	8～32	2.5	10	45～200	6.3	50,56,63,71,
2	10～40	2.5	13	71～250	6.3	80, 90, 100,
2.5	12～50	2.5	16	80～280	6.3	112,125,140,
3.2	14～65	3.2	20	80～280	6.3	160,180,200,
						224,250,280

4.6.7 销轴

销轴规格见表 4-74。

表 4-74 销轴规格 mm

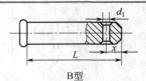

A型   B型

GB/T 882—2008

d（公称）	d_1（最小）	x	L 范围	L 系列尺寸
3	0.8	1.6	6～30	
4	1	2.2	8～40	
5	1.2	2.9	10～50	
6	1.6	3.2	12～60	
8	2	3.5	16～80	
10	3.2	4.5	20～100	
12	3.2	5.5	24～120	
14	4	6	28～140	
16	4	6	32～160	
18	5	7	40～200	
20	5	8	40～200	6，8，10，12，14，16，
22	5	8	45～200	18，20，22，24，26，28，
24	6.3	9	50～200	30，32，35，40，45，50，
27	6.3	9	55～200	55，60，65，70，75，80，
30	8	10	60～200	85，90，95，100，120，
33	8	10	65～200	140，160，180，200
36	8	10	70～200	
40	8	10	80～200	
45	10	12	90～200	
50	10	12	100～200	
55	10	14	120～200	
60	10	14	120～200	
70	13	16	140～200	
80	13	16	160～200	
90	13	16	180～200	
100	13	16	200	

4.7 键

4.7.1 普通平键

　　普通平键用来连接轴和轴上的旋转零件或摆动零件，起到周向固定的作用，以便传递转矩。普通平键规格见表 4-75。

表 4-75　普通平键规格　　　mm

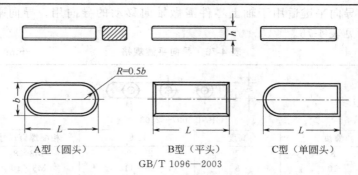

A型（圆头）　　　B型（平头）　　　C型（单圆头）

GB/T 1096—2003

宽度 b	高度 h	长度 L	适用轴径（参考）	L 系列尺寸
2	2	6～20	6～8	
3	3	6～36	＞8～10	
4	4	8～45	＞10～12	
5	5	10～56	＞12～17	
6	6	14～70	＞17～22	
8	7	18～80	＞22～30	
10	8	20～110	＞30～38	
12	8	28～140	＞38～44	
14	9	36～160	＞44～50	
16	10	45～180	＞50～58	
18	11	50～200	＞58～65	6,8,10,12,14,16,18,
20	12	56～220	＞65～75	10,22,25,28,32,35,40,
22	14	63～250	＞75～85	45,50,56,63,70,80,90,
25	14	70～280	＞85～95	100,110,125,140,160,
28	16	80～320	＞95～110	180,200,220,250,280,
32	18	90～360	＞110～130	320,360,400,450,500
36	20	100～400	＞130～150	
40	22	100～400	＞150～170	
45	25	110～450	＞170～200	
50	28	125～500	＞200～230	
56	32	140～500	＞230～260	
63	32	160～500	＞260～290	
70	36	180～500	＞290～330	
80	40	200～500	＞330～380	
90	45	220～500	＞380～440	
100	50	250～500	＞440～500	

4.7.2 导向平键

导向平键适用于轴上零件需做轴向移动的导向用。导向平键规格见表 4-76。

表 4-76 导向平键规格   mm

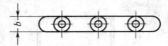

GB/T 1097—2003

宽度	高度	长度	相配螺钉尺寸
8	7	25~90	M3×8
10	8	25~110	M3×10
12	8	28~140	M4×10
14	9	36~160	M5×10
16	10	45~180	M5×10
18	11	50~200	M6×12
20	12	56~220	M6× 12
22	14	63~250	M6×16
25	14	70~280	M8×16
28	16	80~320	M8×16
32	18	90~360	M10×20
36	20	100~400	M12×25
40	22	100~400	M12×25
45	25	110~450	M12×25

4.7.3 半圆键

半圆键适用于轻载连接，键在槽中能绕其几何中心摆动以适应轮毂中键槽的斜度。半圆键规格见表 4-77。

表 4-77 半圆键规格   mm

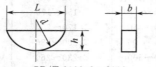

GB/T 1099.1—2003

宽度 b	厚度 h	半圆直径 d	键长 L	适用轴径	
				传递转矩	传动定位
1	1.4	4	3.8	自 3~4	自 3~4
1.5	2.6	7	6.8	>4~5	>4~6

续表

宽度 b	厚度 h	半圆直径 d	键长 L	适用轴径 传递转矩	传动定位
2	2.6	7	6.8	>5～6	>6～8
2	3.7	10	9.7	>6～7	>8～10
2.5	3.7	10	9.7	>7～8	>10～12
3	5	13	12.6	>8～10	>12～15
3	6.5	16	15.7	>10～12	>15～18
4	6.5	16	15.7	>12～14	>18～20
4	7.5	19	18.6	>14～16	>20～22
5	6.5	16	15.7	>16～18	>22～25
5	7.5	19	18.6	>18～20	>25～28
5	9	22	21.6	>20～22	>28～32
6	9	22	21.6	>22～25	>32～36
6	10	25	24.5	>25～28	>36～40
8	11	28	27.3	>28～32	40
10	13	32	31.4	>32～38	—

4.7.4 楔键

楔键用于连接轴与轴上的零件，并起单向轴向定位的作用。楔键规格见表 4-78。

表 4-78 楔键规格　　　　　mm

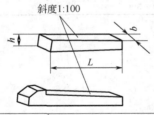

普通楔键 GB/T 1564—2003

钩头楔键 GB/T 1565—2003

宽度 b	厚度 h	长度 L 普通楔键	钩头楔键	L 系列尺寸
2	2	6～20	—	6, 8, 10, 12, 14, 16, 18, 20, 22, 25, 28, 32, 35, 40, 45, 50, 56, 63, 70, 80, 90, 100, 110, 125, 140, 160, 180, 200, 220, 250, 280, 320, 360, 400, 450, 500
3	3	6～36	—	
4	4	8～45	14～45	
5	5	10～56	14～56	
6	6	14～70		
8	7	18～90		
10	8	22～100	22～110	

宽度 b	厚度 h	长度 L		L 系列尺寸
		普通楔键	钩头楔键	
12	8	28~140		
14	9	36~160		
16	10	45~180		
18	11	50~200		
20	12	56~220		
22	14	63~250		
25	14	70~280		6, 8, 10, 12, 14,
28	16	80~320		16, 18, 20, 22, 25,
32	18	90~360		28, 32, 35, 40, 45,
36	20	100~400		50, 56, 63, 70, 80,
40	22	100~400		90, 100, 110, 125,
45	25	110~450		140, 160, 180, 200,
50	28	125~500		220, 250, 280, 320,
56	32	140~500		360,400,450,500
63	32	160~500		
70	36	180~500		
80	40	200~500		
90	45	220~500		
100	50	250~500		

第5章 弹簧

5.1 圆柱螺旋弹簧

5.1.1 圆柱螺旋弹簧尺寸系列 （GB/T 1358—2009）

圆柱螺旋弹簧尺寸系列见表 5-1。

表 5-1 圆柱螺旋弹簧尺寸系列

弹簧材料直径 d /mm	第一系列：0.10,0.12,0.14,0.16,0.20,0.25,0.30,0.35,0.40,0.45,0.50,0.60,0.70,0.80,0.90,1.00,1.20,1.60,2.00,2.50,3.00,3.50,4.00,4.50,5.00,6.00,8.00,10.0,12.0,15.0,16.0,20.0,25.0,30.0,35.0,40.0,45.0,50.0,60.0
	第二系列：0.05,0.06,0.07,0.08,0.09,0.18,0.22,0.28,0.32,0.55,0.65,1.40,1.80,2.20,2.80,3.20,5.50,6.50,7.00,9.00,11.0,14.0,18.0,22.0,28.0,32.0,38.0,42.0,55.0
	设计时优先选用第一系列
弹簧中径 D /mm	0.3,0.4,0.5,0.6,0.7,0.8,0.9,1,1.2,1.4,1.6,1.8,2,2.2,2.5,2.8,3,3.2,3.5,3.8,4,4.2,4.5,4.8,5,5.5,6,6.5,7,7.5,8,8.5,9,10,12,14,16,18,20,22,25,28,30,32,38,42,45,48,50,52,55,58,60,65,70,75,80,85,90,95,100,105,110,115,120,125,130,135,140,145,150,160,170,180,190,200,210,220,230,240,250,260,270,280,290,300,320,340,360,380,400,450,500,550,600
弹簧有效圈数 n /圈	压缩弹簧：2,2.25,2.5,2.75,3,3.25,3.5,3.75,4,4.25,4.5,4.75,5,5.5,6,6.5,7,7.5,8,8.5,9,9.5,10,10.5,11.5,12.5,13.5,14.5,15,16,18,20,22,25,28,30
	拉伸弹簧：2,3,4,5,6,7,8,9,10,11,12,13,14,15,16,17,18,19,20,22,25,28,30,35,40,45,50,55,60,65,70,80,90,100
	由于两钩环相对位置不同，拉伸弹簧尾数还可为 0.25,0.5,0.75
压缩弹簧自由高度 H_0 /mm	2,3,4,5,6,7,8,9,10,11,12,13,14,15,16,17,18,19,20,22,24,26,28,30,32,35,38,40,42,45,48,50,52,55,58,60,65,70,75,80,85,90,95,100,105,110,115,120,130,140,150,160,170,180,190,200,220,240,260,280,300,320,340,360,380,400,420,450,480,500,520,550,580,600,620,650,680,700,720,750,780,800,850,900,950,1000

5.1.2 圆柱螺旋压缩弹簧 （GB/T 2089—2009）

圆柱螺旋压缩弹簧是一种弹性元件，用于需多次重复地随外载负荷的大小而作相应的弹性变形的场合。圆柱螺旋压缩弹簧规格见表 5-2。

表5-2 圆柱螺旋压缩弹簧（两端圈并紧磨平或锻平型）规格 mm

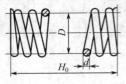 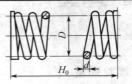

YA型　　　　　　　　　　　　　　　YB型

弹簧丝直径 d	弹簧中径 D	有效圈数 n /圈					
		2.5	4.5	6.5	8.5	10.5	12.5
		自由高度 H_0					
0.5	3	4	7	10	11	14	16
	3.5	5	8	12	13	16	19
	4	6	9	14	15	19	22
	4.5	7	10	16	18	22	26
	5	8	12	18	21	26	30
0.8	4	6	9	12	15	18	22
	4.5	7	10	14	16	20	24
	5	8	11	15	18	22	28
	6	9	13	19	22	28	32
	7	10	15	23	28	32	38
	8	12	18	28	32	40	48
1	4.5	7	10	14	16	20	24
	5	8	11	15	18	22	26
	6	9	12	18	20	26	30
	7	10	14	21	26	30	35
	8	12	17	25	30	35	42
	9	13	20	29	35	42	48
	10	15	22	35	40	48	58
1.2	6	9	12	17	22	25	30
	7	10	14	20	25	30	35
	8	11	16	24	28	35	40
	9	12	20	28	35	45	50
	10	14	24	32	40	50	58
	12	17	26	40	48	58	70
1.4	7	10	15	20	26	30	30
	8	11	16	22	28	35	35
	9	12	18	24	32	38	40
	10	13	20	28	35	42	50
	12	16	24	35	45	52	60
	14	19	30	45	55	65	75

弹簧丝直径 d	弹簧中径 D	有效圈数 n /圈					
		2.5	4.5	6.5	8.5	10.5	12.5
		自由高度 H_0					
1.6	8	11	17	22	28	35	40
	9	12	19	24	32	38	45
	10	13	22	28	35	42	48
	12	15	24	32	42	50	60
	14	18	28	40	50	60	70
	16	22	36	48	60	70	85
1.8	9	13	18	25	32	38	42
	10	15	20	28	35	40	48
	12	16	24	32	40	50	58
	14	18	28	38	48	58	70
	16	20	32	45	60	70	80
	18	22	38	52	65	80	95
2	10	13	20	28	35	40	48
	12	15	24	32	40	48	58
	14	17	26	38	50	55	65
	16	19	30	42	55	65	75
	18	22	35	48	65	75	95
	20	24	40	55	75	90	105
2.5	12	16	24	32	40	50	58
	14	17	28	38	45	55	65
	16	19	30	40	52	65	75
	18	20	30	48	58	70	85
	20	24	38	52	65	80	95
	22	26	42	58	75	90	105
	25	30	48	70	90	105	120
3	14	18	28	38	48	58	65
	16	20	30	40	52	65	75
	18	22	35	45	58	70	80
	20	24	38	50	65	75	90
	22	24	40	58	70	85	100
	25	28	45	65	80	100	115
	28	32	52	70	95	115	140
	30	35	58	80	100	120	150
3.5	16	22	32	45	55	65	75
	18	22	35	48	58	70	80
	20	24	38	50	65	75	90
	22	26	40	55	70	85	100

续表

弹簧丝直径 d	弹簧中径 D	有效圈数 n /圈					
		2.5	4.5	6.5	8.5	10.5	12.5
		自由高度 H_0					
3.5	25	28	45	65	80	95	110
	28	32	50	70	90	110	130
	30	35	55	75	95	115	140
	32	38	60	80	105	130	150
	35	40	65	90	115	140	170
4	20	26	38	52	65	80	90
	22	28	40	55	70	85	100
	25	30	45	60	80	95	110
	28	34	50	70	90	105	130
	30	36	55	75	95	115	140
	32	37	58	80	100	120	150
	35	41	65	90	115	140	160
	38	46	70	100	130	150	180
	40	48	75	105	142	160	190
4.5	22	28	42	58	70	85	100
	25	30	48	60	80	95	110
	28	32	50	70	85	105	120
	30	36	52	75	90	110	130
	32	37	58	75	100	120	140
	35	40	60	85	105	130	150
	38	44	65	90	110	145	160
	40	48	70	100	130	160	190
	45	54	85	120	150	180	220
5	25	30	48	65	80	100	115
	28	32	50	70	90	105	120
	30	35	52	75	95	115	130
	32	38	58	80	100	120	140
	35	40	60	85	110	130	150
	38	42	65	90	120	140	170
	40	45	70	100	130	150	180
	45	50	80	115	140	180	200
	50	55	95	130	170	200	240
6	30	38	55	75	95	115	130
	32	38	58	80	100	120	140
	35	40	60	85	105	130	150
	38	42	65	90	115	140	160
	40	45	70	90	120	150	170

续表

弹簧丝直径 d	弹簧中径 D	有效圈数 n /圈					
		2.5	4.5	6.5	8.5	10.5	12.5
		自由高度 H_0					
6	45	48	75	105	140	160	190
	50	52	85	120	150	190	220
	55	58	95	130	170	200	240
	60	65	105	150	190	240	280
8	32	45	70	90	110	150	155
	35	47	72	96	115	140	160
	38	49	76	98	122	140	170
	40	50	78	100	128	150	180
	45	52	84	105	130	160	190
	50	55	88	115	150	180	210
	55	58	90	130	160	190	220
	60	60	100	140	170	220	260
	65	65	110	150	190	240	280
	70	70	115	160	200	260	300
	75	75	130	180	220	280	320
	80	80	140	190	260	300	360
10	40	51	80	110	140	160	190
	45	58	85	115	140	170	200
	50	61	90	120	150	190	220
	55	64	95	130	170	200	240
	60	68	105	140	180	210	260
	65	72	110	150	190	220	280
	70	75	115	160	200	240	300
	75	80	120	170	220	260	320
	80	86	130	180	240	280	340
	85	92	140	190	255	300	360
	90	94	150	200	270	320	380
	95	98	160	220	280	340	400
	100	100	170	240	300	360	420
12	50	70	105	140	180	220	260
	55	75	110	150	190	230	260
	60	75	120	160	200	240	280
	65	80	130	170	220	260	300
	70	85	130	180	230	280	320
	75	90	140	190	240	300	340
	80	95	150	200	260	320	380
	85	100	160	220	280	340	400

续表

弹簧丝直径 d	弹簧中径 D	有效圈数 n /圈					
		2.5	4.5	6.5	8.5	10.5	12.5
		自由高度 H_0					
12	90	105	170	240	300	360	420
	95	110	180	240	320	380	450
	100	115	190	260	340	420	480
	110	130	220	300	380	480	550
	120	140	240	340	450	520	620
14	60	82	130	170	220	260	300
	65	85	135	180	230	270	320
	70	90	140	190	240	280	340
	75	95	145	200	250	300	360
	80	105	150	210	270	320	380
	85	110	160	220	280	340	400
	90	115	170	240	300	360	420
	95	120	180	240	320	380	450
	100	125	190	260	320	400	480
	110	130	200	280	360	450	520
	120	140	220	320	400	500	580
	130	150	260	360	450	550	650
16	65	90	140	190	240	280	340
	70	95	150	200	240	300	350
	75	100	150	210	260	320	360
	80	100	160	220	260	320	380
	85	105	165	230	280	340	400
	90	110	170	240	300	360	420
	95	115	180	250	320	380	450
	100	120	190	260	320	400	480
	110	130	200	280	360	450	520
	120	140	220	320	400	480	580
	130	150	240	340	450	520	620
	140	160	260	380	480	580	680
	150	180	300	400	520	650	750
18	75	105	160	220	260	320	380
	80	105	160	230	280	340	400
	85	110	170	240	290	350	410
	90	115	180	250	300	360	420
	95	120	185	260	320	380	450
	100	120	190	270	340	400	480
	110	130	200	280	360	450	520

续表

弹簧丝直径 d	弹簧中径 D	有效圈数 n /圈					
		2.5	4.5	6.5	8.5	10.5	12.5
		自由高度 H_0					
18	120	140	220	300	400	480	550
	130	150	240	340	420	520	620
	140	160	260	360	450	550	650
	150	170	280	400	500	620	720
	160	190	300	420	550	680	800
	170	200	340	480	600	720	850
20	80	115	170	240	300	350	400
	85	120	180	250	310	360	420
	90	130	190	260	320	380	450
	95	140	200	270	330	400	460
	100	150	210	280	340	420	480
	110	160	220	290	360	450	520
	120	170	230	300	400	480	550
	130	180	240	340	420	520	600
	140	190	260	360	450	550	650
	150	200	280	380	500	600	700
	160	205	300	420	520	650	780
	170	210	320	450	580	700	850
	180	220	340	480	620	750	900
	190	230	380	520	680	850	950
25	100	140	220	300	360	420	520
	110	150	230	310	380	460	550
	120	160	240	320	400	500	580
	130	160	260	340	420	520	620
	140	170	270	360	450	550	650
	150	180	280	380	500	600	700
	160	190	300	420	520	620	750
	170	200	320	450	550	680	800
	180	210	340	450	600	720	850
	190	220	360	500	620	780	880
	200	240	380	520	680	800	900
	220	260	450	580	750	850	950
30	120	170	260	340	450	520	620
	130	180	280	360	460	550	650
	140	185	290	380	480	580	680
	150	190	300	400	500	620	720
	160	210	310	420	520	650	750

续表

弹簧丝直径 d	弹簧中径 D	有效圈数 n /圈					
		2.5	4.5	6.5	8.5	10.5	12.5
		自由高度 H_0					
30	170	220	320	450	550	680	800
	180	230	340	460	580	720	850
	190	240	360	480	620	750	880
	200	250	380	520	650	800	910
	220	260	420	580	720	900	950
	240	280	450	620	800	920	—
	260	300	500	700	900	980	—
35	140	200	300	400	500	620	720
	150	210	320	420	520	650	740
	160	230	330	450	550	680	760
	170	235	340	460	580	700	780
	180	240	360	480	600	720	820
	190	250	370	500	620	750	850
	200	260	380	520	650	800	880
	220	270	420	580	720	850	950
	240	280	450	620	780	880	—
	260	290	480	680	850	950	—
	280	320	520	720	900	—	—
	300	360	580	800	950	—	—
40	160	220	340	460	580	700	780
	170	230	360	480	600	720	820
	180	240	370	500	620	740	840
	190	250	380	520	650	760	860
	200	260	400	520	680	780	900
	220	280	420	580	720	820	950
	240	290	450	620	750	850	—
	260	300	480	680	780	950	—
	280	320	520	720	850	—	—
	300	340	550	780	900	—	—
	320	380	600	850	950	—	—
45	180	260	360	480	640	720	880
	190	270	360	500	660	750	950
	200	275	280	520	680	780	—
	220	280	400	550	700	850	—
	240	290	440	580	740	950	—
	260	300	450	650	800	—	—
	280	320	500	680	840	—	—

续表

弹簧丝直径 d	弹簧中径 D	有效圈数 n /圈					
		2.5	4.5	6.5	8.5	10.5	12.5
		自由高度 H_0					
45	300	320	520	720	900	—	—
	320	340	550	780	—	—	—
	340	380	600	850	—	—	—
50	200	280	450	580	720	850	
	220	300	450	620	780	880	
	240	320	480	650	800	950	
	260	320	500	680	850	—	
	280	340	550	720	—	—	
	300	350	580	780	—	—	
	320	380	600	820	—	—	
	340	400	620	850	—	—	
55	200	310	460	610	740	900	
	220	330	480	640	780	950	
	240	350	500	670	800	—	
	260	370	520	700	860	—	
	280	390	540	730	900	—	
	300	430	560	750	950	—	
	320	430	580	790	—	—	
	340	450	600	830	—	—	
60	200	350	480	520	760		
	220	370	500	640	800		
	240	390	520	660	850		
	260	410	540	680	900		
	280	430	560	700	950		
	300	450	580	720	—		
	320	470	620	740	—		
	340	490	640	780	—		

5.1.3 普通圆柱螺旋拉伸弹簧 (GB/T 2088—2009)

普通圆柱螺旋拉伸弹簧多用于受到拉力后，要相应产生弹性变形的场合。其特点是要在外加拉力大于初拉力后，各圈间才开始分离，产生相应的弹性变形。普通圆柱螺旋拉伸弹簧规格见表 5-3。

表 5-3 普通圆柱螺旋拉伸弹簧规格　　　　mm

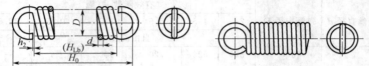

LⅠ型半圆钩环　　　　　LⅢ型圆钩环扭中心

LⅣ型圆钩环压中心

弹簧丝直径 d	中径 D	有效圈数 n/圈								
		8.25	10.5	12.25	15.5	18.25	20.5	25.5	30.25	40.5
		有效圈长度 H_{Lb}								
0.5	3,3.5,4,5,6	4.6	5.8	6.5	8.3	9.6	10.7	13.2	15.6	20.8
0.6	3,4,5,6,7	5.6	6.9	7.9	9.9	11.6	12.9	15.9	18.8	24.9
0.8	4,5,6,7,8,9	7.4	9.2	10.6	13.2	15.4	17.2	21.2	25.0	33.2
1.0	5,6,7,8,10,12	9.3	11.5	13.3	16.5	19.3	21.5	26.5	31.3	41.5
1.2	6,7,8,10,12,14	11.1	13.8	15.9	19.8	23.1	25.8	31.8	37.5	49.8
1.6	8,10,12,14,16,18	14.8	18.4	21.2	26.4	30.8	34.4	42.4	50.0	66.4
2.0	10,12,14,16,18,20	18.5	23.0	26.5	33.0	38.5	43.0	53.0	62.5	83.0
2.5	12,14,16,18,20,25	23.1	28.8	33.1	41.3	48.1	53.3	66.3	78.1	103.8
3.0	14,16,18,20,22,25	27.8	34.5	39.8	49.5	57.8	64.5	79.5	93.8	124.5
3.5	18,20,22,25,28,35	34.2	40.3	46.4	57.8	67.4	75.3	92.8	109.4	145.3

续表

弹簧丝直径 d	中径 D	有效圈数 n /圈								
		8.25	10.5	12.25	15.5	18.25	20.5	25.5	30.25	40.5
		有效圈长度 H_{Lb}								
4.0	22,25,28,32,35,40,45	37.0	46.0	53.0	66.0	77.0	86.0	106	125.0	166.0
4.5	25,28,32,35,40,45,50	41.6	51.8	59.6	74.3	86.6	96.8	119.3	140.6	186.8
5.0	25,28,32,35,40,45,55	46.3	57.5	66.3	82.5	96.3	107.5	132.5	156.3	207.5
6.0	32,35,40,45,50,60,70	55.5	69.0	79.5	99.0	116	129	159	188	249

5.1.4　普通圆柱螺旋拉伸弹簧（圆钩环型）（GB/T 4142—2001）

　　普通圆柱螺旋拉伸弹簧（圆钩环型）用于受到拉力后，要相应产生弹性变形的场合，其规格见表 5-4。

表 5-4　普通圆柱螺旋拉伸弹簧（圆钩环型）规格　　mm

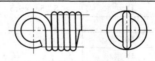

弹簧钢丝直径 d	中径 D	有效圈数 n /圈	自由长度 H_0
0.5	3.0	8.25～45.5	9.4～27.9
	3.5		10.4～28.9
	4		11.4～29.9
	5		13.4～31.9
	6		15.4～33.9
0.6	3	8.25～45.5	10.0～32.2
	3.5		11.1～33.2
	4		12.0～34.2
	5		14.1～36.2
	6		16.1～38.2
	7		18.1～40.2
0.8	4	8.25～45.5	13.4～43.0
	5		15.4～45.0
	6		17.4～47.0
	7		19.4～49.5
	8		21.4～51.0
	9		23.4～53.0

续表

弹簧钢丝直径 d	中径 D	有效圈数 n/圈	自由长度 H_0
1	5	8.25~45.5	16.7~53.7
	6		18.7~55.7
	7		20.7~57.7
	8		22.7~59.7
	9		24.7~61.7
	10		26.7~63.7
	12		30.7~67.7
1.2	6	8.25~45.5	20.1~64.5
	7		22.1~66.5
	8		24.1~68.5
	9		26.1~70.5
	10		28.1~72.5
	12		32.1~76.5
	14		36.1~80.5
1.6	8	8.25~45.5	26.8~86.0
	9		28.8~88.0
	10		30.8~90.0
	12		34.8~94.0
	14		38.8~98.0
	16		42.8~102
	18		46.8~106
2	10	8.25~40.5	33.5~97.5
	12		37.5~101
	14		41.5~105
	16		45.5~109
	18		49.5~113
	20		53.5~117
	22		57.5~121
2.5	12	8.25~40.5	40.9~121
	14		44.9~125
	16		48.9~129
	18		52.9~133
	20		56.9~137
	22		60.9~141
	25		66.9~147
3	14	8.25~40.5	48.2~144
	16		52.2~148

续表

弹簧钢丝直径 d	中径 D	有效圈数 n/圈	自由长度 H_0
3	18	8.25~40.5	56.2~152
	20		60.2~156
	22		64.2~160
	25		70.2~166
	28		76.2~172
3.5	18	8.25~40.5	59.6~172
	20		63.6~176
	25		73.6~186
	28		79.6~192
	32		87.6~200
	35		93.6~206
	40		104~216
4	20	8.25~40.5	67.0~195
	22		71.0~199
	25		77~205
	28		83~211
	32		91.0~219
	35		97.0~225
	40		107~235
	45		117~245
4.5	22	8.25~40.5	74.4~218
	25		80.4~224
	28		86.4~230
	32		94.4~238
	35		100~244
	40		110~254
	45		120~264
	55		140~284
5	25	8.25~35.5	83.7~219
	28		89.7~225
	30		93.7~229
	35		104~239
	40		114~249
	45		124~259
	50		134~269
	60		154~289

续表

弹簧钢丝直径 d	中径 D	有效圈数 $n/圈$	自由长度 H_0
	30		100～262
	32		104～266
	35		110～272
6	40	8.25～35.5	120～282
	50		140～302
	55		150～312
	60		160～322
	70		180～342
	40		134～350
	45		144～360
	50		154～370
8	55	8.25～35.5	164～380
	60		174～390
	65		184～400
	70		194～410
	80		214～430

5.1.5　圆柱螺旋拉伸弹簧（半圆钩环型）（GB/T 2087—2001）

圆柱螺旋拉伸弹簧（半圆钩环型）用于受到拉力后，要相应产生弹性变形的场合，其规格见表 5-5。

表 5-5　圆柱螺旋拉伸弹簧（半圆钩环型）规格　　　mm

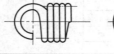

弹簧钢丝直径 d	中径 D	有效圈数 $n/圈$	自由长度 H_0
	3.5		7.8～26.3
0.5	4	8.25～45.5	8.3～26.8
	5		9.3～27.8
	6		10.3～28.8
	4		9.1～31.3
0.6	5	8.25～45.5	10.1～32.3
	6		11.1～33.3
	7		12.1～34.3
0.8	6	8.25～45.5	12.8～42.4
	7		13.8～43.4

弹簧钢丝直径 d	中径 D	有效圈数 n/圈	自由长度 H_0
0.8	8	8.25～45.5	14.8～44.4
	9		15.8～45.4
1	7	8.25～45.5	15.5～52.5
	8		16.5～53.5
	9		17.5～54.5
	10		18.5～55.5
	12		20.5～57.5
1.2	8	8.25～45.5	18.2～62.6
	9		19.2～63.6
	10		20.2～64.6
	12		22.2～66.6
	14		24.2～68.6
1.6	10	8.25～45.5	23.6～82.8
	12		25.6～84.8
	14		27.6～86.8
	16		29.6～88.8
	18		31.6～90.8
2	14	8.25～45.5	31.0～105
	16		33.0～107
	18		35.0～109
	20		37.0～111
	22		39.0～113
2.5	16	8.25～45.5	37.3～130
	18		39.3～132
	20		41.3～134
	22		43.3～136
	25		46.3～139
3	18	8.25～45.5	43.5～155
	20		45.5～157
	22		47.5～159
	25		50.5～162
	28		53.5～165
3.5	22	8.25～45.5	51.8～181
	25		54.8～184
	28		57.8～187
	32		61.8～191
	35		64.8～194
	40		69.8～199

续表

弹簧钢丝直径 d	中径 D	有效圈数 n/圈	自由长度 H_0
4	25	8.25~45.5	59.0~207
	28		62.0~210
	32		66.0~214
	35		69.0~217
	40		74.0~222
	45		79.0~227
4.5	28	8.25~45.5	66.3~233
	32		70.3~237
	35		73.3~240
	40		78.7~245
	45		83.9~250
	50		88.3~255
	55		93.3~260
5	25	8.25~45.5	67.5~253
	28		70.5~256
	30		72.5~258
	32		74.5~260
	35		77.5~263
	40		82.5~268
	45		87.5~273
	50		92.5~278
	55		97.5~283
	60		103~288
6	35	8.25~45.5	86.0~308
	40		91.0~313
	45		96.0~318
	50		101~323
	55		106~328
	60		111~333
	65		116~338
	70		121~343
8	50	8.25~45.5	118~414
	55		123~419
	60		128~424
	65		133~429
	70		138~434
	80		148~444

5.1.6 圆柱螺旋扭转弹簧 （GB/T 1239.3—2009）

圆柱螺旋扭转弹簧用于各种机构中承受扭转力矩的场合。圆柱螺旋扭转弹簧规格见表 5-6。

表 5-6 圆柱螺旋扭转弹簧规格 mm

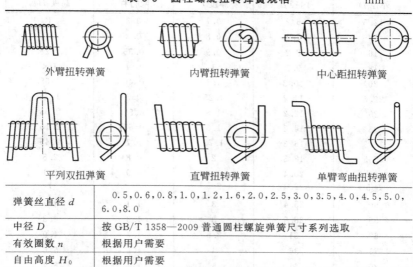

弹簧丝直径 d	0.5,0.6,0.8,1.0,1.2,1.6,2.0,2.5,3.0,3.5,4.0,4.5,5.0, 6.0,8.0
中径 D	按 GB/T 1358—2009 普通圆柱螺旋弹簧尺寸系列选取
有效圈数 n	根据用户需要
自由高度 H_0	根据用户需要

5.2 扁型弹簧

5.2.1 碟形弹簧 （GB/T 1972—2005）

碟形弹簧用在重型机械设备中，起到缓冲和减振的作用，也可作压紧弹簧。碟形弹簧规格见表 5-7。

表 5-7 碟形弹簧规格 mm

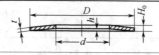

系列 A $\dfrac{D}{t} \approx 18, \dfrac{h}{t} \approx 0.4$

碟簧 外径 D	碟簧 内径 d	碟簧 厚度 t	A 型碟簧的 极限行程 h	自由 高度 H_0
8	4.2	0.4	0.2	0.6
10	5.2	0.5	0.25	0.75

系列 A $\frac{D}{t} \approx 18, \frac{h}{t} \approx 0.4$				
碟簧 外径 D	碟簧 内径 d	碟簧 厚度 t	A 型碟簧的 极限行程 h	自由 高度 H₀
12.5	6.2	0.7	0.3	1
14	7.2	0.8	0.3	1.1
16	8.2	0.9	0.35	1.25
18	9.2	1	0.4	1.4
20	10.2	1.1	0.45	1.55
22.5	11.2	1.25	0.5	1.75
25	12.2	1.5	0.55	2.05
28	14.2	1.5	0.65	2.15
31.5	16.3	1.75	0.7	2.45
35.5	18.3	2	0.8	2.8
40	20.4	2.2	0.9	3.1
45	22.4	2.5	1	3.45
50	25.4	3	1.1	4.1
56	28.5	3	1.3	4.3
63	31	3.5	1.4	4.9
71	36	4	1.6	5.6
80	41	5	1.7	6.7
90	46	5	2	7
100	51	6	2.2	8.2
112	57	6	2.5	8.5
125	64	8	2.6	9.6
140	72	8	7.5	3.2
160	82	10	3.5	13.5
180	92	10	4	14
200	102	12	4.2	16.2
225	112	12	5	17
250	127	14	5.6	19.6
系列 B $\frac{D}{t} \approx 28, \frac{h}{t} \approx 0.75$				
8	4.2	0.3	0.25	0.55
10	5.2	0.4	0.3	0.7
12.5	6.2	0.5	0.35	0.85
14	7.2	0.5	0.4	0.9
16	8.2	0.6	0.45	1.05

续表

系列 B　$\dfrac{D}{t} \approx 28, \dfrac{h}{t} \approx 0.75$

碟簧 外径 D	碟簧 内径 d	碟簧 厚度 t	A 型碟簧的 极限行程 h	自由 高度 H_0
18	9.2	0.7	0.5	1.2
20	10.2	0.8	0.55	1.35
22.5	11.2	0.8	0.65	1.45
25	12.2	0.9	0.7	1.6
28	14.2	1	0.8	1.8
31.5	16.3	1.25	0.9	2.15
35.5	18.3	1.25	1	2.25
40	20.4	1.5	1.15	2.65
45	22.4	1.75	1.3	3.05
50	25.4	2	1.4	3.4
56	28.5	2	1.6	3.6
63	31	2.5	1.75	4.25
71	36	2.5	2	4.5
80	41	3	2.3	5.3
90	46	3.5	2.5	6
100	51	3.5	2.8	6.3
112	57	4	3.2	7.2
125	64	5	3.5	8.5
140	72	5	4	9
160	82	6	4.5	10.5
180	92	6	5	11.1
200	102	8	5.6	13.6
225	112	8	6.5	14.5
250	127	10	7	17

系列 C　$\dfrac{D}{t} \approx 40, \dfrac{h}{t} \approx 1.3$

碟簧 外径 D	碟簧 内径 d	碟簧 厚度 t	A 型碟簧的 极限行程 h	自由 高度 H_0
8	4.2	0.2	0.25	0.45
10	5.2	0.25	0.3	0.55
12.5	6.2	0.35	0.45	0.8
14	7.2	0.35	0.45	0.8
16	8.2	0.4	0.5	0.9
18	9.2	0.5	0.6	1.1
20	10.2	0.5	0.65	1.15
22.5	11.2	0.6	0.8	1.4
25	12.2	0.7	0.9	1.6
28	14.2	0.8	1	1.8

续表

系列 C $\dfrac{D}{t} \approx 40, \dfrac{h}{t} \approx 1.3$

碟簧 外径 D	碟簧 内径 d	碟簧 厚度 t	A 型碟簧的 极限行程 h	自由 高度 H_0
31.5	16.3	0.8	1.05	1.85
35.5	18.3	0.9	1.15	2.05
40	20.4	1	1.3	2.3
45	22.4	1.25	1.6	2.85
50	25.4	1.25	1.6	2.85
56	28.5	1.5	1.95	3.45
63	31	1.8	2.35	4.15
71	36	2	2.6	4.6
80	41	2.25	2.95	5.2
90	46	2.5	3.2	5.7
100	51	2.7	3.5	6.2
112	57	3	3.9	6.9
125	61	3.5	4.5	8
140	72	3.8	4.9	8.7
160	82	4.5	5.5	10
180	92	5	6.2	11.2
200	102	5.5	7	12.5
225	112	6.5	7.1	13.6
250	127	7	7.8	14.8

注：表列是各尺寸标准碟形弹簧。根据用户特殊需要也可生产各种非标准尺寸的碟形弹簧。

5.2.2 电机用钢质波形弹簧（JB/T 7590—2005）

电机用钢质波形弹簧用于各类电动机轴承端部，防止电动机转子窜动，其规格见表 5-8。

表 5-8 电机用钢质波形弹簧规格　　　　mm

 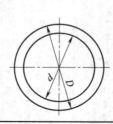

续表

型 号	外径 D		内径 d		自由高度 H	厚度 t	波形数 n
	基本尺寸	极限偏差	基本尺寸	极限偏差			
D16	15.4	±0.40	11.7	±0.40	2.0	0.3	3
D19	18.6	±0.40	14.7	±0.40	2.7	0.3	3
D22	21.4	±0.40	15.3	±0.40	3.0	0.3	3
D26	25.0	±0.40	18.7	±0.40	4.0	0.3	3
D28	27.2	±0.40	20.8	±0.40	4.1	0.3	3
D30	29.0	±0.60	22.6	±0.60	3.1	0.5	3
D32	31.4	±0.60	26.6	±0.60	4.0	0.5	3
D35	34.0	±0.60	27.8	±0.60	4.3	0.5	3
D40	38.6	±0.60	32.8	±0.60	3.2	0.5	4
D42	40.6	±0.60	34.1	±0.60	3.3	0.5	4
D47	45.5	±0.60	38.4	±0.60	4.0	0.5	4
D52	50.5	±0.60	41.0	±0.60	3.2	0.5	5
D62	60.2	±0.60	50.2	±0.60	3.9	0.5	5
D72	69.1	±0.80	59.1	±0.80	5.5	0.5	5
D80	78.0	±0.80	70.0	±0.80	3.9	0.6	6
D85	83.1	±0.80	73.1	±0.80	4.0	0.6	6
D90	87.6	±0.80	78.1	±0.80	4.5	0.6	6
D100	97.0	±0.80	87.5	±0.80	5.6	0.6	6
D110	107.3	±0.80	97.6	±0.80	4.6	0.6	7
D120	116.4	±0.80	107.0	±0.80	5.8	0.6	7
D125	120.8	±0.80	111.6	±0.80	5.9	0.6	7
D130	128.5	±0.80	109.5	±0.80	4.8	0.8	6
D140	138.5	±1.00	119.8	±1.00	4.6	0.9	6
D150	148.8	±1.00	125.4	±1.00	4.6	0.9	6
D160	159.1	±1.00	137.1	±1.00	4.5	1.0	6
D170	169.0	±1.00	142.0	±1.00	4.3	1.0	6
D180	179.1	±1.00	145.1	±1.00	4.8	1.0	6
D190	187.5	±1.20	154.5	±1.20	5.0	1.2	6
D200	197.5	±1.20	166.5	±1.20	5.5	1.2	6
D215	212.0	±1.20	182.0	±1.20	7.0	1.4	6
D240	237.0	±1.20	204.0	±1.20	7.5	1.4	6

5.2.3 片弹簧

片弹簧是利用弹性金属片的变形而产生弹簧特性的一种最简便的弹簧。弹性金属片有矩形、梯形、三角形，也可为直片、弯片。通常用于载荷和变形较小、要求刚度不大的地方，如仪器、仪表及自动化机构中的敏感元件、弹性支承或定位装置中，如电器通断触点等。片弹簧规格见表 5-9。

表 5-9 片弹簧规格 MPa

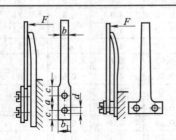

片弹簧结构
$a=(1.1\sim1.2)b_1$
$b_1=1.2b$

簧片悬伸长度可变的弹簧
$c=(0.6\sim0.64)b_1$
$d=(0.72\sim0.77)b_1$

材 料	代 号	弹性模量 E	许用应力	
			动载荷	静载荷
锡青铜	QSn4-3	119952	166.6~196.0	249.0~298.9
锌白铜	BZn15-20	124264	176.4~215.6	269.5~318.5
铍青铜	QBe2	114954	196~245	294.0~367.5
硅锰钢	60Si2Mn	205800	412.4	637.0

第6章 传动件

6.1 传动带

6.1.1 传动带的类型、特点和用途

传动带的类型、特点和用途见表 6-1。

表 6-1 传动带的类型、特点和用途

类型		简　图	结　构	特　点	用　途
平带	普通平带	开边式 包边式	由数层挂胶帆布黏合而成，有开边式和包边式	抗拉强度较大，预紧力保持性能较好，耐湿性好，带长可根据需要截取，价廉；开边式较柔软；过载能力较小，耐热、耐油性能差	带速 $v<$ 30m/s、传递功率 P $<$500kW、i $<$6 轴间距较大的传动
	编织带		有棉织、毛织和缝合棉布带，以及用于高速传动的丝、麻、尼龙编织等。带面有覆胶和不覆胶两种	挠曲性好，可在较小的带轮上工作，对变载荷的适应能力较好；传递功率小，易松弛	中、小功率传动
	尼龙片复合平带	尼龙片 弹性保护层 弹胶体摩擦层 尼龙片 铬革面	承载层为聚酰胺片（有单层和多层粘合），工作面贴有铬革面、弹性胶体或特殊织物等层压而成	强度高，工作面摩擦因数大，挠曲性好，不易松弛	大功率传动，薄型，可用于高速传动
	高速环形胶带	橡胶高速带 聚氨酯高速带	承载层为涤纶绳，橡胶高速带表面覆耐磨、耐油胶布	带体薄而软，挠曲性好，强度较高，传动平稳，耐油、耐磨性能好，不易松弛	高速传动

续表

类型		简　图	结　构	特　点	用　途
V 带	普通 V 带		承载层为绳芯或胶帘布,楔角为 40°、相对高度近似为 0.7 梯形截面环形带,有包布式和切边式两种	当量摩擦因数大,工作面与轮槽黏附性好,允许包角小,传动比大、预紧力小。绳芯结构带体较柔软,挠曲疲劳性好	$v<25\sim$ 30m/s、$P<700$kW、$i\leqslant10$ 轴间距小的传动
	窄 V 带		承载层为绳芯,楔角为 40°、相对高度近似为 0.9 梯形截面环形带,有包布式和切边式两种	有两种尺寸制:基准宽度制和有效宽度制 除具有普通 V 带的特点外,能承受较大的预紧力,允许速度和挠曲次数高,传递功率大,耐热性好	大功率、结构紧凑的传动
	联组 V 带		将几根带型相同的普通 V 带或窄 V 带的顶面用胶帘布等距粘接而成,有 2、3、4 或 5 根连接成一组	传动中各根 V 带载荷均匀,可减少运转中振动和横转,增加传动的稳定性,耐冲击性能好	结构紧凑、载荷变动大、要求高的传动
	汽车 V 带	参见窄 V 带和普通 V 带	承载层为绳芯的 V 带,相对高度有 0.9 的,也有 0.7 的	挠曲性和耐热性好	内燃机专用 V 带,也可用于带轮和轴间距较小、工作温度较高的传动
	齿形 V 带		承载层为绳芯结构,内表面制成均布横向齿的 V 带	散热性好,与轮槽黏附性好,是挠曲性最好的 V 带	同普通 V 带和窄 V 带

续表

类型		简　图	结　构	特　点	用　途
V带	大楔角V带		承载层为绳芯,楔角为60°的梯形截面环形带,用聚氨酯浇注而成	质量均匀,摩擦因数大,传递功率大,外廓尺寸小,耐磨性、耐油性好	速度较高、结构特别紧凑的传动
	宽V带		承载层为绳芯,相对高度近似为0.3的梯形截面环形带	挠曲性好,耐热性和耐侧压性能好	无级变速传动
	接头V带		多由胶帘布卷绕而成,与普通V带相近,有活络型、多孔型和非穿孔型接头三种	带长可根据需要截取,局部损坏可更换;强度受接头影响而削弱,传递功率约为相同带型普通V带的0.7倍,且平稳性差;活络型V带结构复杂、重量大,易松弛	中、小功率、低速传动中临时应用
特殊带	多楔带		在绳芯结构平带的基体下有若干纵向V形楔的环形带,工作面是楔面,有橡胶和聚氨酯两种	具有平带的柔软、V带摩擦力大的特点;比V带传动平稳,外廓尺寸小	结构紧凑的传动,特别是要求V带根数多或轮轴垂直地面的传动
	双面V带		截面为六角形。四个侧面均为工作面,承载层为绳芯,位于截面中心	可以两面工作,带体较厚,挠曲性差,寿命和效率较低	需要V带两面都工作的场合,如农业机械中多从动轮传动
	圆形带		截面为圆形,有圆皮带、圆绳带、圆尼龙带、圆胶带等多种,带的直径 $d_b = 2 \sim 12\text{mm}$	结构简单 最小带轮直径 $d_{\min}$ 可取 $(20 \sim 30)d_b$ 轮槽可做成半圆形	$v < 15\text{m/s}$, $i = 0.5 \sim 3$ 的小功率传动

续表

类型	简　图	结　构	特　点	用　途
同步带 — 梯形齿同步带		工作面有梯形齿，承载层为玻璃纤维绳芯、钢丝绳芯等的环形带，基体有氯丁胶和聚氨酯（只有小带型）两种；由于用途不同又有一般工业用和汽车用之分	靠啮合传动，承载层保证带齿齿距不变，传动比准确，轴压力小，结构紧凑，耐油、耐磨性较好，但安装制造要求高	$v<$ 50m/s、P $<$300kW、i $<$10 要求同步的传动，也可用于低速传动；载荷大应选用橡胶同步带，载荷小或有耐油要求时，选用聚氨酯同步带
同步带 — 弧齿同步带		工作面有弧齿，承载层为玻璃纤维、合成纤维绳芯的环形带，带的基体为氯丁胶	与梯形齿同步带相同，但工作时齿根应力集中小，承载能力高	大功率传动

6.1.2　平型传动带（GB/T 524—2007）

平型传动带的有关内容见表 6-2 和表 6-3。

表 6-2　平型传动带规格

宽度/mm	尺寸要求
16,20,25,32,40,50,60,71,80,90,100,112,125,140,160,180,200,224,250,280,315,355,400,450,500	按 GB/T 4489 执行

注：帆布横向接头的接缝应与平带的纵向成 45°～70°，外层不得有接头，两接头之间的最小距离为：位于内层同层时，最小距离为 15m；位于两相邻层时，最小距离为 3m；位于两非相邻层时，最小距离为 1.5m。

表 6-3　平带的技术指标

拉伸强度规格	拉伸强度纵向 最小值/kN·m^{-1}	拉伸强度横向 最小值/kN·m^{-1}
190/40	190	75
190/60	190	110
240/40	240	95
240/60	240	140
290/40	290	115

拉伸强度规格	拉伸强度纵向 最小值/kN·m⁻¹	拉伸强度横向 最小值/kN·m⁻¹
290/60	290	175
340/40	340	130
340/60	340	200
385/60	385	225
425/60	425	250
450	450	—
500	500	—
560	560	—

注：斜线前的数字表示纵向拉伸强度规格（以 kN/m 为单位），斜线后的数字表示横向强度对纵向强度的百分比（简称横纵强度比，省略"%"号）；没有斜线时，数字表示纵向拉伸强度规格，且其对应的横纵强度比只有 40% 一种。

6.1.3 普通 V 带和窄 V 带（GB/T 11544—2012）

普通 V 带和窄 V 带规格见表 6-4。

表 6-4 普通 V 带和窄 V 带规格   mm

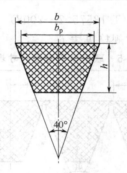

	带型	节宽 b_p	顶宽 b	高度 h	基准长度 L_d
普 通 V 带	Y	5.3	6	4	200～500
	Z	8.5	10	6	406～1540
	A	11	13	8	630～2700
	B	14	17	11	930～6070
	C	19	22	14	1565～10700
	D	27	32	19	2740～15200
	E	32	38	23	4660～16800

续表

带型		节宽 b_p	顶宽 b	高度 h	基准长度 L_d
窄V带	SPZ	8	10	8	630~3550
	SPA	11	13	10	800~4500
	SPB	14	17	14	1250~8000
	SPC	19	22	18	2000~12500
基准长度 L_d 系列	普通V带	Y 型:200,224,250,280,315,355,400,450,500 Z 型:406,475,530,625,700,780,820,1080,1330,1420,1540 A 型:630,700,790,890,990,1100,1250,1430,1550,1640,1750,1940,2050,2200,2300,2480,2700 B 型:930,1000,1100,1210,1370,1560,1760,1950,2180,2300,2500,2700,2870,3200,3600,4060,4430,4820,5370,6070 C 型:1565,1760,1950,2195,2420,2715,2880,3080,3520,4060,4600,5380,6100,6815,7600,9100,10700 D 型:2740,3100,3330,3730,4080,4620,5400,6100,6840,7620,9140,10700,12200,13700,15200 E 型:4660,5040,5420,6100,6850,7650,9150,12230,13750,15280,16800			
	窄V带	630,710,800,900,1000,1120,1250,1400,1600,1800,2000,2240,2500,2800,3150,3550,4000,4500,5000,5600,6300,7100,8000,9000,10000,11200,12500			

6.1.4 联组 V 带 (GB/T 13575.2—2008)

联组 V 带截面尺寸规格见表 6-5。

表 6-5 联组 V 带截面尺寸规格   mm

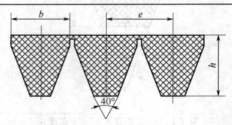

类型	带型	顶宽 b	带高 h	节距 e	最多联组根数
联组普通 V 带	AJ	13	10.0	15.88	
	BJ	16.5	13.0	19.05	
	CJ	22.5	16.0	25.40	
	DJ	32.8	21.5	36.53	2~5
联组窄 V 带	9J	9.5	10	10.3	
	15J	16	16	17.5	
	25J	25.5	26.5	28.6	

6.1.5 工业用多楔带（GB/T 16588—2009）

工业用多楔带的尺寸规格见表 6-6。

表 6-6 工业用多楔带的尺寸规格 mm

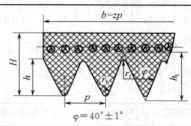

$\varphi = 40° \pm 1°$

带 型	PH	PJ	PK	PL	PM
$p \pm 0.2$	1.60	2.34	3.56	4.70	9.40
累积偏差	±0.4	±0.4	±0.4	±0.4	±0.4
楔顶半径 r_b	0.3	0.4	0.5	0.4	0.75
楔底半径 r_t	0.15	0.2	0.25	0.4	0.75
理论楔高 h_t	2.20	3.21	4.89	6.46	12.90
圆角后楔高 h_{min}	1.33	2.10	3.20	4.20	10.00
带厚 $H \approx$	3	4	6	10	17
楔数范围	2～8	4～20	5～20	6～20	6～20
推荐最小带轮直径 d_{min}	13	20	45	75	180
有效长度 L_e 范围	200～1000	450～2500	750～3000	1250～6300	2300～16000
楔数系列	2,4,6,8,10,12,14,16,18,20				
有效长度 L_e 系列	200,224,250,280,315,355,400,450,500,630,710,800,900, 1000,1120,1250,1400,1600,1800,2000,1240,2500,2800,3150, 3550,4000,4500,5000,5600,6300,7100,8000,9000,10000, 11200,12500,14000,16000				

6.1.6 梯形齿同步带（GB/T 11361—2008）

梯形齿同步带的规格尺寸见表 6-7。

表 6-7 梯形齿同步带的规格尺寸 mm

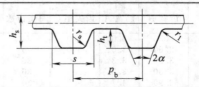

续表

型号	截面基本尺寸					公称高度	标准宽度	
	p_b	s	h_t	r_1	r_a	h_s	b	代号
超轻型 XXL	3.175	1.73	0.76	0.20	0.30	1.52	3.2	012
							4.8	019
							6.4	025
超重型 XXH	31.750	19.05	9.53	2.29	1.52	15.7	50.8	200
							76.2	300
							101.6	400
							127	500

注：标准宽度代号用宽度（in）的 100 倍表示，如代号 100 的宽度为 25.4mm。

6.1.7 双面 V 带（GB/T 10821—2008）

双面 V 带的尺寸规格见表 6-8。

表 6-8 双面 V 带的尺寸规格 mm

截 面 图	带型	W	T	有效长度 L_e	有效长度 L_e 系列
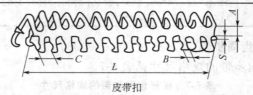	HAA	13	10	1250～3550	1250,1320,1400,1500,1600, 1700,1800,1900,2000,2120,2240, 2360,2500,2650,2800,3000,3150, 3350,3550,3750,4000,4250,4500, 4750,5000,5300,5600,6000,6300, 6700,7100,7500,8000,8500,9000, 9500,10000
	HBB	17	13	2000～5000	
	HCC	22	17	2240～8000	
	HDD	32	25	4000～10000	

6.1.8 机用皮带扣（QB/T 2291—1997）

机用皮带扣用于连接平带。机用皮带扣规格见表 6-9。

表 6-9 机用皮带扣规格 mm

皮带扣

号数	长度 L	厚度 S	齿宽 B	筋宽 A	齿尖距 C	每支齿数	每盒支数	适用传动带厚度
15	190	1.10	2.30	3.0	5.0	34	16	3～4
20	290	1.20	2.60	3.0	6.0	45	10	4～5
25	290	1.30	3.30	3.3	7.0	36	16	5～6
27	290	1.30	3.30	3.3	8.0	36	16	5～6
35	290	1.50	3.90	4.7	9.0	30	8	7～8

续表

号数	长度 L	厚度 S	齿宽 B	筋宽 A	齿尖距 C	每支齿数	每盒支数	适用传动带厚度
45	290	1.80	5.00	5.5	10.0	24	8	8~9.5
55	290	2.30	6.70	6.5	12.0	18	8	9.5~11
65	290	2.50	6.90	7.2	14.0	18	8	11~12
75	290	3.00	8.50	9.0	18.0	14	8	12.5~16

6.2　链传动

6.2.1　传动用短节距精密滚子链（GB/T 1243—2006）

　　传动用短节距精密滚子链用于两轴距较大，要求传动力准确，负荷分布均匀的链轮之间。传动用短节距精密滚子链规格见表 6-10。

表 6-10　传动用短节距精密滚子链规格　　　　mm

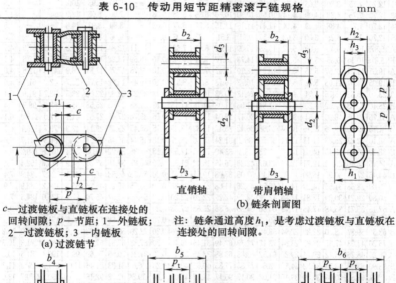

c—过渡链板与直链板在连接处的回转间隙；p—节距；1—外链板；2—过渡链板；3—内链板；
(a) 过渡链节

直销轴　　带肩销轴
(b) 链条剖面图

注：链条通道高度 h_1，是考虑过渡链板与直链板在连接处的回转间隙。

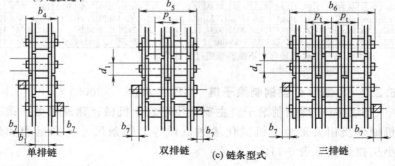

单排链　　　　　双排链　　(c) 链条型式　　　三排链

续表

链号	节距 p nom	滚子直径 d_1 max	内节内宽 b_1 min	销轴直径 d_2 max	套筒孔径 d_3 min	链条通道高度 h_1 min	内链板高度 h_2 max	外或中链板高度 h_3 max	过渡链节尺寸①			排距 p_1 max	内节外宽 b_2 max	外节内宽 b_3 min	销轴长度			止锁件附加宽度② b_7 max
									l_1 min	l_2 min	c				单排 b_4 max	双排 b_5 max	三排 b_6 max	
	mm																	
04C	6.35	3.30	3.10	2.31	2.34	6.27	6.02	5.21	2.65	3.08	0.10	6.40	4.80	4.85	9.1	15.5	21.8	2.5
06C	9.525	5.08	4.68	3.60	3.62	9.30	9.05	7.81	3.97	4.60	0.10	10.13	7.46	7.52	13.2	23.4	33.5	3.3
05B	8.00	5.00	3.00	2.31	2.36	7.37	7.11	7.11	3.71	3.71	0.08	5.64	4.77	4.90	8.6	14.3	19.9	3.1
06B	9.525	6.35	5.72	3.28	3.33	8.52	8.26	8.26	4.32	4.32	0.08	10.24	8.53	8.66	13.5	23.8	34.0	3.3
08A	12.70	7.92	7.85	3.98	4.00	12.33	12.07	10.42	5.29	6.10	0.08	14.38	11.17	11.23	17.8	32.3	46.7	3.9
08B	12.70	8.51	7.75	4.45	4.50	12.07	11.81	10.92	5.66	6.12	0.08	13.92	11.30	11.43	17.0	31.0	44.9	3.9
081	12.70	7.75	3.30	3.66	3.71	10.17	9.91	9.91	5.36	5.36	0.08	—	5.80	5.93	10.2	—	—	1.5
083	12.70	7.75	4.88	4.09	4.14	10.56	10.30	10.30	5.36	5.36	0.08	—	7.90	8.03	12.9	—	—	1.5
084	12.70	7.75	4.88	4.09	4.14	11.41	11.15	11.15	5.77	5.77	0.08	—	8.80	8.93	14.8	—	—	1.5
085	12.70	7.77	6.25	3.60	3.62	10.17	9.91	8.51	4.35	5.03	0.08	—	9.06	9.12	14.0	—	—	2.0
10A	15.875	10.16	9.40	5.09	5.12	15.35	15.09	13.02	6.61	7.62	0.10	18.11	13.84	13.84	21.8	39.9	57.9	4.1
10B	15.875	10.16	9.65	5.08	5.13	14.99	14.73	13.72	7.11	7.62	0.10	16.59	13.28	13.41	19.6	36.2	52.8	4.1
12A	19.05	11.91	12.57	5.96	5.98	18.34	18.10	15.62	7.90	9.15	0.10	22.78	17.75	17.81	26.9	49.8	72.6	4.6
12B	19.05	12.07	11.68	5.72	5.77	16.39	16.13	16.13	8.33	8.33	0.10	19.46	15.62	15.75	22.7	42.2	61.7	4.6
16A	25.40	15.88	15.75	7.94	7.96	24.39	24.13	20.83	10.55	12.20	0.13	29.29	22.60	22.66	33.5	62.7	91.9	5.4
16B	25.40	15.88	17.02	8.28	8.33	21.34	21.08	21.08	11.15	11.15	0.13	31.88	25.45	25.58	36.1	68.0	99.9	5.4
20A	31.75	19.05	18.90	9.54	9.56	30.48	30.17	26.04	13.16	15.24	0.15	35.76	27.45	27.51	41.1	77.0	113.0	6.1
20B	31.75	19.05	19.56	10.19	10.24	26.68	26.42	26.42	13.89	13.89	0.15	36.45	29.01	29.14	43.2	79.7	116.1	6.1
24A	38.10	22.23	25.22	11.11	11.14	36.55	36.2	31.24	15.80	18.27	0.18	45.44	35.45	35.51	50.8	96.3	141.7	6.6
24B	38.10	25.40	25.40	14.63	14.68	33.73	33.4	33.40	17.55	17.55	0.18	48.36	37.92	38.05	53.4	101.8	150.2	6.6
28A	44.45	25.40	25.22	12.71	12.74	42.67	42.23	36.45	18.42	21.32	0.20	48.87	37.18	37.24	54.9	103.6	152.4	7.4
28B	44.45	27.94	30.99	15.90	15.95	37.46	37.08	37.08	19.51	19.51	0.20	59.56	46.58	46.71	65.1	124.7	184.3	7.4
32A	50.80	28.58	31.55	14.29	14.31	48.74	48.26	41.68	21.04	24.33	0.20	58.55	45.21	45.26	65.5	124.2	182.9	7.9
32B	50.80	29.21	30.99	17.81	17.86	42.72	42.29	42.29	22.20	22.20	0.20	58.55	45.57	45.70	67.4	126.0	184.5	7.9
36A	57.15	35.71	35.48	17.46	17.49	54.86	54.30	46.86	23.65	27.36	0.20	65.84	50.85	50.90	73.9	140.0	206.0	9.1
40A	63.50	39.68	37.85	19.85	19.87	60.93	60.33	52.07	26.24	30.36	0.20	71.55	54.88	54.94	80.3	151.9	223.5	10.2
40B	63.50	39.37	38.10	22.89	22.94	53.49	52.96	52.96	27.76	27.76	0.20	72.29	55.75	55.88	82.6	154.9	227.2	10.2
48A	76.20	47.63	47.35	23.81	23.84	73.13	72.39	62.49	31.45	36.40	0.20	87.83	67.81	67.87	95.5	183.4	271.3	10.5
48B	76.20	48.26	45.72	29.24	29.29	64.52	63.88	63.88	33.45	33.45	0.20	91.21	70.56	70.69	99.1	190.4	281.6	10.5
56B	88.90	53.98	53.34	34.32	34.37	78.64	77.85	77.85	40.61	40.61	0.20	106.60	81.33	81.46	114.6	221.2	327.8	11.7
64B	101.60	63.50	60.96	39.40	39.45	91.08	90.17	90.17	47.07	47.07	0.20	119.89	92.02	92.15	130.9	250.8	370.7	13.0
72B	114.30	72.39	68.58	44.48	44.53	104.67	103.63	103.63	53.37	53.37	0.20	136.27	103.81	103.94	147.4	283.7	420.0	14.3

① 对于高应力使用场合，不推荐使用过渡链节。

② 止锁件的实际尺寸。

6.2.2　S 型和 C 型钢制滚子链 （GB/T 10857—2005）

　　S 型和 C 型钢制滚子链主要适用于农业机械、建筑机械、采石机械以及相关工业、机械化输送机械等。链条尺寸、测量力和最小抗拉强度见表 6-11。

表 6-11 链条尺寸、测量力和最小抗拉强度

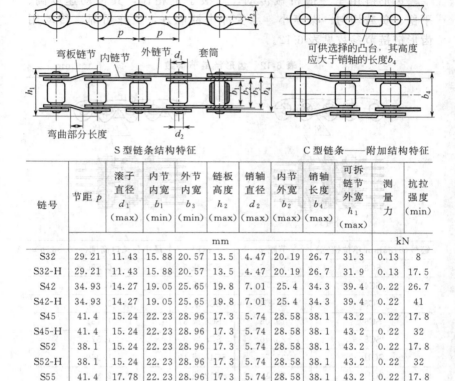

可供选择的凸台，其高度
应大于销轴的长度 b_4

弯板链节　内链节　外链节 d_1　套筒

弯曲部分长度　　d_2

S 型链条结构特征　　　　　C 型链条——附加结构特征

链号	节距 p	滚子直径 d_1 (max)	内节内宽 b_1 (min)	外节内宽 b_3 (min)	链板高度 h_2 (max)	销轴直径 d_2 (max)	内节外宽 b_2 (max)	销轴长度 b_4 (max)	可拆链节外宽 h_1 (max)	测量力	抗拉强度 (min)
					mm						kN
S32	29.21	11.43	15.88	20.57	13.5	4.47	20.19	26.7	31.3	0.13	8
S32-H	29.21	11.43	15.88	20.57	13.5	4.47	20.19	26.7	31.9	0.13	17.5
S42	34.93	14.27	19.05	25.65	19.8	7.01	25.4	34.3	39.4	0.22	26.7
S42-H	34.93	14.27	19.05	25.65	19.8	7.01	25.4	34.3	39.4	0.22	41
S45	41.4	15.24	22.23	28.96	17.3	5.74	28.58	38.1	43.2	0.22	17.8
S45-H	41.4	15.24	22.23	28.96	17.3	5.74	28.58	38.1	43.2	0.22	32
S52	38.1	15.24	22.23	28.96	17.3	5.74	28.58	38.1	43.2	0.22	17.8
S52-H	38.1	15.24	22.23	28.96	17.3	5.74	28.58	38.1	43.2	0.22	32
S55	41.4	17.78	22.23	28.96	17.3	5.74	28.58	38.1	43.2	0.22	17.8
S55-H	41.4	17.78	22.23	28.96	17.3	5.74	28.58	38.1	43.2	0.22	32
S62	41.91	19.05	25.4	32	17.3	5.74	31.8	40.6	45.7	0.44	26.7
S62-H	41.91	19.05	25.4	32	17.2	5.74	31.8	40.6	45.7	0.44	32
S77	58.34	18.26	22.23	31.5	26.2	8.92	31.17	43.2	52.1	0.56	44.5
S77-H	58.34	18.26	22.23	31.5	26.2	8.92	31.17	43.2	52.1	0.56	80
S88	66.27	22.86	28.58	37.85	26.2	8.92	37.52	50.8	58.4	0.56	44.5
S88-H	66.27	22.86	28.58	37.85	26.2	8.92	37.52	50.8	58.4	0.56	80
C550	41.4	16.87	19.81	26.16	20.2	7.19	26.04	35.6	35.7	0.44	39.1
C550-H	41.4	16.87	19.81	26.16	20.2	7.19	26.04	35.6	35.7	0.44	57.8
C620	42.01	17.91	24.5l	31.72	20.2	7.19	31.6	42.2	46.8	0.44	39.1
C620-H	42.01	17.91	24.51	31.72	20.2	7.19	31.6	42.2	46.8	0.44	57.8

注：1. 最小套筒内径应比最大销轴直径 d_2 大 0.1mm。

2. 对于恶劣工况，建议不使用弯板链节。

6.2.3 齿形链（GB/T 10855—2016）

齿形链用于一般机械传动，与滚子链相比，其传动速度高、平稳、负载均匀、噪声小，承受冲击性能好，工作可靠。传动用齿形链链节参数见表6-12。

表 6-12 齿形链链节参数   mm

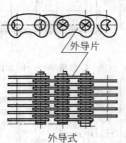
外导片

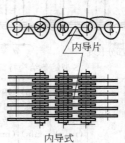
内导片

外导式   内导式

链号（6.35mm 单位链宽）	节距 p	标记	最小分叉口高度（$=0.062p$）
SC3	9.525	SC3 或 3	0.590
SC4	12.70	SC4 或 4	0.787
SC5	15.875	SC5 或 5	0.985
SC6	19.05	SC6 或 6	1.181
SC8	25.40	SC8 或 8	1.575
SC10	31.75	SC10 或 10	1.969
SC12	38.10	SC12 或 12	2.362
SC16	50.80	SC16 或 16	3.150

6.2.4 输送链（GB/T 8350—2008）

输送链的有关内容见表6-13和表6-14。

表 6-13 实心销轴输送链主要尺寸和技术要求

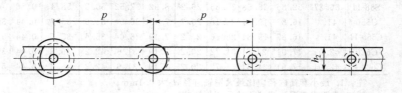

续表

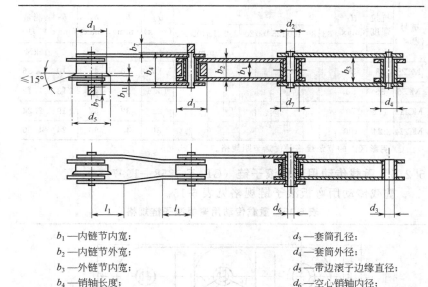

b_1 —内链节内宽；　　　　　　　d_3 —套筒孔径；

b_2 —内链节外宽；　　　　　　　d_4 —套筒外径；

b_3 —外链节内宽；　　　　　　　d_5 —带边滚子边缘直径；

b_4 —销轴长度；　　　　　　　　d_6 —空心销轴内径；

b_7 —销轴止锁端加长量；　　　　d_7 —小滚子直径；

b_{11} —带边滚子边缘宽度；　　　　h_2 —链板高度；

d_1 —大滚子或带边滚子直径；　　l_1 —过渡链节尺寸；

d_2 —销轴直径；　　　　　　　　p —节距

链号 (基本)	抗拉强度	d_1 (max)	节距 p①②															d_2 (max)	b_1 (min)	b_4 (max)	b_7 (max)	测量力
			40	50	63	80	100	125	160	200	250	315	400	500	630	800	1000					
	kN		mm																			kN
M20	20	25	×															6	16	35	7	0.4
M28	28	30		×														7	18	40	8	0.56
M40	40	36																8.5	20	45	9	0.8
M56	56	42			×													10	24	52	10	1.12
M80	80	50																12	28	62	12	1.6
M112	112	60				×												15	32	73	14	2.24
M160	160	70					×											18	37	85	16	3.2
M224	224	85						×										21	43	98	18	4.5
M315	315	100							×									25	48	112	21	6.3
M450	450	120																30	56	135	25	9
M630	630	140																36	66	154	30	12.5
M900	900	170									×							44	78	180	37	18

① 用"×"表示的链条节距规格仅用于套筒链条和小滚子链条。

② 阴影区内的节距规格是优选节距规格。

表 6-14 空心销轴输送链主要尺寸和技术要求

链号 (基本)	抗拉 强度	d_1 (max)	节距 p [①]										d_2 (max)	b_1 (min)	b_4 (max)	b_7 (max)	测量 力
			63	80	100	125	160	200	250	315	400	500					
	kN		mm														kN
MC28	28	36											13	20	42	10	0.56
MC56	56	50											15.5	24	48	13	1.12
MC112	112	70											22	32	67	19	2.24
MC224	224	100											3l	43	90	24	4.50

① 阴影区内的节距规格是优选节距规格。

6.2.5 重载传动用弯板滚子链 (GB/T 5858—1997)

重载传动用弯板滚子链规格见表 6-15。

表 6-15 重载传动用弯板滚子链规格

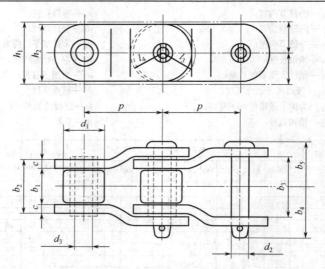

链号	节距 p	滚子直 径 d_1 (max)	窄端内 宽 b_1 [①] (名义)	销轴直 径 d_2 (max)	销轴尾端 至中线的 距离 b_4 (max)	销轴头端 至中线的 距离 b_5 (max)	链条通道 高度 h_1 (min)	测量力	抗拉 载荷 (min)
			mm					N	kN
2010	63.5	31.75	38.1	15.9	47.8	42.9	48.3	900	250

续表

链号	节距 p	滚子直径 d_1（max）	窄端内宽 $b_1$①（名义）	销轴直径 d_2（max）	销轴尾端至中线的距离 b_4（max）	销轴头端至中线的距离 b_5（max）	链条通道高度 h_1（min）	测量力	抗拉载荷（min）
				mm				N	kN
2512	77.9	41.28	39.6	19.08	55.6	47.8	61.1	1300	340
2814	88.9	44.45	48.1	22.25	62	55.6	61.6	1800	470
3315	103.45	45.24	49.3	23.85	71.4	63.5	64.1	2200	550
3618	114.3	57.15	52.3	27.97	76.2	65	80	2700	760
4020	127	63.5	69.9	31.78	90.4	77.7	93	3600	990
4824	152.4	76.2	76.2	38.13	98.6	88.9	105.7	5000	1400
5628	177.8	88.9	82.6	44.48	114.3	101.6	133.4	6800	1890

① 最小宽度 $=0.95b_1$。

注：连接链节总宽 $=b_4+b_5$，两端都有止锁销的总宽 $=2b_4$。

6.2.6 输送用模锻易拆链（GB/T 17482—1998）

输送用模锻易拆链规格见表 6-16。

表 6-16 输送用模锻易拆链规格

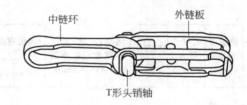

中链环 外链板

T形头销轴

链号	节距/mm	中链环开口宽（最小）/mm	销轴直径（最大）/mm	销轴宽度（最大）/mm	外链板间内宽/mm	转角（最小）/(°)	抗拉载荷（最小）/kN
F228	50	7.4	6.6	27.7	13.0	9	27
F348	75	13.5	12.7	47.0	20.1	9	98
F458	100	16.8	16.2	58.0	26.2	9	187
F678	150	24.1	22.3	80.0	34.3	5	320

6.2.7 输送用平顶链（GB/T 4140—2003）

输送用平顶链规格见表 6-17 和表 6-18。

表 6-17 单铰链式平顶链的尺寸、测量力和抗拉强度

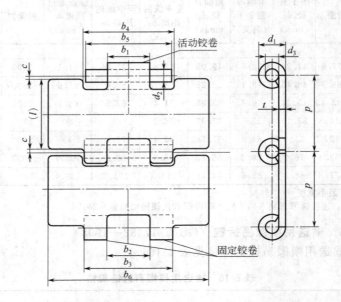

链号	节距 p	铰卷外径 d_1 (max)	销轴直径 d_2 (max)	销轴长度 b_5 (max)	板厚 t (max)	活动铰卷宽度 b_1(max)	固定铰卷外宽 b_3(max)	链板宽度 b_6		测量力	抗拉强度 (min)
								max	min		
	mm										N
C12S								77.20	76.20		
C13S								83.60	82.60		碳钢 200|10000
C14S								89.90	88.90		
C16S	38.1	13.13	6.38	42.60	3.35	20.00	42.05	102.60	101.60		一级耐蚀钢 160|8000
C18S								115.30	114.30		二级耐蚀钢 120|6250
C24S								153.40	152.40		
C30S								191.50	190.50		

表 6-18 双铰链式平顶链的尺寸、测量力和抗拉强度

链号	中央固定铰卷宽度 b_7 (max)	活动铰卷间宽 b_8 (min)	活动铰卷跨宽 b_9 (max)	外侧固定铰卷间宽 b_{10} (min)	外侧固定铰卷跨宽 b_{11} (max)	链板凹槽总宽度 b_{12} (min)	销轴长度 b_{13} (max)	链板宽度 b_{14}		测量力	抗拉强度 (min)
								max	min		
	mm									N	
C30D	13.50	12.70	53.50	53.60	80.0	80.60	81.00	191.50	190.50	碳钢 400|20000 一级耐蚀钢 320|16000 二级耐蚀钢 250|12500	

6.2.8 滑片式无级变速链 (JB/T 9152—2011)

滑片式无级变速链规格见表 6-19。

表 6-19 滑片式无级变速链规格

型号	节距/mm	销轴直径/mm (max)	滑片长度/mm (max)	滑片斜角/(°)	链板高度/mm (max)	抗拉强度 /kN (min)	每米质量 /N·m^{-1}
A_0	18.75		24.0		9.5	9.0	10
A_1	25.00	3.0	37.8	15	13.5	21.0	21
A_3	28.60		44.2		16.0	38.5	30

续表

型号	节距/mm	销轴直径/mm（max）	滑片长度/mm（max）	滑片斜角/(°)	链板高度/mm（max）	抗拉强度/kN（min）	每米质量/N·m⁻¹
A_4	36.00	4.0	58.5	15	20.5	61.5	54
A_5			70.0			71.0	67
A_6	44.40	5.4	77.0		23.7	125.0	90

第7章 支承件

7.1 滚动轴承

7.1.1 常用滚动轴承的类型、主要性能和特点

常用滚动轴承的类型、主要性能和特点见表 7-1。

表 7-1 常用滚动轴承的类型、主要性能和特点

类型代号	简图	类型名称	结构代号	基本额定动载荷比[①]	极限转速比[②]	轴向承载能力	轴向限位能力[③]	性能和特点
1(1)[④]		调心球轴承	10000 (1000)[④]	0.6~0.9	中	少量	I	因为外圈滚道表面是以轴承中点为中心的球面，故能自动调心，允许内圈（轴）对外圈（外壳）轴线偏斜量为 1°~3°。一般不宜承受纯轴向载荷
2 (3,9)		调心滚子轴承	2000 (3000)	1.8~4	低	少量	I	性能、特点与调心球轴承相同，但具有较大的径向承载能力，允许内圈对外圈轴线偏斜量为 1.5°~2.5°
3(7)		圆锥滚子轴承 α= 10°~18°	30000 (7000)	1.5~2.5	中	较大	II	可以同时承受径向载荷及轴向载荷（30000 型以径向载荷为主，30000B 型以轴向载荷为主）。外圈可分离，安装时可调整轴承的游隙，一般成对使用
		大锥角圆锥滚子轴承 α= 27°~30°	30000B (27000)	1.1~2.1	中	很大		

类型代号	简图	类型名称	结构代号	基本额定动载荷比①	极限转速比②	轴向承载能力	轴向限位能力③	性能和特点
5(8)		推力球轴承	51000(8000)	1	低	只能承受单向的轴向载荷	I	为了防止钢球与滚道之间的滑动,工作时必须加有一定的轴向载荷。高速时离心力大,钢球与保持架摩擦,发热严重,寿命降低,故极限转速很低。轴线必须与轴承座底面垂直,载荷必须与轴线重合,以保证钢球载荷的均匀分配
		双向推力球轴承	52000(38000)	1	低	能承受双向的轴向载荷	I	
6(0)		深沟球轴承	60000⑤(0000)	1	高	少量	I	主要承受径向载荷,也可同时承受小的轴向载荷。当量摩擦因数最小。在高转速时,可用来承受纯轴向载荷。工作中允许内、外圈轴线偏斜量为 $8' \sim 16'$,大量生产,价格最低
7(6)		角接触球轴承⑥	70000C(36000)($\alpha=15°$)	1.0～1.4	高	一般	II	可以同时承受径向载荷及轴向载荷,也可以单独承受轴向载荷。能在较高转速下正常工作。由于一个轴承只能承受单向的轴向力,因此,一般成对使用。承受轴向载荷的能力由接触角 α 决定。接触角大的,承受轴向载荷的能力也高
			70000AC(46000)($\alpha=25°$)	1.0～1.3		较大		
			70000B(66000)($\alpha=40°$)	1.0～1.2		更大		
N(2)		外圈无挡边的圆柱滚子轴承	N0000(2000)	1.5～3	高	无	III	外圈(或内圈)可以分离,故不能承受轴向载荷,滚子由内圈(或外圈)的挡边轴向定位,工作时允许内、外圈有少量的轴向错动。有较大的径向承载能力,但内、外圈轴线的允许偏斜量很小($2' \sim 4'$)。这一类轴承还可以不带外圈或内圈

续表

类型代号	简 图	类型名称	结构代号	基本额定动载荷比①	极限转速比②	轴向承载能力	轴向限位能力③	性能和特点
NA (4)	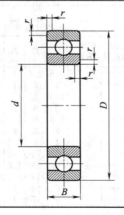	滚针轴承	NA0000 (544000)		低	无	Ⅲ	在同样内径条件下，与其他类型轴承相比，其外径最小，内圈或外圈可以分离，工作时允许内、外圈有少量的轴向错动。有较大的径向承载能力。一般不带保持架。摩擦因数大

① 基本额定动载荷比：指同一尺寸系列（直径及宽度）各种类型和结构的轴承的基本额定动载荷与单列深沟球轴承（推力轴承则与单向推力球轴承）的基本额定动载荷之比。
② 极限转速比：指同一尺寸系列 0 级公差的各类轴承脂润滑时的极限转速与单列深沟球轴承脂润滑时极限转速之比。
 高——单列深沟球轴承极限转速的 90%～100%；
 中——单列深沟球轴承极限转速的 60%～90%；
 低——单列深沟球轴承极限转速的 60% 以下。
③ 轴向限位能力：
 Ⅰ——轴的双向轴向位移限制在轴承的轴向游隙范围以内；
 Ⅱ——限制轴的单向轴向位移；
 Ⅲ——不限制轴的轴向位移。
④ 括号中为对应的旧代号。
⑤ 双列深沟球轴承类型代号为 4。
⑥ 双列角接触球轴承类型代号为 0。

7.1.2 深沟球轴承

深沟球轴承的规格见表 7-2。

表 7-2 深沟球轴承的规格（GB/T 276—2013） mm

左图为 60000 型深沟球轴承的尺寸
其他加后缀的型号分别表示：
—N 外圈有止动槽
—NR 外圈有止动槽并带止动环
—Z 一面带防尘盖
—2Z 两面带防尘盖
—RS 一面带密封圈（接触式）
—2RS 两面带密封圈（接触式）
—RZ 一面带密封圈（非接触式）
—2RZ 两面带密封圈（非接触式）

续表

17 系列

轴承型号			外形尺寸			
61700 型	61700-Z 型	61700-2Z 型	d	D	B	r_{smin}
617/0.6	—	—	0.6	2	0.8	0.05
617/1	—	—	1	2.5	1	0.05
617/1.5	—	—	1.5	3	1	0.05
617/2	—	—	2	4	1.2	0.05
617/2.5	—	—	2.5	5	1.5	0.08
617/3	√	√	3	6	2	0.08
617/4	√	√	4	7	2	0.08
617/5	√	√	5	8	2	0.1
617/6	√	√	6	10	2.5	0.1
617/7	√	√	7	11	2.5	0.1
617/8	√	√	8	12	2.5	0.1
617/9	√	√	9	14	3	0.1
61700	√	√	10	15	3	0.1

37 系列

轴承型号			外形尺寸			
63700 型	63700-Z 型	63700-2Z 型	d	D	B	r_{smin}
637/1.5	—	—	1.5	3	1.8	0.05
637/2	—	—	2	4	2	0.05
637/2.5	—	—	2.5	5	2.3	0.08
637/3	√	√	3	6	3	0.08
637/4	√	√	4	7	3	0.08
637/5	√	√	5	8	3	0.08
637/6	√	√	6	10	3.5	0.1
637/7	√	√	7	11	3.5	0.1
637/8	√	√	8	12	3.5	0.1
637/9	√	√	9	14	4.5	0.1
63700	√	√	10	15	4.5	0.1

18 系列

轴承型号									外形尺寸				
61800 型	61800 N 型	61800 NR 型	61800 -Z 型	61800 -2Z 型	61800 -RS 型	61800 -2RS 型	61800 -RZ 型	61800 -2RZ 型	d	D	B	r_{smin}	r_{1smin}
618/0.6	—	—	—	—	—	—	—	—	0.6	2.5	1	0.05	—
618/1	—	—	—	—	—	—	—	—	1	3	1	0.05	—
618/1.5	—	—	—	—	—	—	—	—	1.5	4	1.2	0.05	—
618/2	—	—	—	—	—	—	—	—	2	5	1.5	0.08	—
618/2.5	—	—	—	—	—	—	—	—	2.5	6	1.8	0.08	—
618/3	—	—	—	—	—	—	—	—	3	7	2	0.1	—
618/4	—	—	—	—	—	—	—	—	4	9	2.5	0.1	—
618/5	—	—	—	—	—	—	—	—	5	11	3	0.15	—
618/6	—	—	—	—	—	—	—	—	6	13	3.5	0.15	—
618/7	—	—	—	—	—	—	—	—	7	14	3.5	0.10	—
618/8	—	—	—	—	—	—	—	—	8	16	4	0.2	—
618/9	—	—	—	—	—	—	—	—	9	17	4	0.2	—

续表

| 18 系列 | | | | | | | | | | | | | |
| 轴承型号 | | | | | | | | | 外形尺寸 | | | | |
61800 型	61800 N 型	61800 NR 型	61800 -Z 型	61800 -2Z 型	61800 -RS 型	61800 -2RS 型	61800 -RZ 型	61800 -2RZ 型	d	D	B	r_{smin}	r_{1smin}
61800	—	—	√	√	√	√	√	√	10	19	5	0.3	—
61801	—	—	√	√	√	√	√	√	12	21	5	0.3	—
61802	—	—	√	√	√	√	√	√	15	24	5	0.3	—
61803	—	—	√	√	√	√	√	√	17	26	5	0.3	—
61804	√	√	√	√	√	√	√	√	20	32	7	0.3	0.3
61805	√	√	√	√	√	√	√	√	25	37	7	0.3	0.3
61806	√	√	√	√	√	√	√	√	30	42	7	0.3	0.3
61807	√	√	√	√	√	√	√	√	35	47	7	0.3	0.3
61808	√	√	√	√	√	√	√	√	40	52	7	0.3	0.3
61809	√	√	√	√	√	√	√	√	45	58	7	0.3	0.3
61810	√	√	√	√	√	√	√	√	50	65	7	0.3	0.3
61811	√	√	√	√	√	√	√	√	55	72	9	0.3	0.3
61812	√	√	√	√	√	√	√	√	60	78	10	0.3	0.3
61813	√	√	√	√	√	√	√	√	65	85	10	0.6	0.5
61814	√	√	√	√	√	√	√	√	70	90	10	0.6	0.5
61815	√	√	√	√	√	√	√	√	75	95	10	0.6	0.5
61816	√	√	√	√	√	√	√	√	80	100	10	0.6	0.5
61817	√	√	√	√	√	√	√	√	85	110	13	1	0.5
61818	√	√	√	√	√	√	√	√	90	115	13	1	0.5
61819	√	√	√	√	√	√	√	√	95	120	13	1	0.5
61820	√	√	√	√	√	√	√	√	100	125	13	1	0.5
61821	√	√	√	√	√	√	√	√	105	130	13	1	0.5
61822	√	√	√	√	√	√	√	√	110	140	16	1	0.5
61824	√	√	√	√	√	√	√	√	120	150	16	1	0.5
61826	√	√	√	√	√	√	√	√	130	165	18	1.1	0.5
61828	√	√	√	√	√	√	√	√	140	175	18	1.1	0.5
61830	√	√	—	—	—	—	—	—	150	190	20	1.1	0.5
61832	√	√	—	—	—	—	—	—	160	200	20	1.1	0.5
61834	—	—	—	—	—	—	—	—	170	215	22	1.1	—
61836	—	—	—	—	—	—	—	—	180	225	22	1.1	—
61838	—	—	—	—	—	—	—	—	190	240	24	1.5	—
61840	—	—	—	—	—	—	—	—	200	250	24	1.5	—
61844	—	—	—	—	—	—	—	—	220	270	24	1.5	—
61848	—	—	—	—	—	—	—	—	240	300	28	2	—
61852	—	—	—	—	—	—	—	—	260	320	28	2	—
61856	—	—	—	—	—	—	—	—	280	350	33	2	—
61860	—	—	—	—	—	—	—	—	300	380	38	2.1	—
61864	—	—	—	—	—	—	—	—	320	400	38	2.1	—
61868	—	—	—	—	—	—	—	—	340	420	38	2.1	—
61872	—	—	—	—	—	—	—	—	360	440	38	2.1	—
61876	—	—	—	—	—	—	—	—	380	480	46	2.1	—
61880	—	—	—	—	—	—	—	—	400	500	46	2.1	—
61884	—	—	—	—	—	—	—	—	420	520	46	2.1	—
61888	—	—	—	—	—	—	—	—	440	540	46	2.1	—
61892	—	—	—	—	—	—	—	—	460	580	56	3	—
61896	—	—	—	—	—	—	—	—	480	600	56	3	—

续表

18 系列

轴承型号									外形尺寸				
61800 型	61800 N 型	61800 NR 型	61800 -Z 型	61800 -2Z 型	61800 -RS 型	61800 -2RS 型	61800 -RZ 型	61800 -2RZ 型	d	D	B	r_{smin}	r_{1smin}
618/500	—	—	—	—	—	—	—	—	500	620	56	3	—
618/530	—	—	—	—	—	—	—	—	530	650	56	3	—
618/560	—	—	—	—	—	—	—	—	560	680	56	3	—
618/600	—	—	—	—	—	—	—	—	600	730	60	3	—
618/630	—	—	—	—	—	—	—	—	630	780	69	4	—
618/670	—	—	—	—	—	—	—	—	670	820	69	4	—
618/710	—	—	—	—	—	—	—	—	710	870	74	4	—
618/750	—	—	—	—	—	—	—	—	750	920	78	5	—
618/800	—	—	—	—	—	—	—	—	800	980	82	5	—
618/850	—	—	—	—	—	—	—	—	850	1030	82	5	—
618/900	—	—	—	—	—	—	—	—	900	1090	85	5	—
618/950	—	—	—	—	—	—	—	—	950	1150	90	5	—
618/1000	—	—	—	—	—	—	—	—	1000	1220	100	6	—
618/1060	—	—	—	—	—	—	—	—	1060	1280	100	6	—
618/1120	—	—	—	—	—	—	—	—	1120	1360	106	6	—
618/1180	—	—	—	—	—	—	—	—	1180	1420	106	6	—
618/1250	—	—	—	—	—	—	—	—	1250	1500	110	6	—
618/1320	—	—	—	—	—	—	—	—	1320	1600	122	6	—
618/1400	—	—	—	—	—	—	—	—	1410	1700	132	7.5	—
618/1500	—	—	—	—	—	—	—	—	1500	1520	140	7.5	—

19 系列

轴承型号									外形尺寸				
61900 型	61900 N 型	61900 NR 型	61900 -Z 型	61900 -2Z 型	61900 -RS 型	61900 -2RS 型	61900 -RZ 型	61900 -2RZ 型	d	D	B	r_{smin}	r_{1smin}
619/1	—	—	√	√	—	—	—	—	1	4	1.6	0.1	—
619/1.5	—	—	√	√	—	—	—	—	1.5	5	2	0.15	—
619/2	—	—	√	√	—	—	—	—	2	6	2.3	0.15	—
619/2.5	—	—	√	√	—	—	—	—	2.5	7	2.5	0.15	—
619/3	—	—	√	√	—	—	√	√	3	8	3	0.15	—
619/4	—	—	√	√	√	√	√	√	4	11	4	0.15	—
619/5	—	—	√	√	√	√	√	√	5	13	4	0.2	—
619/6	—	—	√	√	√	√	√	√	6	15	5	0.2	—
619/7	—	—	√	√	√	√	√	√	7	17	5	0.3	—
619/8	—	—	√	√	√	√	√	√	8	19	6	0.3	—
619/9	—	—	√	√	√	√	√	√	9	20	6	0.3	—
61900	√	√	√	√	√	√	√	√	10	22	6	0.3	0.3
61901	√	√	√	√	√	√	√	√	12	24	6	0.3	0.3
61902	√	√	√	√	√	√	√	√	15	28	7	0.3	0.3
61903	√	√	√	√	√	√	√	√	17	30	7	0.3	0.3
61904	√	√	√	√	√	√	√	√	20	37	9	0.3	0.3
61905	√	√	√	√	√	√	√	√	25	42	9	0.3	0.3
61906	√	√	√	√	√	√	√	√	30	47	9	0.3	0.3
61907	√	√	√	√	√	√	√	√	35	55	10	0.6	0.5

19 系列													
轴承型号									外形尺寸				
61900 型	61900 N 型	61900 NR 型	61900 -Z 型	61900 -2Z 型	61900 -RS 型	61900 -2RS 型	61900 -RZ 型	61900 -2RZ 型	d	D	B	r_{smin}	r_{1smin}
61908	√	√	√	√	√	√	√	√	40	62	12	0.6	0.5
61909	√	√	√	√	√	√	√	√	45	68	12	0.6	0.5
61910	√	√	√	√	√	√	√	√	50	72	12	0.6	0.5
61911	√	√	√	√	√	√	√	√	55	80	13	1	0.5
61912	√	√	√	√	√	√	√	√	60	85	13	1	0.5
61913	√	√	√	√	√	√	√	√	65	90	13	1	0.5
61914	√	√	√	√	√	√	√	√	70	100	16	1	0.5
61915	√	√	√	√	√	√	√	√	75	105	16	1	0.5
61916	√	√	√	√	√	√	√	√	80	110	16	1	0.5
61917	√	√	√	√	√	√	√	√	85	120	18	1.1	0.5
61918	√	√	√	√	√	√	√	√	90	125	18	1.1	0.5
61919	√	√	√	√	√	√	√	√	95	130	18	1.1	0.5
61920	√	√	√	√	√	√	√	√	100	140	20	1.1	0.5
61921	√	√	√	√	√	√	√	√	105	145	20	1.1	0.5
61922	√	√	√	√	√	√	√	√	110	150	20	1.1	0.5
61924	√	√	√	√	√	√	√	√	120	165	22	1.1	0.5
61926	√	√	√	√	√	√	√	√	130	180	24	1.5	0.5
61928	√	√	—	—	√	√	—	—	140	190	24	1.5	0.5
61930	—	—	—	—	√	√	—	—	150	210	28	2	—
61932	—	—	—	—	√	√	—	—	160	220	28	2	—
61934	—	—	—	—	√	√	—	—	170	230	28	2	—
61936	—	—	—	—	√	√	—	—	180	250	33	2	—
61938	—	—	—	—	√	√	—	—	190	260	33	2	—
61940	—	—	—	—	√	√	—	—	200	280	38	2.1	—
61944	—	—	—	—	√	√	—	—	220	300	38	2.1	—
61948	—	—	—	—	—	—	—	—	240	320	38	2.1	—
61952	—	—	—	—	—	—	—	—	260	360	46	2.1	—
61956	—	—	—	—	—	—	—	—	280	380	46	2.1	—
61960	—	—	—	—	—	—	—	—	300	420	56	3	—
61964	—	—	—	—	—	—	—	—	320	440	56	3	—
61968	—	—	—	—	—	—	—	—	340	460	56	3	—
61972	—	—	—	—	—	—	—	—	360	480	56	3	—
61976	—	—	—	—	—	—	—	—	380	520	65	4	—
61980	—	—	—	—	—	—	—	—	400	540	65	4	—
61984	—	—	—	—	—	—	—	—	420	560	65	4	—
61988	—	—	—	—	—	—	—	—	440	600	74	4	—
61992	—	—	—	—	—	—	—	—	460	620	74	4	—
61996	—	—	—	—	—	—	—	—	480	650	78	5	—
619/500	—	—	—	—	—	—	—	—	500	670	78	5	—
619/530	—	—	—	—	—	—	—	—	530	710	82	5	—
619/560	—	—	—	—	—	—	—	—	560	750	85	5	—
619/600	—	—	—	—	—	—	—	—	600	800	90	5	—
619/630	—	—	—	—	—	—	—	—	630	850	100	6	—
619/670	—	—	—	—	—	—	—	—	670	900	103	6	—
619/710	—	—	—	—	—	—	—	—	710	950	106	6	—
619/750	—	—	—	—	—	—	—	—	750	1000	112	6	—
619/800	—	—	—	—	—	—	—	—	800	1050	115	6	—

续表

00 系列								
轴承型号					外形尺寸			
16000型	16000-Z型	16000-2Z型	16000-RS型	16000-2RS型	d	D	B	r_{smin}
16001	√	√	√	√	12	28	7	0.3
16002	√	√	√	√	15	32	8	0.3
16003	√	√	√	√	17	35	8	0.3
16004	√	√	√	√	20	42	8	0.3
16005	√	√	√	√	25	47	8	0.3
16006	—	—	—	—	30	55	9	0.3
16007	—	—	—	—	35	62	9	0.3
16008	—	—	—	—	40	68	9	0.3
16009	—	—	—	—	45	75	10	0.6
16010	—	—	—	—	50	80	10	0.6
16011	—	—	—	—	55	90	11	0.6
16012	—	—	—	—	60	95	11	0.6
16013	—	—	—	—	65	100	11	0.6
16014	—	—	—	—	70	110	13	0.6
16015	—	—	—	—	75	115	13	0.6
16016	—	—	—	—	80	125	14	0.6
16017	—	—	—	—	85	130	14	0.6
16018	—	—	—	—	90	140	16	1
16019	—	—	—	—	95	145	16	1
16020	—	—	—	—	100	150	16	1
16021	—	—	—	—	105	160	18	1
16022	—	—	—	—	110	170	19	1
16024	—	—	—	—	120	180	19	1
16026	—	—	—	—	130	200	22	1.1
16028	—	—	—	—	140	210	22	1.1
16030	—	—	—	—	150	225	24	1.1
16032	—	—	—	—	160	240	25	1.5
16034	—	—	—	—	170	260	28	1.5
16036	—	—	—	—	180	280	31	2
16038	—	—	—	—	190	290	31	2
16040	—	—	—	—	200	310	34	2
16044	—	—	—	—	220	340	37	2.1
16048	—	—	—	—	240	360	37	2.1
16052	—	—	—	—	260	400	44	3
16056	—	—	—	—	280	420	44	3
16060	—	—	—	—	300	460	50	4
16064	—	—	—	—	320	480	50	4
16068	—	—	—	—	340	520	57	4
16072	—	—	—	—	360	540	57	4
16076	—	—	—	—	380	560	57	4

(1)0 系列													
轴承型号									外形尺寸				
6(1)000型	60000 N型	60000 NR型	60000-Z型	60000-2Z型	60000-RS型	60000-2RS型	60000-RZ型	60000-2RZ型	d	D	B	r_{smin}	r_{1smin}
604	—	—	√	√	—	—	—	—	4	12	4	0.2	—
605	—	—	√	√	—	—	—	—	5	14	5	0.2	—
606	—	—	√	√	—	—	—	—	6	17	6	0.3	—
607	—	—	√	√	√	√	√	√	7	19	6	0.3	—
608	—	—	√	√	√	√	√	√	8	22	7	0.3	—
609	—	—	√	√	√	√	√	√	9	24	7	0.3	—
6000	—	—	√	√	√	√	√	√	10	26	8	0.3	—
6001	—	—	√	√	√	√	√	√	12	28	8	0.3	—

续表

			(1)0 系列										
			轴承型号								外形尺寸		
6(1)000 型	60000 N 型	60000 NR 型	60000 -Z 型	60000 -2Z 型	60000 -RS 型	60000 -2RS 型	60000 -RZ 型	60000 -2RZ 型	d	D	B	r_{smin}	r_{1smin}
6002	√	√	√	√	√	√	√	√	15	32	9	0.3	0.3
6003	√	√	√	√	√	√	√	√	17	35	10	0.3	0.3
6004	√	√	√	√	√	√	√	√	20	42	12	0.6	0.5
60/22	√	√	√	√	—	—	—	√	22	44	12	0.6	0.5
6005	√	√	√	√	√	√	√	√	25	47	12	0.6	0.5
60/28	√	√	√	√	—	—	—	√	28	52	12	0.6	0.5
6006	√	√	√	√	√	√	√	√	30	55	13	1	0.5
60/32	√	√	√	√	—	—	—	√	32	58	13	1	0.5
6007	√	√	√	√	√	√	√	√	35	62	14	1	0.5
6008	√	√	√	√	√	√	√	√	40	68	15	1	0.5
6009	√	√	√	√	√	√	√	√	45	75	16	1	0.5
6010	√	√	√	√	√	√	√	√	50	80	16	1	0.5
6011	√	√	√	√	√	√	√	√	55	90	18	1.1	0.5
6012	√	√	√	√	√	√	√	√	60	95	18	1.1	0.5
6013	√	√	√	√	√	√	√	√	65	100	18	1.1	0.5
6014	√	√	√	√	√	√	√	√	70	110	20	1.1	0.5
6015	√	√	√	√	√	√	√	√	75	115	20	1.1	0.5
6016	√	√	√	√	√	√	√	√	80	125	22	1.1	0.5
6017	√	√	√	√	√	√	√	√	85	130	22	1.1	0.5
6018	√	√	√	√	√	√	√	√	90	140	24	1.5	0.5
6019	√	√	√	√	√	√	√	√	95	145	24	1.5	0.5
6020	√	√	√	√	√	√	√	√	100	150	24	1.5	0.5
6021	√	√	√	√	√	√	√	√	105	160	26	2	0.5
6022	√	√	√	√	√	√	√	√	110	170	28	2	0.5
6024	√	√	√	√	√	√	√	√	120	180	28	2	0.5
6026	√	√	√	√	√	√	√	√	130	200	33	2	0.5
6028	√	√	√	√	√	√	√	√	140	210	33	2	0.5
6030	√	√	√	√	√	√	√	√	150	225	35	2.1	0.5
6032	√	√	√	√	√	√	√	√	160	240	38	2.1	0.5
6034	—	—	—	—	—	—	—	—	170	260	42	2.1	—
6036	—	—	—	—	—	—	—	—	180	280	46	2.1	—
6038	—	—	—	—	—	—	—	—	190	290	46	2.1	—
6040	—	—	—	—	—	—	—	—	200	310	51	2.1	—
6044	—	—	—	—	—	—	—	—	220	340	56	3	—
6048	—	—	—	—	—	—	—	—	240	360	56	3	—
6052	—	—	—	—	—	—	—	—	260	400	65	4	—
6056	—	—	—	—	—	—	—	—	280	420	65	4	—
6060	—	—	—	—	—	—	—	—	300	460	74	4	—
6064	—	—	—	—	—	—	—	—	320	480	74	4	—
6068	—	—	—	—	—	—	—	—	340	520	82	5	—
6072	—	—	—	—	—	—	—	—	360	540	82	5	—
6076	—	—	—	—	—	—	—	—	380	560	82	5	—
6080	—	—	—	—	—	—	—	—	400	600	90	5	—
6084	—	—	—	—	—	—	—	—	420	620	90	5	—
6088	—	—	—	—	—	—	—	—	440	650	94	6	—
6092	—	—	—	—	—	—	—	—	460	680	100	6	—
6096	—	—	—	—	—	—	—	—	480	700	100	6	—
60/500	—	—	—	—	—	—	—	—	500	720	100	6	—

续表

02 系列													
轴承型号									外形尺寸				
60200型	60200 N 型	60200 NR 型	60200 -Z 型	60200 -2Z 型	60200 -RS 型	60200 -2RS 型	60200 -RZ 型	60200 -2RZ 型	d	D	B	r_{smin}	r_{1smin}
623	—	—	√	√	√	√	√	√	3	10	4	0.15	—
624	—	—	√	√	√	√	√	√	4	13	5	0.2	—
625	—	—	√	√	√	√	√	√	5	16	5	0.3	—
626	√	√	√	√	√	√	√	√	6	19	6	0.3	0.3
627	√	√	√	√	√	√	√	√	7	22	7	0.3	0.3
628	√	√	√	√	√	√	√	√	8	24	8	0.3	0.3
629	√	√	√	√	√	√	√	√	9	26	8	0.3	0.3
6200	√	√	√	√	√	√	√	√	10	30	9	0.6	0.5
6201	√	√	√	√	√	√	√	√	12	32	10	0.6	0.5
6202	√	√	√	√	√	√	√	√	15	35	11	0.6	0.5
6203	√	√	√	√	√	√	√	√	17	40	12	0.6	0.5
6204	√	√	√	√	√	√	√	√	20	47	14	1	0.5
62/22	√	√	√	√	—	—	—	√	22	50	14	1	0.5
6205	√	√	√	√	√	√	√	√	25	52	15	1	0.5
62/28	√	√	√	√	√	—	—	√	28	58	16	1	0.5
6206	√	√	√	√	√	√	√	√	30	62	16	1	0.5
62/32	√	√	√	√	—	—	—	√	32	65	17	1	0.5
6207	√	√	√	√	√	√	√	√	35	72	17	1.1	0.5
6208	√	√	√	√	√	√	√	√	40	80	18	1.1	0.5
6209	√	√	√	√	√	√	√	√	45	85	19	1.1	0.5
6210	√	√	√	√	√	√	√	√	50	90	20	1.1	0.5
6211	√	√	√	√	√	√	√	√	55	100	21	1.5	0.5
6212	√	√	√	√	√	√	√	√	60	110	22	1.5	0.5
6213	√	√	√	√	√	√	√	√	65	120	23	1.5	0.5
6214	√	√	√	√	√	√	√	√	70	125	24	1.5	0.5
6215	√	√	√	√	√	√	√	√	75	130	25	1.5	0.5
6216	√	√	√	√	√	√	√	√	80	140	26	2	0.5
6217	√	√	√	√	√	√	√	√	85	150	28	2	0.5
6218	√	√	√	√	√	√	√	√	90	160	30	2	0.5
6219	√	√	√	√	√	√	√	√	95	170	32	2.1	0.5
6220	√	√	√	√	√	√	√	√	100	180	34	2.1	0.5
6221	√	√	√	√	√	√	√	√	105	190	36	2.1	0.5
6222	√	√	√	√	√	√	√	√	110	200	38	2.1	0.5
6224	√	√	√	√	√	√	√	√	120	215	40	2.1	0.5
6226	√	√	√	√	√	√	√	√	130	230	40	3	0.5
6228	√	√	√	√	√	√	√	√	140	250	42	3	0.5
6230	—	—	—	—	—	—	—	—	150	270	45	3	—
6232	—	—	—	—	—	—	—	—	160	290	48	3	—
6234	—	—	—	—	—	—	—	—	170	310	52	4	—
6236	—	—	—	—	—	—	—	—	180	320	52	4	—
6238	—	—	—	—	—	—	—	—	190	340	55	4	—
6240	—	—	—	—	—	—	—	—	200	360	58	4	—
6244	—	—	—	—	—	—	—	—	220	400	65	4	—
6248	—	—	—	—	—	—	—	—	240	440	72	4	—
6252	—	—	—	—	—	—	—	—	260	480	80	5	—
6256	—	—	—	—	—	—	—	—	280	500	80	5	—
6260	—	—	—	—	—	—	—	—	300	540	85	5	—
6264	—	—	—	—	—	—	—	—	320	580	92	5	—

03 系列									外形尺寸				
轴承型号													
60300 型	60300 N型	60300 NR型	60300 -Z型	60300 -2Z型	60300 -RS型	60300 -2RS型	60300 -RZ型	60300 -2RZ型	d	D	B	r_{smin}	r_{1smin}
633	—	—	√	√	√	√	√	√	3	13	5	0.2	—
634	—	—	√	√	√	√	√	√	4	16	5	0.3	—
635	√	√	√	√	√	√	√	√	5	19	6	0.3	0.3
6300	√	√	√	√	√	√	√	√	10	35	11	0.6	0.5
6301	√	√	√	√	√	√	√	√	12	37	12	1	0.5
6302	√	√	√	√	√	√	√	√	15	42	13	1	0.5
6303	√	√	√	√	√	√	√	√	17	47	14	1	0.5
6304	√	√	√	√	√	√	√	√	20	52	15	1.1	0.5
63/22	√	√	√	√	—	—	—	√	22	56	16	1.1	0.5
6305	√	√	√	√	√	√	√	√	25	62	17	1.1	0.5
63/28	√	√	√	√	—	—	—	√	28	68	18	1.1	0.5
6306	√	√	√	√	√	√	√	√	30	72	19	1.1	0.5
63/32	√	√	√	√	—	—	—	√	32	75	20	1.1	0.5
6307	√	√	√	√	√	√	√	√	35	80	21	1.5	0.5
6308	√	√	√	√	√	√	√	√	40	90	23	1.5	0.5
6309	√	√	√	√	√	√	√	√	45	100	25	1.5	0.5
6310	√	√	√	√	√	√	√	√	50	110	27	2	0.5
6311	√	√	√	√	√	√	√	√	55	120	29	2	0.5
6312	√	√	√	√	√	√	√	√	60	130	31	2.1	0.5
6313	√	√	√	√	√	√	√	√	65	140	33	2.1	0.5
6314	√	√	√	√	√	√	√	√	70	150	35	2.1	0.5
6315	√	√	√	√	√	√	√	√	75	160	37	2.1	0.5
6316	√	√	√	√	√	√	√	√	80	170	39	2.1	0.5
6317	√	√	√	√	√	√	√	√	85	180	41	3	0.5
6318	√	√	√	√	√	√	√	√	90	190	43	3	0.5
6319	√	√	√	√	√	√	√	√	95	200	45	3	0.5
6320	√	√	√	√	√	√	√	√	100	215	47	3	0.5
6321	√	√	√	√	√	√	√	√	105	225	49	3	0.5
6322	√	√	√	√	√	√	√	√	110	240	50	3	0.5
6324	—	—	√	√	√	√	√	√	120	260	55	3	—
6326	—	—	√	√	—	—	—	—	130	280	58	4	—
6328	—	—	—	—	—	—	—	—	140	300	62	4	—
6330	—	—	—	—	—	—	—	—	150	320	65	4	—
6332	—	—	—	—	—	—	—	—	160	310	68	4	—
6334	—	—	—	—	—	—	—	—	170	360	72	4	—
6336	—	—	—	—	—	—	—	—	180	380	75	4	—
6338	—	—	—	—	—	—	—	—	190	400	78	5	—
6340	—	—	—	—	—	—	—	—	200	420	80	5	—
6344	—	—	—	—	—	—	—	—	220	460	88	5	—
6348	—	—	—	—	—	—	—	—	240	500	95	5	—
6352	—	—	—	—	—	—	—	—	260	540	102	6	—
6356	—	—	—	—	—	—	—	—	280	580	108	6	—

04 系列									外形尺寸				
轴承型号													
60400 型	60400 N型	60400 NR型	60400 -Z型	60400 -2Z型	60400 -RS型	60400 -2RS型	60400 -RZ型	60400 -2RZ型	d	D	B	r_{smin}	r_{1smin}
6403	√	√	√	√	√	√	√	√	17	62	17	1.1	0.5
6404	√	√	√	√	√	√	√	√	20	72	19	1.1	0.5
6405	√	√	√	√	√	√	√	√	25	80	21	1.5	0.5
6406	√	√	√	√	√	√	√	√	30	90	23	1.5	0.5
6407	√	√	√	√	√	√	√	√	35	100	25	1.5	0.5
6408	√	√	√	√	√	√	√	√	40	110	27	2	0.5

续表

| 轴承型号 | | | | | | | | | 外形尺寸 | | | | |
60400型	60400 N型	60400 NR型	60400 -Z型	60400 -2Z型	60400 -RS型	60400 -2RS型	60400 -RZ型	60400 -2RZ型	d	D	B	r_{smin}	r_{1smin}
6409	√	√	√	√	√	√	√	√	45	120	29	2	0.5
6410	√	√	√	√	√	√	√	√	50	130	31	2.1	0.5
6411	√	√	√	√	√	√	√	√	55	140	33	2.1	0.5
6412	√	√	√	√	√	√	√	√	60	150	35	2.1	0.5
6413	√	√	√	√	√	√	√	√	65	160	37	2.1	0.5
6414	√	√	√	√	√	√	√	√	70	180	42	3	0.5
6415	√	√	√	√	√	√	√	√	75	190	45	3	0.5
6416	√	√	√	√	√	√	√	√	80	200	48	3	0.5
6417	√	√	√	√	√	√	√	√	85	210	52	4	0.5
6418	√	√	√	√	√	√	√	√	90	225	54	4	0.5
6419	√	√	√	√	√	√	√	√	95	240	55	4	0.5
6420	√	√	√	√	√	√	√	√	100	250	58	4	0.5
6422	√	√								110	280	65	4	—

注：1. r_{smin}—内、外圈的最小单一倒角尺寸；r_{1smin}—外圈止动槽端的最小单一倒角尺寸。最大倒角尺寸规定见 GB/T 274—2000。

2.“√”表示推荐规格。

7.1.3　调心球轴承

调心球轴承的规格见表 7-3。

表 7-3　调心球轴承的规格（GB/T 281—2013）　　　　mm

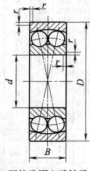

圆柱孔调心球轴承
10000 型

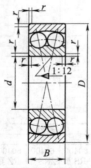

圆锥孔调心球轴承
10000K 型

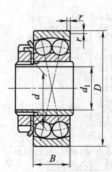

带紧定套的调心球轴承
10000K+H 型

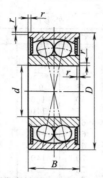 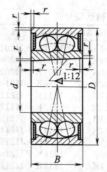

两面带密封圈的圆柱孔调心球轴承
10000−2RS型

两面带密封圈的圆锥孔调心球轴承
10000 K−2RS型

轴承型号	外形尺寸			
	d	D	B	r_{smin} [①]
39 系列				
13940	200	280	60	2.1
13944	220	300	60	2.1
13948	240	320	60	2.1
10 系列				
108	8	22	7	0.3
30 系列				
13030	150	225	56	2.1
13036	180	280	74	2.1
02 系列				

轴承型号			外形尺寸				
10000 型	10000K 型	10000K＋H 型	d	d_1	D	B	r_{smin} [①]
126	—	—	6	—	19	6	0.3
127	—	—	7	—	22	7	0.3
129	—	—	9	—	26	8	0.3
1200	1200K	—	10	—	30	9	0.6
1201	1201K	—	12	—	32	10	0.6
1202	1202K	—	15	—	35	11	0.6
1203	1203K	—	17	—	40	12	0.6
1204	1204K	1204K＋H204	20	17	47	14	1.0
1205	1205K	1205K＋H205	25	20	52	15	1.0
1206	1206K	1206K＋H206	30	25	62	16	1.0

续表

02 系列							
轴承型号			外形尺寸				
10000 型	10000K 型	10000K＋H 型	d	d_1	D	B	r_{smin} [①]
1207	1207K	1207K＋H207	35	30	72	17	1.1
1208	1208K	1208K＋H208	40	35	80	18	1.1
1209	1209K	1209K＋H209	45	40	85	19	1.1
1210	1210K	1210K＋H210	50	45	90	20	1.1
1211	1211K	1211K＋H211	55	50	100	21	1.5
1212	1212K	1212K＋H212	60	55	110	22	1.5
1213	1213K	1213K＋H213	65	60	120	23	1.5
1214	1214K	1214K＋H214	70	60	125	24	1.5
1215	1215K	1215K＋H215	75	65	130	25	1.5
1216	1216K	1216K＋H216	80	70	140	26	2.0
1217	1217K	1217K＋H217	85	75	150	28	2.0
1218	1218K	1218K＋H218	90	80	160	30	2.0
1219	1219K	1219K＋H219	95	85	170	32	2.1
1220	1220K	1220K＋H220	100	90	180	34	2.1
1221	1221K	1221K＋H221	105	95	190	36	2.1
1222	1222K	1222K＋H222	110	100	200	38	2.1
1224	1224K	1224K＋H3024	120	110	215	42	2.1
1226	—	—	130	—	230	46	3.0
1228	—	—	140	—	250	50	3.0

22 系列									
轴承型号 [②]					外形尺寸				
10000 型	10000-2RS 型	10000K 型	10000K-2RS 型	10000K＋H 型	d	d_1	D	B	r_{smin} [①]
2200	2200-2RS	—	—	—	10	—	30	14	0.6
2201	2201-2RS	—	—	—	12	—	32	14	0.6
2202	2202-2RS	2202K	—	—	15	—	35	14	0.6
2203	2203-2RS	2203K	—	—	17	—	40	16	0.6
2204	2204-2RS	2204K	—	2204K＋H304	20	17	47	18	1.0
2205	2205-2RS	2205K	2205K-2RS	2205K＋H305	25	20	52	18	1.0
2206	2206-2RS	2206K	2206K-2RS	2206K＋H306	30	25	62	20	1.0
2207	2207-2RS	2207K	2207K-2RS	2207K＋H307	35	30	72	23	1.1
2208	2208-2RS	2208K	2208K-2RS	2208K＋H308	40	35	80	23	1.1
2209	2209-2RS	2209K	2209K-2RS	2209K＋H309	45	40	85	23	1.1
2210	2210-2RS	2210K	2210K-2RS	2210K＋H310	50	45	90	23	1.1
2212	2212-2RS	2212K	2212K-2RS	2212K＋H312	60	55	110	28	1.5
2213	2213-2RS	2213K	2213K-2RS	2213K＋H313	65	60	120	31	1.5
2214	2214-2RS	2214K	2214K-2RS	2214K＋H314	70	60	125	31	1.5
2215	—	2215K	—	2215K＋H315	75	65	130	31	1.5
2216	—	2216K	—	2216K＋H316	80	70	140	33	2.0
2217	—	2217K	—	2217K＋H317	85	75	150	36	2.0
2218	—	2218K	—	2218K＋H318	90	80	160	40	2.0
2219	—	2219K	—	2219K＋H319	95	85	170	43	2.1
2220	—	2220K	—	2220K＋H320	100	90	180	46	2.1
2221	—	2221K	—	2221K＋H321	105	95	190	50	2.1
2222	—	2222K	—	2222K＋H322	110	100	200	53	2.1

续表

03 系列

轴承型号			外形尺寸				
10000 型	10000K 型	10000K＋H 型	d	d_1	D	B	r_{smin} [①]
135	—	—	5	—	19	6	0.3
1300	1300K	—	10	—	35	11	0.6
1301	1301K	—	12	—	37	12	1.0
1302	1302K	—	15	—	42	13	1.0
1303	1303K	—	17	—	47	14	1.0
1304	1304K	1304K＋H304	20	17	52	15	1.1
1305	1305K	1305K＋H305	25	20	62	17	1.1
1306	1306K	1306K＋H306	30	25	72	19	1.1
1307	1307K	1307K＋H307	35	30	80	21	1.5
1308	1308K	1308K＋H308	40	35	90	23	1.5
1309	1309K	1309K＋H309	45	40	100	25	1.5
1310	1310K	1310K＋H310	50	45	110	27	2.0
1311	1311K	1311K＋H311	55	50	120	29	2.0
1312	1312K	1312K＋H312	60	55	130	31	2.1
1313	1313K	1313K＋H313	65	60	140	33	2.1
1314	1314K	1314K＋H314	70	60	150	35	2.1
1315	1315K	1315K＋H315	75	65	160	37	2.1
1316	1316K	1316K＋H316	80	70	170	39	2.1
1317	1317K	1317K＋H317	85	75	180	41	3.0
1318	1318K	1318K＋H318	90	80	190	43	3.0
1319	1319K	1319K＋H319	95	85	200	45	3.0
1320	1320K	1320K＋H320	100	90	215	47	3.0
1321	1321K	1321K＋H321	105	95	225	49	3.0
1322	1322K	1322K＋H322	110	100	240	50	3.0

23 系列

轴承型号 [②]				外形尺寸				
10000 型	10000-2RS 型	10000K 型	10000K＋H 型	d	d_1	D	B	r_{smin} [①]
2300	—	—	—	10	—	35	17	0.6
2301	—	—	—	12	—	37	17	1.0
2302	2302-2RS	—	—	15	—	42	17	1.0
2303	2303-2RS	—	—	17	—	47	19	1.0
2304	2304-2RS	2304K	2304K＋H2304	20	17	52	21	1.1
2305	2305-2RS	2305K	2305K＋H2305	25	20	62	24	1.1
2306	2306-2RS	2306K	2306K＋H2306	30	25	72	27	1.1
2307	2307-2RS	2307K	2307K＋H2307	35	30	80	31	1.5
2308	2308-2RS	2308K	2308K＋H2308	40	35	90	33	1.5
2309	2309-2RS	2309K	2309K＋H2309	45	40	100	36	1.5
2310	2310-2RS	2310K	2310K＋H2310	50	45	110	40	2.0
2311	—	2311K	2311K＋H2311	55	50	120	43	2.0
2312	—	2312K	2312K＋H2312	60	55	130	46	2.1
2313	—	2313K	2313K＋H2313	65	60	140	48	2.1
2314	—	2314K	2314K＋H2314	70	60	150	51	2.1
2315		2315K	2315K＋H2315	75	65	160	55	2.1
2316		2316K	2316K＋H2316	80	70	170	58	2.1
2317		2317K	2317K＋H2317	85	75	180	60	3.0
2318		2318K	2318K＋H2318	90	80	190	64	3.0
2319		2319K	2319K＋H2319	95	85	200	67	3.0
2320		2320K	2320K＋H2320	100	90	215	73	3.0
2321		2321K	2321K＋H2321	105	95	225	77	3.0
2322		2322K	2322K＋H2322	110	100	240	80	3.0

① 最大倒角尺寸规定在 GB/T 274—2000 中。

② 类型代号 "1" 按 GB/T 272—1993 的规定省略。

7.1.4 圆柱滚子轴承

圆柱滚子轴承的规格见表7-4。

表7-4 圆柱滚子轴承规格（GB/T 283—2007）

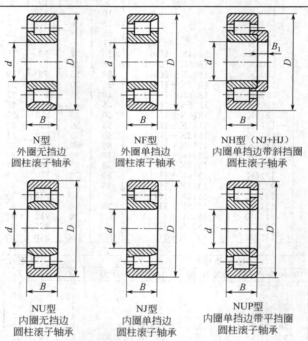

N型
外圈无挡边
圆柱滚子轴承

NF型
外圈单挡边
圆柱滚子轴承

NH型（NJ+HJ）
内圈单挡边带斜挡圈
圆柱滚子轴承

NU型
内圈无挡边
圆柱滚子轴承

NJ型
内圈单挡边
圆柱滚子轴承

NUP型
内圈单挡边带平挡圈
圆柱滚子轴承

轴承代号						尺寸/mm		
						d	D	B
N202E	NF202E	NH202E	NU202E	NJ202E	—	15	35	11
N203E	NF203E	NH203E	NU203E	NJ203E	NUP203E	17	40	12
N204E	NF204E	NH204E	NU204E	NJ204E	NUP204E	20	47	14
N205E	NF205E	NH205E	NU205E	NJ205E	NUP205E	25	52	15
N206E	NF206E	NH206E	NU206E	NJ206E	NUP206E	30	62	16
N207E	NF207E	NH207E	NU207E	NJ207E	NUP207E	35	72	17
N208E	NF208E	NH208E	NU208E	NJ208E	NUP208E	40	80	18
N209E	NF209E	NH209E	NU209E	NJ209E	NUP209E	45	85	19
N210E	NF210E	NH210E	NU210E	NJ210E	NUP210E	50	90	20
N211E	NF211E	NH211E	NU211E	NJ211E	NUP211E	55	100	21
N212E	NF212E	NH212E	NU212E	NJ212E	NUP212E	60	110	22
N213E	NF213E	NH213E	NU213E	NJ213E	NUP213E	65	120	23
N214E	NF214E	NH214E	NU214E	NJ214E	NUP214E	70	125	24
N215E	NF215E	NH215E	NU215E	NJ215E	NUP215E	75	130	25
N216E	NF216E	NH216E	NU216E	NJ216E	NUP216E	80	140	26

续表

轴承代号						尺寸/mm		
						d	D	B
N217E	NF217E	NH217E	NU217E	NJ217E	NUP217E	85	150	28
N218E	NF218E	NH218E	NU218E	NJ218E	NUP218E	90	160	30
N219E	NF219E	NH219E	NU219E	NJ219E	NUP219E	95	170	32
N220E	NF220E	NH220E	NU220E	NJ220E	NUP220E	100	180	34
N303E	NF303E	NH303E	NU303E	NJ303E	NUP303E	17	47	14
N304E	NF304E	NH304E	NU304E	NJ304E	NUP304E	20	52	15
N305E	NF305E	NH305E	NU305E	NJ305E	NUP305E	25	62	17
N306E	NF306E	NH306E	NU306E	NJ306E	NUP306E	30	72	19
N307E	NF307E	NH307E	NU307E	NJ307E	NUP307E	35	90	21
N308E	NF308E	NH308E	NU308E	NJ308E	NUP308E	40	90	23
N309E	NF309E	NH309E	NU309E	NJ309E	NUP309E	45	100	25
N310E	NF310E	NH310E	NU310E	NJ310E	NUP310E	50	110	27
N311E	NF311E	NH311E	NU311E	NJ311E	NUP311E	55	120	29
N312E	NF312E	NH312E	NU312E	NJ312E	NUP312E	60	130	31
N313E	NF313E	NH313E	NU313E	NJ313E	NUP313E	65	140	33
N314E	NF314E	NH314E	NU314E	NJ314E	NUP314E	70	150	35
N315E	NF315E	NH315E	NU315E	NJ315E	NUP315E	75	160	37
N316E	NF316E	NH316E	NU316E	NJ316E	NUP316E	80	170	39
N317E	NF317E	NH317E	NU317E	NJ317E	NUP317E	85	180	41
N318E	NF318E	NH318E	NU318E	NJ318E	NUP318E	90	190	43
N319E	NF319E	NH319E	NU319E	NJ319E	NUP319E	95	200	45
N320E	NF320E	NH320E	NU320E	NJ320E	NUP320E	100	215	47
N406	NF406	NH406	NU406	NJ406	NUP406	30	90	23
N407	NF407	NH407	NU407	NJ407	NUP407	35	100	25
N408	NF408	NH408	NU408	NJ408	NUP408	40	110	27
N409	NF409	NH409	NU409	NJ409	NUP409	45	120	29
N410	NF410	NH410	NU410	NJ410	NUP410	50	130	31
N411	NF411	NH411	NU411	NJ411	NUP411	55	140	33
N412	NF412	NH412	NU412	NJ412	NUP412	60	150	35
N413	NF413	NH413	NU413	NJ413	NUP413	65	160	37
N414	NF414	NH414	NU414	NJ414	NUP414	70	180	42
N415	NF415	NH415	NU415	NJ415	NUP415	75	190	45
N416	NF416	NH416	NU416	NJ416	NUP416	80	200	48
N417	NF417	NH417	NU417	NJ417	NUP417	85	210	52
N418	NF418	NH418	NU418	NJ418	NUP418	90	225	54
N419	NF419	NH419	NU419	NJ419	NUP419	95	240	55
N420	NF420	NH420	NIJ420	NJ420	NUP420	100	250	58

7.1.5 双列圆柱滚子轴承

双列圆柱滚子轴承的规格见表 7-5。

表 7-5 双列圆柱滚子轴承的规格（GB/T 285—2013） mm

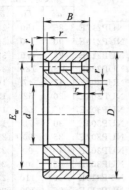

双列圆柱滚子轴承NN型

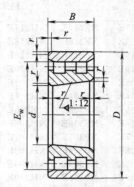

圆锥孔双列圆柱滚子轴承NN…K型

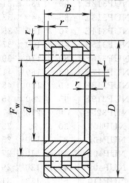

内圈无挡边双列圆柱
滚子轴承NNU型

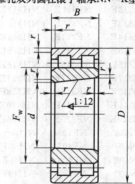

内圈无挡边、圆锥孔双列圆柱
滚子轴承NNU…K型

轴承型号		外形尺寸				
NNU 型	NNU…K 型	d	D	B	F_w	$r_{smin}^{①}$
NNU 型 49 系列						
NNU4920	NNU4920K	100	140	40	113	1.1
NNU4921	NNU4921K	105	145	40	118	1.1
NNU4922	NNU4922K	110	150	40	123	1.1
NNU4924	NNU4924K	120	165	45	134.5	1.1
NNU4926	NNU4926K	130	180	50	146	1.5
NNU4928	NNU4928K	140	190	50	156	1.5

续表

轴承型号		外形尺寸				
NNU 型	NNU…K 型	d	D	B	F_w	$r_{smin}^{①}$
NNU 型 49 系列						
NNU4930	NNU4930K	150	210	60	168.5	2
NNU4932	NNU4932K	160	220	60	178.5	2
NNU4934	NNU4934K	170	230	60	188.5	2
NNU4936	NNU4936K	180	250	69	202	2
NNU4938	NNU4938K	190	260	69	212	2
NNU4940	NNU4940K	200	280	80	225	2.1
NNU4944	NNU4944K	220	300	80	245	2.1
NNU4948	NNU4948K	240	320	80	265	2.1
NNU4952	NNU4952K	260	360	100	292	2.1
NNU4956	NNU4956K	280	380	100	312	2.1
NNU4960	NNU4960K	300	420	118	339	3
NNU4964	NNU4964K	320	440	118	359	3
NNU4968	NNU4968K	340	460	118	379	3
NNU4972	NNU4972K	360	480	118	399	3
NNU4976	NNU4976K	380	520	140	426	4
NNU4980	NNU4980K	400	540	140	446	4
NNU4984	NNU4984K	420	560	140	466	4
NNU4988	NNU4988K	440	600	160	490	4
NNU4992	NNU4992K	460	620	160	510	4
NNU4996	NNU4996K	480	650	170	534	5
NNU49/500	NNU49/500K	500	670	170	554	5
NNU49/530	NNU49/530K	530	710	180	588	5
NNU49/560	NNU49/560K	560	750	190	623	5
NNU49/600	NNU49/600K	600	800	200	666	5
NNU49/630	NNU49/630K	630	850	218	704	6
NNU49/670	NNU49/670K	670	900	230	738	6
NNU49/710	NNU49/710K	710	950	243	782	6
NNU49/750	NNU49/750K	750	1000	250	831	6
NNU 型 41 系列						
NNU4120	NNU4120K	100	165	65	117	2
NNU4121	NNU4121K	105	175	69	124	2
NNU4122	NNU4122K	110	180	69	129	2
NNU4124	NNU4124K	120	200	80	142	2
NNU4126	NNU4126K	130	210	80	151	2
NNU4128	NNU4128K	140	225	85	161	2.1
NNU4130	NNU4130K	150	250	100	177	2.1
NNU4132	NNU4132K	160	270	109	188	2.1
NNU4134	NNU4134K	170	280	109	198	2.1
NNU4136	NNU4136K	180	300	118	211	3
NNU4138	NNU4138K	190	320	128	222	3
NNU4140	NNU4140K	200	340	140	235	3
NNU4144	NNU4144K	220	370	150	258	4
NNU4148	NNU4148K	240	400	160	282	4
NNU4152	NNU4152K	260	440	180	306	4

续表

轴承型号		外形尺寸				
NNU 型	NNU…K 型	d	D	B	F_w	$r_{smin}^{①}$
NNU 型 41 系列						
NNU4156	NNU4156K	280	460	180	326	5
NNU4160	NNU4160K	300	500	200	351	5
NNU4164	NNU4164K	320	540	218	375	5
NNU4168	NNU4168K	340	580	243	402	5
NNU4172	NNU4172K	360	600	243	422	5
NNU4176	NNU4176K	380	620	243	442	5
NNU4180	NNU4180K	400	650	250	463	6
NNU4184	NNU4184K	420	700	280	497	6
NNU4188	NNU4188K	440	720	280	511	6
NNU4192	NNU4192K	460	760	300	537	7.5
NNU4196	NNU4196K	480	790	308	557	7.5
NNU41/500	NNU41/500K	500	830	325	582	7.5
NNU41/530	NNU41/530K	530	870	335	618	7.5
NNU41/560	NNU41/560K	560	920	355	653	7.5
NNU41/600	NNU41/600K	600	980	375	699	7.5
NNU41/630	NNU41/630K	630	1030	400	734	7.5
NNU41/670	NNU41/670K	670	1090	412	774	7.5
NNU41/710	NNU41/710K	710	1150	438	820	9.5
NNU41/750	NNU41/750K	750	1220	475	871	9.5
NNU41/800	NNU41/800K	800	1280	475	921	9.5
轴承型号		外形尺寸				
NN 型	NN…K 型	d	D	B	E_w	$r_{smin}^{①}$
NN 型 49 系列						
NN4920	NN4920K	100	140	40	130	1.1
NN4921	NN4921K	105	145	40	134	1.1
NN4922	NN4922K	110	150	40	140	1.1
NN4924	NN4924K	120	165	45	153	1.1
NN4926	NN4926K	130	180	50	168	1.5
NN4928	NN4928K	140	190	50	178	1.5
NN4930	NN4930K	150	210	60	195	2
NN4932	NN4932K	160	220	60	206	2
NN4934	NN4934K	170	230	60	216	2
NN4936	NN4936K	180	250	69	232	2
NN4938	NN4938K	190	260	69	243	2
NN4940	NN4940K	200	280	80	260	2.1
NN4944	NN4944K	220	300	80	279	2.1
NN4948	NN4948K	240	320	80	300	2.1
NN4952	NN4952K	260	360	100	336	2.1
NN4956	NN4956K	280	380	100	356	2.1
NN4960	NN4960K	300	420	118	388	3
NN4964	NN4964K	320	440	118	400	3

续表

轴承型号		外形尺寸				
NN 型	NN···K 型	d	D	B	E_w	$r^{①}_{smin}$
NN 型 30 系列						
NN3005	NN3005K	25	47	16	41.3	0.6
NN3006	NN3006K	30	55	19	48.5	1
NN3007	NN3007K	35	62	20	55	1
NN3008	NN3008K	40	68	21	61	1
NN3009	NN3009K	45	75	23	67.5	1
NN3010	NN3010K	50	80	23	72.5	1
NN3011	NN3011K	55	90	26	81	1.1
NN3012	NN3012K	60	95	26	86.1	1.1
NN3013	NN3013K	65	100	26	91	1.1
NN3014	NN3014K	70	110	30	100	1.1
NN3015	NN3015K	75	115	30	105	1.1
NN3016	NN3016K	80	125	34	113	1.1
NN3017	NN3017K	85	130	34	118	1.1
NN3018	NN3018K	90	140	37	127	1.5
NN3019	NN3019K	95	145	37	132	1.5
NN3020	NN3020K	100	150	37	137	1.5
NN3021	NN3021K	105	160	41	146	2
NN3022	NN3022K	110	170	45	155	2
NN3024	NN3024K	120	180	46	165	2
NN3026	NN3026K	130	200	52	182	2
NN3028	NN3028K	140	210	53	192	2
NN3030	NN3030K	150	225	56	206	2.1
NN3032	NN3032K	160	240	60	219	2.1
NN3034	NN3034K	170	260	67	236	2.1
NN3036	NN3036K	180	280	74	255	2.1
NN3038	NN3038K	190	290	75	265	2.1
NN3040	NN3040K	200	310	82	282	2.1
NN3044	NN3044K	220	340	90	310	3
NN3048	NN3048K	240	360	92	330	3
NN3052	NN3052K	260	400	104	364	4
NN3056	NN3056K	280	420	106	384	4
NN3060	NN3060K	300	460	118	418	4
NN3064	NN3064K	320	480	121	438	4
NN3068	NN3068K	340	520	133	473	5
NN3072	NN3072K	360	540	134	493	5
NN3076	NN3076K	380	560	135	513	5
NN3080	NN3080K	400	600	148	549	5
NN3084	NN3084K	420	620	150	569	5

轴承型号		外形尺寸				
NN 型	NN···K 型	d	D	B	E_w	$r_{smin}^{①}$
NN 型 30 系列						
NN3088	NN3088K	440	650	157	597	6
NN3092	NN3092K	460	680	163	624	6
NN3096	NN3096K	480	700	165	644	6
NN30/500	NN30/500K	500	720	167	664	6
NN30/530	NN30/530K	530	780	185	715	6
NN30/560	NN30/560K	560	820	195	755	6
NN30/600	NN30/600K	600	870	200	803	6
NN30/630	NN30/630K	630	920	212	845	7.5
NN30/670	NN30/670K	670	980	230	900	7.5

① 最大倒角尺寸规定在 GB/T274—2000 中。

7.1.6 调心滚子轴承

调心滚子轴承的规格见表 7-6。

表 7-6 调心滚子轴承的规格（GB/T 288—2013）   mm

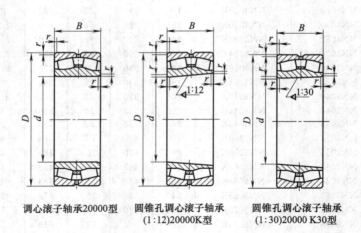

调心滚子轴承20000型   圆锥孔调心滚子轴承   圆锥孔调心滚子轴承
                    (1:12)20000K型   (1:30)20000 K30型

续表

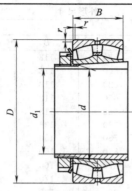 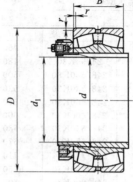

$d_1 \leqslant 180\text{mm}$　　　　　$d_1 \geqslant 200\text{mm}$

带紧定套的调心滚子轴承 20000K＋H 型

轴承型号		外形尺寸			
		38 系列			
20000 型	20000K 型	d	D	B	$r_{s\min}$ ①
23856	23856K	280	350	52	2.0
23860	23860K	300	380	60	2.1
23864	23864K	320	400	60	2.1
23868	23868K	340	420	60	2.1
23872	23872K	360	440	60	2.1
23876	23876K	380	480	75	2.1
23880	23880K	400	500	75	2.1
23884	23884K	420	520	75	2.1
23888	23888K	440	540	75	2.1
23892	23892K	460	580	90	3.0
23896	23896K	480	600	90	3.0
238/500	238/500K	500	620	90	3.0
238/530	238/530K	530	650	90	3.0
238/560	238/560K	560	680	90	3.0
238/600	238/600K	600	730	98	3.0
238/630	238/630K	630	780	112	4
238/670	238/670K	670	820	112	4
238/710	238/710K	710	870	118	4
238/750	238/750K	750	920	128	5
238/800	238/800K	800	980	136	5
238/850	238/850K	850	1030	136	5
238/900	238/900K	900	1090	140	5
238/950	238/950K	950	1150	150	5
238/1000	238/1000K	1000	1220	165	6
238/1060	238/1060K	1060	1280	165	6
238/1120	238/1120K	1120	1360	180	6
238/1180	238/1180K	1180	1420	180	6

续表

轴承型号		外形尺寸			
48 系列					
20000 型	20000K30 型	d	D	B	r_{smin} [①]
24892	24892K30	460	580	118	3
24896	24896K30	480	600	118	3
248/500	248/500K30	500	620	118	3
248/530	248/530K30	530	650	118	3
248/560	248/560K30	560	680	118	3
248/600	248/600K30	600	730	128	3
248/630	248/630K30	630	780	150	4
248/670	248/670K30	670	820	150	4
248/710	248/710K30	710	870	160	4
248/750	248/750K30	750	920	170	5
248/800	248/800K30	800	980	180	5
248/850	248/850K30	850	1030	180	5
248/900	248/900K30	900	1090	190	5
248/950	248/950K30	950	1150	200	5
248/1000	248/1000K30	1000	1220	218	6
248/1060	248/1060K30	1060	1280	218	6
248/1120	248/1120K30	1120	1360	243	6
248/1180	248/1180K30	1180	1420	243	6
248/1250	248/1250K30	1250	1500	250	6
248/1320	248/1320K30	1320	1600	280	6
248/1400	248/1400K30	1400	1700	300	7.5
248/1500	248/1500K30	1500	1820	315	7.5
248/1600	248/1600K30	1600	1950	345	7.5
248/1700	248/1700K30	1700	2060	355	7.5
248/1800	248/1800K30	1800	2180	375	9.5
39 系列					
20000 型	20000K 型	d	D	B	r_{smin} [①]
23936	23936K	180	250	52	2
23938	23938K	190	260	52	2
23940	23940K	200	280	60	2.1
23944	23944K	220	300	60	2.1
23948	23948K	240	320	60	2.1
23952	23952K	260	360	75	2.1
23956	23956K	280	380	75	2.1
23960	23960K	300	420	90	3
23964	23964K	320	440	90	3
23968	23968K	340	460	90	3
23972	23972K	360	480	90	3
23976	23976K	380	520	106	4
23980	23980K	400	540	106	4
23984	23984K	420	560	106	4

续表

轴承型号		外形尺寸			
39 系列					
20000 型	20000K 型	d	D	B	r_{smin} [①]
23988	23988K	440	600	118	4
23992	23992K	460	620	118	4
23996	23996K	480	650	128	5
239/500	239/500K	500	670	128	5
239/530	239/530K	530	710	136	5
239/560	239/560K	560	750	140	5
239/600	239/600K	600	800	150	5
239/630	239/630K	630	850	165	6
239/670	239/670K	670	900	170	6
239/710	239/710K	710	950	180	6
239/750	239/750K	750	1000	185	6
239/800	239/800K	800	1060	195	6
239/850	239/850K	850	1120	200	6
239/900	239/900K	900	1180	206	6
239/950	239/950K	950	1250	224	7.5
239/1000	239/1000K	1000	1320	236	7.5
239/1060	239/1060K	1060	1400	250	7.5
239/1120	239/1120K	1120	1460	250	7.5
239/1180	239/1180K	1180	1540	272	7.5
49 系列					
20000 型	20000K30 型	d	D	B	r_{smin} [①]
249/710	249/710K30	710	950	243	6
249/750	249/750K30	750	1000	250	6
249/800	249/800K30	800	1060	258	6
249/800	249/850K30	850	1120	272	6
249/900	249/900K30	900	1180	280	6
249/950	249/950K30	950	1250	300	7.5
249/1000	249/1000K30	1000	1320	315	7.5
249/1060	249/1060K30	1060	1400	335	7.5
249/1120	249/1120K30	1120	1460	335	7.5
249/1180	249/1180K30	1180	1540	305	7.5
249/1250	249/1250K30	1250	1630	375	7.5
249/1320	249/1320K30	1320	1720	400	7.5
249/1400	249/1400K30	1400	1820	425	9.5
249/1500	249/1500K30	1500	1950	450	9.5

续表

轴承型号		外形尺寸			
		30 系列			
20000 型	20000K 型	d	D	B	r_{smin} [1]
23020	23020K	100	150	37	1.5
23022	23022K	110	170	45	2
23024	23024K	120	180	46	2
23026	23026K	130	200	52	2
23028	23028K	140	210	53	2
23030	23030K	150	225	56	2.1
23032	23032K	160	240	60	2.1
23034	23034K	170	260	67	2.1
23036	23036K	180	280	74	2.1
23038	23038K	190	290	75	2.1
23040	23040K	200	310	82	2.1
23044	23044K	220	340	90	3
23048	23048K	240	360	92	3
23052	23052K	260	400	104	4
23006	23056K	280	420	106	4
23060	23060K	300	460	118	4
23064	23064K	320	480	121	4
23068	23068K	340	520	133	5
23072	23072K	360	540	134	5
23076	23076K	380	560	135	5
23080	23080K	400	600	148	5
23084	23084K	420	620	150	5
23088	23088K	440	650	157	6
23092	23092K	460	680	163	6
23096	23096K	480	700	165	6
230/500	230/500K	500	720	167	6
230/530	230/530K	530	780	185	6
230/560	230/560K	560	820	195	6
230/600	230/600K	600	870	200	6
230/630	230/630K	630	920	212	7.5
230/670	230/670K	670	980	230	7.5
230/710	230/710K	710	1030	236	7.5
230/750	230/750K	750	1090	250	7.5
230/800	230/800K	800	1150	258	7.5
230/850	230/850K	850	1220	272	7.5
230/900	230/900K	900	1280	280	7.5
230/950	230/950K	950	1360	300	7.5
230/1000	230/1000K	1000	1420	308	7.5
230/1060	230/1060K	1060	1500	325	9.5
230/1120	230/1120K	1120	1580	345	9.5
230/1180	230/1180K	1180	1660	355	9.5
230/1250	230/1250K	1250	1750	375	9.5

续表

轴承型号		外形尺寸			
		40 系列			
20000 型	20000K30 型	d	D	B	r_{smin} [①]
24015	24015K30	75	115	40	1.1
24016	24016K30	80	125	45	1.1
24017	24017K30	85	130	45	1.1
24018	24018K30	90	140	50	1.5
24020	24020K30	100	150	50	1.5
24022	24022K30	110	170	60	2
24024	24024K30	120	180	60	2
24026	24026K30	130	200	69	2
24028	24028K30	140	210	69	2
24030	24030K30	150	225	75	2.1
24032	24032K30	160	240	80	2.1
24034	24034K30	170	260	90	2.1
24036	24036K30	180	280	100	2.1
24038	24038K30	190	290	100	2.1
24040	24040K30	200	310	109	2.1
24044	24044K30	220	340	118	3
24048	24048K30	240	360	118	3
24052	24052K30	260	400	140	4
24056	24056K30	280	420	140	4
24060	24060K30	300	460	160	4
24064	24064K30	320	480	160	4
24068	24068K30	340	520	180	5
24072	24072K30	360	540	180	5
24076	24076K30	380	560	180	5
24080	24080K30	400	600	200	5
24084	24084K30	420	620	200	5
24088	24088K30	440	650	212	6
24092	24092K30	460	680	218	6
24096	24096K30	480	700	218	6
240/500	240/500K30	500	720	218	6
240/530	240/530K30	530	780	250	6
240/560	240/560K30	560	820	258	6
240/600	240/600K30	600	870	272	6
240/630	240/630K30	630	920	290	7.5
240/670	240/670K30	670	980	308	7.5
240/710	240/710K30	710	1030	315	7.5
240/750	240/750K30	750	1090	335	7.5
240/800	240/800K30	800	1150	345	7.5
240/850	240/850K30	850	1220	365	7.5
240/900	240/900K30	900	1280	375	7.5
240/950	240/950K30	950	1360	412	7.5
240/1000	240/1000K30	1000	1420	412	7.5
240/1060	240/1060K30	1060	1500	438	9.5
240/1120	240/1120K30	1120	1580	462	9.5

轴承型号		外形尺寸			
31 系列					
20000 型	20000K 型	d	D	B	r_{smin} [1]
23120	23120K	100	165	52	2
23122	23122K	110	180	56	2
23124	23124K	120	200	62	2
23126	23126K	130	210	64	2
23128	23128K	140	225	68	2.1
23130	23130K	150	250	80	2.1
23132	23132K	160	270	86	2.1
23134	23134K	170	280	88	2.1
23136	23136K	180	300	96	3
23138	23138K	190	320	104	3
23140	23140K	200	340	112	3
23144	23144K	220	370	120	4
23148	23148K	240	400	128	4
23152	23152K	260	440	144	4
23156	23156K	280	460	146	4
23160	23160K	300	500	160	5
23164	23164K	320	540	176	5
23168	23168K	340	580	190	5
23172	23172K	360	600	192	5
23176	23176K	380	620	194	5
23180	23180K	400	650	200	6
23184	23184K	420	700	224	6
23188	23188K	440	720	226	6
23192	23192K	460	760	240	7.5
23196	23196K	480	790	248	7.5
231/500	231/500K	500	830	264	7.5
231/530	231/530K	530	870	272	7.5
231/560	231/560K	560	920	280	7.5
231/600	231/600K	600	980	300	7.5
231/630	231/630K	630	1030	315	7.5
231/670	231/670K	670	1090	336	7.5
231/710	231/710K	710	1150	345	9.5
231/750	231/750K	750	1220	365	9.5
231/800	231/800K	800	1280	375	9.5
231/850	231/850K	850	1360	400	12
231/900	231/900K	900	1420	412	12
231/950	231/950K	950	1500	438	12
231/1000	231/1000K	1000	1580	462	12

续表

轴承型号		外形尺寸			
		41 系列			
20000 型	20000K30 型	d	D	B	r_{smin} [①]
24120	24120K30	100	165	65	2
24122	24122K30	110	180	69	2
24124	24124K30	120	200	80	2
24126	24126K30	130	210	80	2
24128	24128K30	140	225	85	2. 1
24130	24130K30	150	250	100	2. 1
24132	24132K30	160	270	109	2. 1
24134	24134K30	170	280	109	2. 1
24136	24136K30	180	300	118	3
24138	24138K30	190	320	128	3
21140	24140K30	200	340	140	3
24144	24144K30	220	370	150	4
24148	24148K30	240	400	160	4
24152	24152K30	260	440	180	4
24156	24156K30	280	460	180	5
24160	24160K30	300	500	200	5
24164	24164K30	320	540	218	5
24168	24168K30	340	580	243	5
24172	24172K30	360	600	243	5
24176	24176K30	380	620	243	5
24180	24180K30	400	650	250	6
24184	24184K30	420	700	280	6
24189	24188K30	440	720	280	6
24192	24192K30	460	760	300	7. 5
24196	24196K30	480	790	308	7. 5
241/500	241/500K30	500	830	325	7. 5
241/530	241/530K30	530	870	335	7. 5
241/560	241/560K30	560	920	355	7. 5
241/600	241/600K30	600	980	375	7. 5
241/630	241/630K30	630	1030	400	7. 5
241/670	241/670K30	670	1090	412	7. 5
241/710	241/710K30	710	1150	438	9. 5
241/750	241/750K30	750	1220	475	9. 5
241/800	241/800K30	800	1280	475	9. 5
241/850	241/850K30	850	1360	500	12
241/900	241/900K30	900	1420	515	12
241/950	241/950K30	950	1500	545	12
241/1000	241/1000K30	1000	1580	580	12

轴承型号		外形尺寸			
22 系列					
20000 型	20000K 型	d	D	B	r_{smin} [①]
22205	22205K	25	52	18	1
22206	22206K	30	62	20	1
22207	22207K	35	72	23	1.1
22208	22208K	40	80	23	1.1
22209	22209K	45	85	23	1.1
22210	22210K	50	90	23	1.1
22211	22211K	55	100	25	1.5
22212	22212K	60	110	28	1.5
22213	22213K	65	120	31	1.5
22214	22214K	70	125	31	1.5
22215	22215K	75	130	31	1.5
22216	22216K	80	140	33	2
22217	22217K	85	150	36	2
22218	22218K	90	160	40	2
22219	22219K	95	170	43	2.1
22220	22220K	100	180	46	2.1
22222	22222K	110	200	53	2.1
22224	22224K	120	215	58	2.1
22226	22226K	130	230	64	3
22228	22228K	140	200	68	3
22230	22230K	150	270	73	3
22232	22232K	160	290	80	3
22234	22234K	170	310	86	4
22236	22236K	180	320	86	4
22238	22238K	190	340	92	4
22240	22240K	200	360	98	4
22241	22244K	220	400	108	4
22248	22248K	240	440	120	4
22252	22252K	260	180	130	5
22256	22256K	280	500	130	5
22260	22260K	300	540	140	5
22264	22264K	320	580	150	5
22268	22268K	340	520	165	6
22272	22272K	350	650	170	6
32 系列					
23216	23216K	80	140	44.4	2
23217	23217K	85	150	49.2	2
23218	23218K	90	160	52.4	2
23219	23219K	95	170	55.6	2.1
23220	23220K	100	180	60.3	2.1
23222	23222K	110	200	69.8	2.1
23224	23224K	120	215	76	2.1
23226	23226K	130	230	80	3
23228	23228K	140	250	88	3
23230	23230K	150	270	96	3

轴承型号		外形尺寸			
32 系列					
20000 型	20000K 型	d	D	B	r_{smin} [1]
23232	23232K	160	290	104	3
23234	23234K	170	310	110	4
23236	23236K	180	320	112	4
23238	23238K	190	340	120	4
23240	23240K	200	360	128	4
23244	23244K	220	400	144	4
23248	23248K	240	440	160	4
23252	23252K	260	480	174	5
23255	23256K	280	500	176	5
23260	23260K	300	540	192	5
23264	23264K	320	580	208	5
23268	23268K	340	620	224	6
23272	23272K	360	650	232	6
23276	23276K	380	680	240	6
23280	23280K	400	720	256	6
23284	23284K	420	760	272	7.5
23288	23288K	440	790	280	7.5
23292	23292K	460	830	296	7.5
23296	23296K	480	870	310	7.5
232/500	232/500K	500	920	336	7.5
232/530	232/530K	530	980	355	9.5
232/560	232/560K	560	1030	365	9.5
232/600	232/600K	600	1000	388	9.5
232/630	232/630K	630	1150	412	12
232/670	232/670K	670	1220	438	12
232/710	232/710K	710	1280	450	12
232/750	232/750K	750	1360	475	12
03 系列					
21304	21304K	20	52	15	1.1
21305	21305K	25	62	17	1.1
21306	21306K	30	72	19	1.1
21307	21307K	35	80	21	1.5
21308	21308K	40	90	23	1.5
21309	21309K	45	100	25	1.5
21310	21310K	50	110	27	2
21311	21311K	55	120	29	2
21312	21312K	60	130	31	2.1
21313	21313K	65	140	33	2.1
21314	21314K	70	150	35	2.1
21315	21315K	75	160	37	2.1
21316	21316K	80	170	39	2.1
21317	21317K	85	180	41	3
21318	21318K	90	190	43	3

轴承型号		外形尺寸			
20000 型	20000K 型	d	D	B	r_{smin} [①]
03 系列					
21319	21319K	95	200	45	3
21320	21320K	100	215	47	3
21321	21321K	105	225	49	3
21322	21322K	110	240	50	3
23 系列					
22307	22307K	35	80	31	1.5
22308	22308K	40	90	33	1.5
22309	22309K	45	100	36	1.5
22310	22310K	50	110	40	2
22311	22311K	55	120	43	2
22312	22312K	60	130	46	2.1
22313	22313K	65	140	48	2.1
22314	22314K	70	150	51	2.1
22315	22315K	75	160	55	2.1
22316	22316K	80	170	58	2.1
22317	22317K	85	180	60	3
22318	22318K	90	190	64	3
22319	22319K	95	200	67	3
22320	22320K	100	215	73	3
22322	22322K	110	240	80	3
22324	22324K	120	260	86	3
22326	22326K	130	280	93	4
22328	22328K	140	300	102	4
22330	22330K	150	320	108	4
22332	22332K	160	340	114	4
22334	22334K	170	360	120	4
22336	22336K	180	380	126	4
22338	22338K	190	400	132	5
22340	22340K	200	420	138	5
22344	22344K	220	460	145	5
22348	22348K	240	500	155	5
22352	22352K	260	540	165	6
22356	22356K	280	580	175	6
22360	22360K	300	620	185	7.5
22364	22364K	320	670	200	7.5
22368	22368K	340	710	212	7.5
22372	22372K	360	750	224	7.5
22376	22376K	380	780	230	7.5
22380	22380K	400	820	243	7.5

① 最大倒角尺寸规定在 GB/T 274—2000 中。

7.1.7　角接触球轴承

角接触球轴承的规格见表 7-7。

表 7-7　角接触球轴承的规格（Ⅰ，GB/T 292—2007）　mm

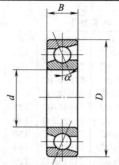

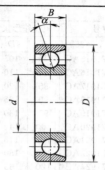

锁口内圈和锁口外圈型
角接触球轴承

锁口外圈型
角接触球轴承

标注示例：71816C　GB/T 292—2007

718 系列

轴承型号	外形尺寸			轴承型号	外形尺寸		
$\alpha=15°$	d	D	B	$\alpha=15°$	d	D	B
71805C	25	37	7	71817C	85	110	13
71806C	30	42	7	71818C	90	115	13
71807C	35	47	7	71819C	95	120	13
71808C	40	52	7	71820C	100	125	13
71809C	45	58	7	71821C	105	120	13
71810C	50	65	7	71822C	110	140	16
71811C	55	72	9	71824C	120	150	16
71812C	60	78	10	71826C	130	165	18
71813C	65	85	10	71828C	140	175	18
71814C	70	90	10	71830C	150	190	20
71815C	75	95	10	71832C	160	200	20
71816C	80	100	10	71834C	170	215	22

719 系列

轴承型号		外形尺寸			轴承型号		外形尺寸		
$\alpha=15°$	$\alpha=25°$	d	D	B	$\alpha=15°$	$\alpha=25°$	d	D	B
719/7C	—	7	17	5	71906C	71906AC	30	47	9
719/8C	—	8	19	6	71907C	71907AC	35	55	10
719/9C	—	9	20	6	71908C	71908AC	40	62	12
71900C	71900AC	10	22	6	71909C	71909AC	45	68	12
71901C	71901AC	12	24	6	71910C	71910AC	50	72	12
71902C	71902AC	15	28	7	71911C	71911AC	55	80	13
71903C	71903AC	17	30	7	71912C	71912AC	60	85	13
71904C	71904AC	20	37	9	71913C	71913AC	65	90	13
71905C	71905AC	25	42	9	71914C	71914AC	70	100	16

续表

719 系列

轴承型号		外形尺寸			轴承型号		外形尺寸		
$\alpha=15°$	$\alpha=25°$	d	D	B	$\alpha=15°$	$\alpha=25°$	d	D	B
71915C	71915AC	75	105	16	71926C	71926AC	130	180	24
71916C	71916AC	80	110	16	71928C	71928AC	140	190	24
71917C	71917AC	85	120	18	71930C	71930AC	150	210	28
71918C	71918AC	90	125	18	71932C	71932AC	160	220	28
71919C	71919AC	95	130	18	71934C	71934AC	170	230	28
71920C	71920AC	100	140	20	71936C	71936AC	180	250	33
71921C	71921AC	105	145	20	71938C	71938AC	190	260	33
71922C	71922AC	110	150	20	71940C	71940AC	200	280	38
71924C	71924AC	120	165	22	71944C	71944AC	220	300	38

70 系列

轴承型号		外形尺寸			轴承型号		外形尺寸		
$\alpha=15°$	$\alpha=25°$	d	D	B	$\alpha=15°$	$\alpha=25°$	d	D	B
705C	705AC	5	14	5	7014C	7014AC	70	110	20
706C	706AC	6	17	6	7015C	7015AC	75	115	20
707C	707AC	7	19	6	7016C	7016AC	80	125	22
708C	708AC	8	22	7	7017C	7017AC	85	130	22
709C	709AC	9	24	7	7018C	7018AC	90	140	24
7000C	7000AC	10	26	8	7019C	7019AC	95	145	24
7001C	7001AC	12	28	8	7020C	7020AC	100	150	24
7002C	7002AC	15	32	9	7021C	7021AC	105	160	26
7003C	7003AC	17	35	10	7022C	7022AC	110	170	28
7004C	7004AC	20	42	12	7024C	7024AC	120	180	28
7005C	7005AC	25	47	12	7026C	7026AC	130	200	33
7006C	7006AC	30	55	13	7028C	7028AC	140	210	33
7007C	7007AC	35	62	14	7030C	7030AC	150	225	35
7008C	7008AC	40	68	15	7032C	7032AC	160	240	38
7009C	7009AC	45	75	16	7034C	7034AC	170	260	42
7010C	7010AC	50	80	16	7036C	7036AC	180	280	46
7011C	7011AC	55	90	18	7038C	7038AC	190	290	46
7012C	7012AC	60	95	18	7040C	7040AC	200	310	51
7013C	7013AC	65	100	18	7044C	7044AC	220	340	56

72 系列

轴承型号			外形尺寸			轴承型号			外形尺寸		
$\alpha=15°$	$\alpha=25°$	$\alpha=40°$	d	D	B	$\alpha=15°$	$\alpha=25°$	$\alpha=40°$	d	D	B
723C	723AC	—	3	10	4	727C	727AC	—	7	22	7
724C	724AC	—	4	13	5	728C	728AC	—	8	24	8
725C	725AC	—	5	16	5	729C	729AC	—	9	26	8
726C	726AC	—	6	19	6	7200C	7200AC	7200B	10	30	9

72 系列

轴承型号			外形尺寸			轴承型号			外形尺寸		
$\alpha=15°$	$\alpha=25°$	$\alpha=40°$	d	D	B	$\alpha=15°$	$\alpha=25°$	$\alpha=40°$	d	D	B
7201C	7201AC	7201B	12	32	10	7217C	7217AC	7217B	85	150	28
7202C	7202AC	7202B	15	35	11	7218C	7218AC	7218B	90	160	30
7203C	7203AC	7203B	17	40	12	7219C	7219AC	7219B	95	170	32
7204C	7204AC	7204B	20	47	14	7220C	7220AC	7220B	100	180	34
7205C	7205AC	7205B	25	52	15	7221C	7221AC	7221B	105	190	36
7206C	7206AC	7206B	30	62	16	7222C	7222AC	7222B	110	200	38
7207C	7207AC	7207B	35	72	17	7224C	7224AC	7224B	120	215	40
7208C	7208AC	7208B	40	80	18	7226C	7226AC	7226B	130	230	40
7209C	7209AC	7209B	45	85	19	7228C	7228AC	7228B	140	250	42
7210C	7210AC	7210B	50	90	20	7230C	7230AC	7230B	150	270	45
7211C	7211AC	7211B	55	100	21	7232C	7232AC	7232B	160	290	48
7212C	7212AC	7212B	60	110	22	7234C	7234AC	7234B	170	310	52
7213C	7213AC	7213B	65	120	23	7236C	7236AC	7236B	180	320	52
7214C	7214AC	7214B	70	125	24	7238C	7238AC	7238B	190	340	55
7215C	7215AC	7215B	75	130	25	7240C	7240AC	7240B	200	360	58
7216C	7216AC	7216B	80	140	26	7244C	7244AC	—	220	400	65

73 系列

7300C	7300AC	7300B	10	35	11	7316C	7316AC	7316B	80	170	39
7301C	7301AC	7301B	12	37	12	7317C	7317AC	7317B	85	180	41
7302C	7302AC	7302B	15	42	13	7318C	7318AC	7318B	90	190	43
7303C	7303AC	7303B	17	47	14	7319C	7319AC	7319B	95	200	45
7304C	7304AC	7304B	20	52	15	7320C	7320AC	7320B	100	215	47
7305C	7305AC	7305B	25	62	17	7321C	7321AC	7321B	105	225	49
7306C	7306AC	7306B	30	72	19	7322C	7322AC	7322B	110	240	50
7307C	7307AC	7307B	35	80	21	7324C	7324AC	7324B	120	260	55
7308C	7308AC	7308B	40	90	23	7326C	7326AC	7326B	130	280	58
7309C	7309AC	7309B	45	100	25	7328C	7328AC	7328B	140	300	62
7310C	7310AC	7310B	50	110	27	7330C	7330AC	7330B	150	320	65
7311C	7311AC	7311B	55	120	29	7332C	7332AC	7332B	160	340	68
7312C	7312AC	7312B	60	130	31	7334C	7334AC	7334B	170	360	72
7313C	7313AC	7313B	65	140	33	7336C	7336AC	7336B	180	380	75
7314C	7314AC	7314B	70	150	35	7338C	7338AC	7338B	190	400	78
7315C	7315AC	7315B	75	160	37	7340C	7340AC	7340B	200	420	80

7.1.8 圆锥滚子轴承

圆锥滚子轴承的规格见表 7-8。

表 7-8 圆锥滚子轴承的规格（GB/T 297—2015） mm

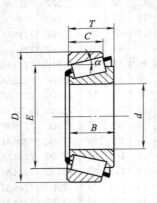

轴承型号	d	D	T	B	C	α	E
29 系列							
32904	20	37	12	12	9	12°00′	29.621
329/22	22	40	12	12	9	12°00′	32.665
32905	25	42	12	12	9	12°00′	34.608
329/28	28	45	12	12	9	12°00′	37.639
32906	30	47	12	12	9	12°00′	39.617
329/32	32	52	14	14	10	12°00′	44.261
32907	35	55	14	14	11.5	11°00′	47.220
32908	40	62	15	15	12	10°55′	53.388
32909	45	68	15	15	12	12°00′	58.852
32910	50	72	15	15	12	12°50′	62.748
32911	55	80	17	17	14	11°39′	69.503
32912	60	85	17	17	14	12°27′	74.185
32913	65	90	17	17	14	13°15′	78.849
32914	70	100	20	20	16	11°53′	88.590
32915	75	105	20	20	16	12°31′	93.223
32916	80	110	20	20	16	13°10′	97.974
32917	85	120	23	23	13	12°18′	106.599
32918	90	125	23	23	18	12°51′	111.282
32919	95	130	23	23	18	13°25′	116.082
32920	100	140	25	25	20	12°23′	125.717

续表

轴承型号	d	D	T	B	C	α	E
29 系列							
32921	105	145	25	25	20	12°51′	130.309
32922	110	150	25	25	20	13°20′	135.132
32924	120	165	29	29	23	13°05′	113.464
32926	130	180	32	32	25	12°40′	161.652
32928	140	190	32	32	25	13°30′	171.032
32930	150	210	38	38	30	12°20′	187.925
32932	160	220	38	38	30	13°00′	197.962
32934	170	230	38	38	30	14°20′	206.564
32936	180	250	45	45	34	17°45′	218.571
32938	190	260	45	45	34	17°39′	228.578
32940	200	280	51	51	39	14°45′	249.698
32944	220	300	51	51	39	15°50′	267.685
32948	240	320	51	51	39	17°00′	286.852
32952	260	360	63.5	63.5	48	15°10′	320.783
32956	280	380	63.5	63.5	48	16°05′	339.778
32960	300	420	76	76	57	14°45′	374.706
32964	320	440	76	76	57	15°30′	393.406
32968	340	460	76	76	57	16°15′	412.043
32972	360	480	76	76	57	17°00′	430.612
20 系列							
32004	20	42	15	15	12	14°00′	32.781
320/22	22	44	15	15	11.5	14°50′	34.708
32005	25	47	15	15	11.5	16°00′	37.393
320/28	28	52	16	16	12	16°00′	41.991
32006	30	55	17	17	13	16°00′	44.438
320/32	32	58	17	17	13	16°50′	46.708
32007	35	62	18	18	14	16°00′	50.510
32008	40	68	19	19	14.5	14°10′	56.897
32009	45	75	20	20	15.5	14°40′	63.248
32010	50	80	20	20	15.5	15°45′	67.841
32011	55	90	23	23	17.5	15°10′	76.505
32012	60	95	23	23	17.5	16°00′	80.634
32013	60	100	23	23	17.5	17°00′	85.567
32014	70	110	25	25	19	16°10′	93.633
32015	75	115	25	25	19	17°00′	98.358

轴承型号	d	D	T	B	C	α	E
20 系列							
32016	80	125	29	29	22	15°45′	107.334
32017	85	130	29	29	22	16°25′	111.788
32018	90	140	32	32	24	15°45′	119.948
32019	95	145	32	32	24	16°25′	124.927
32020	100	150	32	32	24	17°00′	129.269
32021	105	160	35	35	26	16°30′	137.685
32022	110	170	38	38	29	16°00′	146.290
32024	120	180	38	38	29	17°00′	155.239
32026	130	200	45	45	34	16°10′	172.043
32028	140	210	45	45	34	17°00′	180.720
32030	150	225	48	48	36	17°00′	193.674
32032	160	240	51	51	38	17°00′	207.209
32034	170	260	57	57	43	16°30′	223.031
32036	180	280	64	64	48	15°45′	239.898
32038	190	290	64	64	48	16°25′	249.853
32040	200	310	70	70	53	16°00′	266.039
32044	220	340	76	76	57	16°00′	292.464
32048	240	360	76	76	57	17°00′	310.356
32052	260	400	87	87	65	16°10′	344.432
32056	280	420	87	87	65	17°00′	361.811
32060	300	460	100	100	74	16°10′	395.676
32064	320	480	100	100	74	17°00′	415.640
30 系列							
33005	25	47	17	17	14	10°55′	38.278
33006	30	55	20	20	16	11°00′	45.283
33007	35	62	21	21	17	11°30′	51.320
33008	40	68	22	22	18	10°40′	57.290
33009	45	75	24	24	19	11°05′	63.116
33010	50	80	24	24	19	11°55′	67.775
33011	55	90	27	27	21	11°45′	76.656
33012	60	95	27	27	21	12°20′	80.422
33013	65	100	27	27	21	13°05′	85.257
33014	70	110	31	31	25.5	10°45′	95.021
33015	75	115	31	31	25.5	11°15′	99.400
33016	80	125	36	36	29.5	10°30′	107.750
33017	85	130	36	36	29.5	11°00′	112.838
33018	90	140	39	39	32.5	10°10′	122.363
33019	95	145	39	39	32.5	10°30′	126.346
33020	100	150	39	39	32.5	10°50′	130.323
33021	105	160	43	43	34	10′40′	139.304

续表

轴承型号	d	D	T	B	C	α	E
30 系列							
33022	110	170	47	47	37	10°50′	146.265
33024	120	180	48	48	38	11°30′	154.777
33026	130	200	55	55	43	12°50′	172.017
33028	140	210	56	56	44	13°30′	180.353
33030	150	225	59	59	46	13°40′	194.260
31 系列							
33108	40	75	26	26	20.5	13°20′	61.169
33109	45	80	26	26	20.5	14°20′	60.700
33110	50	85	26	26	20	15°20′	70.214
33111	55	95	30	30	23	14°00′	78.893
33112	60	100	30	30	23	14°50′	83.522
33113	65	110	34	34	26.5	14°30′	91.653
33114	70	120	37	37	29	14°10′	99.733
33115	75	125	37	37	29	14°50′	104.358
33116	80	130	37	37	29	15°30′	108.970
33117	85	140	41	41	32	15°10′	117.097
33118	90	150	45	45	35	14°50′	125.283
33119	95	160	49	49	38	14°35′	133.240
33120	100	165	52	52	40	15°10′	137.129
33121	105	175	56	56	44	15°05′	144.427
33122	110	180	56	56	43	15°35′	149.127
33124	120	200	62	62	48	14°50′	166.144
02 系列							
30202	15	35	11.75	11	10	—	—
30203	17	40	13.25	12	11	12°57′10″	31.408
30204	20	47	15.25	14	12	12°57′10″	37.304
30205	25	52	16.25	15	13	14°02′10″	41.135
30006	30	62	17.25	16	14	14°02′10″	49.990
302/32	32	65	18.25	17	15	14°00′00″	52.500
30207	35	72	18.25	17	15	14°02′10″	58.844
30208	40	80	19.75	18	16	14°02′10″	65.730
30209	45	85	20.75	19	16	15°06′34″	70.440
30210	50	90	21.75	20	17	15°38′32″	75.078
30211	55	100	22.75	21	18	15°06′34″	84.197
30212	60	110	23.75	22	19	15°06′34″	91.876
30213	65	120	24.75	23	20	15°06′34″	101.934
30214	70	125	26.25	24	21	15°38′32″	105.748
30215	75	130	27.25	25	22	16°10′20″	110.408
30216	80	140	28.25	25	22	15°38′32″	119.169
30217	85	150	30.5	28	24	15°38′32″	126.685

轴承型号	d	D	T	B	C	α	E
			02 系列				
30218	90	160	32.5	30	25	15°38′32″	134.901
30219	95	170	34.5	32	27	15°38′32″	143.385
30220	100	180	37.0	34	29	15°38′32″	151.310
30221	105	190	39.0	36	30	15°38′32″	159.795
30222	110	200	41.0	38	32	15°38′32″	168.548
30224	120	215	43.5	40	34	16°10′20″	181.257
30226	130	230	43.75	40	34	16°10′20″	196.420
30228	140	250	45.75	42	36	16°10′20″	212.270
30230	150	270	49	45	38	16°10′20″	227.408
30232	160	290	52	48	40	16°10′20″	244.958
30234	170	310	57	52	43	16°10′20″	262.483
30236	180	320	57	52	43	16°41′57″	270.928
30238	190	340	60	55	46	16°10′20″	291.083
30240	200	360	64	58	48	16°10′20″	307.196
30244	220	400	72	60	54	15°38′32″	339.941
30248	240	440	79	72	60	15°38′32″	374.976
30252	260	480	89	80	67	16°25′56″	410.444
30256	280	500	89	80	67	17°03″	423.879
			22 系列				
32203	17	40	17.25	16	14	11°45′	31.170
32204	20	47	19.25	18	15	12°28′	35.810
32205	25	52	19.25	18	16	13°30′	41.331
32206	30	62	21.25	20	17	1°02′10″	48.982
32207	35	72	24.25	23	19	14°02′10″	57.087
32208	40	80	24.75	23	19	14°02′10″	64.715
32209	45	85	24.75	23	19	15°06′34″	69.610
32210	50	90	24.75	23	19	15°38′32″	74.226
32211	55	100	26.75	25	21	15°06′34″	82.837
32212	60	110	29.75	28	24	15°06′34″	90.236
32213	65	120	32.75	31	27	15°06′34″	99.484
32214	70	125	33.25	31	27	15°38′32″	103.765
32215	75	130	33.25	31	27	16°10′20″	108.932
32216	80	140	35.25	33	28	15°38′32″	117.466
32217	85	150	38.5	36	30	15°38′32″	124.970
32218	90	160	42.5	40	34	15°38′32″	132.615
32219	95	170	45.5	43	37	15°38′32″	140.259
32220	100	180	49	46	39	15°38′32″	148.184
32221	105	190	53	50	43	15°38′32″	155.269
32222	110	200	56	53	46	15°38′32″	164.022
32224	120	215	61.5	58	50	16°10′20″	174.825
32226	130	230	67.75	64	54	16°10′20″	187.088

轴承型号	d	D	T	B	C	α	E
			22 系列				
32228	140	250	71.75	68	58	16°10′20″	204.046
32230	150	270	77	73	60	16°10′20″	219.157
32232	160	290	84	80	67	16°10′20″	234.942
32234	170	310	91	86	71	16°10′20″	251.873
32236	180	320	91	86	71	16°41′57″	259.938
32238	190	340	97	92	75	16°10′20″	279.024
32240	200	360	104	98	82	15°10′00″	294.880
32244	220	400	114	108	90	16°10′20″	326.455
32248	240	440	127	120	100	16°10′20″	356.929
32252	260	480	137	130	105	16°00′00″	393.025
32256	280	500	137	130	105	16°00′00″	409.128
32260	300	540	149	140	110	16°10′00″	443.659
			32 系列				
33205	25	52	22	22	18	13°10′	40.411
332/28	28	58	24	24	19	12°45′	45.846
33006	30	62	25	25	19.5	19°50′	49.524
332/32	32	60	25	25	20.5	13°00′	51.791
33207	35	72	28	28	22	13°15′	57.186
33208	40	80	32	32	25	13°25′	63.405
33209	45	85	32	32	25	14°25′	68.075
33210	50	90	32	32	24.5	15°25′	72.727
33211	55	100	35	35	27	14°55′	81.240
33212	60	110	38	38	29	15°05′	89.032
33213	65	120	41	41	32	14°35′	97.863
33214	70	125	41	41	32	15°15′	102.275
33215	75	130	41	41	31	15°55′	106.675
33216	80	140	46	46	35	15°50′	114.582
33217	85	150	49	49	37	15°35′	122.894
33218	90	160	55	55	42	15°40′	129.820
33219	95	170	58	58	44	15°15′	138.642
33220	100	180	63	63	48	15°05′	145.949
33221	105	190	68	68	52	15°00′	153.622
			03 系列				
30302	15	42	14.25	13	11	10°45′29″	33.272
30303	17	47	15.25	14	12	10°45′29″	37.420
30304	20	52	16.25	15	13	11°18′36″	41.318
30305	25	62	18.25	17	15	11°18′36″	50.637
30306	30	72	20.75	19	16	11°51′35″	58.287
30307	35	80	22.75	21	18	11°51′35″	65.769
30308	40	90	25.25	23	20	12°57′10″	72.703

续表

轴承型号	d	D	T	B	C	α	E
			03 系列				
30309	45	100	27.25	25	22	12°57′10″	81.780
30310	50	110	29.25	27	23	12°57′10″	90.633
30311	55	120	31.5	29	25	12°57′10″	99.145
30312	60	130	33.5	31	26	12°57′10″	107.769
30313	65	140	36	33	28	12°57′10″	116.846
30314	70	150	38	35	30	12°57′10″	125.244
30315	75	160	40	37	31	12°57′10″	134.097
30316	80	170	42.5	39	33	12°57′10″	143.174
30317	85	180	44.5	41	34	12°57′10″	150.433
30318	90	190	46.5	43	36	12°57′10″	159.061
30319	95	200	49.5	45	38	12°57′10″	155.861
30320	100	210	51.5	47	39	12°07′10″	173.578
30321	105	220	53.5	49	41	12°57′10″	186.752
30322	110	240	54.5	50	42	12°57′10″	199.925
30324	120	260	59.5	55	40	12°57′10″	214.892
30326	130	280	63.70	58	49	12°57′10″	232.028
30328	140	300	67.75	62	53	12°57′10″	247.910
30330	150	320	72	65	55	12°57′10″	265.955
30332	160	340	75	68	58	12°57′10″	282.751
30334	170	360	80	72	62	12°57′10″	299.991
30336	180	380	83	75	64	12°57′10″	319.070
30338	190	400	86	78	65	12°57′10″	333.507
30340	200	420	89	80	67	12°57′10″	352.209
30344	220	460	97	88	73	12°57′10″	383.498
30348	240	500	105	95	80	12°57′10″	416.303
30352	260	540	113	102	80	13°29′32″	451.991
			13 系列				
31305	25	62	18.25	17	13	28°48′39″	44.130
31306	30	72	20.75	19	14	28°48′39″	51.771
31307	35	80	22.75	21	15	28°48′39″	58.801
31308	40	90	25.25	23	17	28°48′39″	66.984
31309	45	100	27.25	25	18	28°48′39″	75.107
31310	50	110	29.25	27	19	28°48′39″	82.717
31311	55	120	31.5	29	21	28°48′39″	89.553
31312	60	130	33.5	31	22	28°48′39″	93.235
31313	65	140	36	33	23	28°48′39″	106.359
31314	70	150	38	30	25	28°48′39″	113.449
31315	75	160	40	37	26	28°48′39″	122.122
31316	80	170	42.5	39	27	28°48′39″	129.213
31317	85	180	44.5	41	28	28°48′39″	137.403
31318	90	190	46.5	43	30	28°48′39″	145.527
31319	95	200	49.5	40	32	28°48′39″	151.584

续表

轴承型号	d	D	T	B	C	α	E
13 系列							
31320	100	215	56.5	51	35	28°48′39″	152.733
31321	105	225	58	53	36	28°48′39″	173.724
31322	110	240	63	57	38	28°48′39″	182.044
31324	120	260	68	62	42	28°48′39″	197.022
31326	130	280	72	66	44	28°48′39″	211.753
31328	140	300	77	70	47	28°48′39″	227.999
31330	150	320	82	75	50	28°48′39″	244.244
23 系列							
32303	17	47	20.25	19	16	10°45′29″	36.090
32304	20	52	22.25	21	18	11°18′36″	39.518
32305	25	62	25.25	24	20	11°18′36″	48.637
32306	30	72	28.75	27	23	11°51′35″	50.767
32307	35	80	32.75	31	25	11°51′35″	62.829
32308	40	90	35.25	33	27	12°57′10″	59.253
32309	45	100	38.25	36	30	12°57′10″	78.330
32310	50	110	42.25	40	33	12°57′10″	86.263
32311	55	120	45.5	43	35	12°57′10″	94.316
32312	60	130	48.5	46	37	12°57′10″	102.939
32313	65	140	51	48	39	12°57′10″	111.786
32314	70	150	54	51	42	12°57′10″	119.724
32315	75	160	58	55	45	12°57′10″	127.887
32316	80	170	61.5	58	48	12°57′10″	136.504
32317	85	180	63.5	60	49	12°57′10″	144.223
32318	90	190	67.5	64	53	12°57′10″	151.701
32319	95	200	71.5	67	55	12°57′10″	160.318
32320	100	215	77.5	73	60	12°57′10″	171.650
32321	105	225	81.5	77	63	12°57′10″	179.359
32322	110	240	84.5	80	65	12°57′10″	192.071
32324	120	260	90.5	86	69	12°57′10″	207.039
32326	130	280	98.75	93	78	12°57′10″	223.692
32328	140	300	107.75	102	85	13°08′03′	240.000
32330	150	320	114	108	90	13°08′03″	256.671
32332	160	340	121	114	95	—	—
32334	170	360	127	120	100	13°29′32″	286.222
32336	180	380	134	126	106	13°29′32″	303.693
32338	190	400	140	132	109	13°29′32″	321.711
32340	200	420	145	138	115	13°29′32″	335.821
32344	220	460	151	145	122	12°57′10″	368.132
32348	240	500	165	100	132	12°57′10″	401.268

7.1.9 推力球轴承

推力球轴承的规格见表 7-9。

表 7-9 推力球轴承的规格（GB/T 301—2015） mm

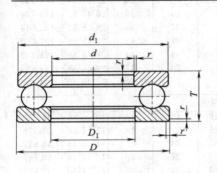

单向推力球轴承—51000型

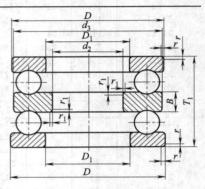

双向推力球轴承—52000型

单向推力球轴承—11 系列						
轴承型号	d	D	T	D_{1smin}	d_{1smax}	r_{smin} [1]
51100	10	24	9	11	24	0.3
51101	12	26	9	13	26	0.3
51102	15	28	9	16	28	0.3
51103	17	30	9	18	30	0.3
51104	20	35	10	21	35	0.3
51105	25	42	11	26	42	0.6
51106	30	47	11	32	47	0.6
51107	35	52	12	37	52	0.6
51108	40	60	13	42	60	0.6
51109	45	65	14	47	65	0.6
51110	50	70	14	52	70	0.6
51111	55	78	16	57	78	0.6
51112	60	85	17	62	85	1
51113	65	90	18	67	90	1
51114	70	95	18	72	95	1
51115	75	100	19	77	100	1
51116	80	105	19	82	105	1
51117	85	110	19	87	110	1
51118	90	120	22	92	120	1
51120	100	135	25	102	135	1

续表

单向推力球轴承—11 系列						
轴承型号	d	D	T	D_{1smin}	d_{1smax}	r_{smin} [①]
51122	110	145	25	112	145	1
51124	120	155	25	122	155	1
51126	130	170	30	132	170	1
51128	140	180	31	142	178	1
51130	150	190	31	152	188	1
51132	160	200	31	162	198	1
51134	170	215	34	172	213	1.1
51136	180	225	34	183	222	1.1
51138	190	240	37	193	237	1.1
51140	200	250	37	203	247	1.1
51144	220	270	37	223	267	1.1
51148	240	300	45	243	297	1.5
51152	260	320	45	263	317	1.5
51156	280	350	53	283	347	1.5
51160	300	380	62	304	376	2
51164	320	400	63	324	396	2
51168	340	420	64	344	416	2
51172	360	440	65	364	436	2
51176	380	460	65	384	456	2
51180	400	480	65	404	476	2
51184	420	500	65	424	495	2
51188	440	540	80	444	535	2.1
51192	460	560	80	464	555	2.1
51196	480	580	80	484	575	2.1
511/500	500	600	80	504	595	2.1
511/530	530	640	85	534	635	3
511/560	560	670	85	564	665	3
511/600	600	710	85	604	705	3
511/630	630	750	95	634	745	3
511/670	670	800	105	674	795	4
单向推力球轴承—12 系列						
51200	10	26	11	12	26	0.6
51201	12	28	11	14	28	0.6
51202	15	32	12	17	32	0.6
51203	17	35	12	19	35	0.6
51204	20	40	14	22	40	0.6

续表

单向推力球轴承—12 系列						
轴承型号	d	D	T	D_{1smin}	d_{1smax}	r_{smin}[①]
51205	25	47	15	27	47	0.6
51206	30	52	16	32	52	0.6
51207	35	62	18	37	62	1
51208	40	68	19	42	68	1
51209	45	73	20	47	73	1
51210	50	78	22	52	78	1
51211	55	90	25	57	90	1
51212	60	95	26	62	95	1
51213	65	100	27	67	100	1
51214	70	105	27	72	105	1
51215	75	110	27	77	110	1
51216	80	115	28	82	115	1
51217	85	125	31	88	125	1
51218	90	135	35	93	135	1.1
51220	100	150	38	103	150	1.1
51222	110	160	38	113	160	1.1
51224	120	170	39	123	170	1.1
51226	130	190	45	133	187	1.5
51228	140	200	46	143	197	1.5
51230	150	215	50	153	212	1.5
51232	160	225	51	163	222	1.5
51234	170	240	55	173	237	1.5
51236	180	250	56	183	247	1.5
51238	190	270	62	194	267	2
51240	200	280	62	204	277	2
51244	220	300	63	224	297	2
51248	240	340	78	244	335	2.1
51252	260	360	79	264	355	2.1
51256	280	380	80	284	375	2.1
51260	300	420	95	304	415	3
51264	320	440	95	325	435	3
51268	340	460	96	345	455	3
51272	360	500	110	365	495	4
51276	380	520	112	385	515	4

续表

单向推力球轴承—13 系列

轴承型号	d	D	T	D_{1smin}	d_{1smax}	r_{smin} [①]
51304	20	47	18	22	47	1
51305	25	52	18	27	52	1
51306	30	60	21	32	60	1
51307	35	68	24	37	68	1
51308	40	78	26	42	78	1
51309	45	85	28	47	85	1
51310	50	95	31	52	95	1.1
51311	55	105	35	57	105	1.1
51312	60	110	35	62	110	1.1
51313	65	115	36	67	115	1.1
51314	70	125	40	72	125	1.1
51315	75	135	44	77	135	1.5
51316	80	140	44	82	140	1.5
51317	85	150	49	88	150	1.5
51318	90	155	50	93	155	1.5
51320	100	170	55	103	170	1.5
51322	110	190	63	113	187	2
51324	120	210	70	123	205	2.1
51326	130	225	75	134	220	2.1
51328	140	240	80	144	235	2.1
51330	150	250	80	154	245	2.1
51332	160	270	87	164	265	3
51334	170	280	87	174	275	3
51336	180	300	95	184	295	3
51338	190	320	105	195	315	4
51340	200	340	110	205	335	4
51344	220	360	112	225	355	4
51348	240	380	112	245	375	4

单向推力球轴承—14 系列

轴承型号	d	D	T	D_{1smin}	d_{1smax}	r_{smin}
51405	25	60	24	27	60	1
51406	30	70	28	32	70	1
51407	35	80	32	37	80	1.1
51408	40	90	36	42	90	1.1
51409	45	100	39	47	100	1.1

单向推力球轴承—14 系列

轴承型号	d	D	T	D_{1smin}	d_{1smax}	r_{smin}[①]
51410	50	110	43	52	110	1.5
51411	55	120	48	57	120	1.5
51412	60	130	51	62	130	1.5
51413	65	140	56	68	140	2
51414	70	150	60	73	150	2
51415	75	160	65	78	160	2
51416	80	170	68	83	170	2.1
51417	85	180	72	88	177	2.1
51418	90	190	77	93	187	2.1
51420	100	210	85	103	205	3
51422	110	230	95	113	225	3
51424	120	250	102	123	245	4
51426	130	270	110	134	265	4
51428	140	280	112	144	275	4
51430	150	300	120	154	295	4
51432	160	320	130	164	315	5
51434	170	340	135	174	335	5
51436	180	360	140	184	355	5

双向推力球轴承—22 系列

轴承型号	d_2	D	T_1	d[②]	B	d_{3smax}	D_{1smin}	r_{smin}[①]	r_{1smin}[①]
52202	10	32	22	15	5	32	17	0.6	0.3
52204	15	40	26	20	6	40	22	0.6	0.3
52205	20	47	28	25	7	47	27	0.6	0.3
52206	25	52	29	30	7	52	32	0.6	0.3
52207	30	62	34	35	8	62	37	1	0.3
52208	30	68	36	40	9	68	42	1	0.6
52209	35	73	37	45	9	73	47	1	0.6
52210	40	78	39	50	9	78	52	1	0.6
52211	45	90	45	55	10	90	57	1	0.6
52212	50	95	46	60	10	95	62	1	0.6
52213	55	100	47	65	10	100	67	1	0.6
52214	55	105	47	70	10	105	72	1	1
52215	60	110	47	75	10	110	77	1	1
52216	65	115	48	80	10	115	82	1	1
52217	70	125	55	85	12	125	88	1	1

续表

双向推力球轴承—22 系列									
轴承型号	d_2	D	T_1	d [2]	B	d_{3smax}	D_{1smin}	r_{smin} [1]	r_{1smin} [1]
52218	75	135	62	90	14	135	93	1.1	1
52220	85	150	67	100	15	150	103	1.1	1
52222	95	160	67	110	15	160	113	1.1	1
52224	100	170	68	120	15	170	123	1.1	1.1
52226	110	190	80	130	18	189.5	133	1.5	1.1
52228	120	200	81	140	18	199.5	143	1.5	1.1
52230	130	215	89	150	20	214.5	153	1.5	1.1
52232	140	225	90	160	20	224.5	163	1.5	1.1
52234	150	240	97	170	21	239.5	173	1.5	1.1
52236	150	250	98	180	21	249	183	1.5	2
52238	160	270	109	190	24	269	194	2	2
52240	170	280	109	200	24	279	204	2	2
52244	190	300	110	220	24	299	224	2	2
双向推力球轴承—23 系列									
52305	20	52	34	25	8	52	27	1	0.3
52306	25	60	38	30	9	60	32	1	0.3
52307	30	68	44	35	10	68	37	1	0.3
52308	30	78	49	40	12	78	42	1	0.6
52309	35	85	52	45	12	85	47	1	0.6
52310	40	95	58	50	14	95	52	1.1	0.6
52311	45	105	64	55	15	105	57	1.1	0.6
52312	50	110	64	60	15	110	62	1.1	0.6
52313	55	115	65	65	15	115	67	1.1	0.6
52314	55	125	72	70	16	125	72	1.1	1
52315	60	135	79	75	18	135	77	1.5	1
52316	65	140	79	80	18	140	82	1.5	1
52317	70	150	87	85	19	150	88	1.5	1
52318	75	155	88	90	19	155	93	1.5	1
52320	85	170	97	100	21	170	103	1.5	1
52322	95	190	110	110	24	189.5	113	2	1
52324	100	210	123	120	27	209.5	123	2.1	1.1
52326	110	225	130	130	30	224	134	2.1	1.1
52328	120	240	140	140	31	239	144	2.1	1.1
52330	130	250	140	150	31	249	154	2.1	1.1

轴承型号	d_2	D	T_1	d②	B	d_{3smax}	D_{1smin}	r_{smin}①	r_{1smin}①
\multicolumn{10}{c}{双向推力球轴承—23 系列}
52332	140	270	153	160	33	269	164	3	1.1
52334	150	280	153	170	33	279	174	3	1.1
52336	150	300	165	180	37	299	184	3	2
52338	160	320	183	190	40	319	195	4	2
52340	170	340	192	200	42	339	205	4	2
\multicolumn{10}{c}{双向推力球轴承—24 系列}
52405	15	60	45	25	11	27	60	1	0.6
52406	20	70	52	30	12	32	70	1	0.6
52407	25	80	59	35	14	37	80	1.1	0.6
52408	30	90	65	40	15	42	90	1.1	0.6
52409	35	100	72	45	17	47	100	1.1	0.6
52410	40	110	78	50	18	52	110	1.5	0.6
52411	45	120	87	55	20	57	120	1.5	0.6
52412	50	130	93	60	21	62	130	1.5	0.6
52413	50	140	101	65	23	68	140	2	1
52414	55	150	107	70	24	73	150	2	1
52415	60	160	115	75	26	78	160	2	1
52416	65	170	120	80	27	83	170	2.1	1
52417	65	180	128	85	29	88	179.5	2.1	1.1
52418	70	190	135	90	30	93	189.5	2.1	1.1
52420	80	210	150	100	33	103	209.5	3	1.1
52422	90	230	166	110	37	113	229	3	1.1
52424	95	250	177	120	40	123	249	4	1.5
52426	100	270	192	130	42	134	269	4	2
52428	110	280	196	140	44	144	279	4	2
52430	120	300	209	150	46	154	299	4	2
52432	130	320	226	160	50	164	319	5	2
52434	135	340	236	170	50	174	339	5	2.1
52436	140	360	245	180	52	184	359	5	3

① 对应的最大倒角尺寸在 GB/T 274 中规定。

② d 对应于单向轴承轴圈内径。

7.1.10 钢球

钢球规格见表 7-10。

表 7-10 钢球规格 （GB/T 308—2002）

球径/mm	压碎负荷/N≥	1000 个重量/kg	球径/mm	压碎负荷/N≥	1000 个重量/kg
3	4800	0.110	15.875	130000	16.500
3.175	5500	0.130	16.669	140000	19.100
3.5	6400	0.180	17.463	158000	21.900
3.969	8600	0.250	18	170000	23.730
4	8600	0.260	18.256	172000	25.000
4.5	11000	0.370	19.05	187000	28.400
4.762	12300	0.440	19.844	203000	32.400
5	14300	0.510	20	205000	32.550
5.5	16600	0.680	20.638	219000	36.200
5.556	16600	0.700	21.431	225000	40.100
5.953	18500	0.860	22.225	252000	45.200
6	19000	0.880	23.019	263000	50.000
6.35	21700	1.030	23.813	287000	55.500
6.5	22600	1.120	24.606	300000	61.000
7	26000	1.410	25.400	325000	67.400
7.144	27500	1.500	26.194	340000	73.200
7.5	30000	1.740	26.988	365000	80.800
7.938	33500	2.050	27.781	382000	88.100
8	34000	2.100	28.575	405000	95.500
8.5	38500	2.520	30.165	450000	112.800
8.731	40500	2.680	31.750	497000	131.900
9	43500	3.000	33.338	545000	152.000
9.128	44000	3.120	34.925	600000	175.000
9.525	48000	3.550	35.719	620000	185.600
9.922	53000	3.980	36.513	640000	198.100
10	54000	4.100	38.100	700000	227.300
10.319	56000	4.430	39.688	750000	254.300
11.113	65000	5.640	41.275	800000	287.170
11.509	70000	6.200	42.863	830000	320.400
11.906	75000	6.930	44.45	910400	361.000
12.303	81000	7.500	45	931000	398.500
12.7	85000	8.420	46.038	972340	439.500
13.494	95000	10.100	47.625	1038800	486.740
14.288	105000	12.000	50.8	1166200	534.700
15.081	120000	14.100			

7.1.11 滚动轴承座 （见表 7-11）

滚动轴承座规格见表 7-11。

表 7-11　滚动轴承座规格（GB/T 7813—2008）

mm

SN 5 系列和SN 6 系列

SN 5 系列

轴承座型号	外形尺寸													适用轴承及附件			
	d_1	d	D_a	g	A (max)	A_1	H	H_1 (max)	L (max)	J	G	N	N_1 (min)	调心球轴承	调心滚子轴承	紧定套
SN505	20	25	52	25	72	46	40	22	170	130	M12	15	15	1205K	—	H205
														2205K	—	H305

续表

SN 5 系列

轴承座型号	d_1	d	D_a	g	A (max)	A_1	H	H_1 (max)	L (max)	J	G	N	N_1 (min)	调心球轴承	调心滚子轴承	紧定套
SN506	25	30	62	30	82	52	50	22	190	150	M12	15	15	1206K / 2206K	—	H206 / H306
SN507	30	35	72	33	85	52	50	22	190	150	M12	15	15	1207K / 2207K	—	H207 / H307
SN508	35	40	80	33	92	60	60	25	210	170	M12	15	15	1208K / 2208K	22208CK	H208 / H308
SN509	40	45	85	31	92	60	60	25	210	170	M12	15	15	1209K / 2209K	22209CK	H209 / H309
SN510	45	50	90	33	100	60	60	25	210	170	M12	15	15	1210K / 2210K	22210CK	H210 / H310
SN511	50	55	100	33	105	70	70	28	270	210	M16	18	18	1211K / 2211K	22211CK	H211 / H311
SN512	55	60	110	38	115	70	70	30	270	210	M16	18	18	1212K / 2212K	22212CK	H212 / H312
SN513	60	65	120	43	120	80	80	30	290	230	M16	18	18	1213K / 2213K	22213CK	H213 / H313
SN515	65	75	130	41	125	80	80	30	290	230	M16	18	18	1215K / 2215K	22215CK	H215 / H315
SN516	70	80	140	43	135	90	95	32	330	260	M20	22	22	1216K / 2216K	22216CK	H216 / H316
SN517	75	85	150	46	140	90	95	32	330	260	M20	22	22	1217K / 2217K	22217CK	H217 / H317
SN518	80	90	160	62. 4	145	100	100	35	360	290	M20	22	22	1218K / 2218K	22218CK / 23318CK	H218 / H318 / H2318

外形尺寸 适用轴承及附件

续表

轴承座型号	外形尺寸													适用轴承及附件		
	d_1	d	D_a	g	A(max)	A_1	H	H_1(max)	L(max)	J	G	N	N_1(min)	调心球轴承	调心滚子轴承	紧定套
SN 5 系列																
5N520	90	100	180	70.3	165	110	112	40	400	320	M24	26	26	1220K 2220K	22220CK 23220CK	H220 H320 H2320
SN522	100	110	200	80	177	120	125	45	420	350	M24	26	26	1222K 2222K	22222CK 23222CK	H222 H322 H2322
SN524	110	120	215	86	187	120	140	45	420	350	M24	26	26	—	22224CK 23224CK	H3124 H2324
SN526	115	130	230	90	192	130	150	50	450	380	M24	28	28	—	22226CK 23226CK	H3126 H2326
SN528	125	140	250	98	207	150	150	50	510	420	M30	35	35	—	22228CK 23228CK	H3128 H2328
SN530	135	150	270	106	224	160	160	60	540	450	M30	35	35	—	22230CK 23230CK	H3130 H2330
SN532	140	160	290	114	237	160	170	60	560	470	M30	35	35	—	22232CK 23232CK	H3132 H2332
SN 6 系列																
SN605	20	25	62	34	82	52	50	22	190	150	M12	15	15	1305K 2305K	—	H305 H2305
SN606	25	30	72	37	85	52	50	22	190	150	M12	15	15	1306K 2306K	—	H306 H2306
SN607	30	35	80	41	92	60	60	25	210	170	M12	15	15	1307K 2307K	—	H307 H2307

续表

SN 6 系列

轴承座型号	d_1	d	D_a	g	A (max)	A_1	H	H_1 (max)	L (max)	J	G	N	N_1 (min)	调心球轴承	调心滚子轴承	紧定套
SN608	35	40	90	43	100	60	60	25	210	170	M12	15	15	1308K / 2308K	— / 22308CK	H308 / H2308
SN609	40	45	100	46	105	70	70	28	270	210	M16	18	18	1309K / 2309K	— / 22309CK	H309 / H2309
SN610	45	50	110	50	115	70	70	30	270	210	M16	18	18	1310K / 2310K	— / 22310CK	H310 / H2310
SN611	50	55	120	53	120	80	80	30	290	230	M16	18	18	1311K / 2311K	22311CK	H311 / H2311
SN612	55	60	130	56	125	90	80	30	290	230	M16	18	18	1312K / 2312K	22312CK	H312 / H2312
SN613	60	65	140	58	135	90	95	32	330	260	M20	22	22	1313K / 2313K	22313CK	H313 / H2313
SN615	65	75	160	65	145	100	100	35	360	290	M20	22	22	1315K / 2315K	22315CK	H315 / H2315
SN616	70	80	170	68	150	100	112	35	360	290	M20	22	22	1316K / 2316K	22316CK	H216 / H2316
SN617	75	85	180	70	165	110	112	40	400	320	M24	26	26	1317K / 2317K	22317CK	H317 / H2317
SN618	80	90	190	74	165	110	112	40	405	320	M24	26	26	1318K / 2318K	22318CK	H318 / H2318
SN619	85	95	200	77	177	120	125	45	420	350	M24	26	26	1319K / 2319K	22319CK	H319 / H2319
SN620	90	100	215	83	187	120	140	45	420	350	M24	26	26	1320K / 2320K	22320CK	H320 / H2320
SN622	100	110	240	90	195	130	150	50	475	390	M24	28	28	1322K / 2322K	22322CK	H322 / H2322

外形尺寸

适用轴承及附件

续表

SN 6 系列

轴承座型号	外形尺寸													适用轴承及附件		
	d_1	d	D_a	g	A (max)	A_1	H	H_1 (max)	L (max)	J	G	N	N_1 (min)	调心球轴承	调心滚子轴承	紧定套
SN624	110	120	260	96	210	160	160	60	545	450	M30	35	35	—	22324CK	H2324
SN626	115	130	280	103	225	160	170	60	565	470	M30	35	35	—	22326CK	H2326
SN628	125	140	300	112	237	170	180	65	630	520	M30	35	35	—	22328CK	H2328
SN630	135	150	320	118	245	180	190	65	680	560	M30	35	35	—	22330CK	H2330
SN632	140	160	340	124	260	190	200	70	710	580	M36	42	42	—	22332CK	H2332

SNK 型

SN 型

固定端结构　自由端结构

SN 2 系列、SN 3 系列、SNK 2 系列和 SNK 3 系列

SN 2 系列、SN 3 系列、SNK 2 系列和 SNK 3 系列

续表

SN 2 系列

轴承座型号		外形尺寸																适用轴承		
SN 型	SNK 型	d	D_a	g	A (max)	A_1	H	H_1 (max)	L (max)	J	G	N	N_1 (min)	d_1	$d_2$①	调心球轴承		调心滚子轴承
SN205	SNK20S	25	52	25	72	46	40	22	170	130	M12	15	15	30	20	1205	2205	22205C	—
SN206	SNK206	30	62	30	82	52	50	22	190	150	M12	15	15	35	25	1206	2206	22206C	—
SN207	SNK207	35	72	33	85	52	50	22	190	150	M12	15	15	45	30	1207	2207	22207C	—
SN208	SNK208	40	80	33	92	60	60	25	210	170	M12	15	15	50	35	1208	2208	22208C	—
5N209	SNK209	45	85	31	92	60	60	25	210	170	M12	15	15	55	40	1209	2209	22209C	—
SN210	SNK210	50	90	33	100	60	60	25	210	170	M12	15	15	60	45	1210	2210	22210C	—
SN211	SNK211	55	100	33	105	70	70	28	270	210	M16	18	18	65	50	1211	2211	22211C	—
SN212	SNK212	60	110	38	115	70	70	30	270	210	M16	18	18	70	55	1212	2212	22212C	—
SN213	SNK213	65	120	43	120	80	80	30	290	230	M16	18	18	75	60	1213	2213	22213C	—
5N214	NK214	70	125	44	120	80	80	30	290	230	M16	18	18	80	65	1214	2214	2214C	—
SN215	SNK215	75	130	41	125	80	80	30	290	230	M16	18	18	85	70	1215	2215	22215C	—
SN216	SNK216	80	140	43	135	90	95	32	330	260	M20	22	22	90	75	1216	2216	22216C	—
SN217	SNK217	85	150	46	140	90	95	32	330	260	M20	22	22	95	80	1217	2217	22217C	—
SN218	SNK218	90	160	62.4	145	100	100	35	360	290	N20	22	22	100	85	1218	2218	22218C	—
SN220	SNK220	100	180	70.3	165	110	112	40	400	320	M24	26	26	115	95	1220	2220	22220C	23220C
SN222	SNK222	110	200	80	177	120	125	45	420	350	M24	26	26	125	105	—		22222C	23222C
SN224	SNK224	120	215	86	187	120	140	45	420	350	M24	26	26	135	115	—		22224C	23224C

续表

轴承座型号		外形尺寸														适用轴承	
SN 型	SNK 型	d	D_a	g	A (max)	A_1	H	H_1 (max)	L (max)	J	G	N	N_1 (min)	d_1	$d_2$①	调心球轴承	调心滚子轴承
SN 2 系列																	
SN226	SNK226	130	230	90	192	130	150	50	450	380	M24	26	26	145	125	—	22226C 23226C
SN228	SNK228	140	250	98	207	150	150	50	510	420	M30	35	35	155	125	—	22228C 23228C
SN230	SNK230	150	270	106	224	160	160	60	540	450	M30	35	35	165	145	—	22230C 23230C
SN232	SNK232	160	290	114	237	160	170	60	560	470	M30	35	35	175	150	—	22232C 23232C
SN 3 系列																	
SN305	SNK305	25	62	34	82	52	50	22	185	150	M12	15	20	30	20	1305 2305	—
SN306	SNK306	30	72	37	85	52	50	22	185	150	M12	15	20	35	25	1306 2306	—
SN307	SNK307	35	80	41	92	60	60	25	205	170	M12	15	20	45	30	1307 2307	—
SN308	SNK308	40	90	43	100	60	60	25	205	170	M12	15	20	50	35	1308 2308	22308C 21308C
SN309	SNK309	45	100	46	105	70	70	28	255	210	M16	18	23	55	40	1309 2309	22309C 21309C
SN310	SNK310	50	110	50	115	70	70	30	255	210	M16	18	23	60	45	1310 2310	22310C 21310C
SN311	SNK311	55	120	53	120	80	80	30	275	230	M16	18	23	65	50	1311 2311	22311C 21311C
SN312	SNK312	60	130	56	125	80	80	30	280	230	M16	18	23	70	55	1312 2312	22312C 21312C
SN313	SNK313	65	140	58	135	90	95	32	315	260	M20	22	27	75	60	1313 2313	22313C 21312C
SN314	SNK314	70	150	61	140	90	95	32	320	260	M20	22	27	80	65	1314 2214	22314C 21314C
SN315	SNK315	75	160	65	145	100	100	35	345	290	M20	22	27	85	70	1315 2315	22315C 21315C
SN316	SNK316	80	170	68	150	100	112	35	345	290	M20	22	27	90	75	1316 2316	22316C 21316C
SN317	SNK317	85	180	70	165	110	112	40	380	320	M24	26	32	95	80	1317 2317	22317C 21317C

① 该尺寸适用于 SN 型轴承座。

注：SN524~SN532，SN624~SN632，SN224~SN232，SNK224~SNK232 应装有吊环螺钉。

7.2　滑动轴承

7.2.1　轴套

（1）卷制轴套　轴套的开缝形式有直缝、斜缝和搭扣。卷制轴套的优选公称尺寸见表 7-12。

表 7-12　卷制轴套优选公称尺寸（GB/T 12613.1—2011）　mm

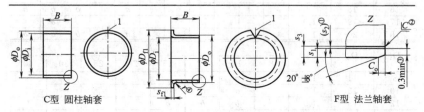

C型　圆柱轴套　　　　　　　　　　　　　　　　F型　法兰轴套

1—接缝

① 轴承材料的厚度：仅适用于按 GB/T 12613.2 的规定计算
② C_i 可以是圆弧或倒角，按 ISO 13715 规定
③ 公称壁厚为 0.5mm 时最小值为 0.2mm
④ $r_{max} = s_3$

D_i	D_o	s_3	B						
			3	4	5	6	8	10	12
2	3	0.5	a		a				
3	4	0.5	a		a				
4	5	0.5	a	a		a			
5	6	0.5			a		a	a	
6	7	0.5		a		a	a	a	
8	9	0.5				a	a	a	a
10	11	0.5					a	a	a

D_i	D_o	s_3	B						
			3	4	5	6	7	8	10
2	3.5	0.75	a		a				
3	4.5	0.75	a		a		a		
4	5.5	0.75		a		a			a

D_i	D_o	s_3	B									
			3	4	5	6	7	8	10	12	15	20	25
3	5	1.0	a	a	a	a							
4	6	1.0	a	a		a							
6	8	1.0		a	a	a	a	a					
7	9	1.0		a		a		a	a				
8	10	1.0		a	a	a	a	a	a				
9	11	1.0				a				a			

续表

D_i	D_o	s_3	B										
			3	4	5	6	7	8	10	12	15	20	25
10	12	1.0					a	a	a	a	a	b	b
12	14	1.0					a	a	a	a	a	b	b
13	15	1.0							a		b	b	
14	16	1.0							a	a	b	b	b
15	17	1.0							a	a	b	b	b
16	18	1.0							a	a	b	b	b
17	19	1.0									b	b	
18	20	1.0							a		b	b	b

D_i	D_o	s_3	B							
			8	10	12	15	20	25	30	40
8	11	1.5	b	b						
10	13	1.5	a	a	a	a				
12	15	1.5	b	b	b					
13	16	1.5	b	b	b	b				
14	17	1.5	b	b	b	b				
15	18	1.5	a	a	a	a	a			
16	19	1.5	a	a	a	b	a			
18	21	1.5			a	b	b			
20	23	1.5		a	a	b	b	b		
22	25	1.5			a	b	b	b		
24	27	1.5			a	b	b	b		
25	28	1.5			a	b	b	b		
28	31	1.5				b	b	b		

D_i	D_o	s_3	B							
			15	20	25	30	40	50	60	70	80
28	32	2.0	a	a	a	b		b			
30	34	2.0	a	a	a	b	b				
32	36	2.0		a		b	b				
35	39	2.0		a		b	b	b			
37	41	2.0		a		b	b				
38	42	2.0		a		b	b				
40	44	2.0		a		b	b	b			

D_i	D_o	s_3	B							
			20	25	30	40	50	60	70	80	100	115
45	50	2.5	a		a	b	b					
50	55	2.5	a	a	b	b	b					
55	60	2.5	a		a	b		b				
60	65	2.5	a		a	b	b					
65	70	2.5			a	b		c				
70	75	2.5			a	b		c				
75	80	2.5			b		b		c			
80	85	2.5			b		b		c	c		

续表

D_i	D_o	s_3	B									
			20	25	30	40	50	60	70	80	100	115
85	90	2.5				b		b	c	c		
90	95	2.5				b		b		c		
95	100	2.5						b		c		
100	105	2.5					b	b		c	c	
105	110	2.5						b		c	c	
110	115	2.5						b		c	c	
115	120	2.5					b	b	b	c		
120	125	2.5					b	b		c		
125	130	2.5						b		c		
130	135	2.5						b		c		
135	140	2.5						b		b	c	
140	145	2.5						b		c		
150	155	2.5						b		b	c	
160	165	2.5						b		b	c	
170	175	2.5									c	
180	185	2.5									c	
200	205	2.5									c	
220	225	2.5									c	
250	255	2.5									c	
300	305	2.5									c	

注：1. 宽度 B 的极限偏差：a 为 ±0.25；b 为 ±0.5；c 为 ±0.75。

2. 轴套宽度的极限偏差超出 a、b 或 c 的范围时，制造者与用户应协商一致，并在公称尺寸的标注后面给出。

3. 如需要使用非标准轴套宽度，则当 $D_i \leqslant 50$mm 时，应使宽度尾数为 2、5 或者 8；当 $D_i > 50$mm 时，应使宽度尾数为 5。轴套宽度 B 的检测应按 ISO 12301 规定。

（2）铜合金整体轴套（见表 7-13）

表 7-13　铜合金整体轴套规格（GB/T 18324—2001）　mm

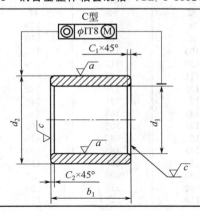

续表

内径 d_1	外径 d_2			宽度 b_1
6	8	10	12	6,10
8	10	12	14	6,10
10	12	14	16	6,10
12	14	16	18	10,15,20
14	16	18	20	10,15,20
15	17	19	21	10,15,20
16	18	20	22	12,15,20
18	20	22	24	12,15,20
20	22	24	26	15,20,30
22	24	26	28	15,20,30
(24)	27	28	30	15,20,30
25	28	30	32	20,30,40
(27)	30	32	34	20,30,40
28	30	34	36	20,30,40
30	34	36	38	20,30,40
32	36	38	40	20,30,40
(33)	37	40	42	20,30,40
35	38	41	45	30,40,50
(36)	40	42	46	30,40,50
38	42	45	48	30,40,50
40	44	48	50	30,40,60
42	46	50	52	30,40,60
45	50	53	55	30,40,60
48	53	56	58	40,50,60
50	55	58	60	40,50,60
55	60	63	65	40,50,70
60	65	70	75	40,60,80
65	70	75	80	50,60,80
70	75	80	85	50,70,90
75	80	85	90	50,70,90
80	85	90	95	60,80,100
85	90	95	100	60,80,100
90	95	105	110	60,80,120
95	105	110	115	60,100,120
100	110	115	120	80,100,120
105	115	120	125	80,100,120
110	120	125	130	80,100,120
120	125	135	140	100,120,150
130	135	145	150	100,120,150
140	145	155	160	100,150,180
150	155	165	170	120,150,180
160	165	180	185	120,150,180
170	180	190	195	120,180,200
180	190	200	210	150,180,250
190	200	210	220	150,180,250
200	210	220	230	180,200,250

7.2.2 滑动轴承座

(1) 整体有衬正滑动轴承座（见表 7-14）

表 7-14 整体有衬正滑动轴承座规格（JB/T 2560—2007）mm

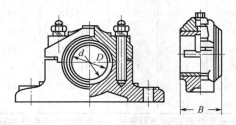

型　　　号	d(H8)	D	R	B
HZ020	20	28	26	30
HZ025	25	32	30	40
HZ030	30	38	30	50
HZ035	35	45	38	55
HZ040	40	50	40	60
HZ045	45	55	45	70
HZ050	50	60	45	75
HZ060	60	70	55	80
HZ070	70	85	65	100
HZ080	80	95	70	100
HZ090	90	105	75	120
HZ100	100	115	85	120
HZ110	110	125	90	140
HZ120	120	135	100	150
HZ140	140	160	115	170

注：1. 轴承座推荐用 HT200 灰口铸铁，轴承衬推荐用 ZQAl9-4 铝青铜，根据轴承的负荷，也可用 ZQSn6-6-3 锡青铜制造。

2. 适用于环境温度不高于 80℃ 的工作条件。

(2) 对开式两螺柱正滑动轴承座（见表 7-15）

表 7-15 对开式两螺柱正滑动轴承座规格（JB/T 2561—2007）mm

型号	d(H8)	D	B	型号	d(H8)	D	B
H2030	30	38	34	H2040	40	50	50
H2035	35	45	45	H2045	45	55	55
H2050	50	60	60	H2100	100	115	115
H2060	60	70	70	H2110	110	125	125
H2070	70	85	80	H2120	120	135	140
H2080	80	95	95	H2140	140	160	160
H2090	90	105	105	H2160	160	180	180

注：1. 适用于环境温度不高于 80℃的工作条件。

　　2. 轴承座材料推荐用 HT200 灰口铸铁，轴承衬材料推荐用 ZQAl9-4 铝青铜。

（3）对开四螺柱正滑动轴承座（见表 7-16）

（4）对开四螺柱斜滑动轴承座（见表 7-17）

表 7-16　对开四螺柱正滑动轴承座规格（JB/T 2562—2007）mm

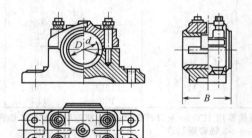

型号	d(H8)	D	B	型号	d(H8)	D	B
H4050	50	60	75	H4120	120	135	180
H4060	60	70	90	H4140	140	160	210
H4070	70	85	105	H4160	160	180	240
H4080	80	95	120	H4180	180	200	270
H4090	90	105	135	H4200	200	230	300
H4100	100	115	150	H4220	220	250	320
H4110	110	125	165				

注：轴承座材料推荐用 HT200 灰口铸铁，轴承衬材料推荐用 ZQAl9-4 铝青铜。

表 7-17　对开四螺柱斜滑动轴承座规格 (JB/T 2563—2007)

mm

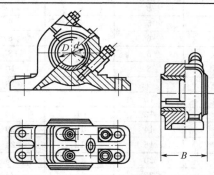

型　　号	d(H8)	D	B	型　　号	d(H8)	D	B
HX050	50	60	75	HX120	120	135	180
HX060	60	70	90	HX140	140	160	210
HX070	70	85	105	HX160	160	180	240
HX080	80	95	120	HX180	180	200	270
HX090	90	105	135	HX200	200	230	300
HX100	100	115	150	HX220	220	250	320
HX110	110	125	165				

7.3　关节轴承

7.3.1　向心关节轴承 (GB/T 9163—2001) (见表 7-18)

向心关节轴承属球面滑动轴承，主要适用于往复摆动、倾斜和旋转运动的工作场合。径向关节轴承主要用于承受径向负载，同时也能承受任一方向上较小的轴向负荷。向心关节轴承规格见表 7-18。

表 7-18　向心关节轴承规格　　　　mm

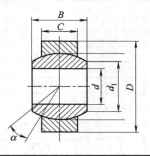

续表

E 系列					
d	D	B	C	$d_1 \geqslant$	$\alpha/(°)$
4	12	5	3	6	16
5	14	6	4	8	13
6	14	6	4	8	13
8	16	8	5	10	15
10	19	9	6	13	12
12	22	10	7	15	10
15	26	12	9	18	8
17	30	14	10	20	10
20	35	16	12	24	9
25	42	20	16	29	7
30	47	22	18	34	6
35	55	25	20	39	6
40	62	28	22	45	7
45	68	32	25	50	7
50	75	35	28	55	6
55	85	40	32	62	7
60	90	44	36	66	6
70	105	49	40	77	6
80	120	55	45	88	6
90	130	60	50	98	5
100	150	70	55	109	7
110	160	70	55	120	6
120	180	85	70	130	6
140	210	90	70	150	7
160	230	105	80	170	8
180	260	105	80	192	6
200	290	130	100	212	7
220	320	135	100	238	8
240	340	140	100	265	8
260	370	150	110	285	7
280	400	155	120	310	6
300	430	165	120	330	7
K 系列					
3	10	6	4.5	5.1	14
5	13	8	6	7.7	13
6	16	9	6.75	8.9	13

续表

K 系列					
d	D	B	C	$d_1 \geqslant$	$\alpha/(°)$
8	19	12	9	10.3	14
10	22	14	10.5	12.9	13
12	26	16	12	15.4	13
14	29	19	13.5	16.8	16
16	32	21	15	19.3	15
18	35	23	16.5	21.8	15
20	40	25	18	24.3	14
22	42	28	20	25.8	15
25	47	31	22	29.5	15
30	55	37	25	34.8	17
35	65	43	30	40.3	16
40	72	49	35	44.2	16
50	90	60	45	55.8	14
G 系列					
4	14	7	4	7	20
5	14	7	4	7	20
6	16	9	5	9	21
8	19	11	6	11	21
10	22	12	7	13	18
12	26	15	9	16	18
15	30	16	10	19	16
17	35	20	12	21	19
20	42	25	16	24	17
25	47	28	18	29	17
30	55	32	20	34	17
35	62	35	22	39	16
40	68	40	25	44	17
45	75	43	28	50	15
50	90	56	36	57	17
60	105	63	40	67	17
70	120	70	45	77	16
80	130	75	50	87	14
90	150	85	55	98	15
100	160	85	55	110	14
110	180	100	70	122	12
120	210	115	70	132	16

G 系列					
d	D	B	C	$d_1 \geqslant$	$\alpha/(°)$
140	230	130	80	151	16
160	260	135	80	176	16
180	290	155	100	196	14
200	320	165	100	220	15
220	340	175	100	243	16
240	370	190	110	263	15
260	400	205	120	283	15
280	430	210	120	310	15

7.3.2　推力关节轴承（GB/T 9162—2001）（表 7-19）

推力关节轴承主要用于承受一个方向的轴向负荷或联合负荷（联合负荷时，径向负荷值应小于轴向负荷的 1/2）。推力关节轴承规格见表 7-19。

表 7-19　推力关节轴承规格　　　　mm

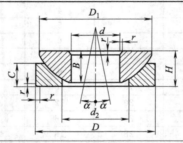

E(正常)系列						
d	D	H	B max	C max	d_2	D_1
10	30	9.5	8	7	17	27
12	35	13.0	10	10	20	31.5
15	42	15.0	11	11	24.5	38.5
17	47	16.0	12	12	28.5	43.0
20	55	20.0	15	14	34	49.5
25	62	22.5	17	17	35	57
30	75	26.0	19	20	44.5	68.5
35	90	28.0	22	21	52.5	83.5
40	105	32.0	27	22	59.5	96

E（正常）系列						
d	D	H	B max	C max	d_2	D_1
45	120	36.5	31	26	68.5	109
50	130	42.5	33	32	71	119
60	150	45.0	37	34	86.5	139
70	160	50.0	42	37	95.5	149
80	180	56.0	44	38	109	167
100	210	59.0	51	46	134	194
120	230	64.0	54	50	155	213

7.3.3　角接触关节轴承（GB/T 9164—2001）

角接触关节轴承用于主要承受径向负荷和一个方向的轴向（联合）负荷的场合，其规格见表 7-20。

表 7-20　角接触关节轴承规格　　　　　mm

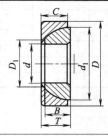

A 系列						
d	D	B max	C max	T	d_1 ≈	D_1 max
25	47	15	14	15	41.5	32
28	52	16	15	16	46.5	36
30	55	17	16	17	49.5	37
32	58	17	16	17	51.5	40
35	62	18	17	18	55.5	43
40	68	19	18	19	60.5	48
45	75	20	19	20	66.5	54
50	80	20	19	20	73.5	60
55	90	23	22	23	80	63
60	95	23	22	23	86	69

		A 系列				
d	D	B max	C max	T	d_1 $\approx$	D_1 max
65	100	23	22	23	92	77
70	110	25	24	25	101	83
75	115	25	24	25	105	87
80	125	29	27	29	113.5	92
85	130	29	27	29	119	98
90	140	32	30	32	127	104
95	145	32	30	32	131.5	109
100	150	32	31	32	138.5	115
105	160	35	33	35	146.5	120
110	170	38	36	38	155	127
120	180	38	37	38	165	137
130	200	45	43	45	184	149
140	210	45	43	45	194	162
150	225	48	46	48	207	172
160	240	51	49	51	221	183
170	260	57	55	57	242	195
180	280	64	61	64	256	207
190	290	64	62	64	270	213
200	310	70	66	70	285	230

第8章 密封件

8.1 常用机械密封

8.1.1 泵用机械密封（JB/T 1472—2011）

泵用机械密封的类型和适用范围见表 8-1。

表 8-1 泵用机械密封的类型和适用范围

型号	类型		适用范围				
			压力 /MPa	温度 /℃	转速 /r·min⁻¹	轴径 /mm	介质
103	内装式单端面	单弹簧	非平衡型并圈弹簧传动	0～0.8	−20～80	≤3000	16～120	汽油、煤油、柴油、蜡油、原油、重油、润滑油、丙酮、苯、酚、吡啶、醚、稀硝酸、浓硝酸、脂酸、尿素、碱液、海水、水等
B103			平衡型并圈弹簧传动	0.6～3, 0.3～3①				
104			非平衡型套传动	0～0.8				
104a			104 派生型					
B104			平衡型套传动	0.6～3, 0.3～6①				
B104a			B104 派生型					
105		多弹簧	非平衡型螺钉传动	0～0.8			35～120	
B105			平衡型螺钉传动	0.6～3, 0.3～3①				
114	外装式单端面单弹簧过平衡型拨叉传动			0～0.2	0～60	≤3600	16～100	腐蚀性介质，如浓硫酸、稀硫酸、40% 以下硝酸、30% 以下盐酸、磷酸、碱等
114a	114 派生型							

① 对黏度较大、润滑性好的介质取 0.6～3；对黏度较小、润滑性差的介质取 0.3～3。

(1) 内装式单端面单弹簧机械密封

① 103 型机械密封（表 8-2）

表 8-2 103 型机械密封 mm

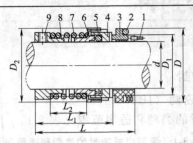

1—防转销；2,5—O 形圈；3—静止环；4—旋转环；6—推环；
7—弹簧；8—弹簧座；9—紧定螺钉

规格	d	D_2	D_1	D	L	L_1	L_2
16	16	33	25	33	56	40	12
18	18	35	28	36	60	44	16
20	20	37	30	40	63	44	16
22	22	39	32	42	67	48	20
25	25	42	35	45	67	48	20
28	28	45	38	48	69	50	22
30	30	52	40	50	75	56	22
35	35	57	45	55	79	56	26
40	40	62	50	60	83	64	30
45	45	67	55	65	90	71	36
50	50	72	60	70	94	75	40
55	55	77	65	75	96	77	42
60	60	82	70	80	96	77	42
65	65	92	80	90	111	89	50
70	70	97	85	97	116	91	52
75	75	102	90	102	116	91	52
80	80	107	95	107	123	98	59
85	85	112	100	112	125	100	59
90	90	117	105	117	126	101	60
95	95	122	110	122	126	101	60
100	100	127	115	127	126	101	60
110	110	141	130	142	153	126	80
120	120	151	140	152	153	126	80

② B103 型机械密封（表 8-3）

③ 104 型机械密封（表 8-4）

表 8-3　B103 型机械密封　　　　　　　mm

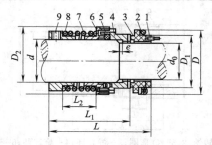

1—防转销;2,5—O 形圈;3—静止环;4—旋转环;6—推环;
7—弹簧;8—弹簧座;9—紧定螺钉

规格	d	d_0	D_2	D_1	D	L	L_1	L_2	e
16	16	11	33	25	33	64	48	12	
18	18	13	35	28	36	68	52	16	
20	20	15	37	30	40	71	52	16	
22	22	17	39	32	42	75	56	20	2
25	25	20	42	35	45	75	56	20	
28	28	22	45	38	48	77	58	22	
30	30	25	52	40	50	84	65	22	
35	30	25	52	45	52	84	65	26	
40	40	34	62	50	60	93	74	30	
45	45	38	67	55	65	100	81	36	
50	50	44	72	60	70	104	83	40	
55	55	48	77	65	75	106	87	42	
60	60	52	82	70	80	106	87	42	
65	65	58	92	80	90	118	96	50	
70	70	62	97	85	97	126	101	52	3
75	75	66	102	90	102	126	101	52	
80	80	72	107	95	107	133	108	59	
85	85	76	112	100	112	135	110	59	
90	90	82	117	105	117	136	111	60	
95	95	85	122	110	122	136	111	60	
100	100	90	127	115	127	136	111	60	
110	110	100	141	130	142	165	138	80	
120	120	110	151	140	152	165	138	80	

表 8-4　104 型机械密封　　　　　　　　mm

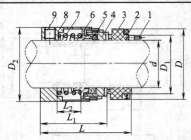

1—防转销;2,5—O 形圈;3—静止环;4—旋转环;6—推环;
7—弹簧;8—弹簧座;9—紧定螺钉

规格	d	D_2	D_1	D	L	L_1	L_2
16	16	33	25	33	53	37	8
18	18	36	28	35	58	40	11
20	20	40	30	37	59	40	11
22	22	42	32	39	62	43	14
25	25	45	35	42	62	43	14
28	28	48	38	45	63	44	15
30	30	50	40	52	68	49	15
35	35	55	45	57	70	51	17
40	40	60	50	62	73	54	20
45	45	65	55	67	79	60	25
50	50	70	60	72	82	63	28
55	55	75	65	77	84	65	30
60	60	80	70	82	84	65	30
65	65	90	80	92	96	74	35
70	70	97	85	97	101	76	37
75	75	102	90	102	101	76	37
80	80	107	95	107	106	81	42
85	85	112	100	112	107	82	42
90	90	117	105	117	108	83	43
95	95	122	110	122	108	83	43
100	100	127	115	127	108	83	43
110	110	142	130	141	132	105	60
120	120	152	140	151	132	105	60

④ 104a 型机械密封（表 8-5）

表 8-5　104a 型机械密封　　　　　　　mm

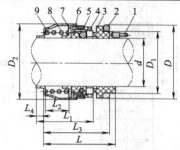

1—防转销；2,5—O 形圈；3—静止环；4—旋转环；6—密封垫圈；7—推环；
8—弹簧；9—传动垫

规格	d	D	D_1	D_2	L	L_1	L_2	L_3	L_4
16	16	34	26	33	39.5	24.5	8	36	3.5
18	18	36	28	35	40.5	25.5	9	37	3.5
20	20	38	30	37	41.5	26.5	10	38	3.5
22	22	40	32	39	43.5	28.5	12	40	3.5
25	25	43	35	42	43.5	28.5	12	40	3.5
28	28	46	38	45	46.5	31.5	15	43	3.5
30	30	50	40	52	53	35	15	48	6
35	35	55	45	57	55	37	17	50	6
40	40	60	50	62	53	40	20	53	6
50	50	70	60	72	68	48	28	63	6
55	55	75	65	77	70	50	30	65	6
60	60	80	70	82	70	50	30	65	6
65	65	90	78	92	78	55	35	72	8
70	70	95	83	97	80	57	37	74	8
75	75	100	88	102	80	57	37	74	8
80	80	105	93	107	87	62	42	81	8
85	85	110	98	112	87	62	41	81	8
90	90	115	103	117	88	63	43	82	8
95	95	120	108	122	88	63	43	82	8
100	100	125	113	127	88	63	43	82	8

注：104a 型机械密封即原 GX 型机械密封。

⑤ B104 型机械密封（表 8-6）

表 8-6   B104 型机械密封   mm

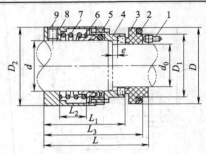

1—防转销；2,5—O 形圈；3—静止环；4—旋转环；6—推环；
7—弹簧；8—弹簧座；9—紧定螺钉

规格	d	d_0	D	D_1	D_2	L	L_1	L_2	L_3	e
16	16	11	33	25	33	61	45	8	57	
18	18	13	36	28	35	64	48	11	60	
20	20	15	40	30	37	67	48	11	62	2
22	22	17	42	32	39	70	51	14	65	
25	25	20	45	35	42	70	51	14	65	
28	28	22	48	38	45	71	52	15	66	
30	30	25	50	40	52	77	58	15	72	
35	35	28	55	45	57	80	61	17	75	
40	40	34	60	50	62	83	64	20	78	
45	45	38	65	55	67	89	70	25	84	
50	50	44	70	60	72	92	73	28	87	
55	55	48	75	65	77	94	75	30	89	
60	60	52	80	70	82	94	75	30	89	
65	65	58	90	80	92	108	81	35	98	
70	70	62	97	85	97	111	86	37	105	3
75	75	66	102	90	102	111	86	37	105	
80	80	72	107	95	107	116	91	42	110	
85	85	76	112	100	112	117	92	42	111	
90	90	82	117	105	117	118	93	43	112	
95	95	85	122	110	122	118	93	43	112	
100	100	90	127	115	127	118	93	43	112	
110	110	100	142	130	141	144	117	60	138	
120	120	110	152	140	151	144	117	60	138	

⑥ B104a 型机械密封（表 8-7）

表 8-7　B104a 型机械密封　　　　　　mm

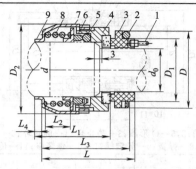

1—防转销；2,5—O形圈；3—静止环；4—旋转环；6—密封垫圈；7—推环；
8—弹簧；9—传动垫

规格	d	d_0	D	D_1	D_2	L	L_1	L_2	L_3	L_4
16	16	10	28	20	33	48.5	33.5	8	44.5	3.5
18	18	12	30	22	35	49.5	34.5	9	45.5	3.5
20	20	14	32	24	37	50.5	35.5	10	46.5	3.5
22	22	16	34	26	39	52.5	37.5	12	48.5	3.5
25	25	19	38	30	42	52.5	37.5	12	48.5	3.5
28	28	22	40	32	45	55.5	40.5	15	51.5	3.5
30	30	23	46	38	52	60	45	15	56	6
35	35	28	50	40	57	65	47	17	60	6
40	40	32	55	45	62	68	50	20	63	6
45	45	37	60	50	67	73	55	25	68	6
50	50	42	65	55	72	76	58	28	71	6
55	55	45	70	60	77	80	60	30	75	6
60	60	51	75	65	82	80	60	30	75	6
65	65	55	85	75	92	87	67	35	82	8
70	70	60	90	78	97	92	69	38	86	8
75	75	65	95	83	102	92	69	37	86	8
80	80	70	100	88	107	97	74	42	91	8
85	85	75	105	93	112	99	74	42	93	8
90	90	80	110	98	117	100	75	43	94	8
95	95	85	115	103	122	100	75	43	94	8
100	100	89	120	108	127	100	75	43	94	8

注：B104a 型机械密封即原 GY 型机械密封。

（2）内装式单端面多弹簧机械密封

① 105 型机械密封（表 8-8）

表 8-8 105 型机械密封 mm

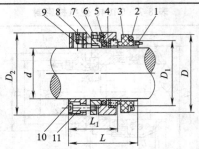

1—防转销;2,5—O 形圈;3—静止环;4—旋转环;6—传动销;
7—推环;8—弹簧;9—紧定螺钉;10—弹簧座;11—传动螺钉

规格	d	D	D_1	D_2	L_1	L
35	35	55	45	57	38	57
40	40	60	50	62	38	57
45	45	65	55	67	39	58
50	50	70	60	72	39	58
55	55	75	65	77	39	58
60	60	80	70	82	38	58
65	65	90	80	91	44	66
70	70	97	85	96	44	69
75	75	102	90	101	44	69
80	80	107	95	106	44	69
85	85	112	100	111	46	71
90	90	117	105	116	46	71
95	95	122	110	121	46	71
100	100	127	115	126	46	71
110	110	142	130	140	51	78
120	120	152	140	150	51	78

② B105 型机械密封（表 8-9）

表 8-9 B105 型机械密封 mm

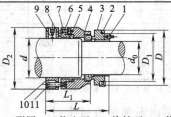

1—防转销;2,5—O 形圈;3—静止环;4—旋转环;6—传动销;7—推环;
8—弹簧;9—紧定螺钉;10—弹簧座;11—传动螺钉

续表

规格	d	d_0	D	D_1	D_2	L_1	L
35	35	28	55	45	57	48	67
40	40	34	60	50	62	48	67
45	45	38	65	55	67	49	68
50	50	44	70	60	72	49	68
55	55	48	75	65	77	49	68
60	60	52	80	70	82	49	68
65	65	58	90	80	91	51	75
70	70	62	97	85	96	54	79
75	75	66	102	90	101	54	79
80	80	72	107	95	106	54	79
85	85	76	112	100	111	56	81
90	90	82	117	105	116	56	81
95	95	85	122	110	121	56	81
100	100	90	127	115	126	56	81
110	110	100	142	130	140	73	100
120	120	110	152	140	150	73	100

（3）外装式单端面单弹簧机械密封

① 114 型机械密封（表 8-10）

表 8-10　114 型机械密封　　　　mm

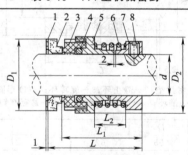

1—密封垫；2—静止环；3—旋转环；4—O 形圈；
5—推环；6—弹簧；7—弹簧座；8—紧定螺钉

规格	d	D_2	D_1	L	L_1	L_2
16	16	34	40	55	44	11
18	18	36	42	55	44	11
20	20	38	44	58	47	14
22	22	40	46	60	49	16

续表

规格	d	D_2	D_1	L	L_1	L_2
25	25	43	49	64	53	20
28	28	46	52	64	53	20
30	30	53	64	73	62	22
35	35	58	69	76	65	25
40	40	63	74	81	70	30
45	45	68	79	89	75	34
50	50	73	84	89	75	34
55	55	78	89	89	75	34
60	60	83	94	97	83	42
65	65	92	103	100	86	42
70	70	97	110	100	86	42

② 114a 型机械密封（表 8-11）

表 8-11　114a 型机械密封　　　　　mm

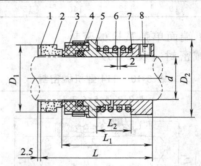

1—密封垫；2—静止环；3—旋转环；4—O 形圈；
5—推环；6—弹簧；7—弹簧座；8—紧定螺钉

规格	d	D_2	D_1	L	L_1	L_2
35	35	55	62	83	65	20
40	40	60	67	90	72	25
45	45	65	72	93	75	28
50	50	70	77	95	77	30
55	55	75	82	95	77	30
60	60	80	87	104	82	35
65	65	89	96	108	86	37
70	70	98	101	108	86	37

8.1.2 潜水电泵用机械密封 （JB/T 5966—2012）

潜水电泵用机械密封的类型和适用范围见表 8-12。

表 8-12 潜水电泵用机械密封的类型和适用范围

型号	结构特点	适用范围				介质
		介质压力/MPa	介质温度/℃	转速/r·min⁻¹	轴径/mm	
U4001 U4002	单端面单弹簧 非平衡型	−0.03 ～0.5	0～80		10～55	水、油及 pH 值6.5～ 8 的污水
UU4001 UU4002						
UU4003	双端面单弹簧 非平衡型	−0.05 ～0.15	0～70	≤3000	10～20	
UU4004 （QY 型）		≤0.3	＜70		20	河　水、 井水
UU4701		≤0.3	0～70		16～55	污水、泥 水等
UU4702		−0.05 ～0.3			20～50	

（1）单端面单弹簧非平衡型机械密封 （表 8-13）

表 8-13 单端面单弹簧非平衡型机械密封　　　　　mm

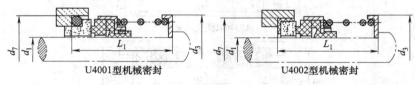

U4001型机械密封　　　　　　　　　U4002型机械密封

规格	d_1(h6)	d_3(max)	d_7(H8)	L_1(±0.50)
10	10	20	21	32.5
12	12	22	23	32.5
14	14	24	25	35.0
16	16	26	27	35.0
18	18	32	33	37.5
20	20	34	35	37.5
22	22	36	37	37.5
24	24	38	39	40.0
25	25	39	40	40.0
28	28	42	43	42.5

续表

规格	d_1(h6)	d_3(max)	d_7(H8)	L_1(± 0.50)
30	30	44	45	42.5
32	32	46	48	42.5
33	33	47	48	42.5
35	35	49	50	42.5
38	38	54	56	45.0
40	40	56	58	45.0
43	43	59	61	45.0
45	45	61	63	45.0
48	48	64	66	45.0
50	50	66	70	47.5
53	53	69	73	47.5
55	55	71	75	47.5

(2) 双端面单弹簧非平衡型机械密封

① UU4001、UU4002 型机械密封 (表 8-14)

表 8-14   UU4001、UU4002 型机械密封   mm

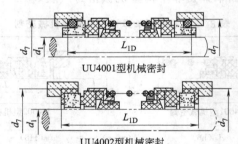

UU4001型机械密封

UU4002型机械密封

规格	d_1(h6)	d_7(H8)	L_{1D}(± 0.50)
10	10	21	48.0
12	12	23	48.0
14	14	25	50.6
16	16	27	50.6
18	18	33	55.0
20	20	35	55.0
22	22	37	55.0
24	24	39	57.6
25	25	40	57.6
28	28	43	60.6

续表

规格	d_1(h6)	d_7(H8)	$L_{1D}(\pm 0.50)$
30	30	45	60.6
32	32	48	60.6
33	33	48	60.6
35	35	50	60.6
38	38	56	66.2
40	40	58	66.2
43	43	61	66.2
45	45	63	66.2
48	48	66	66.2
50	50	70	70.7
53	53	73	70.7
55	55	75	70.7

② UU4003 型机械密封 (表 8-15)

表 8-15　UU4003 型机械密封　　　　　　mm

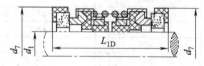

规格	d_1(h6)	d_7(H8)	$L_{1D}(\pm 0.3)$
10	10	26	34.6
12	12	28	34.6
13	13	25	36
14	14	30	36
15	15	30	36
16	16	32	36
20	20	44	49

③ UU4004 型 (QY 型) 机械密封 (表 8-16)

表 8-16　UU4004 型 (QY 型) 机械密封　　　　mm

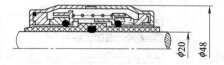

④ UU4701 型机械密封（表 8-17）

表 8-17   UU4701 型机械密封   mm

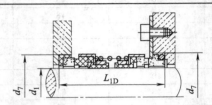

规格	d_1(h6)	d_7(H8)	L_{1D}
16	16	27	36
18	18	33	36
20	20	35	49
22	22	37	49
24	24	39	49
25	25	40	51
28	28	43	51
30	30	45	59
32	32	48	61
33	33	48	61
35	35	50	61
38	38	56	61
40	40	58	64.5
43	43	61	65
45	45	63	65
48	48	66	65
50	50	70	69.5
53	53	73	69.5
55	55	75	71

⑤ UU4702 型机械密封（表 8-18）

表 8-18   UU4702 型机械密封   mm

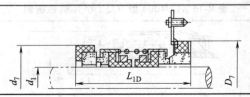

规格	d_1	d_7	D_7	L_{1D}
20	20	38	44	49
25	25	44	50	51
30	30	50	57	59
35	35	58	64	61
40	40	64	70	64.5
45	45	66	70	65
50	50	72	80	69.5

8.2 橡胶密封

8.2.1 O形橡胶密封圈 (GB/T 3452.1—2005)

O形橡胶密封圈用于气动、液动及水压等机械设备。O形密封圈的橡胶材料及代号见表8-19，规格见表8-20。

表8-19 O形密封圈的橡胶材料及代号

种类	丁腈橡胶(NBR)	乙丙橡胶(RPR)	氟橡胶(FPM)	硅橡胶(MVQ)
代号	P	E	V	S

表8-20 O形橡胶密封圈规格　　　　　　　　mm

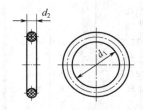

d_1 内径	d_2 1.80 ±0.08	2.65 ±0.09	3.55 ±0.10	5.30 ±0.13	7.00 ±0.15	d_1 内径	d_2 1.80 ±0.08	2.65 ±0.09	3.55 ±0.10	5.30 ±0.13	7.00 ±0.15	d_1 内径	d_2 1.80 ±0.08	2.65 ±0.09	3.55 ±0.10	5.30 ±0.13	7.00 ±0.15
1.8	×					3.15	×					4.87	×				
2	×					3.55	×					5	×				
2.24	×					3.75	×					5.15	×				
2.5	×					4	×					5.3	×				
2.8	×					4.5	×					5.6	×				

续表

（表中 d_2 各列为：1.80 ±0.08、2.65 ±0.09、3.55 ±0.10、5.30 ±0.13、7.00 ±0.15）

d_1 内径	1.80 ±0.08	2.65 ±0.09	3.55 ±0.10	5.30 ±0.13	7.00 ±0.15	d_1 内径	1.80 ±0.08	2.65 ±0.09	3.55 ±0.10	5.30 ±0.13	7.00 ±0.15	d_1 内径	1.80 ±0.08	2.65 ±0.09	3.55 ±0.10	5.30 ±0.13	7.00 ±0.15
6	×					11.8	×	×				25.8	×	×	×		
6.3	×					12.5	×	×				26.5	×	×	×		
6.7	×					13.2	×	×				28	×	×	×		
6.9	×					14	×	×				30	×	×	×		
7.1	×	×				15	×	×				31.5	×	×	×		
7.5	×	×				16	×	×				32.5	×	×	×		
8	×	×				17	×	×				33.5	×	×	×		
8.5	×	×				18	×	×		×		34.5	×	×	×		
8.75	×	×				19	×	×	×			35.5	×	×	×		
9	×	×				20	×	×	×			36.5	×	×	×		
9.5	×	×				21.2	×	×	×			37.5	×	×	×		
10	×	×				22.4	×	×	×			38.7	×	×	×		
10.6	×	×				23.6	×	×	×			40	×	×	×	×	
11.2	×	×				25	×	×	×			41.2	×	×	×	×	
42.5	×	×	×	×		65		×	×	×		100		×	×	×	
43.7	×	×	×	×		67		×	×	×		103		×	×	×	
45	×	×	×	×		69		×	×	×		106		×	×	×	
46.2	×	×	×	×		71		×	×	×		109		×	×	×	×
47.5	×	×	×	×		73		×	×	×		112		×	×	×	×
48.7	×	×	×	×		75		×	×	×		115		×	×	×	×
50	×	×	×	×		77.5			×	×	×	118		×	×	×	×
51.5		×	×	×	×	80			×	×	×	122		×	×	×	×
53		×	×	×		82.5			×	×	×	125		×	×	×	×
54.5		×	×	×		85			×	×	×	128		×	×	×	×
56		×	×	×		87.5			×	×	×	132		×	×	×	×
58		×	×	×		90		×	×	×		136		×	×	×	×
60		×	×	×		92.5			×	×	×	140		×	×	×	
61.5		×	×	×		95			×	×	×	145			×	×	×
63		×	×	×		97.5			×	×	×	150			×	×	×
155			×	×	×	175			×	×	×	195			×		×
160		×	×	×	×	180		×	×	×	×	200			×	×	×
165			×	×	×	185			×	×	×	206					×
170		×	×	×	×	190			×	×	×	212				×	×

d_1 内径	d_2 1.80 ±0.08	2.65 ±0.09	3.55 ±0.10	5.30 ±0.13	7.00 ±0.15	d_1 内径	d_2 1.80 ±0.08	2.65 ±0.09	3.55 ±0.10	5.30 ±0.13	7.00 ±0.15	d_1 内径	d_2 1.80 ±0.08	2.65 ±0.09	3.55 ±0.10	5.30 ±0.13	7.00 ±0.15
218					×	325					×	487					×
224				×	×	335				×	×	500					×
230					×	345					×	515					×
236				×	×	355				×	×	530					×
243					×	365					×	545					×
250				×	×	375				×	×	560					×
258					×	387					×	580					×
265				×	×	400				×	×	600					×
272					×	412					×	615					×
280				×	×	425					×	630					×
290					×	437					×	650					×
300				×	×	450					×	670					×
307					×	462					×						
315				×	×	475					×						

8.2.2　旋转轴唇形密封圈 （GB/T 13871.1—2007）

旋转轴唇形密封圈适用于安装在设备中的旋转轴端。唇形密封圈的橡胶材料及代号见表 8-21，规格见表 8-22。

表 8-21　旋转轴唇形密封圈的橡胶材料及代号

橡胶种类	丁腈橡胶（NBR）	丙烯酸酯橡胶（ACM）	氟橡胶（FPM）	硅橡胶（MVQ）
代　号	D	B	F	G

表 8-22　旋转轴唇形密封圈规格　　　　　mm

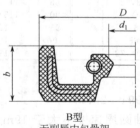

B 型
无副唇内包骨架
旋转轴唇形密封圈

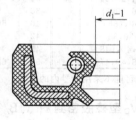

FB 型
有副唇内包骨架
旋转轴唇形密封圈

续表

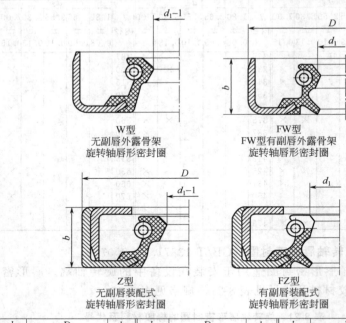

W型
无副唇外露骨架
旋转轴唇形密封圈

FW型
FW型有副唇外露骨架
旋转轴唇形密封圈

Z型
无副唇装配式
旋转轴唇形密封圈

FZ型
有副唇装配式
旋转轴唇形密封圈

d_1	D	b	d_1	D	b	d_1	D	b
6	16,22		25	40,47,52		55	72,(75),80	8
7	22		28	40,47,52		60	80,85	
8	22,24		30	42,47,(50)	7	65	85,90	
9	22		30	52		70	90,95	10
10	22,25		32	45,47,52		75	95,100	
12	24,25,30	7	35	50,52,55		80	100,110	
15	26,30,35		38	52,58,62		85	110,120	
16	30,(35)		40	55,(60),62	8	90	(115),120	
18	30,35		42	55,62		95	120	12
20	35,40,(45)		45	62,65		100	125	
22	35,40,47		50	68,(70),72		105	(130)	

注：尽可能不采用括号内的规格。

8.2.3 V_D型橡胶密封圈（JB/T 6994—2007）

V_D型橡胶密封圈适用于回转轴圆周速度不大于 19m/s 的机械设备，起端面密封和防尘作用。它有 S 型和 A 型两种。材料为丁腈橡胶（SN）或氟橡胶（SF）。V_D型橡胶密封圈规格见表 8-23。

表 8-23 V_D 型橡胶密封圈规格 mm

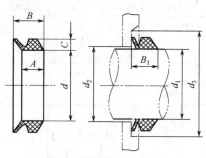

S型橡胶密封圈   A型橡胶密封圈

密封圈代号		公称轴径	轴径 d_1	d	C	d_2（最大）	d_3（最小）	安装宽度	
								V_DS 型	V_DA 型
V_D5A	V_D5S	5	4.5～5.5	4	2	d_1+1	d_1+6	4.5±0.4	3±0.4
V_D6A	V_D6S	6	5.5～6.5	5					
V_D7A	V_D7S	7	6.8～8.0	6					
V_D8A	V_D8S	8	8.0～9.5	7					
V_D10A	V_D10S	10	9.5～11.5	9	3	d_1+2	d_1+9	6.7±0.6	4.5±0.6
V_D12A	V_D12S	12	11.5～13.5	10.5					
V_D14A	V_D14S	14	13.5～15.5	12.5					
V_D16A	V_D16S	16	15.5～17.5	14					
V_D18A	V_D18S	18	17.5～19	16					
V_D20A	V_D20S	20	19～21	18	4	d_1+3	d_1+12	9±0.8	6±0.8
V_D22A	V_D22S	22	21～24	20					
V_D25A	V_D25S	25	24～27	22					
V_D28A	V_D28S	28	27～29	25					
V_D30A	V_D30S	30	29～31	27	4	d_1+3	d_1+12	9±0.8	6±0.8
V_D32A	V_D32S	32	31～33	29					
V_D36A	V_D36S	36	33～36	31					
V_D38A	V_D38S	38	36～38	34					
V_D 40A	V_D 40S	40	38～43	36	5	d_1+3	d_1+15	11±1.0	7±1.0
V_D 45A	V_D 45S	45	43～48	40					
V_D 50A	V_D 50S	50	48～53	45					
V_D 56A	V_D 56S	56	53～58	49					
V_D 60A	V_D 60S	60	58～63	54					
V_D 65A	V_D 65S	65	63～68	58					

续表

密封圈代号		公称轴径	轴径 d_1	d	C	d_2（最大）	d_3（最小）	安装宽度	
								$V_D S$ 型	$V_D A$ 型
$V_D 70A$	$V_D 70S$	70	68～73	63					
$V_D 75A$	$V_D 75S$	75	73～78	67					
$V_D 80A$	$V_D 80S$	80	78～83	72					
$V_D 85A$	$V_D 85S$	85	83～88	76	6		d_1+18	13.5±1.2	9±1.2
$V_D 90A$	$V_D 90S$	90	88～93	81					
$V_D 95A$	$V_D 95S$	95	93～98	85		d_1+4			
$V_D 100A$	$V_D 100S$	100	98～105	90					
$V_D 110A$	$V_D 110S$	110	105～115	99					
$V_D 120A$	$V_D 120S$	120	115～125	108					10.5±1.5
$V_D 130A$	$V_D 130S$	130	125～135	117	7		d_1+21	15.5±1.5	
$V_D 140A$	$V_D 140S$	140	135～145	126					
$V_D 150A$	$V_D 150S$	150	145～155	135					
$V_D 160A$	$V_D 160S$	160	155～165	144					12.5±1.8
$V_D 170A$	$V_D 170S$	170	165～175	153					
$V_D 180A$	$V_D 180S$	180	175～185	162	8	d_1+5	d_1+24	18.0±1.8	
$V_D 190A$	$V_D 190S$	190	185～195	171					20.0±4.0
$V_D 200A$	$V_D 200S$	200	195～210	180					

8.3 软填料密封

8.3.1 常用密封填料

（1）橡胶石棉密封填料（JC/T 1019—2006）

橡胶石棉密封填料用石棉布、石棉线（或石棉金属布、线）浸渍橡胶黏合剂，卷制或编织后压成方形，外涂高碳石墨制成，作蒸汽机往复泵的活塞和阀门杆上的密封材料。其规格见表 8-24。

表 8-24 橡胶石棉密封填料规格

牌号	正方形边长 /mm	密度 /g·cm^{-3}	适用温度 /℃	适用压力 /MPa	烧失量 /%	适用介质
XS550	3，4，5，6，8，10，13，16，19，22，25，28，32，35，38，42，45，50	无金属丝： ≥0.9； 夹金属丝： ≥1.1	≤550	≤8	≤24	高压蒸汽
XS450			≤450	≤6	≤27	
XS350			≤350	≤4.5	≤32	
XS250			≤250	≤4.5	≤40	

注：1. 夹金属丝的在牌号后边加注该金属丝的化学元素。
2. 编织用（A）、卷制用（B）的代号，加注于牌号后。

（2）油浸石棉密封填料（JC/T 1019—2006）

油浸石棉密封填料用石棉线或金属石棉线浸渍润滑油和石墨编织或扭制而成，用于回转轴往复活塞或阀门杆作密封材料。其规格见表 8-25。

表 8-25　油浸石棉密封填料规格

牌号	形状	直径或方形边长/mm	密度/g·cm⁻³	适用压力/MPa	适用温度/℃	适用介质
YS350	F	3~50	无金属丝：≥0.9；夹金属丝：≥1.1	≤4.5	≤350	蒸汽、空气、工业用水、重质石油产品
	Y	5~50				
	N	3~50				
YS250	与 YS350 相同				≤250	

注：1. 形状：F—方形，穿心或一至多层编织；Y—圆形，中间是扭制芯子，外边是一至多层编织；N—圆形扭制。

2. 夹金属丝的在牌号后用括弧加注该金属化学元素符号。

3. 直径（边长）系列（mm）：3，4，5，6，8，10，13，16，19，22，25，28，32，35，38，42，45，50。

（3）油浸棉、麻密封填料（JC/T 332—2006）

油浸棉、麻密封填料以棉线、麻线浸渍润滑油脂编织而成，用于管道、阀门、旋塞、转轴、活塞杆等作密封材料。其规格见表 8-26。

表 8-26　油浸棉、麻密封填料规格

正方形边长(mm)：3,4,5,6,8,10,13,16,19,22,25,28,32,35,38,42,45,50

密度/g·cm⁻³	≥0.9
适用压力/MPa	≤12
适用温度/℃	120
适用介质	水、空气、润滑油、碳氢化合物、石油类燃料等（油浸棉盘根）；油浸麻盘根除适用于上述介质外，还适用于碱溶液等介质

8.3.2　编织填料

(1) 聚四氟乙烯编织填料（JB/T 6626—2011）

聚四氟乙烯编织填料适用于强腐蚀性化学药剂（熔融金属钠及液氟除外）密封。其型号见表 8-27。

表 8-27　聚四氟乙烯编织填料型号

型　　号	工作压力/MPa	工作温度/℃	线速度/m·s⁻¹
SFW/260(NFS-1)	10		8
	25		2.5
	50		2
SFGS/260(NFS-2)	10	−200～260	8
	25		2
	40		2
SFP/260(NFS-3)	2		8
	15		1.5
	25		1
SFPS/250(NFS-4)	8	−200～250	10
	25		2
	30		2

填料规格尺寸及偏差见表 8-28。

表 8-28　聚四氟乙烯编织填料规格尺寸及偏差　　　mm

规格	3.0	4.0	5.0	6.0	8.0	10.0	12.0	14.0	16.0	18.0	20.0	22.0	24.0	25.0
偏差	±0.2			±0.3			±0.5		±0.7		±1.0			

注：规格尺寸以正方形边长为参数。

(2) 石棉/聚四氟乙烯混编填料（JB/T 8558）

适用于弱酸、弱碱、有机溶剂等介质的密封。

性能范围：SSS-型：工作压力≤15MPa，工作温度≤260℃；
　　　　　　SSD-型：工作压力≤15MPa，工作温度≤260℃。

填料规格尺寸及偏差见表 8-29。

表 8-29　石棉/聚四氟乙烯混编填料规格尺寸及偏差　　　mm

规格	≤5	6～10	12～14	16～18	20～25
偏差	±0.2	±0.3	±0.5	±0.7	±1.0

注：规格尺寸以正方形边长为参数。

(3) 碳化纤维/聚四氟乙烯混编填料（JB/T 8560—2013）

适用于溶剂、弱酸、碱 pH 值 2～12 介质的密封。

性能范围：TSS-型：工作压力≤15MPa，工作温度≤260℃；

　　　　　　TSD-型：工作压力≤15MPa，工作温度≤260℃。

填料规格尺寸及偏差见表 8-30。

表 8-30　碳化纤维/聚四氟乙烯混编填料规格尺寸及偏差　mm

规格	≤5	6～10	12～14	16～18	20～25
偏差	±0.2	±0.3	±0.5	±0.7	±1.0

注：规格尺寸以正方形边长为参数。

（4）碳化纤维浸渍聚四氟乙烯编织填料（JB/T 6627—2008）

T1101、T1102、T2101、T2102 适用于溶剂、酸、碱 pH 值 1～14 等介质的密封。T3101、T3102 适用于溶剂、弱碱、弱碱 pH 值 2～12 等介质的密封。

性能范围：T1101、T1102 型：工作压力≤18MPa，工作温度≤345℃；

　　　　　　T2101、T2102 型：工作压力≤15MPa，工作温度≤300℃；

　　　　　　T3101、T3102 型：工作压力≤10MPa，工作温度≤260℃。

填料正方形截面规格尺寸及偏差见表 8-31。

表 8-31　填料正方形截面规格尺寸及偏差　mm

规格	3.0	4.0	5.0	6.0	8.0	10.0	12.0	14.0	16.0	18.0	20.0	22.0	24.0	25.0
偏差	±0.2			±0.3			±0.5		±0.7		±1.0			

填料模压成型环规格尺寸及偏差见表 8-32。

表 8-32　填料模压成型环规格尺寸及偏差　mm

内径	4～100	101～200	外径	10～150	151～250	高度	3～25
偏差	+0.3	+0.5	偏差	-0.5	-0.7		

（5）柔性石墨编织填料（JB/T 7370—2014）

适用于醋酸、硼酸、盐酸、硝酸、硫酸、硫化氢、氯化钠、汽油、矿物油、二甲苯、四氯化碳等介质的密封。

性能范围：RBTN1-450 型：工作压力≤20，工作温度为 450℃；

　　　　　　RBTN2-600 型：工作压力≤20，工作温度为 600℃；

　　　　　　RBTW1-300 型：工作压力≤20，工作温度为 300℃；

　　　　　　RBTW2-450 型：工作压力≤20，工作温度为 450℃；

　　　　　　RBTW2-600 型：工作压力≤20，工作温度为 600℃。

填料规格尺寸及偏差见表 8-33。

表 8-33　柔性石墨编织填料规格尺寸及偏差　　　　mm

规格（填料边长）	≤5	6～15	16～25	≥26
极限偏差	±0.4	±0.8	±1.2	±1.6

8.3.3　垫密封

（1）石棉纸板（表 8-34）

石棉纸板（也叫白纸柏、纸柏板、鸡毛纸）由石棉纤维、植物纤维和黏结剂混合制成，具有电绝缘、绝热、保温、隔音、密封等性能。电绝缘石棉纸：Ⅰ号能经受较高电压，可作大型电机磁极线圈匝间绝缘；Ⅱ号能经受较低电压，可作一般电器开关、仪表隔弧绝缘材料。热绝缘石棉纸可用于电机工业、铝浇铸工艺及电器罩壳或其他隔热保温材料。衬垫石棉纸板用于各类内燃机气缸垫及化工管道连接件上的密封衬垫。石棉纸板品种及规格见表 8-34。

表 8-34　石棉纸板品种及规格

品　种	电绝缘石棉纸（JC/T 41—2009）							
厚度/mm	Ⅰ号				Ⅱ号			
	0.2	0.3	0.4	0.6	0.2	0.3	0.4	0.5
密度/g·cm⁻³	1.2	1.1			1.1			
含水量/%	<3.5							
烧失量/%	<25				<23			
抗张强度 /MPa	纵向	0.20	0.25	0.28	0.32	0.16	0.20	0.22	0.25
	横向	0.06	0.08	0.12	0.14	0.04	0.06	0.08	0.10
击穿电压/V	1200	1400	1700	2000	500	500	1000	1000
品　种	热绝缘石棉纸（JC/T 69—2009）					衬垫石棉纸板（JC/T 69—2009）		
厚度 /mm	0.2	0.3	0.5	0.8	1.0	0.8,0.9,1.0,1.2 1.4,1.5,1.6,2.0		

续表

品　种		热绝缘石棉纸 (JC/T 69—2009)					衬垫石棉纸板 (JC/T 69—2009)
密度/g·cm⁻³		1.1			1.25		1.1~1.5
含水量/%		≤3.5					≤3
烧失量/%		≤18					≤18
抗张强度 /MPa	纵向	0.08	0.10	0.20	0.28	0.35	≤25
	横向	0.03	0.05	0.08	0.17	0.22	≤23

（2）石棉橡胶板（表 8-35）

石棉橡胶板（也叫橡胶石棉板、纸柏）用作温度 450℃、压力 6MPa 以下，介质为水、蒸汽、空气、煤气、惰性气体、氨、碱液等的设备和管道法兰连接处的密封衬垫材料。耐油橡胶石棉板可用作介质为油品、溶剂及碱液的设备和管道法兰连接处的密封衬垫材料。其规格见表 8-35。

表 8-35　石棉橡胶板规格

牌号	尺寸/mm			密度 /g·cm⁻³	适用范围	
	厚度	宽度	长度		温度 /℃	压力 /MPa
石棉橡胶板（GB/T 3985—2008）						
XB450 （紫色）	0.5,1,1.5,2,2.5,3	500 620 1200 1260 1500	500 620 1260	1.6~2.0	≤450	≤6
XB350 （红色）	0.8,1,1.5,2,2.5,3, 3.5,4,4.5,5,5.5,6		1000 1260 1350		≤350	≤4
XB200 （灰色）			1500 4000		≤200	≤1.5
耐油石棉橡胶板（GB/T 539—2008）						
NY150 （灰色）	0.4,0.5,0.6,0.8,1, 1.1,1.2,1.5,2,2.5,3	500, 620, 1200, 1260, 1500	500, 620, 1000, 1260, 1350, 1500	1.6~2.0	≤150	1.6~2.0
NY250 （浅黄）					≤250	
NY400 （石墨）					≤400	

（3）聚四氟乙烯生料带（表 8-36）

聚四氟乙烯生料带可用作油、溶剂、化学药品、蒸汽和水等配管螺纹处的密封，也可用作螺堵等密封；使用温度范围为 $-100\sim250℃$。其规格见表 8-36。

表 8-36　聚四氟乙烯生料带规格

外形		尺寸及公差	物理性能	指标
厚度/mm		0.10 ± 0.02	抗拉强度/MPa	>7
宽度/mm		13 ± 0.5	伸长率/%	<20
长度/mm		以 5 为基准，制成以 5 为倍数的长度：$l^{+0.5}_{0}$	挥发失重/%	<1
			耐燃性	不燃

注：长度 l 是指两个刻印之间或其倍数之间的距离。

8.4　胶密封

8.4.1　常用液态密封胶

（1）干性、半干性液态密封胶（表 8-37）

表 8-37　干性、半干性液态密封胶

类型与牌号			干性附着型	干性剥离型			半干性黏弹型	
			机床密封填料	N04	尼龙流体垫料	铁锚609	铁锚601	铁锚602
适用范围	密封性能	耐高温/℃	140	140	220	140	200	200
		耐压/MPa	1.2	1.2	1.5	1.2	1.4	1.4
	耐介质性能①	水 (25℃,24h)	-4.16	$+0.66$	-15.91	-2.05	-0.46	-1.41
		20 号机油 (80℃,24h)	-4.6	$+14.23$	-7.13	$+11.0$	$+3.94$	-0.19
		120 号机油 (25℃,24h)	$+5.44$	-5.47	-19.4	$+1.15$	$+2.70$	-16.7
	用途	平面密封	优	优			优	
		螺纹面密封	优	劣			可	
		嵌入部位密封	优	劣			良	
		装配时有滑动部位密封	劣	劣			劣	
		与垫片组合使用时的耐热、耐压性	良	优			优	

续表

类型与牌号		干性附着型	干性剥离型			半干性黏弹型	
		机床密封填料	N04	尼龙流体垫料	铁锚609	铁锚601	铁锚602
施工性能	涂覆性	好	好	好	稍差	好	好
	去除性	较难	可剥离加热后难	较易	易	可剥离	可剥离
	密度/kg·m⁻³	1100	1200	950	1800	1200	1800
	黏度/Pa·s	2.6~2.8	5~7	1.5~1.6	3~7	39~44	280~320
	不挥发成分/%	11.1	41.8	43.1	12.3	35.2	20.7
	接合应力/MPa	0.316	0.352	0.122	0.193	0.084	0.154
	流动性/mm·min⁻¹	91	200	600	77	0	2.3
	热分解温度/℃	219	391	317	370	319	332
	外观	浅灰黏液	灰色黏液	乳白黏液	灰色黏液	黄色黏液	灰色黏液

① 增重率（%）。

（2）不干性粘接型液态密封胶（表 8-38）

表 8-38　不干性粘接型液态密封胶

产品牌号			7302①	W-1	W-4	G-1	MF-1
适用范围	密封性能	耐高温/℃	120	160	160	300	200
		耐压/MPa	1.1	1.3	1.3	1.65	1.4
	耐介质性能②	水 （25℃，24h）	−9.06	−0.10	−7.19	−7.19	−0.70
		20 号机油 （80℃，24h）	−9.24	+1.34	+3.56	−2.56	+6.16
		120 号机油 （25℃，24h）	0.92	−15.69	−13.53	−26.6	−21.6
	用途	平面密封	优				
		螺纹面密封	优				
		嵌入部位密封	优				
		装配时有滑动部位密封	可				
		与垫片组合使用时的耐热、耐压性	优				

续表

产品牌号		7302①	W-1	W-4	G-1	MF-1
施工性能	涂覆性	较好	较好	较好	较好	好
	去除性	可剥离，加热后难	可剥离	可剥离	可剥离	可剥离
	密度/kg·m⁻³	1700	1200	2400	5000	1400
	黏度/Pa·s	250～380	400～420	550～600	250～300	200～240
	不挥发成分/%	64.5	48.1	48.3	70.5	30.8
	接合应力/MPa	0.091	0.047	0.064	0.063	0.075
	流动性/mm·min⁻¹	91	0	0	0	0.5
	热分解温度/℃	318	220	241	520	230
	外观	棕黄黏液	蓝色黏液	绿色黏液	灰墨色黏液	灰红色黏液

① 7302 胶在 80℃ 以上为干型。
② 增重率（%）。

(3) 液态密封胶（JB/T 4254—1999）（表 8-39）

表 8-39 液态密封胶

项 目		非干性	非干性或干性
黏度/MPa·s		＞5000	＞1000
相对密度		＞0.8	＞0.8
不挥发物/%		＞65.00	＞20.00
耐压性/MPa	室温	8.83	7.85
	80℃±5℃	6.86	6.86
	150℃±5℃	3.92	6.86
冷热交换耐压性/MPa		4.90	4.90

8.4.2 建筑工程用胶密封（表 8-40）

建筑工程用胶密封品种及规格见表 8-40。

表 8-40 建筑工程用胶密封品种及规格

类型及品种		规 格	用 途
混凝土等建筑物防漏接缝用	建筑防水沥青嵌缝油膏 701、702、703、801、802、803	耐热温度 70～80℃，浸水后粘接性不小于 15mm	用于填嵌建筑物的防水接缝
	沥青橡胶油膏	粘接力强，延伸性、耐久性、弹塑性好，耐热温度 80～90℃，浸水后粘接性不小于 15～20mm	用于预制混凝土屋面板、墙板等构件及桥梁、涵洞、地下工程防水、防渗等

类型及品种		规 格	用 途
混凝土等建筑物防漏接缝用	改性苯乙烯焦油密封膏	粘接力强,防水性能好,耐热性高,耐寒性好	用于建筑物的接缝处理,屋面板和地下工程的接缝
	塑料油膏	耐热温度 70～80℃,粘接力强,弹性、抗老化性好	用于各种混凝土屋面板、墙板、楼地面等构件的接缝防水补漏
	聚氯乙烯胶泥(PVC胶泥)	良好的耐热性、粘接性、弹塑性、防水性及耐寒性	用于各种坡度的建筑屋面防水工程及地下管道密封
	氯磺化聚乙烯密封膏(CSPE-A 型)	弹性好,耐高低温性好,可在－20～100℃使用,粘接强度高,耐水、耐酸碱性好	用于混凝土、金属、木材、胶合板、天然石料、砖、砂浆、玻璃及水泥板块之间密封防水
	聚硫密封膏 XM-38、JLC-6	良好的耐水、耐油、耐低温性能,使用温度－40～96℃;抗撕裂性强	用于混凝土墙板、楼板、储水槽、上下管道等接缝处密封
门窗等结构密封用	水乳型丙烯酸建筑密封膏 SA-101、YJ-5	良好的粘接性、延伸性、耐低温性、耐热性、抗大气老化性	用于窗框与墙的密封、钢、铝、木窗与玻璃密封等(SA-101),用于钢、铝、混凝土、玻璃、陶瓷、塑料等材质嵌缝防水密封(YJ-5)
	聚氨酯弹性密封膏	粘接性好,耐低温,耐水,耐油,耐酸碱	用于各种装配式建筑的屋面板、窗框等的接缝施工密封及混凝土裂缝修补
	有机硅橡胶密封膏	优异的耐热、耐寒性和较好的耐候性,良好的伸缩耐疲劳性能,好的粘接性能	用于建筑物的结构型和非结构型部位密封

第9章 机床附件及密封器

9.1 机床附件

9.1.1 自定心卡盘（GB/T 4346—2008）

自定心卡盘适用于各种车床、铣床和普通精度的磨床。其三爪联动、自动定心，用以夹持圆柱形或六边形、三边形工件。卡爪为整体式单动卡，带有内、外卡爪各三块。各类卡盘规格见表9-1～表9-5。

（1）短圆锥型卡盘

表9-1 短圆锥型卡盘 mm

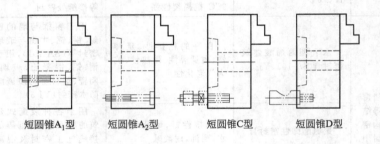

短圆锥A₁型　　短圆锥A₂型　　短圆锥C型　　短圆锥D型

系列	连接形式	卡盘直径 D								
		125	160	200	250	315	400	500	630	800
		代号								
Ⅰ	A₁	—	—	5	6	8	11	15	15	—
	A₂	—	—	—	—	—	—	—		15
	C、D	3	4	5	6	8	11	15		
Ⅱ	A₁	—	—	6	8	—	—	—	20	20
	C、D	4	5			11	15			
Ⅲ	A₁	—	—	4	—	—	—	—	11	20
	A₂	—	—		5	6	8	11		
	C、D	—	3							

注：优先选用Ⅰ系列。

（2）短圆柱型卡盘

表 9-2　短圆柱型卡盘　　　　mm

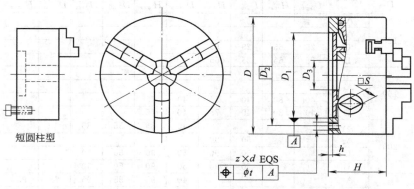

短圆柱型

卡盘直径 D	80	100	125	160	200	250	315	400	500	630	800
D_1	55	72	95	130	165	206	260	340	440	560	710
D_2	66	84	108	142	180	226	285	368	465	595	760
D_{3min}	16	22	30	40	60	80	100	130	200	260	380
$z \times d$	3× M6		3× M8		3× M10	3× M12	3× M16		3× M16		3× M20
t			0.30				0.40				
h_{min}		3				5			6	7	8
H_{max}	50	55	60	65	75	80	90	100	115	135	149
S		8		10		12		14	17		19

（3）125～250mm 短圆锥型卡盘

表 9-3　125～250mm 短圆锥型卡盘　　　　mm

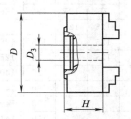

续表

卡盘直径 D	连接形式	代号									
		3		4		5		6		8	
		D_{3min}	H_{max}	D_{3min}	H_{max}	D_{3min}	H_{max}	D_{3min}	H_{max}	D_{3min}	H_{max}
125	A_1										
	A_2										
	C	25	65	25	65						
	D	25	65	25	65						
160	A_1										
	A_2										
	C	40	80	40	75	40	75				
	D	40	80	40	75	40	75				
200	A_1					40	85	55	85		
	A_2			50	90						
	C			50	90	50	90	50	90		
	D			50	90	50	90	50	90		
250	A_1					40	95	55	95	75	95
	A_2										
	C					70	100	70	100	70	100
	D					70	100	70	100	70	100

注：1. A_1 型、A_2 型、C 型、D 型短圆锥型卡盘连接参数分别见 GB/T 5900.1～5900.3—1997。

2. 扳手方孔尺寸见表 (9-2)。

（4）315～800mm 短圆锥型卡盘参数

表 9-4　315～800mm 短圆锥型卡盘参数　　　　　　　mm

卡盘直径 D	连接形式	代号									
		6		8		11		15		20	
		D_{3min}	H_{max}	D_{3min}	H_{max}	D_{3min}	H_{max}	D_{3min}	H_{max}	D_{3min}	H_{max}
315	A_1	55	110	75	110						
	A_2	100	110								
	C	100	110	100	110	100	110				
	D	100	115	100	115	100	115				
400	A_1			75	125	125	125				
	A_2			125	125						
	C			125	125	125	125	125	140		
	D			125	125	125	125	125	155		
500	A_1					125	140	190	140		
	A_2					190	140				
	C					190	140	200	140		
	D					190	145	200	145		

续表

卡盘直径 D	连接形式	代号									
		6		8		11		15		20	
		D_{3min}	H_{max}	D_{3min}	H_{max}	D_{3min}	H_{max}	D_{3min}	H_{max}	D_{3min}	H_{max}
630	A_1							240	160		
	A_2					190	160	240	160		
	C					190	160	240	160	350	200
	D					190	160	240	160	350	200
800	A_1										
	A_2							240	180	350	200
	C							240	180	350	200
	D							240	180	350	200

注：1. A_1 型、A_2 型、C 型、D 型短圆锥型卡盘连接参数分别见 GB/T 5900.1～5900.3—1997 中图 2 和表 2。

2. 扳手方孔尺寸见表（9-2）。

（5）卡盘

表 9-5　卡盘　　　　　　　　　　　　mm

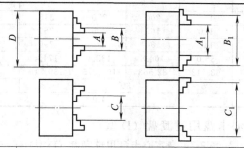

卡盘直径 D	正爪		反爪
	夹紧范围	撑紧范围	夹紧范围
	$A\sim A_1$	$B\sim B_1$	$C\sim C_1$
80	2～22	25～70	22～63
100	2～30	30～90	30～80
125	2.5～40	38～125	38～110
160	3～55	50～160	55～145
200	4～85	65～200	65～200
250	6～110	80～250	90～250
315	10～140	95～315	100～315
400	15～210	120～400	120～400
500	25～280	150～500	150～500
630	50～350	170～630	170～630
800	150～450	300～800	400～800

9.1.2 自定心卡盘用过渡盘 （JB/T 10126—1999）

适用于机床夹具。

（1）自定心卡盘用过渡盘（C 型）

表 9-6 自定心卡盘用过渡盘（C 型） mm

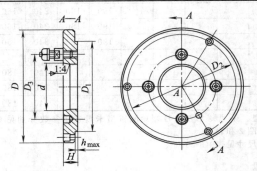

主轴端部代号	3	4	5	6	8	11	
D	125	160	200	250	315	400	500
D_1	95	130	165	206	260	340	440
D_2	108	142	180	226	290	368	465
D_3	75.0	85.0	104.8	133.4	171.4	235.0	
d	53.975	63.513	82.563	106.375	139.719	196.869	
H	20	25	30		38	40	
h_{max}	2.5	4.0					5.0

（2）自定心卡盘用过渡盘（D 型）

表 9-7 自定心卡盘用过渡盘（D 型） mm

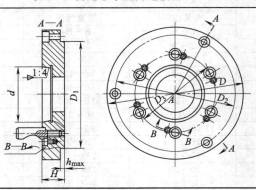

续表

主轴端部代号	3	4	5	6	8	11	
D	125	160	200	250	315	400	500
D_1	95	130	165	206	260	340	440
D_2	108	142	180	226	290	368	465
D_3	70.6	82.6	104.8	133.4	171.4	235.0	
d	53.975	63.513	82.563	106.375	139.719	196.869	
H	25		30	35	38	45	
h_{max}	2.5		4.0				5.0

9.1.3　单动卡盘 （JB/T 6566—2005）

单动卡盘用在大中型普通车床、外圆磨床上，用以夹持不对称不规则的工件，通过单动的卡爪对工件校正，也可夹持圆柱、方形工件，夹紧后加工。

（1）短圆锥型卡盘的连接代号与卡盘直径的搭配关系（表 9-8）

表 9-8　短圆锥型卡盘的连接代号与卡盘直径的搭配关系

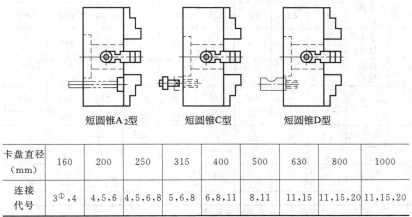

短圆锥A$_2$型　　　　短圆锥C型　　　　短圆锥D型

卡盘直径（mm）	160	200	250	315	400	500	630	800	1000
连接代号	3[①],4	4,5,6	4,5,6,8	5,6,8	6,8,11	8,11	11,15	11,15,20	11,15,20

① 连接形式只有 C 型和 D 型，其余连接形式 A$_2$、C、D 均有。

（2）短圆柱型卡盘参数（表 9-9）

表 9-9 短圆柱型卡盘参数   mm

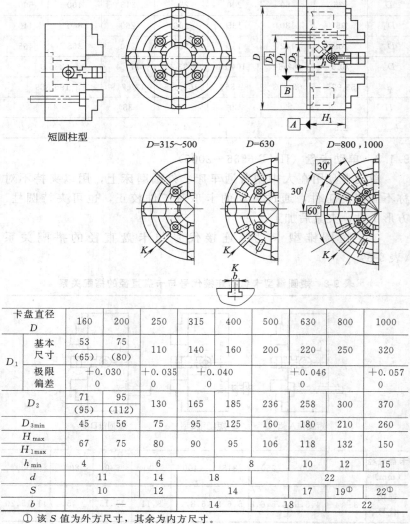

卡盘直径 D	160	200	250	315	400	500	630	800	1000
D_1 基本尺寸	53 (65)	75 (80)	110	140	160	200	220	250	320
D_1 极限偏差	+0.030 0		+0.035 0	+0.040 0			+0.046 0		+0.057 0
D_2	71 (95)	95 (112)	130	165	185	236	258	300	370
D_{3min}	45	56	75	95	125	160	180	210	260
H_{max} H_{1max}	67	75	80	90	95	106	118	132	150
h_{min}	4		6		8		10	12	15
d		11	14	18			22		
S		10	12	14			17	19①	22①
b		—		14		18		22	

① 该 S 值为外方尺寸，其余为内方尺寸。
注：括号内尺寸尽量不采用。

（3）短圆锥型卡盘参数（表 9-10）

表 9-10　短圆锥型卡盘参数　　　　　mm

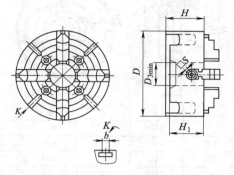

卡盘的连接代号	3	4	5	6	8	11	15	20
D_{3min}	45	56	56	75	125	160	180	210

注：扳手方孔 S、T 形槽宽度 b 以及 H 和 H_1 尺寸见表 10-9。

（4）卡盘的夹持尺寸范围（表 9-11）

表 9-11　卡盘的夹持尺寸范围　　　　　mm

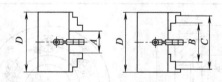

卡盘直径 D	160	200	250	315	400	500	630	800	1000
A	8～80	10～100	15～130	20～170	25～250	35～300	50～400	70～540	100～680
B～C	50～160	63～200	80～250	100～315	118～400	125～500	160～630	200～800	250～1000

9.1.4　单动卡盘用过渡盘（JB/T 10126.2—1999）

单动卡盘用过渡盘适用于机床夹具。

（1）单动卡盘过渡盘（C 型）（表 9-12）

表 9-12 单动卡盘过渡盘（C 型）　　　mm

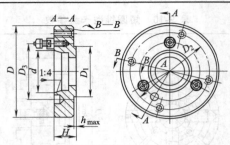

主轴端部代号	4	5	6	8	11	
卡盘直径	200	250	315	400	500	630
D	140	160	200	230	280	320
D_1	75	110	140	160	200	220
D_2	95	130	165	185	236	258
D_3	85.0	104.8	133.4	171.4	235.0	
d	63.513	82.563	106.375	139.719	196.869	
H	30	35		45	50	60
h_{max}	5			7		9

（2）单动卡盘过渡盘（D 型）（表 9-13）

表 9-13 单动卡盘过渡盘（D 型）　　　mm

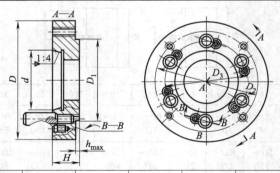

主轴端部代号	4	5	6	8	11	
卡盘直径	200	250	315	400	500	630
D	140	160	200	230	280	320
D_1	75	110	140	160	200	220
D_2	95	130	165	185	236	258

续表

D_3	82.6	104.8	133.4	171.4	235.0	
d	63.513	82.563	106.375	139.719	196.869	
H	30	35		45	50	60
h_{max}	5				7	9

9.1.5　扳手三爪钻夹头 （GB/T 6087—2003）

扳手三爪钻夹头安装于钻床或电钻上，用来夹持直柄钻头。其规格见表 9-14。

表 9-14　扳手三爪钻夹头规格　　　　mm

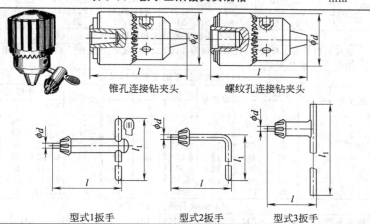

锥孔连接钻夹头　　　　螺纹孔连接钻夹头

型式1扳手　　　　型式2扳手　　　　型式3扳手

(1)钻夹头的分类和代号

按钻夹头(代号 J)与主轴连接形式分锥孔连接(代号 21)和螺纹孔连接(代号 31)两种；按其用途分重型、中型、轻型三种；重型(代号 H)用于机床和重负荷加工，中型(代号 M)主要用于轻负荷加工和便携式工具，轻型(代号 L)用于轻负荷加工和家用钻具；按其夹持钻头最大直径分 4、6.5 等型式

(2)钻夹头型式和主要外形尺寸

钻夹头型式		夹持钻头直径范围	外形尺寸 ≤		锥孔代号		螺纹规格	
			l	d	莫氏锥孔	贾格锥孔	英寸制螺纹	米制普通螺纹
H型	4H	0.5～4	50	26	B10	0	①	—
	6.5H	0.8～6.5	60	38/34	B10*，B12	1	②③	⑥⑦
	8H	0.8～8	62	38	B10*，B12	2S，2*	②③	⑥⑦
	10H	1～10	80	46	B12*，B16	2S，2，33	③	⑥⑦
	13H	1～13	93/90	55	B16，B18*	33，6	③④	⑦
	16H	1/3～16	106/100	60	B16*，B18	6*，(3)	③④	⑦⑧*
	20H	5～20	120/110	65	B22	(3)	⑤	⑧
	26H	5～26	148	93	B24	(4)，(5)	—	—

续表

(2)钻夹头型式和主要外形尺寸								
钻夹头型式	夹持钻头直径范围	外形尺寸 ≤		锥孔代号		螺纹规格		
		l	d	莫氏锥孔	贾格锥孔	英寸制螺纹	米制普通螺纹	
M型	6.5M	0.8～6.5	58/56	35	B10	1	①②	⑥
	8M	0.8～8	58/56	35	B12	1	②③	⑥⑦
	10M	1～10	65	42.9	B12	2S,2,33	②③	⑥⑦
	13M	1.5～13	82	47/46	B16	2,33,6	③	⑥⑦
	16M	3～16	93/90	52	B16	4	③④	⑦⑧
L型	6.5L	0.8～6.5	56	30	B10	1	②	⑥
	8L	1～8	56	30	B10	1	②③	⑥⑦
	10L	1.5～10	65	34	B12	2S,2,33	②③	⑥⑦
	13L	2.5～13	82	42.9	B12,B16	2,33,6	③④	⑥⑦
	16L	3～16	88	51	B16	33,6	④⑤	⑦⑧

(3)钻夹头扳手的型式和规格的代号

钻夹头扳手有 3 种型式,代号分别为 T1、T2、T3;规格用扳手号 1、2…21 表示,代号分别为 N1、N2…N21

(4)钻夹头扳手的主要外形尺寸											
扳手号	外形尺寸			扳手号	外形尺寸			扳手号	外形尺寸		
	d	l	l_1		d	l	l_1		d	l	l_1
1	4	30	60	8	9	56	110	15	6.096	29	55
2	4	37.5	65	9	3.175	27	55	16	6.096	33	39.7
3	5.5	40	75	10	3.968	28	55	17	6.985	35	70
4	6	41	80	11	5.556	33	60	18	6.985	38	55
5	6.5	47	90	12	5.953	36	70	19	7.937	40	90
6	8	50	90	13	6.35	39	70	20	9.525	50	110
7	9	65	120	14	6.35	39	70	21	11.112	92	200

(5)钻夹头适用的扳手号								
钻夹头型式	4H	6.5H	8H	10H	13H	16H	20H	26H	6.5M
适用的扳手号	1 9	1,3 11	4 12	4,5 14	6 19	6,7 19	8 20	8 21	1,2 10

钻夹头型式	8M	10M	13M	16M	6.5L	8L	10L	13L	16L
适用的扳手号	1	3,4 12 13	4,5 14	6	1,2 16	1 16	3,4 15,16 17,18	4,5 17 18	6

注: 1. 带 * 符号和括号的锥孔代号尽量不采用。
2. 外形尺寸栏中用分数表示的数据,分子适用于锥孔连接钻夹头,分母适用于螺纹孔连接钻夹头。
3. 螺纹规格栏中: ①为 5/16×24 螺纹,②为 3/8×24 螺纹。③为 1/2×20 螺纹,④为 5/8×16 螺纹,⑤为 3/4×16 螺纹,⑥为 M10×1 螺纹,⑦为 M12×1.25 螺纹,⑧为 M16×1.5 螺纹。
4. 钻夹头的命名内容:包括名称(简称为"扳手钻夹头");钻夹头类代号(J);锥孔连接代号(21)或螺纹孔连接代号(31);型式代号(4H、6.5H…);重大改进序号(用 A、B…表示);连接型式代号(莫氏锥孔号,贾格锥孔号,号数前加"J"字母,例"J2S",或螺纹规格)。例:扳手钻夹头 J2110M-B12,即指 B12 莫氏锥孔连接,最大夹持直径 10mm,中型扳手钻夹头。
5. 钻夹头扳手的命名内容:包括名称;型式代号和规格代号。例:钻夹头扳手 T1-N4,即指型式 1,扳手号 4 的钻夹头扳手。

9.1.6　回转顶尖（JB/T 3580—2011）

回转顶尖分为普通型、伞型和插入型三种，可用于普通机床和数控机床。其规格见表 9-15。

表 9-15　回转顶尖　　　　　mm

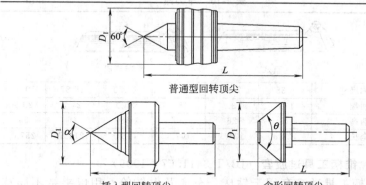

普通型回转顶尖

插入型回转顶尖　　　　　　伞形回转顶尖

类型		莫氏圆锥号						米制			
		1	2	3	4	5	6	80	100	120	160
普通型	D_1	40	50	60	70	100	140	80	100	120	160
	L	115	145	170	210	275	370	390	440	500	680
伞型及插入型	D_1		80	100	160	200	250	注：伞型 θ 角 60°、75°、90°；插入型 α 角莫氏圆锥号 2、3、4 为 60°、75°			
	L		125	160	210	255	325	莫氏圆锥号 5、6 为 60°、75°、90°			

回转顶尖市场产品

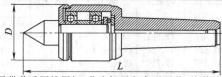

又称活络顶针，只带莫氏圆锥尾柄，分为轻型和中型两种；按其精度又分为普通精度和高精度两种

莫氏圆锥号	1	2	3		4		5	6
类型	轻型	轻型	轻型	中型	轻型	中型	中型	中型
外径 D	35	42	52	57	64	67	90	130
全长 L	114	134	170	160	205	195	255	370
极限转速/$r \cdot min^{-1}$	2000	2000	1400	1200	1400	1200	800	600

注：轻型适用于高转速、轻载荷的精加工；中型适用于较高转速的粗加工和半精加工。

9.1.7   车刀排

车刀排用来夹持车刀钢等刀具，以便在车床或刨床上对工件进行切削加工。有直式、左弯式、右弯式三种型式。车刀排规格见表 9-16。

表 9-16   车刀排   mm

	直式			左弯式	

公称尺寸	6.35	7.94	9.53	12.70	15.87	19.05
柄阔	11.8	13.7	15.7	20.0	24.7	29.8
柄高	22	26	30	38	46	54
全长	123.0	134.5	147.5	178.0	214.5	257.0

9.1.8   锥柄工具过渡套（JB/T 3411.67—1999）

锥柄工具过渡套用于钻床、车床及电钻等，用以夹持不同莫氏锥度号的锥柄钻头，其规格见表 9-17。

表 9-17   锥柄工具过渡套

圆锥号和主要尺寸						圆锥号和主要尺寸					
外圆锥号		内圆锥号		大端直径		全长	外圆锥号		内圆锥号		大端直径		全长
莫氏	米制	莫氏	米制	外锥体	内锥体		莫氏	米制	莫氏	米制	外锥体	内锥体	
2	—	1	—	17.780	12.065	92	6	—	4	—	63.348	31.267	218
3	—	1	—	23.825	12.065	99	6	—	5	—	63.348	44.399	218
3	—	2	—	23.825	17.780	112	—	80	5	—	80	44.399	228
4	—	2	—	31.267	17.780	124	—	80	6	—	80	63.348	280
4	—	3	—	31.267	23.825	140	—	100	6	—	100	63.348	296
5	—	3	—	44.399	23.825	156	—	100	—	80	100	80	310
5	—	4	—	44.399	31.267	171	—	120	—	80	120	80	321
6	—	3	—	63.348	23.825	218	—	120	—	100	120	100	365

9.1.9   机床用钳

（1）机用平口钳（JB/T 9937.1—1999）

机用平口钳装在各种铣床、牛头刨床上（水平方向可以转动并可在任何角度上锁紧），夹持被加工工件。精密机用平口钳适用于磨床、镗床。机用平口钳规格见表 9-18。

表 9-18　机用平口钳　　　　　　　　　　　mm

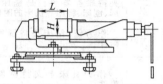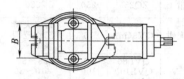

名称	型号	钳口宽度	钳口最大张开量	钳口高度	定位键宽度	特点和用途
铣床用平口钳	QH80	80	65	35	12	钳身可回转 180°使用。主要用于各种铣床，也可用于其他机床
	QH100	100	80	40	14	
	QH125	125	100	45	14	
	QH136	136	110	42	14	
	QH160	160	125	50	18	
	QH200	200	160	60	18	
	QH250	250	200	60	18	
刨床用平口钳	QB136	136	170	36	12	钳身可回转 180°使用
	QB160A	160	180	50	14	
	QB200A	200	220	60	18	
	QB250A	250	280	60(7)	18	
	QB315	315	360	80	22	
万能平口钳	QHW160	160	125	42	18	旋转角度随意，可进行槽、孔及角度加工
	QHS100	100	62	42	18	

（2）中心虎钳

中心虎钳用于铣床、刨床、钻床、磨床上，夹持轴类零件进行加工。其规格见表 9-19。

表 9-19　中心虎钳　　　　　　　　　　　mm

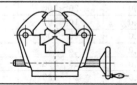

续表

产品名称	型号	钳口宽度	钳口最大张开量	钳口高度	用途
自定心机用平口钳	QZ160 QZ200 ZQ250	160 200 250	180 220 280	50 60 70	该钳两活动钳口能同时对工件夹紧,并带有 V 形垫,可夹持轴类零件。是铣床、钻床、刨床、磨床等机床的附件
中心虎钳	QV3(in)	76	钳口夹持工作范围 $\phi10\sim50$	—	作为铣、钻床夹持圆料的附件
立卧 V 形虎钳	QVL80 QVL100 QVL125 QVL160	80 100 125 160	$\phi6\sim50$ $\phi10\sim80$ $\phi16\sim100$ $\phi40\sim160$	—	作为机床上夹持圆料的附件

9.1.10　中心架及跟刀架

中心架及跟刀架是车床的附件,用以支持轴类零件,提高零件在车削时的刚度。其规格见表 9-20。

表 9-20　中心架及跟刀架　　　　　　　　　mm

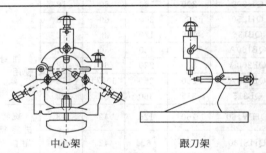

中心架　　　　　　　　　跟刀架

型号 (配套机床型号)	中心架		跟刀架	
	中心高	夹持直径范围	中心高	夹持直径范围
WF30	74.0	$20\sim80$	81	$20\sim80$
C616	79.0	$20\sim120$	320	$20\sim120$
C618K	95.0	$20\sim120$	388	$20\sim80$
C618K-2	95.0	$20\sim120$	348	$15\sim80$
C620	100.0	$20\sim100$	432	$20\sim80$
C620-1	100.0	$20\sim100$	432	$20\sim80$
C620B	100.0	$10\sim100$	396	$20\sim80$
C620-1B	100.0	$20\sim100$	396	$20\sim80$
C620-3	111.0	$15\sim120$	160	$20\sim65$
CW6140A	100.0	$20\sim100$	414	$20\sim80$
CA6140	110.0	$20\sim125$	455	$20\sim80$

续表

型号 (配套机床型号)	中心架		跟刀架	
	中心高	夹持直径范围	中心高	夹持直径范围
CA6150	110.0	20～125	455	20～90
C630	142.5	20～200	500	20～80
CW6163	150.0	20～170	265	20～100
CW6180A	175.0	40～350	332	30～100

9.1.11　机床垫铁

安装机床时，使用机床垫铁用以安装找平。其规格见表 9-21。

表 9-21　机床垫铁　mm

名称	型号	宽度	长度	高度	用于设备质量 /t
钩头 垫铁	1	70	100	25～28	≤5
	2	80	120	29～33	5～10
	3	90	140	32～36	≤15
	4	100	160	41～45	≥15
螺杆调整 垫铁	1	100	180	48～52	
	2	160	280	66～70	
	3	200	350	82～87	
	4	250	445	102～109	
垫铁	HJX81-1	70	172	72～75	
	XJX81-2	100	220	95～100	
可调防 振垫铁	$\phi80, \phi120, \phi160, \phi200$				

9.2　润滑器

9.2.1　高速轴用甩油环 （表 9-22）

表 9-22　高速轴用甩油环规格　mm

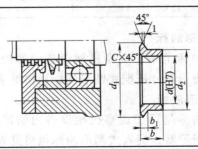

续表

轴径 d	d_1	d_2	b(参考)	b_1	C
30	48	36		4	
35	65	42			0.5
40	75	50	12		
50	90	60		5	
55	100	65			
65	115	80	15		1
80	140	95	30	7	

9.2.2　低速轴用甩油环（表 9-23）

表 9-23　低速轴用甩油环规格　　　　mm

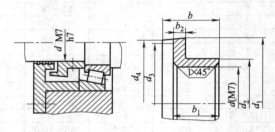

轴径 d	d_1	d_2	d_3	d_4	b	b_1	b_2
45	80	55	70	72	32	20	5
60	105	72	90	92	42	28	
75	130	90	115	118	38	25	7
95	142	108	135	138	30	15	
110	160	125	150	155	32	18	5
120	180	135	165	170	38	24	7

9.2.3　压配式圆形油标

压配式圆形油标是用于观察机械设备内润滑系统中润滑油储存量多少的油面指示器。压配式圆形油标规格见表 9-24。

9.2.4　旋入式圆形油标

旋入式圆形油标是用于观察机械设备内润滑系统中润滑油储存量多少的油面指示器。旋入式圆形油标规格见表 9-25。

表 9-24 压配式圆形油标规格（JB/T 7941.1—1995） mm

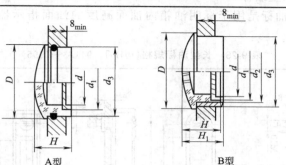

A型   B型

d	D	d_1	d_2	d_3	H	H_1	密封圈 GB/T 3452.1—1992
12	22	12	17	20	14	16	15×2.65
16	27	18	22	25			20×2.65
20	34	22	28	32	16	18	25×3.55
25	40	28	34	38			31.5×3.55
32	48	35	41	45	18	20	38.7×3.55
40	58	45	51	55			48.7×3.55
50	70	55	61	65	22	24	
63	85	70	76	80			

表 9-25 旋入式圆形油标规格（JB/T 7941.2—1995）   mm

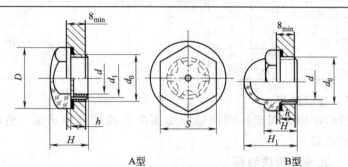

A型   B型

d	d_0	D	d_1	S	H	H_1	h
10	M16×1.5	22	12	21	15	22	8
20	M27×1.5	36	22	32	18	30	10
32	M42×1.5	52	35	46	22	40	12
50	M60×2	72	55	65	26	53	14

9.2.5 长型油标

长型油标是用于标明油箱内油面高度的油面指示器，其规格见表 9-26。

表 9-26 长型油标规格（JB/T 7941.3—1995） mm

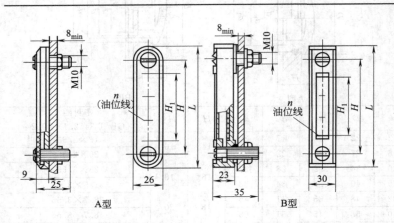

A型　　　　　　　　　　　B型

H		H₁		L		n		O 形密封圈 GB/T 3452.1 —2005	六角螺母 GB/T 6172.1～ 6172.2—2016	弹性垫圈 GB/T 861 —1987
A 型	B 型	A 型	B 型	A 型	B 型	A 型	B 型			
80		40		110		2				
100		60		130		3				
125		80		155		4		10×2.65	M10	10
160		120		190		6				
	250		210		280		8			

9.2.6 管状油标

管状油标是用于标明油箱内油面高度的油面指示器。管状油标规格见表 9-27。

9.2.7 直通式压注油杯

直通式压注油杯利用油枪将油压入摩擦副，其规格见表 9-28。

9.2.8 接头式压注油杯

接头式压注油杯用油枪将油压入摩擦副，其规格见表 9-29。

表 9-27　管状油标规格（JB/T 7941.4—1995）　mm

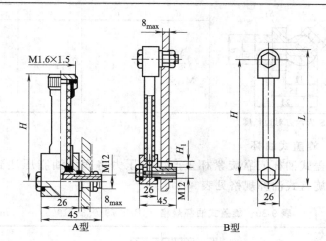

A型　　　　　　　　　　　　　　B型

类型	H	H_1	L	O形密封圈 GB/T 3452.1 —2005	六角螺母 GB/T 6172.1～ 6172.2—2016	弹性垫圈 GB/T 861—1987
A 型	80、100、125、 160、200			11.8×2.65	M12	12
B 型	200	175	226			
	250	225	276			
	320	295	346			
	400	375	426			
	500	475	526			
	630	605	656			
	800	775	826			
	1000	975	1026			

表 9-28　直通式压注油杯规格（JB/T 7940.1—1995）　mm

d	H	h	h_1	S
M6	13	8	6	8
M8×1	16	9	6.5	10
M10×1	18	10	7	11

注：S 为六方对边长度。

表 9-29 接头式压注油杯规格 (JB/T 7940.2—1995)　mm

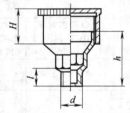

	d	d_1	α	S
	M6	3		
	M8×1	4	45°,90°	11
	M10×1	5		

注：S 为六方对边长度。

9.2.9 旋盖式油杯

旋盖式油杯依靠旋紧杯盖产生的压力将润滑油脂压注到摩擦副中。旋盖式油杯规格见表 9-30。

表 9-30 旋盖式油杯规格 (JB/T 7940.3—1995)　mm

最小容量/cm³	d	l	H	h
1.5	M8×1		14	22
3	M10×1	8	15	23
6			17	26
12	M14×1.5		20	30
18			22	32
25		12	24	34
50	M16×1.5		30	44
100			38	52
200	M24×1.5	16	48	64

9.2.10 压配式压注油杯

压配式压注油杯压配在机壳的油孔处，用油壶压下钢球来加油，用于轻负荷、低速、间歇工作的摩擦副。压配式压注油杯规格见表 9-31。

表 9-31　压配式压注油杯规格（JB/T 7940.4—1995）　　mm

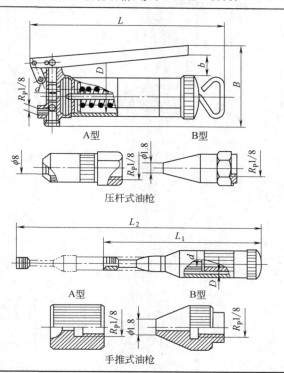

d	H	d	H
$6^{+0.040}_{+0.028}$	6	$16^{+0.063}_{+0.045}$	3
$8^{+0.049}_{+0.034}$	10	$25^{+0.085}_{+0.064}$	30
$10^{+0.058}_{+0.040}$	12		

9.2.11　油枪

　　油枪用于对各种设备、汽车、拖拉机、船舶等上的油杯压注润滑油脂。压杆式油枪适用于压注润滑脂，其中 A 型油嘴仅用于直通式或接头式压注油杯。手推式油枪适用于压注润滑油或润滑脂，A 型油嘴仅用于压注润滑脂。油枪规格见表 9-32。

表 9-32　油枪规格（JB/T 7942—1995）　　mm

续表

压杆式油枪 (JB/T 7942.1 —1995)	储油量 /cm³	公称压力 /MPa	出油量 /cm³	D	L	B	b	d
	100		0.6	35	255	90		8
	200	16	0.7	42	310	96	30	
	400		0.8	53	385	125		9

手推式油枪 (JB/T 7942.2 —1995)	储油量 /cm³	公称压力 /MPa	出油量 /cm³	D	L_1	L_2	d
	50		0.3				5
	100	6.3	0.5	33	230	330	6

五金工具

第 **10** 章 手工工具

10.1 钳类

10.1.1 钢丝钳

钢丝钳主要用于夹持或弯折薄片形、圆柱形金属零件及切断金属丝，其旁刃口也可用于切断细金属丝。钢丝钳的规格见表 10-1。

表 10-1 钢丝钳的规格（QB/T 2442.1—2007）

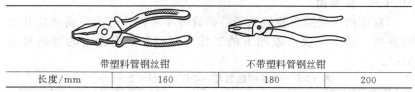

	带塑料管钢丝钳	不带塑料管钢丝钳	
长度/mm	160	180	200

10.1.2 鲤鱼钳

鲤鱼钳用于夹持扁形或圆柱形金属零件，其钳口的开口宽度有两挡调节位置，可以夹持尺寸较大的零件，刃口可切断金属丝，也可代替扳手装拆螺栓、螺母。鲤鱼钳的规格见表 10-2。

表 10-2 鲤鱼钳的规格（QB/T 2442.4—2007）

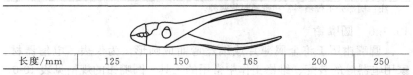

长度/mm	125	150	165	200	250

10.1.3 尖嘴钳

尖嘴钳适合于在比较狭小的工作空间夹持小零件，带刃尖嘴钳还可切断细金属丝。主要用于仪表、电信器材、电器等的安装及其他维修工作。尖嘴钳的规格见表10-3。

表10-3 尖嘴钳的规格（QB/T 2440.1—2007）

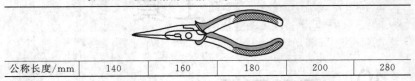

公称长度/mm	140	160	180	200	280

10.1.4 弯嘴钳（弯头钳）

弯嘴钳主要用于在狭窄或凹下的工作空间夹持零件。弯嘴钳的规格见表10-4。

表10-4 弯嘴钳的规格

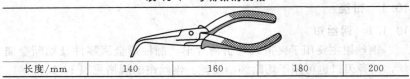

长度/mm	140	160	180	200

10.1.5 扁嘴钳

扁嘴钳主要用于装拔销子、弹簧等小零件及弯曲金属薄片及细金属丝。适于在狭窄或凹下的工作空间使用。扁嘴钳的规格见表10-5。

表10-5 扁嘴钳的规格（QB/T 2440.2—2007）

公称长度/mm		125	140	160	180
钳头长度/mm	短嘴(S)	25	32	40	—
	长嘴(L)	—	40	50	63

注：柄部分不带塑料管和带塑料管两种。

10.1.6 圆嘴钳

圆嘴钳用于将金属薄片或细丝弯曲成圆形，为仪表、电信器材、家用电器等的装配、维修工作中常用的工具。圆嘴钳的规格见表10-6。

10.1.7 鸭嘴钳

鸭嘴钳的用途与扁嘴钳相似，由于其钳口部分通常不制出齿纹，不会损伤被夹持零件表面，多用于纺织厂修理钢筘工作中。
鸭嘴钳的规格见表 10-7。

表 10-6　圆嘴钳的规格 （QB/T 2440.3—2007）

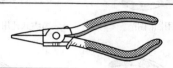

公称长度/mm		125	140	160	180
钳头长度/mm	短嘴（S）	25	32	40	—
	长嘴（L）	—	40	50	63

表 10-7　鸭嘴钳的规格

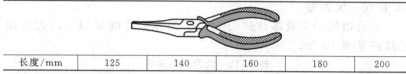

长度/mm	125	140	160	180	200

　注：柄部分不带塑料管和带塑料管两种。

10.1.8　斜嘴钳

　　斜嘴钳用于切断金属丝，斜嘴钳适宜在凹下的工作空间中使用，为电线安装、电器装配和维修工作中常用的工具。斜嘴钳的规格见表 10-8。

表 10-8　斜嘴钳的规格 （QB/T 2441.1—2007）

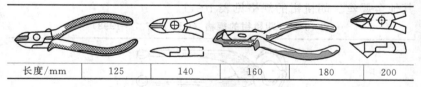

长度/mm	125	140	160	180	200

10.1.9　挡圈钳

　　挡圈钳专用于拆装弹簧挡圈，分轴用挡圈钳和孔用挡圈钳。为适应安装在各种位置中挡圈的拆装，这两种挡圈钳又有直嘴式和弯嘴式两种结构。弯嘴式一般是 90°的角度，也有 45°和 30°的。挡圈钳的规格见表 10-9。

表 10-9 挡圈钳的规格（JB/T 3411.47—1999、JB/T 3411.48—1999）

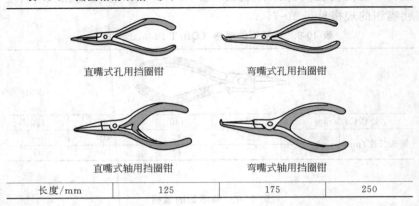

	直嘴式孔用挡圈钳		弯嘴式孔用挡圈钳
	直嘴式轴用挡圈钳		弯嘴式轴用挡圈钳
长度/mm	125	175	250

10.1.10 大力钳

大力钳用于夹紧零件进行铆接、焊接、磨削等加工。大力钳的规格见表 10-10。

表 10-10 大力钳的规格

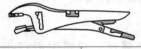

长度×钳口最大开口/mm	220×50

10.1.11 胡桃钳

胡桃钳主要用于鞋工、木工拔鞋钉或起钉，也可剪切钉子及其他金属丝。胡桃钳的规格见表 10-11。

表 10-11 胡桃钳的规格（QB/T 1737—1993）

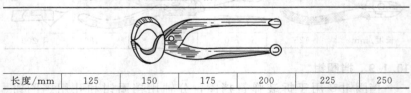

长度/mm	125	150	175	200	225	250

10.1.12 断线钳

断线钳用于切断较粗的、硬度不大于 30HRC 的金属线材、刺铁丝及电线等。断线钳的规格见表 10-12。

表 10-12　断线钳的规格（QB/T 2206—1996）

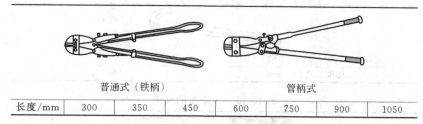

普通式（铁柄）　　　　　　　　　管柄式

长度/mm	300	350	450	600	750	900	1050

10.1.13　鹰嘴断线钳

　　鹰嘴断线钳用于切断较粗的、硬度不大于 30HRC 的金属线材等，特别适用于高空等露天作业。鹰嘴断线钳的规格见表 10-13。

表 10-13　鹰嘴断线钳的规格

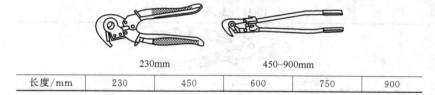

230mm　　　　　　450~900mm

长度/mm	230	450	600	750	900

10.1.14　铅印钳

　　铅印钳用于在仪表、包裹、文件、设备等物件上轧封铅印。铅印钳的规格见表 10-14。

表 10-14　铅印钳的规格

轧封铅印直径/mm	9	10	11	12	15
长度/mm	150	175	200	250	240（拖板式）

10.1.15　羊角启钉钳

　　羊角启钉钳用于开、拆木结构时起拔钢钉。羊角启钉钳的规格见表 10-15。

10.1.16　开箱钳

　　开箱钳用于开、拆木结构时起拔钢钉。开箱钳的规格见表 10-16。

表 10-15 羊角启钉钳的规格

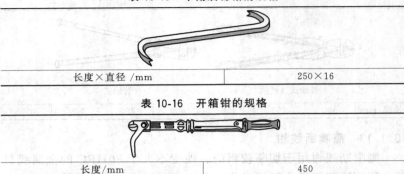

长度×直径 /mm	250×16

表 10-16 开箱钳的规格

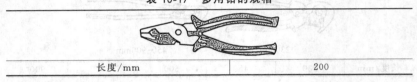

长度/mm	450

10. 1. 17 多用钳

多用钳用于切割、剪、轧金属薄板或丝材。多用钳的规格见表 10-17。

表 10-17 多用钳的规格

长度/mm	200

10. 1. 18 钟表钳

钟表钳为钟表、珠宝行业修配操作的专用工具,分铁柄和胶柄两种,每套 5 件。钟表钳的规格见表 10-18。

表 10-18 钟表钳的规格

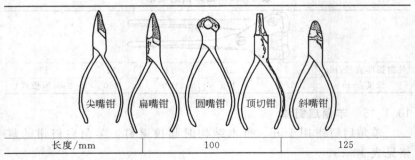

尖嘴钳　扁嘴钳　圆嘴钳　顶切钳　斜嘴钳

长度/mm	100	125

10. 1. 19 扎线钳

扎线钳用于剪断中等直径的金属丝材。扎线钳的规格见表 10-19。

表 10-19　扎线钳的规格

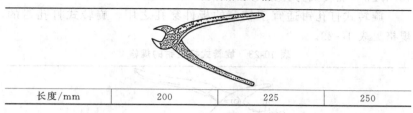

长度/mm	200	225	250

10.1.20　自行车钳

自行车钳为装修自行车的专用工具。自行车钳的规格见表 10-20。

表 10-20　自行车钳的规格

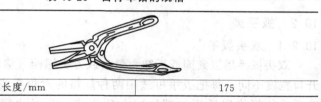

长度/mm		175

10.1.21　鞋工钳

鞋工钳为制鞋和修鞋的专用工具。鞋工钳的规格见表 10-21。

表 10-21　鞋工钳的规格

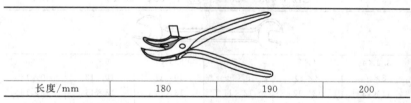

长度/mm	180	190	200

10.1.22　铆钉钳

铆钉钳为安装小型铆钉的专用工具。铆钉钳的规格见表 10-22。

表 10-22　铆钉钳的规格

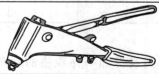

长度/mm	225(带有 ϕ2mm、ϕ2.3mm、ϕ2.8mm 三个冲头)

10.1.23   旋转式打孔钳

旋转式打孔钳适宜于较薄的板件穿孔之用。旋转式打孔钳的规格见表 10-23。

表 10-23   旋转式打孔钳的规格

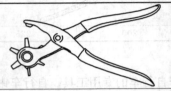

长度/mm	225(穿孔规格为 $\phi2mm$、$\phi2.5mm$、$\phi3mm$、$\phi3.5mm$、$\phi4mm$、$\phi4.5mm$)

10.2   扳手类

10.2.1   双头扳手

双头扳手用以紧固或拆卸六角头或方头螺栓（螺母）。由于两端开口宽度不同，每把扳手可适用两种规格的六角头或方头螺栓。双头扳手的规格以适用的螺栓的六角头或方头对边宽度表示，见表 10-24。

表 10-24   双头扳手的规格（GB/T 4388—2008、
GB/T 4389—2013、GB/T 4391—2008）   mm

3.2×4	4×5	5×5.5	5.5×7	6×7	7×8
8×9	8×10	9×11	10×11	10×12	10×13
11×13	12×13	12×14	13×14	13×15	13×16
13×17	14×15	14×16	14×17	15×16	15×18
16×17	16×18	17×19	18×19	18×21	19×22
20×22	21×22	21×23	21×24	22×24	24×27
24×30	25×28	27×30	27×32	30×32	30×34
32×34	32×36	34×36	36×41	41×46	46×50
50×55	55×60	60×65	65×70	70×75	75×80

10.2.2   单头扳手

单头扳手用于紧固或拆卸一种规格的六角头或方头螺栓（螺母）。单头扳手的规格见表 10-25。

表 10-25 单头扳手的规格（GB/T 4388—2008） mm

规格	头部厚度	头部宽度	全长	规格	头部厚度	头部宽度	全长
5.5	4.5	19	80	25	11.5	60	205
6	4.5	20	85	26	12	62	215
7	5	22	90	27	12.5	64	225
8	5	24	95	28	12.5	66	235
9	5.5	26	100	29	13	68	245
10	6	28	105	30	13.5	70	255
11	6.5	30	110	31	14	72	265
12	7	32	115	32	14.5	74	275
13	7	34	120	34	15	78	285
14	7.5	36	125	36	15.5	83	300
15	8	39	130	41	17.5	93	330
16	8	41	135	46	19.5	104	350
17	8.5	43	140	50	21	112	370
18	8.5	45	150	55	22	123	390
19	9	47	155	60	24	133	420
20	9.5	49	160	65	26	144	450
21	10	51	170	70	28	154	480
22	10.5	53	180	75	30	165	510
23	10.5	55	190	80	32	175	540
24	11	57	200				

10.2.3 双头梅花扳手

双头梅花扳手用途与双头扳手相似，但只适用于六角头螺栓、螺母。特别适用于狭小、凹处等不能容纳双头扳手的场合。双头梅花扳手分为 A 型（矮颈型）、G 型（高颈型）、Z 型（直颈型）及 W 型（15°弯颈型）四种。单件梅花扳手的规格（mm）6×7～55×60，其系列与单件双头扳手相同。成套梅花扳手规格系列见表 10-26。

表 10-26 成套梅花扳手规格系列（GB/T 4388—2008） mm

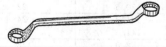

6 件组	5.5×8,10×12,12×14,14×17,17×19(或 19×22),22×24
8 件组	5.5×7,8×10(或 9×11),10×12,12×14,14×17,17×19(或 19×22),22×24,24×27

10 件组	5.5×7,8×10(或 9×11),10×12,12×14,14×17,17×19,19×22,22×24(或 24×27),27×30,30×32
新 5 件组	5.5×7,8×10,13×16,18×21,24×17
新 6 件组	5.5×7,8×10,13×16,18×21,24×27,30×34

10.2.4 单头梅花扳手

单头梅花扳手的用途与单头扳手相似,但只适用于紧固或拆卸一种规格的六角螺栓、螺母。特点是:承受扭矩大,特别适用于地方狭小或凹处或不能容纳单头扳手的场合。单头梅花扳手分 A 型(矮颈型)和 G 型(高颈型)两种,其规格见表 10-27。

表 10-27 单头梅花扳手的规格 (GB/T 4388—2008)

六角对边距离 /mm	10,11,12,13,14,15,16,17,18,19,20,21,22,23,24,25,26,27,28,29,30,31,32,34,36,38,41,46,50,55,60,65,70,75,80

10.2.5 敲击扳手

敲击扳手用途与单头扳手相同。此外,其柄端还可以作锤子敲击用。敲击扳手的规格见表 10-28。

表 10-28 敲击扳手的规格 (GB/T 4392—1995)　　　　mm

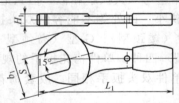

S	b_1 (max)	H_1 (max)	L_1 (min)
50	110.0	20	300
55	120.5	22	
60	131.0	24	350
65	141.5	26	
70	152.0	28	375
75	162.5	30	
80	173.0	32	400
85	183.5	34	

续表

S	b_1 (max)	H_1 (max)	L_1 (min)
90	188.0	36	450
95	198.0	38	
100	208.0	40	500
105	218.0	42	
110	228.0	44	
115	238.0	46	
120	268.0	48	600
130	278.0	52	
135	298.0	54	
145		58	
150	308.0	60	700
155	318.0	62	
165	338.0	66	
170	345.0	68	
180	368.0	72	800
185	378.0	74	
190	388.0	76	
200	408.0	80	
210	425.0	84	

10.2.6　敲击梅花扳手

　　敲击梅花扳手用途与单头梅花扳手相同。此外，其柄端还可以作锤子敲击用。敲击梅花扳手的规格见表 10-29。

表 10-29　敲击梅花扳手的规格（GB/T 4392—1995）　mm

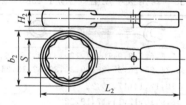

S	b_2 (max)	H_2 (max)	L_2 (min)
50	83.5	25.0	300
55	91.0	27.0	
60	98.5	29.0	350
65	106.0	30.6	
70	113.5	32.5	375
75	121.0	34.0	
80	128.5	36.5	400
85	136.0	38.0	

续表

S	b_2 (max)	H_2 (max)	L_2 (min)
90	143.5	40.0	450
95	151.0	42.0	
100	158.5	44.0	500
105	166.0	45.6	
110	173.5	47.5	
115	181.0	49.0	
120	188.5	51.0	600
130	203.5	55.0	
135	211.0	57.0	
145	226.0	60.0	
150	233.5	62.5	700
155	241.0	64.5	
165	256.0	68.0	
170	263.5	70.0	
180	278.5	74.0	800
185	286.0	75.6	
190	293.5	77.5	
200	308.5	81.0	
210	323.5	85.0	

10.2.7 两用扳手

两用扳手一端与单头扳手相同，另一端与梅花扳手相同，两端适用相同规格的螺栓、螺母。两用扳手规格用开口宽度或对边距离表示，见表 10-30。

表 10-30 两用扳手规格（GB/T 4388—2008）   mm

单件扳手规格系列		5.5,6,7,8,9,10,11,12,13,14,15,16,17,18,19,20,21,22,23,24,25,26,27,28,29,30,31,32,33,34,36
成套扳手规格系列	6 件组	10,12,14,17,19,22
	8 件组	8,9,10,12,14,17,19,22
	10 件组	8,9,10,12,14,17,19,22,24,27
	新 6 件组	10,13,16,18,21,24
	新 8 件组	8,10,13,16,18,21,24,27

10.2.8 套筒扳手

套筒扳手除具有一般扳手的功能外，还特别适合于位置特殊、空间狭窄、深凹、活扳手或呆扳手均不能使用的场合。有单件和成套（盒）两种。套筒扳手传动方孔（方榫）尺寸见表 10-31，成套套筒扳手规格见表 10-32。

表 10-31　套筒扳手传动方孔（方榫）
尺寸（GB/T 3390.2—2013）　　　　　　mm

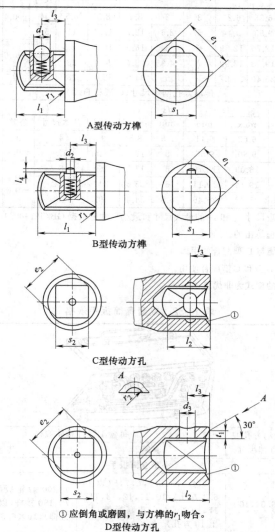

A 型传动方榫

B 型传动方榫

C 型传动方孔

① 应倒角或磨圆，与方榫的 r_1 吻合。

D 型传动方孔

续表

型式	系列	s_1 max	s_1 min	d_1 ≈	d_2 max	e_1 max	e_1 min	l_1 max	l_3 基本尺寸	l_3 公差	l_4^a min	r_1 max
A(B)	6.3	6.35	6.26	3	2	8.4	8.0	8.5	4	+0.4 0	0.9	0.5
A(B)	10	9.53	9.44	5	2.6	12.7	12.2	11	5.5		0.9	0.6
A(B)	12.5	12.70	12.59	6	3	16.9	16.3	15.5	8	+0.6 0	1.0	0.8
B(A)	20	19.05	18.92	7	4.3	25.4	24.4	23	10.2		1.0	1.2
B(A)	25	25.40	25.27	—	5	34.0	32.4	28	15		1.0	1.6

传动方槽基本尺寸（A 型和 B 型）

传动方孔基本尺寸（C 型和 D 型）

型式	系列	s_2 max	s_2 min	d_3 min	e_2 min	l_2 min	l_3 基本尺寸	l_3 公差	r_2	t_1
C、D	6.3	6.63	6.41	2.5	8.5	9	4	0	—	—
C(D)	10	9.80	9.58	5	12.9	11.5	5.5	−0.4	—	—
C(D)	12.5	13.03	12.76	6	17.1	16	8	0 −0.6	4	3
D	20	19.44	19.11	6	25.6	24	10.2		4	3.5
D	25	25.79	25.46	6.5	34.4	29	15		6	4

注：1. 对边尺寸 s_1 和 s_2 的最大尺寸和最小尺寸是根据 GB/T 1800.1—2009 规定的
IT13 级公差数值算出的。

2. B 型只能与 D 型配合使用。

3. 不推荐 B 型和 C 型配合使用。

4. 带括号的型式为非优选。

表 10-32　成套套筒扳手规格　　　　　　　mm

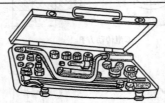

品　种	传动方孔或 方榫尺寸	每盒配套件具体规格	
		套筒	其他
小型套筒扳手			
20 件	6.3×10	4,4.5,5,5.5,6,7,8（以上 6.3 方孔），10,11,12,13,14, 17,19,20.6 火花塞套筒（以 上 10 方孔）	200 棘轮扳手,75 旋柄, 75、150 接杆（以上 10 方孔、 方榫）,10×6.3 接头

续表

品　种	传动方孔或方榫尺寸	每盒配套件具体规格	
		套筒	其他
10 件	10	10，11，12，13，14，17，19，20.6 火花塞套筒	200 棘轮扳手，75 接杆
普通套筒扳手			
9 件	12.5	10，11，12，14，17，19，22，24	230 弯柄
13 件	12.5	10，11，12，14，17，19，22，24，27	250 棘轮扳手，直接头，250 转向手柄，250 通用手柄
17 件	12.5	10，11，12，14，17，19，22，24，27，30，32	250 棘轮扳手，直接头，250 滑行头手柄，420 快速摇柄，125、250 接杆
24 件	12.5	10，11，12，13，14，15，16，17，18，19，20，21，22，23，24，27，30，32	250 棘轮扳手，250 滑行头手柄，420 快速摇柄，125、250 接杆、75 万向接头
28 件	12.5	10，11，12，13，14，15，16，17，18，19，20，21，22，23，24，26，27，28，30，32	250 棘轮扳手，直接头，250 滑行头手柄，420 快速摇柄，125、250 接杆，75 万向接头，52 旋具接头
32 件	12.5	8，9，10，11，12，13，14，15，16，17，18，19，20，11，22，23，24，26，27，28，30，32，20.6 火花塞套筒	250 棘轮扳手，250 滑行头手柄，420 快速摇柄，230、300 弯柄，75 万向接头，52 旋具接头，125、250 接杆

10.2.9　手动套筒扳手套筒

手动套筒扳手套筒用于紧固或拆卸六角螺栓和螺母，其规格见表 10-33。

表 10-33　**手动套筒扳手套筒规格** （GB/T 3390.1—2013） mm

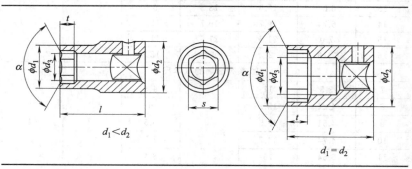

$d_1 < d_2$　　　　　　　　$d_1 = d_2$

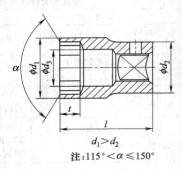

$d_1 > d_2$

注：$115° < \alpha \leqslant 150°$

6.3 系列套筒的基本尺寸

s	t min	d₁ max	d₂ max	d₃ min	l A 型 max	l B 型 min
3.2	1.8	5.9	12.5	1.9		
4	2.1	6.9	12.5	2.4		
4.5	2.3	7.9	12.5	2.4		
5	2.4	8.2	12.5	3		
5.5	2.7	8.8	12.5	3.6		
6	3.1	9.4	12.5	4		
7	3.5	11	12.5	4.8		
8	4.24	12.2	12.5	6	26	45
9	4.51	13.5	13.5	6.5		
10	4.74	14.7	14.7	7.2		
11	5.54	16	16	8.4		
12	5.74	17.2	17.2	9		
13	6.04	18.5	18.5	9.6		
14	6.74	19.7	19.7	10.5		
15	7.0	21.5	21.5	11.3		
16	7.19	22	22	12.3		

10 系列套筒的基本尺寸

s	t min	d₁ max	d₂ max	d₃ min	l A 型 max	l B 型 min
7	3.5	11		4.8		
8	4.24	12.2		6		
9	4.51	13.5	20	6.5	32	44
10	4.74	14.7		7.2		
11	5.54	16		8.4		

续表

s	t min	d_1 max	d_2 max	d_3 min	l A 型 max	B 型 min
12	5.74	17.2	20	9	32	44
13	6.04	18.5		9.6		
14	6.74	19.7		10.5		45
15	7.0	21.0	24	11.3		
16	7.19	22.2		12.3		50
17	7.73	23.5		13	35	54
18	8.29	24.7	24.7	14.4		
19	8.72	26	26	15		
21	9.59	28.5	28.8	16.8		60
22	9.98	29.7	29.7	17	38	
24	10.79	32.5	32.5	19.2		65

12.5 系列套筒的基本尺寸

s	t min	d_1 max	d_2 max	d_3 min	l A 型 max	B 型 min
8	4.24	14		6	40	75
10	4.74	15.5		7.2		
11	5.54	16.7		8.4		
12	5.74	18	24	9		
13	6.04	19.2		9.6		
14	6.74	20.5		10.5		
15	7.0	21.7		11.3		
16	7.19	23		12.3		
17	7.73	24.2	25.5	13		
18	8.29	25.5		14.4	42	
19	8.72	26.7	26.7	15		
21	9.59	29.2	29.2	16.8	44	
22	9.98	30.5	30.5	17		
24	10.79	33	33	19.2	46	
27	12.35	36.7	36.7	21.6	48	
30	13.35	40.5	40.5	24	50	
32	14.11	43	43	26		
34	14.85	46.5	46.5	26.4	52	

20 系列套筒的基本尺寸

s	t min	d_1 max	d_2 max	d_3 min	l	
					A 型 max	B 型 min
21	9.59	32.1		16.8		
22	9.98	33.3		17	55	
24	10.79	35.8	40	19.2		
27	12.35	39.6		21.6		
30	13.35	43.3	43.3	24	60	85
32	14.11	45.8	45.8	26		
34	14.85	48.3	48.3	26.4	65	
36	15.85	50.8	50.8	28.8	67	
41	17.85	57.1	57.1	32.4	70	
46	19.62	63.3	63.3	36	83	
50	21.92	68.3	68.3	39.6	89	100
55	23.42	74.6	74.6	43.2	95	
60	25.92	84.5	84.5	45.6	100	

25 系列套筒的基本尺寸

s	t min	d_1 max	d_2 max	d_3 min	l A 型 max
41	17.85	61	59.7	32.4	83
46	19.62	66.4	55	36	80
50	21.92	71.4	55	39.6	85
55	23.42	77.6	57	43.2	95
60	25.92	83.9	61	45.6	103
65	26.92	90.1	78	50.4	110
70	28.92	96.5	84	55.2	116
75	30.92	110	90	60	120
80	34	115	95	65	125

10.2.10　手动套筒扳手附件

手动套筒扳手附件按用途分为传动附件和连接附件两类，其规格分别见表 10-34 和表 10-35。

10.2.11　十字柄套筒扳手

十字柄套筒扳手用于装配汽车等车辆轮胎上的六角头螺栓（螺母）。每一型号套筒扳手上有 4 个不同规格套筒，也可用一个传动方榫代替其中一个套筒。十字柄套筒扳手规格见表 10-36，规格 s 指适用螺栓六角头对边尺寸。

表 10-34 传动附件规格 （mm）

编号	图例	名称	传动方榫系列	基本尺寸				用途
				d_{max}	l_{1min}	l_{1max}	l_{2max}	
6100040		滑行头手柄	6.3 10 12.5 20 25	14 23 27 40 52	100 150 220 430 500	160 250 320 510 760	24 35 50 62 80	滑行头的位置可以移动，以便根据需要调整旋动时力臂的大小。特别适用于 180° 范围内的操作场合
				b_{min}	l_{2min}	l_{1max}	l_{2max}	
6100060 6100061		快速摇柄	6.3 10 12.5	30 40 50	420 470 510	60 70 85	115 125 145	操作时利用弓形柄部可以快速、连续旋转
				d_{max}	l_{1max}	l_{2min}	l_{2max}	
6100090		棘轮扳手	6.3 10 12.5 20	25 35 50 70	110 140 230 430	150 220 300 630	27 36 45 62	利用棘轮机构可在旋转角度较小的工作场合进行操作。普通式需与方榫尺寸相应的直接头配合使用

续表

编号	图例	名称	传动方榫系列	基本尺寸				用途
				d_{max}	l_{1min}	l_{1max}	l_{2max}	
6100100 6100101		可逆式棘轮扳手	6.3 10 12.5 20 25	25 35 50 70 90	110 140 230 430 500	150 220 300 630 900	27 36 45 62 80	利用棘轮机构可在旋转角度较小的工作场合进行操作。旋转方向可正向或反向
6100010 6100011		旋柄	6.3 10	b_{min} 30 40		l_{1max} 165 190		适用于旋动位于深凹部位的螺栓、螺母
610030		转向手柄	6.3 10 12.5 20 25		l_{1max} 165 270 490 600 850			手柄可围绕方榫轴线旋转，以便在不同角度范围内旋动螺栓、螺母
6100050 6100051		弯柄	6.3 10 12.5 20	l_{1max} 110 210 250 500			l_{2max} 35 45 60 120	配用于件数较少的套筒扳手

表 10-35 连接附件规格

mm

编号	图 例	名称	传动方榫和传动方孔		基本尺寸		用 途
			方孔	方榫	l_{max}	d_{max}	
			10 12.5 20 25	6.3 10 12.5 20	32 44 58 85	20 25 38 52	用作传动附件、接杆、套筒之间的一种连接附件
5100030		接头	6.3 10 12.5 20	10 12.5 20 25	27 38 50 68	16 23 30 40	

续表

编号	图例	名称	传动方榫和传动方孔	基本尺寸 l	d_{max}	用途
5100040 5100041		接杆	6.3	55±3 100±5 150±8	12.5	用作传动附件与套筒之间的一种连接附件，以便旋动位于深凹部位的螺栓、螺母
			10	75±4 125±6 250±12	20	
			12.5	75±4 125±6 250±12	25	
			20	200±10 400±20	38	
			25	200±10 400±20	52	
5100050		万向接头	传动方榫和方孔	l_{max}	d_{max}	用作传动附件与套筒之间的一种连接附件，其作用与转向手柄相似
			6.3	45	14	
			10	68	23	
			12.5	80	28	
			20	110	42	

表 10-36 十字柄套筒扳手规格 (GB/T 14765—2008) mm

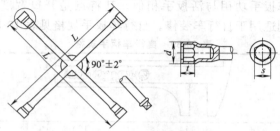

型号	最大套筒的对边尺寸 s（最大）	方榫对边尺寸	套筒最大外径 d	最小柄长 L	套筒的最小深度 t
1	24	12.5	38	355	
2	27	12.5	42.5	450	
3	34	20	55	630	$0.8s$
4	41	20	63	700	

10.2.12 活扳手

活扳手开口宽度可以调节，用于扳拧一定尺寸范围内的六角头或方头螺栓、螺母。活扳手规格见表 10-37。

表 10-37 活扳手规格 (GB/T 4440—2008) mm

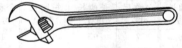

长度	100	150	200	250	300	375	450	600
开口宽度	13	19	24	28	34	43	52	62

10.2.13 调节扳手

调节扳手功用与活扳手相似，但其开口宽度在扳动时可自动适应相应尺寸的六角头或方头螺栓、螺钉和螺母。调节扳手规格见表 10-38。

表 10-38 调节扳手规格 mm

长度	250	300

10.2.14 自行车扳手

自行车扳手功用与活扳手相似，其特点是开口宽度调节范围较大，特别适用于自行车装修。自行车扳手规格见表10-39。

表 10-39 自行车扳手规格 mm

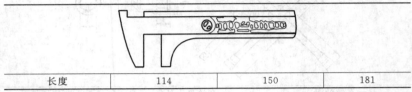

长度	114	150	181

10.2.15 内六角扳手

内六角扳手用于紧固或拆卸内六角螺钉。内六角扳手规格见表10-40。

表 10-40 内六角扳手规格（GB/T 5356—2008） mm

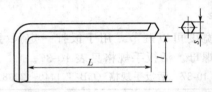

公称尺寸 s	长脚长度 L	短脚长度 l	公称尺寸 s	长脚长度 L	短脚长度 l	公称尺寸 s	长脚长度 L	短脚长度 l
2	50	16	7	95	34	19	180	70
2.5	56	18	18	100	36	22	200	80
3	63	20	10	112	40	24	224	90
4	70	25	12	125	45	27	250	100
5	80	28	14	140	56	32	315	125
6	90	32	17	160	63	36	355	140

注：公称尺寸相当于内六角螺钉的内六角孔对边尺寸。

10.2.16 内六角花形扳手

内六角花形扳手用途与内六角扳手相似。内六角花形扳手规格见表10-41。

10.2.17 钩形扳手

钩形扳手用于紧固或拆卸机床、车辆、机械设备上的圆螺母。钩形扳手规格见表10-42。

表 10-41　内六角花形扳手规格（GB/T 5357—1998）mm

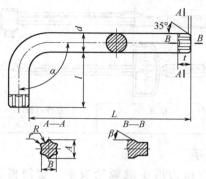

代号	适应的螺钉	L	l	t	A	B	R	r
T30	M6	70	24	3.30	5.575	3.990	1.181	0.463
T40	M8	76	26	4.57	6.705	4.798	1.416	0.558
T50	M10	96	32	6.05	8.890	6.398	1.805	0.787
T55	M12～14	108	35	7.65	11.277	7.962	2.656	0.799
T60	M16	120	38	9.07	12.360	9.547	2.859	1.092
T80	M20	145	46	10.62	17.678	12.075	3.605	1.549

表 10-42　钩形扳手规格（JB/ZQ 4624—2006）　mm

螺母外径	12～14	16～18	16～20	20～22	25～28	30～32	34～36	40～42
长度		100				120		150
螺母外径	45～50	52～55	56～62	68～75	80～90	95～100	110～115	120～130
长度		180		210		240		280
螺母外径	135～145	155～165	180～195	205～220	230～245	260～270	280～300	320～345
长度		320		380		460		550

10.2.18　双向棘轮扭力扳手

双向棘轮扭力扳手头部为棘轮，拨动旋向板可选择正向或反向操作，力矩值由指针指示，用于检测紧固件拧紧力矩。双向棘轮扭力扳手规格见表 10-43。

表 10-43 双向棘轮扭力扳手规格

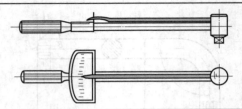

力矩/N·m	精度/%	方榫/mm	总长/mm
0～300	±5%	12.7×2.7,14×14	400～478

10.2.19 增力扳手

增力扳手配合扭力扳手或棘轮扳手、套筒扳手套筒，紧固或拆卸六角头螺栓、螺母。增力扳手通过减速机构可输出数倍到数十倍的力矩。用于扭紧、卸下重型机械的螺栓、螺母等需要很大扭矩的场合。增力扳手规格见表 10-44。

表 10-44 增力扳手规格

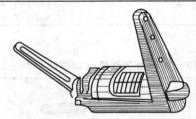

型 号	输出扭矩/N·m≤	减速比	输入端方孔/mm	输出端方榫/mm
Z120	1200	5.1	12.5	20
Z180	1800	6.0	12.5	25
Z300	3000	12.4	12.5	25
Z400	4000	16.0	12.5	六方 32
Z500	5000	18.4	12.5	六方 32
Z750	7500	68.6	12.5	六方 36
Z1200	12000	82.3	12.5	六方 46

10.2.20 管活两用扳手

管活两用扳手的结构特点是固定钳口制成带有细齿的平钳口；活动钳口一端制成平钳口，另一端制成带有细齿的凹钳口。向下按动蜗杆，活动钳口可迅速取下，调换钳口位置。如利用活动钳口的平钳口，即当活扳手使用，装拆六角头或方头螺栓、螺母；利用凹钳口，可当管子钳使用，装拆管子或圆柱形零件。管活两用扳手规格见表 10-45。

表 10-45　管活两用扳手规格　　　　　　　　　　　mm

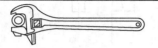 

当活扳手使用		当管子钳使用			
类　　型	Ⅰ 型		Ⅱ 型			
长度	250	300	200	250	300	375
夹持六角对边宽度≤	30	36	24	30	36	46
夹持管子外径≤	30	36	25	32	40	50

10.2.21　多用扳手（或快速管钳）

多用扳手（或快速管钳）用于紧固或拆卸小型金属管及其他圆柱形零件，也可作普通扳手用。其规格见表 10-46。

表 10-46　多用扳手（或快速管钳）规格　　　　mm

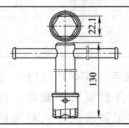

公称长度	200	250	300
夹持管子外径范围	12～25	14～30	16～40
适用螺栓(母)尺寸	M6～M14	M8～M18	M10～M24

10.2.22　六角套筒扳手

六角套筒扳手供紧固或拆卸六角头螺栓、螺母用。其规格见表 10-47。

表 10-47　六角套筒扳手规格

10.2.23　内四方扳手 （JB/T 3411.35—1999）

内四方扳手用于拧紧和拆卸内四方形螺钉。其规格见表 10-48。

表 10-48　内四方扳手规格　　　　　mm

规格 S	2	2.5	3	4	5	6	8	10	12	14
D	5			6		8	10	12	14	18	20
L	56			63	70	80	90	100	112	125	140
l	8					12			15		18
H	18			20	25	28	32	36	40	45	56

10.2.24　扭力扳手 （GB/T 15729—2008）

扭力扳手配合套筒扳手套筒，供紧固六角头螺栓、螺母用，在扭紧时可以表示出扭矩数值。凡是对螺栓、螺母的扭矩有明确规定的装配工作（如汽车、拖拉机等的气缸装配），都要使用这种扳手。预置式扭力扳手可事先设定（预置）扭矩值，操作时，如施加扭矩超过设定值，扳手即产生打滑现象，以保证螺栓（螺母）上承受的扭矩不超过设定值。其规格见表 10-49。

表 10-49　扭力扳手规格

		指示式(指针型)		预置式(带刻度可调型)		
普通式	扭矩/N·m ≤	100,200,300,500				
	方榫/mm	12.5				
预置式	扭矩范围/N·m	<20	20~100	80~300	280~760	750~2000
	长度/mm	300	488	606	800	920
	方榫/mm	6.3	12.5	12.5	20	25

10.2.25　指针式扭力扳手 （GB/T 15729—2008）

指针式扭力扳手配合套筒扳手套筒，拧紧六角头螺栓、螺母用，拧紧时可表示出力矩数值。专供对螺栓（母）有拧紧精度要求的装配工作使用。其规格见表 10-50。

表 10-50　指针式扭力扳手规格

力矩/N·m　≤	100,200,300	500
方榫边长/mm	12.5	20

10.2.26　预置式扭力扳手（GB/T 15729—2008）

预置式扭力扳手要与相应规格的套筒配合，用于需提供预置紧固力矩的六角头螺栓、螺母拧紧装配，带刻度可调，使设备达到合理的装配要求。其规格见表 10-51。

表 10-51　预置式扭力扳手规格

预置力矩/N·m	0～10	20～100,80～300	280～760	750～2000
方榫边长/mm	6.3	12.5	20	25

10.3　旋具类

10.3.1　一字槽螺钉旋具

一字槽螺钉旋具用于紧固或拆卸一字槽螺钉。木柄和塑柄螺钉旋具分普通式和穿心式两种。穿心式能承受较大的扭矩，并可在尾部用手锤敲击。方形旋杆螺钉旋具能用相应的扳手夹住旋杆扳动，以增大扭矩。一字槽螺钉旋具规格见表 10-52。

表 10-52　一字槽螺钉旋具规格（QB/T 2564.4—2012）　mm

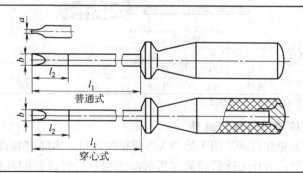

普通式

穿心式

规格 $a \times b$	旋杆长度 $L_{0}^{+0.5}$			
	A 系列	B 系列	C 系列	D 系列
0.4×2	—	40		—
0.4×2.5		50	75	100
0.5×3		50	75	100
0.6×3	25(35)	75	100	125
0.6×3.5	25(35)	75	100	125
0.8×4	25(35)	75	100	125
1×4.5	25(35)	100	125	150
1×5.5	25(35)	100	125	150
1.2×6.5	25(35)	100	125	150
1.2×8	25(35)	125	150	175
1.6×8	—	125	150	175
1.6×10	—	150	175	200
2×12	—	150	200	250
2.5×14	—	200	200	300

注：括号内尺寸为非推荐尺寸。

10.3.2 十字槽螺钉旋具

十字槽螺钉旋具用于紧固或拆卸十字槽螺钉。木柄和塑柄螺钉旋具分普通式和穿心式两种。穿心式能承受较大的扭矩，可在尾部用手锤敲击。方形旋杆能用相应的扳手夹住旋杆扳动，以增大扭矩。十字槽螺钉旋具规格见表 10-53。

表 10-53　十字槽螺钉旋具规格（QB/T 2564.5—2012）　mm

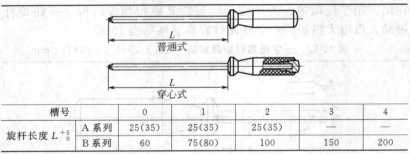

普通式

穿心式

	槽号	0	1	2	3	4
旋杆长度 L_{0}^{+5}	A 系列	25(35)	25(35)	25(35)	—	—
	B 系列	60	75(80)	100	150	200

注：括号内尺寸为非推荐尺寸。

10.3.3 螺旋棘轮螺钉旋具

螺旋棘轮螺钉旋具用于旋动头部带槽的螺钉、木螺钉和自攻螺钉。有三种动作：将开关拨到同旋位置时，作用与一般螺钉旋具相同；将开关拨到顺旋或倒旋位置时,压迫柄的顶部,旋杆可连续顺旋或倒旋,操作强度轻,效率高。螺旋棘轮螺钉旋具规格见表 10-54。

表 10-54 **螺旋棘轮螺钉旋具规格**(QB/T 2564.6—2002)

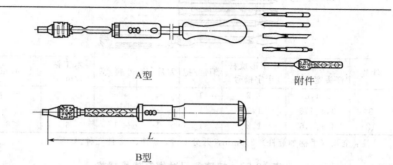

A型

附件

L

B型

类型	规格/mm	L/mm	工作行程(最小)/mm	夹头旋转圈数(最小)	扭矩/N·m
A 型	220	220	50	1.25	3.5
	300	300	70	1.5	6.0
B 型	300	300	140	1.5	6.0
	450	450	140	2.5	8.0

10.3.4 夹柄螺钉旋具

夹柄螺钉旋具用于紧固或拆卸一字槽螺钉,并可在尾部敲击,但禁止用于有电的场合。夹柄螺钉旋具规格见表 10-55。

表 10-55 **夹柄螺钉旋具规格**

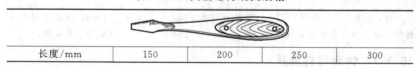

长度/mm	150	200	250	300

10.3.5 多用螺钉旋具

多用螺钉旋具用于紧固或拆卸带槽螺钉、木螺钉,钻木螺钉孔眼,可作测电笔用。多用螺钉旋具规格见表 10-56。

10.3.6 快速多用途螺钉旋具

快速多用途螺钉旋具有棘轮装置,旋杆可单向相对转动并有转向调整开关,配有多种不同规格的螺钉刀头和尖锥,放置于尾部后盖内。使用时选出适用的刀头放入头部磁性套筒内,并调整好转向开关,即可快速旋动螺钉。快速多用途螺钉旋具规格见表 10-57。

表 10-56　多用螺钉旋具规格

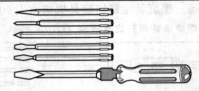

件数	一字形旋杆头宽/mm	十字形旋杆（十字槽号）	钢锥/把	刀片/片	小锤/只	木工钻/mm	套筒/mm
6	3,4,6	1,2	1	—	—	—	—
8	3,4,5,6	1,2	1	1	—	—	—
12	3,4,5,6	1,2	1	1	1	6	<6

注：全长（手柄加旋杆）230mm，并分 6 件、8 件、12 件三种。

表 10-57　快速多用途螺钉旋具规格

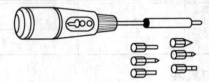

类　　型	件　数	直径/mm
一字螺钉刀头	3	3,4,5
十字螺钉刀头	3	3(一号),4,5(二号)
尖锥	1	—

注：配有三只一字螺钉刀头，直径分别为 $\phi3mm$、$\phi4mm$、$\phi5mm$；配有三只十字螺钉刀头，直径分别为 $\phi3mm$（1 号）、$\phi4mm$、$\phi5mm$（2 号）；另配有一只尖锥。

10.3.7　钟表螺钉旋具

钟表螺钉旋具为钟表、珠宝行业装修时装拆带槽螺钉的专用工具。钟表螺钉旋具规格见表 10-58。

表 10-58　钟表螺钉旋具规格

类　　型	头部尺寸/mm
每套 5 件	0.9,1.0,1.2,1.7,2.0
每套 9 件	0.8,0.9,0.95,1.0,1.2,1.5,1.7,1.8,2.0

10.4　斧子、冲子类

10.4.1　斧子类

斧刃用于砍剁，斧背用于敲击，多用斧还具有起钉、开箱、旋具等功能。斧子规格见表10-59。

表 10-59　斧子规格

名称	简　图	用途	斧头重量/kg	全长/mm
采伐斧（QB/T 2565.2—2002）		采伐树木木材加工	0.7，0.9，1.1，1.3，1.6，1.8，2.0，2.2，2.4	380，430，510，710～910
劈柴斧（QB/T 2565.3—2002）		劈木材	2.5，3.2	810～910
厨房斧（QB/T 2565.4—2002）		厨房砍、剁	0.6，0.8，1.0，1.2，1.4，1.6，1.8，2 0	360，380，400，610～810，710～910
木工斧（QB/T 2565.5—2002）		木工作业，敲击，砍劈木材。分有偏刃（单刃）和中刃（双刃）两种	1.0，1.25，1.5	（斧体长）120，135，160
多用斧（QB/T 2565.6—2002）		锤击、砍削、起钉、开箱	—	60，280，300，340
消防斧（GA 138—1996）		消防破拆作业用（斧把绝缘）	1.1～1.8，1.8 ～ 2.0，2.5～3.5	平斧：610，710，810，910；尖斧：715，815

10.4.2　冲子类

尖冲子用于在金属材料上冲凹坑；圆冲子在装配中使用；半圆头铆钉冲子用于冲击铆钉头；四方冲子、六方冲子用于冲内四方孔及内六方孔；皮带冲是在非金属材料（如皮革、纸、橡胶板、石棉板等）上冲制圆形孔的工具。冲子规格见表10-60。

表 10-60   冲子规格   mm

名称	简图	规格			
尖冲子 (JB/T 3411.29— 1999)		冲头直径		外径	全长
		2		8	80
		3		8	80
		4		10	80
		6		14	100
圆冲子 (JB/T 3411.30— 1999)		圆冲直径		外径	全长
		3		8	80
		4		10	80
		5		12	100
		6		14	100
		8		16	125
		10		18	125
半圆头 铆钉冲 子(JB/T 3411.31— 1999)		铆钉直径	凹球半径	外径	全长
		2.0	1.9	10	80
		2.5	2.5	12	100
		3.0	1.9	14	100
		4.0	3.8	16	125
		5.0	4.7	18	125
		6.0	6.0	20	140
		8.0	8.0	22	140
四方冲 子(JB/T 3411.33— 1999)		四方对边距		外径	全长
		2.0,2.24,2.50,2.80		8	80
		3.0,3.5,3.55		14	
		4.0,4.5,5.0		16	
		5.6,6.0,6.3		16	100
		7.1,8.0		18	
		9.0,10.0,11.2,12.0		20	125
		12.5,14.0,16.0		25	
		17.0,18.0,20.0		30	
		22.0,22.4		35	150
		25.0		40	
六方冲子 (JB/T 3411.34— 1999)		六方对边距		外径	全长
		3,4		14	80
		5,6		16	100
		8,10		18	100
		12,14		20	125
		17,19		25	125
		22,24		30	150
		27		35	150

名称	简　图	规　格
皮带冲		单支冲头直径：1.5,2.5,3,4,5,5.5,6.5,8,9.5,11,12.5,14,16,19,21,22,24,25,28,32,35,38 组套：8 支套,10 支套,12 支套,15 支套,16 支套

第11章 钳工工具

11.1 虎钳类

11.1.1 普通台虎钳

普通台虎钳装置在工作台上，用以夹紧加工工件。转盘式的钳体可以旋转，使工件旋转到合适的工作位置。普通台虎钳规格见表11-1。

表 11-1 普通台虎钳规格 （QB/T 1558.2—1992）

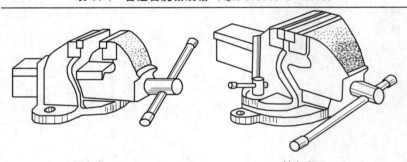

固定式				转盘式			

规　　格	75	90	100	115	125	150	200
钳口宽度/mm	75	90	100	115	125	150	200
开口度/mm	75	90	100	115	125	150	200
外形尺寸 /mm 长度	300	340	370	400	430	510	610
宽度	200	220	230	260	280	330	390
高度	160	180	200	220	230	260	310
夹紧力 /kN 轻级	7.5	9.0	10.0	11.0	12.0	15.0	20.0
重级	15.0	18.0	20.0	22.0	25.0	30.0	40.0

11.1.2 多用台虎钳

多用台虎钳的钳口与一般台虎钳相同，但其平钳口下部设有一对带圆弧装置的管钳口及 V 形锏口，用来夹持小直径的钢管、水管等圆柱形工件，使其加工时不转动；在其固定钳体上端铸有铁砧面，便于对小工件进行锤击加工。多用台虎钳规格见表11-2。

11.1.3 桌虎钳

桌虎钳用途与台虎钳相似，但钳体安装方便，适用于夹持小型工件。桌虎钳规格见表 11-3。

表 11-2　多用台虎钳规格（QB/T 1558.3—1995）

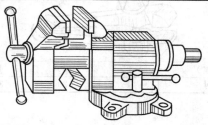

规　格		75	100	120	125	150
钳口宽度/mm		75	100	120	125	150
开口度/mm		60	80	100		120
管钳口夹持范围/mm		6～40	10～50	15～60		15～65
夹紧力 /kN	轻级	15	20	25		30
	重级	9	12	16		18

表 11-3　桌虎钳规格（QB/T 2096—1995）

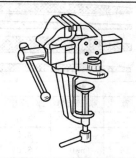

规　格	40	50	60	65
钳口宽度/mm	40	50	60	65
开口度/mm	35	45	55	55
最小紧固范围/mm	15～45			
最小夹紧力/kN	4.0	5.0	6.0	6.0

11.1.4　手虎钳

手虎钳用于夹持轻巧小型工件。手虎钳规格见表 11-4。

表 11-4　手虎钳规格　　　　　　　　　mm

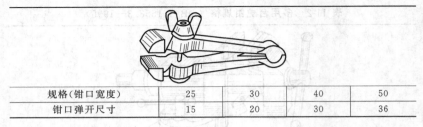

规格（钳口宽度）	25	30	40	50
钳口弹开尺寸	15	20	30	36

11.2　锉刀类

11.2.1　钳工锉

锉刀用于锉削或修整金属工件的表面、凹槽及内孔。锉刀规格见表 11-5。

表 11-5　钳工锉规格（QB/T 2569.1—2002）　　　mm

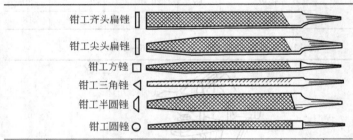

钳工齐头扁锉

钳工尖头扁锉

钳工方锉

钳工三角锉

钳工半圆锉

钳工圆锉

锉身	扁锉（齐头、尖头）		半圆锉			三角锉	方锉	圆锉
长度	宽	厚	宽	厚（薄型）	厚（厚型）	宽	宽	直径
100	12	2.5	12	3.5	4.0	8.0	3.5	3.5
125	14	3	14	4.0	4.5	9.5	4.5	4.5
150	16	3.5	16	5.0	5.0	11.0	5.5	5.5
200	20	4.5	20	5.5	5.5	13.0	7.0	7.0
250	24	5.5	24	7.0	7.0	16.0	9.0	9.0
300	28	6.5	28	8.0	8.0	19.0	11.0	11.0
350	32	7.5	32	9.0	9.0	22.0	14.0	14.0
400	36	8.5	36	10.0	10.0	26.0	18.0	18.0
450	40	9.5	—	—	—	—	22.0	—

11.2.2　锯锉

锯锉用于锉修各种木工锯和手用锯的锯齿。锯锉规格见表 11-6。

表 11-6 锯锉规格（QB/T 2569.2—2002） mm

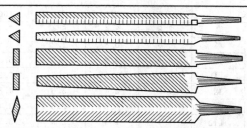

规格	三角锯锉（尖头、齐头）			扁锯锉		菱形锯锉		
（锉身长度）	普通型	窄型	特窄型	（尖头、齐头）				
	宽	宽	宽	宽	厚	宽	厚	刃厚
60	—	—	—	—	—	16	2.1	0.40
80	6.0	5.0	4.0	—	—	19	2.3	0.45
100	8.0	6.0	5.0	12	1.8	22	3.2	0.50
125	9.5	7.0	6.0	14	2.0	25	3.5(4.0)	0.55(0.70)
150	11.0	8.5	7.0	16	2.5	28	4.0(5.0)	0.70(1.00)
175	12.0	10.0	8.5	18	3.0	—	—	—
200	13.0	12.0	10.0	20	3.6	32	5.0	1.00
250	16.0	14.0	—	24	4.5	—	—	—
300	—	—	—	28	5.0	—	—	—
350	—	—	—	32	6.0	—	—	—

11.2.3 整型锉

整型锉用于锉削小而精细的金属零件，为制造模具、电器、仪表等的必需工具。整型锉规格见表 11-7。

表 11-7 整型锉规格（QB/T 2569.3—2002） mm

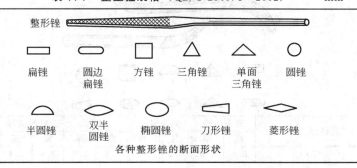

各种整形锉的断面形状

续表

全　　长		100	120	140	160	180
扁锉	宽	2.8	3.4	5.4	7.3	9.2
（齐头、尖头）	厚	0.6	0.8	1.2	1.6	2.0
半圆锉	宽	2.9	3.8	5.2	6.9	8.5
	厚	0.9	1.2	1.7	2.2	2.9
三角锉	宽	1.9	2.4	3.6	4.8	6.0
方锉	宽	1.2	1.6	2.6	3.4	4.2
圆锉	直径	1.4	1.9	2.9	3.9	4.9
单面三角锉	宽	3.4	3.8	5.5	7.1	8.7
	厚	1.0	1.4	1.9	2.7	3.4
刀形锉	宽	3.0	3.4	5.4	7.0	8.7
	厚	0.9	1.1	1.7	2.3	3.0
	刃厚	0.3	0.4	0.6	0.8	1.0
双半圆锉	宽	2.6	3.2	5	6.3	7.8
	厚	1.0	1.2	1.8	2.5	3.4
椭圆锉	宽	1.8	2.2	3.4	4.4	5.4
	厚	1.2	1.5	2.4	3.4	4.3
圆边扁锉	宽	2.8	3.4	5.4	7.3	9.2
	厚	0.6	0.8	1.2	1.6	2.1
菱形锉	宽	3.0	4.0	5.2	6.8	8.6
	厚	1.0	1.3	2.1	2.7	3.5

11.2.4　异型锉

异型锉用于机械、电器、仪表等行业中修整、加工普通形锉刀难以锉削且其几何形状较复杂的金属表面。异型锉规格见表 11-8。

表 11-8　异型锉规格（QB/T 2569.4—2002）　　mm

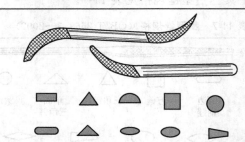

规格（全长）	齐头扁锉		尖头扁锉		半圆锉		三角锉	方锉	圆锉
	宽	厚	宽	厚	宽	厚	宽	宽	直径
170	5.4	1.2	5.2	1.1	4.9	1.6	3.3	2.4	3.0

续表

规格(全长)	单面三角锉		刀形锉			双半圆锉		椭圆锉	
	宽	厚	宽	厚	刃厚	宽	厚	宽	厚
170	5.2	1.9	5.0	1.6	0.5	4.7	1.6	3.3	2.3

11.2.5 钟表锉

钟表锉用于锉削钟表、仪表零件和其他精密细小的机件。钟表锉规格见表 11-9。

表 11-9　钟表锉规格（QB/T 2569.5—2002）　　mm

品种名称	代号 类别-型式-规格-锉纹号	全长	厚度或边长或直径
齐头扁锉	B-01-140-3～6	140	1.3（厚度）
尖头扁锉	B-02-140-3～6	140	1.3（厚度）
半圆锉	B-03-140-3～6	140	1.3（厚度）
三角锉	B-04-140-3～6	140	3.6（边长）
方锉	B-05-140-3～6	140	2.1（边长）
圆锉	B-06-140-3～6	140	2.4（直径）
单面三角锉	B-07-140-3～6	140	1.6（厚度）
刀形锉	B-08-140-3～6	140	1.7（厚度）
双半圆锉	B-09-140-3～6	140	1.9（厚度）
菱边锉	B-10-140-3～6	140	0.8（厚度）
三角锉	T-02-75-3～8	75	5.4（厚度）
方锉	T-03-75-3～8	75	2.2（厚度）
圆锉	T-04-75-3～8	75	1.9（直径）
单面三角锉	T-05-75-3～8	75	2.3（厚度）
刀形锉	T-06-75-3～8	75	2.6（厚度）

11.2.6 刀锉

刀锉用于锉削或修整金属工件上的凹槽和缺口，小规格刀锉也可用于修整木工锯条、横锯等的锯齿。刀锉规格［(不连柄)锉身长度］：100，125，150，200，250，300，350 (mm)。

11.2.7 锡锉

锡锉用于锉削、修整锡制品的表面。锡锉规格见表 11-10。

表 11-10 锡锉规格 mm

品种	扁锉	半圆锉
规格（锉身长度）	200,250,300,350	200,250,300,350

11.2.8 铝锉

铝锉用于锉削、修整铝、铜等软性金属制品或塑料制品的表面。铝锉规格见表 11-11。

表 11-11 铝锉规格 mm

规格（锉身长度）		200	250	300	350	400
宽		20	24	28	32	36
厚		4.5	5.5	6.5	7.5	8.5
齿距	I	2	2.5	3	3	3
	II	1.5	2	2.5	2.5	2.5

11.3 锯条类

11.3.1 钢锯架

钢锯架装置手用钢锯条，用于手工锯割金属材料等。分为钢板制和钢管制两种锯架，每种又分为调节式和固定式两种。钢锯架规格见表 11-12。

表 11-12 钢锯架规格（QB/T 1108—2015） mm

钢板制锯架（调节式）　　　　　　　　　钢管制锯架（固定式）

项 目		调节式	固定式	最大锯切深度
可装手用钢锯条长度	钢板制	200,250,300	300	64
	钢管制	250,300	300	74

11.3.2 手用钢锯条

手用钢锯条装在钢锯架上，用于手工锯割金属材料。双面齿型钢锯条，一面锯齿出现磨损情况后，可用另一面锯齿继续工作。挠性型钢锯条在工作中不易折断。小齿距（细齿）钢锯条上多采用波浪形锯路。手用钢锯条规格见表 11-13。

表 11-13 **手用钢锯条规格**（GB/T 14764—2008） mm

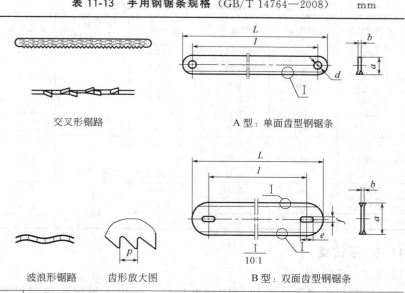

交叉形锯路   A 型：单面齿型钢锯条

波浪形锯路   齿形放大图   B 型：双面齿型钢锯条

分类	按特性分为全硬型（代号 H）和挠性型（代号 F）两种 按使用材质分为碳素结构钢（代号 D）、碳素工具钢（代号 T）、合金工具钢（代号 M）、高速钢（代号 G）以及双金属复合钢（代号 Bi）五种 按型式分为单面齿型（代号 A）、双面齿型（代号 B）两种					
类型	长度 l	宽度 a	厚度 b	齿距 p	销孔 $d(e \times f)$	全长 $L \leqslant$
A 型	300	12.7 或	0.65	0.8,1.0,1.2,	3.8	315
	250	10.7		1.4,1.5,1.8		265
B 型	296	22	0.65	0.8,1.0,1.4	8×5	315
	292	25			12×6	

11.3.3 机用钢锯条

机用钢锯条装在机锯床上用来锯切金属等材料。机用钢锯条规格见表 11-14。

表 11-14 机用钢锯条规格（GB/T 6080. 1—2010） mm

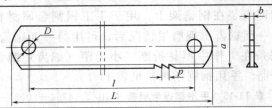

长度 $l\pm2$	宽度 a	厚度 b	齿距 p	销孔直径 D（H14）	总长 $L\leqslant$
300	25	1.25	1.8,2.5		330
350	25	1.25	1.8,2.5		380
	32	1.6	2.5,4.0	8.2	
400	32	1.6	2.5,4.0		430
	38	1.8	4.0,6.3		
	40	2.0	4.0,6.3		
450	32	1.6	2.5,4.0		485
	38	1.8	4.0,6.3	10.2	
	40	2.0	4.0,6.3		
500	40	2.0	2.5,4.0,6.3		535
550	50	2.5	2.5,4.0,6.3	12.5	640
600	50	2.5	4.0,6.3,8.5		740

11.4 手钻类

11.4.1 手扳钻

在工程中当无法使用钻床或电钻时，就用手扳钻来进行钻孔或攻制内螺纹或铰制圆（锥）孔。手扳钻规格见表 11-15。

表 11-15 手扳钻规格 mm

手柄长度	250	300	350	400	450	500	550	600
最大钻孔直径			25				40	

11.4.2 手摇钻

手摇钻装夹圆柱柄钻头后，用于在金属或其他材料上手摇钻孔。手摇钻规格见表 11-16。

表 11-16　**手摇钻规格**（QB/T 2210—1996）　　mm

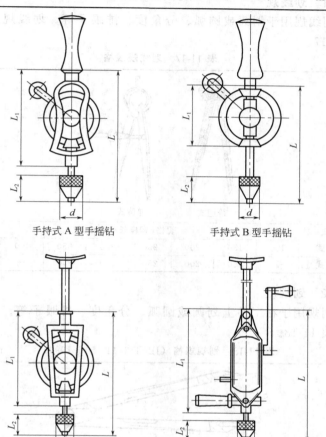

形式		规格（最大夹持直径）	L	L_1	L_2	d
手持式	A 型	6	200	140	45	28
		9	250	170	55	34
	B 型	6	150	85	45	28
胸压式	A 型	9	250	170	55	34
		12	270	180	65	38
	B 型	9	250	170	55	34

11.5 划线工具

11.5.1 划线规

划线规用于划圆或圆弧、分角度、排眼子等。划线规规格见表 11-17。

表 11-17 划线规规格

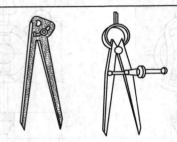

普通式　　　　弹簧式

型式	规格（脚杆长度）/mm							
普通式	100	150	200	250	300	350	400	450
弹簧式	—	150	200	250	300	350	—	—

11.5.2 划规

划规用于在工件上划圆或圆弧、分角度、排眼子等。划规规格见表 11-18。

表 11-18 划规规格 （JB/T 3411.54—1999）　　　mm

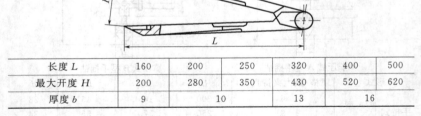

长度 L	160	200	250	320	400	500
最大开度 H	200	280	350	430	520	620
厚度 b	9	10		13	16	

11.5.3 长划规

长划规是钳工用于划圆、分度用的工具，其划针可在横梁上任意移动、调节，适用于尺寸较大的工件，可划最大半径为 800～

2000mm 的圆。长划规规格见表11-19。

表 11-19　长划规规格（JB/T 3411.55—1999）　　mm

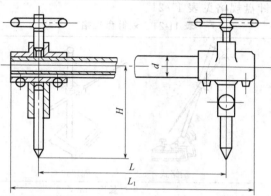

两划规中心距 L（最大）	总长度 L_1	横梁直径 d	脚深 H
800	850	10	70
1250	1315	32	90
2000	2065		

11.5.4　划线盘

划线盘用于在工件上划平行线、垂直线、水平线及在平板上定位和校准工件等。划线盘规格见表11-20。

表 11-20　划线盘规格　　mm

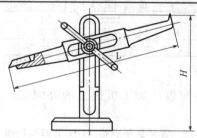

划线盘	主杆高度 H	355	450	560	710	900
（JB/T 3411.65—1999）	划针长度 L	320		450	500	700
大划线盘	主杆高度 H	1000		1250	1600	2000
（JB/T 3411.66—1999）	划针长度 L	850			1200	1500

11.5.5 划针盘

划针盘有活络式和固定式两种，用于在工件上划线、定位和校准等。划针盘规格见表 11-21。

表 11-21 划针盘规格

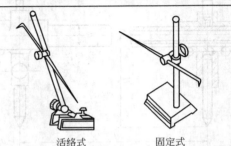

活络式　　　　固定式

型式	主杆长度 /mm				
活络式	200	250	300	400	450
固定式	355	450	560	710	900

11.6　其他类

11.6.1　丝锥扳手

丝锥扳手装夹丝锥，用手攻制机件上的内螺纹。丝锥扳手规格见表 11-22。

表 11-22　丝锥扳手规格　　　　　　mm

扳手长度	130	180	230	280	380	480	600	800
适用丝锥公称直径	2～4	3～6	3～10	6～14	8～18	12～24	16～27	16～33

11.6.2　圆牙扳手

圆牙扳手装夹圆板牙加工机件上的外螺纹。圆牙扳手规格见表 11-23。

表 11-23　圆牙扳手规格（GB/T 970.1—2008）　　　mm

续表

适用圆板牙尺寸								
外径	厚度	加工螺纹直径	外径	厚度	加工螺纹直径	外径	厚度	加工螺纹直径
16	5	1～2.5	38	10,14	12～15	75	18*,20,30	39～41
20	5,7	3～6	45	10*,14,18	16～20	90	18*,22,36	45～52
25	9	7～9	55	12*,16,22	22～25	105	22,36	55～60
30	8*,10	10～11	65	14*,18,25	27～36	120	22,36	64～68

注：根据使用需要，制造厂也可以生产适用带"*"符号厚度圆板牙的圆板牙架。

11.6.3　钢号码

钢号码用于在金属产品上或其他硬性物品上压印号码。钢号码每副 9 只，包括 9～0，其中 6 和 9 共用，其规格见表 11-24。

表 11-24　钢号码规格

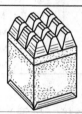

字身高度/mm	1.6,3.2,4.0,4.8,6.4,8.0,9.5,12.7

11.6.4　钢字码

钢字码用于在金属产品上或其他硬性物品上压印字母。钢字码规格见表 11-25。

表 11-25　钢字码规格

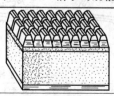

字身高度/mm	1.6,3.2,4.0,4.8,6.4,8.0,9.5,12.7

注：英语字母（汉语拼音字母可通用）——每副 27 只，包括 A～Z 及 &；俄语字母——每副 33 只，包括 A～Я 及 E。

11.6.5 螺栓取出器

螺栓取出器供手工取出断裂在机器、设备里面的六角头螺栓、双头螺柱、内六角螺钉等。取出器螺纹为左螺旋。使用时，需先选一适当规格的麻花钻，在螺栓的断面中心位置钻一小孔，再将取出器插入小孔中，然后用丝锥扳手或活扳手夹住取出器的方头，用力逆时针转动，即可将断裂在机器、设备里面的螺栓取出。螺栓取出器规格见表11-26。

表11-26 螺栓取出器规格

取出器规格（号码）	主要尺寸 /mm			选用螺栓规格		选用麻花钻规格（直径）/mm
	直 径		全长	米制/mm	英制/in	
	小端	大端				
1	1.6	3.2	50	M4～M6	3/16～1/4	2
2	2.4	5.2	60	M6～M8	1/4～5/16	3
3	3.2	6.2	68	M8～M10	5/16～7/16	4
4	4.8	8.7	76	M10～M14	7/16～9/16	6.5
5	6.3	11	85	M14～M18	9/16～3/4	7
6	9.5	15	95	M18～M24	3/4～1	10

11.6.6 手动拉铆枪

手动拉铆枪专供单面铆接（拉铆）抽芯铆钉用。单手操作式适用于拉铆力不大的场合；双手操作式适用于拉铆力较大的场合。手动拉铆枪规格见表11-27。

表11-27 手动拉铆枪规格（QB/T 2292—1997）

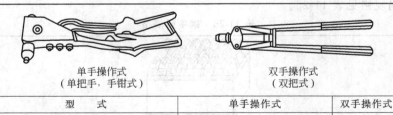

单手操作式　　　　　　　　　双手操作式
（单把手，手钳式）　　　　　　（双把式）

型　　式	单手操作式	双手操作式
全长/mm≈	350（A型），260（B型）	450
拉铆力/N≤	294	196
配枪头数目/个	4	3

续表

型 式		单手操作式	双手操作式
适用抽芯铆钉直径 /mm	纯铝	2.4～5	3～5
	防锈铝	2.4～4	3～5
	钢质	—	3～4

11.6.7 刮刀

半圆刮刀用于刮削轴瓦的凹面，三角刮刀用于刮削工件上的油槽和孔的边缘，平刮刀用于刮削工件的平面或铲花纹等。刮刀规格见表 11-28。

表 11-28 刮刀规格

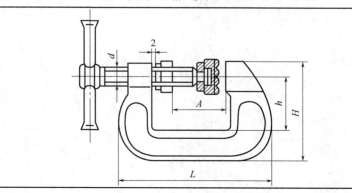

半圆刮刀

三角刮刀

平刮刀

长度(不连柄)/mm	50,75,100,125,150,175,200,250,300,350,400

11.6.8 弓形夹

弓形夹是钳工、钣金工在加工过程中使用的紧固器材，它可将几个工件夹在一起以便进行加工。最大夹装厚度为 32～320mm。弓形夹规格见表 11-29。

表 11-29 弓形夹规格 (JB/T 3411.49—1999)

续表

最大夹装厚度 A	L	h	H	d
32	130	50	95	M12
50	165	60	120	M16
60	215	70	140	M20
125	285	85	170	M24
200	360	100	190	
320	505	120	215	

11.6.9 拉马

拉马（顶拔器）通常有两爪及三爪两种。三爪适用于更换带轮以及拆卸各种传动轴上的齿轮、连接器等。两爪还可以拆卸非圆形的零件。拉马规格见表 11-30。

表 11-30 拉马规格   mm

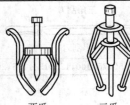

两爪   三爪

规格(最佳受力处直径)/mm	100	150	200	250	300	350
两爪顶拔器最大拉力/kN	10	18	28	40	54	72
三爪顶拔器最大拉力/kN	15	27	42	60	81	108

第12章 管工工具

12.1 管子台虎钳

管子台虎钳安装在工作台上，夹紧管子供攻制螺纹和锯、切割管子等用，为管工的必备工具。管子台虎钳规格见表 12-1。

表 12-1 管子台虎钳规格 （QB/T 2211—1996）

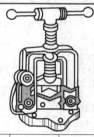

型号（号数）	1	2	3	4	5	6
夹持管子直径/mm	10～60	10～90	15～115	15～165	30～220	30～300

12.2 C形管子台虎钳

C形管子台虎钳结构比普通管子台虎钳简单，体积小，使用方便；钳口接触面大，不易磨损，管子夹紧较牢。C形管子台虎钳规格见表 12-2。

表 12-2 C形管子台虎钳规格

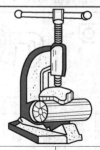

适用管子公称直径/mm	10～65

12.3 水泵钳

水泵钳的类型有滑动销轴式、榫槽叠置式和钳腮套入式三种。用于夹持、旋拧圆柱形管件，钳口有齿纹，开口宽度有 3～10 挡调节位置，可以夹持尺寸较大的零件，主要用于水管、煤气管道的安装、维修工程以及各类机械维修工作。水泵钳规格见表 12-3。

表 12-3 水泵钳规格（QB/T 2440.4—2007）

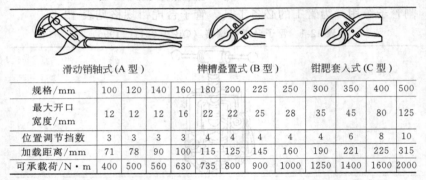

滑动销轴式 (A 型)　　　榫槽叠置式 (B 型)　　　钳腮套入式 (C 型)

规格/mm	100	120	140	160	180	200	225	250	300	350	400	500
最大开口宽度/mm	12	12	12	16	22	22	25	28	35	45	80	125
位置调节挡数	3	3	3	3	4	4	4	4	4	6	8	10
加载距离/mm	71	78	90	100	115	125	145	160	190	221	225	315
可承载荷/N·m	400	500	560	630	735	800	900	1000	1250	1400	1600	2000

12.4 管子钳

管子钳是用来夹持及旋转钢管、水管、煤气管等各类圆形工件用的手工具。按其承载能力分为重级（用 Z 表示）、普通级（用 P 表示）、轻级（用 Q 表示）三个等级；按其结构不同分为铸柄、锻柄、铝合金柄等多种。类型有Ⅰ型、Ⅱ型、Ⅲ型、Ⅳ型和Ⅴ型。管子钳规格用夹持管子最大外径时管子钳全长表示，其规格见表 12-4。

表 12-4 管子钳规格（QB/T 2508—2001）

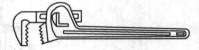

Ⅰ型轻型管子钳　　　　　　Ⅱ型铸柄管子钳

规格/mm		150	200	250	300	350	450	600	900	1200
夹持管子外径/mm≤		20	25	30	40	50	60	75	85	110
试验扭矩/N·m	普通级(P)	105	203	340	540	650	920	1300	2260	3200
	重级(Z)	165	330	550	830	990	1440	1980	3300	4400

12.5 自紧式管子钳

自紧式管子钳钳柄顶端有渐开线钳口，钳口工作面均为锯齿形，以利夹紧管子；工作时可以自动夹紧不同直径的管子，夹管时三点受力，不作任何调节。自紧式管子钳规格见表 12-5。

表 12-5 自紧式管子钳规格

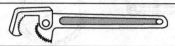

公称尺寸 /mm	可夹持管子外径/mm	钳柄长度/mm	活动钳口宽度/mm	扭矩试验	
				试棒直径	承受扭矩/N·m
300	20～34	233	14	28	450
400	34～48	305	16	40	750
500	48～66	400	18	48	1050

12.6 快速管子扳手

快速管子扳手用于紧固或拆卸小型金属和其他圆柱形零件，也可作扳手使用，是管路安装和修理工作常用工具。快速管子扳手规格见表 12-6。

表 12-6 快速管子扳手规格

规格（长度）/mm	200	250	300
夹持管子外径/mm	12～25	14～30	16～40
适用螺栓规格/mm	M6～M14	M8～M18	M10～M24
试验扭矩/N·m	196	323	490

12.7 链条管子扳手

链条管子扳手用于紧固或拆卸较大金属管或圆柱形零件，是管路安装和修理工作的常用工具。链条管子扳手规格见表 12-7。

12.8 管子割刀

管子割刀用于切割各种金属管、软金属管及硬塑管。刀体用可锻铸铁和锌铝合金制造，结构坚固。割刀轮刀片用合金钢制造，锋利耐磨，切刀口整齐。管子割刀分为普通型（代号为 GT）和轻型（代号为 GQ）两种，其规格见表 12-8。

表 12-7 链条管子扳手规格 （QB/T 1200—1991）

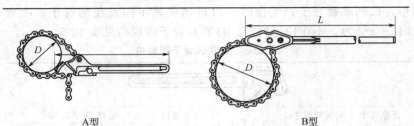

A型　　　　　　　　　　　　　　　　　　　B型

型 号	A 型	B 型			
公称尺寸 L/mm	300	900	1000	1200	1300
夹持管子外径 D/mm	50	100	150	200	250
试验扭矩/N·m	300	830	1230	1480	1670

表 12-8 管子割刀规格 （QB/T 2350—1997）　　　mm

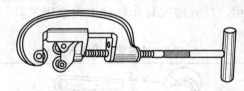

型式	规格代号	全长	最大割管外径	最大割管壁厚	适用范围
GQ(轻型)	1	124	25	1	塑料管、紫铜管
GT(普通型)	1	260	33.50	3.25	碳钢管
	2	375	60	3.50	
	3	540	88.50	4	
	4	665	114	4	

12.9 胀管器

胀管器在制造、维修锅炉时，用来扩大钢管端部的内外径，使钢管端部与锅炉管板接触部位紧密胀合，不会漏水、漏气。翻边式胀管器在胀管同时还可以对钢管端部进行翻边。胀管器规格见表12-9。

表 12-9　胀管器规格　　　　mm

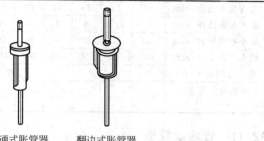

直通式胀管器　　　翻边式胀管器

公称规格	全长	适用管子范围			公称规格	全长	适用管子范围		
		内径		胀管长度			内径		胀管长度
		最小	最大				最小	最大	
01 型直通胀管器					02 型直通胀管器				
10	114	9	10	20	70	326	63	70	32
13	195	11.5	13	20	76	345	68.5	76	36
14	122	12.5	14	20	82	379	74.5	82.5	38
16	150	14	16	20	88	413	80	88.5	40
18	133	16.2	18	20	102	477	91	102	44
02 型直通胀管器					03 型特长直通胀管器				
19	128	17	19	20	25	170	20	23	38
22	145	19.5	22	20	28	180	22	25	50
25	161	22 5	25	25	32	194	27	31	48
28	177	25	28	20	38	201	33	36	52
32	194	28	32	10					
35	210	30.5	35	25	04 型翻边胀管器				
38	226	33.5	38	25					
40	240	35	40	25	38	240	33.5	38	40
44	257	39	44	25	51	290	42.5	48	54
48	265	43	48	27	57	380	48.5	55	50
51	274	45	51	28	64	360	54	61	55
57	292	51	57	30	70	380	61	69	50
64	309	57	64	32	76	340	65	72	61

12.10　弯管机

弯管机供冷弯金属管用。弯管机规格见表 12-10。

表 12-10 弯管机规格 （JB/T 2671.1—1998）

弯管最大直径/mm	10	16	25	40	60	89	114	159	219	273
最大弯曲壁厚/mm	2	2.5	3	4	5	6	8	12	16	20
最小弯曲半径/mm	8	12	20	30	50	70	110	160	320	400
最大弯曲半径/mm	60	100	150	250	300	450	600	800	1000	1250
最大弯曲角度/(°)	195									
最大弯曲速度/ r·min^{-1}	≥12	≥10	≥6	≥4	≥3	≥2	≥1	≥0.5	≥0.4	≥0.3

12.11 管螺纹铰板

管螺纹铰板用手工铰制低压流体输送用钢管上 55°圆柱和圆锥管螺纹。管螺纹铰板规格见表 12-11。

表 12-11 管螺纹铰板规格 （QB/T 2509—2001） mm

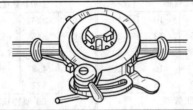

规格	铰螺纹范围		板牙规格		特　点
	管子外径	管子内径	规格	管子内径	
60	21.3～26.8	12.70～19.05	21.3～26.8	12.70～19.05	无间歇机构
	33.5～42.3	25.40～31.75	33.5～42.3	25.40～31.75	
60W	48.0～60.0	38.10～50.80	48.0～60.0	38.10～50.80	
114W	66.5～88.5	57.15～76.20	66.5～88.5	57.15～76.20	有间歇机构， 使用具有万能性
	101.0～114.0	88.90～101.60	101.0～114.0	88.90～101.60	

12.12 轻、小型管螺纹铰板

轻、小型管螺纹铰板和板牙是手工铰制水管、煤气管等管子外螺纹用的手动工具，用在维修或安装工程中。轻、小型管螺纹铰板和板牙规格见表 12-12。

12.13 电线管螺纹铰板及板牙

电线管螺纹铰板及板牙用于手工铰制电线套管上的外螺纹。电线管螺纹铰板及板牙规格见表 12-13。

表 12-12　轻、小型管螺纹铰板和板牙规格

型　号		铰制管子外螺纹范围/mm	板牙规格/in	特　点
轻型	Q74-1	6.35～25.4	1/4,3/8,1/2,3/4,1	单板杆
	Q71-1A	12.7～25.4	1/2,3/4,1	
	SH-76	12.7～38.1	1/2,3/4,1,1¼,1½	
小型		12.7～19.05	1/2,3/4,1,1¼	盒式

表 12-13　电线管螺纹铰板及板牙规格　　　　mm

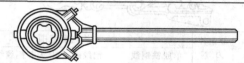

型　号	铰制钢管外径	圆板牙外径尺寸
SHD-25	12.70,15.88,19.05,25.40	41.2
SHD-50	31.75,38.10,50.80	76.2

　　注：钢管外径为 12.70mm、15.88mm、19.05mm 和 25.40mm 用的圆板牙的刃瓣数分别为 4.5、5 和 8；31.75mm、38.10mm 和 50.80mm 用的圆板牙刃瓣数分别为 6、8 和 10。

第13章 电工工具

13.1 钳类工具

13.1.1 紧线钳

紧线钳专供在架设各种类型的空中线路，以及用低碳钢丝包扎时收紧两线端，以便绞接或加置索具之用。紧线钳规格见表 13-1。

表 13-1 紧线钳规格

平口式紧线钳

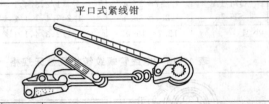

号数	钳口弹开尺寸/mm	额定拉力/N	夹线直径范围/mm			
			单股铁铜线	钢绞线	无芯铝绞线	钢芯铝绞线
1	≥21.5	15000	10.0~20.0	—	12.4~17.5	13.7~19.0
2	≥10.5	8000	5.0~10.0	5.1~9.0	5.1~9.0	5.4~9.9
3	≥5.5	3000	1.5~5	1.5~4.8		

虎头式紧线钳

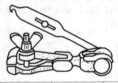

长度/mm	150	200	250	300	350	400
钳口宽度/mm	32	40	48	54	62	70
夹线直径范围/mm	1.6~2.6	2.5~3.5	3.0~4.5	4.0~6.5	5.0~7.2	6.5~10.5
收线轮线孔径/mm	3	4	6	7	8	
额定拉力/N	1471	2942	4315	5884	7845	

13.1.2 剥线钳

剥线钳供电工用于在不带电的条件下，剥离线芯直径为 0.5~2.5mm 的各类电信导线外部绝缘层。多功能剥线钳还能剥离带状电缆。剥线钳规格见表13-2。

表 13-2　剥线钳规格（QB/T 2207—1996） mm

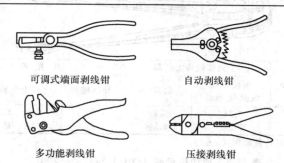

可调式端面剥线钳　　　　　　自动剥线钳

多功能剥线钳　　　　　　压接剥线钳

名　　称	规格（全长）	剥离线芯直径
可调式端面剥线钳	160	
自动剥线钳	170	
多功能剥线钳	170	0.5～2.5
压接剥线钳	200	

13.1.3　冷轧线钳

冷轧线钳除具有一般钢丝钳的用途外，还可用来轧接电话线、小型导线的接头或封端。冷轧线钳规格见表13-3。

表 13-3　冷轧线钳规格

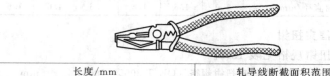

长度/mm	轧导线断截面积范围/mm²
200	2.5～6.0

13.1.4　手动机械压线钳

手动机械压线钳专供冷压连接铝、铜导线的接头与封端（利用模块使导线接头或封端紧密连接）。手动机械压线钳规格见表13-4。

13.1.5　顶切钳

顶切钳是剪切金属丝的工具，用于机械、电器的装配及维修工作中。顶切钳规格见表13-5。

表 13-4　手动机械压线钳规格（QB/T 2733—2005）

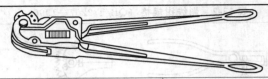

压接线径/mm²	手柄部的最大载荷		压 接 性 能	
	压接导线 截面积/mm²	载荷/N	导体材料	拉力试验负载/N
0.1～400	≤240	≤390	铜	40A，最大 20000
	＞240	≤590	铝	60A，最大 20000

注：A 为导线截面积（mm²）。

表 13-5　顶切钳规格（QB/T 2441.2—2007）

规格/mm		100	125	140	160	180	200
加载距离/mm		60	75	100	112	125	140
可承载荷/N	甲级	600	750	1000	1120	1250	1400
	乙级	400	500	600	750	1000	1120
剪切力/N	甲级	450	600	750	900	1080	1260
	乙级	500	650	800	950	1130	1310
剪切试材直径/mm		1.0	1.6	1.6	1.6	1.6	1.6

13.1.6　电信夹扭钳

电信夹扭钳规格见表 13-6。

表 13-6　电信夹扭钳规格（QB/T 3005—2008）　　mm

续表

钳嘴型式		规格 l	a_{max}	b	d_{max}	e_{max}、f_{min}	w
圆嘴	短嘴（S）	112 ± 7	10	25_{max}	6.5	0.8_{max}	48 ± 5
		125 ± 8	13	30_{max}	8	1.5_{max}	50 ± 5
	长嘴（L）	125 ± 8	13	30_{min}	8	1.5_{max}	50 ± 5
		140 ± 9	14	34_{min}	10	2_{max}	50 ± 5
扁嘴	短嘴（S）	112 ± 5	10	25_{max}	6.5	1.8	48 ± 5
		125 ± 7	13	30_{max}	8	2.2	50 ± 5
	长嘴（L）	125 ± 7	13	30_{min}	8	2.2	50 ± 5
		140 ± 8	14	34_{min}	10	2.8	50 ± 5
尖嘴	短嘴（S）	112 ± 5	10	25_{max}	6.5	1.8	48 ± 5
		125 ± 7	13	30_{max}	8	2.2	50 ± 5
	长嘴（L）	125 ± 7	13	30_{min}	8	2.2	50 ± 5
		140 ± 7	14	34_{min}	10	2.8	50 ± 5

13.1.7　电信剪切钳

电信剪切钳规格见表 13-7。

表 13-7　电信剪切钳规格（QB/T 3004—2008）　　mm

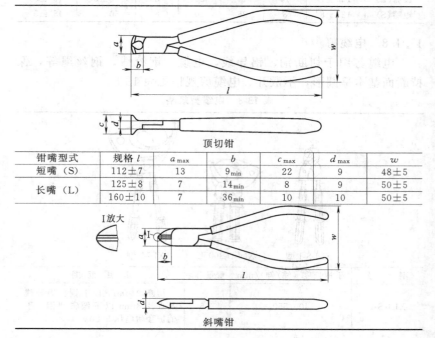

顶切钳

钳嘴型式	规格 l	a_{max}	b	c_{max}	d_{max}	w
短嘴（S）	112 ± 7	13	9_{min}	22	9	48 ± 5
长嘴（L）	125 ± 8	7	14_{min}	8	9	50 ± 5
	160 ± 10	7	36_{min}	10	10	50 ± 5

斜嘴钳

续表

规格 l	a_{max}	b	d_{max}	w
112±7	13	16	8	48±5
125±8	16	20	10	50±5

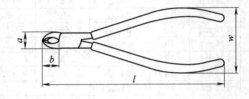

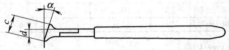

斜刃顶切钳

钳嘴型式	规格 l	a_{max}	b_{max}	c_{max}	d_{max}	w	α
长嘴(L)	125±7	14	14	20	8	48±5	15°±5°
短嘴(S)	125±8	8	25	10	8	50±5	45°±5°

13.1.8 电缆剪

电缆剪用于切断铜、铝导线，电缆，钢绞线，钢丝绳等，保持断面基本呈圆形，不散开。电缆剪规格见表 13-8。

表 13-8　电缆剪规格

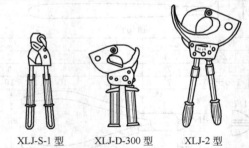

XLJ-S-1 型　　　XLJ-D-300 型　　　XLJ-2 型

型　号	手柄长度（缩/伸）/mm	重量/kg	适 用 范 围
XLJ-S-1	400/550	2.5	切断 240mm² 以下铜、铝导线及直径 8mm 以下低碳圆钢，手柄护套耐电压 5000V

续表

型　　号	手柄长度(缩/伸)/mm	重量/kg	适 用 范 围
XLJ-D-300	230	1	切断直径 45mm 以下电缆及 300mm² 以下铜导线
XLJ-1	420/570	3	切断直径 65mm 以下电缆
XLJ-2	450/600	3.5	切断直径 95mm 以下电缆
XLJ-G	410/560	3	切断 400mm² 以下铜芯电缆,直径 22mm 以下钢丝绳及直径 16mm 以下低碳圆钢

13.2　其他电工工具

13.2.1　电工刀

电工刀用于电工装修工作中割削电线绝缘层、绳索、木桩及软性金属。多用(两用、三用、四用)电工刀中的附件:锥子可用来钻电器用圆木上的钉孔,锯片可用来锯割槽板,旋具可用来紧固或拆卸带槽螺钉、木螺钉等。电工刀规格见表 13-9。

表 13-9　电工刀规格 (QB/T 2208—1996)

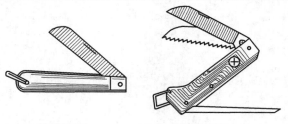

单用电工刀　　　　　　　　多用电工刀

型 式 代 号	产品规格代号	刀柄长度 L/mm
A (单用) B (多用)	1 号	115
	2 号	105
	3 号	95

13.2.2　电烙铁

电烙铁用于电器元件、线路接头的锡焊。分外热式和内热式两种。电烙铁规格见表 13-10。

表 13-10 电烙铁规格 (GB/T 7157—2008)

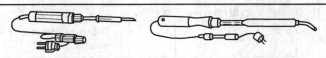

内热式电烙铁　　　　　　外热式电烙铁

类　　型	功率/W
外热式	30，50，75，100，150，200，300，500
内热式	20，35，50，70，100，150，200，300

14.1 电钻

电钻基本参数见表 14-1。

表 14-1 电钻基本参数（GB/T 5580—2007）

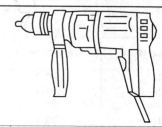

电钻规格/mm		额定输出功率/W	额定转矩/N·m
4	A	≥80	≥0.35
	C	≥90	≥0.50
6	A	≥120	≥0.85
	B	≥160	≥1.20
	C	≥120	≥1.00
8	A	≥160	≥1.60
	B	≥200	≥2.20
	C	≥140	≥1.50
10	A	≥180	≥2.20
	B	≥230	≥3.00
	C	≥200	≥2.50
13	A	≥230	≥4.00
	B	≥320	≥6.00
16	A	≥320	≥7.00
	B	≥400	≥9.00
19	A	≥400	≥12.00
23	A	≥400	≥16.00
32	A	≥500	≥32.00

注：电钻规格指电钻钻削抗拉强度为 390MPa 钢材时所允许使用的最大钻头直径。

14.2 冲击电钻

冲击电钻基本参数见表 14-2。

表 14-2 冲击电钻基本参数（GB/T 22676—2008）

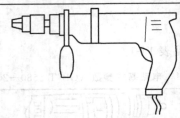

规格/mm	额定输出功率/W	额定转矩/N·m	额定冲击次数/次·min⁻¹
10	≥220	≥1.2	≥46400
13	≥280	≥1.7	≥43200
16	≥350	≥2.1	≥41600
20	≥430	≥2.8	≥38400

注：1. 冲击电钻规格指加工砖石、轻质混凝土等材料时的最大钻孔直径。

2. 双速冲击电钻的基本参数是指高速挡时的参数，电子调速冲击电钻是指电子装置调节到给定转速最高值时的参数。

14.3 电锤

电锤基本参数见表 14-3。

表 14-3 电锤基本参数（GB/T 7443—2007）

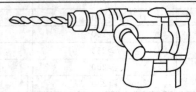

电锤规格/mm	16	18	20	22	26	32	38	50
钻削率/cm³·min⁻¹≥	15	18	21	24	30	40	50	70

注：电锤规格指在 C30 号混凝土（抗压强度 30～35MPa）上作业时的最大钻孔直径（mm）。

14.4 电动螺丝刀

电动螺丝刀基本参数见表 14-4。

表 14-4　**电动螺丝刀基本参数**（GB/T 22679—2008）

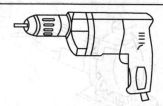

规格/mm	适用范围/mm	额定输出功率/W	拧紧力矩/N·m
M6	机螺钉 M4～M6 木螺钉≤4 自攻螺钉 ST3.9～ST4.8	≥85	2.45～8.0

注：木螺钉 4mm 是指在拧入一般木材中的木螺钉规格。

14.5　电圆锯

电圆锯基本参数见表 14-5。

表 14-5　**电圆锯基本参数**（GB/T 22761—2008）

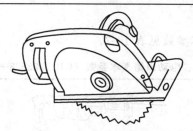

规格/mm	额定输出 功率/W≥	额定转 矩/N·m≥	最大锯割 深度/mm≥	最大调节 角度/(°)≥
160×30	450	2.00	50	45
180×30	510	2.00	55	45
200×30	560	2.50	65	45
250×30	710	3.20	85	45
315×30	900	5.00	105	45

注：表中规格指可使用的最大锯片外径×孔径。

14.6　曲线锯

曲线锯基本参数见表 14-6。

表 14-6　曲线锯基本参数（GB/T 22680—2008）

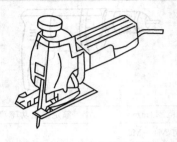

规格/mm	额定输出功率/W ≥	工作轴额定往复次数/次·min^{-1}≥
40（3）	140	1600
55（6）	200	1500
65（8）	270	1400

注：1. 额定输出功率是指电动机的输出功率。

2. 曲线锯规格指垂直锯割一般硬木的最大厚度。

3. 括号内数值为锯割抗拉强度为 390MPa 板的最大厚度。

14.7　电动刀锯

电动刀锯基本参数见表 14-7。

表 14-7　电动刀锯基本参数（GB/T 22678—2008）

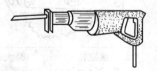

规格/mm	往复行程/mm	额定输出功率/W ≥	额定往复次数/次·min^{-1}≥
26	26	260	550
30	30	360	600

注：1. 额定输出功率指电动机的额定输出功率。

2. 额定往复次数指工作轴每分钟额定往复次数。

14.8　电动冲击扳手

电动冲击扳手基本参数见表 14-8。

表 14-8　电动冲击扳手基本参数（GB/T 22677—2008）

规格/mm	适用范围/mm	力矩范围/N·m	方头公称尺寸/mm	边心距/mm
8	M6～M8	4～15	10×10	≤26
12	M10～M12	15～60	12.5×12.5	≤36
16	M14～M16	50～150	12.5×12.5	≤45
20	M18～M20	120～220	20×20	≤50
24	M22～M24	220～400	20×20	≤50
30	M27～M30	380～800	25×25	≤56
42	M36～M42	750～2000	25×25	≤66

注：电扳手的规格是指在刚性衬垫系统上，装配精制的强度级别为 6.8（GB/T 3098），内、外螺纹公差配合为 6H/6g（GB/T197）的普通粗牙螺纹（GB/T 193）的螺栓所允许使用的最大螺纹直径 d（mm）。

14.9　电剪刀

电剪刀基本参数见表 14-9。

表 14-9　电剪刀基本参数（GB/T 22681—2008）

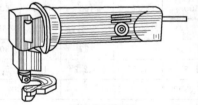

手持式电剪刀　　　　　　　　　双刃电剪刀

型式	规格/mm	额定输出功率/W	刀杆额定往复次数/次·min⁻¹
	1.6	≥120	≥2000
	2	≥140	≥1100
手持式	2.5	≥180	≥800
	3.2	≥250	≥650
	4.5	≥540	≥400

续表

型式	规格/mm	额定输出功率/W	刀杆额定往复次数/次·min^{-1}
双刃	1.5	≥130	≥1850
	2	≥180	≥150

注：1. 电剪刀规格是指电剪刀剪切抗拉强度 390MPa 热轧钢板的最大厚度。

2. 额定输出功率是指电动机额定输出功率。

14.10 落地砂轮机

落地砂轮机基本参数见表 14-10。

表 14-10 落地砂轮机基本参数（JB/T 3770—2000）

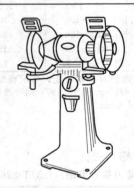

最大砂轮直径/mm	200	250	300	350	400	500	600
砂轮厚度/mm	25		40			50	65
砂轮孔径/mm	32		75		127	203	305
额定功率①/kW	0.5	0.75	1.5	1.75	3.0、2.2②	4.0	5.5
同步转速/r·min^{-1}	3000		1500、3000		1500		1000
额定电压/V				380			
额定频率/Hz				50			

① 额定功率指额定输出功率。

② 此额定功率为自驱式砂轮机的额定功率。

14.11 台式砂轮机

台式砂轮机基本参数见表 14-11。

表 14-11　台式砂轮机基本参数（JB/T 4143—2014）

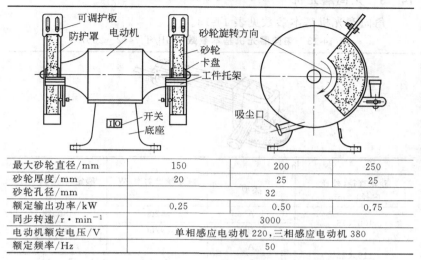

最大砂轮直径/mm	150	200	250
砂轮厚度/mm	20	25	25
砂轮孔径/mm		32	
额定输出功率/kW	0.25	0.50	0.75
同步转速/r·min^{-1}		3000	
电动机额定电压/V		单相感应电动机 220，三相感应电动机 380	
额定频率/Hz		50	

14.12　轻型台式砂轮机

轻型台式砂轮机基本参数见表 14-12。

表 14-12　轻型台式砂轮机基本参数（JB/T 6092—2007）

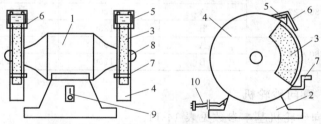

1—电动机；2—底座；3—砂轮；4—防护罩；5—可调护板；6—护目镜；
7—工件托架；8—卡盘；9—开关；10—电源线

最大砂轮直径/mm	100	125	150	175	200	250
砂轮厚度/mm	16	16	16	20	20	25
额定输出功率/W	90	120	150	180	250	400
电动机同步转速/r·min^{-1}			3000			
最大砂轮直径/mm	100　125　150　175　200　250			150　175　200　250		
使用电动机种类	单相感应电动机			三相感应电动机		
额定电压/V	220			380		
额定频率/Hz	50			50		

14.13 角向磨光机

角向磨光机基本参数见表14-13。

表 14-13 角向磨光机基本参数 （GB/T 7442—2007）

规 格		额定输出功率/W	额定转矩/N·m
砂轮直径（外径内径）/mm	类型		
100×16	A	≥200	≥0.30
	B	≥250	≥0.38
115×22	A	≥250	≥0.33
	B	≥320	≥0.50
125×22	A	≥320	≥0.50
	B	≥400	≥0.63
150×22	A	≥500	≥0.80
	C	≥710	≥1.25
180×22	A	≥1000	≥2.00
	B	≥1250	≥2.50
230×22	A	≥1000	≥2.80
	B	≥1250	≥3.55

14.14 直向砂轮机

直向砂轮机基本参数见表14-14。

表 14-14 直向砂轮机基本参数 （GB/T 22682—2008）

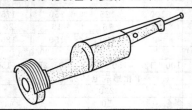

续表

规格/mm		额定输出功率/W	额定转矩/N·m	空载转速/r·min^{-1}	许用砂轮安全线速度/m·s^{-1}
$\phi 80 \times 20 \times 20(13)$	A	≥200	≥0.36	≤11900	
	B	≥280	≥0.40		
$\phi 100 \times 20 \times 20(16)$	A	≥300	≥0.50	≤9500	
	B	≥350	≥0.60		
$\phi 125 \times 20 \times 20(16)$	A	≥380	≥0.80	≤7600	≥50
	B	≥500	≥1.10		
$\phi 150 \times 20 \times 32(16)$	A	≥520	≥1.35	≤6300	
	B	≥750	≥2.00		
$\phi 175 \times 20 \times 32(20)$	A	≥800	≥2.40	≤5400	
	B	≥1000	≥3.15		
$\phi 125 \times 20 \times 20(16)$	A	≥250	≥0.85	<3000	≥35
	B	≥350	≥1.20		
$\phi 150 \times 20 \times 32(16)$	A				
	B	≥500	≥1.70		
$\phi 175 \times 20 \times 32(20)$	A				
	B	≥750	≥2.40		

注：括号内数值为 ISO 603 的内孔值。

14.15　平板砂光机

平板砂光机基本参数见表 14-15。

表 14-15　平板砂光机基本参数（GB/T 22675—2008）

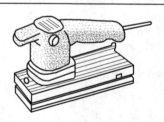

规格/mm	最小额定输入功率/W	空载摆动次数/次·min^{-1}
90	100	
100	100	≥10000
125	120	
140	140	

续表

规格/mm	最小额定输入功率/W	空载摆动次数/次·min^{-1}
150	160	
180	180	
200	200	≥10000
250	250	
300	300	
350	350	

注：1. 制造厂应在每一挡砂光机的规格上指出所对应的平板尺寸，其值为多边形的一条长边或圆形的直径。

2. 空载摆动次数是指砂光机空载时平板摆动的次数（摆动 1 周为 1 次），其值等于偏心轴的空载转速。

3. 电子调速砂光机是以电子装置调节到最大值时测得的参数。

第15章 气动工具

15.1 金属切削类

15.1.1 气钻

气钻用于对金属、木材、塑料等材质的工件钻孔。气钻规格见表 15-1。

表 15-1 气钻规格（JB/T 9847—2010）

产品系列	功率 /kW≥	空转转速 /r·min⁻¹≥	耗气量 /L·s⁻¹≤	气管内径 /mm	机重 /kg≤	噪声 /dB(A)
6	0.2	900	44	10	0.9	≤100
8		700			1.3	
10	0.29	600	36	12.5	1.7	≤105
13		400			2.6	
16	0.66	360	35		6	
22	1.07	260	33	16	9	
32	1.24	180	27		13	≤120
50	2.87	110	26	20	23	
80		70			35	

注：1. 验收气压为 0.63MPa。

2. 噪声在空运转下测量。

3. 机重不包括钻卡；角式气钻重量可增加 25%。

15.1.2 中型气钻

中型气钻广泛应用于飞机、船舶等大型机械装配及桥梁建筑等各种金属材料上钻孔、扩孔、铰孔和攻螺纹。中型气钻规格见表 15-2。

表 15-2 中型气钻规格

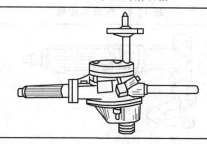

续表

钻孔直径 /mm	攻螺纹直径 /mm	负荷转速 /r·min⁻¹	负荷耗气量 /L·s⁻¹	功率 /kW	主轴莫氏锥度	机重 /kg	气管内径 /mm
22	M24	300	28.3	0.956	2	9	16
32		225	33.3	1.140	3	13	16

注：工作气压为0.49MPa。

15.1.3 弯角气钻

弯角气钻适宜在钻孔部位狭窄的金属构件上进行钻削操作。特别适用于机械装配、建筑工地、飞机和船舶制造等方面。弯角气钻规格见表15-3。

表15-3 弯角气钻规格

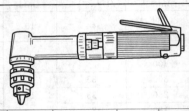

钻孔直径 /mm	空转转速 /r·min⁻¹	弯头高 /mm	负荷耗气量 /L·s⁻¹	功率 /kW	工作气压 /MPa	机重 /kg	气管内径 /mm
8	2500	72	6.67	0.20	0.49	1.4	9.5
10	850	72	6.67	0.18	0.49	1.7	9.5
20	500	72	6.67	0.18	0.49	1.7	9.5
32	380	72	33.30	1.14	0.49	13.5	16.0

注：机重不包括钻卡。

15.1.4 气剪刀

气剪刀用于机械、电器等各行业剪切金属薄板，可以剪裁直线或曲线零件。气剪刀规格见表15-4。

表15-4 气剪刀规格

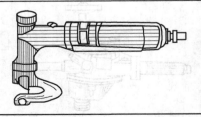

续表

型号	工作气压/MPa	剪切厚度/mm	剪切频率/Hz	气管内径/mm	机重/kg
JD2	0.63	≤2.0	30	10	1.6
JD3	0.63	≤2.5	30	10	1.5

15.1.5　气冲剪

　　气冲剪用于冲剪钢板、铝板、塑料板、纤维板等，可保证冲剪后板材不变形。在建筑、汽车等行业应用广泛。气冲剪规格见表 15-5。

表 15-5　气冲剪规格

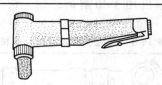

冲剪厚度/mm		冲击频率/次·min⁻¹	工作气压/MPa	耗气量/L·min⁻¹≤
钢	铝			
16	14	3500	0.63	170

15.1.6　气动锯

　　气动锯以压缩空气为动力，适用于对金属、塑料、木质材料的锯割。气动锯规格见表 15-6。

表 15-6　气动锯规格

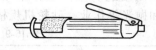

枪柄　　　　　　　　　直柄

类型	往复频率/次·min⁻¹	活塞行程/mm	使用气压/MPa	耗气量/m³·min⁻¹	长度/mm	机重/kg
枪柄	2200	30	0.63	0.15	289	1.72
直柄	9500	9.52	0.63	0.15	235	0.56

15.1.7　气动截断机

　　气动截断机以压缩空气为动力，适用于对金属材料的切割。气动截断机规格见表 15-7。

表 15-7　气动截断机规格

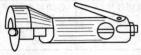

砂轮尺寸 /mm	空转速度 /r·min^{-1}	使用气压 /MPa	耗气量 /m^3·min^{-1}	长度 /mm	机重 /kg
86	18000	0.63	0.16	190	0.77

15.1.8　气动手持式切割机

气动手持式切割机用于切割钢、铜、铝合金、塑料、木材、玻璃纤维、瓷砖等。气动手持式切割机规格见表 15-8。

表 15-8　气动手持式切割机规格

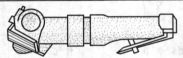

锯片直径/mm	转速/r·min^{-1}	机重/kg
450	620，3500，7000	1.0

15.2　砂磨类

15.2.1　砂轮机

砂轮机以压缩空气为动力，适合在船舶、锅炉、化工机械及各种机械制造和维修工作中用来清除毛刺和氧化皮、修磨焊缝、砂光和抛光等作业。砂轮机规格见表 15-9。

表 15-9　砂轮机规格

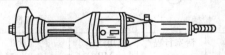

砂轮直径 /mm	空转转速 /r·min^{-1}	主轴功率 /kW	单位功率耗气量 /L·s^{-1}·kW^{-1}	工作气压 /MPa	机重 /kg	气管内径 /mm
40	19000			0.49	0.6	6.35
60	12700	0.36	36.00	0.49	2.0	13.00
100	8000	0.66	30.22	0.49	3.8	16.00
150	6400	1.03	27.88	0.49	5.4	16.00

注：机重不包括砂轮重量。

15.2.2　直柄式气动砂轮机

直柄式气动砂轮机配用砂轮，用于修磨铸件的浇冒口、大型机件、模具及焊缝。如配用布轮，可进行抛光；配用钢丝轮，可清除金属表面铁锈及旧漆层。直柄式气动砂轮机规格见表 15-10。

表 15-10　**直柄式气动砂轮机规格**（JB/T 7172—2016）

产品系列	空转转速 /r·min⁻¹	主轴功率 /kW≥	单位功率耗气量 /L·s⁻¹·kW⁻¹≤	噪声 /dB(A)≤	机重 /kg≤	气管内径 /mm
40	≥17500	—	—	95	1.0	6
50	≥17500	—	—	95	1.2	10
60	≤16000	0.36	36.27	100	2.1	13
80	≤12000	0.44	36.95	105	3.0	13
100	≤9500	0.73	36.95	105	4.2	16
150	≤6600	1.14	32.87	105	6.0	16

注：验收气压为 0.63MPa。

15.2.3　角式气动砂轮机

角式气动砂轮机配用纤维增强钹形砂轮，用于金属表面的修整和磨光作业。以钢丝轮代替砂轮后，可进行抛光作业。角式气动砂轮机规格见表 15-11。

表 15-11　**角式气动砂轮机规格**（JB/T 10309—2011）

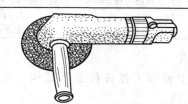

产品系列	砂轮最大直径/mm	空转转速/ r·min⁻¹≤	空转耗气量/ L·s⁻¹≤	单位功率耗气量/ L·kW⁻¹·s⁻¹≤	空转噪声/ dB(A)≤	气管内径 /mm	机重 /kg≤
100	100	14000	30	37	108		2.0
125	125	12000	34	36	109	12.5	2.0
150	150	10000	35	35	110		2.0
180	180	8400	36	34	110		2.5

15.2.4　气动模具磨

气动模具磨以压缩空气为动力，配以多种形状的磨头或抛光轮，用于对各类模具的型腔进行修磨和抛光。气动模具磨规格见表 15-12。

表 15-12　气动模具磨规格

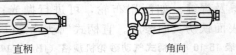

直柄　　　　　　　　　　　角向

类型	空转转速/r·min⁻¹		空气消耗量/m³·min⁻¹	工作气压/MPa	机重/kg		长度/mm	
	普通	加长			普通	加长	普通	加长
直柄	25000	3600	0.2～0.23	0.63	0.34	1	140	223
角向	20000	2800	0.11～0.2	0.63	0.45	1	146	235

15.2.5　掌上型砂磨机

掌上型砂磨机以压缩空气为动力，适用于手持灵活地对各种表面进行砂磨。掌上型砂磨机规格见表 15-13。

表 15-13　掌上型砂磨机规格

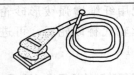

最大空转速/r·min⁻¹	使用气压/MPa	耗气量/m³·min⁻¹	机重/kg
15000	0.6	0.14	0.5
18000	0.6	0.2	0.6

15.2.6　气动抛光机

气动抛光机用于装饰工程各种金属结构、构件的抛光。气动抛光机规格见表 15-14。

表 15-14　气动抛光机规格

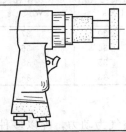

续表

型号	工作气压/MPa	转速/r·min⁻¹	耗气量/m³·min⁻¹	气管内径/mm	机重/kg
GT125	0.60～0.65	≥1700	0.45	10	1.15

15.3 装配作业类

15.3.1 冲击式气扳机

冲击式气扳机规格见表15-15。

表 15-15 冲击式气扳机规格（JB/T 8411—2006）

产品系列	拧紧螺栓范围/mm	拧紧扭矩/N·m (min)	拧紧时间/s (max)	负荷耗气量/L·s⁻¹ (max)	空转转速/r·min⁻¹ (min)		噪声/dB (A) (max)	机重/kg (max)		气管内径/mm	传动四方系列
5	5～6	20	2	10	8000	3000	113	1.0	1.5	8	
8	6～8	50	2	16	8000	3000	113	1.2	1.5	8	6.3,10,
10	8～10	70	2	16	6500	2500	113	2.0	2.2	13	12.5,16
14	12～14	150	2	16	6000	1500	113	2.5	3.0	13	
16	14～16	196	2	18	5000	1400	113	3.0	3.5	13	
20	18～20	490	2	30	5000	1000	118	5.0	8.0	16	20
24	22～24	735	3	30	4800	4800	118	6.0	9.5	16	20
30	24～30	882	3	40	4800	800	118	9.5	13.0	16	25
36	30～36	1350	5	45	—	—	118	12.0	12.7	13	25
42	36～42	1960	5	50	2800	2800	123	16.0	20.9	19	40
56	42～56	6370	10	60	—	—	123	30.0	40.0	19	40(63)
76	56～76	14700	20	75	—	—	123	36.0	56.0	25	63
100	76～100	34300	30	90	—	—	123	76.0	96.0	25	63

注：1. 验收气压为0.63MPa。

2. 产品的空转转速和机重栏上、下两行分别适用于无减速机构型和有减速机构型产品。

3. 机重不包括机动套筒扳手、进气接头、辅助手柄、吊环等。

4. 括号内数字尽可能不用。

15.3.2 气扳机

气扳机以压缩空气为动力，适用于汽车、拖拉机、机车车辆、船舶等修造行业及桥梁、建筑等工程中螺纹连接的旋紧和拆卸作业。加长扳轴气扳机能深入构件内作业。尤其适用于连续装配生产线操作。气扳机规格见表 15-16。

表 15-16   气扳机规格

产品系列	拧紧螺栓直径/mm	空转转速/r·min⁻¹	空转耗气量/L·s⁻¹	扭矩/N·m	方头尺寸/mm	机重/kg	工作气压/MPa	气管内径/mm
6	6	3000	5.8	39.2	9.525	0.96	0.49	6.35
	6	3000	5.8	39.2	9.525	1.00	0.49	6.35
10	8	3000	5.8	39.2	6.350	1.00	0.49	6.35
10	10	2600	12.5	68.6	12.700	2.00	0.49	6.35
14	14	2000	10.0	147.0	15.875	2.90	0.49	13.00
	14	2000	10.0	147.0	15.875	3.10	0.49	13.00
16	16	1500	12.5	196.0	15.875	3.20	0.49	13.00
	16	1500	12.5	196.0	15.875	3.40	0.49	13.00

15.3.3 中型气扳机

中型气扳机适用于较大规格的螺栓连接拧紧和拆卸作业，多用于汽车、拖拉机、机车车辆、船舶等制造和修理场合以及桥梁、建筑等工程上。中型气扳机规格见表 15-17。

表 15-17   中型气扳机规格

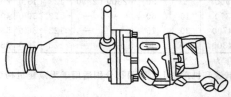

产品系列	拧紧螺栓直径/mm	空转转速/r·min⁻¹	空转耗气量/L·s⁻¹	扭矩/N·m	方头尺寸/mm	机重/kg	工作气压/MPa	气管内径/mm
20	20	1000	26.7	490	0.49	19.05	7.8	16
30	30	900	30.0	882	0.49	25.00	13.0	16
42	39	760	33.3	1764	0.49	30.00	19.5	16

15.3.4 定扭矩气扳机

定扭矩气扳机适用于汽车、拖拉机、内燃机、飞机等制造、装配和修理工作中的螺母和螺栓的旋紧和拆卸。可根据螺栓的大小和所需要的扭矩值，选择适宜的扭力棒，以实现不同的定扭矩要求。尤其适用于连续生产的机械装配线，能提高装配质量和效率以及减轻劳动强度。定扭矩气扳机规格见表 15-18。

表 15-18　定扭矩气扳机规格

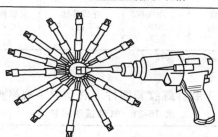

工作气压 /MPa	转速 /r·min⁻¹	空转耗气量 /L·s⁻¹	扭矩范围 /N·m	方头尺寸 /mm	机重 /kg	气管内径 /mm
0.49	1450 1250	5.83 7.50	26.5~122.5 68.6~205.9	12.700 15.875	3.1 4.8	9.5

15.3.5 高转速气扳机

高转速气扳机能高效地拧紧和拆卸较大扭矩的螺栓、螺钉和螺母。高转速气扳机规格见表 15-19。

表 15-19　高转速气扳机规格

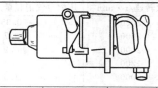

拧紧螺栓 直径/mm	空转转速 /r·min⁻¹	空转耗气量 /L·s⁻¹	推荐扭矩 /N·m	工作气压 /MPa	方头尺寸 /mm	机重 /kg	气管内 径/m
16	7000	20	54~190	0.63	12.70	2.6	13
24	4800	34	339~1176	0.63	19.05	5.5	16
30	5500	50	678~1470	0.63	25.40	9.5	16
42	3000	64	1900~2700	0.63	38.10	14.0	19

15.3.6 气动棘轮扳手

气动棘轮扳手在不易作业的狭窄场所，用于装拆六角头螺栓或螺母。气动棘轮扳手规格见表 15-20。

表 15-20 气动棘轮扳手规格

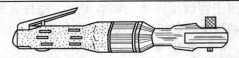

型号	适用螺纹规格/mm	工作气压/MPa	空载转速/r·min^{-1}	空载耗气量/L·s^{-1}	机重/kg
BL10	≤M10	0.63	120	6.5	1.7

注：需配用 12.5mm 六角套筒。

15.3.7 气动扳手

气动扳手用于装拆螺纹紧固件。气动扳手规格见表 15-21。

表 15-21 气动扳手规格

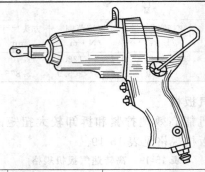

型号	适用范围	空载转速/r·min^{-1}	压缩空气消耗量/m^3·min^{-1}	扭矩/N·m
BQ6	M6～M18	3000	0.35	40
B10A	M8～M12	2600	0.7	70
B16A	M12～M16	2000	0.5	200
B20A	M18～M20	1200	1.4	800
B24	M20～M24	2000	1.9	800
B30	M30	900	1.8	1000
B42A	M42	1000	2.1	18000
B76	M56～M76	650	4.1	
ZB5-2	M5	320	0.37	21.6
ZB8-2	M8	2200	0.37	
BQN14	M8	1450	0.35	27～125
BQN18	M8	1250	0.45	70～210

15.3.8 纯扭式气动螺丝刀

纯扭式气动螺丝刀以压缩空气为动力，用于电器设备、汽车、飞机及其他各种机器装配和修理工作中螺钉的旋紧与拆卸，尤其适用于连续装配生产线，可减轻劳动强度，确保质量和提高效率。每种规格备有强、中、弱三种弹簧，根据螺钉直径大小可以调整螺丝刀的扭矩。气动螺丝刀有直柄和枪柄两种结构，其中直柄有可逆转和不可逆转两种型式，规格见表 15-22。

表 15-22 纯扭式气动螺丝刀规格（JB/T 5129—2004）

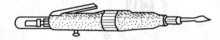

产品系列	拧紧螺钉规格	扭矩范围/ N·m	空转耗气量/ L·s⁻¹≤	空转转速/ r·min⁻¹≥	噪声/ dB(A) ≤	气管内径/mm	机重/kg≤ 直柄	机重/kg≤ 枪柄
2	M1.6～M2	0.128～0.264	4.00	1000	93		0.50	0.55
3	M2～M3	0.264～0.935	5.00	1000	93		0.70	0.77
4	M3～M4	0.935～2.300	7.00	1000	98	63	0.80	0.88
5	M4～M5	2.300～4.200	8.50	800	103		1.00	1.10
6	M5～M6	4.200～7.200	10.50	600	105		1.00	1.10

15.3.9 气动拉铆枪

气动拉铆枪用于抽芯铆钉，对结构件进行拉铆作业。气动拉铆枪规格见表 15-23。

表 15-23 气动拉铆枪规格

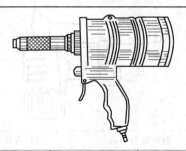

型　　号	铆钉直径/mm	产生拉力/N	工作气压/MPa	机重/kg
MLQ-1	3～5.5	7200	0.49	2.25

15.3.10 气动转盘射钉枪

气动转盘射钉枪以压缩空气为动力，发射直射钉于混凝土、砌砖体、岩石和钢铁上，以紧固建筑构件、水电线路及某些金属结构件等。气动转盘射钉枪规格见表 15-24。

表 15-24 气动转盘射钉枪规格

空气压力/MPa	射钉频率/枚·s^{-1}	盛钉容量/枚	机重/kg
0.40～0.70	4	385	2.5
0.45～0.75	4	300	3.7
0.40～0.70	4	385/300	3.2
0.40～0.70	3	300/250	3.5

15.3.11 码钉射钉枪

码钉射钉枪将码钉射入建筑构件内，以起紧固、连接作用。装饰工程木装修使用广泛，效果好。码钉射钉枪规格见表 15-25。

表 15-25 码钉射钉枪规格

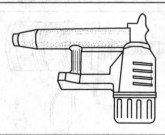

空气压力/MPa	射钉枚数/min^{-1}	盛钉容量/枚	机重/kg
0.40～0.70	6	110	1.2
0.45～0.85	5	165	2.8

15.3.12 圆头钉射钉枪

圆头钉射钉枪用于将直射钉发射于混凝土构件、砖砌体、岩石、钢铁件上，以便紧固被连接物件。圆头钉射钉枪规格见表15-26。

表 15-26 圆头钉射钉枪规格

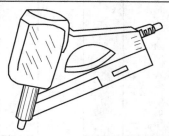

空气压力/MPa	射钉频率/min^{-1}	盛钉容量/枚	机重/kg
0.45~0.75	3	64/70	5.5
0.40~0.70	3	64/70	3.6

15.3.13 T形射钉枪

T形射钉枪用于将 T 形射钉射入被紧固物件上，起加固、连接作用。T 形射钉枪规格见表15-27。

表 15-27 T形射钉枪规格

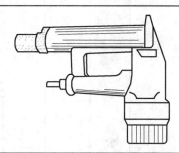

空气压力/MPa	射钉频率/min^{-1}	盛钉容量/枚	机重/kg
0.40~0.70	4	120/104	3.2

15.3.14 气动打钉机

气动打钉机的基本参数与尺寸见表15-28。

表 15-28 气动打钉机的基本参数与尺寸（JB/T 7739—2010）

产品型号	机重/kg	验收气压/MPa	冲击能/J	缸径/mm	气管内径/mm	钉子规格/mm
DDT80	4		40.0	52		$\phi8$ $\phi3$ L $L=20\sim80$
DDT30	1.3	0.63	2.0	27	8	1.9 1.1 1.3 L $L=10\sim30$
DDT32	1.2		2.0	27		2 1.05 L 1.26 $L=6\sim32$

产品型号	机重/kg	验收气压/MPa	冲击能/J	缸径/mm	气管内径/mm	钉子规格/mm
DDP45	2.5		10.0	44		 $L = 22 \sim 45$
DDU14	1.2		1.4	27		 $L = 14$
DDU16	1.2	0.63	1.4	27	8	 $L = 16$
DDU22	1.2		1.4	27		 $L = 10 \sim 22$

续表

产品 型号	机重 /kg	验收气压 /MPa	冲击能 /J	缸径 /mm	气管内径 /mm	钉子规格 /mm
DDU22A	1.2		1.4	27		 $L=6\sim22$
DDU25	1.4	0.63	2.0	27	8	 $L=10\sim25$
DDU40	4		10.0	45		 $L=40$

第16章 木工工具

16.1 木工锯条

木工锯条规格见表 16-1。

表 16-1 木工锯条规格（QB/T 2094.1—2015）   mm

规格	长度（公差±2）	宽度（公差±1）	厚（公差$^{+0.02}_{-0.08}$）
400	400	22	
450	450	25	
500	500	25	0.5
550	550	32	
600	600	32	
650	650	38	0.6
700	700		
750	750		
800	800	38	
850	850	44	0.7
900	900		
950	950		
1000	1000		
1050	1050	44	0.8
1100	1100	50	0.9
1150	1150		

16.2 木工绕锯

木工绕锯锯条狭窄，锯割灵活，适用于对竹、木工件沿圆弧或曲线的锯割。木工绕锯规格见表 16-2。

表 16-2 木工绕锯规格（QB/T 2094.4—2015）   mm

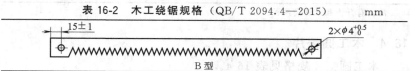

B 型

续表

长　度	宽　度	厚　度
400,450,500	10.00	0.50
550,600,650,700,750,800		0.60,0.70

16.3　木工带锯

木工带锯条装置在带锯机上，用于锯切大型木材。木工带锯规格见表 16-3。

表 16-3　木工带锯规格（JB/T 8087—1999）　　mm

宽　度	厚　度	最小长度
6.3	0.40,0.50	
10,12.5,16	0.40,0.50,0.60	
20,25,32	0.40,0.50,0.60,0.70	
40	0.60,0.70,0.80	7500
50,63	0.60,0.70,0.80,0.90	
75	0.70,0.80,0.90	
90	0.80,0.90,0.95	
100	0.80,0.90,0.95,1.00	
125	0.90,0.95,1.00,1.10	8500
150	0.95,1.00,1.10,1.25,1.30	
180	1.25,1.30,1.40	12500
200	1.30,1.40	

注：有开齿和未开齿两种。

16.4　木工圆锯片

木工圆锯片规格见表 16-4。

表 16-4　木工圆锯片规格（GB/T 21680—2008）　　mm

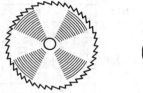

直背齿

折背齿　　　　　　　　等腰三角齿

外　径	孔　径	厚　度
40,50,63	12.5	0.8
80		0.8,1
100	20	0.8,1
125,(140)		0.8,1,1.2
160		1,1.2,1.6
(180)		1,1.2,1.6
200	30 或 60	1.2,1.6,2
(225),250,(280)		1.2,1.6,2,2.5
315,(355),400		1.6,2,2.5,3.2
(450),500,(560)	30 或 85	2,2.5,3.2,4
630,(710),800	40	2.5,3.2,4
(900),1000		3.2,4,5
1250	60	3.6,4,5
1600		4.5,5,6
2000		5,7

注：1. 括号内的尺寸尽量不选用。

2. 齿形分直背齿（N）、折背齿（K）、等腰三角齿（A）三种。

16.5　木工硬质合金圆锯片

木工硬质合金圆锯片规格见表 16-5。

表 16-5　木工硬质合金圆锯片规格（GB/T 14388—2010）

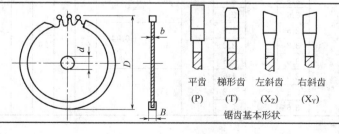

平齿　梯形齿　左斜齿　右斜齿

（P）　（T）　（X$_Z$）　（X$_Y$）

锯齿基本形状

近似齿距列（10、13、16、20、30、40）下的数值为齿数。

D 基本尺寸	D 极限偏差	B 基本尺寸	B 极限偏差	b 基本尺寸	b 极限偏差	d 基本尺寸	d 极限偏差 (H8)	10	13	16	20	30	40
100		2.5		1.6				32	24	20	16	10	8
125						20	+0.033 / 0	40	32	24	20	12	10
(140)		2.5		1.6					36	28	24	16	12
160								48	32				
(180)		3.2		2.2		30		56	40	36	28	20	
		2.5		1.6		60	+0.046 / 0						
		3.2		2.2									
200		2.5		1.6		30	+0.033 / 0	64	48	40	32		16
		3.2		2.2									
		2.5		1.6		60	+0.046 / 0						
		3.2		2.2									
(225)		2.5		1.6		30	+0.033 / 0	72	56		36	24	
		3.2		2.2									
		2.5		1.6		60	+0.046 / 0						
		3.2		2.2									
250	±2	2.5		1.6				80					
		3.2	±0.1	2.2	±0.05	30	+0.033 / 0						
		3.6		2.6							48		
		2.5		1.6									
		3.2		2.2		60	+0.046 / 0						
		3.6		2.6									
		2.5		1.6									
		3.2		2.2		(85)	+0.054 / 0		64		40	28	20
		3.6		2.6									
(280)		2.5		1.6				96	56				
		3.2		2.2		30	+0.033 / 0						
		3.6		2.6									
		2.5		1.6									
		3.2		2.2		60	+0.046 / 0						
		3.6		2.6									
		2.5		1.6									
		3.2		2.2		(85)	+0.054 / 0						
		3.6		2.6									

续表

D 基本尺寸	D 极限偏差	B 基本尺寸	B 极限偏差	b 基本尺寸	b 极限偏差	d 基本尺寸	d 极限偏差(H8)	10	13	16	20	30	40
								齿数					
315		2.5		1.6		30	+0.033 0						
		3.2		2.2									
		3.6		2.6									
		2.5		1.6		60	+0.046 0	96	72	64	48	32	24
		3.2		2.2									
		3.6		2.6									
		2.5		1.6		(85)	+0.054 0						
		3.2		2.2									
		3.6		2.6									
(355)	±2	2.5	±0.1	2.2	±0.07	30	+0.033 0						
		3.2		2.6									
		4.0		2.8									
		4.5		3.2									
		3.2		2.2		60	+0.046 0	112		72	56	36	28
		3.6		2.6									
		4.0		2.8									
		4.5		3.2									
		3.2		2.2		(85)	+0.054 0						
		3.6		2.6									
		4.0		2.8									
		4.5		3.2									
400		3.2		2.2		30	+0.033 0		96				
		3.6		2.6									
		4.0		2.8									
		4.5		3.2									
		3.2		2.2		60	+0.046 0	128		80	64	40	32
		3.6		2.6									
		4.0		2.8									
		4.5		3.2									
		3.2		2.2		(85)	+0.054 0						
		3.6		2.6									
		4.0		2.8									
		4.5		3.2									
(450)		3.6		2.6		30	+0.033 0	—	112	96	72	48	36
		4.0		2.8									

续表

D 基本尺寸	极限偏差	B 基本尺寸	极限偏差	b 基本尺寸	极限偏差	d 基本尺寸	极限偏差 (H8)	近似齿距 10 (齿数)	13	16	20	30	40
(450)		4.5		3.2		30	+0.033 0						
		5.0		3.6									
		3.6		2.6	±0.07	85	+0.054 0	—	112		72		36
		4.0		2.8									
		4.5		3.2									
		5.0		3.6									
500	±2	3.6	±0.1	2.6		30	+0.033 0				96	48	
		4.0		2.8									
		4.5		3.2									
		5.0		3.6				—		128	80		40
		3.6		2.6		85	+0.054 0						
		4.0		2.8									
		4.5		3.2	±0.1								
		5.0		3.6									
(560)		4.5		3.2		30	+0.033 0	—		112		56	
		5.0		3.6									
		4.5		3.2		85	+0.054 0				96		48
		5.0		3.6									
630		4.5		3.2		40	+0.033 0	—	—	128		64	
		5.0		3.6									

注：括号内的尺寸尽量避免采用。

16.6　伐木锯条

伐木锯条装在木架上，由双人推拉锯割木材大料。伐木锯条规格见表 16-6。

表 16-6　伐木锯条规格（QB/T 2094.2—2015）　　mm

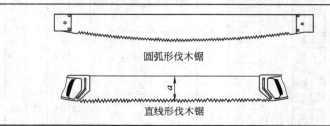

圆弧形伐木锯

直线形伐木锯

续表

圆弧形伐木锯规格				
规格	长度 （公差±3.0）	锯片厚度 （公差±0.1）	锯片大端宽 （公差±2.0）	锯片小端宽 （公差±1.0）
1000	1000	1.0	110	
1200	1200	1.2	120	
1400	1400	1.2	130	70
1600	1600	1.4	140	
1800	1800	1.4 1.6	150	

直线形伐木锯规格			
规格	长度 （公差±3.0）	锯片厚度 （公差±0.1）	锯片宽度 （公差±2.0）
1000	100	1.0	110
1200	1200	1.0	110
1400	1400	1.2	140
1600	1600	1.2	140

注：特殊规格锯片的基本尺寸可不受本标准的限制。

16.7　手板锯

手板锯适用于锯开或锯断较阔木材。手板锯规格见表 16-7。

表 16-7　**手板锯规格**（QB/T 2094.3—2015）　　mm

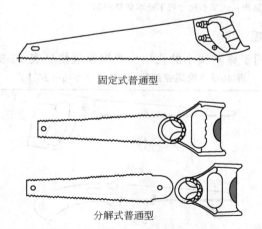

固定式普通型

分解式普通型

规格	长度(公差±2)	锯片厚度(公差$^{+0.02}_{-0.08}$)	锯片大端宽	锯片小端宽
固定式普通型				
300	300	0.80		
350	350	0.85		
400	400	0.90		
450	450	0.85	90~130	25~50
500	500	0.90		
550	550	0.95		
600	600	1.00		
分解式普通型				
300	300			
350	350	0.80 0.85	50~100	25~50
400	400	0.90		
450	450			
固定式直柄型				
300	300			
350	350	0.80	80~100	300~500
400	400	0.90		
450	450			
分解式直柄型				
265	265			
300	300	0.60 0.80	50~80	300~500
350	350			

注：特殊规格锯片的基本尺寸可不受本规格限制。

16.8　鸡尾锯

鸡尾锯用于锯割狭小的孔槽。鸡尾锯规格见表 16-8。

表 16-8　**鸡尾锯规格**（QB/T 20945—2015）　　　mm

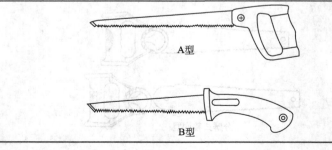

A 型

B 型

续表

规格	长度（公差±2）	锯片厚度（公差$^{+0.02}_{-0.08}$）	锯片大端宽	锯片小端宽
A 型鸡尾锯基本尺寸				
250	250	0.85		
300	300	0.90	25～40	5～10
350	350	1.00		
400	400	1.20		
B 型鸡尾锯基本尺寸				
125	125	1.2		
150	150	1.5	20～30	6～12
175	175	2.0		
200	200	2.5		

注：特殊规格锯片的基本尺寸可不受此规格限制。

16.9 夹背锯

夹背锯锯片很薄，锯齿很细，用于贵重木材的锯割或在精细工件上锯割凹槽。夹背锯规格见表 16-9。

表 16-9 夹背锯规格（QB/T 2094.6—2015）   mm

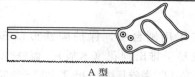

A 型

规格	长 度	锯身宽度		厚 度
		A型	B型	
250	250			
300	300	80～100	70～100	$0.8^{+0.02}_{-0.08}$
350	350			

16.10 正锯器

正锯器用以使锯齿朝两面倾斜成为锯路，校正锯齿。正锯器规格见表 16-10。

表 16-10 正锯器规格

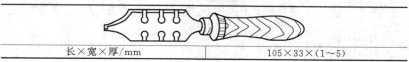

长×宽×厚/mm	105×33×(1～5)

16.11 刨台及刨刀

刨台装上刨铁、盖铁和楔木后，可将木材的表面刨削平整光滑。刨台种类主要有荒刨、中刨、细刨三种，还有铲口刨、线刨、偏口刨、拉刨、槽刨、花边刨、外圆刨和内圆刨等类型的刨台。刨刀装于刨台中，配上盖铁，用手工刨削木材。刨刀规格见表 16-11。

表 16-11 刨刀规格 （QB/T 2082—1995） mm

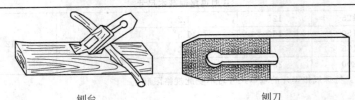

刨台			刨刀		
宽度		长度	槽宽	槽眼直径	前头厚度	镶钢长度
25	±0.42		9	16		
32,38,44	±0.50	175	11	19	3	56
51,57,64	±0.60					

16.12 盖铁

盖铁装在木工手用刨台中，保护刨铁刃口部分，并使刨铁在工作时不易活动及易于排出刨花（木屑）。盖铁规格见表 16-12。

表 16-12 盖铁规格 （QB/T 2082—1995） mm

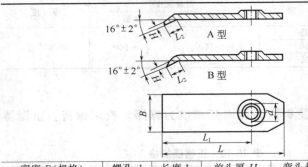

宽度 B（规格）	螺孔 d	长度 L	前头厚 H	弯头长 L_2	螺孔距 L_1
25	M8				
32,38,44	M10	96	≤1.2	8	68
51,57,64					

16.13　绕刨和绕刨刃

绕刨刃装于绕刨中，专供刨削曲面的竹木工件。绕刨有大号、小号两种。按刨身分铸铁制和硬木制两种。绕刨刃规格见表 16-13。

表 16-13　绕刨刃规格

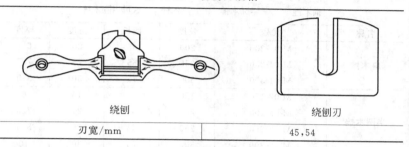

绕刨	绕刨刃
刃宽/mm	45,54

16.14　木工凿

木工凿用于木工在木料上凿制榫头、槽沟及打眼等。木工凿规格见表 16-14。

表 16-14　木工凿规格（QB/T 1201—1991）　　mm

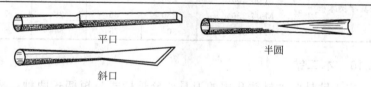

类型		无柄	有柄
刃口宽度	斜口	4，6，8，10，13，16，19，22，25	6，8，10，12，13，16，18，19，10，22，25，32，38
	平口	13，16，19，22，25，32，38	6，8，10，12，13，16，18，19，20，22，25，32，38
	半圆	4，6，8，10，13，16，19，22，25	10，13，16，19，22，25

16.15　木工锉

木工锉用于锉削或修整木制品的圆孔、槽眼及不规则的表面等。木工锉规格见表 16-15。

表 16-15 木工锉规格 (QB/T 2569.6—2002) mm

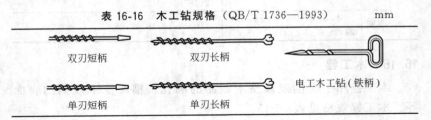

扁木锉　　半圆木锉　　圆木锉　　家具半圆木锉

名称	代号	长度	柄长	宽度	厚度
扁木锉	M-01-200	200	55	20	6.5
	M-01-250	250	65	25	7.5
	M-01-300	300	75	30	8.5
半圆木锉	M-02-150	150	45	16	6
	M-02-200	200	55	21	7.5
	M-02-250	250	65	25	8.5
	M-02-300	300	75	30	10
圆木锉	M-03-150	150	45	$d=7.5$	
	M-03-200	200	55	$d=9.5$	$\leqslant 80\%d$
	M-03-250	250	65	$d=11.5$	
	M-03-300	300	75	$d=13.5$	
家具半圆木锉	M-04-150	150	45	18	4
	M-04-200	200	55	25	6
	M-04-250	250	65	29	7
	M-04-300	300	75	34	8

16.16 木工钻

木工钻是对木材钻孔用的刀具，分长柄式与短柄式两种；按头部的型式又分有双刃木工钻与单刃木工钻两种。长柄木工钻要安装木棒当执手，用于手工操作；短柄木工钻柄尾是 1∶6 的方锥体，可以安装在弓摇钻或其他机械上进行操作。木工钻规格见表 16-16。

表 16-16 木工钻规格 (QB/T 1736—1993) mm

双刃短柄　　　　双刃长柄　　　　电工木工钻(铁柄)

单刃短柄　　　　单刃长柄

种　　类	直　　　　径
电工钻	4,5,6,8,10,12,(14)
木工钻	5,6,6.5,8,9.5,10,11,12,13,14,(14.5),16,19,20,22,22.5,24,25,(25.5),28,(28.5),30,32,38

注：带括号的规格尽可能不采用。

16.17　弓摇钻

弓摇钻供夹持短柄木工钻，对木材、塑料等钻孔用。弓摇钻按夹爪数目分两爪和四爪两种；按换向机构分持式、推式和按式三种。弓摇钻规格见表16-17。

表 16-17　弓摇钻规格（QB/T 2510—2001）　　　　mm

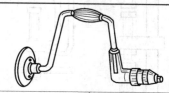

规　　格	最大夹持尺寸	全　　长	回转半径	弓　架
250	22	320～360	125	150
300	28.5	340～380	150	150
350	38	360～400	175	160

注：弓摇钻的规格是根据其回转直径确定的。

16.18　木工台虎钳

木工台虎钳装在工作台上，用以夹稳木制工件，进行锯、刨、锉等操作。钳口除可通过丝杆旋动移动外，还具有快速移动机构。木工台虎钳规格见表16-18。

表 16-18　木工台虎钳规格　　　　mm

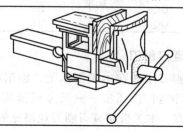

钳口长度	150
夹持工件最大尺寸	250

16.19 木工夹

木工夹是用于夹持两板料及待粘接的构架的特殊工具。按其外形分为 F 形和 G 形两种。F 形夹专用夹持胶合板；G 形夹是多功能夹，可用来夹持各种工件。木工夹规格见表 16-19。

表 16-19 木工夹规格

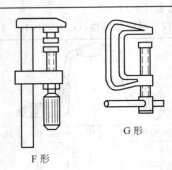

G 形

F 形

种 类	型 号	夹持范围/mm	负荷界限/kg
F 形	FS150	150	180
	FS200	200	166
	FS250	250	140
	FS300	300	100
G 形	GQ8150	50	306
	GQ8175	75	350
	GQ81100	100	350
	GQ81125	125	450
	GQ81150	150	500
	GQ81200	200	1000

16.20 木工机用直刃刨刀

木工机用直刃刨刀用于在木工刨床上，刨削各种木材。有三种类型：Ⅰ型——整体薄刨刀；Ⅱ型——双金属薄刨刀；Ⅲ型——带紧固槽的双金属厚刨刀。木工机用直刃刨刀规格见表 16-20。

表 16-20　木工机用直刃刨刀规格（JB 3377—1992）　　mm

Ⅰ、Ⅱ型刨刀尺寸

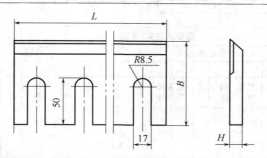

长 L	110	135	170	210	260	(310)	325	410	510	(640)	810	1010	1260
宽 B	25,30(35,40)							30,35,40					
厚 H	3,4												

Ⅲ型刨刀尺寸

长 L	40	60	80	110	135	170	210	260	325
宽 B	90,100								
厚 H	8,10								

注：括号内的尺寸尽量避免采用。

16.21　木工方凿钻

　　木工方凿钻由钻头和空心凿刀组合而成。钻头工作部分采用蜗旋式（Ⅰ型）或螺旋式（Ⅱ型）。用于在木工机床上加工木制品榫槽。木工方凿钻规格见表 16-21。

表 16-21　木工方凿钻规格（JB/T 3872—2010）　　mm

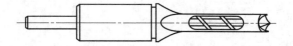

空白凿刀需有出屑口,其基本型式如下

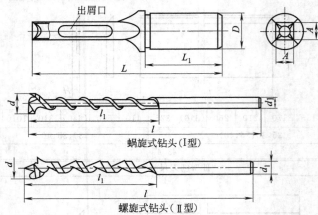

蜗旋式钻头(Ⅰ型)

螺旋式钻头(Ⅱ型)

方凿钻		空心凿刀						钻头							
规格	A		D		L_1		L		d		d_1		l_1		l	
	尺寸	偏差	尺寸	偏差	尺寸	偏差	尺寸	偏差	尺寸	偏差	尺寸	偏差	尺寸	偏差	尺寸	偏差
6.3	6								6							
8	8								7.8	0 −0.09						
9.5	9.5								9.2		7～10	0 −0.15	50～80	±1.2	160～250	± 1.85
10	10		19	0 −0.052	40	± 1.25	100～150	± 1.25	9.8							
11	11	+0.10 0							10.8							
12	12								11.8	0 −0.11						
12.5	12.5								12.3							
14	14								13.8		11～16	0 −0.18				
16	16								15.8							
20	20		28.5		50		200～220	± 1.45	19.8	0 −0.13			90～180	±1.6	225～315	± 2.10
22	22								21.8		18～22	0 −0.21				
25	25								24.8							

第17章 测量工具

17.1 尺类

17.1.1 金属直尺

金属直尺用于测量一般工件的尺寸。金属直尺规格见表17-1。

表 17-1 金属直尺规格（GB/T 9056—2004）

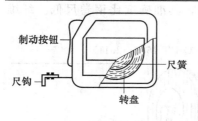

长度/mm	
	150,300,500,1000,1500,2000

17.1.2 钢卷尺

钢卷尺用于测量较长尺寸的工件或丈量距离。钢卷尺规格见表17-2。

表 17-2 钢卷尺规格（QB/T 2443—2011）

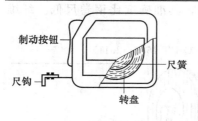

A型 自卷式

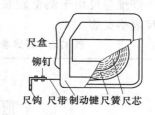

B型 自卷制动式

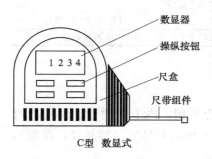

C型 数显式

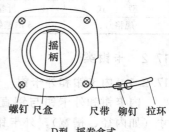

D型 摇卷盒式

续表

尺带
记号尖及护套
尺架
拉环
摇柄   转盘   尺带   重锤体

E型 摇卷架式   F型 量油尺

型式	尺带规格/m	尺带截面				形状
		宽度/mm		厚度/mm		
		基本尺寸	允许偏差	基本尺寸	允许偏差	
A、B、C 型	0.5 的整数倍	4～40	0	0.11～0.16	0	弧面或平面
D、E、F 型	5 的整数倍	10～16	−0.02	0.14～0.28	−0.02	平面

注：1. 有特殊要求的尺带不受本表限制。

2. 尺带的宽度和厚度指金属材料的宽度和厚度。

17.1.3 纤维卷尺

纤维卷尺用于测量较长的距离，其准确度比钢卷尺低。纤维卷尺规格见表 17-3。

表 17-3 纤维卷尺规格 （QB/T 1519—2011）

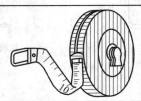

型 式	折卷式、盒式	折卷式、盒式、架式
规格/m	0.5 的整数倍（5m 以下）	5 的整数倍

17.2 卡钳类

17.2.1 内卡钳和外卡钳

内卡钳和外卡钳与钢直尺配合使用，内卡钳测量工件的内尺寸（如内径、槽宽），外卡钳测量工件的外尺寸（如外径、厚度）。内卡钳和外卡钳规格见表 17-4。

表 17-4　内卡钳和外卡钳规格

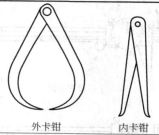

外卡钳　　　　　　　　　内卡钳		
全长/mm	100,125,150,200,250,300,350,400,450,500,600	

17.2.2　弹簧卡钳

弹簧卡钳用途与普通内、外卡钳相同，但便于调节，测得的尺寸不易变动，尤其适用于连续生产中。弹簧卡钳规格见表 17-5。

表 17-5　弹簧卡钳规格

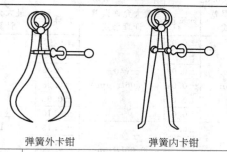

弹簧外卡钳　　　　　　　　弹簧内卡钳		
全长/mm	100,125,150,200,250,300,350,400,450,500,600	

17.3　卡尺类

17.3.1　游标、带表和数显卡尺

游标、带表和数显卡尺（GB/T 21389—2008）的有关内容见表 17-6～表 17-8。

表 17-6　卡尺外测量的最大允许误差　　　　　　　mm

Ⅰ型游标卡尺　　　　　　　　　　　　　Ⅱ型游标卡尺

续表

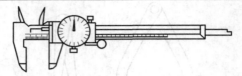

Ⅰ型带表卡尺

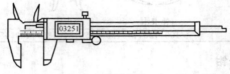

数显卡尺

测量范围上限	最大允许误差					
	分度值或分辨力					
	0.01、0.02		0.05		0.10	
	最大允许误差计算公式	计算值	最大允许误差计算公式	计算值	最大允许误差计算公式	计算值
70		±0.02		±0.05		±0.10
150		±0.02		±0.05		±0.10
200	±(20+0.05L)μm	±0.03	±(40+0.06L)μm	±0.05		±0.10
300		±0.04		±0.08		±0.10
500		±0.05		±0.08		±0.10
1000		±0.07		±0.10	±(50+0.1L)μm	±0.15
1500	±(20+0.06L)μm	±0.11	±(40+0.08L)μm	±0.16		±0.20
2000		±0.14		±0.20		±0.25
2500		±0.22		±0.24		±0.30
3000	±(20+0.08L)μm	±0.26	±(40+0.09L)μm	±0.31		±0.30
3500		±0.30		±0.36		±0.40
4000		±0.34		±0.40		±0.45

注：表中最大允许误差计算公式中的 L 为测量范围上限值，以 mm 计。计算结果应四舍五入到 $10\mu m$，且其值不能小于数字级差（分辨力）或游标卡尺间隔。

表 17-7　刀口内测量的最大允许误差　　　　　　　　　mm

测量范围上限	外测量面间的距离 H	刀口形内测量爪的尺寸极限偏差		刀口形内测量面的平行度	
		分度值或分辨力			
		0.01；0.02	0.05；0.10	0.01；0.02	0.05；0.10
≤300	10	+0.02	+0.04	0.010	0.020
>300～1000	30	0	0		

续表

测量 范围 上限	外测量 面间的 距离 H	刀口形内测量爪的 尺寸极限偏差		刀口形内测量 面的平行度	
		分度值或分辨力			
		0.01；0.02	0.05；0.10	0.01；0.02	0.05；0.10
＞1000～4000	40	+0.03 0	+0.05 0	0.015	0.025

注：测量要求：刀口内测量爪的尺寸极限偏差及刀口内测量面的平行度，应按沿平行于尺身平面方向的实际偏差计；在其他方向的实际偏差均不应大于平行于尺身平面方向的实际偏差。

表 17-8 深度、台阶测量的最大允许误差 mm

分度值或分辨力	测量 20mm 时的最大允许误差
0.01；0.02	±0.03
0.05；0.10	±0.05

17.3.2 游标、带表和数显深度卡尺及游标、带表和数显高度卡尺

游标、带表和数显深度卡尺及游标、带表和数显高度卡尺见表 17-9。

表 17-9 游标、带表和数显深度卡尺（GB/T 21388—2008）及

游标、带表和数显高度卡尺（GB/T 21390—2008） mm

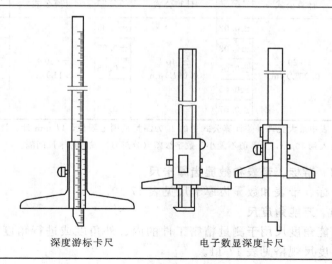

深度游标卡尺　　　　　　　　　　电子数显深度卡尺

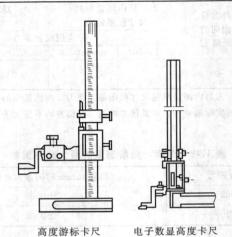

高度游标卡尺　　　　　电子数显高度卡尺

测量 范围 上限	最大允许误差					
	分度值或分辨力					
	0.01、0.02		0.05		0.10	
	最大允许误差 计算公式	计算值	最大允许误差 计算公式	计算值	最大允许误差 计算公式	计算值
150	±(20+ 0.05L)μm	±0.02	±(40+ 0.06L)μm	±0.05	±(50+ 0.1L)μm	±0.10
200		±0.03		±0.05		±0.10
300		±0.04		±0.08		±0.10
500		±0.05		±0.08		±0.10
1000		±0.07		±0.10		±0.15

注：表中最大允许误差计算公式中的 L 为测量范围上限值，以 mm 计。计算结果应四舍五入到 $10\mu m$，且其值不能小于数字级差（分辨力）或游标卡尺间隔。

17.3.3 游标、带表和数显齿厚卡尺

游标、带表和数显齿厚卡尺见表 17-10。

17.3.4 万能角度尺

万能角度尺用于测量精密工件的内、外角度或进行角度划线。万能角度尺规格见表 17-11。

表 17-10 游标、带表和数显齿厚卡尺（GB/T 6316—2008）mm

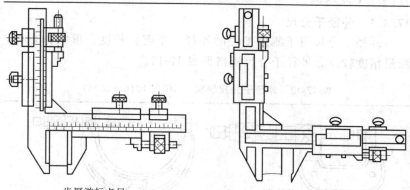

齿厚游标卡尺 电子数显齿厚卡尺

最大允许误差		重复性≤	
		分度值或分辨力	
		0.010	0.020
齿厚尺	±0.03	—	—
齿高尺	±0.03	—	—
齿厚卡尺	±0.04	带表：0.005 数显：0.010	带表：0.010

表 17-11 游标万能角度尺规格（GB/T 6315—2008）

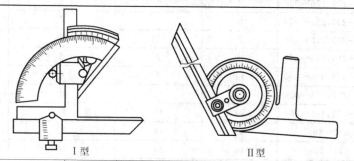

Ⅰ型 Ⅱ型

型 式	测量范围	直尺测量面标称长度	基尺测量面标称长度	附加量尺测量面标称长度	最大允许误差		
					分度值或分辨力		
		mm			2′	5′	30″
Ⅰ型游标万能角度尺	(0～320)°	≥150			±2′	±5′	—
Ⅱ型游标万能角度尺	(0～360)°	150 或 200 或 300	≥50	≥70	±2′	±5′	—
带表万能角度尺							
数显万能角度尺					—	—	±4′

注：当使用附加量尺测量时，其允许误差在上述值基础上增加±1.5′。

17.4 千分尺类

17.4.1 外径千分尺

外径千分尺用于测量工件的外径、厚度、长度、形状偏差等，测量精度较高。外径千分尺规格见表 17-12。

表 17-12 外径千分尺规格（GB/T 1216—2004）   mm

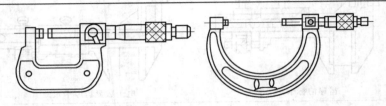

测量范围/mm	最大允许误差/μm	两测量面平行度/μm	尺架受 10N 力时的变形量/μm	用途
0～25,25～50	4	2	2	适用于测量精密工件的外径、长度、台阶等尺寸
50～75,75～100	5	3	3	
100～125,125～150	6	4	4	
150～175,175～200	7	5	5	
200～225,225～250	8	6	6	
250～275,275～300	9	7	6	
300～325,325～350	10	9	8	
350～375,375～400	11	9	8	
400～425,425～450	12	11	10	
450～475,475～500	13	11	10	
500～600	15	12	12	
600～700	16	14	14	
700～800	18	16	16	
800～900	20	18	18	
900～1000	22	20	20	

17.4.2 电子数显外径千分尺

电子数显外径千分尺用于测量精密外形尺寸。电子数显外径千分尺规格见表 17-13。

表 17-13 电子数显外径千分尺规格（GB/T 20919—2007）mm

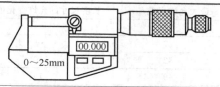

0～25mm

量　　程	测 量 范 围	分 辨 率	测微螺杆螺距
25 或 30	≤500，下限为 0 或 25 的整数倍	≥0.001	0.5 或 1

17.4.3 两点内径千分尺

两点内径千分尺用于测量工件的孔径、槽宽、卡规等的内尺寸和两个内表面之间的距离，其测量精度较高。两点内径千分尺规格见表 17-14。

表 17-14 两点内径千分尺规格（GB/T 8177—2004）　mm

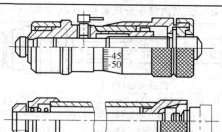

测微头量程：13、25 或 50（mm）

测量长度 l/mm	最大允许误差/μm	长度尺寸的允许变化值/μm	用途
l≤50	4	—	
50<l≤100	5	—	
100<l≤150	6	—	
150<l≤200	7	—	
200<l≤250	8	—	适用于测
250<l≤300	9	—	量精密工
300<l≤350	10	—	件的内径
350<l≤400	11	—	尺寸
400<l≤450	12	—	
450<l≤500	13	—	
500<l≤800	16	—	

测量长度 l/mm	最大允许误差/μm	长度尺寸的允许变化值/μm	用途
$800 < l \leqslant 1250$	22	—	适用于测量精密工件的内径尺寸
$1250 < l \leqslant 1600$	27	—	
$1600 < l \leqslant 2000$	32	10	
$2000 < l \leqslant 2500$	40	15	
$2500 < l \leqslant 3000$	50	25	
$3000 < l \leqslant 4000$	60	40	
$4000 < l \leqslant 5000$	72	60	
$5000 < l \leqslant 6000$	90	80	

17.4.4 三爪内径千分尺

三爪内径千分尺用于测量精度较高的内孔，尤其适于测量深孔的直径。三爪内径千分尺规格见表 17-15。

表 17-15 三爪内径千分尺规格（GB/T 6314—2004） mm

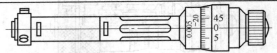

	测量范围(内径)	分度值
Ⅰ型	$6\sim8,8\sim10,10\sim12,11\sim14,14\sim17,17\sim20,20\sim25,25\sim30,30\sim$ $35,35\sim40,40\sim50,50\sim60,60\sim70,70\sim80,80\sim90,90\sim100$	0.010 0.005
Ⅱ型	$3.5\sim4.5,4.5\sim5.5,5.5\sim6.5,8\sim10,10\sim12,12\sim14,14\sim17,17\sim$ $20,20\sim25,25\sim30,30\sim35,35\sim40,40\sim50,50\sim60,60\sim70,70\sim80,$ $80\sim90,90\sim100,100\sim125,125\sim150,150\sim175,175\sim200,200\sim225,$ $225\sim250,250\sim275,275\sim300$	

17.4.5 深度千分尺

深度千分尺用于测量精密工件的孔、沟槽的深度和台阶的高度，以及工件两平行面间的距离等，其测量精度较高。深度千分尺规格见表 17-16。

17.4.6 壁厚千分尺

壁厚千分尺用于测量管子的壁厚。壁厚千分尺规格见表 17-17。

17.4.7 螺纹千分尺

螺纹千分尺用于测量螺纹的中径和螺距。螺纹千分尺规格见表 17-18。

表 17-16　**深度千分尺规格**（GB/T 1218—2004）

	测量范围 l/mm	最大允许误差 /μm	对零误差 /μm	用　途
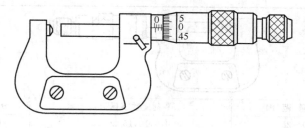	$0<l\leqslant25$	4.0	±2.0	
	$0<l\leqslant50$	5.0	±2.0	
	$0<l\leqslant100$	6.0	±3.0	适用于测量精密工件的孔深、台阶等尺寸
	$0<l\leqslant150$	7.0	±4.0	
	$0<l\leqslant200$	8.0	±5.0	
	$0<l\leqslant250$	9.0	±6.0	
	$0<l\leqslant300$	10.0	±7.0	

表 17-17　**壁厚千分尺规格**（GB/T 6312—2004）

I 型

II 型

型式	示值误差 /μm	测量范围	尺架受 10N 力时的变形 /μm	用　途
I	4	0～25mm	2	适用于测量薄壁件的厚度
II	8		5	

表 17-18 螺纹千分尺规格 (GB/T 10932—2004)　　mm

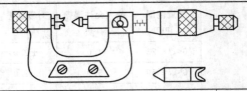

测量范围	最大允许误差	测头对示值误差的影响	弯曲变形量	用　途
0～2,,25～50	0.004	0.008	0.002	常用于测量螺纹中径
50～75,75～100	0.005	0.010	0.003	
100～125,125～150	0.006	0.015	0.004	
150～175,175～200	0.007	0.015	0.005	

17.4.8　尖头千分尺

尖头千分尺用于测量螺纹的中径。尖头千分尺规格见表 17-19。

表 17-19 尖头千分尺规格 (GB/T 6313—2004)　　mm

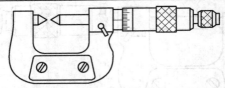

测　量　范　围	刻度数字标记		分　度　值
0～25	0,5,10,15,20,25		0.01
25～50	25,30,35,40,45,50		0.001
50～75	50,55,60,65,70,75		0.002
75～100	75,80,85,90,95,100		0.005
测微螺杆螺距	0.5	量程	25

17.4.9　公法线千分尺

公法线千分尺用于测量模数大于或等于 1mm 的外啮合圆柱齿轮的公法线长，也可用于测量某些难测部位的长度尺寸。公法线千分尺规格见表 17-20。

17.4.10　杠杆千分尺

杠杆千分尺用于测量工件的精密外形尺寸（如外径、长度、厚度等），或校对一般量具的精度。杠杆千分尺规格见表 17-21。

表 17-20　公法线千分尺规格（GB/T 1217—2004）　mm

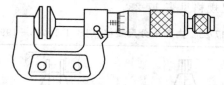

测量范围	分度值	测微螺杆螺距	量程	测量模数
0～25,25～50,50～75,75～100,100～125,125～150,150～175,175～200	0.01	0.5	25	≥1

表 17-21　杠杆千分尺规格（GB/T 8061—2004）　mm

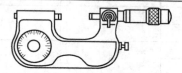

测　量　范　围	分　度　值
0～25,25～50,50～75,75～100	0.001,0.002

17.4.11　带计数器千分尺

带计数器千分尺用于测量工件的外形尺寸。带计数器千分尺规格见表 17-22。

表 17-22　带计数器千分尺规格（JB/T 4166—1999）　mm

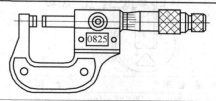

测量范围	刻　度　数　字						计数器分辨率
0～25	0	5	10	15	20	25	
25～50	25	30	35	40	45	50	0.01
50～75	50	55	60	65	70	75	
75～100	75	80	85	90	95	100	
测微头分度值	0.001			测微螺杆和测量端直径			6.5

17.4.12 内测千分尺

内测千分尺规格见表 17-23。

表 17-23 内测千分尺规格（JB/T 10006—1999） mm

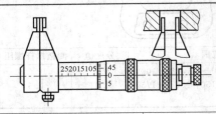

测量范围 /mm	示值误差 /μm	两圆测量面素线的 平行度/μm	测量爪受 10N 力时的 变形/μm	用 途
5～25	7			
25～50	8	2	2	适 用 于 测 量 精 密 孔 的 直 径
50～75	9			
75～100	10	3	3	
100～125	11			
125～150	12	4	4	

17.4.13 板厚百分尺

板厚百分尺用于测量板料的厚度。板厚百分尺规格见表 17-24。

表 17-24 板厚百分尺规格 mm

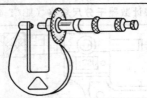

测 量 范 围	分 度 值	可 测 厚 度
0～10,0～15,0～25,25～50,50～75,75～100	0.01	50,70,150,200
0～15,15～30	0.05	

17.5 仪表类

17.5.1 指示表

指示表（百分表、千分表）适用于测量工件的各种几何形状相互位置的正确性以及位移量，常用于比较法测量。指示表的误差及测量力指标见表 17-25。

表 17-25　指示表的误差及测量力指标（GB/T 1219—2008）

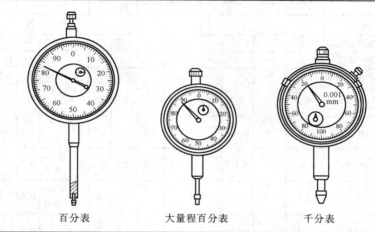

百分表　　　　　大量程百分表　　　　　千分表

分度值	量程 S	最大允许误差							回程误差	重复性	测量力	测量力变化	测量力落差
		任意 0.05mm	任意 0.1mm	任意 0.2mm	任意 0.5mm	任意 1mm	任意 2mm	全量程					
mm		μm									N		
0.1	S≤10	—	—	—	±25	—	±40	20	10	0.4～2.0	—	1.0
	10<S≤20	—	—	—	±25	—	±50	20	10	2.0	—	1.0
	20<S≤30	—	—	—	±25	—	±60	20	10	2.2	—	1.0
	30<S≤50	—	—	—	±25	—	±80	25	20	2.5	—	1.5
	50<S≤100	—	—	—	±25	—	±100	30	25	3.2	—	2.2
0.01	S≤3	—	±5	—	±8	±10	±12	±14	3	3	0.4～1.5	0.5	0.5
	3<S≤5	—	±5	—	±8	±10	±12	±16	3	3	0.4～1.5	0.5	0.5
	5<S≤10	—	±5	—	±8	±10	±12	±20	3	3	0.4～1.5	0.5	0.5
	10<S≤20	—	—	—	—	±15	—	±25	5	4	2.0	—	1.0

分度值	量程S	最大允许误差							回程误差	重复性	测量力	测量力变化	测量力落差
		任意 0.05mm	任意 0.1mm	任意 0.2mm	任意 0.5mm	任意 1mm	任意 2mm	全量程					
mm		μm									N		
0.01	20<S≤30	—	—	—	—	±15	—	±35	7	5	2.2	—	1.0
	30<S≤50	—	—	—	—	±15	—	±40	8	5	2.5	—	1.5
	50<S≤100	—	—	—	—	±15	—	±50	9	5	3.2	—	2.2
0.001	S≤1	±2	—	±3	—	—	—	±5	2	0.3	0.4~2.0	0.5	0.6
	1<S≤3	±2.5	—	±3.5	—	±5	±6	±8	2.5	0.5	0.4~2.0	0.5	0.6
	3<S≤5	±2.5	—	±3.5	—	±5	±6	±9	2.5	0.5	0.4~2.0	0.5	0.6
0.002	S≤1	±3	—	±4	—	—	—	±7	2	0.5	0.4~2.0	0.6	0.6
	1<S≤3	±3	—	±5	—	—	—	±9	2	0.5	0.4~2.0	0.6	0.6
	3<S≤5	±3	—	±5	—	—	—	±11	2	0.5	0.4~2.0	0.6	0.6
	5<S≤10	±3	—	±5	—	—	—	±12	2	0.5	0.4~2.0	0.6	0.6

注：1. 表中数值均为按标准温度在 20℃给出。

2. 指示表在测杆处于垂直向下或水平状态时的规定；不包括其他状态，如测杆向上。

3. 任意量程示值误差是指在示值误差曲线上，符合测量间隔的任何两点之间所包含的受检点的最大示值误差与最小示值误差之差应满足表中的规定。

4. 采用浮动零位原则判定示值误差时，示值误差的带宽不应超过最大允许误差允许值"±"后面所对应的规定值。

17.5.2　杠杆指示表

杠杆指示表（GB/T 8123—2007）除百分表、千分表的作用外，因其体积小、测头可回转 $180°$，所以特别适用于测量受空间限制的工件，如内孔的跳动量及键槽、导轨的直线度等。杠杆指示表的允许误差见表 17-26 和表 17-27。

表 17-26 指针式杠杆指示表 mm

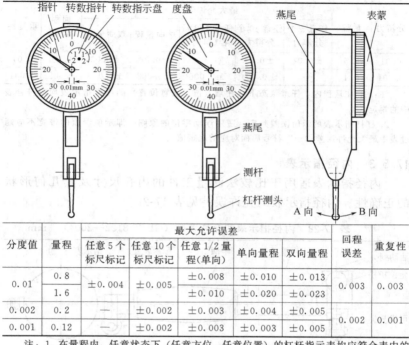

分度值	量程	最大允许误差						回程误差	重复性
		任意 5 个标尺标记	任意 10 个标尺标记	任意 1/2 量程(单向)	单向量程	双向量程			
0.01	0.8	±0.004	±0.005	±0.008	±0.010	±0.013		0.003	0.003
	1.6			±0.010	±0.020	±0.023			
0.002	0.2	—	±0.002	±0.003	±0.004	±0.005		0.002	0.001
0.001	0.12	—	±0.002	±0.003	±0.003	±0.005			

注：1. 在量程内，任意状态下（任意方位、任意位置）的杠杆指示表均应符合表中的规定。

2. 杠杆指示表的示值误差判定，适用浮动零位的原则（即示值误差的带宽不应超过表中最大允许误差"±"符号后面对应的规定值）。

表 17-27 电子数显杠杆指示表 mm

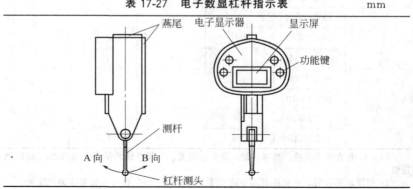

分辨力	量程	最大允许误差					回程误差	重复性
		任意 5 个分辨力	任意 10 个分辨力	任意 1/2 程(单向)	单向量程	双向量程		
0.01	0.5	±0.01	±0.01	—	±0.02	±0.03	0.01	0.01
0.001	0.4	—	±0.004	±0.006	±0.008	±0.010	0.002	0.001

　　注：1. 在量程内，任意状态下（任意方位、任意位置）的杠杆指示表均应符合表中的规定。

　　2. 杠杆指示表的示值误差判定，适用浮动零位的原则（即示值误差的带宽不应超过表中最大允许误差"±"符号后面对应的规定值）。

17.5.3　内径指示表

　　内径指示表适用于比较法测量工件的内孔尺寸及其几何形状的正确性。内径指示表的允许误差见表 17-28。

表 17-28　内径指示表的允许误差（GB/T 8122—2004）　　mm

活动测头　定位护桥　可换测头　直管　手柄　锁紧装置　指示表

分度值	测量范围 l	最大允许误差	相邻误差	定中心误差	重复性误差
mm			μm		
0.01	6≤l≤10	±12	5	3	3
	10<l≤18				
	18<l≤50	±15			
	50<l≤450	±18	6		
0.001	6≤l≤10	±5	2	2	2
	10<l≤18				
	18<l≤50	±6	3		
	50<l≤450	±7		2.5	

　　注：1. 最大允许误差、相邻误差、定中心误差、重复性误差值为温度在 20℃时的规定值。

　　2. 用浮动零位时，示值误差值不应大于允许误差"±"符号后面对应的规定值。

17.5.4　涨簧式内径指示表

涨簧式内径指示表用于内尺寸测量。涨簧式内径指示表规格见表 17-29。

表 17-29　涨簧式内径指示表规格（JB/T 8791—2012）

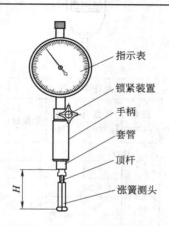

指示表
锁紧装置
手柄
套管
顶杆
涨簧测头

分度值 /mm	测量范围 /mm	涨簧测头量程 /mm	预压量 /mm	测量深度 H	测量力/N
0.01	1～2	≥0.2	≥0.05	≥10	2.5
	2～3	≥0.3		≥15	
	3～4			≥25	
	4～6	≥0.6		≥35	
	6～10	≥1.2	≥0.1	≥45	5
	10～18				
0.001	1～2	≥0.2	≥0.05	≥10	2.5
	2～3	≥0.3		≥15	
	3～4			≥25	
	4～6	≥0.6		≥35	
	6～10	≥1		≥45	5
	10～18				

17.5.5　电子数显指示表

电子数显指示表用于测量精密工件的形状误差及位置误差，测量工件的长度。通过数字显示，读数迅速、直观，测量效率较高。电子数显指示表规格见表 17-30。

表 17-30　电子数显指示表规格（GB/T 18761—2007）　mm

分辨力	测量范围上限 t	最大允许误差					回程误差	重复性	最大测量力	测量力变化	测量力落差
		任意0.1mm	任意0.2mm	任意1.0mm	任意2.0mm	全量程					
		mm							N		
0.01	$t\leqslant10$	—	±0.010	—		±0.020	0.010	0.010	1.5	0.7	0.6
	$10<t\leqslant30$			±0.020	—	±0.030			2.2	1.0	1.0
	$30<t\leqslant50$				±0.020	±0.030			2.5	2.0	1.5
	$50<t\leqslant100$								3.2	2.5	2.2
0.005	$t\leqslant10$	—			—	±0.015	0.005	0.005	1.5	0.7	0.6
	$10<t\leqslant30$		±0.010	±0.010					2.2	1.0	1.0
	$30<t\leqslant50$			±0.015	±0.020				2.5	2.0	1.5
0.001	$t\leqslant1$	±0.002	—			±0.003	0.001	0.001	1.5	0.4	0.4
	$1<t\leqslant3$					±0.005					
	$3<t\leqslant10$		±0.003	±0.004		±0.007	0.002	0.002		0.5	0.5
	$10<t\leqslant30$			±0.005		±0.010	0.003	0.003	2.2	0.8	1.0

　　注：采用浮动零位原则判定示值误差时，示值误差的带宽不应超过最大允许误差允许值"±"后面所对应的规定值。

17.5.6　万能表座

　　万能表座用于支持百分表、千分表，并使其处于任意位置，从而测量工件尺寸、形状误差及位置误差。万能表座规格见表 17-31。

17.5.7　磁性表座

　　磁性表座用于支持百分表、千分表，利用磁性使其处于任何空间位置的平面及圆柱体上作任意方向的转换，来适应各种不同用途和性质的测量。磁性表座规格见表 17-32。

表 17-31　万能表座规格 （JB/T 10011—2010）　mm

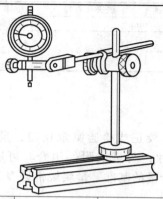

型式	型号	底座长度	表杆最大升高量	表杆最大回转半径	表夹孔直径	微调量
普通式	WZ-22	220	230	220	8 或 6	—
微调式	WWZ-15	150	350	320	8 或 6	≥2
	WWZ-22	220	350	320	8 或 6	
	WWZ-220	220	230	220	8 或 6	

表 17-32　磁性表座规格 （JB/T 10010—2010）

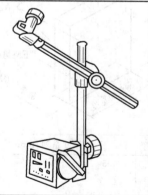

表座规格	立柱高度	横杆长度	表夹孔直径	座体 V 形工作面角度	工作磁力/N	型号举例
	/mm					
I	160	140	8 或 6	120°	196	CZ-2
II	190	170		135°	392	CZ-4
				150°	588	CZ-6A

续表

表座规格	立柱高度	横杆长度	表夹孔直径	座体V形工作面角度	工作磁力/N	型号举例
	/mm					
Ⅲ	224	200	8或6	120° 135°	784	—
Ⅳ	280	250		150°	980	WCZ-10

17.6 量规

17.6.1 量块

量块用于调整、校正或检验测量仪器、量具，及测量精密零件或量规的正确尺寸；与量块附件组合，可进行精密划线工作，是技术测量上长度计量的基准。量块规格见表17-33。

表17-33 量块规格（GB/T 6093—2001）

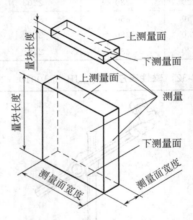

套别	总块数	级别	尺寸系列/mm	间隔/mm	块数
1	91	00,0,1	0.5	—	1
			1	—	1
			1.001,1.002,…,1.009	0.001	9
			1.01,1.02,…,1.49	0.01	49
			1.5,1.6,…,1.9	0.1	5
			2.0,2.5,…,9.5	0.5	16
			10,20,…,100	10	10

套别	总块数	级别	尺寸系列/mm	间隔/mm	块数
2	83	00,0,1,2	0.5	—	1
			1	—	1
			1.005	—	1
			1.01,1.02,…,1.49	0.01	49
			1.5,1.6,…,1.9	0.1	5
			2.0,2.5,…,9.5	0.5	16
			10,20,…,100	10	10
3	46	0,1,2	1	—	1
			1.001,1.002,…,1.009	0.001	9
			1.01,1.02,…,1.49	0.01	9
			1.1,1.2,…,1.9	0.1	9
			2,3,…,9	1	8
			10,20,…,100	10	10
4	38	0,1,2	1	—	1
			1.005	—	1
			1.01,1.02,…,1.09	0.01	9
			1.1,1.2,…,1.9	0.1	9
			2,3,…,9	1	8
			10,20,…,100	10	10
5	10−	0,1	0.991,0.992,…,1	0.001	10
6	10+	0,1	1,1.001,…,1.009	0.001	10
7	10−	0,1	1.991,1.992,…,2	0.001	10
8	10+	0,1	2,2.001,2.002…,2.009	0.001	10
9	8	0,1,2	125,150,175,200,250,300, 400,500		8
10	5	0,1,2	600,700,800,900,1000		5
11	10	0,1,2	2.5,5.1,7.7,10.3,12.9,15, 17.6,20.2,22.8,25		10
12	10	0,1,2	27.5,30.1,32.7,35.3,37.9,40, 42.6,45.2,47.8,50		10
13	10	0,1,2	52.5,55.1,57.7,60.3,62.9,65, 67.6,70.2,72.8,75		10
14	10	0,1,2	77.5,80.1,82.7,85.3,87.9,90, 92.6,95.2,97.8,100		10
15	12	3	10,20(两块),41.2,51.2,81.5, 101.2, 121.5, 121.8, 191.8, 201.5,291.8		12

套别	总块数	级别	尺寸系列/mm	间隔/mm	块数
16	6	3	101.2,200,291.5,375,451.8, 490		6
17	6	3	201.2,400,581.5,750,901.8, 990		6

17.6.2 塞尺

塞尺用于测量或检验两平行面间的空隙的大小。塞尺规格见表 17-34。

表 17-34 塞尺规格 (GB/T 22523—2008)

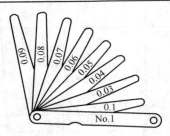

成组塞尺的片数	塞尺片长度/mm	塞尺片厚度及组装顺序/mm
13		0.10,0.02,0.02,0.03,0.03,0.04,0.04, 0.05,0.05,0.06,0.07,0.08,0.09
14		1.00,0.05,0.06,0.07,0.08,0.09,0.10, 0.15,0.20,0.25,0.30,0.40,0.50,0.75
17	100 150 200 300	0.50,0.02,0.03,0.04,0.05,0.06,0.07, 0.08,0.09,0.10,0.15,0.20,0.25,0.30, 0.35,0.40,0.45
20		1.00,0.05,0.10,0.15,0.20,0.25,0.30, 0.35,0.40,0.45,0.50,0.55,0.60,0.65,0.70, 0.75,0.80,0.85,0.90,0.95
21		0.50,0.02,0.02,0.03,0.03,0.04,0.04,0.05, 0.05,0.06,0.07,0.08,0.09,0.10,0.15,0.20, 0.25,0.30,0.35,0.40,0.45

17.6.3 螺纹规

螺纹规用于检验普通螺纹的螺距。螺纹规规格见表 17-35。

表 17-35　螺纹规规格（JB/T 7981—2010）

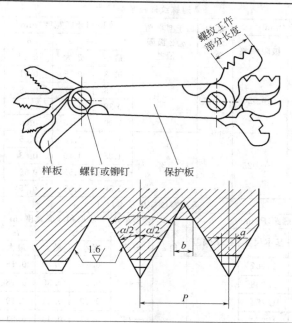

普通螺纹样板基本尺寸							
螺距 P/mm		基本牙型角 α	牙型半角 $\alpha/2$ 极限偏差	牙顶和牙底宽度/mm			螺纹工作部分长度/mm
基本尺寸	极限偏差			a		b	
				最小	最大	最大	
0.40	±0.010	60°	±60′	0.10	0.16	0.05	5
0.45				0.11	0.17	0.06	
0.50			±50′	0.13	0.21	0.06	
0.60				0.15	0.23	0.08	
0.70				0.18	0.26	0.09	
0.75	±0.015		±40′	0.19	0.27	0.09	10
0.80				0.20	0.28	0.10	
1.00				0.25	0.33	0.13	
1.25			±35′	0.31	0.43	0.16	
1.50				0.38	0.50	0.19	
1.75	±0.020		±30′	0.44	0.56	0.22	16
2.00				0.50	0.62	0.25	

普通螺纹样板基本尺寸

螺距 P/mm		基本牙型角 α	牙型半角 α/2 极限偏差	牙顶和牙底宽度/mm			螺纹工作部分长度/mm
基本尺寸	极限偏差			a		b	
				最小	最大	最大	
2.50	±0.020	60°	±25′	0.63	0.75	0.31	16
3.00				0.75	0.87	0.38	
3.50				0.88	1.03	0.44	
4.00				1.00	1.15	0.50	
4.50	±0.025		±20′	1.13	1.28	0.56	
5.00				1.25	1.40	0.63	
5.50				1.38	1.53	0.69	
6.00				1.50	1.65	0.75	

英制螺纹样板基本尺寸

螺距 P/in			基本牙型角 α	牙型半角 α/2 极限偏差	牙顶和牙底宽度/in			螺纹工作部分长度/in
每英寸牙数	基本尺寸	极限偏差			a		b	
					最小	最大	最大	
28	0.907	±0.015	55°	±40′	0.22	0.30	0.15	10
24	1.058				0.27	0.39	0.18	
22	1.154				0.29	0.41	0.19	
20	1.270			±35′	0.31	0.43	0.21	
19	1.337				0.33	0.45	0.22	
18	1.411				0.35	0.47	0.24	
16	1.588			±30′	0.39	0.51	0.27	
14	1.814				0.45	0.57	0.30	
12	2.117	±0.020			0.52	0.64	0.35	16
11	2.309				0.57	0.69	0.38	
10	2.540				0.62	0.74	0.42	
9	2.822			±25′	0.69	0.81	0.47	
8	3.175				0.77	0.92	0.53	
7	3.629				0.89	1.04	0.60	
6	4.233				1.04	1.19	0.70	
5	5.080			±20′	1.24	1.39	0.85	
4.5	5.644				1.38	1.53	0.94	
4	6.350				1.55	1.70	1.06	

17.6.4 半径样板

半径样板用于检验工件上凹凸表面的曲线半径，也可作极限量规使用。半径样板规格见表 17-36。

表 17-36 半径样板规格（JB/T 7980—2010） mm

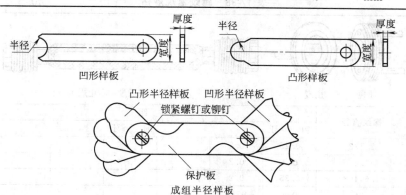

半径尺寸范围	半径尺寸系列	样板宽度	样板厚度	样板数
1～6.5	1,1.25,1.5,1.75,2,2.25,2.5,2.75,3,3.5,4.4,4.5,5,5.5,6,6.5	13.5	0.5	凸形和凹形各16件
7～14.5	7,7.5,8,8.5,9,9.5,10,10.5,11,11.5,12,12.5,13,13.5,14,14.5	20.5		
15～25	15,15.5,16,16.5,17,17.5,18,18.5,19,19.5,20,21,22,23,24,25			

17.6.5 硬质合金塞规

硬质合金塞规在机械加工中，用于车孔、镗孔、铰孔、磨孔和研孔的孔径测量。硬质合金塞规规格见表 17-37。

表 17-37 硬质合金塞规规格（GB/T 10920—2008） mm

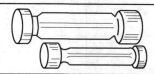

公称直径		1～4	>4～10	>10～14	>14～18	>18～24	>24～30	>30～38	>38～50
总长		58	74	85	100	115	130	130	157
工作长度	通端	12	9	10	12	14	16	20	25
	止端	8	5	5	6	7	8	9	9

17.6.6 螺纹塞规

螺纹塞规用于测量内螺纹的精确性，检查、判定工件内螺纹尺寸是否合格。螺纹塞规规格见表17-38。

表 17-38　螺纹塞规规格　　　　　mm

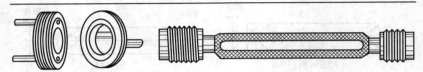

通规　　　止规　　　　　整体式（左通规，右止规）

螺纹直径	螺　距					
	粗　牙	细　牙				
1,1.2	0.25	0.2				
1.4	0.3	0.2				
1.6,1.8	0.35	0.2				
2	0.4	0.25				
2.2	0.45	0.25				
2.5	0.45	0.35				
3	0.5	0.35				
3.5	0.6	0.35				
4	0.7	0.5				
5	0.8	0.5				
6	1	0.75	0.5			
8	1.25	1	0.75	0.5		
10	1.5	1.25	1	0.75	0.5	
12	1.75	1.5	1.25	1	0.75	0.5
14	2	1.5	1.25	1	0.75	0.5
16	2	1.5	1.5	1	0.75	0.5
18,20,22	2.5	2	1.5	1	0.75	0.5
24,27	3	2	1.5	1	0.75	
30,33	3.5	3	2	1.5	1	0.75
36,39	4	3	2	1.5	1	
42,45	4.5	4	3	2	1.5	1
48,52	5	4	3	2	1.5	1
56,60	5.5	4	3	2	1.5	1
64,68,72	6	4	3	2	1.5	1

螺纹直径	螺　距				
	粗　牙	细　牙			
76,80,85	6	4	3	2	1.5
90,95,100	6	4	3	2	1.5
105,110,115	6	4	3	2	1.5
120,125,130	6	4	3	2	1.5
135～140		4	3	2	1.5

注：常用的普通螺纹塞规的精度为 4H、5H、6H、7H 级。

17.6.7　螺纹环规

螺纹环规供检查工件外螺纹尺寸是否合格用。每种规格螺纹环规分通规（代号 T）和止规（代号 Z）两种。检查时，如通规能与工件外螺纹旋合通过，而止规不能与工件外螺纹旋合通过，可判定该外螺纹尺寸为合格；反之，则可判定该外螺纹尺寸为不合格。螺纹环规规格见表 17-39。

表 17-39　**螺纹环规规格**（GB/T 10920—2008）

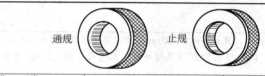

分　　类	整体式螺纹环规	双柄式螺纹环规
规格	M1～M120	＞M120～M180
精度	6g,6h,6f,8g	

17.6.8　莫氏和公制圆锥量规

普通精度莫氏（或公制）圆锥量规适用于检查工具圆锥及圆锥柄的精确性；高精度莫氏（或公制）圆锥量规适用于机床和精密仪器主轴与孔的锥度检查。莫氏和公制圆锥量规规格见表 17-40。

表 17-40　**莫氏和公制圆锥量规规格**（GB/T 11853—2003）

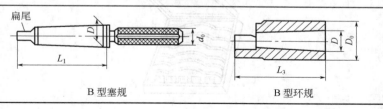

续表

圆锥规格		锥 度	锥 角	主要尺寸/mm		
				D	L_1	L_3
公制 圆锥	4	1:20＝0.05	2°51′51.1″	4	23	—
	6			6	32	
莫 氏 圆 锥	0	0.6246:12＝1:19.212＝0.05205	2°58′53.8″	9.045	50	56.5
	1	0.59858:12＝1:20.047＝0.04988	2°51′26.7″	12.065	53.5	62
	2	0.59941:12＝1:20.020＝0.04995	2°51′41.0″	17.780	64	75
	3	0.60235:12＝1:19.922＝0.05020	2°52′31.5″	23.825	81	94
	4	0.62326:12＝1:19.254＝0.05194	2°58′30.6″	31.267	102.5	117.5
	5	0.63151:12＝1:19.002＝0.05263	3°0′52.4″	44.399	129.5	149.5
	6	0.62565:12＝1:19.180＝0.05214	2°59′11.7″	63.80	182	210
公 制 圆 锥	80	1:20＝0.05	2°51′51.1″	80	196	220
	100			100	232	260
	120			120	268	300
	160			160	340	380
	200			200	412	460

注：莫氏与公制圆锥量规有不带扁尾的 A 型和带扁尾的 B 型两种（B 型只检验圆锥尺寸，不检验锥角）。两种型式均有环规与塞规。量规有 1 级、2 级、3 级三个精度等级。

17.6.9 表面粗糙度比较样块

表面粗糙度比较样块是以目测比较法来评定工件表面粗糙度的量具。表面粗糙度比较样块规格见表 17-41。

表 17-41 表面粗糙度比较样块规格

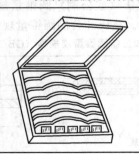

续表

加工表面方式标准		每套数量	表面粗糙度参数公称值/μm		
			Ra		Rz
铸造（GB/T 6060.1—1997）		12	0.2,0.4,0.8,1.6,3.2,6.3,12.5, 25,50,100,200,400		800,1600
机械加工 （GB/T 6060.2—2006）	磨	8	0.025,0.05,0.1,0.2,0.4,0.8, 1.6,3.2		
	车、镗	6	0.4,0.8,1.6,3.2,6.3,12.5		
	铣	6	0.4,0.8,1.6,3.2,6.3,12.5		
	插、刨	6	0.8,1.6,3.2,6.3,12.5,25.0		
电火花、抛（喷）丸、 喷砂、研磨、锉、 抛光加工表面 （GB/T 6060.3—2008）	研磨	4	0.012,0.025,0.05,0.1		
	抛光	6	0.012,0.025,0.05,0.1,0.2,0.4		
	锉	4	0.8,1.6,3.2,6.3		
	电火花	6	0.4,0.8,1.6,3.2,6.3,12.5		

注：Ra—表面轮廓算术平均偏差；Rz—表面轮廓微观不平度 10 点高度。

17.6.10　方规

方规用来检测刀口形角尺、矩形角尺、样板角尺，以及进行直角传递；还可用于精密机床调试，检测机床部件与移动件间的垂直度，是技术测量上直角测量的基准。方规规格见表 17-42。

表 17-42　方规规格

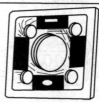

规格/mm	允许误差/μm								
	相邻垂直度			平面度（不允凸）			侧面垂直度		
	A 级	B 级	C 级	A 级	B 级	C 级	A 级	B 级	C 级
200×200	0.5	1.0	2.0	0.3	0.5	1.0	30.0	60.0	80.0
250×250	0.7	1.5	2.0	0.4	0.6	1.0	30.0	60.0	80.0

17.6.11　带表卡规

带表卡规是将百分表安装在钳式支架上，借助于杠杆传动将活动测头测量面相对于固定测头测量面的移动距离，传递为百分表的测量杆做直线移动，再通过机械传动转变为指针在表盘上的角位移，由百分表读数。带表卡规规格见表 17-43。

表 17-43　带表卡规规格（JB/T 10017—2012）　　　mm

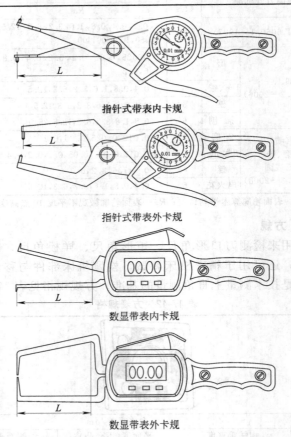

指针式带表内卡规

指针式带表外卡规

数显带表内卡规

数显带表外卡规

名称	分度值	量程	测量范围	最大测量臂长度 L
带表内卡规	0.005	5	[2.5,5]	10,20,30,40
		10		
	0.01	10	[5,160]	10,20,25,30,35,50,55,60,80,90,100
		20		120,150,160,175,200,250
	0.02	40	[10,175]	25,30,40,55,60,70,80,115,170
	0.05	50	[15,230]	125,150,175
	0.10	100	[30,320]	380,540

续表

名称	分度值	量程	测量范围	最大测量臂长度 L
带表 外卡规	0.005	5	[0,10]	10,20,30,40
		10	[0,50]	
	0.01	10	[0,100]	25,30,40,55,60,70,80
		20		
	0.02	20	[0,100]	25,30,40,55,60,70,80,115,170
		40		
		50		
	0.05	50	[0,150]	125,150,175
	0.10	50	[0,400]	200,230,300,360,400,530
		100		

17.6.12　扭簧比较仪

扭簧比较仪用于测量高精度的工件尺寸和形位误差，尤其适用于检验工件的跳动量。扭簧比较仪规格见表 17-44。

表 17-44　扭簧比较仪规格（GB/T 4755—2004）　　μm

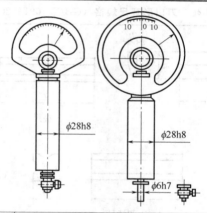

分　度　值	示　值　范　围		
	±30 分度	±60 分度	±100 分度
0.1	±3	±6	±10
0.2	±6	±12	±20
0.5	±15	±30	±50
1	±30	±60	±100
2	±60		
5	±150		
10	±300		

17.6.13 齿轮测量中心

齿轮测量中心是一种带有计算机数字控制系统（CNC）和计算机数据采集、评值处理系统的圆柱坐标系式齿轮测量仪器。它用于齿轮、齿轮刀具等回转体多参数测量。齿轮测量中心的基本参数见表 17-45。

表 17-45 齿轮测量中心的基本参数 （GB/T 22097—2008）

基 本 参 数	参 数 值
可测齿轮的模数/mm	0.5～20
可测齿轮的最大顶圆直径/mm	≤600
螺旋角测量范围/(°)	0±90

17.7 角尺、平板、角铁

17.7.1 刀口形直尺

刀口形直尺用于检验工件的直线度和平面度。刀口形直尺规格见表 17-46。

表 17-46 刀口形直尺规格 （GB/T 6091—2004）

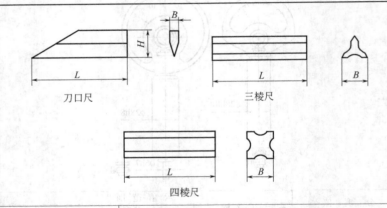

刀口尺   三棱尺

四棱尺

型　　式		刀 口 尺					
测量面长度 L/mm		75	125	200	300	400	500
宽度 B/mm		6	6	8	8	8	10
高度 H/mm		22	27	30	40	45	50
直线度公差/ μm	0 级	0.5		1.0		1.5	2.0
	1 级	1.0		2.0		3.0	4.0

续表

型　　式	三棱尺			四棱尺		
测量面长度 L/mm	200	300	500	200	300	500
宽度 B/mm	26	30	40	20	25	35
直线度公差/ μm　　0 级	1.0	1.5	2.0	1.0	1.5	2.0
1 级	2.0	3.0	4.0	2.0	3.0	4.0

17.7.2　直角尺

直角尺用于精确地检验零件、部件的垂直误差，也可对工件进行垂直划线。直角尺规格见表 17-47。

17.7.3　铸铁角尺

铸铁角尺与直角尺相同，用于精确地检验工件的垂直度误差，但适宜于大型工件。铸铁角尺规格见表 17-48。

表 17-47　直角尺规格（GB/T 6092—2004）

型式	结构简图	精度等级	基本尺寸/mm	
圆柱 角尺		00 级 0 级	D 200 315 500 800 1250	L 80 100 125 160 200
刀口 矩形 直角尺		00 级 0 级	L 63 125 200	B 40 80 125

续表

型式	结构简图	精度等级	基本尺寸/mm	
			L	B
矩形直角尺		00级 0级 1级	125	80
			200	125
			315	200
			500	315
			800	500
			L	B
三角形直角尺		00级 0级	125	80
			200	125
			315	200
			500	315
			800	500
			1250	800
			L	B
刀口形直角尺		0级 1级	63	40
			125	80
			200	125

续表

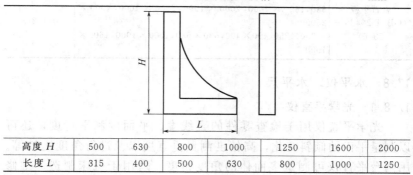

型式	结构简图		精度等级	基本尺寸/mm	
				L	*B*
宽座刀口形直角尺			0 级 1 级 2 级	63	40
				125	80
				200	125
				315	200
				500	315
				800	500
				1250	800
				1600	1000

注：图中 α 和 β 为 90°角尺的工作角。

表 17-48 铸铁角尺规格   mm

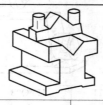

高度 *H*	500	630	800	1000	1250	1600	2000
长度 *L*	315	400	500	630	800	1000	1250

17.7.4 三角铁

三角铁是用来检查圆柱形工件或划线的工具。三角铁规格见表 17-49。

表 17-49 三角铁规格

长度×宽度/mm	35×35,60×60,105×105

注：每套三角铁由相同规格的两件组成。

17.7.5 铸铁平板、岩石平板

铸铁平板、岩石平板专供精密测量的基准平面用。铸铁平板、岩石平板规格见表 17-50。

表 17-50 铸铁平板、岩石平板规格

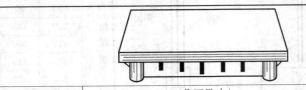

品　种	工作面尺寸/mm	精度等级
铸铁平板 (GB/T 22095—2008)	160×100,250×160,400×250,630×400,1000×630,1600×1000,2000×1000,2500×1600 250×250,400×400,630×630,1000×1000	0,1,2,3
岩石平板 (GB/T 20428—2006)	160×100,250×160,400×250,630×400,1000×630,1600×1000,2000×1000,2500×1600,4000×2500 250×250,400×400,630×630,1000×1000,1600×1600	0,1,2,3

17.8　水平仪、水平尺

17.8.1　光学平直仪

光学平直仪用于检查零件的直线度、平面度和平行度，还可以测量平面的倾斜变化，高精度测量垂直度以及进行角度比较等。用两台平直仪可测量多面体的角度精度。适用于机床制造、维修或仪器的制造行业。光学平直仪规格见表 17-51。

表 17-51 光学平直仪规格

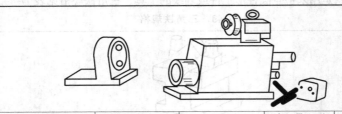

型　号	HYQ011	HYQ03	哈量型	ZY1 型
测量距离/m	20	5	0.2~6	<5
刻度值/mm		0.001/200		

17.8.2 合像水平仪

合像水平仪用于测量平面或圆柱面的平直度，检查精密机床、设备及精密仪器安装位置的正确性，还可测量工件的微小倾角。合像水平仪规格见表 17-52。

表 17-52 合像水平仪规格（GB/T 22519—2008）

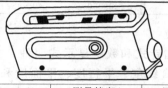

工作面（长×宽）/mm	V 形槽角度/(°)	测量精度/mm·m^{-1}	测量范围/mm·m^{-1}	目镜放大率/倍
166×47	120	0.01	0～10 或 0～20	5

17.8.3 框式水平仪和条式水平仪

框式水平仪和条式水平仪适用于检验各种机床及其他类型设备导轨的平直度、机件相对位置的平行度以及设备安装的水平与垂直位置，还可用于测量工件的微小倾角。框式水平仪和条式水平仪规格见表 17-53。

表 17-53 框式水平仪和条式水平仪规格（GB/T 16455—2008）

框式水平仪
（方形水平仪）

条式水平仪
（钳工水平仪）

组 别	I	II	III
分度值/mm·m^{-1}	0.02	0.05	0.10
平面度/mm	0.003	0.005	0.005
位置公差/mm	0.01	0.02	0.02

类 型	长度/mm	高度/mm	宽度/mm	V 形工作面角度/(°)
框式水平仪	100	100	25～35	120 或 140
	150	150	30～40	
	200	200	35～45	
	250	250	40～50	
	300	300	40～50	

续表

类　型	长度/mm	高度/mm	宽度/mm	V形工作面角度/(°)
	100	30～40	30～35	
	150	35～40	35～40	
条式水平仪	200	40～50	40～45	120 或 140
	250	40～50	40～45	
	300	40～50	40～45	

17.8.4　电子水平仪

电子水平仪有指针式和数字显示式两种。主要用于测量平板、机床导轨等平面的直线度、平行度、平面度和垂直度，并能测试被测面对水平面的倾斜角。电子水平仪规格见表 17-54。

表 17-54　电子水平仪规格（GB/T 20920—2007）

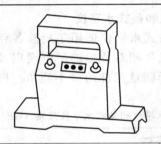

底座工作面长度/mm		100	150,200,250,300	
底座工作面宽度/mm		25～35	35～50	
底座 V 形工作面角度/(°)		120～150		
分度值/mm·m^{-1}		0.001,0.0025,0.005,0.01,0.02,0.05		
稳定度	指针式电子水平仪	1 分度值		
	数字显示式电子水平仪	分度值/mm·m^{-1}		
		≥0.005	<0.005	
		4 个数/4h,1 个数/h	6 个数/4h,3 个数/h	

17.8.5　水平尺

铁水平尺用于检查一般设备安装的水平与垂直位置。木水平尺用于建筑工程中检查建筑物对于水平位置的偏差，一般常为泥瓦工及木工用。水平尺规格见表 17-55。

表 17-55　水平尺规格（JJF 1085—2002）

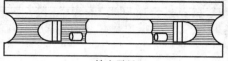
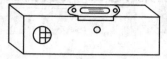

铁水平尺　　　　　　　　　　　　　　木水平尺

长度/mm	150,200,250,300,350,400,450,500,550,600
分度值/mm·m^{-1}	0.5,1,2,5,10

17.8.6　建筑用电子水平尺

电子水平尺规格见表 17-56。

表 17-56　电子水平尺规格（JG 142—2002）

参 数 名 称		参 数 值	
分辨率		0.01	
测量范围/(°)		—99.9～99.99	
温度范围/℃		—25～60	
工作面长度/mm		400、1000、2000、3000	
工作电源额定电压		DC 12V	
使用寿命		6 年/8 万次	
尺寸(长× 宽×高)/mm	型号	JYC-400/1-0.01	400×26×62	
		JYC-1000/1-0.01	1000×30×80	
		JYC-2000/1-0.01	2000×40×80	
		JYC-3000/1-0.01	3000×50×80	
准确度	准确度等级	0.01	0.02
	基本误差限(满量程的百分数表示)/%	±0.01	±0.02

第18章 切削工具

18.1 车刀类

18.1.1 高速钢车刀条

高速钢车刀条磨成适当形状及角度后，装在各类机床上，进行车削外圆、内圆、端面或切断、成形等加工，也可磨成刨刀进行刨削加工。高速钢车刀条规格见表 18-1。

表 18-1 高速钢车刀条规格（GB/T 4211.1—2004）　mm

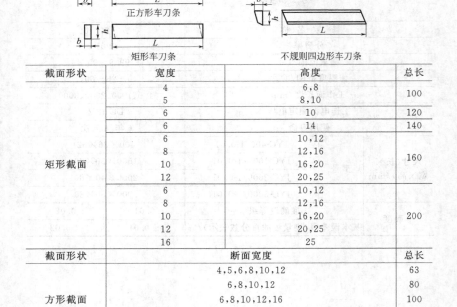

正方形车刀条

圆形车刀条

矩形车刀条

不规则四边形车刀条

截面形状	宽度	高度	总长
矩形截面	4	6,8	100
	5	8,10	
	6	10	120
	6	14	140
	6	10,12	160
	8	12,16	
	10	16,20	
	12	20,25	
	6	10,12	200
	8	12,16	
	10	16,20	
	12	20,25	
	16	25	

截面形状	断面宽度	总长
方形截面	4,5,6,8,10,12	63
	6,8,10,12	80
	6,8,10,12,16	100
	6,8,10,12,16,20	160
	6,8,10,12,16,20,25	200

续表

截面形状	断面宽度	总长
	直　径	总长
圆形截面	4,5,6,	63
	4,5,6,8,10	80
	4,5,6,8,10,12,16	100
	6,8,10,12,16,20	160
	10,12,16,20	200
	宽度×高度	总长
不规则四边形截面	3×12,5×12	85
	3×12,5×12	120
	3×16,4×16,6×16,4×18,3×20,4×20	140
	3×16	200
	4×20,4×25,6×25	250

18.1.2　硬质合金焊接车刀片

硬质合金焊接车刀片可焊接在车刀上，用于车削坚硬金属和非金属材料的工件。硬质合金焊接车刀片规格见表 18-2。

表 18-2　硬质合金焊接车刀片规格（YS/T 253—1994）

刀片类型	A 型	B 型	C 型	D 型	E 型
形状					
型号	A5,A6,A8,A10,A12,A16,A20,A25,A32,A40,A50	B5,B6,B8,B10,B12,B16,B20,B25,B32,B40,B50	C5,C6,C8,C10,C12,C16,C20,C25,C32,C40,C50	D3,D4,D5,D6,D8,D10,D12	E4,E5,E6,E8,E10,E12,E16,E20,E25,E32

18.1.3　硬质合金焊接刀片

硬质合金焊接刀片焊在刀杆上，可在高速下切削坚硬金属和非金属材料。适用于各种车削工艺。有的刀片还可焊在刨刀刀杆上或镶嵌在镗刀和铣刀上。硬质合金焊接刀片规格见表 18-3。

表 18-3　硬质合金焊接刀片规格（YS/T 79—2006）

类型	形状	用途	型号
A1		用于外圆车刀、镗刀及切槽刀上	A106～A170

类型	形状	用途	型号
A2		用于镗刀及端面车刀上	右 A208～A225 左 A212Z～A225Z
A3		用于端面车刀及外圆车刀上	右 A310～A340 左 A312Z～A340Z
A4		用于外圆车刀、镗刀及端面车刀上	右 A406～A450A 左 A410Z～A450AZ
A5		用于自动机床的车刀上	右 A515,A518 左 A515Z,A518Z
A6		用于镗刀、外圆车刀及面铣刀上	右 A612,A615,A618 左 A612Z,A615Z,A618Z
B1		用于成形车刀、加工燕尾槽的刨刀和铣刀上	右 B108～B130 左 B112Z～B130Z
B2		用于凹圆弧成形车刀及轮缘车刀上	B208～B265A
B3		用于凸圆弧成形车刀上	右 B312～B322 左 B312Z～B322Z
C1		用于螺纹车刀上	C110,C116,C120,C122,C125 C110A,C116A,C120A
C2		用于精车刀及梯形螺纹车刀上	C215,C218,C223,C228, C236
C3		用于切断刀和切槽刀上	C303, C304, C305, C306, C308,C310,C312,C316
C4		用于加工 V 带轮 V 形槽的车刀上	C420, C425, C430, C435, C442,C450
C5		用于轧辊拉丝刀上	C539,C545
D1		用于面铣刀上	右 D110～D130 左 D110Z～D130Z
D2		用于三面刃铣刀、T 形槽铣刀及浮动镗刀上	D206～D246
E1		用于麻花钻及直槽钻上	E105～E110
E2		用于麻花钻及直槽钻上	E210～E252
E3		用于立铣刀及键槽铣刀上	E312～E345

续表

类型	形状	用途	型号
E4	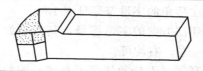	用于扩孔钻上	E415,E418,E420,E425,E430
E5		用于铰刀上	E515,E518,E522,E525,E530,E540

注：按刀片的大致用途，分为 A、B、C、D、E、F 六类，字母和其后的第一个数字表示型号，第二、第三两个数字表示刀片某参数（如长度或宽度、直径）；以 Z 表示左刀；当几个规格的被表示参数相等时，则自第二个规格起，在末尾加"A，B，…"来区别。

18.1.4　硬质合金焊接车刀

硬质合金焊接车刀焊于刀杆上，装在车床上，对金属材料进行所需工艺的车削。硬质合金焊接车刀规格见表 18-4。

表 18-4　硬质合金焊接车刀规格（GB/T 17985.1—2000）

焊接外圆车刀	70°,75°,90°,95°
焊接端面车刀	45°,90°
焊接内孔车刀	45°,75°,90°,95°
其他焊接车刀	切断,内、外螺纹,带轮切槽,内孔切槽

18.1.5　机夹车刀

机夹车刀装上硬质合金可重磨刀片或高速钢刀片，用于车床切削。刀杆在刀片更换后仍可继续使用。机夹车刀规格见表 18-5。

表 18-5　机夹车刀规格（GB 10953~10955—2006）

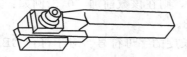

车刀结构	内孔、切断、内孔切槽和内、外螺纹等车削车刀结构

18.1.6　可转位车刀

可转位车刀用于车削较硬的金属材料及其他材料，其刀片使用硬质合金不重磨刀片，使用时将磨损的刀片调位或更换，刀体仍可继续使用。

(1) 可转位车刀型号表示规则 (GB/T 5343.1—2007)

车刀或刀夹的代号由代表给定意义的字母或数字符号按一定的规则排列所组成，共有 10 位符号，任何一种车刀或刀夹都应使用前 9 位符号，最后一位符号在必要时才使用。在 10 位符号之后，制造厂可以最多再加 3 个字母（或）3 位数字表达刀杆的参数特征，但应用短横线与标准符号隔开，并不得使用第十位规定的字母。

9 个应使用的符号和一位任意符号的规定如下：

① 表示刀片夹紧方式的字母符号见表 18-6。

② 表示刀片形状的字母符号见表 18-7。

③ 表示刀具头部型式的字母符号见表 18-8。

④ 表示刀片法后角的字母符号见表 18-9。

⑤ 表示刀具切削方向的字母符号，其代号如下：R——右切；L——左切；N——左、右均可。

⑥ 表示刀具高度（刀杆和切削刃高度）的数字符号。用两位数字表示车刀高度，当刀尖高度与刀杆高度相等时，以刀杆高度数值为代号。例如：刀杆高度为 25mm 的车刀，则第六位代号为 25。如果高度的数值不足两位数时，则在该数前加"0"，例如：刀杆高度为 8mm 时，则第六位代号为 08。当刀尖高度与刀杆高度不相等时，以刀尖高度数值为代号。

⑦ 表示刀具宽度的数字符号或识别刀夹类型的字母符号。例如：刀杆宽度为 20mm 的车刀，则第七位代号为 20。如果宽度的数值不足两位数时，则在该数前加"0"。例如：刀杆宽度为 8mm，则第七位代号为 08。

⑧ 表示刀具长度的字母符号。对于符合 GB/T 5343.2 的标准车刀，一种刀具对应的长度尺寸只规定一个，因此，该位符号用"——"表示。对于符合 GB/T 14461 的标准刀夹，如果表 18-10 中没有对应的符号，则该位符号用"——"来表示。

⑨ 表示可转位刀片尺寸的数字符号见表 18-11。

⑩ 表示特殊公差的字母符号见表 18-12。

示例：

①	②	③	④	⑤	⑥	⑦	⑧	⑨	⑩
C	T	G	N	R	32	25	M	16	Q

表 18-6　表示刀片夹紧方式的字母符号

字 母 符 号	夹 紧 方 式	字 母 符 号	夹 紧 方 式
C	顶面夹紧（无孔刀片）	P	孔夹紧（有孔刀片）
M	顶面和孔夹紧（有孔刀片）	S	螺钉通孔夹紧（有孔刀片）

表 18-7　表示刀片形状的字母符号

字 母 符 号	刀 片 形 状	刀 片 型 式
H	六边形	
O	八边形	
P	五边形	等边和等角
S	四边形	
T	三角形	
C	菱形 80°	
D	菱形 55°	
E	菱形 75°	
M	菱形 86°	等边但不等角
V	菱形 35°	
W	六边形 80°	
L	矩形	不等边但等角
A	85°刀尖角平行四边形	
B	82°刀尖角平行四边形	不等边和不等角
K	55°刀尖角平行四边形	
R	圆形刀片	圆形

表 18-8　表示刀具头部型式的字母符号

代号	车刀头部型式		代号	车刀头部型式	
A	90°	90° 直头侧切	C	90°	90° 直头端切
B	75°	75° 直头侧切	D	45°	45° 直头侧切

代号	车刀头部型式		代号	车刀头部型式	
E		60° 直头侧切	N		63° 直头侧切
F		90° 偏头端切	R		75° 偏头侧切
G		90° 偏头侧切	S		45° 偏头侧切
H		107.5° 偏头侧切	T		60° 偏头侧切
J		93° 偏头侧切	U		93° 偏头端切
K		75° 偏头端切	V		72.5° 直头侧切
L		95° 偏头侧切 及端切	W		60° 偏头端切
M		50° 直头侧切	Y		85° 偏头端切

注：1. D 型和 S 型车刀也可以安装圆形（R 型）刀片。

2. 表中所示角度均为主偏角 κ_r。

表 18-9 表示刀片法后角的字母符号

字 母 符 号	刀片法后角
A	3°
B	5°
C	7°
D	15°
E	20°
F	25°
G	30°
N	0°
P	11°

注：对于不等边刀片，符号用于表示较长边的法后角。

表 18-10 车刀长度值的代号

代号	A	B	C	D	E	F	G	H	J	K	L	M
车刀长度/mm	32	40	50	60	70	80	90	100	110	125	140	150

代号	N	P	Q	R	S	T	U	V	W	X	Y
车刀长度/mm	160	170	180	200	250	300	350	400	450	特殊长度，待定	500

表 18-11 表示可转位刀片尺寸的数字符号

刀 片 型 式	数 字 符 号
等边并等角(H、O、P、S、T)和等边但不等角(C、D、E、N、V、W)	符号用刀片的边长表示,忽略小数 例如:长度为 16.5mm,符号为 16
不等边但等角(L) 不等边不等角(A、D、K)	符号用主切削刃长度或较长的切削刃表示,忽略小数 例如:主切削刃的长度为 19.5mm,符号为 19
圆形(R)	符号用直径表示,忽略小数 例如:直径为 15.847mm,符号为 15

注：如果米制尺寸的保留只有一位数字时，则符号前面应加 0。例如：边长为：9.525mm，则符号为：09。

表 18-12 不同测量基准的精密车刀代号

代号	Q	F	B
简图	$b_1\pm0.08$ $L\pm0.08$	$b_2\pm0.08$ $L\pm0.08$	$b_1\pm0.08$ $L\pm0.08$ $b_2\pm0.08$
测量基准面	外侧面和后端面	内侧面和后端面	内、外侧面和后端面

示例 1：P T G N R 20 20 — 16 Q

由左至右含义依次为：

车刀刀片夹紧方式为利用刀片孔将刀片夹紧

车刀刀片形状为正三边形刀片

车刀头部型式为 90°偏头侧切车刀

车刀刀片法后角为 0°

车刀切削方向为右切

车刀刀尖高度为 20mm

车刀刀杆宽度为 20mm

车刀长度为标准长度（$L=125$mm）

车刀刀片边长为 16.5mm

以车刀的外侧面和后端面为测量基准的精密级车刀

示例 2：M S R N L 25 20 L 15

由左至右含义依次为：

车刀刀片夹紧方式为从刀片上方和利用刀片孔将刀片夹紧

车刀刀片形状为正方形

车刀头部型式为 75°偏头侧切车刀

车刀刀片法后角为 0°

车刀切削方向为左切

车刀刀尖高度为 25mm

车刀刀杆宽度为 20mm

车刀长度为 140mm（标准长度为 150mm）

车刀刀片边长为 15.875mm

（2）优先采用的推荐刀杆（GB/T 5343.2—2007）（见表 18-13）

表 18-13　优先采用的推荐刀杆

mm

代号		h×b	08×08	10×10	12×12	16×16	20×20	25×25	32×25	32×32	40×32	40×32	40×40	50×50
		l_1 K16	60	70	80	100	125	150	170	170	150	200	200	250
		h_1 js14	8	10	12	16	20	25	32	32	40	40	40	50
A	80°, 90°$^{+2°}_{0}$	$f^{+0.5}_{0}$ 系列3	8.5	10.5										
		l（代号）	06	06										
		l_{2max}	25	25										
	90°$^{+2°}_{0}$	$f^{+0.5}_{0}$ 系列3			12.5	16.5	20.5	25.5	25.5	33			41	
		l（代号）			11	11	16	16	16	22			22	
		l_{2max}			25	25	32	32	32	36			36	
B	75°±1°, 100°	$f^{+0.5}_{0}$ 系列2	7	9	11									
		l（代号）	06	06	06									
		l_{2max}	25	25	25									
		a①	1.6	1.6	1.6									

形式	参数										
B （90°，75°±1°，f，a）	$f^{+0.5}_{0}$ 系列 2	43	35	27	22	22	17	13			
	l（代号）	25	19	19	12	12	12	09	09	6	
	l_{2max}	50	45	45	36	36	36	32	32		
	$a^{①}$	5.9	4.6	4.6	3.1	3.1	3.1	2.2			
（90°，45°±1°，f，点 T）	$f±0.25$ 系列 1			16	12.5	12.5	10	8	6		
	l（代号）			19	12	12	12	09	09	06/08	
	l_{2max}			45	36	36	36	32	32		
D② （$l_{2min}=1.5d$，f，d，l_2）	$f±0.25$ 系列 1	20		16	12.5	12.5	10	8	6	5	4
	d（代号）	25	20	12/16	06/08/10/12/16	06/08/10/12	06/08/10	06/08	06/08	06	

续表

F											
$f^{+0.5}_{0}$	10	12		16	20	25	32	32	40		50	
系列5 l（代号）	06	06		11	11/16	16	16/22	16/22	22		22/27	
$l_{2\max}$	25	25		25	25/32	32	32/36	32/36	36		36/40	
H											
$f^{+0.5}_{0}$		12		11		16						
系列5 l（代号）		06										
$l_{2\max}$		25		25		32						
G											
$f^{+0.5}_{0}$	10	12		16	20	25	32	32	40		50	60
系列5 l（代号）	05	06		11	11/16	16	16/22	16/22	22		22/27	27
$l_{2\max}$	25	25		25	25/32	32	32/36	32/36	36		36/40	40

续表

刀片		$f^{+0.5}_{0}$ 系列 5		12	16	20	25	32	32		
H 55°／107.5°±1°		l（代号）		07	07/11	11	11/15	15	15		
		l_{2max}		25	25/32	32	32/40	40	40		
35°／107.5°±1°		$f^{+0.5}_{0}$ 系列 5			16	20	25	32	32	40	
		l（代号）			11	11/13	13/16	16	15	15	
		l_{2max}			25/32	25/32	32/40	40	40	40	
J 55°／93°±1°		$f^{+0.5}_{0}$ 系列 5		10	12	16	20	25	32	32	40
		l（代号）		07	07	11	11	15	15	15	15
		l_{2max}		25	25	32	32	40	40	40	40

续表

图		$f^{+0.5}_{\ 0}$ 系列 5	l (代号)	l_{2max}	$f^{+0.5}_{\ 0}$ 系列 5	l (代号)	l_{2max}	$f^{+0.5}_{\ 0}$ 系列 3	l (代号)	l_{2max}	$a^{①}$
J	93°±1°										
		40	22/27	36/40							
		32	16/22	32/36							
		32	16/22	32/36							
		25	16	32							
			20	25/32							
			16	25/32							
	93°±1° 35°				32	16	32/36				
					32	16	32/36				
					25	13/16	32/40				
					20	11/13	25/32				
					16	11/13	25/32				
					12						
					10						
K	100° 75°±1°							40			
								40			
								16			
								06			
								06			
								25			
								25			
								1.6			
								1.6			

续表

K

75°±1°　90°　l_1　a

$f^{+0.5}_{0}$ 系列5	10	12	16	20	25	32	32	40	50
l (代号)	06	06	09	09/12	12	12/19	12/19	19	19/25
$l_{2\max}$	25	25	32	32/36	36	36/45	36/45	45	45/50
$a^{①}$			2.2	2.2/3.1	3.1	3.1/4.6	3.1/4.6	4.6	4.6/5.9

L

95°±1°　80°　95°±1°　f

$f^{+0.5}_{0}$ 系列5	10	12	16	20	25	32	32	40	50
l (代号)	06	06	09	09/19	12	12/19	12/19	19	19
$l_{2\max}$	25	25	32	32/36	36	36/45	36/45	40	45

95°　80°　95°　f

$f^{+0.5}_{0}$ 系列5	10	12	16	20	25	32	32	40	
l (代号)	04	04	04	06	06/08	06/08	06/08	08	
$l_{2\max}$	25	25	25	36	36/45	36/45	36/45	45	45

续表

形状	图形角度	参数											
N	55° / 63°±1° / 点K（f）	$f^{+0.5}_0$ 系列1	4	5	6	8	10	12.5	12.5	16			
		l（代号）	07	07	11	11	11/15	15	15	15			
		$l_{2\,\mathrm{max}}$	25	25	32	32	32/36	45	45	45			
	63°±1° / 点K（f）	$f^{+0.5}_0$ 系列1						12.5	12.5	16			
		l（代号）						16/22	16/22	16/22			
		$l_{2\,\mathrm{max}}$						32/36	32/36	32/36			
R	90° / 75°±1° / f, p	$f^{+0.5}_0$ 系列4			13	17	22	27	27		35	43	53
		l（代号）			09	09/12	12	12/19	12/19		19	19/25	25
		$l_{2\,\mathrm{max}}$			32	32/36	36	36/45	36/45		45	45/50	50
		a①			2.2	2.2/3.1	3.1	3.1/4.6	3.1/4.6		4.6	4.6/5.9	5.9

续表

80° 刀具		
$f^{+0.5}$ 系列 5	10	12
l（代号）	06	06
$l_{2\,\text{max}}$	25	25
$a^{①}$	4.2	4.2

90° 刀具							
$f^{+0.5}$ 系列 5	06	09	12	16	20	25	32	40
l（代号）	09	09/12	12	12/19	19	19/25		
$l_{2\,\text{max}}$	32	32/36	36	36/45	45	45/50		
$a^{①}$	6.1	6.1/8.3	8.3	8.3/12.5	12.5	12.5/16		

S② 刀具						
$f^{+0.5}$ 系列 5	06	06/08	08/10	10/12	12/16	16
l（代号）	25	32	32	36	40	40
$l_{2\,\text{max}}$	25	32	36	40	45	50

续表

T	$f^{+0.5}_{0}$ 系列 2	11	13	17	22	22	27	35
	l（代号）	11	11	16	16	16	22	27
	l_{2max}	25	25	32	32	32	36	40
	a①	5	5	7.2	7.2	7.2	10	12.2
V	$f\pm0.25$ 系列 1	6	8	10	12.5	12.5		
	l（代号）	11/13	11/13	13/16	16	16		
	l_{2max}	25/32	25/32	32/40	40	40		

（T：60°±1°）

（V：72.5°±1°，35°，点 T）

① 尺寸 a 按前角 $\gamma_a=0°$、切削刃倾角 $\lambda_a=0°$ 及刀片刀尖圆弧半径 r_a 按相应基准刀片刀尖圆弧半径 r_a 的计算值计算出来。

② 带圆刀片的刀具，没有给出主偏角。

18.2 钻头类

18.2.1 直柄麻花钻

直柄麻花钻用于在金属材料制成的工件上钻孔，直柄与钻夹头相配。直柄麻花钻规格见表 18-14。

表 18-14 直柄麻花钻规格   mm

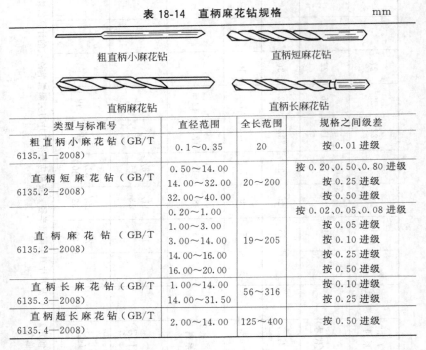

类型与标准号	直径范围	全长范围	规格之间级差
粗直柄小麻花钻（GB/T 6135.1—2008）	0.1～0.35	20	按 0.01 进级
直柄短麻花钻（GB/T 6135.2—2008）	0.50～14.00 14.00～32.00 32.00～40.00	20～200	按 0.20、0.50、0.80 进级 按 0.25 进级 按 0.50 进级
直柄麻花钻（GB/T 6135.2—2008）	0.20～1.00 1.00～3.00 3.00～14.00 14.00～16.00 16.00～20.00	19～205	按 0.02、0.05、0.08 进级 按 0.05 进级 按 0.10 进级 按 0.25 进级 按 0.50 进级
直柄长麻花钻（GB/T 6135.3—2008）	1.00～14.00 14.00～31.50	56～316	按 0.10 进级 按 0.25 进级
直柄超长麻花钻（GB/T 6135.4—2008）	2.00～14.00	125～400	按 0.50 进级

18.2.2 锥柄麻花钻

锥柄直接装在钻床主轴的锥孔内，长或加长麻花钻用于钻较深的孔。锥柄麻花钻规格见表 18-15。

表 18-15 锥柄麻花钻规格   mm

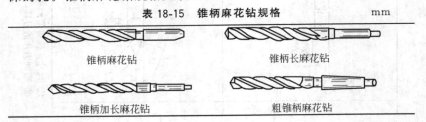

类型与标准号	直径范围	全长范围	规格之间级差	莫氏锥柄号
莫氏锥柄麻花钻 (GB/T 1438.1—2008)	3.00～14.00	114～ 534	按 0.20、0.50、0.80 进级	1
	14.25～23.00		按 0.25 进级	2
	23.25～31.75		按 0.25 进级	3
	32.00～50.50		按 0.50 进级	4
	51.00～76.00		按 1.00 进级	5
	77.00～100.00		按 1.00 进级	6
莫氏锥柄长麻花钻 (GB/T 1438.2—2008)	5.00～14.00	155～ 470	按 0.20、0.50、0.80 进级	1
	14.25～23.00		按 0.25 进级	2
	23.25～31.75		按 0.25 进级	3
	32.00～50.00		按 0.50 进级	4
莫氏锥柄加长麻花钻 (GB/T 1438.3—2008)	6.00～14.00	225～ 395	按 0.20、0.50、0.80 进级	1
	14.25～23.00		按 0.25 进级	2
	23.25～30.00		按 0.25 进级	3
莫氏粗锥柄麻花钻 (GB/T 1438.4—2008)	6.50～14.00	200～630	按 0.50、1.00 进级	1
	15.00～23.00		按 1.00 进级	2
	24.00～30.00		按 1.00、2.00、3.00 进级	3
	32.00～50.00		按 2.00、3.00 进级	4

18.2.3 硬质合金直柄麻花钻

硬质合金直柄麻花钻适用于高速钻削铸铁、硬橡胶、塑料制品等脆性材料。硬质合金直柄麻花钻规格见表 18-16。

表 18-16 硬质合金直柄麻花钻规格　　　　　mm

直径	总长	刃长	直径	总长	刃长
5.0	75	40	7.0	85	50
5.1			7.1		
5.2			7.2		
5.5	80	45	7.3	90	53
5.6			7.5		
5.7			7.6		
5.8			7.7		
6.0			7.8		
6.1			8.0		
6.2			8.1		
6.3	85	50	8.2	95	53
6.5			8.3		
6.7			8.4		

直径	总长	刃长	直径	总长	刃长
8.5			10.2	100	60
8.7			10.4		
8.9	95	56	10.5	110	65
9.0			10.7		
9.2			11.0		
9.5			11.2		
9.6			11.5	115	70
9.7	100	60	11.7		
10.0			11.9		
10.1			12.0		

18.2.4 硬质合金锥柄钻头

硬质合金锥柄钻头用于高速钻削铸铁、塑料、硬橡胶等硬脆性材料,柄部类型有 A 型和 B 型两种。硬质合金锥柄钻头规格见表 18-17。

表 18-17 硬质合金锥柄钻头规格 (GB/T 10946—1989) mm

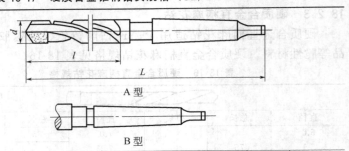

A 型

B 型

直 径	总 长		莫氏 圆锥号	硬质合金 刀片型号
	长型	短型		
10.0,10.2,10.5	168	140	1	E211
10.8	175	145		
11.0,11.2,11.5,11.8	175	145		E213
12.0,(12.2,12.3,12.4),12.5,12.8	199	170		E214
13.0,(13.2)	199	170		E215
13.5,13.8	206	170	2	
14.0	206	170		E216
(14.25),14.5,(14.75)	212	175		E217
15.0	212	175		

续表

直　　　径	总　长		莫氏圆锥号	硬质合金刀片型号
	长型	短型		
(15.25,15.4),15.5,15.75	218	180		
16.0	218	180		E218
(16.25),16.5,(16.75)	223	185	2	E219
17.0	223	185		
(17.25),(17.4),17.5,(17.75)	228	190		E220
18.0	228	190		
(18.25),18.5,(18.75)	256	195		E221
19.0	256	195		
(19.25,19.4),19.5,(19.75)	261	220		E222
20.0	261	220		
(20.25),20.5,(20.75)	266	225		E223
21.0	266	225		
(21.25),21.5,(21.75)	271	230		E224
22.0,(22.25)	271	230	3	
22.5,(22.75)	276	230		E225
23.0,(23.25),23.5	276	230		E226
(23.75)	281	235		
24.0,(24.25),24.5,(24.75)	281	235		E227
25.0	281	235		
(25.25),25.5,(25.75)	286	235		
26.0,(26.25),26.5	286	235		E228
(26.75)	291	240		
27.0	291	240		E229
(27.25),27.5,(27.75)	319	270		
28.0	319	270	4	E230
(28.25),28.5,(28.75)	324	275		
29.0,(29.25),29.5,(29.75),30.0	324	275		E231

注：带括号的尺寸尽可能不采用。

18.2.5　中心钻

中心钻是加工中心孔的刀具，有三种型式：A 型——不带护锥的中心钻；B 型——带护锥的中心钻；R 型——弧形中心钻。加工直径 $d = 1 \sim 10 \text{mm}$ 的中心孔时，通常采用不带护锥的中心钻（A 型）；工序较长、精度要求较高的工件，为了避免 60°定心锥被损坏，一般采用带护锥的中心钻（B 型）；对于定位精度要求较高的轴类零件（如圆拉刀），则采用弧形中心钻（R 型）。中心钻规格见表 18-18。

表 18-18 中心钻规格（GB/T 6078—2016） mm

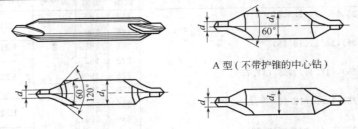

A 型（不带护锥的中心钻）

B 型（带护锥的中心钻）　　　　R 型（弧形中心钻）

型号		主要尺寸（钻头直径 d × 柄部直径 d_1）									
A 型	d	(0.50),(0.63),(0.80),1.00,(1.25)	1.60	2.00	2.50	3.15	4.00	(5.00)	6.30	(8.00)	10.00
	d_1	3.15	4.0	5.0	6.3	8.0	10.0	12.5	16.0	20.0	25.0
B 型	d	1.00	(1.25)	1.60	2.00	2.50	3.15	4.00	(5.00)	6.30	(8.00)	10.00
	d_1	4.0	5.0	6.3	8.0	10.0	11.2	14.0	18.0	20.0	25.0	31.5
R 型	d	1.00,(1.25)	1.60	2.00	2.50	3.15	4.00	(5.00)	6.30	(8.00)	10.00
	d_1	3.15	4.0	5.0	6.3	8.0	10.0	12.5	16.0	20.0	25.0

注：带括号的钻头直径尽量不要采用。

18.2.6 扩孔钻

扩孔钻适用于扩大工件上原有的孔。可用于铰孔、磨孔前的预加工。扩孔钻规格见表 18-19。

表 18-19 扩孔钻规格（GB/T 4256—2004）

直柄扩孔钻　　　　　　　　　　锥柄扩孔钻

种 类			直径 d/mm
直柄扩孔钻			3.00～19.70
锥柄扩孔钻	莫氏圆锥柄号	1	7.80～14.00
		2	14.75～23.00
		3	23.70～31.60
		4	32.00～50.00

18.2.7　锥面锪钻

锥面锪钻适用于加工锥孔和孔的 60°、90°或 120°倒棱。锥面锪钻规格见表 18-20。

表 18-20　锥面锪钻规格　　　　　　　　mm

直柄锥面锪钻

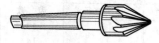

锥柄锥面锪钻

直柄锥面锪钻（GB/T 4258—2004）						
公称尺寸 d_1	小端直径 d_2	总长 l_1		钻体长 l_2		柄部直径 d_3
		$\alpha = 60°$	$\alpha = 90°$或 120°	$\alpha = 60°$	$\alpha = 90°$或 120°	h9
8	1.6	48	44	16	12	8
10	2	50	46	18	14	8
12.5	2.5	52	48	20	16	8
16	3.2	60	56	24	20	10
20	4	64	60	28	24	10
25	7	69	65	33	29	10
锥柄锥面锪钻（GB/T 1143—2004）						
公称尺寸 d_1	小端直径 d_2	总长 l_1		钻体长 l_2		莫氏锥柄号
		$\alpha = 60°$	$\alpha = 90°$或 120°	$\alpha = 60°$	$\alpha = 90°$或 120°	
16	3.2	97	93	24	20	1
20	4	120	116	28	24	2
25	7	125	121	33	29	2
31.5	9	132	124	40	32	2
40	12.5	160	150	45	35	3
50	16	165	153	50	38	3
63	20	200	185	58	43	4
80	25	215	196	73	54	4

18.2.8　开孔钻

开孔钻适用于用小于 3mm 的薄钢板、有色金属板、非金属板等制成的工件的大孔钻削加工。可以夹持在机床或电动工具中使用。开孔钻规格见表 18-21。

表 18-21 开孔钻规格   mm

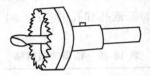

直　径	钻头直径	齿　数	直　径	钻头直径	齿　数
13		13	38		29
14		14	40		30
15		14	42		31
16		15	45		34
17		15	48		35
18		16	50		36
19		17	52		38
20		17	55		39
21		18	58		40
22	6	18	60	6	42
24		19	65		46
25		20	70		49
26		20	75		53
28		21	80		56
30		22	85		59
32		24	90		62
34		26	95		64
35		27	100		67

18.2.9　冲击钻头

　　冲击钻头装于冲击钻的钻夹头上，在混凝土、砖石、金属材料上钻孔。冲击钻头规格见表 18-22。

表 18-22 冲击钻头规格   mm

直　径	总　长	刃　长	直　径	总　长	刃　长
5	85	50	12	150	90
6	100	60	16	160	100
8	120	80	19	160	100
10	120	80			

注：有直六方柄、直四方柄、直圆柱柄等结构。

18.2.10　电锤钻头

电锤钻头装于电锤钻上，用来在混凝土结构上进行凿孔、开槽、打毛作业。电锤钻头规格见表 18-23。

表 18-23　电锤钻头规格　　　　mm

结　　构	直　　径	总　　长
实心直花键柄	3～38	250～550
实心斜花键柄	16～26	260～550
实心六方柄	12～26	200～500
实心双键尾柄	5～15	110～400
实心圆锥柄	6～13	110～260
实心圆柱柄	6～20	110～400
十字形直花键柄	30～80	220～450
十字形斜花键柄	30～80	220～450
十字形六方柄	30～80	220～450
筒形直花键柄	40～125	300～660
筒形斜花键柄	40～125	290～640
筒形六方柄	40～125	300～660

18.3　铰削工具

18.3.1　直柄手用铰刀

直柄手用铰刀用于手工铰削各种圆柱配合孔。直柄手用铰刀规格见表 18-24。

表 18-24　直柄手用铰刀规格（GB/T 1131.1—2004）　mm

直径	总长	直径	总长	直径	总长	直径	总长
1.6	44	4.5	81	12.0	152	36.0	284
1.8	47	5.0	87	14.0	163	40.0	305
2.0	50	5.5	93	16.0	175	45.0	326
2.2	54	6.0	93	18.0	188	50.0	347
2.5	58	7.0	107	20.0	201	56.0	367
2.8	62	8.0	115	22.0	215	63.0	387
3.0	62	9.0	124	25.0	231	71.0	406
3.5	71	10.0	133	28.0	247		
4.0	76	11.0	142	32.0	265		

注：1. 铰刀精度分 H7、H8、H9 三个等级。
　　2. 铰刀齿数可分为 4、6、8、10、12。

18.3.2 可调节手用铰刀

可调节手用铰刀适用于钳工修配时手工铰削工件的配合用通孔。可调节手用铰刀规格见表 18-25。

表 18-25 可调节手用铰刀规格 (JB/T 3869—1999)   mm

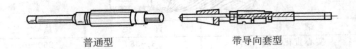

普通型   带导向套型

铰刀类型	调节范围	刀片长度	总长	调节范围	刀片长度	总长
普通型	≥6.5~7.0	35	85	>19~21	60	180
	>7.0~7.75		90	>21~23	65	195
	>7.75~8.5	38	100	>23~26	72	215
	>8.5~9.25		105	>26~29.5	80	240
	>9.25~10		115	>29.5~33.5	85	270
	>10~10.75		125	>33.5~38	95	310
	>10.75~11.75		130	>38~44	105	350
	>11.75~12.75	44	135	>44~54	120	400
	>12.75~13.75	48	145	>54~68		460
	>13.75~15.25	52	150	>68~84	135	510
	>15.25~17	55	165	>84~100	140	570
	>17~19	60	170			
带导向套型	≥15.25~17	55	245	>29.5~33.5	85	420
	>17~19	60	260	>33.5~38	95	440
	>19~21	60	300	>38~44	105	490
	>21~23	65	340	>44~54	120	540
	>23~26	72	370	>54~68		550
	>26~29.5	80	400			

18.3.3 机用铰刀

机用铰刀装于机床上铰削各种圆柱配合孔。机用铰刀规格见表 18-26。

表 18-26 机用铰刀规格　　　　　　　mm

| 直柄 | | 锥柄 |

种　类		直　径
直柄	高速钢铰刀（GB/T 1132—2017）	1.4,(1.5),1.6,1.8,2.0,2.2,2.5,2.8, 3.0,3.2,3.5,4.0,4.5,5.0,5.5,6.0,7.0, 8.0,9.0,10.0,11.0,12.0,(13.0),14.0,(15. 0),16.0,(17.0),18.0,(19.0),20.0
	硬质合金铰刀（GB/T 4251—2008）	6,7,8,9,10,11,12,14,16,18,20
锥柄	高速钢铰刀（GB/T 1132—2017）	5.5,6,7,8,9,10,11,12,(13),14,16,(17), 18,(19),20,22,(24),25,(26),28,(30),32, (34),(35),36,40,(42),(44),45,(46), (48),50
	硬质合金铰刀（GB/T 4251—2008）	8,9,10,11,12,14,16,18,20,21,22,23, 24,25,28,32,36,40

注：括号内尺寸尽量不采用。

18.3.4 莫氏圆锥和米制圆锥铰刀

莫氏圆锥和米制圆锥铰刀在车、钻、镗床上铰削莫氏锥孔用。莫氏圆锥和米制圆锥铰刀规格见表 18-27。

表 18-27　莫氏圆锥和米制圆锥铰刀规格（GB/T 1139—2017）

　　　　　　　　　　　　　　　　　　　　　mm

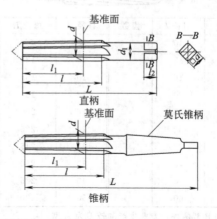

续表

代 号		直径 d	直柄总长 L	锥 柄	
				总长 L	莫氏锥柄号
米制	4	4.000	48	106	1
	6	6.000	63	116	1
莫氏	0	9.045	93	137	1
	1	12.065	102	142	1
	2	17.780	121	173	2
	3	23.825	146	212	3
	4	31.267	179	263	4
	5	44.399	222	331	5
	6	63.348	300	389	5

18.3.5 1∶50 锥度销子铰刀

锥度销子铰刀的有关内容见表 18-28～表 18-30。

表 18-28 手用 1∶50 锥度销子铰刀规格（JB/T 7956.2—1999）mm

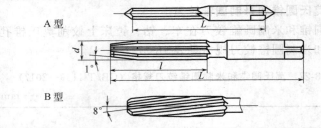

直径 d	总长 L	刃长 l	齿数	直径 d	总长 L	刃长 l	齿数
0.6	35	10		6	95	70	4
0.8	35	12		8	125	95	
1.0	40	16		10	155	120	6
1.2	45	20		12	180	140	
1.5	50	25	4	16	200	160	
2.0	60	32		20	225	180	8
2.5	65	36		25	245	190	
3	65	40		30	250	190	
4	75	50		40	285	215	10
5	85	60		50	300	220	

注：分为 A 型和 B 型两种，专业生产的铰刀为 A 型。

表 18-29　手用长刃 1∶50 锥度销子铰刀规格（JB/T 7956.2—1999）

mm

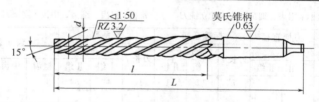

直径 d	总长 L	刃长 l	齿数	直径 d	总长 L	刃长 l	齿数
0.6	38	20		6	135	105	4
0.8	42	24		8	180	145	
1.0	46	28		10	215	175	6
1.2	50	32		12	255	210	
1.5	57	37		16	280	230	
2.0	68	48	4	20	310	250	
2.5	68	48		25	370	300	8
3.0	80	58		30	400	320	
4	93	68		40	430	340	10
5	100	73		50	460	360	

表 18-30　机用 1∶50 锥度销子铰刀规格（JB/T 7956.3—1999）mm

直径 d	总长 L	刃长 l	齿数	直径 d	总长 L	刃长 l	齿数
5	155	73	4	20	377	250	8
6	187	105	4	25	427	300	8
8	227	145	6	30	475	320	8
10	257	175	6	40	495	340	10
12	315	210	6	50	550	360	10
16	335	230	6				

18.3.6　锥柄 1∶16 圆锥管螺纹锥孔铰刀

锥柄 1∶16 圆锥管螺纹锥孔铰刀用于铰削 1∶16 的英制圆锥形管螺纹加工前的孔。锥柄 1∶16 圆锥管螺纹锥孔铰刀规格见表 18-31。

表 18-31　锥柄 1∶16 圆锥管螺纹锥孔铰刀规格（QJ 380—1989）

规格/in	1/16	1/8	1/4	3/8	1/2	3/4	1	1¼	1½	2
总长/mm	95	100	105	125	130	150	160	190	220	220
切削刃长度/mm	20	24	28	30	35	40	45	48	50	55
莫氏锥柄号数	1		2			3		4		5

18.4　铣刀类

18.4.1　直柄立铣刀

粗齿立铣刀用于工件的平面、凹槽和台阶的粗铣加工，细齿立铣刀用于精铣加工，中齿用于半精加工。直柄立铣刀规格见表 18-32。

表 18-32　直柄立铣刀规格（GB/T 6117.1—2010）　　　mm

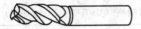

直柄（粗齿、细齿、中齿）立铣刀

锥柄（粗齿、细齿、中齿）立铣刀

直径 d	刀柄直径 d_1 Ⅰ组	Ⅱ组	标准系列 刃长 l	全长 $L^{②}$ Ⅰ组	Ⅱ组	长系列 刃长 l	全长 $L^{②}$ Ⅰ组	Ⅱ组	粗齿	中齿	细齿
2	$4^{①}$	6	7	39	51	10	42	54			
2.5	—		8	40	52	12	44	56			
3											
—	3.5		10	42	54	15	47	59			
4			11	43	55	19	51	63			
5	$5^{①}$	6		45	55		53	63			
6			13	47	57	24	58	68			
—	6			57			68		3	4	
8	7 / 8	10	16	60	66	30	74	80			
			19	63	69	38	82	88			
—	10		19	69		38		88			
10	9 / 10		22	72		45	95				5
—	12			79			102				
12	11 / 12		26	83		53	110				
16	14 / 16	16	32	91		63	123				6

直径 d (I组)	直径 d (II组)	刀柄直径 d₁ I组	刀柄直径 d₁ II组	标准系列 刃长 l	标准系列 全长 L[②] I组	标准系列 全长 L[②] II组	长系列 刃长 l	长系列 全长 L[②] I组	长系列 全长 L[②] II组	粗齿	中齿	细齿
20	18	20		38	104		75	141		3	4	6
25	22	25		45	121		90	166				
32	36	32		53	133		106	186		4	6	8
40	45	40		63	155		125	217				
50	—	50		75	177		150	252				
—	56											
63	—	50	63	90	192	202	180	282	292	6	8	10
—	71		63			202			292			

① 只适用于普通直柄。
② 总长尺寸的Ⅰ组和Ⅱ组分别与柄部直径的Ⅰ组和Ⅱ组相对应。

18.4.2　莫氏锥柄立铣刀

莫氏锥柄立铣刀用于铣削工件的垂直台阶面、沟槽和凹槽。其规格见表18-33。

表18-33　莫氏锥柄立铣刀（GB/T 6117.2—1996）　mm

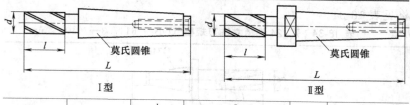

Ⅰ型　　　　Ⅱ型

直径 d >	直径 d ≤	推荐直径 d	推荐直径 d	l 标准系列	l 长系列	L 标准系列 Ⅰ型	L 标准系列 Ⅱ型	L 长系列 Ⅰ型	L 长系列 Ⅱ型	莫氏圆锥号	粗齿	中齿	细齿
5	6	6	—	13	24	83	—	94	—	1	3	4	—
6	7.5	—	7	16	30	86	—	100	—				
7.5	9.5	8	—	19	38	89	—	108	—	1	3	4	
		—	9										
9.5	11.8	10	11	22	45	92	—	115	—				5
11.8	15	12	14	26	53	96	111	123	138				
15	19	16	18	32	63	117	—	148	—	2	3	4	
19	23.6	20	22	38	75	123	140	160	177	2／3			6

续表

直径 d >	直径 d ≤	推荐直径 d		l 标准系列	l 长系列	L 标准系列 I 型	L 标准系列 II 型	L 长系列 I 型	L 长系列 II 型	莫氏圆锥号	齿数 粗齿	齿数 中齿	齿数 细齿
23.6	30	24 25	28	45	90	147	—	192	—	3	3	4	6
30	37.5	32	36	53	106	155		208					
						178	201	231	254	4	4	6	8
37.5	47.5	40	45	63	125	188	211	250	273	4			
						221	249	283	311	5			
47.5	60	50	—	75	150	200	223	275	298	4			
						233	261	308	336	5			
		—	56			200	223	275	208	4	6	8	10
						233	261	308	336	5			
60	75	63	71	90	180	248	276	338	366				

注：莫氏锥柄立铣刀直径 d 的公差为 js14，刃长 l 和总长 L 的公差为 js18。

18.4.3　7∶24 锥柄立铣刀

7∶24 锥柄立铣刀用于铣削工件的台阶面、平面和凹槽。其规格见表 18-34。

表 18-34　7∶24 锥柄立铣刀规格（GB/T 6117.3—2010）　mm

直径 d >	直径 d ≤	推荐直径 d		l 标准系列	l 长系列	L 标准系列	L 长系列	7∶24 圆锥号	齿数 粗齿	齿数 中齿	齿数 细齿
23.6	30	25	28	45	90	150	195	30	3	4	6
30	37.5	32	36	53	106	158	211	30			
						188	241	40			
						208	261	45			
37.5	47.5	40	45	63	126	198	260	40	4	6	8
						218	280	45			
						240	302	50			
47.5	60	50	—	75	150	210	285	40			
						230	305	45			
						252	327	50			

续表

直径 d		推荐直径	l		L		7∶24	齿数		
>	≤	d	标准系列	长系列	标准系列	长系列	圆锥号	粗齿	中齿	细齿
47.5	60	—	56	75	150	210 230 252	285 305 327	40 45 50			
60	75	63	71	90	180	245 267	335 357	45 50	6	8	10
75	95	80	—	106	212	283	389	50			

注：莫氏锥柄立铣刀直径 d 的公差为 js14，刃长 l 和总长 L 的公差为 js18。

18.4.4 套式立铣刀

套式立铣刀用于铣削工件的平面或端面。其规格见表 18-35。

表 18-35 套式立铣刀规格（GB/T 1114.1—1998）　mm

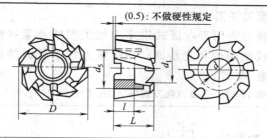

(0.5)：不做硬性规定

D		L		l		d		d_1	d_5
基本尺寸	极限偏差 js16	基本尺寸	极限偏差 k16	基本尺寸	极限偏差	基本尺寸	极限偏差 H7	min	min
40	±0.80	32	+1.6 0	18	+1 0	16	+0.0180[①]	23	33
50		36		20		22		30	41
63	±0.95	40		22		27	+0.0210 0	38	49
80		45							
100	±1.10	50		25		32		45	59
125	±1.25	56		28		40	+0.0250 0	56	71
160		63	+1.9	31		50		67	91

① 下偏差为 0。

18.4.5 圆柱形铣刀

用于卧式铣床上加工平面，其规格见表 18-36。刀齿分布在铣刀的圆周上，按齿形分为直齿和螺旋齿两种，按齿数分粗齿和细齿两种。螺旋齿粗齿铣刀齿数少，刀齿强度高，容屑空间大，适用于粗加工；细齿铣刀适用于精加工。

表 18-36　圆柱形铣刀规格（GB/T 1115—2002）　　　mm

直　径	总　长	内　孔	齿　数
50	40,63,80	22	8
63	50,70	27	10
80	63,100	32	12
100	63,125	40	14

18.4.6　三面刃铣刀

三面刃铣刀适用于在卧式铣床上加工凹槽及某些侧平面。直齿铣刀加工较浅的槽和光洁面；错齿铣刀加工较深的槽。三面刃铣刀规格见表 18-37。

表 18-37　三面刃铣刀规格（GB/T 6119.1—1996）

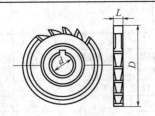
直齿三面刃铣刀

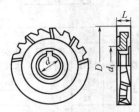
错齿三面刃铣刀

直齿三面刃铣刀								
直径 D /mm	宽度 L /mm	内孔 d /mm	齿数 z Ⅰ	齿数 z Ⅱ	直径 D /mm	宽度 L /mm	内孔 d /mm	齿数 z Ⅰ	齿数 z Ⅱ
50	4 5 6 7 8 10	18	14	12	63	4 5 6 7 8 10	22	16	14

直齿三面刃铣刀

直径 D /mm	宽度 L /mm	内孔 d /mm	齿数 z		直径 D /mm	宽度 L /mm	内孔 d /mm	齿数 z	
			I	II				I	II
63	12	22	16	14	125	16	32	22	20
	14					18			
	16					20			
80	5	27	18	16		22			
	6					25			
	7					28			
	8				160	10	40	26	24
	10					12			
	12					14			
	14					16			
	16					18			
	18					20			
	20					22			
100	6	32	20	18		25			
	7					28			
	8					32			
	10				200	12		30	28
	12					14			
	14					16			
	16					18			
	18					20			
	20					22			
	22					25			
	25					28			
125	8	32	22	20		32			
	10					36			
	12					40			
	14								

续表

错齿三面刃铣刀

直径 D/mm	宽度 L/mm	内孔 d/mm	齿数 z	直径 D/mm	宽度 L/mm	内孔 d/mm	齿数 z
50	4	16	12	125	8	32	20
	5				10		
	6				12		
	8				14		
	10				16		
63	4	22	14		18		18
	5				20		
	6				22		
	8				25		
	10				28		
	12		12	160	10	40	24
	14				12		
	16				14		
80	5	27	16		16		
	6				18		
	8				20		
	10				22		22
	12				25		
	14				28		
	16		14		32		
	18			200	12	40	28
	20				14		
100	6	32	18		16		
	8				18		
	10				20		
	12				22		26
	14				25		
	16		16		28		
	18				32		
	20				36		
	22				40		
	25						

注：按齿形分为Ⅰ型、Ⅱ型；按精度分为普通级、精密级。

18.4.7 锯片铣刀

锯片铣刀用于锯切金属材料或加工零件上的窄槽。分为粗齿、中齿、细齿。粗齿锯片铣刀齿数 $16\sim40$，一般加工铝及铝合金等软金属；细齿锯片铣刀齿数 $32\sim200$，加工钢、铸铁等硬金属；中齿锯片铣刀齿数 $20\sim100$。锯片铣刀规格见表 18-38。

表 18-38 锯片铣刀的规格（GB/T 6120—2012） mm

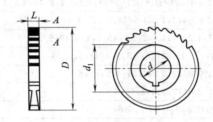

直径	孔径	厚度/齿数
		细齿锯片铣刀
20	5	0.2/80;0.25,0.3,0.4/64;0.5,0.6,0.8/48;1,1.2,1.6/40;2/32
25		0.2,0.25,0.3/80;0.4,0.5,0.6/64;0.8,1,1.2/48;1.6,2,2.5/40
32	8	0.2,0.25/100;0.3,0.4,0.5/80;0.6,0.8,1/64;1.2,1.6,2/48;2.5,3/40
40	10 (13)	0.2/128;0.25,0.3,0.4/100;0.5,0.6,0.8/80;1,1.2,1.6/64;2,2.5,3/48;4/40
50	13	0.25,0.3/128;0.4,0.5,0.6/100;0.8,1,1.2/80;1.6,2,2.5/64;3,4,5/48
63	16	0.3,0.4,0.5/128;0.6,0.8,1/100;1.2,1.6,2/80;2.5,3,4/60;5,6/48
80	22	0.5,0.6,0.8/128;1,1.2,1.6/100;2,2.5,3/80;4,5,6/64
100	22 (27)	0.6/160;0.8,1,1.2/128;1.6,2,2.5/100;3,4,5/80;6/64
125		0.8,1/160;1.2,1.6,2/128;2.5,3,4/100;5,6/80
160		1.2,1.6/160;2,2.5,3/128;4,5,6/100
200	32	1.6,2,2.5/60;3,4,5/138;6/100
250		2/200;2.5,3,4/160;5,6/128
315	40	2.5,3/200;4,5,6/160

直径	孔径	厚度/齿数		
		中齿锯片铣刀		
32	8	0.3,0.4,0.5/40;0.6,0.8,1/32;1.2,1.6,2/21;2.5,3/20		
40	10 (13)	0.3,0.4/48;0.5,0.6,0.8/40;1,1.2,1.6/32;2,2.5,3/24;4/20		
50	13	0.3/64;0.4,0.5,0.6/48;0.8,1,1.2/40;1.6,2,2.5/32;3,4,5/24		
63	16	0.3,0.4,0.5/64;0.6,0.8,1/48;1.2,1.6,2/40;2.5,3,4/32;5,6/24		
80	22	0.6,0.8/64;1,1.2,1.6/48;2,2.5,3/40;4,5,6/32		
100	22 (27)	0.8,1,1.2/64;1.6,2,2.5/48;3,4,5/40;6/32		
125		1/80;1.2,1.6,2/64;2.5,3,4/48;5,6/40		
160		1.2,1.6/80;2,2.5,3/64;4,5,6/48		
200	32	1.6,2,2.5/80;3,4,5/64;6/48		
250		2/100;2.5,3,4/80;5,6/64		
315	40	2.5,3/100;4,5,6/80		
		粗齿锯片铣刀		
50	13	0.8,1,1.2/24;1.6,2,2.5/20;3,4,5/16		
63	16	0.8,1/32;1.2,1.6,2/24;2.5,3,4/20;5,6/16		
80	22	0.8/40;1,1.2,1.6/32;2,2.5,3/24;4,5,6/20		
100	22 (27)	0.8,1,1.2/40;1.6,2,2.5/32;3,4,5/24;6/20		
125		1/48;1.2,1.6,2/40;2.5,3,4,4/32;5,6/24		
160	23	1.2,1.6/48;2,2.5,3/40;4,5,6/32		
200	32	1.6,2,2.5/48;3,4,5/40;6/32		
250		2/64;2.5,3,4/48;5,6/40		
315	40	2.5,3/64;4,5,6/48		

注：（ ）内的数值尽量不采用。

18.4.8 键槽铣刀

键槽铣刀按其柄部型式，可分直柄键槽铣刀和莫氏锥柄键槽铣刀两种。直柄键槽铣刀又分普通直柄键槽铣刀、削平直柄键槽铣刀，2°斜削平直柄键槽铣刀和螺纹柄键槽铣刀。按其长度不同可分为短系列、标准系列和推荐系列。莫氏锥柄键槽铣刀分Ⅰ型和Ⅱ型。表 18-39 和表 18-40 分别是直柄键槽铣刀和莫氏锥柄键槽铣刀的型式和尺寸。

表 18-39　直柄键槽铣刀的尺寸（GB/T 1112—2012）　mm

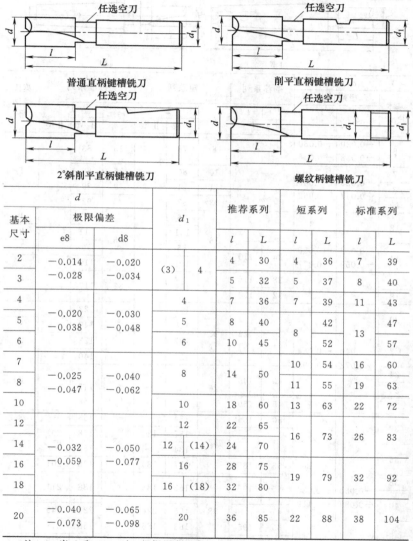

普通直柄键槽铣刀　　　　削平直柄键槽铣刀

2°斜削平直柄键槽铣刀　　　　螺纹柄键槽铣刀

基本尺寸	d 极限偏差		d_1	推荐系列		短系列		标准系列	
	e8	d8		l	L	l	L	l	L
2	−0.014	−0.020	(3) 4	4	30	4	36	7	39
3	−0.028	−0.034		5	32	5	37	8	40
4			4	7	36	7	39	11	43
5	−0.020	−0.030	5	8	40	8	42	13	47
6	−0.038	−0.048	6	10	45		52		57
7			8	14	50	10	54	16	60
8	−0.025	−0.040				11	55	19	63
10	−0.047	−0.062	10	18	60	13	63	22	72
12			12	22	65	16	73	26	83
14	−0.032	−0.050	12 (14)	24	70				
16	−0.059	−0.077	16	28	75	19	79	32	92
18			16 (18)	32	80				
20	−0.040	−0.065	20	36	85	22	88	38	104
	−0.073	−0.098							

注：1. 当 $d \leqslant 14$mm 时，根据用户要求，e8 级的普通直柄键槽铣刀柄部直径偏差允许按圆周刃部直径的偏差制造，并需在标记和标志上予以注明。

2. 铣刀的刃长 l 和总长 L 的公差为 js18。

表 18-40　莫氏锥柄键槽铣刀的尺寸（GB/T 1112—2012）　mm

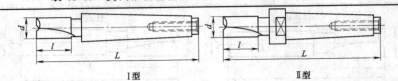

Ⅰ型　　　　　　　Ⅱ型

d 基本尺寸	极限偏差 e8	极限偏差 d8	推荐系列 l（Ⅰ型）	推荐系列 L（Ⅰ型）	短系列 l	短系列 L Ⅰ型	短系列 L Ⅱ型	标准系列 l	标准系列 L Ⅰ型	标准系列 L Ⅱ型	莫氏锥柄号
6	−0.020 −0.038	−0.030 −0.048	—		8	78		13	83		1
7	−0.025 −0.047	−0.040 −0.062	—		10	80		16	86		1
8					11	81		19	89		
10					13	83		22	92		
12	−0.032 −0.059	−0.050 −0.077	—		16	86		26	96		1
						101			111		2
14			24	110	16	86		26	96		1
						101			111		2
16			28	115	19	104		32	117		2
18			32	120							
20			36	125	22	107		38	123		2
						124			140		3
22	−0.040 −0.073	−0.064 −0.098	36	125		107			123		2
						124			140		
24			40	145	26	128		45	147		3
25			40	145							
28			45	150							
32			50	155	32	134	—	53	155	—	3
						157	180		178	201	4
36			55	185		134	—		155	—	3
						157	180		178	201	4
38	−0.050 −0.089	−0.080 −0.119	60	190		163	186		188	211	4
					38	196	224	63	221	249	5
40			—			163	186		188	211	4
45			65	195		196	224		221	249	5
50			65	195	45	170	193	75	200	223	4
			—			203	231		233	261	5

续表

基本尺寸	d 极限偏差 e8	d 极限偏差 d8	推荐系列 l I型	推荐系列 L I型	短系列 l	短系列 L I型	短系列 L II型	标准系列 l	标准系列 L I型	标准系列 L II型	莫氏锥柄号
56	−0.060 −0.106	−0.100 −0.146	—	—	45	170	193	75	200	223	4
						203	231	90	233	261	5
63					53	211	239		248	276	

18.4.9 切口铣刀

切口铣刀适用于铣削窄槽。切口铣刀规格见表 18-41。

表 18-41 切口铣刀规格　　mm

直径	厚度	内孔	齿数 细齿	齿数 粗齿
40	0.25,0.3,0.4,0.5,0.6,0.8,1	13	90	72
60	0.4,0.5,0.6,0.8,1,1.2,1.6,2,2.5	16	72	60
75	0.6,0.8,1,1.2,1.6,2,2.5,3,4,5	22	72	60

18.4.10 半圆铣刀

凸半圆铣刀用于切削半圆槽；凹半圆铣刀用于切削凸半圆形工件。半圆铣刀规格见表 18-42。

表 18-42 半圆铣刀规格 （GB/T 1124.1～2—2007）　　mm

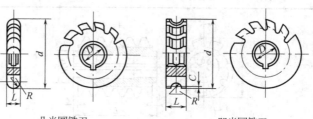

凸半圆铣刀　　　　　　　凹半圆铣刀

续表

半 圆 半 径	外 径	内 孔	厚 度	
			凸 半 圆	凹 半 圆
1			2	6
1.25	50	16	2.5	6
1.6			3.2	8
2			4	9
2.5			5	10
3	63	22	6	12
4			8	16
5			10	20
6	80	27	12	24
8			16	32
10	100		20	36
12		32	24	40
16	125		32	50
20			40	60

18.5 齿轮刀具

18.5.1 齿轮滚刀

齿轮滚刀用于滚制直齿或斜齿渐开线圆柱齿轮。小模数齿轮滚刀、齿轮滚刀、镶片齿轮滚刀分别用于加工模数为 0.1～1mm、1～10mm、10～40mm，基准齿形角为 20°的渐开线圆柱齿轮。剃前齿轮滚刀作剃前加工，加工基准齿形角为 20°的不变位圆柱齿轮。磨前齿轮滚刀用于需磨齿的齿轮在磨齿前滚齿，分为整体式与镶刀片式。其种类有小模数齿轮滚刀、普通齿轮滚刀及磨齿前与剃齿前滚刀等，后两者用于齿轮精加工。齿轮滚刀规格见表 18-43。

表 18-43 齿轮滚刀规格（GB/T 6083—2016）

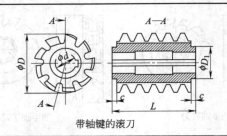

带轴键的滚刀

续表

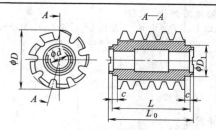

带端键的滚刀

小孔径单头齿轮滚刀的尺寸

类型②	模数 m 系列 I	模数 m 系列 II	轴台直径 D_1 /mm	外径 D① /mm	孔径 d② /mm	参考 总长 L① /mm	总长 $L_0$① /mm	最小轴台长度 c /mm	常用容屑槽数量
1	0.5	—		24	8	10		1	12
	—	0.55							
	0.6	—							
	—	0.7							
	—	0.75							
	0.8	—				12			
	—	0.9							
	1.0	—							
2	0.5	—	由制造商自行定制	32	10	20	30	2	10
	—	0.55							
	0.6	—							
	—	0.7							
	—	0.75							
	0.8	—							
	—	0.9							
	1.0	—							
	—	1.125							
	1.25	—		40		25	35		
	—	1.375							
	1.50	—							
	—	1.75				30	40		
	2.0	—							
3	0.5	—		32	13	20	30		12
	—	0.55							
	0.6	—							

类型②	模数 m 系列		轴台直径 D_1 /mm	外径 D① /mm	孔径 d② /mm	参　考			
	Ⅰ	Ⅱ				总长 L① /mm	总长 $L_。$① /mm	最小轴台长度 c /mm	常用容屑槽数量
3	—	0.7	由制造商自行定制	32	13	20	30	2	12
	—	0.75							
	0.8	—							
	—	0.9							
	1.0	—							
	—	1.125							
	1.25	—		40		25	35		10
	—	1.375							
	1.5	—							
	—	1.75				30	40		
	2.0	—							

① 外径 D 公差、总长度 L 或 $L_。$ 公差按 GB/T 1804 应为粗糙级。

② 类型是基于孔径划分的。

注：根据用户需要可以不做键槽。

18.5.2　直齿插齿刀、小模数直齿插齿刀

　　直齿插齿刀有小模数的和普通式两类，分别插制模数 0.1～1mm 及 1～12mm、基准齿形角为 20°的直齿圆柱齿轮。插齿刀分为三种型式和三种精度等级：Ⅰ型——盘形直齿插齿刀，精度等级分为 AA、A、B 三种；Ⅱ型——碗形直齿插齿刀，精度等级分为 AA、A、B 三种；Ⅲ型——锥柄直齿插齿刀，精度等级分为 A、B 两种。盘形的插削渐开线圆柱齿轮。碗形的适合于插削塔形、多联或带凸肩的齿轮。锥柄插齿刀适合于加工内啮合齿轮。直齿插齿刀、小模数直齿插齿刀规格分别见表 18-44 和表 18-45。

表 18-44　直齿插齿刀规格（GB/T 6081—2001）

 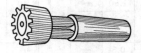

　　　Ⅰ型—盘形　　　　　Ⅱ型—碗形　　　　　Ⅲ型—锥柄形

续表

型式	精度等级	公称分度圆直径/mm	模数/mm	齿数 z	模数/mm	齿数 z
Ⅰ型盘形	AA，A，B	75，100，125，160，200	1	76，100	4.0	19，22，31
			1.25	60，80	4.5	22，28
			1.5	50，68	5.0	20，25
			1.75	43，58	5.5	19，23
			2	38，50	6.0	18，21，27
			2.25	34，45	6.5	19，25
			2.5	30，40	7.0	18，23
			2.75	28，36	8.0	16，20，25
			3.0	22，34	9.0	18，22
			3.25	24，31	10	16，20
			3.5	22，29	11	18
			3.75	20，27	12	17
Ⅱ型碗形	AA，A，B	50，75，100，125	1	50，76，100	5.0	20
			1.25	40，60，80	5.5	19
			1.5	34，50，68	6.0	18
			1.75	29，43，58	6.5	19
			2.0	25，38，50	2.75	18，28，36
			2.25	22，34，45	3.0	17，25，34
			2.5	20，30，40	3.25	15，24，31
			3.75	20，27	3.5	14，22，29
			4.0	19，25，31	7.0	18
			4.5	22	8.0	16
Ⅲ型锥柄形	A，B	25，38	1.0	26，38	2.5	10，15
			1.25	20，30	2.75	10，14
			1.5	18，25	3	12
			1.75	15，22	3.25	12
			2.0	13，19	3.5	11
			2.25	12，16	3.75	10

表 18-45　小模数直齿插齿刀规格（JB/T 3095—2006）

型式	精度等级	公称分度圆直径/mm	模数/mm	齿数 z	模数/mm	齿数 z
Ⅰ型盘形	AA，A，B	40，63	0.20	199	0.60	66，105
			0.25	159	0.70	56，90
			0.30	131，209	0.80	50，80
			0.35	113，181	0.90	44，72
			0.40	99，159		
			0.50	80，126		

型式	精度等级	公称分度圆直径/mm	模数/mm	齿数 z	模数/mm	齿数 z
Ⅱ型碗形	AA,A,B	63	0.30	209	0.70	90
			0.35	181	0.80	80
			0.40	159	0.90	72
			0.50	126		
			0.60	105		
Ⅲ型锥柄形	A,B	25	0.10	249	0.40	63
			0.12	207	0.50	50
			0.15	165	0.60	40
			0.20	125	0.70	36
			0.25	99	0.80	32
			0.30	83	0.90	28
			0.35	71		

18.5.3 盘形剃齿刀

盘形剃齿刀用于剃削模数为 1～8mm、基准齿形角为 20° 的标准圆柱齿轮。盘形剃齿刀规格见表 18-46。

表 18-46 盘形剃齿刀规格 （GB/T 14333—2008）

公称分度圆直径/mm	85	180	240
模数范围/mm	1～1.5	1.25～6.0	2.0～8.0
螺旋角/(°)	10	5,15	5,15

注：1. 模数系列有：1，1.25，1.5，1.75，2.0，2.25，2.5，2.75，3.0，3.25，3.5，3.75，4.0，4.5，5.0，5.5，6.0，6.5，7.0，8.0（mm）。模数 1 为保留规格。
2. 每种剃齿刀精度分为 A 级和 B 级两种。

18.6 螺纹加工工具

18.6.1 机用和手用丝锥

机用和手用丝锥供加工螺母或其他机件上的普通螺纹内螺纹用（即攻螺纹）。机用丝锥通常是指高速钢磨牙丝锥，适用于在机床上攻螺纹；手用丝锥是指碳素工具钢或合金工具钢滚牙（或切牙）丝锥，适用于手工攻螺纹。但在生产中，两者也可互换使用。机用和手用丝锥规格见表 18-47。

表 18-47 机用和手用丝锥规格（GB/T 3464.1—2007） mm

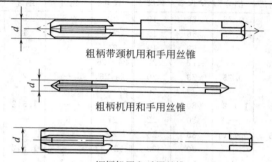

粗柄带颈机用和手用丝锥

粗柄机用和手用丝锥

细柄机用和手用丝锥

粗柄丝锥

公称直径 d	螺距 粗牙	螺距 细牙	丝锥全长 L	螺纹长度 l	公称直径 d	螺距 粗牙	螺距 细牙	丝锥全长 L	螺纹长度 l
1	0.25	0.2	38.5	5.5	1.8	0.35	0.2	41	8
1.1	0.25	0.2	38.5	5.5	2	0.4	0.25	41	8
1.2	0.25	0.2	38.5	5.5	2.2	0.45	0.25	44.5	9.5
1.4	0.3	0.2	40	7	2.5	0.45	0.35	44.5	9.5
1.6	0.35	0.2	41	8					

粗柄带颈丝锥

公称直径 d	螺距 粗牙	螺距 细牙	丝锥全长 L	螺纹长度 l	公称直径 d	螺距 粗牙	螺距 细牙	丝锥全长 L	螺纹长度 l
3	0.5	0.35	48	11	(7)	1	0.75	66	19
3.5	(0.6)	0.35	50	13	8,(9)	—	0.75	66	19
4	0.7	0.5	53	13	8,(9)		1	69	19
4.5	(0.75)	0.5	53	13	8,(9)	1.25	—	72	22
5	0.8	0.5	58	16	10		0.75	73	20
(5.5)	—	0.5	62	17	10		1,1.25	76	20
6	1	0.75	66	19	10	1.5	—	80	24

细柄丝锥（部分）

公称直径 d	螺距 粗牙	螺距 细牙	丝锥全长 L	螺纹长度 l	公称直径 d	螺距 粗牙	螺距 细牙	丝锥全长 L	螺纹长度 l
3	0.5	0.35	48	11	4.5	(0.75)	0.5	53	13
3.5	(0.6)	0.35	50	13	5	0.8	0.5	58	16
4	0.7	0.5	53	13	(5.5)	—	0.5	62	17

细柄丝锥（部分）

公称直径 d	螺距		丝锥全长 L	螺纹长度 l	公称直径 d	螺距		丝锥全长 L	螺纹长度 l
	粗牙	细牙				粗牙	细牙		
6,(7)	1	0.75	66	19	22	2.5	2	118	38
8,(9)	—	0.75	66	19	24	—	1	114	24
8,(9)	—	1	69	19	24	3	—	130	45
8,(9)	1.25	—	72	22	24~26	—	1.5	120	35
10	—	0.75	73	20	24,25	—	2	120	35
10	—	—	76	20	27~30	—	1	120	25
10	1.5	1,1.25	80	24	27~30	—	1.5,2	127	37
(11)	—	—	80	22	27	3	—	135	45
(11)	1.5	0.75,1	85	25	30	3.5	3	138	48
12	—	—	80	22	(32),33	—	1.5,2	137	37
12	—	1	84	24	33	3.5	3	151	51
12	1.75	1.25	89	29	(35),36	—	1.5	144	39
14	—	1.5	87	22	36	—	2	144	39
14	—	1	90	25	36	4	3	162	57
14	2	1.25	95	30	38	—	1.5	149	39
(15)	—	1.5	95	30	39~42	—	1.5,2	149	39
16	—	1.5	92	22	39	4	3	170	60
16	2	1	102	32	(40)	—	3	170	60
(17)	—	1.5	102	32	42	4.5	3,(4)	170	60
18	—	1.5	97	22	45~(50)	—	1.5,2	165	45
18,20	—	1	104	29	45	4.5	3,(4)	187	67
18,20	2.5	1.5	112	37	48	5	3,(4)	185	67
20	—	1	102	22	(50)	—	3	185	67
22	—	1.5	109	24	52~56	—	1.5,2	175	45
22	—	1.5	113	33	52	—	3,4	200	70

注：1. 丝锥代号：粗牙为 M（直径）；细牙为 M×P（直径×螺距）。
2. 带括号的规格尽量不采用。

18.6.2 细长柄机用丝锥

细长柄机用丝锥装在机床上，用于攻制普通螺纹的内螺纹。细长柄机用丝锥规格见表 18-48。

18.6.3 螺旋槽丝锥

螺旋槽丝锥（GB/T 3506—2008）是加工普通螺纹的机用丝锥。丝锥螺纹公差有 H1、H2、H3 三种公差带。螺旋槽丝锥规格见表 18-49 和表 18-50。

表 18-48　细长柄机用丝锥规格（GB/T 3464.2—2003）　mm

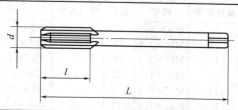

公称直径 d	螺距		丝锥全长 L	螺纹长度 l	公称直径 d	螺距		丝锥全长 L	螺纹长度 l
	粗牙	细牙				粗牙	细牙		
3	0.5	0.35	66	11	(11)	1.5	—	115	25
3.5	(0.6)	0.35	68	13	12	1.75	1.25,1.5	119	29
4	0.7	0.5	73	13	14	2	1.25,1.5	127	30
4.5	(0.75)	0.5	73	13	(15)		1.5	127	30
5	0.8	0.5	79	16	16	2	1.5	137	32
(5.5)	—	0.5	84	17	(17)	—	1.5	137	32
6,(7)	1	0.75	89	19	18,20	2.5	1.5,2	149	37
8,(9)	1.25	1	97	22	22	2.5	1.5,2	158	38
10	1.5	1,1.25	108	24	24	3	1.5,2	172	45

注：1. 丝锥代号：粗牙为 M（直径）；细牙为 M×P（直径×螺距）。
　　2. 带括号的尺寸尽量不采用。

表 18-49　粗牙普通螺纹螺旋槽丝锥规格　　　mm

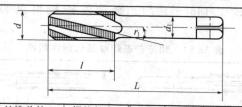

代号	螺距	丝锥总长 L	螺纹长度 l	代号	螺距	丝锥总长 L	螺纹长度 l
M3	0.5	48	10	(M11)	1.5	85	24
M3.5	(0.6)	50	11	M12	1.75	89	27
M4	0.7	53	13	M14	2	95	30
M4.5	(0.75)	53	13	M16	2	102	30
M5	0.8	58	14	M18	2.5	112	36
M6	1	66	17	M20	2.5	112	36
(M7)	1	66	17	M22	2.5	118	37
M8	1.25	72	21	M24	3	130	43
(M9)	1.25	72	21	M27	3	135	43
M10	1.5	80	24				

表 18-50 细牙普通螺纹螺旋槽丝锥规格 mm

代　　号	总长	螺纹长度	代号	总长	螺纹长度	代　　号	总长	螺纹长度
M3×0.35	48	11	M14×1.25	95	30	M25×2	130	45
M3.5×0.35	50	13	M14×1.5	95	30	M27×1.5	127	37
M4×0.5	53	13	M15×1.5	95	30	M27×2	127	37
M4.5×0.5	53	13	M16×1.5	102	32	M28×1.5	127	37
M5×0.5	58	16	M17×1.5	102	32	M28×2	127	37
M5.5×0.5	62	17	M18×1.5	112	37	M30×1.5	127	37
M6×0.75	66	19	M18×2	112	37	M30×2	127	37
M7×0.75	66	19	M20×1.5	104	37	M30×3	138	48
M8×1	72	22	M20×2	108	37	M32×1.5	137	37
M9×1	72	22	M22×1.5	118	38	M32×2	137	37
M10×1	80	24	M22×2	118	38	M33×1.5	137	37
M10×1.25	80	24	M24×1.5	130	45	M33×2	137	37
M12×1.25	89	29	M24×2	130	45	M33×3	151	51
M12×1.5	89	29	M25×1.5	130	45			

注：丝锥螺旋槽的螺旋角分为两种：用于加工碳钢、合金结构钢等制件为30°～35°；用于加工不锈钢、轻合金等制件为40°～45°。用于对韧性金属材料工件上的盲孔或断续表面孔进行攻螺纹。

18.6.4 螺母丝锥

螺母丝锥（GB/T 967—2008）适用于加工普通螺纹（GB/T 192～193，GB/T 196～197）。螺母丝锥规格见表 18-51 和表 18-52。

表 18-51 粗牙普通螺纹螺母丝锥规格 mm

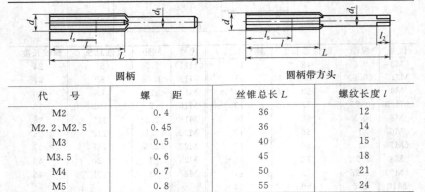

圆柄　　　　　　　　　　圆柄带方头

代　　号	螺　　距	丝锥总长 L	螺纹长度 l
M2	0.4	36	12
M2.2、M2.5	0.45	36	14
M3	0.5	40	15
M3.5	0.6	45	18
M4	0.7	50	21
M5	0.8	55	24

续表

代　号	螺　距	丝锥总长 L	螺纹长度 l
M6	1	60	30
M8	1.25	65	36
M10	1.5	70	40
M12	1.75	80	47
M14	2	90	54
M16	2	95	58
M18、M20、M22	2.5	110	62
M24、M27	3	130	72
M30	3.5	150	84
M33	3.5	150	84
M36、M39	4	175	96
M42、M45	4.5	195	108
M48、M52	5	220	120

注：小于 M6 的螺母丝锥均为圆柄，M6～M30 的分圆柄和圆柄带方头两种，大于 M30 的均为圆柄带方头。

表 18-52　细牙普通螺纹螺母丝锥规格　　　　　mm

代　号	总长	螺纹长度	代　号	总长	螺纹长度	代　号	总长	螺纹长度
M3×0.35	40	11	M18×1	80	30	M36×2	135	55
M3.5×0.35	45	11	M20×2	100	54	M36×1.5	125	45
M4×0.5	50	15	M20×1.5	90	45	M39×3	160	80
M5×0.5	55	15	M20×1	80	30	M39×2	135	55
M6×0.75	55	22	M22×2	100	54	M39×1.5	125	45
M8×1	60	30	M22×1.5	90	45	M42×3	170	80
M8×0.75	55	22	M22×1	80	30	M42×2	145	55
M10×1.25	65	36	M24×2	110	54	M42×1.5	135	45
M10×1	60	30	M24×1.5	100	45	M45×3	170	80
M10×0.75	55	22	M24×1	90	30	M45×2	145	55
M12×1.5	80	45	M27×2	110	54	M45×1.5	135	45
M12×1.25	70	36	M27×1.5	100	45	M48×3	180	80
M12×1	65	30	M27×1	90	30	M48×2	155	55
M14×1.5	80	45	M30×2	120	54	M48×1.5	145	45
M14×1	70	30	M30×1.5	110	45	M52×3	180	80
M16×1.5	85	45	M30×1	100	30	M52×2	155	55
M16×1	70	30	M33×2	120	55	M52×1.5	145	45
M18×2	100	54	M33×1.5	110	45			
M18×1.5	90	45	M36×3	160	80			

注：M3×0.35～M5×0.5 的螺母丝锥均为圆柄，M6×0.75～M30×1 的分圆柄和圆柄带方头两种，＞M30×1 的均为圆柄带方头。

18.6.5 圆板牙

圆板牙装在圆板牙扳手或机床上，铰制外螺纹。圆板牙按规格分为粗牙普通螺纹圆板牙、细牙普通螺纹圆板牙，见表18-53。

表 18-53 圆板牙规格（GB/T 970.1—2008） mm

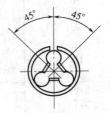

$D=16mm$ 和 20mm（D 为外径）

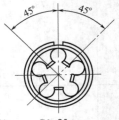

$D \geqslant 25mm$

公称直径	螺距		圆板牙		公称直径	螺距		圆板牙	
	粗牙	细牙	外径	厚度		粗牙	细牙	外径	厚度
1～1.2	0.25	0.2	16	5	16	—	1,1.5	45	14
1.4	0.3	0.2	16	5	16	2		45	18
1.6,1.8	0.35	0.2	38	10	17		1.5	45	14
2	0.4	0.25	16	5	18,20		1,1.5,2	45	14
2.2	0.45	0.25	16	5	18,20	2.5		45	18
2.5	0.45	0.35	16	5	22,24		1,1.5,2	55	16
3	0.5	0.35	20	5	22	2.5	—	55	22
3.5	0.6	0.35	20	5	24	3		55	22
4～5.5	—	0.5	20	5	25		1.5,2	55	16
4	0.7		20	5	27～30		1,1.5,2	65	18
4.5	0.75	—	20	7	27	3		65	25
5	0.8	—	20	7	30,33	3.5	3	65	25
6	1	0.75	20	7	32,33		1.5,2	65	18
7	1	0.75	25	9	35		1.5	65	18
8,9	1.25	0.75,1	25	9	36		1.5,2	65	18
10	1.5	0.75,1,1.25	30	11	36	4	3	65	25
11	1.5	0.75,1	30	11	39～42		1.5,2	75	20
12,14	—	1,1.25,1.5	38	10	39	4	3	75	30
12	1.75		38	14	40		3	75	30
14	2		38	14	42	4.5	3,4	75	30
15	—	1.5	38	10	45～52		1.5,2	90	22

续表

公称直径	螺距		圆板牙		公称直径	螺距		圆板牙	
	粗牙	细牙	外径	厚度		粗牙	细牙	外径	厚度
45	4.5	3,4	90	36	55,56	—	3,4	105	36
48,52	5	3,4	90	36	56,60	5.5	—	105	36
50	—	3	90	36	64,68	6	—	120	36
55,56	—	1.5,2	105	22					

注：圆板牙加工普通螺纹的公差带，常用的为 6g；根据需要，也可供应 6h、6f、6e。

18.6.6 滚丝轮

滚丝轮成对装在滚丝机上，供滚压外螺纹用。滚丝轮规格见表 18-54。

表 18-54 滚丝轮规格（GB/T 971—2008）　　　　mm

1. 粗牙普通螺纹滚丝轮

螺纹尺寸		45 型滚丝轮		54 型滚丝轮		75 型滚丝轮	
直径	螺距	中径	宽度	中径	宽度	中径	宽度
3.0	0.5	144.450		144.450			
3.5	0.6	143.060		143.060			
4.0	0.7	141.800	30	141.800	30	—	—
4.5	0.75	140.455		140.455			
5.0	0.8	143.360		143.360			
6.0	1.0	144.450	30,40	144.450	30,40	176.500	45
8.0	1.25	143.760		143.760		165.324	
10.0	1.5	144.416	40,50	144.416	40,50	171.494	
12.0	1.75	141.219		141.219		173.808	
14.0	2.0	139.711		152.412	50,70	177.814	60,70
16.0	2.0	147.010		147.010		176.412	
18.0	2.5	147.384	40,60	147.384		180.136	
20.0	2.5	147.008		147.008	60,80	183.760	
22.0	2.5	142.632		142.632		183.384	
24.0	3	—	—	154.357	70,90	176.408	70,80
27.0	3			150.306		175.3575	

螺纹尺寸		45型滚丝轮		54型滚丝轮		75型滚丝轮	
直径	螺距	中径	宽度	中径	宽度	中径	宽度
30.0	3.5			138.635		194.089	
33.0	3.5			153.635		184.362	
36.0	4.0	—	—	133.608	80,100	167.010	70,80
39.0	4.0			145.608		182.010	
42.0	4.5			—		193.385	
2. 细牙普通螺纹滚丝轮							
8.0	1.0	147.000	30,40	147.000	30,40	169.050	45
10.0	1.0	149.600	40,50	149.600	40,50	168.300	50,60
12.0	1.0	147.550		147.550		170.250	
14.0	1.0	146.850	50,70	146.850	50,70	173.550	
16.0	1.0	138.150		153.500		168.850	
10.0	1.25	147.008	40,50	147.008	40,50	174.572	45,50
12.0	1.25	145.444		145.444		179.008	
14.0	1.25	145.068	50,70	145.068	50,70	171.444	
12.0	1.5	143.338	40,50	143.338	40,50	176.416	
14.0	1.5	143.286		143.286	50,70	182.364	
16.0	1.5	150.260		150.260		180.312	
18.0	1.5	136.208		136.208		170.260	
20.0	1.5	133.182		152.208	60,80	171.234	60,70
22.0	1.5	147.182		147.182		189.234	
24.0	1.5	138.156	50,70	138.156	70,90	184.208	
27.0	1.5	130.130		130.130		182.182	
30.0	1.5	145.130		145.130		174.156	
33.0	1.5	128.104		128.104		192.156	
36.0	1.5	140.104		140.104	80,100	175.130	70,80
39.0	1.5	114.078		152.104		190.130	
42.0	1.5	—	—	123.078		164.104	
45.0	1.5	—		132.078		176.104	
18.0	2.0	150.309		150.309		183.711	
20.0	2.0	149.608	40,60	149.608	60,80	187.010	50,60
22.0	2.0	144.907		144.907		186.309	
24.0	2.0	136.206		136.206	70,90	181.608	

续表

2. 细牙普通螺纹滚丝轮

螺 纹 尺 寸		45 型滚丝轮		54 型滚丝轮		75 型滚丝轮	
直径	螺距	中径	宽度	中径	宽度	中径	宽度
27.0	2.0	128.505		128.505	70,90	179.907	
30.0	2.0	143.505		143.505		172.206	50,60
33.0	2.0	126.804	40,60	126.804		192.206	
36.0	2.0	138.804		138.804		173.505	60,70
39.0	2.0	113.103		150.804		188.505	
42.0	2.0			122.103	80,100	162.804	70,80
45.0	2.0			131.103		174.804	
36.0	3.0	—	—	136.204		170.255	
39.0	3.0			148.204		185.255	90,100
42.0	3.0			120.151		200.255	
45.0	3.0			129.151		172.204	

18.6.7 搓丝板

搓丝板装在搓丝机上供搓制螺栓、螺钉或机件上普通外螺纹用，由活动搓丝板和固定搓丝板各一块组成一副使用。搓丝板规格见表18-55。

表 18-55 搓丝板规格（GB/T 972—2008）　　mm

螺纹直径	搓丝板长度		搓丝板高	粗牙普通螺纹搓丝板		细牙普通螺纹搓丝板	
	活动	固定		螺距	宽　　度	螺距	宽　　度
1							
1.1	50	45	20	0.25	15,20		15,20
1.2							
1.4				0.3		0.2	
1.6	60	55		0.35	20,25		20,25
1.8							
2				0.4			
2.2	70	65			20,25,30,40	0.25	
2.5			25	0.45			25,30,40
3				0.5	20,25,30,40,50	0.35	
3.5	85	78		—	—		30,40
4				0.7	30,40,50		
5	125	110		0.8	40,50,60	0.5	40,50
6	125	110		1.0		0.75	40,50,60

续表

螺纹直径	搓丝板长度		搓丝板高	粗牙普通螺纹搓丝板		细牙普通螺纹搓丝板	
	活动	固定		螺距	宽　度	螺距	宽　度
8	170	150	30	1.25	50,60,70	1.0	50,60,70
10	170	150		1.5			
12	220	200	40	1.75		1.25	
14	250	230	45	2.0	60,70,80		60,70,80
16	(220)	(200)				1.5	
18	310	285	50	2.5	70,80		70,80
20							
22	400	375			80,100	2.0	80,100
24				3.0			

18.6.8 滚花刀

滚花刀用于在工件外表面滚压花纹。滚花刀规格见表18-56。

表 18-56 滚花刀规格

直纹滚花轮	右斜纹滚花轮	六轮滚花刀
滚花轮数目	滚花轮花纹种类	滚花轮花纹齿距/mm
单轮,双轮,六轮	直纹,右斜纹,左斜纹	0.6,0.8,1.0,1.2,1.6

18.7 磨具类

18.7.1 磨具特征和标记

(1) 磨料 (GB/T 2476—2016)　磨料可分为天然磨料和人造磨料两大类。由于天然磨料硬度不够高，结晶组织不够均匀，而人造磨料具有品质纯、硬度高、韧性好等一系列优点。所以，天然磨料日益被人造磨料所代替。人造磨料的种类和表示标记、用途见表18-57。

表 18-57 人造磨料的种类和表示标记、用途

种类	表示标记	色泽	特性及用途
天然刚玉	NC	灰色	硬度高，能耐高温，用于制各种研磨板、砂轮、研磨石，也用于加工光学仪器和金属制品
金刚砂	E	黑色或绿色	硬度大，耐高温，高温时能抗氧化，可作冶金脱氧剂

续表

种类	表示标记	色泽	特性及用途
石榴石	G	红色	可用于切割钢及其他物料
棕刚玉	A	棕褐色	韧性高,能承受较大的压力,适用于加工抗拉强度较高的金属,如合金钢、碳素钢、高速钢、可锻铸铁、灰铸铁和硬青铜等
白刚玉	WA	白色	韧性较低,切削性能优于棕刚玉,主要用于各种合金钢、高速钢及淬火钢等的细磨和精磨加工,如磨螺纹、磨齿轮等,还特别适宜避免产生烧伤的工序,如刃磨、平磨及内圆磨等
单晶刚玉	SA	浅黄色或白色	具有良好的多角多棱切削刃,并有较高的硬度和韧性,适用于磨削各种工具和大进刀量的磨削。可加工较硬的金属材料,如淬火钢、合金钢、高钒高速钢、工具钢、不锈钢和耐热钢等
微晶刚玉	MA	与棕刚玉相似	韧性较高,特别适用于重负荷的粗磨、低粗糙度的磨削和精密成形磨削,如不锈钢、碳钢、轴承钢和特种球墨铸铁等
铬刚玉	PA	紫红或玫瑰红	韧性比白刚玉高,切削性能较好,适用于淬火钢合金钢刀具的刃磨,如对螺纹工件、量具、刃具和仪表零件的磨削
锆刚玉	ZA	褐灰	具有磨削效率高、粗糙度低、不烧伤工件和砂轮表面不易被堵塞等优点,适用于粗磨不锈钢和高钼钢
烧结刚玉	AS	灰色	用于滑动水口,钢包浇注料、预制件
黑刚玉	BA	黑色	又名人造金刚石,硬度大,但韧性差,多用于研磨与抛光硬度不高的材料
陶瓷刚玉	CA		
黑碳化硅	C	黑色	硬度比刚玉系磨料高,性脆而锋利,适用于加工抗拉强度低的金属与非金属,如灰铸铁、黄铜、铝、岩石、皮革和硬橡胶等
绿碳化硅	GC	绿色	硬度和脆性略高于黑碳化硅,适用于加工硬而脆的材料,如硬质合金、玻璃和玛瑙等
碳化硼	BC	灰黑色	硬度比碳化硅高,适用于硬质合金、宝石、陶瓷等材料做的刀具、模具、精密元件的钻孔、研磨和抛光
立方碳化硅	SC	黄绿色	强度高于黑碳化硅,脆性高于绿碳化硅。适用于磨削韧而黏的材料。尤其适用于微型轴承沟槽的超精加工等

(2) 粒度

① 粒度号及其基本尺寸（见表 18-58）

表 18-58   粒度号及其基本尺寸（GB 2481.1—1998）

粒度号	基本尺寸/μm	粒度号	基本尺寸/μm
F4	5600～4750	F36	600～500
F5	4750～4000	F40	500～425
F6	4000～3350	F46	425～355
F7	3350～2800	F54	355～300
F8	2800～2360	F60	300～250
F10	2360～2000	F70	250～212
F12	2000～1700	F80	212～180
F14	1700～1400	F90	180～150
F16	1400～1180	F100	150～125
F20	1180～1000	F120	125～106
F22	1000～850	F150	106～75
F24	850～710	F180	75～63
F30	710～600	F220	75～53
		—	75～53

② 微粉的粒度组成（见表 18-59）

表 18-59   微粉的粒度组成（光电沉降仪法）（GB/T 2481.2—2009）

μm

粒度标记	最大值	粒度中值	最小值
F230	82	53±3.0	34
F240	70	44.5±2.0	28
F280	59	36.5±1.5	22
F320	49	29.2±1.5	16.5
F360	40	22.8±1.5	12
F400	32	17.3±1.0	8
F500	25	12.8±1.0	5
F600	19	9.3±1.0	3
F800	14	6.5±1.0	2
F1000	10	4.5±0.8	1
F1200	7	3±0.5	1(80%处)
F1500	5	2+0.4	0.8(80%处)
F2000	3.5	1.2+0.3	0.5(80%处)

③ 不同粒度磨具的使用范围（见表 18-60）

表 18-60　不同粒度磨具的使用范围

磨 具 粒 度	一 般 使 用 范 围
F14～F24	磨钢锭，铸件打毛刺，切断钢坯等
F36～F46	一般平磨、外圆磨和无心磨
F60～F100	精磨和刀具刃磨
F120～W20	精磨、珩磨、螺纹磨
W20 以下	精细研磨、镜面磨削

（3）硬度代号（见表 18-61）

表 18-61　磨具硬度代号（GB/T 2484—2006）

硬度等级名称	代　号
极　软	A、B、C、D
很　软	E、F、G
软	H、J、K
中　级	L、M、N
硬	P、Q、R、S
很　硬	T
极　硬	Y

（4）结合剂　结合剂是指把磨粒黏结在一起制成磨具的物质。大致分无机结合剂（陶瓷结合剂）和有机结合剂（树脂和橡胶结合剂）两大类。结合剂的特性及用途见表 18-62。

表 18-62　常用结合剂代号、性能及其适用范围（GB/T 2484—2006）

类别	名称及代号	原　料	性　能	适 用 范 围
无机结合剂	陶瓷结合剂 V	黏土、长石、硼玻璃、石英及滑石等	化学性能稳定，耐热，抗酸、碱，气孔率大，磨耗小，强度较高，能较好保持磨具的几何形状，但脆性较大	适用于内圆、外圆、无心、平面、螺纹及成形磨削以及刃磨、珩磨及超精磨等；适于对碳钢、合金钢、不锈钢、铸铁、有色金属以及玻璃、陶瓷等材料进行加工
	菱苦土结合剂 Mg	氧化镁及氯化镁等	工作时发热量小，其结合能力次于陶瓷结合剂，有良好的自锐性，强度较低，且易水解	适于磨削热传导性差的材料及磨具与工件接触面较大的工件，还广泛用于石材加工

续表

类别	名称及代号	原　料	性　能	适　用　范　围
有机结合剂	树脂结合剂 B,纤维增强树脂结合剂 BF	酚醛树脂或环氧树脂等	结合强度高,具有一定的弹性,能在高速下进行工作,自锐性能好,但其耐热性、坚固性较陶瓷结合剂差,且不耐酸、碱	适用于荒磨、切断和自由磨削,如磨钢锭及打磨铸、锻件毛刺等;可用来制造高速、低粗糙度、重负荷、薄片切断砂轮,以及各种特殊要求的砂轮
	橡胶结合剂 R,增强橡胶结合剂 RF	合成及天然橡胶	强度高,弹性好,磨具结构紧密,气孔率较小,磨粒钝化后易脱落,但耐酸、耐油及耐热性能较差,磨削时有臭味	适于制造无心磨导轮,精磨、抛光砂轮,超薄型切割用片状砂轮以及轴承精加工用砂轮

　　(5) 组织　组织是指磨具内磨粒、结合剂、气孔三者的关系,一般都以磨具的单位体积内磨粒所占的体积分数来表示,见表 18-63。

表 18-63　磨具组织号及其适用范围 (GB/T 2484—2006)

组织号	0	1	2	3	4	5	6	7	8	9	10	11	12	13	14
磨粒率/%	62	60	58	56	54	52	50	48	46	44	42	40	38	36	34
适用范围		重负荷磨削,成形、精密磨削,间断磨削及自由磨削,或加工硬脆材料等			无心磨,内、外圆和工具磨,淬火钢工件磨削及刀具刃磨等				粗磨和磨削韧性大、硬度不高的工件,机床导轨和硬质合金刀具磨削,适合磨削薄壁、细长工件,或砂轮与工件接触面大以及平面磨削等					磨削热敏性较大的钨银合金磁钢、有色金属以及塑料、橡胶等非金属材料	

18.7.2　砂轮

　　砂轮装于砂轮机或磨床上,磨削金属工件的内、外圆与平面和端面以及磨削刀具或非金属材料等。砂轮代号见表 18-64。

表 18-64 砂轮代号 （GB/T 2484—2006）

型号	示　意　图	特征值的标记
1		平行砂轮 1型-圆周型面-$D \times T \times H$
2		黏结或夹紧用筒形砂轮 2型-$D \times T \times W$
3		单斜边砂轮 3型-$D/J \times T/U \times H$
4		双斜边砂轮 4型-$D \times T \times H$
5		单面凹砂轮 5型-圆周型面-$D \times T \times H$-$P \times F$

型号	示 意 图	特征值的标记
6		**杯形砂轮** 6 型-$D \times T \times H$-W-$W \times E$
7		**双面凹一号砂轮** 7 型-圆周型面-$D \times T \times H$-$P \times F/G$
8		**双面凹二号砂轮** 8 型-圆周型面-$D \times T \times H$-$W \times J \times F/G$
11		**碗形砂轮** 11 型-$D/J \times T \times H$-$W \times E$
12a		**碟形砂轮** 12a 型-$D/J \times T \times H$

型号	示　意　图	特征值的标记
12b		碟形砂轮 12b 型-$D/J \times T \times H$-U
26		双面凹带锥砂轮 26 型-$D \times T/N \times H$-$P \times F/G$
27		铍形砂轮 27 型-$D \times U \times H$
36		螺栓紧固平形砂轮 36 型-$D \times T \times H$-嵌装螺母
38		单面凸砂轮 38 型-圆周型面-$D/J \times T/U \times H$
41		平面切割砂轮 41 型-$D \times T \times H$

注：砂轮的标记方法示例

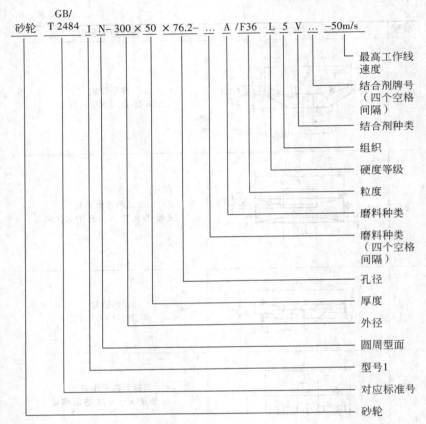

砂轮 GB/T 2484 1 N- 300 × 50 × 76.2- ... A /F36 L 5 V ... -50m/s

- 最高工作线速度
- 结合剂牌号（四个空格间隔）
- 结合剂种类
- 组织
- 硬度等级
- 粒度
- 磨料种类
- 磨料种类（四个空格间隔）
- 孔径
- 厚度
- 外径
- 圆周型面
- 型号1
- 对应标准号
- 砂轮

18.7.3 磨头

工件的几何形状不能用一般砂轮加工时，可用相应磨头进行磨削加工。磨头代号见表18-65。

表 18-65 磨头代号（GB/T 2484—2006）

型号	示 意 图	特征值的标记
52		带柄圆柱磨头 5201 型-$D×T×S$-L

型号	示　意　图	特征值的标记
52		带柄半球形磨头 5202 型-$D \times T \times S$-L
		带柄球形磨头 5203 型-$D \times T \times S$-L
		带柄截锥磨头 5204 型-$D \times T \times S$-L
		带柄椭圆锥磨头 5205 型-$D \times T \times S$-L
		带柄 60°锥磨头 5206 型-$D \times T \times S$-L
		带柄圆头锥磨头 5207 型-$D \times T \times S$-L

型号	示 意 图	特征值的标记
18a		圆柱形磨头 18a 型-$D \times T \times H$
18b		半球形磨头 18b 型-$D \times T \times H$
19		球形磨头 19 型-$D \times T \times H$

18.7.4 磨石

磨石代号见表 18-66。

表 18-66 磨石代号（GB/T 2484—2006）

型　号	示 意 图	特征值的标记
54		长方珩磨磨石 5410 型-$B \times C$-L
		正方珩磨磨石 5411 型-$B \times L$

型　　号	示　意　图	特征值的标记
90		长方磨石 9010 型-$B \times C \times L$
		正方磨石 9011 型-$B \times L$
		三角磨石 9020 型-$B \times L$
		刀形磨石 9021 型-$B \times C \times L$
		圆形磨石 9030 型-$B \times L$
		半圆磨石 9040 型-$B \times C \times L$

18.7.5　砂瓦

砂瓦按不同机床和加工工件表面的要求，由数块砂瓦拼装起来用于平面磨削。砂瓦代号见表 18-67。

表 18-67 砂瓦代号（GB/T 2484—2006）

型　　号	示　意　图	特征值的标记
		平形砂瓦 3101 型-$B \times C \times L$
		平凸形砂瓦 3102 型-$B \times A \times R \times L$
31		凸平形砂瓦 3103 型-$B \times A \times R \times L$
		扇形砂瓦 3104 型-$B \times A \times R \times L$
		梯形砂瓦 3105 型-$B \times A \times C \times L$

18.7.6　砂布、砂纸

砂布装于机具上或以手工磨削金属工件表面上的毛刺、锈斑及磨光表面。卷状砂布主要用于对金属工件或胶合板的机械磨削加工。粒度号小的用于粗磨，粒度号大的用于细磨。

干磨砂纸（木砂纸）用于磨光木、竹器表面，耐水砂纸（水砂纸）用于在水中或油中磨光金属或非金属工件表面。

砂布、砂纸规格见表 18-68。

表 18-68 砂布、砂纸规格 mm

页状纱布

	形 状 代 号	砂页 S，砂卷 R
宽×长	砂页（GB/T 15305.1—2005）	70×115，70×230，93×230，115×140，115×280，140×230，230×280
	砂卷（GB/T 15305.2—2008）	（$50,100,150,200,230,300,600,690,920$）×（$25000,50000$）
	砂带（GB/T 15305.3—2009）	（$2.5 \sim 2650$）×（周长 $400 \sim 1250$）

18.7.7 米机砂

米机砂多用于碾米、加工其他粮食以及加工谷壳饲料。米机砂规格见表 18-69。

表 18-69 米机砂规格

品 名	米 机 砂				
粒度	12#	14#	16#	18#	20#

18.7.8 磨光砂

磨光砂适用于五金电镀制品、手工艺品的研磨抛光。磨光砂规格见表 18-70。

表 18-70 磨光砂规格

品名	磨 光 砂								
粒度	100#	120#	140#	160#	170#	180#	190#	200#	210#	220#

18.7.9 砂轮整形刀

砂轮整形刀用于修整砂轮，使之平整和锋利。砂轮整形刀规格见表 18-71。

表 18-71　砂轮整形刀规格　　　　　mm

刀片　　　　　　　　砂轮整形刀

砂轮整形刀刀片尺寸	直径/mm	孔径	厚度/mm	齿数
	34	7	1.25	16
	34	7	1.5	16
	40	10	1.5	18

注：刀架与刀片通常分开供应。

18.7.10　金刚石砂轮整形刀

金刚石砂轮整形刀用途与砂轮整形刀相同。金刚石砂轮整形刀规格见表 18-72。

表 18-72　金刚石砂轮整形刀规格　　　　　mm

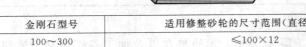

金刚石型号	适用修整砂轮的尺寸范围（直径×厚度）
100～300	≤100×12
300～500	(100×12)～(200×12)
500～800	(200×12)～(300×15)
800～1000	(300×15)～(400×20)
1000～2500	(400×20)～(500×30)
≥300	≥500×40

注：1. 金刚石可制成 60°、90°、100°、120° 等多种角度。

2. 柄部尺寸（长×直径）：120mm×12mm。

18.7.11　金刚石片状砂轮修整器

金刚石片状砂轮修整器是用小颗粒金刚石有规律地排列在金属粉末中，用粉末冶金烧结而成的一种砂轮修整工具。金刚石片状砂轮修整器规格见表 18-73。

表 18-73　金刚石片状砂轮修整器规格　　　　　mm

工作面(宽×高)	每 200mg 金刚石粒数							适宜修整砂轮直径	柄长×柄径	总长
10×10	—	—	—	40	50	60	70	<250		
15×10	20	25	30	40	50	60	70	200～700	55×10	69
20×10	20	25	30	40	50	60	70	>400		

第19章　起重及液压工具

19.1　千斤顶

19.1.1　千斤顶

千斤顶尺寸见表19-1。

表 19-1　千斤顶尺寸（JB/T 3411.58—1999）　　　　mm

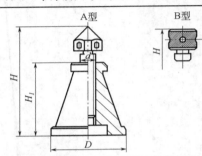

d	A 型		B 型		H_1	D
	$H_{\min}$	$H_{\max}$	$H_{\min}$	$H_{\max}$		
M6	36	50	36	48	25	30
M8	47	60	42	55	30	35
M10	56	70	50	65	35	40
M12	67	80	58	75	40	45
M16	76	95	65	85	45	50
M20	87	110	76	100	50	60
T26×5	102	130	94	120	65	80
T32×6	128	155	112	140	80	100
T40×6	158	185	138	165	100	120
T55×8	198	255	168	225	130	160

19.1.2　活头千斤顶

活头千斤顶尺寸见表19-2。

19.1.3　螺旋千斤顶

螺旋千斤顶一般用于修理及安装等行业，作为起重或顶压机件的工具。螺旋千斤顶规格见表19-3。

表 19-2　活头千斤顶尺寸（JB/T 3411.58—1999）　mm

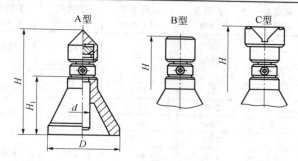

d	D	A 型		B 型		C 型		H_1
		H_{min}	H_{max}	H_{min}	H_{max}	H_{min}	H_{max}	
M6	30	45	55	42	52	50	60	25
M8	35	54	65	52	62	60	72	30
M10	40	62	75	60	72	70	85	35
M12	45	72	90	68	85	80	95	40
M16	50	85	105	80	100	92	110	45
M20	60	98	120	94	115	108	130	50
T26×5	80	125	150	118	145	134	160	65
T32×6	100	150	180	142	170	162	190	80
T40×6	120	182	230	172	220	194	240	100
T55×8	160	232	300	222	290	252	310	130

表 19-3　螺旋千斤顶规格（JB/T 2592—2008）

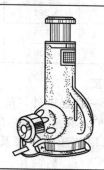

续表

型号	额定起重量/t	最低高度 H/mm	起升高度 H_1/mm	手柄作用力/N	手柄长度/mm	自重/kg
QLJ0.5	0.5			120	150	2.5
QLJ1	1	110	180			3
QLJ1.6	1.6			200	200	4.8
QL2	2	170	180	80	300	5
QL3.2	3.2	200	110	100	500	6
QLD3.2	3.2	160	50			5
QL5	5	250	130			7.5
QLD5	5	180	65	160	600	7
QLg5	5	270	130			11
QL8	8	260	140	200	800	10
QL10	10	280	150			11
QLD10	10	200	75	250	800	10
QLg10	10	310	130			15
QL16	16	320	180			17
QLD16	16	225	90	400	1000	15
QLG16	16	445	200			19
QLg16	16	370	180			20
QL20	20	325	180	500	1000	18
QLG20	20	445	300			20
QL32	32	395	200	650	1400	27
QLD32	32	320	180			24
QL50	50	452	250	510	1000	56
QLD50	50	330	150			52
QL100	100	455	200	600	1500	86

19.1.4 车库用油压千斤顶

车库用油压千斤顶除一般起重外，配上附件，可以进行侧顶、横顶、倒顶以及拉、压、扩张和夹紧等，广泛用于机械、车辆、建筑等的维修及安装。车库用油压千斤顶及附件规格见表 19-4～表 19-6。

表 19-4　车库用油压千斤顶规格（JB/T 5315—2008）

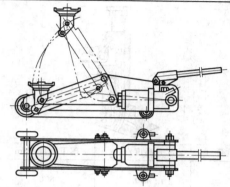

起顶机 型号	额定起 重量/t	起重板 最大受力/kN	活塞最大 行程/mm	最低高 度/mm	重量/ kg
LQD-3	3		60	120	5
LQD-5	5	24.5	50,100	290	12
LQD-10	10	49	60,125,150	315	22
LQD-20	20		100,160,200	160,220,260	30
LQD-30	30		60,125,160	200,265,287	23
LQD-50	50		80,160	140,220	35

表 19-5　附件：拉马

规格/t	三爪受力/kN≤	调节范围/mm	外形尺寸/mm		重量/kg
			高	外径	
5	50	50～250	385	333	7
10	100	50～300	470	420	11

表 19-6　附件：接长管及顶头

附件名称及主要尺寸/mm						
附件名称		长　度	外径	附件名称	长度	外径
接长管	普通式	136,260,380,600	42	橡胶顶头	81	81
	快速式	330	42	V 形顶头	60	56
管接头		60	55	尖形顶头	106	52

注：各种附件上的连接螺纹均为 M42×1.5mm。

19.1.5　齿条千斤顶

齿条千斤顶用齿条传动顶举物体，并可用钩脚起重较低位置的重物。常用于铁道、桥梁、建筑、运输及机械安装等场合。齿条千斤顶规格见表 19-7。

表 19-7 齿条千斤顶规格

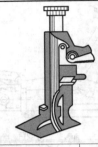

规格	额定起重量/t	起升高度/mm	落下高度/mm	重量/kg
3	3	350	700	36
5	5	400	800	44
8	8	375	850	57
10	10	375	850	73
15	15	400	900	84
20	20	400	900	90

19.1.6 分离式液压起顶机

分离式液压起顶机用于汽车、拖拉机等车辆的维修或各种机械设备制造、安装时作为起重或顶升工具。分离式液压起顶机规格见表 19-8。

表 19-8 分离式液压起顶机规格

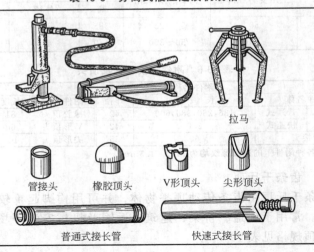

拉马

管接头　橡胶顶头　V形顶头　尖形顶头

普通式接长管　　　　快速式接长管

续表

型　号	额定起重量/t	最低高度 H_1/mm	起升高度 H/mm≥
QK1-20	1		200
QK1.25-25	1.25		250
QK1.6-22	1.6		220
QK1.6-26			260
QK2-27.5	2	≤140	275
QK2-35			350
QK2.5-28.5	2.5		285
QK2.5-35			350
QK3.2-35	3.2		350
QK3.2-40			400
QK4-40	4	≤160	400
QK5-40	5		400
QK6.3-40	6.3		400
QK8-40	8		400
QK10-40	10	≤170	400
QK10-45			450
QK12.5-40	12.5		400
QK16-43	16	≤210	430
QK20-43	20		430

19.1.7　滚轮卧式千斤顶

滚轮卧式千斤顶用于起重或顶升工具，为可移动式液压起重工具，千斤顶上装有万向轮。滚轮卧式千斤顶规格见表 19-9。

表 19-9　滚轮卧式千斤顶规格

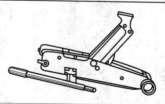

型号	起重量/t	最低高度/mm	最高高度/mm	重量/kg	外形尺寸/mm
QLZ2-A	2.25	145	480	29	643×335×170
QLZ2-B	2.25	130	510	35	682×432×165
QLZ2-C	2.25	130	490	40	725×350×160

型号	起重量/t	最低高度/mm	最高高度/mm	重量/kg	外形尺寸/mm
QLQ-2	2	130	390	19	660×250×150
QL1.8	1.8	135	365	11	470×225×140
LYQ2	2	144	385	13.8	535×225×160
LZD3	3	140	540	48	697×350×280
LZ5	5	160	560	105	1418×379×307
LZ10	10	170	570	155	1559×471×371

19.2 葫芦

19.2.1 手拉葫芦

手拉葫芦是一种使用简易、携带方便的手动起重机械，广泛用于工矿企业、仓库、码头、建筑工地等无电源的场所及流动性作业。手拉葫芦规格见表19-10。

19.2.2 环链手扳葫芦

环链手扳葫芦用于提升重物、牵引重物或张紧系物的索绳，适合于无电源场所及流动性作业。环链手扳葫芦规格见表19-11。

表 19-10 环链手拉葫芦规格（JB/T 7334—2016）

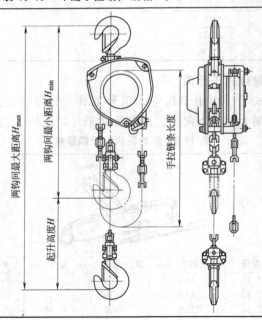

续表

额定起重量 /t	标准起升高度 H/m	两钩间最小距离 H_{min}/mm	标准手拉链条 长度/m	手拉力 /N
0.25		≤240		
0.5		≤330		200~550
1		≤360		
1.6	2.5	≤430	2.5	
2		≤500		
2.5		≤530		250~550
3.2		≤580		
5	3	≤700	3	
8		≤850		
10		≤950		
16		≤1200		
20		≤1350		300~550
32	3	≤1600	3	
40		≤2000		
50		≤2200		

注：1. 起升高度 H 是指下吊钩下极限工作位置与上极限工作位置之间的距离。

2. 两钩间最小距离 H_{min} 是指下吊钩上升至上极限工作位置时，上、下吊钩钩腔内缘的距离。

3. 手拉链条长度是指手链轮外圆上顶点到手拉链条下垂点的距离。

4. 手拉力是指匀速提升额定起重量时，左手拉链条上所施加的拉力。

表 19-11　环链手扳葫芦规格（JB/T 7335—2016）

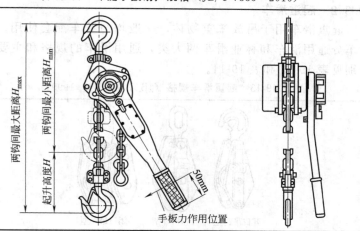

续表

额定起重量/t	0.25	0.5	0.8	1	1.6	2	3.2	5	6.3	9	12
标准起升高度/m	1					1.5					
两钩间最小距离/mm≤	250	300	350	380	400	450	500	600	700	800	850
手扳力/N		200～550				250～550			300～550		

注：手扳力是指提升额定起重量时，距离扳手端部 50mm 处所施加的扳动力。

1. 起升高度 H 是指下吊钩下极限工作位置与上极限工作位置之间的距离。

2. 两钩间最小距离 H_{min} 是指下吊钩上升至上极限工作位置时，上、下吊钩钩腔内缘的距离。

19.3 滑车

19.3.1 吊滑车

吊滑车用于吊放或牵引比较轻便的物体。吊滑车规格见表 19-12。

表 19-12 吊滑车规格

滑轮直径/mm	19,25,32,38,50,63,75

19.3.2 起重滑车

起重滑车用于吊放笨重物体，一般均与绞车配套使用。起重滑车分通用滑车和林业滑车两大类，通用滑车的规格和主要参数分别见表 19-13 和表 19-14。

表 19-13 起重滑车规格 （JB/T 9007.1—1999）

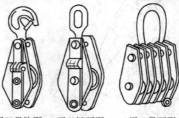

开口吊钩型　　开口链环型　　闭口吊环型

品种	型 式			型 号	
				型式代号	额定起重量/t
单轮	开口	滚针轴承	吊钩型	HQGZK1-	0.32,0.5,1,2,3.2,5,8,10
			链环型	HQLZK1-	0.32,0.5,1,2,3.2,5,8,10
		滑动轴承	吊钩型	HQGK1-	0.32,0.5,1,2,3.2,5,8,10,16,20
			链环型	HQLK1-	0.32,0.5,1,2,3.2,5,8,10,16,20
	闭口	滚针轴承	吊钩型	HQGZ1-	0.32,0.5,1.2,3.2,5,8,10
			链环型	HQLZ1-	0.32,0.5,1,1.2,3.2,5,8,10
		滑动轴承	吊钩型	HQG1-	0.32,0.5,1,2,3.2,5,8,10,16,20
			链环型	HQL1-	0.32,0.5,1,2,3.2,5,8,10,16,20
			吊环型	HQD1-	1,2,3.2,5,8,10
双轮	开口	滑动轴承	吊钩型	HQGK2-	1,2,3.2,5,8,10
			链环型	HQLK2-	1,2,3.2,5,8,10
	闭口		吊钩型	HQG2-	1,2,3.2,5,8,10,16,20
			链环型	HQL2-	1,2,3.2,5,8,10,16,20
			吊钩型	LQD2-	1,2,3.2,5,8,10,16,20,32
三轮	闭口	滑动轴承	吊钩型	HQG3-	3.2,5,8,10,16,20
			链环型	HQL3-	3.2,5,8,10,16,20
			吊环型	HQD3-	3.2,5,8,10,16,20,32,50
四轮			吊环型	HQD4-	8,10,16,20,32,50
五轮			吊环型	HQD5-	20,32,50,80
六轮	闭口	滑动轴承	吊环型	HQD6-	31,50,80,100
八轮			吊环型	HQD8-	80,100,160,200
十轮			吊环型	HQD10-	200,250,320

表 19-14　起重滑车的主要参数

滑轮直径/mm	额定起重量/t																		钢丝绳直径范围/mm
	0.32	0.5	1	2	3.2	5	8	10	16	20	32	50	80	100	160	200	250	320	
	滑轮数量																		
63	1																		6.2
71		1	2																6.2～7.7
85			1	2	3														7.7～11
112				1	2	3	4												11～12.5
132					1	2	3	4											12.5～15.5
160						1	2	3	4	5									15.5～18.5
180							2	3	4	6									17～20
210								1		3	5								20～23
240									1	2		4	6						23～24
280										2	3	5	8						26～28
315											1		4	6	8				28～31
355												1	2	3	5	6	8	10	31～35
400																	8	10	34～38
450																		10	40～43

19.4　液压工具

19.4.1　分离式液压拉模器（三爪液压拉模器）

　　分离式液压拉模器是拆卸紧固在轴上的带轮、齿轮、法兰盘、轴承等的工具。由手动（或电动）油泵及三爪液压拉模器两部分组成。分离式液压拉模器规格见表 19-15。

表 19-15 分离式液压拉模器规格

型 号	三爪最大拉力/kN	拆卸直径范围/mm	质量/kg	外形尺寸/mm
LQF$_1$-05	49	50～250	6.5	385×330
LQF$_1$-10	98	50～300	10.5	470×420

19.4.2 液压弯管机

液压弯管机用于把管子弯成一定弧度。多用于水、蒸汽、煤气、油等管路的安装和修理工作。当卸下弯管油缸时，可作分离式液压起顶机用。液压弯管机规格见表 19-16。

表 19-16 液压弯管机规格

三脚架式　　　　　　　　　　　小车式

型 号	弯曲角度/(°)	管子公称通径×壁厚/mm						外形尺寸/mm			质量/kg
		15×2.75	20×2.75	25×3.25	32×3.25	40×3.5	50×3.5	长	宽	高	
		弯曲半径/mm									
LWG$_1$-10B 型三脚架式	90	130	160	200	250	290	360	642	760	860	81

续表

型　　号	弯曲角度/(°)	管子公称通径×壁厚/mm						外形尺寸/mm			质量/kg
		15×2.75	20×2.75	25×3.25	32×3.25	40×3.5	50×3.5	长	宽	高	
		弯曲半径/mm									
LWG₂-10B 型 小车式	120	65	80	100	125	145		642	760	255	76

注：工作压力 63MPa，最大载荷 10t，最大行程 200mm。

19.4.3　液压钢丝切断器

液压钢丝切断器用于切断钢丝缆绳、起吊钢丝网兜、捆扎和牵引钢丝绳索等。液压钢丝切断器规格见表 19-17。

表 19-17　液压钢丝切断器规格

型号	可切钢丝绳直径/mm	动刀片行程/mm	油泵直径/mm	手柄力/N	储油量/kg	剪切力/kN	外形尺寸(长×宽×高)/mm	质量/kg
YQ10-32	10～32	45	50	200	0.3	98	400×200×104	15

19.4.4　液压扭矩扳手

液压扭矩扳手适用于一些大型设备的安装、检修作业，用以装拆一些大直径六角头螺栓副。其对扭紧力矩有严格要求，操作无冲击性。中空式扳手适用于操作空间狭小的场合。有多种类型和型号，在使用时需与超高压电动液压泵站配合。液压扭矩扳手规格见表 19-18。

表 19-18 液压扭矩扳手规格 (JB/T 5557—2007)

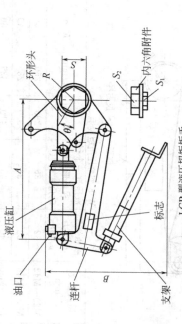

油口
液压缸
连杆
支架
环形头
R
S
θ
S₂
S₁
内六角附件
标志
A
B

LGB 型液压扭矩扳手

型号	公称扭矩 M_A/N·m	扳手开口 S/mm	适用螺纹 d/mm	液压缸工作压力 p/MPa	液压缸一个行程环形头转动角度 θ/(°)	A/mm	B/mm	R/mm	油口连接螺纹尺寸/mm	配套液压泵	质量/kg
LGB50	5000	24~75	M16~M48	63	36	312.9	309	20.5~56	M10×1	手动泵、电动泵	10
LGB100	10000	27~95	M18~M64	63	36	352	330	23~68.5	M10×1	手动泵、电动泵	15
LGB150	30000	65~130	M42~M90	63	36	418.8	355	44.5~92.5	M10×1	手动泵、电动泵	26
LGB500	50000	55~155	M36~M110	31.5	36	595	410	44~106	M10×1	电动泵	40

续表

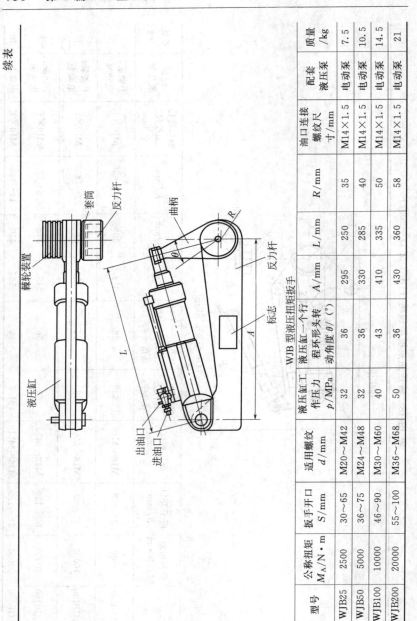

WJB型液压扭矩扳手

型号	公称扭矩 M_A/N·m	扳手开口 S/mm	适用螺纹 d/mm	液压缸工作压力 p/MPa	液压缸一个行程环形头转动角度 θ/(°)	A/mm	L/mm	R/mm	油口连接螺纹尺寸/mm	配套液压泵	质量/kg
WJB25	2500	30~65	M20~M42	32	36	295	250	35	M14×1.5	电动泵	7.5
WJB50	5000	36~75	M24~M48	32	36	330	285	40	M14×1.5	电动泵	10.5
WJB100	10000	46~90	M30~M60	40	43	410	335	50	M14×1.5	电动泵	14.5
WJB200	20000	55~100	M36~M68	50	36	430	360	58	M14×1.5	电动泵	21

续表

型号	公称扭矩 M_A/N·m	扳手开口 S/mm	适用螺纹 d/mm	液压缸工作压力 p/MPa	液压缸一个行程环形头转动角度 θ/(°)	A/mm	L/mm	R/mm	油口连接螺纹尺寸/mm	配套液压泵	质量/kg
WJB400	40000	75~115	M48~M80	50	30	455	380	74	M14×1.5	电动泵	40
WJB600	60000	85~145	M56~M100	50	24	500	400	82	M14×1.5	电动泵	45
WJB800	80000	95~170	M64~M120	50	21	545	425	90	M14×1.5	电动泵	59

NJB型液压扭矩扳手

型号	公称扭矩 M_A/N·m	扳手开口 S/mm	适用螺纹 d/mm	液压缸工作压力 p/MPa	液压缸一个行程环形头转动角度 θ/(°)	A/mm	L/mm	R/mm	油口连接螺纹尺寸/mm	配套液压泵	质量/kg
NJB25	2500	30~65	M20~M42	32	36	295	250	65	M14×1.5	电动泵	10.5
NJB50	5000	36~75	M24~M48	32	36	330	285	72	M14×1.5	电动泵	13.5
NJB100	10000	46~90	M30~M60	40	43	410	335	80	M14×1.5	电动泵	20
NJB200	20000	55~100	M36~M68	50	36	430	360	90	M14×1.5	电动泵	27

19.4.5 液压钳

液压钳专供压接多股铝、铜芯电缆导线的接头或封端（利用液压作动力）。液压钳规格见表 19-19。

表 19-19 液压钳规格

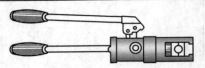

规格	适用导线断面积范围铝线 $16\sim240\text{mm}^2$，铜线 $16\sim150\text{mm}^2$；活塞最大行程 17mm；最大作用力 100kN；压模规格为 16mm^2，25mm^2，35mm^2，50mm^2，70mm^2，95mm^2，120mm^2，150mm^2，185mm^2，240mm^2

第20章 焊接器材

20.1 焊割工具

20.1.1 射吸式焊炬

射吸式焊炬利用氧气和低压（或中压）乙炔作热源，焊接或预热被焊金属。射吸式焊炬规格见表 20-1。

表 20-1 射吸式焊炬规格 （JB/T 6969—1993）

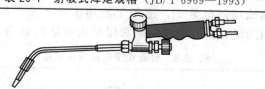

型号	焊接低碳钢厚度/mm	氧气工作压力/MPa	乙炔使用压力/MPa	可换焊嘴个数	焊嘴孔径/mm	焊炬总长度/mm
H01-2	0.5～2	0.1, 0.125, 0.15, 0.2, 0.25			0.5, 0.6, 0.7, 0.8, 0.9	300
H01-6	2～6	0.2, 0.25, 0.3, 0.35, 0.4	0.001～0.1	5	0.9, 1.0, 1.1, 1.2, 1.3	400
H01-12	6～12	0.4, 0.45, 0.5, 0.6, 0.7			1.4, 1.6, 1.8, 2.0, 2.2	500
H01-20	12～20	0.6, 0.65, 0.7, 0.75, 0.8			2.4, 2.6, 2.8, 3.0, 3.2	600

20.1.2 射吸式割炬

射吸式割炬利用氧气及低压（或中压）乙炔作热源，以高压氧气作切割气流，对低碳钢进行切割。射吸式割炬规格见表 20-2。

表 20-2 射吸式割炬规格 （JB/T 6970—1993）

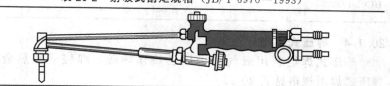

续表

型号	切割低碳钢厚度/mm	氧气工作压力/MPa	乙炔使用压力/MPa	可换焊嘴个数	割嘴切割氧孔径/mm	焊炬总长度/mm
G01-30	3～30	0.2,0.25,0.3	0.001～0.1	3	0.7,0.9,1.1	500
G01-100	10～100	0.3,0.4,0.5		3	1.0,1.3,1.6	550
G01-300	100～300	0.5,0.65,0.8,1.0		4	1.8,2,2.2,2.6,3.0	650

20.1.3 射吸式焊割两用炬

射吸式焊割两用炬利用氧气及低压（或中压）乙炔作热源，焊接、预热或切割低碳钢，适用于使用次数不多，但要经常交替焊接和气割的场合。射吸式焊割两用炬规格见表 20-3。

表 20-3 射吸式焊割两用炬规格

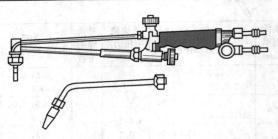

型号	应用方式	适用低碳钢厚度/mm	气体压力/MPa		焊割嘴数/个	焊割嘴孔径范围/mm	焊割炬总长度/mm
			氧气	乙炔			
HG01-3/50A	焊接	0.5～3	0.2～0.4	0.001～0.1	5	0.6～1.0	400
	切割	3～50	0.2～0.6	0.001～0.1	2	0.6～1.0	
HG01-6/60	焊接	1～6	0.2～0.4	0.001～0.1	5	0.9～1.3	500
	切割	3～60	0.2～0.4	0.001～0.1	4	0.7～1.3	
HG01-12/200	焊接	6～12	0.4～0.7	0.001～0.1	5	1.4～2.2	550
	切割	10～200	0.3～0.7	0.001～0.1	4	1.0～2.3	

20.1.4 等压式焊炬

等压式焊炬利用氧气和中压乙炔作热源，焊接或预热金属。等压式焊炬规格见表 20-4。

表 20-4 等压式焊炬规格 （JB/T 7947—1999）

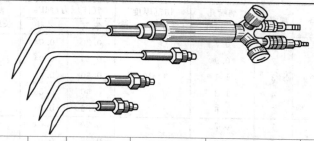

型　　号	焊嘴号	焊嘴孔径 /mm	焊接厚度（低碳钢）/mm	气体压力/MPa		焊炬总长度/mm
				氧气	乙炔	
H02-12	1	0.6	0.5～1.1	0.20	0.02	500
	2	1.0		0.25	0.03	
	3	1.4		0.30	0.04	
	4	1.8		0.35	0.05	
	5	2.2		0.40	0.06	
H02-20	1	0.6	0.5～20	0.20	0.02	600
	2	1.0		0.25	0.03	
	3	1.4		0.30	0.04	
	4	1.8		0.35	0.05	
	5	2.2		0.40	0.06	
	6	2.6		0.50	0.07	
	7	3.0		0.60	0.08	

20.1.5 等压式割炬

　　等压式割炬利用氧气和中压乙炔作热源，以高压氧气作切割气流切割低碳钢。等压式割炬规格见表 20-5。

20.1.6 等压式焊割两用炬

　　等压式焊割两用炬利用氧气和中压乙炔作热源，进行焊接、预热或切割低碳钢，适用于焊接切割任务不多的场合。等压式焊割两用炬规格见表 20-6。

表 20-5 等压式割炬规格 （JB/T 7947—1999）

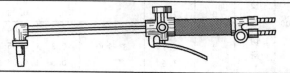

续表

型　　号	割嘴号	割嘴孔径/mm	切割厚度（低碳钢）/mm	气体压力/MPa		割炬总长度/mm
				氧气	乙炔	
G02-100	1	0.7		0.20	0.04	550
	2	0.9		0.25	0.04	
	3	1.1	3～100	0.30	0.05	
	4	1.3		0.40	0.05	
	5	1.6		0.50	0.06	
G02-300	1	0.7		0.20	0.04	650
	2	0.9		0.25	0.04	
	3	1.1		0.30	0.05	
	4	1.3		0.40	0.05	
	5	1.6	3～300	0.50	0.06	
	6	1.8		0.50	0.06	
	7	2.2		0.65	0.07	
	8	2.6		0.80	0.08	
	9	3.0		1.00	0.09	

表 20-6　等压式焊割两用炬规格（JB/T 7947—1999）

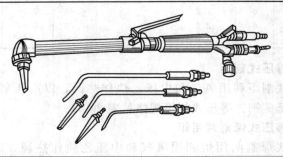

型　　号	应用方式	焊割嘴号	焊割嘴孔径/mm	适用低碳钢厚度/mm	气体压力/MPa		焊割炬总长度/mm
					氧气	乙炔	
HG02-12/100	焊接	1	0.6		0.2	0.02	550
		2	1.4	0.5～12	0.3	0.04	
		3	1.1		0.4	0.06	
	切割	1	0.7		0.2	0.04	
		2	1.1	3～100	0.3	0.05	
		3	1.6		0.5	0.06	

续表

型　号	应用方式	焊割嘴号	焊割嘴孔径/mm	适用低碳钢厚度/mm	气体压力/MPa 氧气	气体压力/MPa 乙炔	焊割炬总长度/mm
HG02-20/200	焊接	1	0.6	0.5～20	0.2	0.02	600
		2	1.4		0.3	0.04	
		3	2.2		0.4	0.06	
		4	3.0		0.6	0.08	
	切割	1	0.7	3～200	0.2	0.04	
		2	1.1		0.3	0.05	
		3	1.6		0.5	0.06	
		4	1.8		0.5	0.06	
		5	2.2		0.65	0.07	

20.1.7　火焰割嘴

火焰割嘴从形式上分为等压式割嘴和射吸式割嘴，从性能上分为快速割嘴和普通割嘴。

普通割嘴的型号表示方法是：

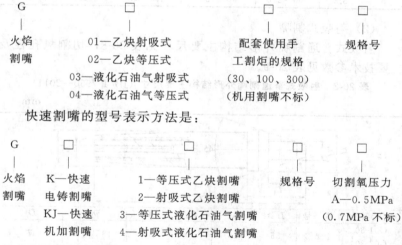

(1) 等压式割嘴

等压式割嘴用于氧气及中压乙炔的自动或半自动切割机。其规格见表 20-7。

表 20-7 等压式普通割嘴的规格 （JB/T 7950—2014） mm

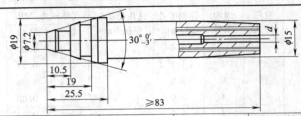

割嘴号	切割氧孔径	切割钢板厚度	切割速度/(mm/min)	切割氧压力/MPa	可见切割氧流长度 ≥	切口宽度 ≤
00	0.8	5～10	450～600	0.20～0.30	50	1.2
0	1.0	10～20	380～480	0.20～0.30	60	1.5
1	1.2	20～30	320～400	0.25～0.35	70	2.2
2	1.4	30～50	280～350	0.25～0.35	80	2.6
3	1.6	50～70	240～300	0.30～0.40	90	3.2
4	1.8	70～90	200～260	0.30～0.40	100	3.8
5	2.0	90～120	170～210	0.40～0.46	120	4.2
6	2.4	120～160	140～180	0.50～0.80	130	4.5
7	3.0	160～200	110～150	0.60～0.90	150	4.8
8	3.2	200～270	90～120	0.60～1.00	180	5.2

（2）射吸式割嘴

射吸式普通割嘴外形结构主要尺寸见表 20-8，切割氧孔径及主要技术参数见表 20-9。

表 20-8 射吸式普通割嘴外形结构主要尺寸 （JB/T 7950—2014）

mm

割嘴型号	规格号	$L \geqslant$	L_1	L_2	D	D_1	D_2
G01-30 G03-30	1、2、3	55	16	10	16	$13^{-0.150}_{-0.260}$	7
G01-100 G03-100	1、2、3	65	18	11.5	18	$15^{-0.150}_{-0.260}$	8
G01-300 G03-300	1、2、3	75	19	12	19	$16.5^{-0.150}_{-0.260}$	8

表 20-9　射吸式普通割嘴切割氧孔径及主要技术参数（JB/T 7950—2014）

mm

割嘴型号	规格号	切割氧孔径 d	切割厚度	切割氧压力/MPa	可见切割氧流长度≥	切口宽度≤
G01-30 G03-30	1	0.7	4～10	0.2	60	1.7
	2	0.9	10～20	0.25	70	2.3
	3	1.1	20～30	0.3	80	2.7
G01-100 G03-100	1	1.0	10～25	0.3	80	2.7
	2	1.3	25～50	0.4	90	2.9
	3	1.6	50～100	0.5	100	3.9
G01-300 G03-300	1	1.8	100～150	0.5	100	4.5
	2	2.2	150～200	0.65	120	4.8
	3	2.6	200～250	0.8	130	5.3
	4	3.0	250～300	1.0	150	5.8

（3）快速割嘴

快速割嘴切割氧孔径及主要技术参数见表 20-10。

表 20-10　快速割嘴切割氧孔径及主要技术参数（JB/T 7950—2014）

mm

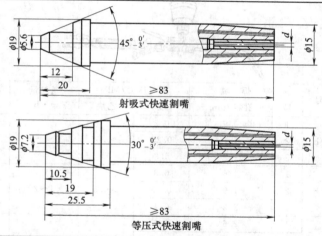

规格号	切割氧孔径 d	切割厚度	切割速度/（mm/min）	切割氧压力/MPa	可见切割氧流长度≥	切口宽度≤
1	0.6	5～10	600～750		60	1.0
2	0.8	10～20	450～600	0.7	70	1.5
3	1.0	20～40	380～450		80	2.0

续表

规格号	切割氧孔径 d	切割厚度	切割速度 /(mm/min)	切割氧压力 /MPa	可见切割氧流长度≥	切口宽度 ≤
4	1.25	40~60	320~380		90	2.3
5	1.5	60~100	250~320	0.7	100	3.4
6	1.75	100~150	160~250		120	4.0
7	2.0	150~180	130~160		130	4.5
1A	0.6	5~10	450~560		60	1.0
2A	0.8	10~20	340~450		70	1.5
3A	1.0	20~40	250~340	0.5	80	2.0
4A	1.25	40~60	210~250		90	2.3
5A	1.5	60~100	180~210		100	3.4

20.1.8　金属粉末喷焊炬

金属粉末喷焊炬用氧-乙炔焰和特殊的送粉机构,将喷焊或喷涂合金粉末喷射在工件表面,以完成喷涂工艺。金属粉末喷焊炬规格见表 20-11。

表 20-11　金属粉末喷焊炬规格

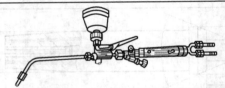

型　号	喷焊嘴		用气压力/MPa		送粉量 /kg·h⁻¹	总长度 /mm
	号	孔径/mm	氧	乙炔	/kg·h^{-1}	/mm
SPH-1/h	1	0.9	0.2			
	2	1.1	0.25	≥0.05	0.4~1	430
	3	1.3	0.3			
SPH-2/h	1	1.6	0.3			
	2	1.9	0.35	>0.5	1~2	470
	3	2.2	0.4			
SPH-4/h	1	2.6	0.4			
	2	2.8	0.45	>0.5	2~4	630
	3	3.0	0.5			
SPH-C	1	1.5×5	0.5			
	2	1.5×7	0.6	>0.5	4.5~6	730
	3	1.5×9	0.7			

型　　号	喷　焊　嘴		用气压力/MPa		送粉量	总长度
	号	孔径/mm	氧	乙炔	/kg·h⁻¹	/mm
SPH-D	1	1×10	0.5	＞0.5	8～12	730
	2	1.2×10	0.6			780

注：合金粉末粒度不大于 150 目。

20.1.9　金属粉末喷焊喷涂两用炬

金属粉末喷焊喷涂两用炬利用氧-乙炔焰和特殊的送粉机构，将喷焊或喷涂用合金粉末喷射在工件表面上。金属粉末喷焊喷涂两用炬规格见表 20-12。

表 20-12　金属粉末喷焊喷涂两用炬规格

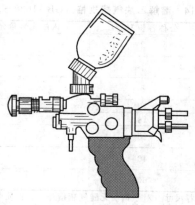

SPH-E 型

型　　号	喷嘴号	喷嘴型式	预热式孔径/孔数	喷粉孔径/mm	气体压力/MPa		送粉量/kg·h⁻¹
					氧	乙炔	
QT-7/h	1	环形	—	2.8	0.45	≥0.04	5～7
	2	梅花	0.7mm/12	3.0	0.5		
	3	梅花	0.8mm/12	3.2	0.55		
QT-3/h	1	梅花	0.6mm/12	3.0	0.7	≥0.04	3
	2	梅花	0.7mm/12	3.2	0.8		
SPH-E	1	环形	—	3.5	0.5～0.6	≥0.05	≤7
	2	梅花	1.0mm/8				

20.2 焊、割器具及用具

20.2.1 氧气瓶

氧气瓶贮存压缩氧气，供气焊和气割使用。氧气瓶规格见表20-13。

表 20-13 氧气瓶规格

容积/m³	工作压力/MPa	尺寸/mm		重量/kg
		外径	高度	
40	14.71	219	1370	55
45	14.71	219	1490	47

注：瓶外表漆色为天蓝色，并标有黑色"氧"字。

20.2.2 溶解乙炔气瓶

溶解乙炔气瓶规格见表20-14。

表 20-14 溶解乙炔气瓶规格（GB 11638—2011）

公称直径 D_N/mm	公称容积 V_N/L	丙酮充装量允许偏差 Δm_s/kg
102	2	$+0.1$ / 0
120	4	$+0.1$ / 0
152	8	$+0.1$ / 0
152,160	10	$+0.1$ / 0
180	14	
210	25	$+0.2$ / 0
250	40	$+0.4$ / 0
300	60	$+0.5$ / 0

注：公称直径为推荐尺寸，对于钢质无缝气瓶指外径，钢质焊接气瓶指内径。

20.2.3 氧、乙炔减压器

氧气减压器接在氧气瓶出口处，将氧气瓶内的高压氧气调节为所需的低压氧气。乙炔减压器接在乙炔发生器出口处，将乙炔压力调到所需的低压。氧、乙炔减压器规格见表20-15。

表 20-15 氧、乙炔减压器规格（GB/T 7899—2006）

氧气减压器（气瓶用）　　乙炔减压器（气瓶用）

续表

介质	类型	额定(最大)进口压力 p_1/MPa	额定(最大)出口压力 p_2/MPa	额定流量 Q_1/m³·h⁻¹
30 MPa 以下氧气和其他压缩气体	0		0.2	1.5
	1		0.4	5
	2		0.6	15
	3	0～30①	1.0	30
	4		1.25	40
	5		2	50
溶解乙炔	1	2.5	0.08	1
	2		<0.15	5②

① 压力指 15℃时的气瓶最大充气压力。

② 一般建议：应避免流量大于 1m³/h。

20.2.4 气焊眼镜

气焊眼镜规格见表 20-16。

表 20-16 气焊眼镜规格

	用　　途	规　　格
	保护气焊工人的眼睛,不致受强光照射和避免熔渣溅入眼内	深绿色镜片和浅绿色镜片

20.2.5 焊接面罩

焊接面罩用于保护电焊工人的头部及眼睛,不受电弧紫外线及飞溅熔渣的灼伤。焊接面罩规格见表 20-17。

表 20-17 焊接面罩规格 (GB/T 3609.1—2008)

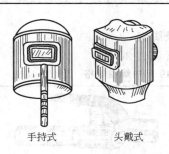

手持式　　　　　　头戴式

品　　种	外形尺寸/mm≥			观察窗尺寸/mm≥	(除去附件后)重量/g≤
	长度	宽度	深度		
手持式、头戴式 安全帽与面罩组合式	310 230	210	120	90×40	500

20.2.6　焊接滤光片

焊接滤光片装在焊接面罩上以保护眼睛。焊接滤光片规格见表20-18。

表 20-18　焊接滤光片规格（GB/T 3609.1—2008）

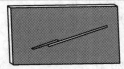

规格/mm	单镜片:长方形(包括单片眼罩)长×宽≥108×50,厚度≤3.8 双镜片:圆镜片直径≥ϕ50,不规则镜片水平基准长度≥45、垂直≥40,高度、厚度≤3.2					
颜色	焊接滤光片的颜色为混合色,其透射率最大值的波长应在500～620nm之间;左、右眼滤光片的色差应满足 GB 14866—2006 中 5.6.3a) 的要求					
滤光片遮光号	1.2、1.4、1.7、2	3、4	5、6	7、8	9、10、11	12、13	14
电弧焊接与切割作业	防侧光与杂散光	辅助工	≤30A的电弧作业	30～75A的电弧作业	75～200A的电弧作业	200～400A的电弧作业	≥400A的电弧作业

20.2.7　电焊钳

电焊钳用于夹持电焊条进行手工电弧焊接。电焊钳规格见表20-19。

20.2.8　电焊手套及脚套

电焊手套及脚套见表20-20。

表 20-19　电焊钳规格（QB/T 1518—1992）

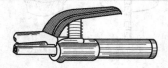

续表

规格/A	额定焊接 电流/A	负载持 续率/%	工作电 压/V	适用焊条 直径/mm	能接电缆 截面积/mm²	温升/℃ ≤
160 (150)	160 (150)	60	26	2.0~4.0	≥25	35
250	250	60	30	2.5~5.0	≥35	40
315 (300)	315 (300)	60	32	3.2~5.0	≥35	40
400	400	60	36	3.2~6.0	≥50	45
500	500	60	40	4.0~(8.0)	≥70	45

注：括号中的数值为非推荐数值。

表 20-20　电焊手套及脚套

用　途	规　格
保护电焊工人的手及脚，避免熔渣灼伤	分大、中、小三号，由牛皮、猪皮及帆布制成

第21章 其他类工具

21.1 喷灯

喷灯利用喷射火焰对工件进行加热，如焊接时加热烙铁、铸造时烧烤砂型、热处理时加热工件及汽车水箱的加热解冻等。喷灯规格见表 21-1。

表 21-1 喷灯规格

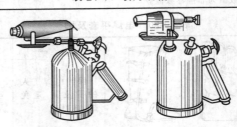

煤油喷灯　　　　　　　汽油喷灯

品种	型号	燃料	工作压力/MPa	火焰有效长度/mm	火焰温度/℃	贮油量/kg	耗油量/kg·h⁻¹	灯净重/kg
煤油喷灯	MD-1	灯用煤油	0.25～0.35	60	＞900	0.8	0.5	1.20
	MD-1.5			90		1.2	1.0	1.65
	MD-2			110		1.6	1.5	2.40
	MD-2.5			110		2.0	1.5	2.45
	MD-3			160		2.5	1.4	3.75
	MD-3.5			180		3.0	1.6	4.00
汽油喷灯	QD-0.5	工业汽油	0.25～0.35	70	＞900	0.4	0.45	1.10
	QD-1			85		0.7	0.9	1.60
	QD-1.5			100		1.05	0.6	1.45
	QD-2			150		1.4	2.1	3.38
	QD-2.5			170		2.0	1.1	3.20
	QD-3			190		2.5	2.5	3.40
	QD-3.5			210		3.0	3.0	3.75
煤汽油两用灯	QMD-2					0.8	0.3～0.4	
	QMD-3					1.1	0.4～0.6	

21.2　喷漆枪

喷漆枪以压缩空气为动力，将油漆等涂料喷涂在各种机械、设备、车辆、船舶、器具、仪表等物体表面上。喷漆枪规格见表21-2。

表21-2　喷漆枪规格

PQ-1型(小型)　　　PQ-2型(大型)

型号	贮漆罐容量/L	出漆嘴孔径/mm	空气工作压力/MPa	喷涂有效距离/mm	喷涂表面形状	喷涂表面直径或长度/mm
PQ-1	0.6	1.8	0.25～0.4	50～250	圆形	≥35
PQ-1B	0.6	1.8	0.3～0.4	250	圆形	38
PQ-2	1	2.1	0.45～0.5	260	圆形 扁形	35 ≥140
PQ-2Y	1	3	0.3～0.4① 0.4～0.5②	200～300	扇形	150～160
PQ-11	0.15	0.35	0.4～0.5	150	圆形	3～30
1	0.15	0.8	0.4～0.5	75～200	圆形	6～75
2A	0.15	0.4	0.4～0.5	75～200	圆形	5～40
2B	0.15	1.1	0.5～0.6	50～250	圆形 椭圆	5～30 长轴100
3	0.9	2	0.5～0.6	50～200	圆形 椭圆	10～80 长轴150
F75	0.6	1.8	0.3～0.35	150～200	圆形 扇形	35 120

① 适用于彩色花纹涂料。
② 适用于其他涂料（清洁剂、胶黏剂、密封剂）。

21.3　喷笔

喷笔供绘画、着色、花样图案、模型、雕刻和翻拍的照片等喷涂颜料或银浆等用。喷笔规格见表21-3。

表 21-3 喷笔规格

型号	贮漆罐容量/mL	出漆嘴孔径/mm	工作时空气压力/MPa	喷涂范围/mm	
				喷涂有效距离	圆形(直径)
V-3	70	0.3	0.4~0.5	20~150	1~8
V-7	2	0.3	0.4~0.5	20~150	1~8

21.4 衡器

21.4.1 弹簧度盘秤

弹簧度盘秤放置在台上使用,适宜于颗粒、粉末及较小物体的称重。弹簧度盘秤规格见表 21-4。

表 21-4 弹簧度盘秤规格 (GB/T 11884—2008)

最大允许误差

最大允许误差	载荷 m(以检定分度值 e 表示)	
	中准确度级(Ⅲ)	普通准确度级(ⅢⅠ)
±0.5e	0≤m≤500	0≤m≤50
±1.0e	500<m≤2 000	50<m≤200
±1.5e	2000<m≤10 000	200<m≤1000

检定分度值、检定分度数和最小称量的关系

准确度等级	检定分度值 e	检定分度数 $n=Max/e$		最小称量 Min(下限)
		最小①	最大	
中(Ⅲ)	0.1g≤e≤2g	100	10000	20e
	5g≤e	500	10000	20e
普通(ⅢⅠ)	5g≤e	100	1000	10e

① 用于贸易结算的度盘秤,其最小检定分度数,对(Ⅲ)级,$n=1\ 000$;对(ⅢⅠ)级,$n=400$。

21.4.2　非自行指示秤

　　非自行指示秤包括杠杆砣式台秤、案秤、地上衡、地中衡。台秤用于称量体积较大的物品，使用时一般放在地上。非自行指示秤的计量要求见表 21-5。

表 21-5　非自行指示秤的计量要求（GB/T 335—2002）

	准确度等级	检定分度值 e	检定分度数 $n=Max/e$		最小称量 Min
			最　小	最　大	
准确度等级	中Ⅲ	$0.1g \leqslant e \leqslant 2g$	100	10000	$20e$
		$5g \leqslant e$	500	10000	$20e$
	普通Ⅳ	$5g \leqslant e$	100	1000	$10e$
	用于贸易结算的度盘秤，其最小检定分度数，对Ⅲ级，$n \geqslant 1\,000$；对Ⅳ级，$n \geqslant 400$。准确度等级符号为任意形状的椭圆或者由两条水平线连接的两个半圆，但不能为圆形				
检定分度值	秤的检定分度值与实际分度值相等，即 $e=d$，并以含质量单位的下列数字之一表示：1×10^k、2×10^k、5×10^k（k 为正整数、负整数或零）				
最大允许误差	首次检定最大允许误差	砝码 m 以检定分度值 e 表示			
		中准确度级Ⅲ		普通准确度级Ⅳ	
	$\pm 0.5e$	$0 \leqslant m \leqslant 500$		$0 \leqslant m \leqslant 50$	
	$\pm 1.0e$	$500 < m \leqslant 2000$		$50 < m \leqslant 200$	
	$\pm 1.5e$	$2000 < m \leqslant 10000$		$200 < m \leqslant 1000$	
	使用中检验的最大允许误差是首次检定最大允许误差的两倍				

21.4.3　非自行指示轨道衡（轻轨衡）

　　非自行指示轨道衡（轻轨衡）的计量要求见表 21-6。

表 21-6　非自行指示轨道衡（轻轨衡）的计量要求（QB/T 1076—2003）

	准确度等级		检定分度值 e/kg	检定分度数 $n=Max/e$		最小称量 Min
分度值	分度值以含质量单位的下列数字之一表示：1×10^k、2×10^k、5×10^k（k 为正整数、负整数或零），秤的检定分度值与实际分度值 e 的关系为：$Max < 100t$ 时，$e=d$；$Max \geqslant 100t$ 时，$e \geqslant d$					
				最小	最大	
准确度等级	当 $Max < 100t$ 时	中Ⅲ	$\geqslant 5$	500	10000	$20e$
		普通Ⅳ	$\geqslant 50$	100	1000	$20e$
	当 $Max \geqslant 100t$ 时	中Ⅲ	$\geqslant 10$	500	10000	$18t$
		普通Ⅳ	$\geqslant 100$	100	1000	$18t$
	用于贸易结算的度盘秤，其最小检定分度数，对Ⅲ级，$n=1\,000$；对Ⅳ级，$n=400$					

续表

检定分度值	秤的检定分度值与实际分度值相等，即 $e=d$，并以含质量单位的下列数字之一表示：1×10^k、2×10^k、5×10^k（k 为正整数、负整数或零）		
最大允许误差	首次检定最大允许误差 mpe	载荷 m 以检定分度值 e 表示	
		中准确度级 Ⅲ	普通准确度级 Ⅲ
	$\pm0.5e$	$0\leqslant m\leqslant500$	$0\leqslant m\leqslant50$
	$\pm1.0e$	$500< m\leqslant2000$	$50< m\leqslant200$
	$\pm1.5e$	$2000< m\leqslant10000$	$200< m\leqslant1000$
	使用中检验的最大允许误差是首次检定最大允许误差的两倍		

21.4.4 固定式电子衡器

固定式电子衡器包括使用称重传感器和称重显示控制器的非自动计量的电子地中衡、电子地上衡、电子料斗秤、电子轨道衡及各种特殊的固定式电子衡器。固定式电子衡器的计量要求见表21-7。

表 21-7 固定式电子衡器的计量要求（GB/T 7723—2008）

准确度等级		检定分度值 e/g	检定分度数 $n=Max/e$		最小称量 Min
			最小	最大	
准确度等级	中 Ⅲ	$0.1\leqslant e\leqslant2$	100	10000	$20e$
		$5\leqslant e$	500	10000	$20e$
	普通 Ⅲ	$5\leqslant e$	100	1000	$10e$
检定分度值	与实际分度值相等，即 $e=d$，并以含质量单位的下列数字之一表示：1×10^k、2×10^k、5×10^k（k 为正整数、负整数或零）				
最大允许误差	首次检定最大允许误差 mpe	载荷 m 以检定分度值 e 表示			
		中准确度级 Ⅲ		普通准确度级 Ⅲ	
	$\pm0.5e$	$0\leqslant m\leqslant500$		$0\leqslant m\leqslant50$	
	$\pm1.0e$	$500< m\leqslant2000$		$50< m\leqslant200$	
	$\pm1.5e$	$2000< m\leqslant10000$		$200< m\leqslant1000$	
	使用中检验的最大允许误差是首次检定最大允许误差的两倍				

21.4.5 电子吊秤

电子吊秤起吊、计量一次完成。适合于一切有起吊设备的场合，并可与任何起吊设备配套使用。该产品具有遥控操纵（在地面用红外线操纵器操纵，距离远达 40m）及微机控制（采用高可靠性的微处理器，具有去皮重、计净重、预示超重等功能）。电子吊秤规格见表 21-8。

表 21-8　电子吊秤规格（GB/T 11883—2002）

	准确度等级	检定分度值 e	检定分度数 $n=Max/e$		最小称量 Min
			最小ª	最大	
准确度等级	中（Ⅲ）	5g≤e	500	10000	20e
	普通（Ⅳ）	5g≤e	100	1000	10e
	用于贸易结算的度盘秤，其最小检定分度数，对（Ⅲ）级，$n=1\,000$；对（Ⅳ）级，$n=400$				
检定分度值	秤的检定分度值与实际分度值相等，即 $e=d$，并以含质量单位的下列数字之一表示：$1\times10^k、2\times10^k、5\times10^k$（$k$ 为正整数、负整数或零）				
最大允许误差	标准载荷时最大允许误差	标准载荷 m 以检定分度值 e 表示			
		中准确度级（Ⅲ）		普通准确度级（Ⅳ）	
	±0.5e	0≤m≤500		0≤m≤50	
	±1.0e	500<m≤2000		50<m≤200	
	±1.5e	2000<m≤10000		200<m≤1000	
	使用中检验的最大允许误差是标准载荷时最大允许误差的两倍				

21.4.6　电子台案秤

　　电子台案秤用于称重传感器为一次转换元件并带有载荷承载器、电子装置、数字显示的自行指示式电子台案秤，如电子计价秤、电子台秤、条码打印计价秤、电子计重秤、电子计数秤等非自动秤产品。电子计价秤规格见表 21-9。

表 21-9　电子计价秤规格（GB/T 7722—2005）

	准确度等级	检定分度值 e/g	检定分度数 $n=Max/e$		最小称量 Min
			最小	最大	
准确度等级	中（Ⅲ）	0.1≤e≤2	100	10000	20e
		5≤e	500	10000	20e
	普通（Ⅳ）	5≤e	100	1000	10e
检定分度值	与实际分度值相等，即 $e=d$				
最大允许误差	首次检定最大允许误差 mpe	砝码 m 以检定分度值 e 表示			
		中准确度级（Ⅲ）		普通准确度级（Ⅳ）	
	±0.5e	0≤m≤500		0≤m≤50	
	±1.0e	500<m≤2000		50<m≤200	
	±1.5e	2000<m≤10000		200<m≤1000	
	使用中检验的最大允许误差是首次检定最大允许误差的两倍				

21.5 切割工具

21.5.1 石材切割机

交直流两用、单相串激石材切割机适用于一般环境下，用金刚石切割片对石材、大理石板、瓷砖、水泥板等含硅酸盐的材料进行切割。石材切割机规格见表 21-10。

表 21-10 石材切割机规格 （GB/T 22664—2008）

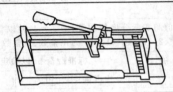

规格	切割尺寸(外径×内径)/mm	额定输出功率/W ≥	额定转矩/N·m ≥	最大切割深度/mm ≥
110C	110×20	200	0.3	20
110	110×20	450	0.5	30
125	125×20	450	0.7	40
150	150×20	550	1.0	50
180	180×25	550	1.6	60
200	200×25	650	2.0	70
250	250×25	730	2.8	75

21.5.2 电火花线切割机 （往复走丝型）

电火花线切割机规格见表 21-11。

21.5.3 汽油焊割设备

汽油切割机规格见表 21-12 和表 21-13。

21.5.4 超高压水切割机

超高压水切割机规格见表 21-14。

21.5.5 等离子弧切割机

等离子弧切割机规格见表 21-15。

21.5.6 型材切割机

型材切割机规格见表 21-16。

表 21-11　电火花线切割机规格 (GB/T 7925—2005)

Y 轴行程/mm	100	125	160	200	250	320	400	500	630	800	1000	1250
X 轴行程/mm	125 160	160 200	200 250	250 320	320 400	400 500	500 630	630 800	800 1000	1000 1250	1250 1600	1600 2000
最大工件重量/kg	10	20	40	60	120	200	320	500	1000	1500	2000	2500
Z 轴行程/mm	80、100、125、160、200、250、320、400、500、630、800、1000											
最大切割厚度 H/mm	50、60、80、100、120、140、160、180、200、250、300、350、400、450、500、550、600、700、800、900、1000											
最大切割锥度/(°)	0、3、6、9、12、15、18(18°以上按 6°一挡同隔增加)											

表 21-12 汽油手工割炬基本参数 (JB/T 10248—2013)

型号	氧气工作压力/MPa				汽油工作压力/MPa	可换割嘴个数	割嘴切割氧孔径/mm				切割低碳钢厚度/mm	一次注油连续工作时间/h	割炬总长/mm
	割嘴号						割嘴号						
	1	2	3	4			1	2	3	4			
QGO1-30 QGO2-30 QGO3-30	0.25	0.3	0.4	— 0<P<0.1		3	0.7	0.9	1.1	—	3~30	≥4	500
QGO1-100 QGO2-100 QGO3-100	0.4	0.5	0.6	0<P<0.1		3	1.0	1.3	1.6	—	10~100	≥4	550
QGO1-300 QGO2-300 QGO3-300	0.6	0.7	0.8	1.0 0<P<0.1		4	1.8	2.2	2.6	3.0	100~300	≥4	650

表 21-13 汽油焊条电弧焊炬基本参数

型号	氧气工作压力/MPa					焊嘴孔径/mm					焊炬总长度/mm	可换焊嘴个数	汽油工作压力/MPa	一次注油连续工作时间/h
	割嘴号					割嘴号								
	1	2	3	4	5	1	2	3	4	5				
QHO1-2	0.1	0.125	0.15	0.2	0.25	0.5	0.6	0.7	0.8	0.9	300	5	—	≥4
QHO1-6	0.2	0.25	0.3	0.35	0.4	0.9	1.0	1.1	1.2	1.3	400			
QHO1-12	0.4	0.45	0.5	0.6	0.7	1.4	1.6	1.8	2.0	2.2	500			
QHO1-20	0.6	0.65	0.7	0.75	0.8	2.4	2.6	2.8	3.0	3.2	600			
QHO2-2	0.1	0.125	0.15	0.2	0.25	0.5	0.6	0.7	0.8	0.9	300	5	0<p<0.1	≥4
QHO2-6	0.2	0.25	0.3	0.35	0.4	0.9	1.0	1.1	1.2	1.3	400			
QHO2-12	0.4	0.45	0.5	0.6	0.7	1.4	1.6	1.8	2.0	2.2	500			
QHO2-20	0.6	0.65	0.7	0.75	0.8	2.4	2.6	2.8	3.0	3.2	600			
QHO3-2	0.1	0.125	0.15	0.2	0.25	0.5	0.6	0.7	0.8	0.9	300	5	0<p<0.1	≥4
QHO3-6	0.2	0.25	0.3	0.35	0.4	0.9	1.0	1.1	1.2	1.3	400			
QHO3-12	0.4	0.45	0.5	0.6	0.7	1.4	1.6	1.8	2.0	2.2	500			
QHO3-20	0.6	0.65	0.7	0.75	0.8	2.4	2.6	2.8	3.0	3.2	600			

表 21-14 超高压水切割机规格 (JB/T 10351—2002)

| 压力/MPa | 150 | 200 | 250 | 300 | 350 | 400 |
| 主机功率/kW | | | 5.5~7.5 | | | |

表 21-15 等离子弧切割机规格 （JB/T 2751—2004）

基本 参数	额定切割电流等级/A	25,40,63,100,125,160,250,315,400, 500,630,800,1000
	额定负载持续率/%	35,60,100
	工作周期	10min、连续
使用 条件	环境条件	①周围空气温度范围 在切割时，空冷−10～40℃；水冷 5～40℃ 在运输和贮存过程中，−25～55℃ ②空气相对湿度 在 40℃时，≤50%；在 20℃时，≤90% ③周围空气中的灰尘、酸、腐蚀性气体或物质等不超过 正常含量，由于切割过程而产生的则除外 ④使用场所的风速不大于 2m/s，否则需加防风装置 ⑤海拔不超过 1000m
	供电电网品质	①供电电压波形应为实际的正弦波 ②供电电压的波动不超过其额定值的±10% ③三相供电电压的不平衡率不大于 5%

表 21-16 型材切割机规格 （JB/T 9608—2013）

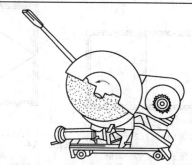

规格代号	额定输出功率/W	额定转矩/N·m	最大切割直径/mm	说明
类型	A/B	A/B	A/B	—
300	≥800/1100	≥3.5/4.2	30	—
350	≥900/1250	≥4.2/5.6	35	—
400	≥1100	≥5.5	50	单相切割机
	≥2000	≥6.7		三相切割机

注：基本参数分为 A 型、B 型，以适合不同客户的需要，推荐 B 型。

第22章 门窗五金

22.1 建筑门窗五金件通用要求

建筑门窗五金件通用要求见表 22-1。

表 22-1 建筑门窗五金件通用要求（JG/T 212—2007）

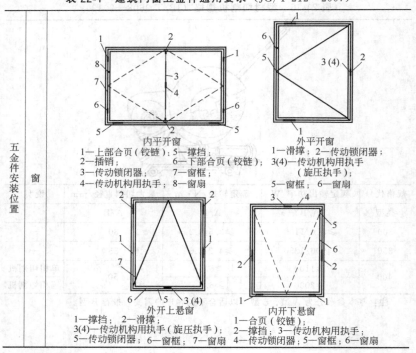

五金件安装位置　窗

内平开窗
1—上部合页（铰链）；5—撑挡；
2—插销；　　　　6—下部合页（铰链）；
3—传动锁闭器；　7—窗框；
4—传动机构用执手；8—窗扇

外平开窗
1—滑撑；2—传动锁闭器；
3(4)—传动机构用执手
（旋压执手）；
5—窗框；6—窗扇

外开上悬窗
1—撑挡；2—滑撑；
3(4)—传动机构用执手（旋压执手）；
5—传动锁闭器；6—窗框；7—窗扇

内开下悬窗
1—合页（铰链）；
2—撑挡；3—传动机构用执手
4—传动锁闭器；5—窗框；6—窗扇

续表

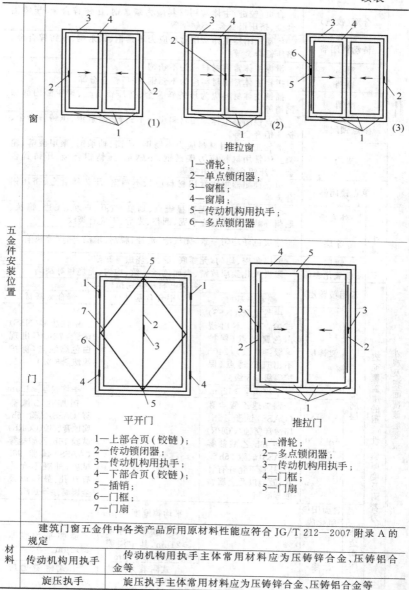

推拉窗

1—滑轮；
2—单点锁闭器；
3—窗框；
4—窗扇；
5—传动机构用执手；
6—多点锁闭器

平开门

1—上部合页（铰链）；
2—传动锁闭器；
3—传动机构用执手；
4—下部合页（铰链）；
5—插销；
6—门框；
7—门扇；

推拉门

1—滑轮；
2—多点锁闭器；
3—传动机构用执手；
4—门框；
5—门扇；

五金件安装位置 · 窗 · 门

材料		
	建筑门窗五金件中各类产品所用原材料性能应符合 JG/T 212—2007 附录 A 的规定	
	传动机构用执手	传动机构用执手主体常用材料应为压铸锌合金、压铸铝合金等
	旋压执手	旋压执手主体常用材料应为压铸锌合金、压铸铝合金等

续表

材料	合页(铰链)	合页（铰链）主体常用材料应为碳素钢、压铸锌合金、压铸铝合金、挤压铝合金、不锈钢等
	传动锁闭器	传动锁闭器主体常用材料应为不锈钢、碳素钢、压铸锌合金、挤压铝合金等
	滑撑	滑撑主体常用材料应为不锈钢等
	撑挡	撑挡主体常用材料应为不锈钢、挤压铝合金等
	插销	插销主体材料应为压铸锌合金、挤压铝合金、聚甲醛内部加钢销等
	多点锁闭器	多点锁闭器主体常用材料应为不锈钢、碳素钢、压铸锌合金、挤压铝合金等
	滑轮	滑轮主体常用材料应为不锈钢、黄铜、轴承钢、聚甲醛等，轮架主体常用材料应为碳素钢、不锈钢、压铸铝合金、压铸锌合金、挤压铝合金、聚甲醛等
	单点锁闭器	单点锁闭器主体常用材料应为不锈钢、压铸锌合金、挤压铝合金等

外观及表面覆盖层要求	外观	外表面	产品外露表面应无明显疵点、划痕、气孔、凹坑、飞边、锋棱、毛刺等缺陷连接处应牢固、圆整、光滑，不应有裂纹
		涂层	涂层色泽均匀一致，无气泡、流挂、脱落、堆漆、橘皮等缺陷
		镀层	镀层致密、均匀，无露底、泛黄、烧焦等缺陷
		阳极氧化表面	阳极氧化膜应致密、表面色泽一致、均匀、无烧焦等缺陷

表面覆盖层的耐蚀性、膜厚度及附着力		常用覆盖层	各类基材应达到指标		
			碳素钢基材	铝合金基材	锌合金基材
	金属层	镀锌层	中性盐雾（NSS）试验，72h不出现白色腐蚀点（保护等级≥0级），240h不出现红锈点（保护等级≥8级）	—	中性盐雾（NSS）试验，72h不出现白色腐蚀点（保护等级≥8级）
			平均膜厚≥12μm		平均膜厚≥12μm
		Cu+Ni+Cr或Ni+Cr	铜加速乙酸盐雾（CASS）试验16h、腐蚀膏腐蚀（CORR）试验16h、乙酸盐雾（AASS）试验96h试验，外观不允许有针孔、鼓泡以及金属腐蚀等缺陷	—	铜加速乙酸盐雾（CASS）试验16h、腐蚀膏腐蚀（CORR）试验16h、乙酸盐雾（AASS）试验96h试验，外观不允许有针孔、鼓泡以及金属腐蚀等缺陷
	非金属层	表面阳极氧化膜	—	平均膜厚度15μm	—
		电泳涂漆	—	复合膜平均厚度≥21μm，其中漆膜平均膜厚≥12μm	漆膜平均膜厚≥12μm
			—	干式附着力应达到0级	干式附着力应达到0级

续表

外观及表面覆盖层要求	表面覆盖层的耐蚀性、膜厚度及附着力	非金属层	聚酯粉末喷涂①	涂层厚度 45～100μm	涂层厚度 45～100μm	涂层厚度 45～100μm
				干式附着力应达到0级	干式附着力应达到0级	干式附着力应达到0级
			氟碳喷涂①	平均膜厚≥20μm	平均膜厚≥30μm	平均膜厚≥30μm
				干式、湿式附着力应达到0级	干式、湿式附着力应达到0级	干式、湿式附着力应达到0级

① 碳素钢基材聚酯粉末喷涂、氟碳喷涂表面处理工艺前需对基材进行防腐预处理。

22.2 执手

22.2.1 传动机构用执手的技术指标

传动机构用执手的技术指标见表22-2。

表 22-2 传动机构用执手的技术指标（JG/T 124—2007）

分类和标记	代号	分类	传动机构用执手分为方轴插入式执手、拨叉插入式执手
		名称代号	方轴插入式执手 FZ，拨叉插入式执手 BZ
		主参数代号	执手基座宽度以实际尺寸（mm）标记 方轴（或拨叉）长度以实际尺寸（mm）标记
	标记	标记方法	用名称代号和主参数代号（基座宽度、方轴或拨叉长度）表示
		标记示例	传动机构用方轴插入式执手，基座宽度 28mm，方轴长度 31mm，标记为 FZ28-31
要求	外观		应满足 JG/T 212—2007 的要求
	耐蚀性、膜厚度及附着力		应满足 JG/T 212—2007 的要求
要求	力学性能	操作力和力矩	应同时满足空载操作力不大于 40N，操作力矩不大于 2N·m
		反复启闭	反复启闭 25000 个循环试验后，应满足 JG/T 124—2007 第 4.3.1 条操作力矩的要求，开启、关闭自定位位置与原设计位置偏差应小于 5°
		强度	①抗扭曲：传动机构用执手在 25～26N·m 力矩的作用下，各部件应不损坏，执手手柄轴线位置偏移应小于 5° ②抗拉性能：传动机构用执手在承受 600N 拉力作用后，执手柄最外端最大永久变形量应小于 5mm

22.2.2 旋压执手的技术指标

旋压执手的技术指标见表22-3。

表 22-3 旋压执手的技术指标 (JG/T 213—2007)

分类和标记	代号	名称代号	旋压执手 XZ
		主参数代号	旋压执手高度:旋压执手工作面与在型材上安装面的位置 (mm)
	标记	标记方法	用名称代号和主参数代号表示
		标记示例	旋压执手高度为 8mm,标记为 XZ8
要求		外观	应满足 JG/T 212—2007 的要求
	耐蚀性、膜厚度及附着力		应满足 JG/T 212—2007 的要求
	性能	操作力和力矩	空载操作力矩不应大于 1.5N·m,操作力矩不大于 4N·m
		强度	旋压执手手柄承受 700N 力作用后,任何部件不能断裂
		反复启闭	反复启闭 15000 个次后,旋压位置的变化不应超过 0.5mm

22.2.3 铝合金门窗执手

平开铝合金窗执手 (代号 PLE) 分四类:单动旋压型 (DY);单动板扣型 (DK);单头双向板扣型 (DSK);双头联动板扣型 (SLK)。用于平开铝合金窗上开启、关闭窗扇。平开铝合金窗执手规格见表 22-4。

表 22-4 平开铝合金窗执手规格 (QB/T 3886—1999)

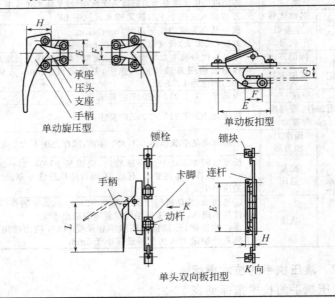

承座
压头
支座
手柄

单动旋压型

单动板扣型

锁栓
锁块
连杆
卡脚
手柄
K
动杆

单头双向板扣型

K 向

续表

双头联动板扣型

产品标记代号

□-□-□-□-□ QB/T 3886
- 支座宽度
- 安装孔距
- 结构型式
- 平开铝合金窗执手代号

型式	执手安装孔距 E/mm	执手支座宽度 H/mm	承座安装孔距 F/mm	执手底面至锁紧面距离 G/mm	执手柄长度 L/mm
DY型	35	29 24	16 19	—	≥70
DK型	60 70	12 13	23 25	12	≥70
DSK型	128	22	—		≥70
SLK型	60 70	12 13	23 25	12	

注：联动杆长度 S 由供需双方协商确定。

22.2.4 铝合金门窗拉手

铝合金门窗拉手安装在铝合金门窗上，作推拉门扇、窗扇用。铝合金门窗拉手规格见表 22-5。

表 22-5 铝合金门窗拉手规格（QB/T 3889—1999）

门用拉手	拉手型式及代号		
	型式名称	杆式	板式	其他
	代号	MG	MB	MQ
窗用拉手	型式名称	板式	盒式	其他
	代号	CB	CH	CQ
产品标记代号	□-□-□ QB/T 3889 - 外形长度 - 尺寸杆数（板式拉手无代号） - 型式代号		

拉手外形长度尺寸/mm	
名称	外形长度
门用拉手	200、250、300、350、400、450、500、550、600、650、700、750、800、850、900、950、1000
窗用拉手	50、60、70、80、90、100、120、150

22.3 合页（铰链）

22.3.1 合页（铰链）的技术指标

合页（铰链）的技术指标见表22-6～表22-8。

表22-6 合页（铰链）的技术指标（JG/T 125—2017）

分类	按用途分类	门用合页(铰链),代号为 MJ		
		窗用合页(铰链),代号为 CJ		
	按安装形式分类	明装式合页(铰链),代号为 MZ		
		隐藏式合页(铰链),代号为 YC		
	按承重级别分类	以单扇门窗用一组(2个)合页(铰链)承重进行分类时,取承重为 10kg 整数倍的重量表示承重级别(如承重为 26kg 时,以 20kg 的级别表示)。		
	按使用频率分类	使用频率分类	用于使用频率较高场所的门合页(铰链)	用于使用频率较低场所的门合页(铰链)	用于窗的合页(铰链)
		反复启闭次数	≥20 万次	≥10 万次	≥2.5 万次
		使用频率代号	I	II	III
标记	标记方法	合页(铰链)的标记由用途分类、安装形式分类、承重级别、使用频率和标准号组成: ①门用合页(铰链)标记方法 MJ—□—□—□ JG/T 125—2017 └─────── 使用频率代号 └──────── 承重级别代号 └───────── 安装形式代号 ②窗用合页(铰链)标记方法 CJ—□—□—□ JG/T 125—2017 └─────── 使用频率代号 └──────── 承重级别代号 └───────── 安装形式代号			
	标记示例	示例1: 一组承重级别为 120kg、使用频率较高的门用明装式合页(铰链),标记为:MJ—MZ—120—I JG/T 125—2017; 示例2: 一组承重级别为 80kg、使用频率较低的门用明装式合页(铰链),标记为:MJ—MZ—80—II JG/T 125—2017; 示例3: 一组承重级别为 60kg、窗用隐藏式合页(铰链),标记为:CJ—YC—60—III JG/T 125—2017。			

项目		要 求	适用产品			
			使用频率Ⅰ的门用明装式、隐藏式合页（铰链）	使用频率Ⅱ的门用明装式合页（铰链）	使用频率Ⅲ的窗用明装式合页（铰链）	使用频率Ⅲ的窗用隐藏式合页（铰链）
转动力		≤6N	√	—	—	—
		≤40N	—	√	√	√
力学性能	承重性能①	①一组合页（铰链）在2倍的扇重量作用下，门扇水平方向位移应≤2mm，垂直方向位移应≤4mm ②卸载后，水平方向残余变形和垂直方向残余变形应在下图所示承重后的允许变形极限范围所示的阴影区域内 ③在3倍的扇质量作用下，不应有破损、裂纹 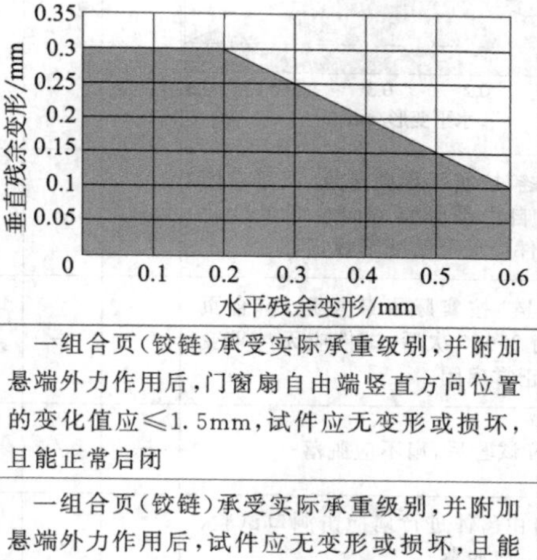 	√	—	—	—
		一组合页（铰链）承受实际承重级别，并附加悬端外力作用后，门窗扇自由端竖直方向位置的变化值应≤1.5mm，试件应无变形或损坏，且能正常启闭	—	√	√	—
		一组合页（铰链）承受实际承重级别，并附加悬端外力作用后，试件应无变形或损坏，且能正常启闭	—	—	—	√
	承受静态荷载	门用明装式上部合页（铰链）承受静态荷载应满足表22-7的规定，试验后均不应断裂	—	√	—	—
		窗用上部合页（铰链）承受静态荷载应满足表22-8的规定，试验后均不应断裂	—	—	√	√

续表

项目		要 求	适用产品			
			使用频率Ⅰ的门用明装式、隐藏式合页（铰链）	使用频率Ⅱ的门用明装式合页（铰链）	使用频率Ⅲ的窗用明装式合页（铰链）	使用频率Ⅲ的窗用隐藏式合页（铰链）
力学性能	反复启闭	一组合页（铰链）按实际承载重量，反复启闭20万次后： ①水平方向变形和垂直方向变形应在下图所示反复启闭后的允许变形极限范围所示的阴影区域内，试验前后，应满足转动力的要求 ②在承重级别3倍的扇质量作用下，不应有破损、裂纹 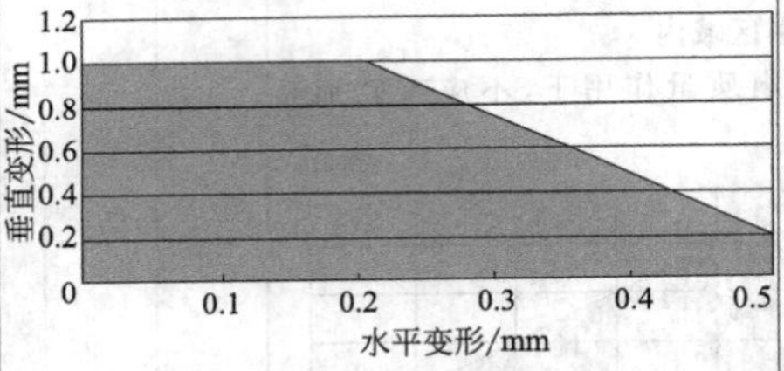	√	—	—	—
		一组合页（铰链）按实际承载重量，反复启闭10万次后，门扇自由端竖直方向位置的变化值应≤2mm，试件应无严重变形或损坏	—	√	—	—
		一组合页（铰链）按实际承载重量，窗合页（铰链）反复启闭25000次后，试件应无严重变形或损坏，且能正常启闭	—	—	√	√
	悬端吊重	悬端吊重1kN试验后，扇不应脱落	—	√	√	√
	撞击洞口	通过重物的自由落体进行扇撞击洞口试验，反复3次后，扇不应脱落	√	√	√	√
	撞击障碍物	通过重物的自由落体进行扇撞击障碍物试验，反复3次后，扇不应脱落	√	√	√	√

① 实际选用时，按门（窗）扇实际重量选择相应承重级别的合页（铰链），且应同时满足不大于试验模拟门窗扇尺寸、宽高比。

注："√"表示需检测的项目，"—"表示不需检测的项目。

表 22-7　使用频率 II 的明装式上部门用合页（铰链）承受静态荷载

承重级别代号	窗扇质量 WG/kg	拉力 F/N（允许误差＋2%）	承重级别代号	窗扇质量 WG/kg	拉力 F/N（允许误差＋2%）
50	50	500	130	130	1250
60	60	600	140	140	1350
70	70	700	150	150	1450
80	80	800	160	160	1550
90	90	900	170	170	1650
100	100	1000	180	180	1750
110	110	1100	190	190	1850
120	120	1150	200	200	1950

表 22-8　使用频率 III 的上部窗用合页（铰链）承受静态荷载

承重级别代号	窗扇质量 WG/kg	拉力 F/N（允许误差＋2%）	承重级别代号	窗扇质量 WG/kg	拉力 F/N（允许误差＋2%）
30	30	1250	120	120	3250
40	40	1300	130	130	3500
50	50	1400	140	140	3900
60	60	1650	150	150	4200
70	70	1900	160	160	4400
80	80	2200	170	170	4700
90	90	2450	180	180	5000
100	100	2700	190	190	5300
110	110	3000	200	200	5500

22.3.2　普通型合页

普通型合页有三管四孔、五管六孔、五管八孔三种结构。用于一般门窗、家具及箱盖等需要转动启合处。普通型合页规格见表 22-9。

表 22-9　普通型合页规格（QB/T 3874—1999）

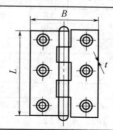

续表

规格/mm	基本尺寸/mm				配用木螺钉	
	长度 L		宽度 B	厚度 t	直径×长度/mm	数目
	Ⅰ组	Ⅱ组				
25	25	25	24	1.05	2.5×12	4
38	38	38	31	1.20	3×16	4
50	50	51	38	1.25	3×20	4
65	65	64	42	1.35	3×25	6
75	75	76	50	1.60	6×30	6
90	90	89	55	1.60	6×35	6
100	100	102	71	1.80	6×40	8
125	125	127	82	2.10	5×45	8
150	150	152	104	2.50	5×50	8

注：表中Ⅱ组为出口型尺寸。

22.3.3　轻型合页

　　轻型合页有镀铜、镀锌和全铜等类型。与普通型合页相似，但页片窄而薄，用于轻便门窗、家具及箱盖上。轻型合页规格见表 22-10。

表 22-10　轻型合页规格（QB/T 3875—1999）

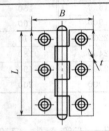

规格/mm	基本尺寸/mm				配用木螺钉	
	长度 L		宽度 B	厚度 t	直径×长度/mm	数目
	Ⅰ组	Ⅱ组				
20	20	19	16	0.60	1.6×10	4
25	25	25	18	0.70	2×10	4
32	32	32	22	0.75	2.5×10	4
38	38	38	26	0.80	2.5×10	4
50	50	51	33	1.00	3×12	4
65	65	64	33	1.05	3×16	6
75	75	76	40	1.05	3×18	6
90	90	89	48	1.15	3×20	6
100	100	102	52	1.25	3×25	8

22.3.4　抽芯型合页

　　抽芯型合页与普通型合页相似，叶片尺寸及配用木螺钉与普通型合页相同，只是合页的芯轴可以自由抽出，适用于需要经常拆卸的门窗上。抽芯型合页规格见表 22-11。

表 22-11　抽芯型合页规格（QB/T 3876—1999）

规格/mm	基本尺寸/mm				配用木螺钉	
	长度 L		宽度 B	厚度 t	直径×长度/mm	数目
	Ⅰ组	Ⅱ组				
38	38	38	31	1.20	3×16	4
50	50	51	38	1.25	3×20	4
65	65	64	42	1.35	3×25	6
75	75	76	50	1.60	4×30	6
90	90	89	55	1.60	4×35	6
100	100	102	71	1.80	4×40	8

22.3.5　H 型合页

　　H 型合页也是一种抽芯合页，其中松配页板片可取下。适用于经常拆卸而厚度较薄的门窗上。有右合页和左合页两种，前者适用于右内开门（或左外开门），后者适用于左内开门（或右外开门）。H 型合页规格见表 22-12。

表 22-12　H 型合页规格（QB/T 3877—1999）

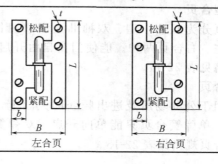

规格/mm	页板基本尺寸/mm				配用木螺钉	
	长度 L	宽度 B	单页阔 b	厚度 t	直径×长度/mm	数目
80×50	80	50	14	2	4×25	6
95×55	95	55	14	2	4×25	6
110×55	110	55	15	2	4×30	6
140×60	140	60	15	2.5	4×40	8

22.3.6 T型合页

T型合页用于较宽的大门、较重的箱盖、帐篷架及人字形折梯上。T型合页规格见表22-13。

表22-13 T型合页规格（QB/T 3878—1999）

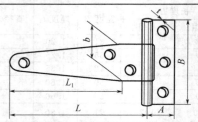

规格/mm	基本尺寸/mm							配用木螺钉	
	长页长 L		斜部长 L_1	长页宽 b	短页长 B	短页宽 A	厚度 t	直径×长度/mm	数目
	Ⅰ组	Ⅱ组							
75	75	76	66	26	63.5	20	1.31	3×25	6
100	100	102	91.5	26	63.5	20	1.35	3×25	6
125	125	127	117	28	70	22	1.52	4×30	7
150	150	152	142.5	28	70	22	1.52	4×30	7
200	200	203	193	32	73	24	1.80	4×35	8

22.3.7 双袖型合页

双袖型合页分为双袖Ⅰ型、双袖Ⅱ型和双袖Ⅲ型。用于一般门窗上，分为左、右合页两种。能使门窗自由开启、关闭和拆卸。双袖型合页规格见表22-14。

22.3.8 弹簧合页

弹簧合页用于公共场所及进出频繁的大门上，它能使门扇开启后自动关闭。单弹簧合页只能单向开启，双弹簧合页能内外双向开启。弹簧合页规格见表22-15。

表 22-14　双袖型合页规格（QB/T 3879—1999）

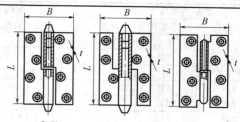

Ⅰ型　　　　Ⅱ型　　　　Ⅲ型

页板基本尺寸/mm			配用木螺钉	
长度 L	宽度 B	厚度 t	直径×长度/mm	数目
双袖Ⅰ型合页				
75	60	1.5	3×20	6
100	70	1.5	3×25	8
125	85	1.8	4×30	8
150	95	2.0	4×40	8
双袖Ⅱ型合页				
65	55	1.6	3×18	6
75	60	1.6	3×20	6
90	65	2.0	3×25	8
100	70	2.0	3×25	8
125	85	2.2	3×30	8
150	95	2.2	3×40	8
双袖Ⅲ型合页				
75	50	1.5	3×20	6
100	67	1.5	3×25	8
125	83	1.8	4×30	8
150	100	2.0	4×40	8

表 22-15　弹簧合页规格（QB/T 1738—1993）

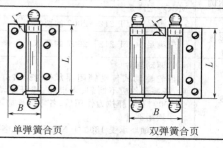

单弹簧合页　　　　双弹簧合页

规格/mm	页板基本尺寸/mm			配用木螺钉	
	长度 L	宽度 B	厚度 t	直径×长度/mm	数目
单弹簧合页					
75	76	46	1.8	3.5×25	8
100	101.5	49	1.8	3.5×25	8
125	127	57	2.0	4×30	8
150	152	64	2.0	4×30	10
200	203	71	2.4	4×40	10
双弹簧合页					
75	75	68	1.8	3.5×25	8
100	101.5	76	1.8	3.5×25	8
125	127	87	2.0	4×30	8
150	152	93.5	2.0	4×30	10
200	203	132	2.4	4×30	10
250	250	132	2.4	6×50	10

22.4 锁闭器

22.4.1 传动锁闭器的技术指标

传动锁闭器的技术指标见表 22-16。

表 22-16 传动锁闭器的技术指标 (JG/T 126—2007)

分类和标记	代号	分类	传动锁闭器分为齿轮驱动式传动锁闭器、连杆驱动式传动锁闭器
		名称代号	建筑门(窗)用齿轮驱动式传动锁闭器 M(C)CQ,建筑门(窗)用连杆驱动式传动锁闭器 M(C)LQ
		特性代号	整体式传动锁闭器 ZT,组合式传动锁闭器 ZH
		主参数代号	锁点数:以门窗传动锁闭器上的实际锁点数量进行标记
	标记	标记方法	用名称代号、特性代号、主参数代号表示
		标记示例	3 个锁点的门用齿轮驱动组合式带锁传动锁闭器标记为 MCQ·ZH-3
要求	外观		应满足 JG/T 212—2007 的要求
	耐蚀性、膜厚度及附着力		应满足 JG/T 212—2007 的要求
	力学性能	强度	①驱动部件 齿轮驱动式传动锁闭器承受 25~26N·m 力矩的作用后,各零部件应不断裂、无损坏;连杆驱动式传动锁闭器承受 1000^{+50}_{0}N 静拉力作用后,各零部件应不断裂、脱落 ②锁闭部件 锁点、锁座承受 1800^{+50}_{0}N 破坏力后,各部件应无损坏

续表

要求	力学性能	反复启闭	传动锁闭器经25000个启闭循环,各构件无扭曲,无变形,不影响正常使用。且应满足: ①操作力 齿轮驱动式传动锁闭器空载转动力矩不应大于 3N·m,反复启闭后转动力矩不应大于 10N·m;连杆驱动式传动锁闭器空载滑动驱动力不应大于 50N,反复启闭后驱动力不应大于 100N ②框、扇间间距变化量 在扇开启方向上框、扇间的间距变化值应小于 1mm

22.4.2　单点锁闭器的技术指标

单点锁闭器的技术指标见表 22-17。

表 22-17　单点锁闭器的技术指标 (JG/T 130—2007)

分类和标记	标记	名称代号	单点锁闭器　TYB
		标记方法	用名称代号表示
		标记示例	单点锁闭器 TYB
要求	性能	外观	应满足 JG/T 212—2007 的要求
		耐蚀性、膜厚度及附着力	应满足 JG/T 212—2007 的要求
		操作力矩(或操作力)	操作力矩应小于 2N·m(或操作力应小于 20N)
		强度	①锁闭部件的强度 锁闭部件在 400N 静压(拉)力作用后,不应损坏;操作力矩(或操作力)应满足要求 ②驱动部件的强度 对由带手柄操作的单点锁闭器,在关闭位置时,在手柄上施加 9N·m 力矩作用后,操作力矩(或操作力)应满足要求
		反复启闭	单点锁闭器 15000 次反复启闭试验后,开启、关闭自定位位置正常,操作力矩(或操作力)应满足要求

22.4.3　多点锁闭器的技术指标

多点锁闭器的技术指标见表 22-18。

表 22-18　多点锁闭器的技术指标 (JG/T 215—2007)

分类和标记	代号	分类	多点锁闭器分为齿轮驱动式多点锁闭器、连杆驱动式多点锁闭器
		名称代号	齿轮驱动式多点锁闭器 CDB,连杆驱动式多点锁闭器 LDB
		主参数代号	锁点数:实际锁点数量
	标记	标记方法	用名称代号、主参数代号表示
		标记示例	2 点锁闭的齿轮驱动式多点锁闭器,标记为 CDB2

续表

要求		外观	应满足 JG/T 212—2007 的要求
		耐蚀性、膜厚度及附着力	应满足 JG/T 212—2007 的要求
	力学性能	强度	①驱动部件 齿轮驱动式多点锁闭器承受 25～26N·m 力矩的作用后,各零部件应不断裂、无损坏;连杆驱动式多点锁闭器承受 1000^{+50}_{0}N 静拉力作用后,各零部件应不断裂、不脱落 ②锁闭部件 单个锁点、锁座承受 1000^{+50}_{0}N 静拉力后,所有零部件不应损坏
		反复启闭	反复启闭 25000 次后,操作正常,不影响正常使用。且操作力应满足:齿轮驱动式多点锁闭器操作力矩不应大于 1N·m,连杆驱动式多点锁闭器滑闭力不应大于 50N,锁点、锁座工作面磨损量不大于 1mm

22.4.4 闭门器

由金属弹簧、液压阻尼组合作用的各种闭门器安装在平开门扇上部,单向开门;使用温度在 −15～40℃。按动力源的不同可分为液压闭门器和电动闭门器两大类。

闭门器技术条件和规格见表 22-19 和表 22-20。

表 22-19 闭门器的技术条件（QB/T 2698—2013）

液压闭门器

电动闭门器

类别	项目	技术条件
液压闭门器	负载性能	经负载性能测试后,闭门器及附件应无渗漏、断裂和变形现象
	定位功能	有定位器装置者,门应能在规定的位置或区域停门并易于脱开
	关门时间	全关闭调速阀时,不应小于 40s;全打开调速阀时,不应大于 3s
	关门力矩、能效比	应符合表 22-20 规定
	渗漏	按本标准规定的方法试验后,不应出现渗漏现象
	运转性能	使用时应运转灵活、无异常噪声
	闭锁功能	有此功能者,关门至 15°以下时,应可独立调节关门速度

续表

类别	项目	技术条件
液压闭门器	开门缓冲功能	有此功能者,开启至65°之后应有明显减速现象,并能在90°前停止
	延时关门功能	有此功能者,从开门角度90°至延时末端的关门时间应大于10s,且延时末端的角度应为75°~60°
	温度变化对关闭时间的影响	温度为-15℃时,关闭时间应≤25s;温度为40℃时,关闭时间应≥3s
电动闭门器	关门力矩、能效比	应符合表30.78规定
	关门时间	从90°关到10°时,所用时间不应小于3s
	开门时间	从0°开门到80°时,所用时间不应小于3s
	常开门(停门)	应能在规定的位置或区域长时间停留
	环境适应性	在低温-15℃时,试验8h能正常工作;在恒温40℃±2℃、RH(93±2)%时,试验48h(均不加电)能正常工作
	防障碍功能	在开门、关门过程中,试验门遇到不大于116N·m的力矩,应能停止或反向运转
	推门功能	门在关闭(未锁住)状态下,用不大于58N·m的力矩,应能推开门
	寿命	在完成相应的寿命试验后,闭门器应能符合上述要求

注:有防火要求的闭门器应符合GA 93的规定。

表 22-20　闭门器的规格（QB/T 2698—2013）

系列编号	关门力矩/N·m≤	能效比/% ≥		规格	
		液压闭门器	电动闭门器	试验门质量/kg	适用门最大宽度/mm
1	9~13	45		15~30	750
2	13~18	50		25~45	850
3	18~26	55		40~65	950
4	26~37	60	65	60~85	1100
5	37~54	60		80~120	1250
6	54~87	65		100~150	1400
7	87~140	65		130~180	1600

22.4.5　地弹簧

由金属弹簧、液压阻尼组合作用的各种地弹簧（落地闭门器）安装在平开门门头上方或下方，其作用是当门开启后能及时将门关闭，可用于单向或双向开启的各种关门或开门装置。按动力源的不同可分为液压地弹簧和电动地弹簧两大类。

地弹簧的技术条件及规格见表22-21和表22-22。

表 22-21 地弹簧的技术条件（QB/T 2697—2013）

液压地弹簧　　　　　　　　　　　　电动地弹簧

类别	项目	技术条件
液压地弹簧	零位功能	零位偏差≤3mm
	负载性能	经负载性能测试后，地弹簧及附件应无渗漏、断裂和变形现象
	定位功能	有定位器装置者，门应能在规定的位置或区域停门并易于脱开
	关门时间	全关闭调速阀时，不应小于40s；全打开调速阀时，不应大于3s
	渗漏	按本标准规定的方法试验后，不应出现渗漏现象
	运转性能	使用时应运转灵活、无异常噪声
	闭锁功能	有此功能者，关门至25°以下时，应可独立调节关门速度
	开门缓冲功能	有此功能者，开启至65°之后应有明显减速现象，并能在90°前停止
	延时关门功能	有此功能者，从开门角度90°至延时末端的关门时间应大于10s，且延时末端的角度应为75°～60°
	温度变化对关闭时间的影响	温度为—15℃时，关闭时间应≤25s；温度为40℃时，关闭时间应≥3s
	寿命	在完成相应的寿命试验后，地弹簧应能符合上述要求
电动闭门器	复位功能	复位偏差≤3mm
	关门力矩、能效比	应符合表30.83规定
	关门时间	从90°关到10°时，所用时间不应小于3s
	开门时间	从0°开启到80°时，所用时间不应小于3s
	常开门（停门）	应能在规定的位置或区域长时间停留
	环境适应性	在低温—15℃时，试验8h能正常工作；在恒温40℃±2℃、RH(93±2)%时，试验48h(均不加电)能正常工作
	防障碍功能	在开门、关门过程中，试验门遇到不大于116N·m的力矩，应能停止或反向运转
	推门功能	门在关闭(未锁住)状态下，用不大于58N·m的力矩，应能推开门
	寿命	在完成相应的寿命试验后，复位偏差≤6mm，且应能符合上述其他要求

注：有防火要求的地弹簧应符合GA 93的规定。

表 22-22　地弹簧的规格（QB/T 2697—2013）

系列编号	关门力矩/N·m ≤	能效比/% ≥		规格	
		液压地弹簧	电动地弹簧	试验门质量/kg	适用门最大宽度/mm
1	9～13	45		15～30	750
2	13～18	50		25～45	850
3	18～26	55		40～65	950
4	26～37	60	65	60～85	1100
5	37～54	60		80～120	1250
6	54～87	65		100～150	1400
7	87～140	65		130～180	1600

22.5　滑撑

22.5.1　滑撑的技术指标

滑撑的技术指标见表 22-23。

表 22-23　滑撑的技术指标（JG/T 127—2007）

分类和标记		分类	滑撑分为外平开窗用滑撑、外开上悬窗用滑撑
	代号	名称代号	外平开窗用滑撑 PCH，外开上悬窗用滑撑 SCH
		主参数代号	①承载重量：允许使用的最大承载重量（kg）②滑槽长度：滑槽实际长度（mm）
	标记	标记方法	用名称代号、主参数代号（承载重量、滑槽长度）表示
		标记示例	滑槽长度为 305mm，承载重量为 30kg 的外平开窗用滑撑，标记为 PCH 30-305
要求		外观	应满足 JG/T 212—2007 的要求
	力学性能	自定位力	外平开窗用滑撑，一组滑撑的自定位力应可调整到不小于 40N
		启闭力	①外平开窗用滑撑的启闭力不应大于 40N ②在 0～300mm 的开启范围内，外开上悬窗用滑撑的启闭力不应大于 40N
		间隙	窗扇锁闭状态，在力的作用下，安装滑撑的窗角部扇、框间密封间隙变化值不应大于 0.5mm
		刚性	①窗扇关闭受 300N 阻力试验后，应仍满足自定位力、启闭力和间隙的要求 ②窗扇开启到最大位置受 300N 力试验后，应仍满足自定位力、启闭力和间隙的要求 ③有定位装置的滑撑，开启到定位装置起作用的情况下，承受 300N 外力的作用后，应仍满足自定位力、启闭力和间隙的要求
		反复启闭	反复启闭 25000 次后，窗扇的启闭力不应大于 80N
		强度	滑撑开启到最大开启位置时，承受 1000N 的外力的作用后，窗扇不得脱落
		悬端吊重	外平开窗用滑撑在承受 1000N 的作用力 5min 后，滑撑所有部件不得脱落

22.5.2 铝合金窗不锈钢滑撑

铝合金窗不锈钢滑撑是用于铝合金上悬窗、平开窗上启闭、定位作用的装置。铝合金窗不锈钢滑撑规格见表22-24。

表 22-24 铝合金窗不锈钢滑撑规格 (QB/T 3888—1999)

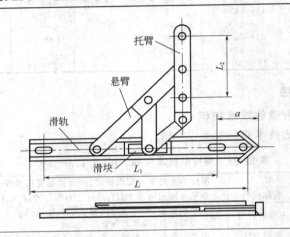

规格/mm	长度 L/mm	滑轨安装孔距 L_1/mm	托臂安装孔距 L_2/mm	滑轨宽度 a/mm	开启角度/(°)
200	200	60±20	113		≥2
250	250	215	147		
300	300	260	156	18~22	≥2.5
350	350	80±300	195		
400	400	360	205		≥3
450	450	410	205		

22.6 撑挡

22.6.1 撑挡的技术指标

撑挡的技术指标见表22-25。

表 22-25 撑挡的技术指标（JG/T 128—2007）

分类和标记		分类	分内平开窗摩擦式撑挡、内平开窗锁定式撑挡、悬窗摩擦式撑挡、悬窗锁定式撑挡
	代号	名称代号	内平开窗摩擦式撑挡 PMCD,内平开窗锁定式撑挡 PSCD,悬窗摩擦式撑挡 XMCD,悬窗锁定式撑挡 XSCD
		主参数代号	按支撑部件最大长度实际尺寸(mm)表示
	标记	标记方法	用名称代号、主参数代号表示
		标记示例	支撑部件最大长度 200mm 的内平开窗用摩擦式撑挡 PM-CD200
要求		外观	应满足 JG/T 212 的要求
		耐蚀性、膜厚度及附着力	应满足 JG/T 212 的要求
	力学性能	锁定力和摩擦力	锁定式撑挡的锁定力失效值不应小于 200N,摩擦式撑挡的摩擦力失效值不应小于 40N 选用时,允许使用的锁定力不应大于 200N,允许使用的摩擦力不应大于 40N
		反复启闭	内平开窗用撑挡反复启闭 10000 次后,应满足锁定力和摩擦力的要求;悬窗用撑挡反复启闭 15000 次后,撑挡应满足锁定力和摩擦力的要求
		强度	①内平开窗用撑挡进行五次冲击试验后,撑挡不脱落 ②悬窗用锁定式撑挡开启到设计预设位置后,承受在窗扇开启方向 1000N 力、关闭方向 600N 力后,撑挡所有部件不应损坏

22.6.2 铝合金窗撑挡规格

铝合金窗撑挡按形式分五种。平开铝合金窗撑挡：外开启上撑挡，内开启下撑挡，外开启下撑挡。平开铝合金带纱窗撑挡：带纱窗上撑挡，带纱窗下撑挡。铝合金窗撑挡是用于平开铝合金窗扇启闭、定位用的装置。铝合金窗撑挡规格见表 22-26。

表 22-26 铝合金窗撑挡规格（QB/T 3887—1999）

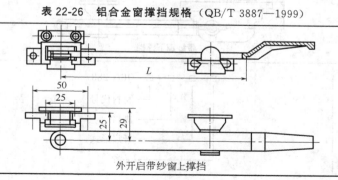

外开启带纱窗上撑挡

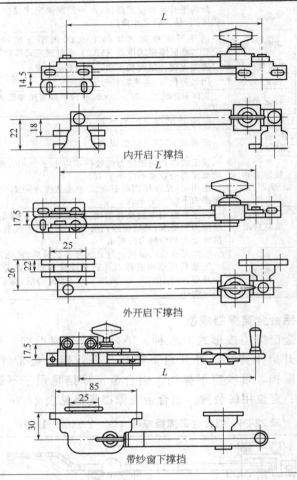

内开启下撑挡

外开启下撑挡

带纱窗下撑挡

产品 标记 代号	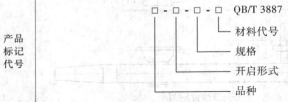

续表

名称	形式及材料标记代号							
	平开窗			带纱窗			铜	不锈钢
	内开启	外开启	上撑挡	上撑挡	下撑挡			
					左开启	右开启		
代号	N	W	C	SC	Z	Y	T	G

规格									
品　　种		基本尺寸 L/mm						安装孔距/mm	
								壳体	拉搁脚
平开窗	上	—	260	—	300	—	—	50	25
	下	240	260	280	—	310	—	50	
带纱窗	上撑挡	—	260	—	300	—	320	50	
	下撑挡	240	—	280	—	—	320	85	

22.7　滑轮

22.7.1　滑轮的技术指标

滑轮的技术指标见表 22-27。

表 22-27　滑轮的技术指标（JG/T 129—2007）

分类和标记	分类		滑轮分为门用滑轮、窗用滑轮
	代号	名称代号	门用滑轮 ML，窗用滑轮 CL
		主参数代号	承载重量代号：以单扇门窗用一套滑轮（2 件）实际承载重量（kg）表示
	标记	标记方法	用名称代号、主参数代号（承载重量）表示
		标记示例	单扇窗用一套承载重量为 60kg 的滑轮标记为 CL 60
要求	外观		应满足 JG/T 212—2007 的要求
	耐蚀性、膜厚度及附着力		应满足 JG/T 212—2007 的要求
	力学性能	滑轮运转平稳性	轮体外表面径向跳动量不应大于 0.3mm，轮体轴向窜动量不应大于 0.4mm
		启闭力	不应大于 40N
		反复启闭	一套滑轮按实际承载重量进行反复启闭试验，门用滑轮达到 100000 次后，窗用滑轮达到 25000 次后，轮体能正常滚动。达到试验次数后，在承受 1.5 倍的承载重量时，启闭力不应大于 100N
	耐温性	耐高温性	非金属轮体的一套滑轮，在 50℃环境中，承受 1.5 倍承载重量后，启闭力不应大于 60N
		耐低温性	非金属轮体的一套滑轮，在 −20℃环境中，承受 1.5 倍承载重量后，滑轮体不破裂，启闭力不应大于 60N

22.7.2　推拉铝合金门窗用滑轮规格

推拉铝合金门窗用滑轮按用途分为推拉铝合金门滑轮（代号TML）和推拉铝合金窗滑轮（代号 TCL）；按结构分为可调型（代号K）和固定型（代号 G）。安装在铝合金门窗下端两侧，使门窗在滑槽中推拉灵活轻便。推拉铝合金门窗用滑轮规格见表 22-28。

表 22-28　推拉铝合金门窗用滑轮规格（QB/T 3892—1999）

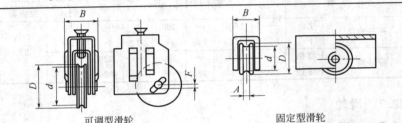

可调型滑轮　　　　　　　　　　　　　　　固定型滑轮

规格 D	底径 d	滚轮槽宽 A		外支架宽度 B		调节高度 F
		Ⅰ系列	Ⅱ系列	Ⅰ系列	Ⅱ系列	
20	16	8		16	6～16	—
24	20	6.5		—	12～16	—
30	26	4	3～9	13	12～20	
36	31	7		17		≥5
42	36	6	6～13	24	—	
45	38					

注：Ⅱ系列尺寸选用整数。

22.8　插销

22.8.1　插销的技术指标

插销的技术指标见表 22-29。

表 22-29　插销的技术指标（JG/T 214—2007）

分类和标记	分　类		分为单动插销、联动插销
	代号	名称代号	单动插销 DCX，联动插销 LCX
		主参数代号	以插销实际行程（mm）表示
	标记	标记方法	用名称代号、主参数代号（插销实际行程）表示
		标记示例	单动插销、行程 22mm，标记为 DCX22

续表

要求		外观	应满足 JG/T 212—2007 的要求
		耐蚀性及膜厚度	应满足 JG/T 212—2007 的要求
	力学性能	操作力	①单动插销 空载时,操作力矩不应超过 2N·m,或操作力不超过 50N;负载时,操作力矩不应超过 4N·m,或操作力不超过 100N ②联动插销 空载时,操作力矩不应超过 4N·m;负载时,操作力矩不应超过 8N·m
		反复启闭	按实际使用情况进行反复启闭运动 5000 次后,插销应能正常工作,并满足操作力的要求
		强度	插销杆承受 1000N 压力作用后,应满足操作力的要求

22.8.2　铝合金门插销规格

铝合金门插销安装在铝合金平开门、弹簧门上,作关闭后固定用。铝合金门插销规格见表 22-30。

表 22-30　**铝合金门插销规格**（QB/T 3885—1999）

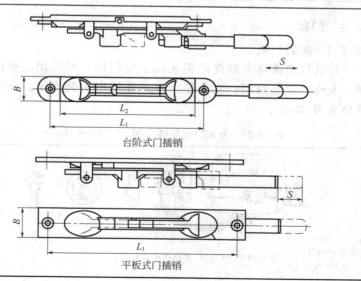

台阶式门插销

平板式门插销

续表

产品标记代号	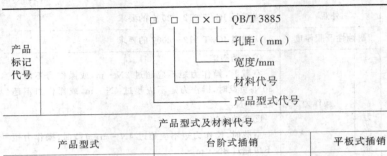

产品型式及材料代号

产品型式	台阶式插销	平板式插销
代号	T	P
材料名称	锌合金	铜
代号	ZZn	ZH

产品规格尺寸/mm

行程	宽度	孔距 L_1		台阶 L_2	
S	B	基本尺寸	极限偏差	基本尺寸	极限偏差
>16	22	130	±0.20	110	±0.25
	25	150			

22.9 门锁

22.9.1 外装门锁

外装门锁锁体安装在门梃表面上锁门用。单头锁，室内用执手，室外用钥匙启闭；双头锁，室内外均用钥匙启闭。外装门锁规格见表22-31。

表22-31 外装门锁规格 （QB/T 2473—2000）

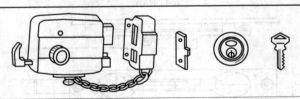

钥匙不同牙花数/种	单排弹子≥6000；多排弹子≥40000

续表

互开率/%	锁头结构	单 排 弹 子		多 排 弹 子	
		A级(安全型)	B级(普通型)	A级(安全型)	B级(普通型)
	数值	≤0.082	≤0.204	≤0.030	≤0.050
锁头防拔措施		A级不少于3项;B级不少于1项			
锁舌伸出长度/mm	产品型式	单舌门锁		双舌门锁		双扣门锁	
		斜舌	呆舌	斜舌	呆舌	斜舌	呆舌
	数值	≥12	≥14.5	≥12	≥18	≥4.5	≥8

22.9.2 弹子插芯门锁

弹子插芯门锁锁体插嵌安装在门框中,其附件组装在门上锁门用。单锁头,室外用钥匙,室内用旋钮开启,多用于走廊门上;双锁头,室内外均用钥匙开启,多用于外大门上。一般门选用平口锁,企口门选用企口锁,圆口门及弹簧门选用圆口锁。弹子插芯门锁规格见表22-32。

表22-32 弹子插芯门锁规格 (QB/T 2474—2000)

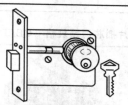

钥匙不同牙花数/种	单排弹子≥6000、多排弹子≥50000		
互开率/%	单排弹子≤0.204、多排弹子≤0.051		
锁舌伸出长度/mm	双舌		双舌(钢门)	单舌
	斜舌≥	11	9	12
	方、钩舌≥	12.5		

22.9.3 球形门锁

球形门锁安装在门上锁门用。锁的品种多,可以适应不同用途门的需要。锁的造型美观,用料考究,多用于较高级建筑物。球形门锁规格见表22-33。

22.9.4 叶片插芯门锁

叶片插芯门锁规格见表22-34。

表 22-33　球形门锁规格（QB/T 2476—2000）

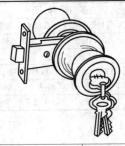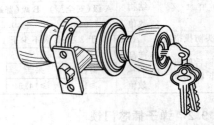

锁头结构	弹子球锁		叶片球锁	
	单排弹子	多排弹子	无级差	有级差
钥匙不同牙花数/种	≥6000	≥100000	≥500	≥600
互开率/% A级	≤0.082	≤0.010	—	≤0.082
互开率/% B级	≤0.204	≤0.020	≤0.326	≤0.204

锁舌伸出长度/mm	级别	球形锁	固定锁	拉手	
				方舌	斜舌
	A级	≥12	≥25	≥25	≥11
	B级	≥11			

表 22-34　叶片插芯门锁规格（QB/T 2475—2000）

每组锁的钥匙牙花数/种	≥72(含不同槽形)		
互开率/%	≤0.051		
锁舌伸出长度/mm	一挡开启		二挡开启
	方舌	≥11	第一挡≥8
			第二挡≥16
	斜舌	≥10	

22.9.5　铝合金门锁

铝合金门锁规格见表22-35。

表22-35　铝合金门锁规格（QB/T 3891—1999）

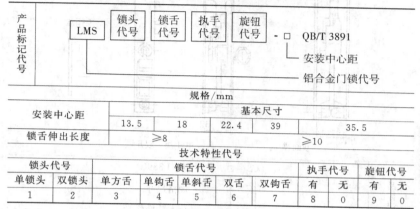

安装中心距	基本尺寸			
	13.5	18	22.4	39	35.5
锁舌伸出长度	≥8		≥10	

| 技术特性代号 | | | | | | | | | | |

锁头代号		锁舌代号					执手代号		旋钮代号	
单锁头	双锁头	单方舌	单钩舌	单斜舌	双舌	双钩舌	有	无	有	无
1	2	3	4	5	6	7	8	0	9	0

22.9.6　铝合金窗锁

铝合金窗锁有两种：无锁头的窗锁（有单面锁和双面锁）；有锁头的窗锁（有单开锁和双开锁）。安装在铝合金窗上作锁窗用。铝合金窗锁规格见表22-36。

表22-36　铝合金窗锁规格（QB/T 3890—1999）

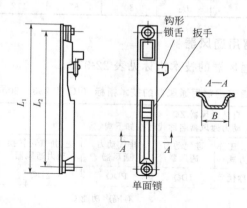

续表

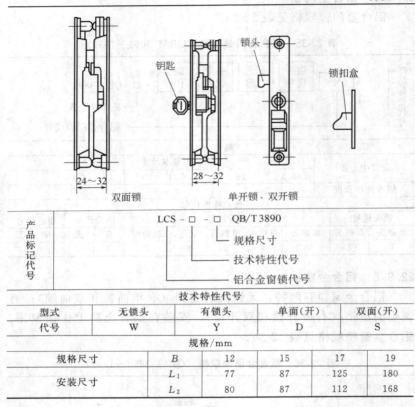

| 双面锁 | 单开锁、双开锁 |

| 产品标记代号 | LCS - □ - □　QB/T 3890
　　　　　　　└── 规格尺寸
　　　　　└──── 技术特性代号
　　└────── 铝合金窗锁代号 |

技术特性代号

型式	无锁头	有锁头	单面(开)	双面(开)
代号	W	Y	D	S

规格/mm					
规格尺寸	B	12	15	17	19
安装尺寸	L_1	77	87	125	180
	L_2	80	87	112	168

22.10　建筑门窗用通风器

建筑门窗用通风器的技术指标见表 22-37。

表 22-37　建筑门窗用通风器的技术指标　(JG/T 233—2008)

分类和标记	分类	名称代号	自然通风器 ZQ 动力通风器名称代号按如下规定：				
			动力工作方式	进气动力通风器	排气动力通风器	进、排气可转换动力通风器	双向送风动力通风器
			名称代号	JDQ	PDQ	ZDQ	SDQ
		功能代号	有隔声功能 G				

续表

分类和标记	分类	主参数代号	①自然通风器 自然通风器主参数代号由以下两个参数组成 通风量：条形通风器每米(其他型式通风器每件)开启状态下最大的通风量(m³/h) 隔声量：条形通风器每米(其他型式通风器每件)在达到最大通风量开启状态下的隔声量(dB) ②动力通风器 动力通风器主参数代号由以下三个参数组成 通风量：条形通风器每米(其他型式通风器每件)开启状态下最大的通风量(m³/h)； 隔声量：条形通风器每米(其他型式通风器每件)在达到最大通风量开启状态下的隔声量(dB)； 自噪声量：通风器不小于 30m³/h 状态时的自噪声量
	标记	标记方法	产品标记由名称代号、功能代号、主参数(通风量、隔声量、自噪声量)代号组成 隔声量：自然通风器无隔声功能此此参数标记 自噪声量：自然通风器此此参数标记
		标记示例	示例1：自然通风器，无隔声功能、条形，每米通风器最大通风量为 40m³/h，标记为 ZQ-40 示例2：进气动力通风器，有隔声功能，每件通风器最大通风量为 75m³/h 时的隔声量为 44dB，自噪声量为 35dB(A)，标记为 JDQ-G-75・44・35

要求	一般要求	①通风器的构造设计应便于清洁和更换隔声过滤材料；应易于与门窗、幕墙构件(或墙体)安装连接，且保证可靠连接 ②当工程有特殊要求时，通风器应满足与所需门窗、幕墙性能相匹配的要求
	外观	产品外表面平整，表面光泽一致，色度均匀，无明显色差；可视面无明显的麻点、划伤、压痕、凹凸不平、锐角、毛刺等缺陷

	尺寸允许偏差/mm	项目	高度、宽度、长度		对角线尺寸之差	相邻构件同一平面度	相邻构件装配间隙
			≤2000	>2000			
		偏差值	±2.0	≤2.5	≤0.3	≤0.2	≤0.2

	操作性能	①手动操作控制的通风器操作手柄、操作杆应灵活可靠，无卡滞现象；旋压手柄、旋压钮转动力矩不应大于 3.5N・m ②电动控制的通风器，风机在任何挡位应能自由启动

	通风量/ m³・h⁻¹	自然通风器在 10Pa 压差下，动力通风器在 0Pa 压差下，条形通风器每米(其他型式通风器每件)开启状态下的通风量(V)应符合以下规定

分组	1	2	3	4	5	6	7	8
分组指标值 V	30≤V<40	40≤V<50	50≤V<60	60≤V<70	70≤V<80	80≤V<90	90≤V<100	V≥100

第 8 级应在分级后注明≥100m³/h 的具体值

要求	自噪声量	动力通风器通风量不小于 $30m^3/h$ 状态时,自噪声量 A 计权声功率级不应大于 38dB(A)
	隔声性能	无隔声功能的通风器: ①关闭状态下,通风器小构件的计权规范化声压级差不应小于 25dB ②开启状态下,通风器小构件的计权规范化声压级差不应小于 20dB 有隔声功能的通风器:开启、关闭状态下,通风器小构件的计权规范化声压级差不应小于 33dB
	保温性能	通风器的传热系数(K)不应大于 $4.0W/(m^2 \cdot K)$
	气密性能	关闭状态下,通风器的单位缝长空气渗透量(q_1)不应大于 $2.5m^3/(m \cdot h)$,或单位面积空气渗透量(q_2)不应大于 $7.5m^3/(m^2 \cdot h)$
	水密性能	关闭状态下,通风器的水密性能(Δp)不应小于 100Pa;开启状态下,室内没有明显可视水珠
	抗风压性能	通风器的抗风压性能(p_3)应大于 1.0kPa
	反复启闭	手动控制开关反复开关 4000 次后,开关控制系统操作正常,各部件不应松动脱扣;电动控制开关动作 5000 次控制系统工作正常 当动力通风器具有手动、电动两种控制装置时,应分别满足要求

第23章 网、钉及玻璃

23.1 网

23.1.1 窗纱

窗纱品种有金属编织的窗纱［一般为低碳钢涂（镀）层窗纱］和铝窗纱，其形式有Ⅰ型和Ⅱ型两种。用于制作纱窗、纱门、菜橱、菜罩、蝇拍等。窗纱规格见表23-1。

表23-1　窗纱规格（QB/T 3882—1999、QB/T 3883—1999）

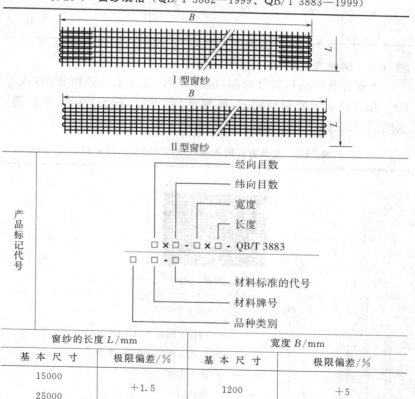

窗纱的长度 L/mm		宽度 B/mm	
基本尺寸	极限偏差/%	基本尺寸	极限偏差/%
15000	+1.5	1200	+5
25000			

续表

窗纱的长度 L/mm		宽度 B/mm	
基本尺寸	极限偏差/%	基本尺寸	极限偏差/%
30000	0	1000	±5
30480		914	

窗纱的基本目数				金属丝直径 /mm			
经向每英寸目数	极限偏差/%	纬向每英寸目数	极限偏差/%	直径		极限偏差	
				钢	铝	钢	铝
14		14					0
16	±5	16	±3	0.25	0.28		
18		18					−0.03

23.1.2　钢丝方孔网

　　钢丝方孔网按材料分两类：电镀锌网（代号 D），热镀锌网（代号 R）。用于筛选干的颗粒物质，如粮食、食用粉、石子、沙子、矿砂等，也用于建筑、围栏等。钢丝方孔网规格见表 23-2。

表 23-2　**钢丝方孔网规格**（QB/T 1925.1—1993）　　　mm

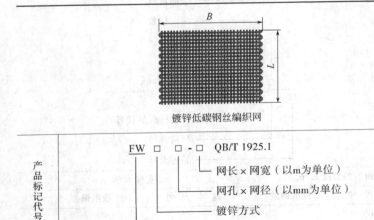

镀锌低碳钢丝编织网

产品标记代号

FW □ □-□ QB/T 1925.1

　　　　　　　　　网长×网宽（以m为单位）

　　　　　　　网孔×网径（以mm为单位）

　　　　镀锌方式

　　方孔网

续表

网孔尺寸	钢丝直径	净孔尺寸	网的宽度 B	相当英制目数	网孔尺寸	钢丝直径	净孔尺寸	网的宽度 B	相当英制目数
0.50		0.30		50	1.80	0.35	1.45		14
0.55		0.35		46	2.10		1.65		12
0.60	0.20	0.40		42	2.55	0.45	2.05		10
0.64		0.44		40	2.80		2.25		9
0.66		0.46		38	3.20		2.65		8
0.70		0.50		36	3.60	0.55	3.05		7
0.75		0.50		34	3.90		3.35	1000	6.5
0.80		0.55	914	32	4.25		3.55		6
0.85	0.25	0.60		30	4.60	0.70	3.90		5.5
0.90		0.65		28	5.10		4.40		5
0.95		0.70		26	5.65		4.75		4.5
1.05		0.80		24	6.35	0.90	5.45		4
1.15		0.85		22	7.25		6.35		3.5
1.30	0.30	1.00		20	8.46		7.26		3
1.40		1.10		18	10.20	1.20	9.00	1200	2.5
1.60	0.30	1.25	1000	16	12.70		11.50		2

注：每匹长度为 30m。

23.1.3 钢丝六角网

钢丝六角网一般用镀锌低碳钢丝编织。用于建筑物门窗上的防护栏、园林的隔离围栏及石油、化工等设备、管道和锅炉上的保温包扎材料。钢丝六角网规格见表 23-3。

表 23-3　钢丝六角网规格（QB/T 1925.2—1993）　　mm

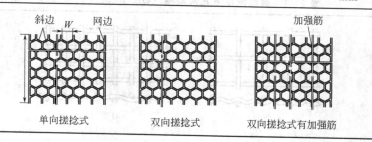

单向搓捻式　　　　　双向搓捻式　　　　双向搓捻式有加强筋

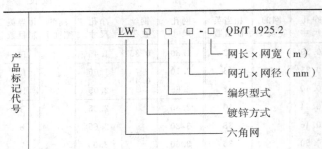

分类	按镀锌方式分			按编织型式分		
	先编网后镀锌	先电镀锌后织网	先热镀锌后织网	单向搓捻式	双向搓捻式	双向搓捻式有加强筋
代号	B	D	R	Q	S	J

网孔尺寸 W		10	13	16	20	25	30	40	50	75
钢丝直径	自	0.40	0.40	0.40	0.40	0.40	0.45	0.50	0.50	0.50
	至	0.60	0.90	0.90	1.00	1.30	1.30	1.30	1.30	1.30

注：1. 钢丝直径系列 d：0.40，0.45，0.50，0.55，0.60，0.70，0.80，0.90，1.00，1.10，1.20，1.30（mm）。
2. 钢丝镀锌后直径应不小于 $d+0.02$mm。
3. 网的宽度：0.5，1，1.5，2（m）；网的长度：25，30，50（m）。

23.1.4 钢丝波纹方孔网

钢丝波纹方孔网一般用镀锌低碳钢丝编织。用于矿山、冶金、建筑及农业生产中固体颗粒的筛选，液体和泥浆的过滤，以及用作加强物或防护网等。钢丝波纹方孔网规格见表 23-4。

表 23-4 钢丝波纹方孔网规格（QB/T 1925.3—1993） mm

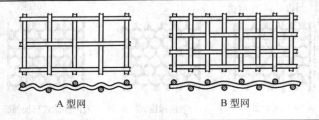

A 型网 B 型网

续表

产品标记代号

BW □ □ □ □ QB/T 1925.3
- └─ 网长×网宽（m）
- └── 网孔尺寸×网径（mm）
- └─── 材料
- └──── 编织型式
- └───── 波纹方孔网

分类	按编织型式分		按编织网的钢丝镀锌方式分	
	A 型	B 型	热镀锌钢丝	电镀锌钢丝
代号	A	B	R	D

钢丝直径	网孔尺寸 A型 I系	A型 II系	B型 I系	B型 II系	钢丝直径	网孔尺寸 A型 I系	A型 II系	B型 I系	B型 II系	钢丝直径	网孔尺寸 A型 I系	A型 II系	B型 I系	B型 II系
0.70			1.1, 2.0		2.8	15, 20	25	6	10, 12	6.0	30, 40, 50	28, 35, 45	20, 25	18, 22
0.90			2.5		3.5	20, 25	30	6	10, 15	8.0	40, 50	45	30	35
1.2	6	8	8		4.0	20, 25	30	6, 8	12, 16	10.0	80, 100, 125	70, 90, 110	—	—
1.6	10	12	3	5										
2.2	12	15, 20	4	6	5.0	25, 30	28, 36	20	22					

网的宽度/m 网的长度/m	片网	0.9 <1	1 1~5	1.5 >5~10	卷网	9 10~30

注：网孔尺寸系列：I 系为优先选用规格，II 系为一般规格。

23.1.5　铜丝编织方孔网

铜丝编织方孔网产品类型有：按编织型式分为平纹编织（代号 P），斜纹编织（代号 E），珠丽纹编织（代号 Z）；按材料分为铜（代号 T），黄铜（代号 H），锡青铜（代号 Q）。用于筛选食用粉、粮食种子、颗粒原料、化工原料、淀粉、药粉、过滤溶液、油脂等，还用作精密机械、仪表、电信器材的防护设备等。铜丝编织方孔网规格见表 23-5。

表 23-5　铜丝编织方孔网规格（QB/T 2031—1994）　mm

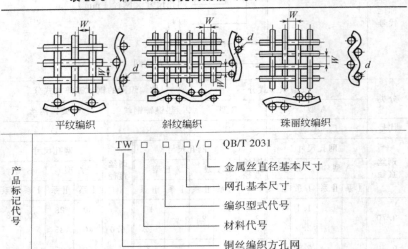

网孔基本尺寸 W			金属丝直径基本尺寸 d	网孔基本尺寸 W			金属丝直径基本尺寸 d
主要尺寸	补充尺寸			主要尺寸	补充尺寸		
R10 系列	R20 系列	R40/3 系列		R10 系列	R20 系列	R40/3 系列	
5.00	5.00	—	1.60 1.25 1.12 1.00 0.900	—	4.50	—	1.400 1.120 1.000 0.900 0.800 0.710
—	—	4.75	1.60 1.25 1.12 1.00 0.900	4.00	4.00	4.00	1.400 1.250 1.120 1.000 0.900 0.710

网孔基本尺寸 W			金属丝直径 基本尺寸 d	网孔基本尺寸 W			金属丝直径 基本尺寸 d
主要尺寸	补 充 尺 寸			主要尺寸	补 充 尺 寸		
R10 系列	R20 系列	R40/3 系列		R10 系列	R20 系列	R40/3 系列	
—	3.55	—	1.25 1.00 0.900 0.800 0.710 0.630 0.560	—	2.24	—	0.900 0.630 0.560 0.500 0.450
—	—	3.55	1.25 0.900 0.800 0.710 0.630 0.560	2.00	2.00	2.00	0.900 0.630 0.560 0.500 0.450 0.400
3.15	3.15	—	1.25 1.12 0.800 0.710 0.630 0.560 0.500	—	1.80	—	0.800 0.560 0.500 0.450 0.400
—	2.80	2.80	1.12 0.800 0.710 0.630 0.560	—	—	1.70	0.800 0.630 0.500 0.450 0.400
2.50	2.50	—	1.00 0.710 0.630 0.560 0.500	1.60	1.60	—	0.800 0.560 0.500 0.450 0.400
—	—	2.36	1.00 0.800 0.630 0.560 0.500 0.450	—	1.40	1.40	0.710 0.560 0.500 0.450 0.400 0.355

续表

网孔基本尺寸 W			金属丝直径基本尺寸 d	网孔基本尺寸 W			金属丝直径基本尺寸 d
主要尺寸	补 充 尺 寸			主要尺寸	补 充 尺 寸		
R10 系列	R20 系列	R40/3 系列		R10 系列	R20 系列	R40/3 系列	
1.25	1.25	—	0.630 0.560 0.500 0.400 0.355 0.315	0.800	0.800	—	0.450 0.355 0.315 0.280 0.250 0.200
—	—	1.18	0.630 0.500 0.450 0.400 0.355 0.315	—	0.710	0.710	0.450 0.355 0.315 0.280 0.250 0.200
—	1.12	—	0.560 0.450 0.400 0.355 0.315 0.280	0.630	0.630	—	0.400 0.315 0.280 0.250 0.224 0.220
1.00	1.00	1.00	0.560 0.500 0.400 0.355 0.315 0.280 0.250	—	—	0.600	0.400 0.315 0.280 0.250 0.200 0.180
—	0.900	—	0.500 0.450 0.355 0.315 0.250 0.224	—	0.560	—	0.315 0.280 0.250 0.224 0.180
—	—	0.850	0.500 0.450 0.355 0.315 0.280 0.250 0.224	0.500	0.500	0.500	0.315 0.250 0.224 0.200 0.160

续表

| 网孔基本尺寸 W | | | 金属丝直径基本尺寸 d | 网孔基本尺寸 W | | | 金属丝直径基本尺寸 d |
| 主要尺寸 | | 补充尺寸 | | 主要尺寸 | | 补充尺寸 | |
R10系列	R20系列	R40/3系列		R10系列	R20系列	R40/3系列	
—	0.450	—	0.280 0.250 0.200 0.180 0.160 0.140	—	0.280	—	0.180 0.160 0.140 0.112
—	—	0.425	0.280 0.224 0.200 0.180 0.160 0.140	0.250	0.250	0.250	0.160 0.140 0.125 0.112 0.100
0.400	0.400	—	0.250 0.224 0.200 0.180 0.160 0.140	—	0.224	—	0.160 0.125 0.100 0.090
—	0.355	0.355	0.224 0.200 0.180 0.140 0.125	—	—	0.212	0.140 0.125 0.112 0.100 0.090
0.315	0.315	—	0.200 0.180 0.160 0.140 0.125	0.200	0.200	—	0.140 0.125 0.112 0.090 0.080
—	—	0.300	0.200 0.180 0.160 0.140 0.125 0.112	0.180	0.180	—	0.125 0.112 0.100 0.090 0.080 0.071

| 网孔基本尺寸 W | | | 金属丝直径基本尺寸 d | 网孔基本尺寸 W | | | 金属丝直径基本尺寸 d |
| 主要尺寸 | 补　充　尺　寸 | | | 主要尺寸 | 补　充　尺　寸 | | |
R10系列	R20系列	R40/3系列		R10系列	R20系列	R40/3系列	
0.160	0.160	—	0.112	0.080	0.080	—	0.063
			0.100				0.056
			0.090				0.050
			0.080				0.045
			0.071				0.040
			0.063				
—	—	0.150	0.100	—	—	0.075	0.063
			0.090				0.056
			0.080				0.050
			0.071				0.045
			0.063				0.040
—	0.140	—	0.100	—	0.071	—	0.056
			0.090				0.050
			0.071				0.045
			0.063				0.040
			0.056				
0.125	0.125	0.125	0.090	0.063	0.063	0.063	0.050
			0.080				0.045
			0.071				0.040
			0.063				0.036
			0.056	—	0.056	—	0.045
			0.050				0.040
—	—	0.106	0.080				0.036
			0.071				0.032
			0.063	—	—	0.053	0.040
			0.056				0.036
			0.050				0.032
0.100	0.100	—	0.080	0.050	0.050	—	0.040
			0.071				0.036
			0.063				0.032
			0.056				0.030
			0.050	—	0.045	0.045	0.036
—	0.090	0.090	0.071				0.032
			0.063				0.028
			0.056	0.040	0.040	—	0.032
			0.050				0.030
			0.045				0.025

续表

网孔基本尺寸 W			金属丝直径 基本尺寸 d	网孔基本尺寸 W			金属丝直径 基本尺寸 d
主要尺寸	补 充 尺 寸			主要尺寸	补 充 尺 寸		
R10 系列	R20 系列	R40/3 系列		R10 系列	R20 系列	R40/3 系列	
—	—	0.038	0.032 0.030 0.025	—	0.036	—	0.030 0.028 0.022

注:方孔网每卷网长、网宽

| 网孔基本尺寸 W/mm | 网长 L/m | 网宽 B/m |
| 0.036~5.00 | 30000 | 914,1000 |

23.1.6 钢板网

钢板网用于粉刷、拖泥板、防护棚、防护罩、隔离网、隔断、通风等。钢板网规格见表 23-6。

表 23-6 **钢板网规格**（QB/T 2959—2008） mm

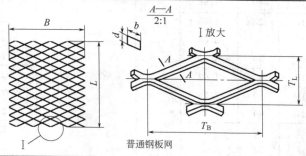

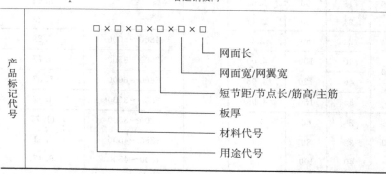

续表

d	网格尺寸			网面尺寸		钢板网理论重量/
	T_L	T_B	b	B	L	kg·m^{-2}
0.3	2	3	0.3	100~500		0.71
	3	4.5	0.4			0.63
0.4	2	3	0.4	500	—	1.26
	3	4.5	0.5			1.05
0.5	2.5	4.5	0.5			1.57
	5	12.5	1.11	1000		1.74
	10	25	0.96	2000	600~1000	0.75
0.8	8	16	0.8	1000	600~5000	1.26
	10	20	1.0			1.26
	10	25	0.96			1.21
1.0	10	25	1.10			1.73
	15	40	1.68			1.76
1.2	10	25	1.69			2.65
	15	30	2.03			2.66
	15	40	2.47			2.42
1.5	15	40	1.69	2000	4000~5000	2.65
	18	50	2.03			2.66
	24	60	2.47			2.42
2.0	12	25	2.0			5.23
	18	50	2.03			3.54
	24	60	2.47			3.23
3.0	24	60	3.0		4800~5000	5.89
	40	100	4.05		3000~3500	4.77
	46	120	4.95		5600~6000	5.07
	55	150	4.99		3300~3500	4.27
4.0	24	60	4.5		3200~3500	11.77
	32	80	5.0		3850~4000	9.81
	40	100	6.0		4000~4500	9.42

续表

d	网格尺寸			网面尺寸		钢板网理论重量/ kg·m^{-2}
	T_L	T_B	b	B	L	
5.0	24	60	6.0		2400～3000	19.62
	32	80	6.0		3200～3500	14.72
	40	100	6.0		4000～4500	11.78
	56	150	6.0		5600～6000	8.41
6.0	24	60	6.0	2000	2900～3500	23.55
	32	80	7.0		3300～3500	20.60
	40	100	7.0		4150～4500	16.49
	56	150	7.0		4850～5000	25.128
8.0	40	100	8.0		3650～4000	25.12
			9.0		3250～3500	28.26
	60	150			4850～5000	18.84
10.0	45	100	10.0	1000	4000	34.89

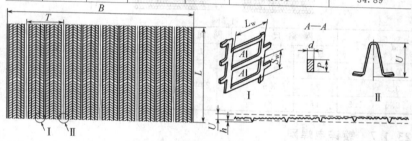

有筋扩张网

网格尺寸				网面尺寸			材料镀锌层双面重量/ g·m^{-2}	钢板网理论重量/kg·m^{-2}					
S_w	L_w	P	U	T	B	L		d					
								0.25	0.3	0.39	0.4	0.45	0.51
5.5	8	1.28	9.5	97	686	2440	≥120	1.16	1.40	1.63	1.86	2.09	2.33
11	16	1.22	8	150	600	2440	≥120	0.66	0.79	0.92	1.09	1.17	1.31
8	12	1.20	8	100	600	2440	≥120	0.97	1.17	1.36	1.55	1.75	1.94
5	8	1.42	12	100	600	2440	≥120	1.45	1.76	2.05	2.34	2.64	2.93
4	7.5	1.20	5	75	600	2440	≥120	1.01	1.22	1.42	1.63	1.82	2.03
3.5	13	1.05	6	75	750	2440	≥120	1.17	1.42	1.69	1.89	2.12	2.36
8	10.5	1.10	8	50	600	2440	≥120	1.18	1.42	1.66	1.89	2.13	2.37

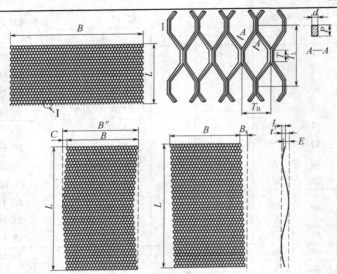

批荡网

d	P	网格尺寸		网面尺寸			材料镀锌层双	钢板网理论
		T_L	T_B	T	L	B	面重量/g·m^{-2}	重量/kg·m^{-2}
0.4	1.5	17	8.7					0.95
0.5	1.5	20	9.5	4	2440	690	≥120	1.36
0.6	1.5	17	8					1.84

23.1.7 镀锌电焊网

镀锌电焊网用于建筑、种植、养殖等行业的围栏。镀锌电焊网规格见表 23-7。

表 23-7 镀锌电焊网规格（QB/T 3897—1999）

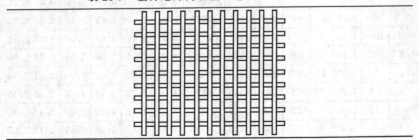

续表

| 产品标记代号 | DHW $D \times J \times W$ QB/T 3897 丝径×经向网孔长×纬向网孔长 镀锌电焊网 |

网 号	网孔尺寸 （经×纬）/mm	钢丝直径 d/mm	网边露头 长 C/mm	网宽 B/mm	网长 L/mm
20×20	50.80×50.80				
10×20	25.40×50.80	1.80～2.50	≤2.5		
10×10	25.40×25.40				
04×10	12.70×25.40	1.00～1.80	≤2	914	30000 30480①
06×06	19.05×19.05				
04×04	12.70×12.70				
03×03	9.53×9.53	0.50～0.90	≤1.5		
02×02	6.35×6.35				

钢丝直径/mm	2.50	2.20	2.00	1.80	1.60	1.40	1.20
焊点抗拉力/N＞	500	400	330	270	210	160	120
钢丝直径/mm	1.00	0.90	0.80	0.70	0.60	0.55	0.50
焊点抗拉力/N＞	80	65	50	40	30	25	20

① 外销品种。

23.2 钉

23.2.1 一般用途圆钢钉

一般用途圆钢钉规格见表 23-8。

表 23-8 一般用途圆钢钉规格（YB/T 5002—1993）

钉长/ mm	钉杆直径/mm			1000 个圆钉重/kg		
	重 型	标 准 型	轻 型	重 型	标 准 型	轻 型
10	1.10	1.00	0.90	0.079	0.062	0.045
13	1.20	1.10	1.00	0.120	0.097	0.080
16	1.40	1.20	1.10	0.207	0.142	0.119
20	1.60	1.40	1.20	0.324	0.242	0.177
25	1.80	1.60	1.40	0.511	0.359	0.302
30	2.00	1.80	1.60	0.758	0.600	0.473

钉长/mm	钉杆直径/mm			1000 个圆钉重/kg		
	重　型	标准型	轻　型	重　型	标　准　型	轻　型
35	2.20	2.00	1.80	1.060	0.86	0.70
40	2.50	2.20	2.00	1.560	1.19	0.99
45	2.80	2.50	2.20	2.220	1.73	1.34
50	3.10	2.80	2.50	3.020	2.42	1.92
60	3.40	3.10	2.80	4.350	3.56	2.90
70	3.70	3.40	3.10	5.936	5.00	4.15
80	4.10	3.70	3.40	8.298	6.75	5.71
90	4.50	4.10	3.70	11.20	9.35	7.63
100	5.00	4.50	4.10	15.50	12.5	10.4
110	5.50	5.00	4.50	20.87	17.0	13.7
130	6.00	5.50	5.00	29.07	24.3	20.0
150	6.50	6.00	5.50	39.42	33.3	28.0
175	—	6.50	6.00	—	45.7	38.9
200	—	—	6.50	—	—	52.1

23.2.2　射钉（GB/T 18981—2008）

　　射钉是射钉紧固技术的关键部分，不但要承受住射击时的极大压力，而且还需经得起各种使用条件和环境的长期考验。射钉一般分为仅由钉体构成、由钉体和定位件构成以及由钉体、定位件和附件构成三种型式。射钉钉体的类型、名称、形状、参数及钉体代号见表23-9，射钉定位件的类型代号、名称、形状、主要参数及代号见表23-10，射钉附件的类型代号、名称、形状、参数及附件代号见表23-11。

表 23-9　射钉钉体的类型、名称、形状、参数及钉体代号

类型代号	名称	形　　状	主要参数/mm	钉 体 代 号
YD	圆头钉		$D=8.4$ $d=3.7$ $L=19,22,27,32,$ $37,42,47,52,56,$ $62,72$	类型代号加钉长 L 钉长为 32mm 的圆头钉示例为 YD32

类型代号	名称	形 状	主要参数/mm	钉体代号
DD	大圆头钉		$D=10$ $d=4.5$ $L=27,32,37,$ $42,47,52,56,62,$ $72,82,97,117$	类型代号加钉长 L 钉长为 37mm 的大圆头钉示例为 DD37
HYD	压花圆头钉		$D=8.4$ $d=3.7$ $L=13,16,$ $19,22$	类型代号加钉长 L 钉长为 22mm 的压花圆头钉示例为 HYD22
HDD	压花大圆头钉		$D=10$ $d=3.7$ $L=19,22$	类型代号加钉长 L 钉长为 22mm 的压花大圆头钉示例为 HDD22
PD	平头钉		$D=7.5$ $d=3.7$ $L=19,25,32,$ $38,51,63,76$	类型代号加钉长 L 钉长为 32mm 的平头钉示例为 PD32
PS	小平头钉		$D=7.6$ $d=3.5$ $L=22,27,32,$ $37,42,47,52,62,72$	类型代号加钉长 L 钉长为 27mm 的小平头钉示例为 PS27
DPD	大平头钉		$D=10$ $d=4.5$ $L=27,32,37,$ $42,47,52,62,72,$ $82,97,117$	类型代号加钉长 L 钉长为 27mm 的大平头钉示例为 DPD27
HPD	压花平头钉		$D=7.6$ $d=3.7$ $L=13,16,19$	类型代号加钉长 L 钉长为 13mm 的压花平头钉示例为 HPD13

类型代号	名称	形状	主要参数/mm	钉体代号
QD	球头钉		$D=5.6$ $d=3.7$ $L=22,27,32,37,$ $42,47,52,62,72,$ $82,97$	类型代号加钉长 L 钉长为 37mm 的球头钉示例为 QD37
HQD	压花球头钉		$D=5.6$ $d=3.7$ $L=16,19,32$	类型代号加钉长 L 钉长为 19mm 的压花球头钉示例为 HQD19
ZP	6mm 平头钉		$D=6$ $d=3.7$ $L=25,30,35,$ $40,50,60,75$	类型代号加钉长 L 钉长为 40mm 的 6mm 平头钉示例为 ZP40
DZP	6.3mm 平头钉		$D=6.3$ $d=3.7$ $L=25,30,35,40,$ $50,60,75$	类型代号加钉长 L 钉长为 50mm 的 6.3mm 平头钉示例为 DZP50
ZD	专用钉		$D=8$ $d=3.7$ $d_1=2.7$ $L=42,47,52,$ $57,62$	类型代号加钉长 L 钉长为 52mm 的专用钉示例为 ZD52
GD	GD钉		$D=8$ $d=5.5$ $L=45,50$	类型代号加钉长 L 钉长为 45mm 的 GD 钉示例为 GD45
KD6	6mm 眼孔钉		$D=6$ $d=3.7$ $L_1=11$ $L=25,30,35,$ $40,50,60$	类型代号-钉头长 L_1-钉长 L 钉头长为 11mm，钉长为 40mm 的 6mm 眼孔钉示例为 KD6-11-40

类型代号	名称	形 状	主要参数/mm	钉体代号
KD 6.3	6.3mm 眼孔钉		$D=6.3$ $d=4.2$ $L_1=13$ $L=25,30,35,$ $40,50,60$	类型代号-钉头长 L_1-钉长 L 钉头长为13mm，钉长为 50mm 的 6.3mm 眼孔钉示例为 KD6.3-13-50
KD8	8mm 眼孔钉		$D=8$ $d=4.5$ $L_1=20,25,$ $30,35$ $L=22,32,$ $42,52$	类型代号-钉头长 L_1-钉长 L 钉头长为 20mm，钉长为 32mm 的 8mm 眼孔钉示例为 KD8-20-32
KD 10	10mm 眼孔钉		$D=10$ $d=5.2$ $L_1=24,30$ $L=32,42,52$	类型代号-钉头长 L_1-钉长 L 钉头长为 24mm，钉长为 52mm 的 10mm 眼孔钉示例为 KD10-24-52
M6	M6 螺纹钉		$D=M6$ $d=3.7$ $L_1=11,20,$ $25,32,38$ $L=22,27,32,$ $42,52$	类型代号-螺纹长度 L_1-钉长 L 螺纹长度为 20mm，钉长为 32mm 的 M6 螺纹钉示例为 M6-20-32
M8	M8 螺纹钉		$D=M8$ $d=4.5$ $L_1=15,20,$ $25,30,35$ $L=27,32,$ $42,52$	类型代号-螺纹长度 L_1-钉长 L 螺纹长度为 15mm，钉长为 32mm 的 M8 螺纹钉示例为 M8-15-32
M10	M10 螺纹钉		$D=M10$ $d=5.2$ $L_1=24,30$ $L=27,32,42$	类型代号-螺纹长度 L_1-钉长 L 螺纹长度为 30mm，钉长为 42mm 的 M10 螺纹钉示例为 M10-30-42

类型代号	名称	形 状	主要参数/mm	钉体代号
HM6	M6 压花螺纹钉		$D=$ M6 $d=3.7$ $L_1=11,20,$ $25,32$ $L=9,12$	类型代号-螺纹长度 L_1-钉长 L 螺纹长度为 11mm，钉长为 12mm 的 M6 压花螺纹钉示例为 HM6-11-12
HM8	M8 压花螺纹钉		$D=$ M8 $d=4.5$ $L_1=15,20,$ $25,30,35$ $L=15$	类型代号-螺纹长度 L_1-钉长 L 螺纹长度为 20mm，钉长为 15mm 的 M8 压花螺纹钉示例为 HM8-20-15
HM 10	M10 压花螺纹钉		$D=$ M10 $d=5.2$ $L_1=24,30$ $L=15$	类型代号-螺纹长度 L_1-钉长 L 螺纹长度为 30mm，钉长为 15mm 的 M10 压花螺纹钉示例为 HM10-30-15
HDT	压花特种钉		$D=5.6$ $d=4.5$ $L=21$	类型代号加钉长 L 钉长为 21mm 的压花特种钉示例为 HDT21

表 23-10 射钉定位件的类型代号、名称、形状、主要参数及代号

类型代号	名称	形 状	主要参数/mm	定位件代号
S	塑料圈		$d=8$	S8
			$d=10$	S10
			$d=12$	S12

续表

类型代号	名称	形　状	主要参数/mm	定位件代号
C	齿形圈		$d=6$	C6
			$d=6.3$	C6.3
			$d=8$	C8
			$d=10$	C10
			$d=12$	C12
J	金属圈		$d=8$	J8
			$d=10$	J10
			$d=12$	J12
M	钉尖帽		$d=6$	M6
			$d=6.3$	M6.3
			$d=8$	M8
			$d=10$	M10
T	钉头帽		$d=6$	T6
			$d=6.3$	T6.3
			$d=8$	T8
			$d=10$	T10
G	钢套		$d=10$	G10
LS	连发塑料圈		$d=6$	LS6

表 23-11　射钉附件的类型代号、名称、形状、参数及附件代号

类型代号	名称	形　状	主要参数/mm	附件代号
D	圆垫片		$d=20$	D20
			$d=25$	D25
			$d=28$	D28
			$d=35$	D35

续表

类型代号	名称	形 状	主要参数/mm	附件代号
FD	方垫片		$b=20$	FD20
			$b=25$	FD25
P	直角片		—	P
XP	斜角片		—	XP
K	管卡		$d=18$	K18
			$d=25$	K25
			$d=30$	K30
T	钉筒		$d=12$	T12

23.2.3 射钉弹 (GB/T 19914—2005)

射钉弹是射钉紧固技术的能源部分。射钉弹规格见表 23-12。

表 23-12 射钉弹规格   mm

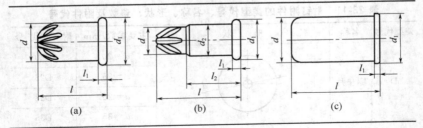

(a)   (b)   (c)

续表

d—体部或缩颈部直径；
d_1—底缘直径；
d_2—大体部直径；
l—全长；
l_1—底缘高度；
l_2—大体部长度

射钉弹类别	d_{max}	d_{min}	d_{2max}	l_{max}	l_{1max}	l_{2max}
5.5×16S	5.28	7.06	5.74	15.50	1.12	9.00
5.6×16	5.74	7.06	—	15.50	1.12	—
5.6×25	5.74	7.06	—	25.30	1.12	—
K5.6×25	5.74	7.06	—	25.30	1.12	—
6.3×10	6.30	7.60	—	10.30	1.30	—
6.3×12	6.30	7.60	—	12.00	1.30	—
6.3×16	6.30	7.60	—	15.80	1.30	—
6.8×11	6.86	8.50	—	11.00	1.50	—
6.8×18	6.86	8.50	—	18.00	1.50	—
ZK10×18	10.00	10.85	—	17.70	1.20	—

部分射钉弹威力、色标和速度/$m\cdot s^{-1}$

威力变化		小 ←								→						大
威力等级		1		2	3	4	4.5	5	6		7	8	9	10	11	12
色标		灰	白	棕	绿	黄	蓝	红	紫	黑	灰	—	红	黑	—	—
口径×全长	5.5×16	91.4	—	118.9	146.3	173.7	—	201.2	—	—	—	—	—	—	—	—
	5.6×16	—	—	—	146.3	173.7	—	201.2	228.6	—	—	—	—	—	—	—
	6.3×10	—	—	97.5	118.9	152.4	—	173.7	185.9	—	—	—	—	—	—	—
	6.3×12	—	—	100.6	131.1	152.4	173.7	201.2	—	—	—	—	—	—	—	—
	6.3×16	—	—	—	149.4	179.8	204.2	237.7	259.1	—	—	—	—	—	—	—
	6.8×11	—	112.8	128.0	146.3	170.7	—	185.9	—	201.2	—	—	—	—	—	—
	6.8×18	—	—	—	167.6	192.0	221.0	234.7	—	265.2	—	—	—	—	—	—
	10×18	—	—	—	—	—	—	—	—	—	—	283.5	310.9	338.3	365.8	393.2

23.3 玻璃

23.3.1 普通平板玻璃（GB/T 11614—2009）

普通平板玻璃是由石英砂、纯碱、长石及石灰石等在 1550～1600℃高温下熔融后，经拉制或压制而成。具有透光、透视、隔音、隔热等性能，用于建筑物采光，柜台、橱窗、交通工具、制镜、仪表、温室、暖房以及加工其他产品等。

平板玻璃的外观质量见表 23-13，无色透明平板玻璃可见光透射比最小值见表 23-14。

表 23-13   平板玻璃外观质量

点状缺陷[①]	尺寸(L)/mm		允许个数限度
	$0.3 \leqslant L \leqslant 0.5$		$1 \times S$
	$0.5 < L \leqslant 1.0$		$0.2 \times S$
	$L > 1.0$		0
点状缺陷密集度	尺寸≥0.3mm 的点状缺陷最小间距不小于 300mm;直径 100mm 圆内尺寸≥0.1mm 的点状缺陷不超过 3 个		
线道	不允许		
裂纹	不允许		
划伤	允许范围		允许条数限度
	宽≤0.1mm,长≤30mm		$2 \times S$
光学变形	公称厚度	无色透明平板玻璃	本体着色平板玻璃
	4mm~12mm	≥60°	≥55°
	≥15mm	≥55°	≥50°
断面缺陷	玻璃公称厚度不超过 8mm 时,不超过玻璃板的厚度;8mm 以上时,不超过 8mm		

① 点状缺陷不允许有光畸变点。

注:S 是以平方米为单位的玻璃板面积数值,按 GB/T 8170 修约,保留小数点后两位,点状缺陷的允许个数限度及划伤的允许条数限度为各系数与 S 相乘所得的数值,按 GB/T 8170 修约至整数。

表 23-14   无色透明平板玻璃可见光透射比最小值

公称厚度/ mm	可见光透射比最小值/ %	公称厚度/ mm	可见光透射比最小值/ %
2	89	10	81
3	88	12	79
4	87	15	76
5	86	19	72
6	85	22	69
8	83	25	67

23.3.2　夹层玻璃 （GB/T 15763.3—2009）

夹层玻璃是安全玻璃的一种，是以两片或两片以上的普通平板、磨光、浮法、钢化、吸热或其他玻璃作为原片，中间夹以透明塑料衬片，经热压黏合而成，使夹层玻璃具有抗冲击、阳光控制、隔音等性能。适用于高层建筑门窗、工业厂房门窗、高压设备观察窗、飞机和汽车风窗及防弹车辆、水下工程、动物园猛兽展览窗、银行等处。

夹层玻璃的技术要求见表 23-15。

表 23-15　夹层玻璃的技术要求

分类	分类方法		类　　型				
	按形状分		平面夹层玻璃；曲面夹层玻璃				
	按性能分		Ⅰ类夹层玻璃；Ⅱ—1 夹层玻璃；Ⅱ—2 夹层玻璃；Ⅲ类夹层玻璃				
外观质量	可视区缺陷	可视区点状缺陷	缺陷尺寸(λ)/mm	0.5<λ≤1.0	1.0<λ≤3.0		
			玻璃面积(S)/m²	S 不限	S≤1	1<S≤2	2<S≤8	8<S
			允许缺陷数/个　玻璃层数 2	不得密集存在	1	2	1.0m²	1.2m²
			3		2	3	1.5m²	1.8m²
			4		3	4	2.0m²	2.4m²
			≥5		4	5	2.5m²	3.0m²

注：1. 不大于 0.5mm 的缺陷不考虑，不允许出现大于 3mm 的缺陷

2. 当出现下列情况之一时，视为密集存在：

　a. 两层玻璃时，出现 4 个或 4 个以上，且彼此相距<200mm 缺陷

　b. 三层玻璃时，出现 4 个或 4 个以上的缺陷，且彼此相距<180mm

　c. 四层玻璃时，出现 4 个或 4 个以上的缺陷，且彼此相距<150mm

　d. 五层以上玻璃时，出现 4 个或 4 个以上的缺陷，且彼此相距<100mm

3. 单层中间层单层厚度大于 2mm 时，上表允许缺陷数总数增加 1

		可视区线状缺陷	缺陷尺寸(长度 L，宽度 B)/mm	L≤30 且 B≤0.2	L>30 或 B>0.2		
			玻璃面积(S)/m²	S 不限	S≤5	5<S≤8	8<S
			允许缺陷数/个	允许存在	不允许	1	2
	周边区缺陷		使用时装有边框的夹层玻璃周边区域，允许直径不超过 5mm 的点状缺陷存在；如点状缺陷是气泡，气泡面积之和不应超过边缘区面积的 5%				
			使用时不带边框夹层玻璃的周边区缺陷，由供需双方商定				
	裂口		不允许存在				
	爆边		长度或宽度不得超过玻璃的厚度				
	脱胶		不允许存在				
	皱痕和条纹		不允许存在				

续表

<table>
<tr><td rowspan="11">尺寸允许偏差</td><td colspan="2" rowspan="7">长度和宽度允许偏差</td></tr>
</table>

公称尺寸 （边长L）/mm	公称厚度/mm ≤8	公称厚度/mm＞8	
		每块玻璃公称 厚度＜10	至少一块玻璃公称 厚度≥10
L≤1100	+2.0 −2.0	+2.5 −2.0	+3.5 −2.5
1100＜L≤1500	+3.0 −2.0	+3.5 −2.0	+4.5 −3.0
1500＜L≤2000	+3.0 −2.0	+3.5 −2.0	+5.0 −3.5
2000＜L≤2500	+4.5 −2.5	+5.0 −3.0	+6.0 −4.0
L＞2500	+5.0 −3.0	+5.5 −3.5	+6.5 −4.5

叠差

夹层玻璃的最大允许叠差　　mm

长度或宽度L	最大允许叠差	长度或宽度L	最大允许叠差
L≤1000	2.0	2000＜L≤4000	4.0
1000＜L≤2000	3.0	L＞4000	6.0

厚度

对于三层原片以上（含三层）制品、原片材料总厚度超过24mm及使用钢化玻璃作为原片时，其厚度允许偏差由供需双方商定

干法夹层玻璃厚度偏差　　干法夹层玻璃的厚度偏差，不能超过构成夹层玻璃的原片厚度允许偏差和中间层材料厚度允许偏差总和。中间层的总厚度＜2mm时，不考虑中间层的厚度偏差；中间层总厚度≥2mm时，其厚度允许偏差为±0.2mm

湿法夹层玻璃厚度偏差　　湿法夹层玻璃的厚度偏差，不能超过构成夹层玻璃的原片厚度允许偏差和中间层材料厚度允许偏差总和

湿法夹层玻璃中间层厚度允许偏差　　mm

湿法中间层厚度d	允许偏差δ
d＜1	±0.4
1≤d＜2	±0.5
2≤d＜3	±0.6
d≥3	±0.7

对角线差　　矩形夹层玻璃制品，长边长度不大于2400mm时，对角线差不得大于4mm；长边长度大于2400mm时，对角线差由供需双方商定

23.3.3 夹丝玻璃（JC 433—1996）

夹丝玻璃主要用于高层建筑、公共建筑、天窗、震动较大的厂房及其他要求安全、防震、防盗、防火之处。

夹丝玻璃的技术要求见表23-16。

表 23-16 夹丝玻璃的技术要求

分类	分类方法	类型		
	按生产工艺分	夹丝压花玻璃、夹丝磨光玻璃		
	按外观质量分	优等品、一等品、合格品		
	按产品厚度分	6mm、7mm、10mm		
尺寸允许偏差	玻璃厚度/mm	厚度允许偏差/mm		长度或宽度允许偏差/mm
		优等品	一等品、合格品	
	6	±0.5	±0.6	±4.0
	7	±0.6	±0.7	
	10	±0.9	±1.0	
	注:产品尺寸一般不小于600mm×400mm,不大于2000mm×1200mm			
技术指标	项目	质量指标		
	丝网	夹丝玻璃所用的金属丝网和金属丝线分为普通钢丝和特殊钢丝两种,普通钢丝直径为0.4mm以上,特殊钢丝直径为0.3mm以上。夹丝网玻璃应采用经过处理的点焊金属丝网		
	弯曲度	夹丝压花玻璃应在1.0%以内,夹丝磨光玻璃应在0.5%以内		
	玻璃边部凸出、缺口、缺角和偏斜	玻璃边部凸出、缺口的尺寸不得超过6mm,偏斜的尺寸不得超过4mm。一片玻璃只允许有一个缺角,缺角的深度不得超过6mm		
	防火性能	夹丝玻璃用作防火门、窗等镶嵌材料时,其防火性能应达到国家标准规定的耐火极限要求		

外观质量	项目	说明	质量指标		
			优等品	一等品	合格品
	气泡	直径3～6mm的圆泡,每平方米面积内允许个数	5	数量不限,但不允许密集	
		长泡,每平方米面积内允许个数	长6～8mm 2	长6～10mm 10	长6～10mm 10 长10～20mm 4
	花纹变形	花纹变形程度	不许有明显的花纹变形		不规定
	异物	破坏性的	不允许		
		直径0.5～2mm非破坏性的,每平方米面积内允许个数	3	5	10

项目		说明	质量指标		
			优等品	一等品	合格品
外观质量	裂纹	—	目测不能识别		不影响使用
	磨伤	—	轻微	不影响使用	
	金属丝	金属丝夹入玻璃内状态	应完全夹入玻璃内,不得露出表面		
		脱焊	不允许	距边部 30mm 内不限	距边部 100mm 内不限
		断线	不允许		
		接头	不允许	目测看不见	

注:密集气泡是指直径 100mm 圆面积内超过 6 个。

23.3.4　中空玻璃（GB/T 11944—2012）

中空玻璃是两片或多片玻璃以有效支撑均匀隔开并周边粘接密封,使玻璃层间形成有干燥气体空间的玻璃制品,用于隔热、隔湿、保温等特殊用途。

中空玻璃的技术要求见表 23-17。

表 23-17　中空玻璃的技术要求

分类	按形状分类	平面中空玻璃
		曲面中空玻璃
	按中空腔内气体分类	普通中空玻璃:中空腔内为空气的中空玻璃
		充气中空玻璃:中空腔内充入氩气、氪气等气体的中空玻璃
材料	玻璃	可采用平板玻璃、镀膜玻璃、夹层玻璃、钢化玻璃、防火玻璃、半钢化玻璃和压花玻璃等。所用玻璃应符合相应标准要求
	边部密封材料	中空玻璃边部密封材料应符合相应标准要求,应能够满足中空玻璃的水汽和气体密封性能并能保持中空玻璃的结构稳定
	间隔材料	间隔材料可为铝间隔条、不锈钢间隔条、复合材料间隔条、复合胶条等,并应符合相关标准和技术文件的要求
	干燥剂	干燥剂应符合相关标准要求
外观质量	项目	要求
	边部密封	内道密封胶应均匀连续,外道密封胶应均匀整齐,与玻璃充分粘结,且不超出玻璃边缘
	玻璃	宽度≤0.2mm、长度≤30mm 的划伤允许 4 条/m²,0.2mm<宽度≤1mm、长度≤50mm 划伤允许 1 条/m²;其他缺陷应符合相应玻璃标准要求
	间隔材料	无扭曲,表面平整光洁;表面无污痕、斑点及片状氧化现象
	中空腔	无异物
	玻璃内表面	无妨碍透视的污迹和密封胶流淌

续表

露点	中空玻璃的露点应<-40℃
耐紫外线辐射性能	试验后,试样内表面应无结雾、水汽凝结或污染的痕迹且密封胶无明显变形
水汽密封耐久性能	水分渗透指数 $I \leqslant 0.25$,平均值 $I_{av} \leqslant 0.20$
初始气体含量	充气中空玻璃的初始气体含量应 $\geqslant 85\%(V/V)$
气体密封耐久性能	充气中空玻璃经气体密封耐久性能试验后的气体含量应 $\geqslant 80\%(V/V)$
U 值	由供需双方商定是否有必要进行本项试验

23.3.5　钢化玻璃 (GB/T 15763.2—2005)

钢化玻璃是指经热处理工艺之后的玻璃。其特点是在玻璃表面形成压应力层,机械强度和耐热冲击强度得到提高,并具有特殊的碎片状态。

钢化玻璃的技术要求见表 23-18。

表 23-18　钢化玻璃的技术要求

	分类方法	类　　型	
分类	按生产工艺分	垂直法钢化玻璃:在钢化过程中采取夹钳吊挂的方式生产出来的钢化玻璃	
		水平法钢化玻璃:在钢化过程中采取水平辊支撑的方式生产出来的钢化玻璃	
	按形状分	平面钢化玻璃	
		曲面钢化玻璃	
边部及圆孔加工质量	边部加工质量	由供需双方商定	
	圆孔的边部加工质量	由供需双方商定	
	孔径及其允许偏差/mm	公称孔径(D)	允许偏差
		$D<4$	供需双方商定
		$4 \leqslant D \leqslant 50$	±1.0
		$50<D \leqslant 100$	±2.0
		$D>100$	供需双方商定

续表

孔的位置①	孔的边部距玻璃边部的距离 a	$\geqslant 2d$（d 为玻璃公称厚度）
	两孔孔边之间的距离 b	$\geqslant 2d$
	孔的边部距玻璃角部的距离 c	$\geqslant 6d$
	圆孔圆心的位置② x,y 的允许偏差	同玻璃的边长允许偏差相同

边部及圆孔加工质量

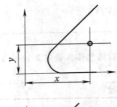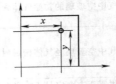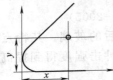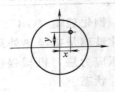

圆孔圆心位置的表示方法

缺陷名称	说　　明	允许缺陷数
爆边	每片玻璃每米边长上允许有长度不超过 10mm，自玻璃边部向玻璃板表面延伸深度不超过 2mm，自板面向玻璃厚度延伸深度不超过厚度 1/3 的爆边	1 处
划伤	宽度在 0.1mm 以下的轻微划伤，每平方米面积内允许存在条数	长≤100mm 时 4 条
	宽度大于 0.1mm 的划伤，每平方米面积内允许存在条数	宽 0.1～1mm，长≤100mm 时 4 条
夹钳印	夹钳印中心与玻璃边缘的距离	≤20mm
	边部变形量	≤2mm
裂纹、缺角	不允许存在	

外观质量

续表

项目	质量指标
弯曲度	平型钢化玻璃的弯曲度,弓形时应不超过 0.5%,波形时应不超过 0.3%
抗冲击性	取 6 块钢化玻璃试样进行试验,试样破坏数不超过 1 块为合格,多于或等于 3 块为不合格。破坏数为 2 块时,再另取 6 块进行试验,6 块必须全部不被破坏为合格

技术指标

碎片状态	取 4 块钢化玻璃试样进行试验,每块试样在 50mm×50mm 区域内的最少碎片数

玻璃品种	公称厚度/mm	最少碎片数/片	备注
平面钢化玻璃	3	30	允许有少量长条形碎片,其长度不超过 75mm
平面钢化玻璃	4~12	40	允许有少量长条形碎片,其长度不超过 75mm
平面钢化玻璃	≥15	30	允许有少量长条形碎片,其长度不超过 75mm
曲面钢化玻璃	≥4	30	允许有少量长条形碎片,其长度不超过 75mm

霰弹袋冲击性能	取 4 块平型钢化玻璃试样进行试验,必须符合下列①或②中任意一条的规定 ①玻璃破碎时,每块试样的最大 10 块碎片质量的总和不得超过相当于试样 65cm^2 面积的质量,保留在框内的任何无贯穿裂纹的玻璃碎片的长度不能超过 120mm ②霰弹袋下落高度为 1200mm 时,试样不破坏
表面应力	钢化玻璃的表面应力不应小于 90MPa 以制品为试样,取 3 块试样进行试验,当全部符合规定为合格,2 块试样不符合则为不合格,当 2 块试样符合时,再追加 3 块试样,如果 3 块全部符合规定则为合格
耐热冲击性能	钢化玻璃应耐 200℃温差不破坏 取 4 块试样进行试验,当 4 块试样全部符合规定时认为该项性能合格。当有 2 块以上不符合时,则认为不合格。当有 1 块不符合时,重新追加 1 块试样,如果它符合规定,则认为该项性能合格。当有 2 块不符合时,则重新追加 4 块试样,全部符合规定时则为合格

　①如果孔的边部距玻璃角部的距离小于 35mm,那么这个孔不应处在相对于角部对称的位置上。具体位置由供需双方商定

　②圆孔圆心的位置的表达方法如下图,建立坐标系,用圆心的位置坐标 (x, y) 表达圆心的位置

第24章 厨卫设备五金

24.1 厨房设备

24.1.1 洗涤槽水嘴

（1）双控洗涤水嘴（QB/T 1334—2013）

双控洗涤水嘴用于厨房或卫生间不锈钢洗涤槽或陶瓷洗涤槽配套作洗涤水源开关。其规格见表24-1。

表24-1 双控洗涤水嘴规格

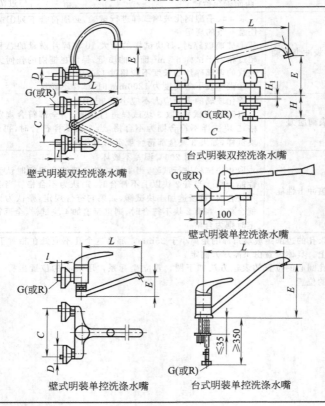

壁式明装双控洗涤水嘴

台式明装双控洗涤水嘴

壁式明装单控洗涤水嘴

壁式明装单控洗涤水嘴

台式明装单控洗涤水嘴

续表

公称压力 PN/MPa	0.6	螺纹尺寸/in	1/2
适用温度/℃　≤	100	C_{min}/mm	100,150,200
公称通径 DN/mm	15	L_{min}/mm	170
D_{min}/mm	45	H_{1min}/mm	8
H_{min}/mm	48	E_{min}/mm	25
l_{min}/mm	混合水嘴		15
	非混合水嘴	圆柱螺纹	12.7
		锥螺纹	14.5

（2）水槽水嘴

水槽水嘴又称水盘水嘴、水盘龙头、长脖水嘴，装于水槽上，供开关自来水用。其规格见表 24-2。

表 24-2　水槽水嘴规格

公称通径 DN（mm）：15；
公称压力 PN（MPa）：0.6

（3）水槽落水

水槽落水又称下水口、排水栓，用于排除水槽、水池内存水。其规格见表 24-3。

表 24-3　水槽落水规格

公称通径 DN（mm）：32,40,50

24.1.2　厨房用净水器

厨房用净水器又称水管家、净水器、水处理机，用于将自来水为原水进行深度净化处理、制取可直接生饮的饮用净水（去除水中有害物质，保留水中有益物质）。其规格见表 24-4。

表 24-4 厨房用净水器规格

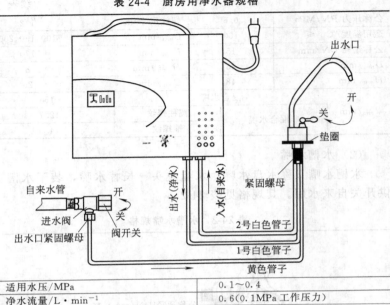

适用水压/MPa	0.1~0.4
净水流量/L·min⁻¹	0.6(0.1MPa 工作压力)
总净水量/m³	1
适用电压/V	220±10%(50Hz)
功率/W	≤15 待机时≤3

24.1.3 厨房台、柜

（1）洗涮台、柜（QB/T 2139.2—1995）和操作台、柜（QB/T 2139.3—1995）

洗涮台、柜为洗碗、洗菜等用的台、柜；操作台、柜为切菜等用的台、柜。其规格见表 24-5。

表 24-5 洗涮台、柜和操作台、柜规格　　　　mm

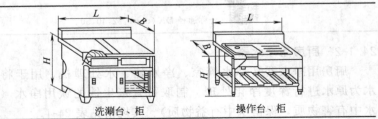

续表

品种	长度 L	宽度 B	高度 H
洗涮台、柜	600 900 1200 1500 1800	600 750	800 850
操作台、柜	600 900 1200 1500 1800	600 750 900	800 850

（2）家用橱柜（QB/T 2139.4—1995）

家用橱柜用于储藏餐具、调料等厨房用品。其规格见表 24-6。

表 24-6　家用橱柜规格　　　　　　　mm

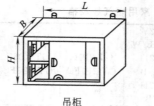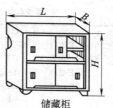

吊柜　　　　　　　　储藏柜

品种	长度 L	宽度 B	高度 H
吊柜	900 1200 1500	300 350	500 800 （级差）50
储藏柜	900 1200 1500 1800	450 600	1500 1800

24.1.4　消毒柜（GB/T 4706.1—2005、GB/T 17988—2008）

消毒柜以电为动力，通过电热元件对食具进行高温消毒或以臭氧等进行低温消毒，适用于住宅厨房。其规格见表 24-7。

24.1.5　家用燃气灶（GB/T 16410—2007）

家用燃气灶适用于家庭厨房加热和烹调，其规格见表 24-8。

表 24-7 消毒柜规格

型号	TZD-72A	ZLD-58	GX-46A	GX-46B	GX-36A	GX-36B
安装方式	台地式	壁挂与台地两用式				
有效容积(L)	72	58(左、右各29)	46		36	
高温消毒温度/℃	120～160		烘干 60～90			
臭氧消毒浓度/mg·m^{-3}	≥40					
电源/V·Hz^{-1}	220/50					
额定功率/W	700	1000(左、右各500)	300			
外形尺寸/(mm×mm×mm)(宽×深×高)	450×398×800	900×325×400	750×325×400	600×325×400		

表 24-8 家用燃气灶规格

型号	GE-211 GCB/M/L/W GE-211 FCB/S	GE-212 GCB/L/W GE-211 SCS/B GE-211 FCB	GT-2P1C GT-2P1FC	GT-2D8C GT-2D8FC	GT-2D6C GT-2D6FCB GT-2D6FCS
	JZ20Y.2-11 JZR.2-11 JZT.2-11	JZ20Y.2-12 JZR.2-12 JZT.2-12	JZ20Y.2-P1 JZR.2-P1 JZT.2-P1	JZ20Y.2-D8 JZR.2-D8 JZT.2-D8	JZ20Y.2-D4 JZR.2-D4 JZT.2-D4
灶眼个数	2	2	2	2	2
燃气消耗量/kW	左:3.5 右:3.5	左:3.5 右:3.5	左:4.2 右:4.2	左:3.5 右:3.5	左:3.4 右:4.2
点火方式	脉冲式点火			压电陶瓷点火	
电源	1号干电池				
灶面材料	钢化玻璃/氟素	钢化玻璃/不锈钢/氟素	不锈钢/氟素		
安全装置	热电耦式熄火安全保护装置				
不锈钢和铜火盖	不锈钢			铜	
外形尺寸/(mm×mm×mm)	750×450×150	750×410×150	700×412×152	720×390×140	680×403×122

24.1.6　吸油烟机（GB/T 4706.28—2008、Q/SMC 003—2001）

吸油烟机用于厨房、烹饪场所等，其规格见表 24-9。

表 24-9　吸油烟机规格

型号	尺寸/（mm×mm×mm）	速度	功率/W	排气量/m³·h⁻¹	烟管直径/mm
FV-75HDT1C 全自动不锈钢型	750×530×400	快	150+40（照明）	1000	φ170
		中	86+40（照明）	650	
		慢	41+40（照明）	450	
FV-75HDS1C 不锈钢型	750×530×400	快	142+40（照明）	1000	φ170
		中	80+40（照明）	650	
		慢	43+40（照明）	450	
FV-75HD1C 金属喷涂	750×530×400	快	142+40（照明）	1000	φ170
		中	80+40（照明）	650	
		慢	43+40（照明）	450	
FV-75HG1C 金属喷涂	750×530×400	快	136+40（照明）	780	φ150
		慢	105+40（照明）	540	
FV-75HG2C 金属喷涂	750×530×400	快	136+40（照明）	780	φ150
		慢	105+40（照明）	540	
FV-75HG3C 金属喷涂	750×530×400	快	120+40（照明）	850	φ170
		慢	72+40（照明）	560	
FV-70HQ1C 金属喷涂	750×530×400	快	135+40（照明）	720	φ150
		慢	98+40（照明）	520	
FV-70HU1C 金属喷涂	750×530×400	快	135+40（照明）	720	φ150
		慢	98+40（照明）	520	

24.2　水嘴

24.2.1　陶瓷片密封水嘴（GB/T 18145—2014）

陶瓷片密封水嘴的有关内容见表 24-10～表 24-13。

表 24-10　陶瓷片密封水嘴的分类、命名及技术要求

分类	按启闭控制部件数量	分为单柄水嘴和双柄水嘴
	按水嘴控制进水管路的数量	分为单控和双控
	按用途	分为普通洗涤水嘴、洗面器水嘴、厨房水嘴、浴缸（含浴缸/淋浴）水嘴、净身器水嘴、淋浴水嘴、洗衣机水嘴等
	按水嘴阀体材料	分为铜合金水嘴、不锈钢水嘴、塑料水嘴等

续表

分类	按安装方式	分为壁式明装水嘴、壁式暗装水嘴、台式明装水嘴和台式暗装水嘴
	按流量	分为节水型和普通型

命名	产品的命名宜包含水嘴阀体材料、启闭控制部件数量、水嘴控制的进水管路数量及用途 示例： 　　材质为铜合金、启闭控制部件为单柄、水嘴控制进水管路数量为双控、用途为厨房水嘴的产品可命名为：铜合金单柄双控厨房水嘴

外观	①镀层表面光泽均匀，不应有脱皮、龟裂、烧焦、露底、剥落、黑斑及明显的麻点、毛刺等缺陷 ②涂层表面组织细密、光滑、色泽均匀，不应有流挂、露底及明显的划伤和磕碰等缺陷 ③抛光表面应光滑，不应有明显毛刺、划痕和磕碰等缺陷

装配	①装配好的手柄或手轮动作应轻便、平稳、无卡阻。转换开关应提拉平稳、轻便、无卡阻，转换开关提拉部位与提拉杆件应连接牢固。水嘴旋转出水管应旋转轻便、无卡阻 ②冷、热水混合水嘴应有冷、热标记，标记与水嘴本体结合牢固。冷水用蓝色或字母"C"或"冷"字表示，热水用红色或字母"H"或"热"字表示。双控水嘴控制装置水平排列时，冷水标记在右，热水标记在左；控制装置竖直排列时，冷水标记在下，热水标记在上。可采用其他易于识别的含义标记冷、热水 ③单柄单控水嘴手柄或手轮逆时针方向转动为开启，顺时针方向转动为关闭。手轮控制的双柄双控水嘴热水端手轮顺时针方向转动为开启，逆时针方向转动为关闭，冷水端手轮逆时针方向转动为开启，顺时针方向转动为关闭；手柄控制的双柄双控水嘴热水端手柄逆时针方向转动为开启，顺时针方向转动为关闭，冷水端手柄顺时针方向转动为开启，逆时针方向转动为关闭。否则，应有明显的开启、关闭标识

铅析出统计值（Q）不大于 $5\mu g/L$，非铅元素的析出量应不大于下表规定的限值。

金属污染物析出（适用于洗面器及厨房水嘴）	元素名称	限值/($\mu g/L$)	元素名称	限值/($\mu g/L$)
	锑	0.6	铜	130.0
	砷	1.0	汞	0.2
	钡	200.0	硒	5.0
	铍	0.4	铊	0.2
	硼	500.0	铋	50.0
	镉	0.5	镍	20.0
	铬	10.0	锰	30.0
	六价铬	2.0	钼	4.0

表 24-11　水嘴使用性能

	检测部位	阀芯位置	出水口状态	以冷水为介质进行试验		要求
				试验条件		
				压力/MPa	持续时间/s	
抗水压力学性能	阀芯上游	关闭	开	2.5±0.05		阀芯上游的任何零部件无永久性变形
	带流量调节器的水嘴阀芯下游	打开	开	0.4±0.02	60±5	阀芯下游的任何零部件无永久性变形
	不带流量调节器的水嘴阀芯下游			水嘴流量为(0.4±0.04)L/s 时的压力		

	水嘴用途	试验压力/MPa	流量 Q/(L/min)	
水力学性能	流量	普通洗涤水嘴、洗面器水嘴、厨房水嘴、净身器水嘴	动压：0.1±0.01	普通型	3.0≤Q≤9.0
				节水型	3.0≤Q≤7.5
		浴缸水嘴		浴缸位	全冷或全热位置：Q≥6.0；混合水位置(测试单柄双控水嘴时，水温在34～44℃之间)：Q≥6.5
				淋浴位	Q≥6.0(不带花洒)；4.0≤Q≤9.0(带花洒)
		淋浴水嘴			Q≥6.0(不带花洒)；4.0≤Q≤9.0(带花洒)
		洗衣机水嘴			Q≥9.0

	灵敏度(适用于单柄双控水嘴)	单柄双控水嘴的灵敏度应符合下表规定。控制装置的半径 r 如下图所示		
		水嘴的控制装置	水嘴用途	
			洗面器水嘴、厨房水嘴、净身器水嘴	淋浴水嘴、浴缸/淋浴水嘴(在淋浴位时)
		控制装置半径 r＞45mm	控制装置的位移≥10mm	控制装置的位移≥12mm
		控制装置半径 r≤45mm	控制装置的转动角度≥10°或位移≥10mm	控制装置的转动角度≥12°或位移≥12mm

续表

| 灵敏度 | |
| | (a)   (b)   (c) |

	连接管螺纹类型	螺纹公称尺寸/mm	扭力矩/N·m
抗安装负载	金属管螺纹 （不含连接软管螺纹）	DN10	43
		DN15	61
		DN20	88
	塑料管螺纹	DN10	29
		DN15	43
		DN20	61
	连接软管螺纹	DN15	20

抗使用负载	①水嘴手柄或手轮在开启和关闭方向上施加(6 ± 0.2)N·m后，应无变形或损坏等削弱水嘴功能的情况出现，水嘴阀芯上游密封性能应符合7.6.2的要求 ②浴缸和淋浴水嘴手柄或手轮承受445N的轴向拉力应无松动现象。其他水嘴手柄或手轮承受45N的轴向拉力应无松动现象

表 24-12 水嘴的密封性能

以冷水为介质进行试验					要求
检测部位	阀芯或转换开关位置	出水口状态	试验条件		
			压力/MPa	持续时间/s	
阀芯及阀芯上游	阀芯关闭	开	1.6 ± 0.05	60 ± 5	阀芯及上游过水通道无渗漏
出水口能够被堵住的水嘴阀芯下游	阀芯打开	关	洗衣机水嘴： 1.6 ± 0.05， 其他水嘴： 0.4 ± 0.02 0.05 ± 0.01	60 ± 5	阀芯下游任何密封部位无渗漏
出水口不能被堵住的水嘴阀芯下游	阀芯打开	开	水嘴流量为(0.4 ± 0.04)L/s时的压力	60 ± 5	

检测部位	阀芯或转换开关位置	出水口状态	试验条件		要求
			以冷水为介质进行试验		
			压力/MPa	持续时间/s	
浴缸与淋浴手动转换开关	阀芯开，转换开关处于浴缸模式	人工堵住水嘴流向浴缸的出水口，淋浴出水口呈开启状态	0.4±0.02	60±5	水嘴的淋浴出水口无渗漏
			0.05±0.01	60±5	
	阀芯开，转换开关处于淋浴模式	人工堵住淋浴出水口，浴缸出水口开	0.4±0.02	60±5	水嘴的浴缸出水口无渗漏
			0.05±0.01	60±5	
浴缸与淋浴自动复位转换开关	阀芯开，转换开关处于浴缸模式	两个出水口开	0.4±0.02	60±5	水嘴的淋浴出水口无渗漏
	阀芯开，转换开关处于淋浴模式		0.4±0.02	60±5	水嘴的浴缸出水口无渗漏
	阀芯开，转换开关处于淋浴模式		0.05±0.01	60±5	转换开关不得移动，水嘴的浴缸出水口无渗漏
	阀芯关		—		转换开关自动回到浴缸出水模式
	阀芯开，转换开关处于浴缸模式		0.05±0.01	60±5	水嘴的淋浴出水口无渗漏
顶喷花洒与手持花洒转换开关	阀芯开，转换开关处于顶喷花洒模式	人工堵住水嘴连接顶喷花洒的出水口，连接手持花洒的出水口开	0.4±0.02	60±5	水嘴连接手持洒的出水口无渗漏
			0.05±0.01	60±5	

续表

检测部位	以冷水为介质进行试验				要求
	阀芯或转换开关位置	出水口状态	试验条件		
			压力/MPa	持续时间/s	
顶喷花洒与手持花洒转换开关	阀芯开，转换开关处于手持花洒模式	人工堵住水嘴连接手持花洒的出水口，连接顶喷花洒的出水口开	0.4±0.02	60±5	水嘴连接顶喷花洒的出水口无渗漏
			0.05±0.01	60±5	
冷、热水隔墙（适用于单柄双控水嘴）	阀芯关	开	0.4±0.02	60±5	出水口及未连接的进水口无渗漏

表 24-13 陶瓷片密封水嘴的规格尺寸   mm

壁式明装单柄单控水嘴

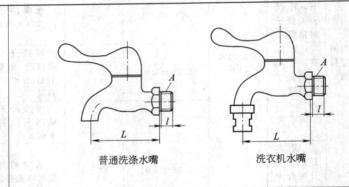

普通洗涤水嘴　　　　　洗衣机水嘴

尺寸代号	A	l（螺纹有效长度）		L
		圆柱管螺纹	圆锥管螺纹	
要求	G 1/2 B 或 R_1 1/2 或 R_2 1/2	≥10	≥11.4	≥55
	G 3/4 B 或 R_1 3/4 或 R_2 3/4	≥12	≥12.7	≥70
	G 1 B 或 R_1 1 或 R_2 1	≥14	≥14.5	≥80

续表

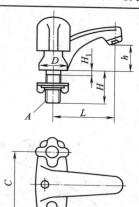

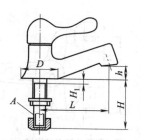

台式明装单柄单控洗面器水嘴

台式明装双柄双控洗面器水嘴

台式明装洗面器水嘴

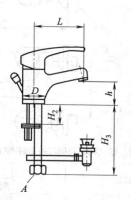

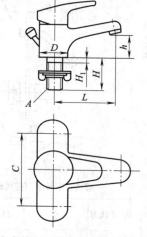

台式明装单柄双控洗面器水嘴(单孔)

台式明装单柄双控洗面器水嘴(双孔)

尺寸代号	A	H	H₁	H₂	H₃	h	D	L	C
要求	G 1/2 B 或 R₁ 1/2 或 R₂ 1/2	≥48	≤8	≥35	≥350	≥25	≥40	≥65	102±1 150±1 200±1

续表

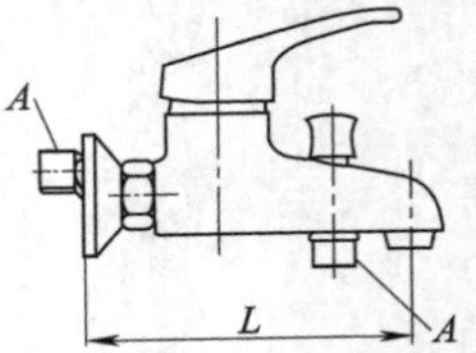

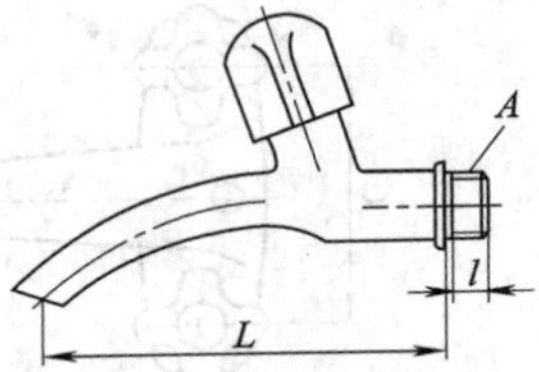

壁式明装单柄单控浴缸水嘴 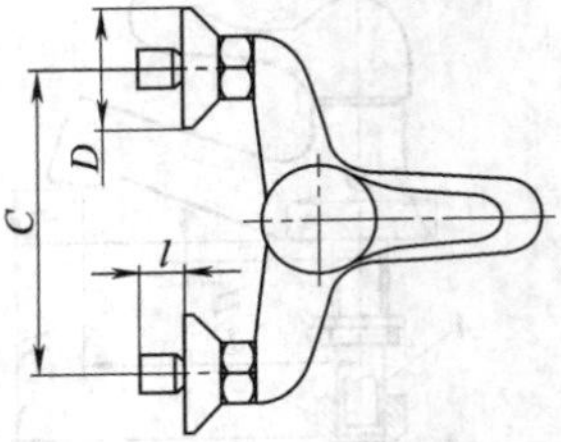　　壁式明装单柄双控浴缸/淋浴水嘴

浴缸水嘴

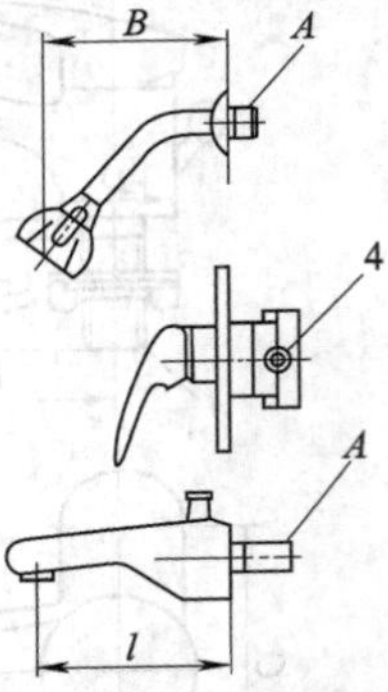

壁式暗装单柄双控浴缸/淋浴水嘴 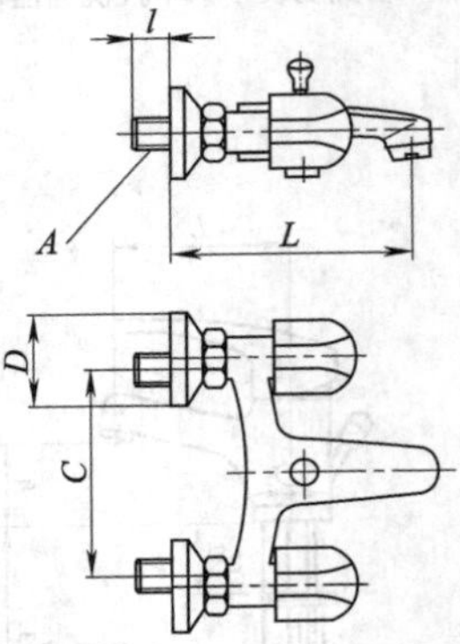　壁式明装双柄双控浴缸/淋浴水嘴

尺寸代号	A	l（螺纹有效长度）			D	C	B		L
							明装	暗装	
要求	G 1/2 B 或 R₁ 1/2 或 R₂ 1/2	≥10			≥45	140～160（带偏心管，允许超出此范围）	≥120	≥150	≥110
	G 3/4 B 或 R₁ 3/4 或 R₂ 3/4	混合水嘴	非混合水嘴		≥50				
			圆柱螺纹	圆锥螺纹					
		≥15	≥12	≥12.7					

续表

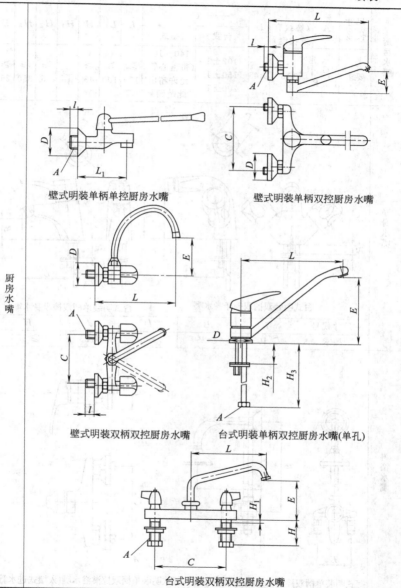

厨房水嘴

壁式明装单柄单控厨房水嘴

壁式明装单柄双控厨房水嘴

壁式明装双柄双控厨房水嘴

台式明装单柄双控厨房水嘴(单孔)

台式明装双柄双控厨房水嘴

	尺寸代号	A	l（螺纹有效长度）	D	C		L	L₁	H	H₁	H₂	H₃	E
					台式	壁式							
厨房水嘴	要求	G 1/2 B	≥13	≥45	102±1 150±1 200±1	140～160（带偏心管，允许超出此范围）	≥170	≥100	≥48	≤8	≥35	≥350	≥25

净身水嘴

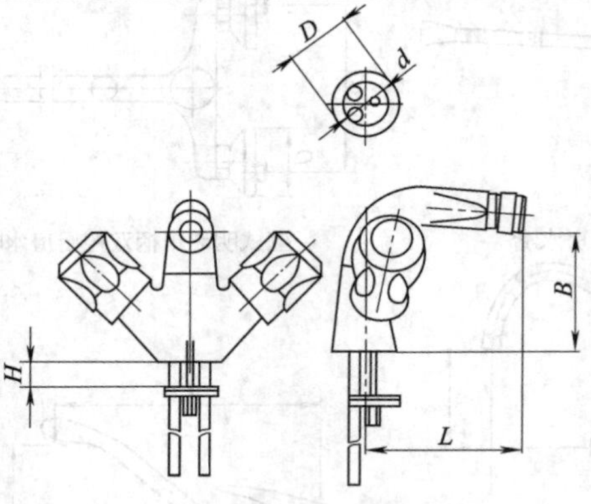

台式明装双柄双控净身水嘴 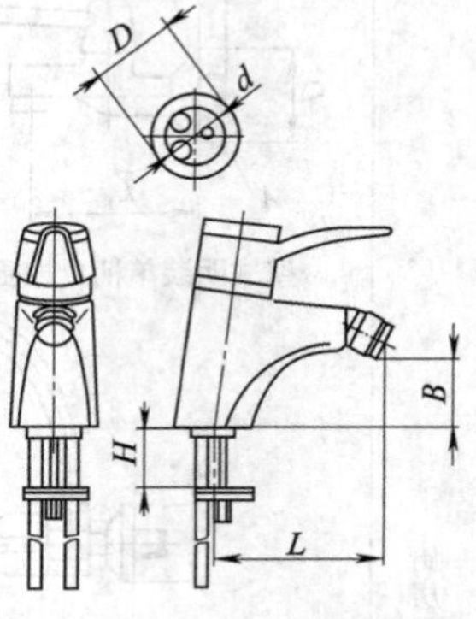　　　台式明装单柄双控净身水嘴

尺寸代号	L	B	D	d	H
要求	≥105	≥25	≥40	≤33	≥35

淋浴水嘴

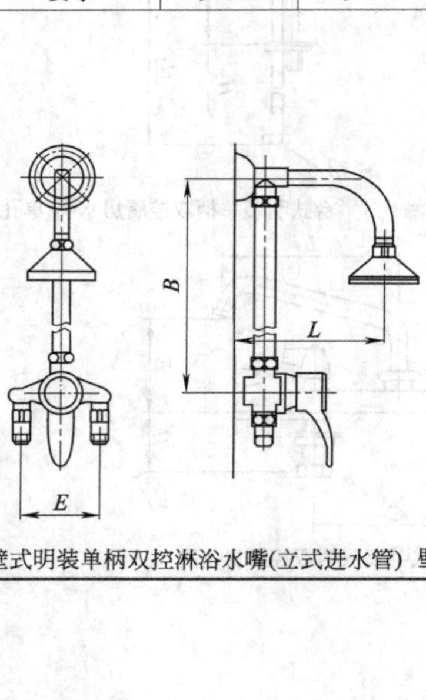

壁式明装单柄双控淋浴水嘴(立式进水管) 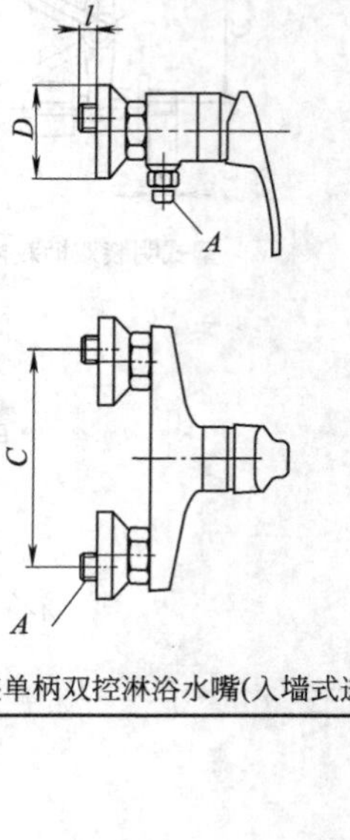 壁式明装单柄双控淋浴水嘴(入墙式进水管)

续表

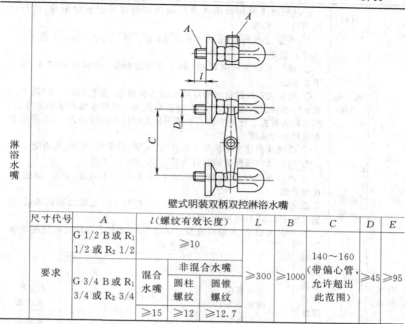

壁式明装双柄双控淋浴水嘴

淋浴水嘴

尺寸代号	A	l（螺纹有效长度）			L	B	C	D	E
要求	G 1/2 B 或 R₁ 1/2 或 R₂ 1/2	≥10			≥300	≥1000	140～160（带偏心管，允许超出此范围）	≥45	≥95
	G 3/4 B 或 R₁ 3/4 或 R₂ 3/4	混合水嘴	非混合水嘴						
			圆柱螺纹	圆锥螺纹					
		≥15	≥12	≥12.7					

24.2.2　面盆水嘴（JC/T 758—2008）

面盆水嘴的技术指标见表 24-14。

表 24-14　面盆水嘴的技术指标

分类、代号及标记	分类、代号	分类方法	类别及代号
		按启闭控制方式分	机械式 J，按启闭控制部件数量分为单柄 D 和双柄 S
		按启闭控制方式分	非接触式 F，按传感器控制方式分为反射红外式 F、遮挡红外式 Z、热释电式 R、微波反射式 W、超声波反射式 C 和其他类型 Q
		按控制供水管路的数量分	分为单控 D 和双控 S
		按密封材料分	分为陶瓷 C 和非陶瓷 F
	标记	标记方法：按启闭控制方式、启闭控制部件数量、传感器控制方式、控制供水管路数量、密封材料、公称通径、标准号顺序表示 标记示例：公称通径为 15mm 的机械式单柄双控陶瓷密封面盆水嘴标记为 JDSC15-JC/T 758—2008；公称通径为 15mm 的非机械式反射红外式单控非陶瓷密封面盆水嘴标记为 FFDF15-JC/T 758—2008	

	材料	产品所使用的与饮用水直接接触的铜材质铅析出限量,应符合 JC/T 1043 的规定
	加工与装配	① 管螺纹精度应符合 GB/T 7306.1 或 GB/T 7306.2 或 GB/T 7307 的规定 ② 螺纹表面不应有凹痕、断牙等明显缺陷,表面粗糙度 R_a 不大于 3.2μm ③ 机械式双控面盆水嘴冷热水标志应清晰,蓝色(或 C 或"冷"字)表示冷水,红色(或 H 或"热"字)表示热水。双控水嘴冷热水标志在右,热水标志在左。连接牢固。轮式手柄逆时针方向转动为开启,顺时针方向转动为关闭 ④ 机械式面盆水嘴操作手柄开启、关闭,应平稳、轻便、无卡阻 ⑤ 与面盆水嘴配接的软管应符合 JC 886 的规定
	外观质量	① 产品外表面涂、镀层色泽均匀、光滑,不应有起泡、烧焦、露底、划伤等缺陷 ② 产品表面涂、镀层按 GB/T 10125 进行 24h 乙酸盐雾试验后,达到 GB/T 6461 标准中 10 级的要求 ③ 产品表面涂、镀层经附着力试验后,不允许出现起皮或脱落现象

技术要求 / 使用性能

机械式水嘴阀体的强度性能	试验条件			
	试验压力/MPa		试验稳压时间/s	要求
	进水部位（阀座下方）	2.5±0.05（静水压）	60±5	无变形、无渗漏
	出水部位（阀座上方）	0.4±0.02（动水压）		无渗漏

机械式水嘴的密封性能			
阀芯密封	1.6±0.05（静水压）	60±5	无渗漏
	0.6±0.02（气压）	20±2	
上密封	0.4±0.02（静水压） 0.02±0.005（静水压）	60±5	无渗漏
	0.2±0.01（气压） 0.01±0.005（气压）	20±2	
冷热水隔墙密封	0.4±0.02（静水压）	60±5	无渗漏
	0.2±0.01（气压）	20±2	

流量	① 在动态压力为(0.3±0.02)MPa 水压下,面盆水嘴(不带附件)流量不小于 0.20L/s ② 在动态压力为(0.1±0.01)MPa 水压下,面盆水嘴(带附件)流量不大于 0.15L/s
扭力矩试验	① 机械式面盆水嘴在流量调节方向手柄扭力矩应不小于(6±0.6)N·m,在温度调节方向手柄扭力矩应不小于3-8.5 N·m。试验后,产品应无可见变形,并满足对水嘴密封和流量的要求

技术要求	使用性能	扭力矩试验	② 机械式面盆水嘴沿阀杆轴线方向应能承受 67N 的拉力。试验后,产品应无可见变形,并满足对水嘴密封的要求 ③ 面盆水嘴连接螺纹承受的扭力矩应符合:公称通径 DN15,扭力矩≥61N·m;公称通径 DN20,扭力矩≥88N·m。试验后水嘴应无裂纹、损坏
		寿命	① 机械式面盆水嘴开关寿命试验按下表规定进行,开关寿命试验后应符合密封性能的要求

产品类别	开关寿命
机械式单柄单控、双柄双控面盆水嘴	$2×10^5$ 次
机械式单柄双控面盆水嘴	$7×10^4$ 循环

			② 机械式面盆水嘴经冷热疲劳试验后,应符合密封性能的要求
			非接触式面盆水嘴性能要求应符合 CJ/T 194—2004 中第 6 章的规定

24.2.3　浴盆及淋浴水嘴（JC/T 760—2008）

浴盆及淋浴水嘴的有关内容见表 24-15 和表 24-16。

表 24-15　浴盆及淋浴水嘴的技术指标

		分类方法	类别及代号
分类、代号及标记	分类、代号	按启闭控制部件数量分	分为单柄 D 和双柄 S
		按控制供水管路的数量分	分为单控 D 和双控 S
		按密封材料分	分为陶瓷 C 和非陶瓷 F
		按使用功能分	分为浴盆 Y 和淋浴 L 水嘴
	标记	标记方法:按启闭控制部件数量、控制供水管路数量、密封材料、使用功能、公称通径、标准号顺序表示 标记示例:公称通径为 20mm 的单柄双控陶瓷密封浴盆水嘴标记为 DSCY20-JC/T 760—2008; 公称通径为 20mm 的双柄双控非陶瓷密封淋浴水嘴标记为 SSFL20-JC/T 760—2008	
技术要求	加工与装配	① 铸件不得有缩孔、裂纹和气孔等缺陷,内腔所附有的芯砂应清除干净 ② 管螺纹精度应符合 GB/T 7306.1 或 GB/T 7306.2 或 GB/T 7307 的规定,其中按 GB/T 7307 的外螺纹应不低于 B 级精度 ③ 螺纹表面不应有凹痕、断牙等明显缺陷,表面粗糙度 R_a 不大于 3.2μm ④ 允许水嘴所带附件(如偏心管)为锯齿或滚花螺纹 ⑤ 塑料件表面不应有明显的填料斑、波纹、溢料、缩痕、翘曲和熔接痕。也不应有明显的擦伤、划伤、修饰损伤和污垢 ⑥ 冷热水标志应清晰,蓝色(或 C 或 COLD 或"冷"字)表示冷水,红色(或 H 或 HOT 或"热"字)表示热水。双控水嘴冷水标志在右,热水标志在左。连接牢固。轮式手柄逆时针方向转动为开启,顺时针方向转动为关闭	

技术要求	加工与装配	⑦ 装配好的手柄应平稳、轻便、无卡阻。手柄与阀杆连接牢固，不得松动。流量调节方向手柄扭力矩应不小于(6±0.6)N·m，在温度调节方向手柄扭力矩应不小于3~8.5N·m。试验后，产品应无可见变形，并满足对水嘴密封和流量的要求 ⑧ 水嘴所安装的转换开关提拉应平稳、轻便、无卡阻。转换开关手轮与提拉阀阀杆连接牢固，不得松动。手动转换开关在使用状态时，动压(0.4±0.02)MPa下，能用手完成转换功能，提拉平稳、轻便、无卡阻，无滞留现象 ⑨ 与水嘴配接的软管应符合 JC 886 的规定 ⑩ 水嘴连接螺纹应承受扭力矩应符合下列要求：公称通径 DN15，扭力矩 61N·m；公称通径 DN20，扭力矩 88N·m。经扭力矩试验后，应无裂纹、损坏 ⑪ 水嘴安装及规格尺寸见 GB 18145—2003 附录 B 的规定						
	外观质量	① 水嘴外表面涂、镀层结合良好，组织应细密，光滑均匀，色泽均匀，抛光外表面应光亮，不应有起泡、烧焦、脱离、划伤等外观缺陷 ② 涂、镀层按 GB/T 10125 进行 24h 酸性盐雾试后，水嘴应达到 GB/T 6461 标准中 10 级的要求 ③ 涂、镀层经附着力试验后，不允许出现起皮或脱落现象						
	使用性能	阀体的强度性能	检测部位	阀芯位置	出水口状态	试验条件(冷水)	要求
						压力/MPa	时间/s	
			进水部位(阀座下方)	关闭	打开	2.5±0.05	60±5	阀体无变形、无渗漏
			出水部位(阀座上方)	打开	打开	0.4±0.02	60±5	阀体无变形、无渗漏
		密封性能	应符合表 24-8 的规定					
		流量	① 在动态压力为(0.1±0.01)MPa 水压下，淋浴水嘴(带附件)流量≤0.15L/s(9L/min)，在动态压力为(0.3±0.02)MPa 水压下，淋浴水嘴(不带附件)混合流量≥0.20L/s(12L/min) ② 在动态压力为(0.3±0.02)MPa 水压下，浴盆水嘴(不带附件)混合流量≥0.33L/s(20L/min)，全冷水和全热水位置下流量≥0.32L/s(19L/min)					
		水嘴寿命	① 单柄双控水嘴开关寿命试验达到 7×10⁴ 循环，单柄单控和双柄双控水嘴开关寿命试验达到 2×10⁵ 次后，应符合密封性能的要求 ② 转换开关寿命试验达到 3×10⁴ 次后，应符合密封性能的要求 ③ 水嘴经冷热疲劳试验后，应符合密封性能的要求					

表 24-16　浴盆及淋浴水嘴的密封性能

检测部位		阀芯及转换开关位置	出水口状态	用冷水进行试验				用空气在水中进行试验			
				试验条件		技术要求		试验条件		技术要求	
				压力/MPa	时间/s			压力/MPa	时间/s		
连接件		用 1.5 N·m 关闭	开	1.6±0.05	60±5			0.6±0.02	20±2		
阀芯			开	1.6±0.05	60±5			0.6±0.02	20±2		
冷、热水隔墙			开	0.4±0.02	60±5	无渗漏		0.2±0.01	20±2	无气泡	
上密封		开	闭	0.4±0.02	60±5			0.2±0.01	20±2		
				0.02±0.005	60±5			0.01±0.005	20±2		
手动转换开关	转换开关在淋浴位	浴盆位关闭	人工堵住淋浴出水口打开浴盆出水口	0.4±0.02	60±5	浴盆出水口无渗漏		0.2±0.01	20±2	浴盆出水口无气泡	
	转换开关在浴盆位	淋浴位关闭	人工堵住浴盆出水口打开淋浴出水口	0.4±0.02	60±5	淋浴出水口无渗漏		0.2±0.01	20±2	淋浴出水口无气泡	
自动复位转换开关	转换开关在浴盆位 1	淋浴位关闭	两出水口打开	0.4±0.02（动压）	60±5	淋浴出水口无渗漏		—	—	—	—
	转换开关在淋浴位 2	浴盆位关闭			60±5	浴盆出水口无渗漏		—	—	—	—
	转换开关在淋浴位 3	浴盆位关闭		0.05±0.01（动压）	60±5	浴盆出水口无渗漏		—	—	—	—
	转换开关在浴盆位 4	淋浴位关闭			60±5	淋浴出水口无渗漏		—	—	—	—

24.3　温控水嘴 (QB/T 2806—2006)

　　温控水嘴是当进水（冷、热水）压力或温度在一定范围内变化，其出水温度自动受预选温度控制仍保持某种程度的稳定性的冷热水混合水嘴，属一种新颖、节能、安全、环保型产品。适用于公称压力不大于 0.5MPa，热水温度不大于 85℃ 的条件下使用，安装在盥洗室（洗手间、浴室等）、厨房等卫生设施上。温控水嘴的规格尺寸见表 24-17。

表 24-17 温控水嘴的规格尺寸 mm

1. 外墙安装双柄双控淋浴温控(恒压或恒温恒压)水嘴

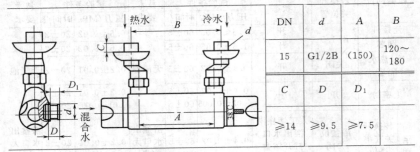

DN	d	A	B
15	G1/2B	(150)	120～180
C	D	D_1	
≥14	≥9.5	≥7.5	

2. 外墙安装双柄双控浴缸、淋浴两用温控水嘴

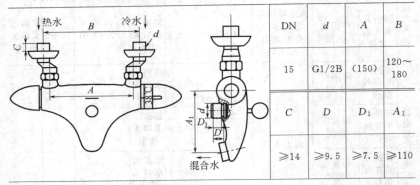

DN	d	A	B
15	G1/2B	(150)	120～180
C	D	D_1	A_1
≥14	≥9.5	≥7.5	≥110

3. 双柄双控温控洗涤水嘴

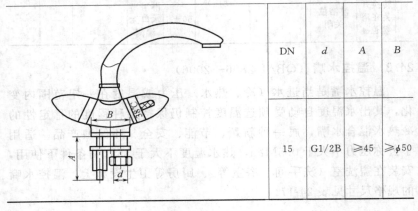

DN	d	A	B
15	G1/2B	≥45	≥φ50

续表

4. 单柄双控温控面盆水嘴

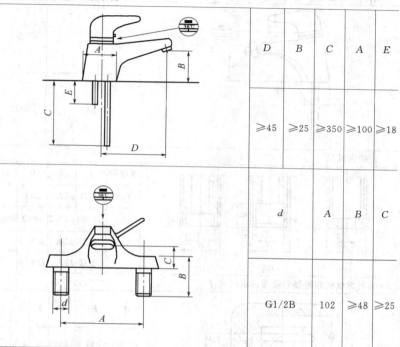

D	B	C	A	E
≥45	≥25	≥350	≥100	≥18

	d	A	B	C
	G1/2B	102	≥48	≥25

5. 单柄双控温控浴盆水嘴

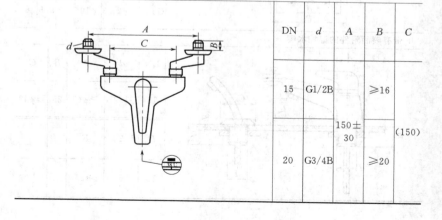

DN	d	A	B	C
15	G1/2B		≥16	
		150±30		(150)
20	G3/4B		≥20	

6. 单柄双控温控洁身器水嘴

	A	B
	$\geqslant \phi 45$	$\geqslant 25$

7. 连接末端尺寸

(a)   (b)   (c)

图序号	d	A	B	C
(a)	G1/2B	$\phi 12.3$	$\geqslant 5$	
(b)	G1/2B	$\phi 15.2$	$\geqslant 13$	$\geqslant 0.3$
(c)	G1/2B	$\phi 14.7$	$\geqslant 6.4$	
	G3/4B	$\phi 19.9$	$\geqslant 6.4$	

8. 有外螺纹的起泡器的喷嘴出水口尺寸

d	P	X	Y	S	R
G1/2	$\geqslant \phi 24.2$	$\phi 17$	3	4.5	4.5
G3/4	$\geqslant \phi 24.3$	$\phi 19$	4.5	9.5	6

9. 带有喷洒附件的温控水嘴

DN	d	A	B	C
15	G1/2B	$\geqslant \phi 45$	25	$\geqslant \phi 42$
D	E	F		
18	6	$\geqslant 25$		

10. 带有整体喷洒附件的温控水嘴

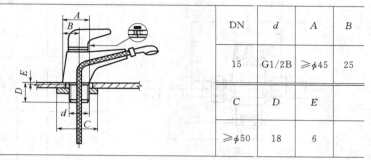

DN	d	A	B
15	G1/2B	≥φ45	25
C	D	E	
≥φ50	18	6	

11. 带喷枪附件长距离出水口的温控水嘴

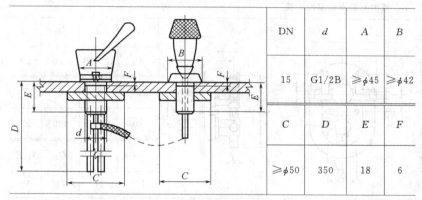

DN	d	A	B
15	G1/2B	≥φ45	≥φ42
C	D	E	F
≥φ50	350	18	6

12. 分离式长距离出水口的温控水嘴

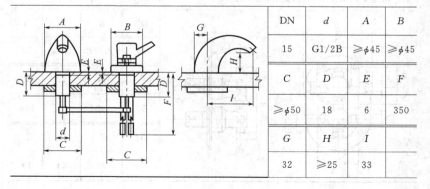

DN	d	A	B
15	G1/2B	≥φ45	≥φ45
C	D	E	F
≥φ50	18	6	350
G	H	I	
32	≥25	33	

13. 设有流量控制装置的管路安装温控阀

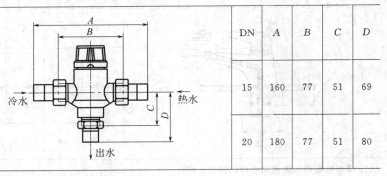

DN	A	B	C	D
15	160	77	51	69
20	180	77	51	80

14. 墙内安装淋浴温控水嘴

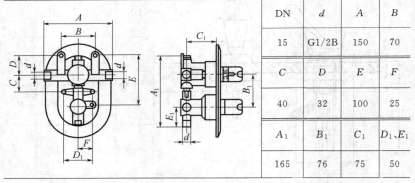

DN	d	A	B
15	G1/2B	150	70
C	D	E	F
40	32	100	25
A_1	B_1	C_1	D_1、E_1
165	76	75	50

15. 墙内安装温控水嘴(浴缸、淋浴两用)

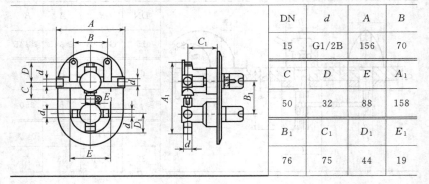

DN	d	A	B
15	G1/2B	156	70
C	D	E	A_1
50	32	88	158
B_1	C_1	D_1	E_1
76	75	44	19

续表

16. 暗装集温控和流量调节于一体的温控水嘴

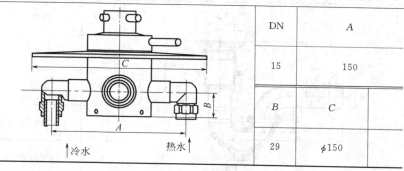

↑冷水   热水↑

DN	A
15	150

B	C
29	$\phi 150$

24.4 卫生洁具排水配件（JC/T 932—2003）

卫生洁具排水配件按材质分为铜材质、塑料材质和不锈钢材质（代号分别为 T、S、B）三类；按用途分为洗面器排水配件、普通洗涤槽排水配件、浴盆排水配件、小便器排水配件和净身器排水配件（代号分别为 M、P、Y、X、J）；存水弯管的结构分为 P 型和 S 型（代号分别为 P、S）。卫生洁具排水配件的结构型式不作统一规定，其连接尺寸见表 24-18。

表 24-18 卫生洁具排水配件的连接尺寸   mm

1. 面盆排水配件

代号	尺寸
A	150～250（P 型） ≥550（S 型）
B	≤35
D	$\phi 58～65$
d	$\phi 32～45$

S 型

1. 面盆排水配件

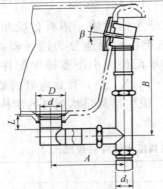

P型

代号	尺寸
L	≥65
H	≥50
d_1	$\phi30\sim33$
h	$120\sim200$

2. 浴盆排水配件

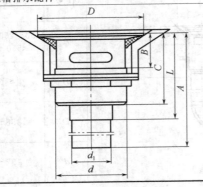

代号	尺寸
A	$150\sim350$
B	$250\sim400$
D	$\phi60\sim70$
d	≤50
d_1	$\phi30\sim50$
L	≥30
β	$10°$

3. 洗涤槽排水配件

代号	尺寸
A	≥180
B	≤35
C	≥55
L	≥55
D	$\phi80\sim95$
d	$\phi52\sim64$
d_1	$\phi30\sim38$

续表

4. 净身器排水配件

代号	尺寸
A	≥200
B	≤35
L	≥90
D	$\phi 58 \sim 65$
d	$\phi 32 \sim 45$
d_1	$\phi 30 \sim 32$

24.5　便器水箱配件（JC 987—2005）

便器水箱配件技术要求见表 24-19。

表 24-19　便器水箱配件技术要求

进水阀	进水流量	在动压力 0.05MPa 下,进水流量应不小于 0.05L/s
	密封性	① 静压力密封性:按 JC 987—2005 第 7.2.3.1 条进行试验时,水箱中的水位上升高度应不大于 8mm ② 动压力密封性:按 JC 987—2005 第 7.2.3.2 条进行试验时,水箱中的水位上升高度应不大于 8mm
	耐压性	进水阀在承受 1.6MPa 静压力时不应有渗漏、变形、冒汗和任何其他损坏现象
	抗热变性	按 JC 987—2005 第 7.2.5 条进行试验时,进水阀不应有渗漏、变形、冒汗和任何其他损坏现象
	防虹吸	按 JC 987—2005 附录 B 进行试验时,进水阀不应有虹吸产生
	水击	进水阀关闭时不应产生使动压增加 0.2MPa 以上的水击现象
	噪声	进水过程产生的噪声应不大于 55dB(A)
	寿命	进行 100000 次循环试验后,进水阀应能满足 JC 987—2005 第 6.3.1.2 条的要求并不应有任何其他故障
排水阀	排水量	排放一次,排水量应不小于 3L
	排水流量	应不小于 1.7 L/s
	密封性	水箱内的水位在高于剩余水位 50mm 处和低于排水阀溢流口 5mm 处,排水阀关闭后不应有渗漏现象
	寿命	进行 100000 次循环试验后,排水阀应能满足 JC 987—2005 第 6.3.2.3 条的要求并不应有任何其他故障

参 考 文 献

[1] 祝燮权，谢羽主编. 实用五金手册. 第 8 版. 上海：上海科学技术出版社，2015.

[2] 杨家斌主编. 实用五金手册. 第 2 版. 北京：机械工业出版社，2011.

[3] 《实用五金手册》编委会组织编写. 实用五金手册. 北京：化学工业出版社，2013.

[4] 林峥主编. 五金手册. 上海：上海科学技术出版社，2016.

[5] 陈伟，邱立功主编. 大五金手册. 长沙：湖南科学技术出版社，2016.

[6] 李书常主编. 实用电气五金手册. 北京：化学工业出版社，2016.

[7] 《袖珍五金手册》编委会组织编写. 袖珍五金手册. 北京：化学工业出版社，2015.

[8] 潘旺林主编. 实用五金手册. 合肥：安徽科学技术出版社，2009.

[9] 潘旺林主编. 实用建筑五金手册. 合肥：安徽科学技术出版社，2016.

[10] 刘新佳，俞盛主编. 新五金手册. 南京：江苏科学技术出版社，2010.

[11] 刘新佳，王建中主编. 实用五金手册. 南京：江苏科学技术出版社，2007.

[12] 刘新佳主编. 工程材料. 北京：化学工业出版社，2005.

[13] 黄德彬主编. 有色金属材料手册. 北京：化学工业出版社，2005.

[14] 贾沛泰，海一峰，宋崧主编. 国内外常用金属材料手册. 南京：江苏科学技术出版社，1999.

[15] 黄如林，汪群主编. 实用五金手册. 北京：化学工业出版社，2016.

[16] 张国芝，刘允新主编. 中外五金工具手册. 北京：兵器工业出版社，1999.

[17] 陈中平，朱晨曦编. 新版五金工具与电动工具实用手册. 北京：中国物资出版社，2002.

[18] 廖红主编. 建筑装饰五金手册. 南昌：江西科学技术出版社，2004.

[19] 李成扬主编. 实用建筑五金手册. 北京：中国建材工业出版社，2004.

[20] 孔凌嘉主编. 新五金手册. 第 2 版. 北京：中国建筑工业出版社，2016.

[21] 李春胜，黄德彬主编. 金属材料手册. 北京：化学工业出版社，2005.

[22] 高爱军主编. 简明建筑五金手册. 北京：中国电力出版社，2015.